21世纪高等学校计算机教育实用系列教材

大学计算机基础及应用

(Windows 10+Office 2016)

付长青 魏宇清 主编
肖 娟 裴彩燕 高 星 刘 闪 副主编
高爱华 高振波 参编

清华大学出版社
北 京

内容简介

本书系统地介绍了计算机基础知识、计算机系统基本结构和工作原理、计算机网络及其基本操作，包括 Windows 10 基本操作、Office 2016 主要模块、局域网的组成及互联网的常用操作技能、计算机前沿技术、算法初步知识等。本书可以作为各类高等院校学生学习用书，也可以作为学习计算机操作的自学教材及参加全国计算机等级考试的辅导教材。

图书在版编目(CIP)数据

大学计算机基础及应用：Windows 10＋Office 2016/付长青，魏宇清主编.—北京：清华大学出版社，2022.9
21世纪高等学校计算机教育实用系列教材
ISBN 978-7-302-61780-8

Ⅰ.①大… Ⅱ.①付… ②魏… Ⅲ.①Windows 操作系统－高等学校－教材 ②办公自动化－应用软件－高等学校－教材 Ⅳ.①TP316.7 ②TP317.1

中国版本图书馆 CIP 数据核字(2022)第 157336 号

责任编辑：贾　斌
封面设计：常雪影
责任校对：徐俊伟
责任印制：沈　露

出版发行：清华大学出版社
网　　址：http://www.tup.com.cn，http://www.wqbook.com
地　　址：北京清华大学学研大厦 A 座　　**邮　　编：**100084
社 总 机：010-83470000　　**邮　　购：**010-62786544
投稿与读者服务：010-62776969，c-service@tup.tsinghua.edu.cn
质量反馈：010-62772015，zhiliang@tup.tsinghua.edu.cn
课件下载：http://www.tup.com.cn，010-83470236
印 装 者：大厂回族自治县彩虹印刷有限公司
经　　销：全国新华书店
开　　本：185mm×260mm　　**印　张：**23.25　　**字　　数：**584千字
版　　次：2022年9月第1版　　**印　　次：**2022年9月第1次印刷
印　　数：1～3000
定　　价：69.00元

产品编号：094324-01

前 言

为了适应新工科、新农科、新文科背景下高等教育人才培养的目标，顺应计算机技术发展趋势，以培养计算机应用能力为导向的计算机基础教育，使得教学内容、教学形式、教学手段的改革在高等教育领域中不断深入，特别是疫情期间线上上课，给高等教育带来新的挑战。

本书由多年从事计算机教学的一线老师编写。本书编写的主导思想是：打好基础、面向应用、模块化教学、操作性强。结合线上教学平台，可构建线上线下混合式教学模式。

本书系统地介绍了计算机基础知识、计算机系统基本结构和工作原理、计算机网络及其基本操作，包括 Windows 10 基本操作、Office 2016 主要模块、局域网的组成及互联网的常用操作技能、计算机前沿技术、算法初步知识等。参加本书编写工作的人员均为多年从事大学计算机基础教学的教师，具有丰富的教学经验，书中例题均来自教学中的案例。

本书由付长青、魏宇清担任主编，负责全书的策划及统稿。肖娟、裴彩燕、高星、刘闪任副主编，高爱华、高振波参编。各章的编写分工如下：第 1 章由付长青和肖娟编写，第 2 章、第 3 章由魏宇清编写，第 4 章由刘闪编写，第 5 章由裴彩燕编写，第 6 章由高星编写，高爱华、高振波负责书中插图的编辑。

本书可以作为各类高等院校学生学习用书，也可以作为学习计算机操作的自学教材及参加全国计算机等级考试的辅导教材。

在本书的编写过程中得到河北科技师范学院的大力支持，在此表示衷心的感谢。由于作者水平有限，教学任务繁重，编写时间紧张，书中难免存在不足或值得商榷之处，敬请读者批评指正。

目　录

第1章 计算机基础知识

当今，计算机技术的发展日新月异，计算机技术与通信技术的结合，形成计算机网络，使计算机如虎添翼，得到迅猛发展。现在的计算机不仅应用于科技，也已经应用于各行各业，包括工业、农业、文化教育、卫生保健、服务行业、社会公用事业等，走进万千普通人的家中，更为社会的发展做出了巨大的贡献。计算机应用技术的发展水平不仅反映了一个国家的计算机科学和通信技术水平，而且已经成为衡量其国力及现代化程度的重要标志之一。

1.1 计算机概述

1.1.1 计算机发展史

计算机的发展经历了机械式计算机、机电式计算机、电子计算机三个阶段。

17世纪，欧洲一批数学家就已开始设计和制造以数字形式进行基本运算的数字计算机。代表作品是1812年的差分机(图1-1)，1834年的分析机(图1-2)。

图1-1 1812年的差分机

图1-2 1834年查尔斯·巴贝奇的分析机

20世纪以后，德国、美国、英国都在进行计算机的开拓工作，几乎同时开始了机电式计算机和电子计算机的研究。电子计算机的开拓过程，经历了从制作部件到整机，从专用机到通用机、从“外加式程序”到“存储程序”的演变。

1946年2月，美国宾夕法尼亚大学莫尔学院制成的大型电子数字积分计算机(ENIAC)(图1-3)，重量30t，占地170m^2，电子器件包含18 000只电子管和1500个继电器，运算速度5000次/s。这台计算机最初也专门用于火炮弹道计算，后经多次改进而成为能进行各种科学计算的通用计算机。1946年6月，冯·诺伊曼(图1-4)等人提出了更为完善的设计报告《电子计算机装置逻辑结构初探》，提出了现代计算机“存储程序”和“程序控制”的概念及体系结构，70 多年来，计算机系统基本结构没有变。

图 1-3　电子数字积分计算机

图 1-4　美籍匈牙利数学家冯·诺伊曼

电子计算机的发展阶段通常以构成计算机的电子器件来划分，至今已经历了电子管、晶体管、小规模集成电路和大规模集成电路四个阶段(表 1-1)。

表 1-1　计算机发展历程

时代	年　份	器　件	软　件	应　用
一	1946—1957	电子管	机器语言	科学计算
二	1958—1964	晶体管	汇编语言和高级语言	数据处理、工业控制
三	1965—1971	集成电路	操作系统和高级语言	企业管理、辅助设计及文字处理图形处理
四	1971 年迄今	大规模集成电路	操作系统、数据库、网络等	社会的各个领域

1.1.2 计算机的发展方向

计算机技术的发展日新月异,但为了满足不同应用的领域的需求,其发展方向如下。

1. 巨型化

巨型机也称为超级计算机,是指高速度、大存储容量和功能强大的计算机。主要应用于国防、卫星发射、水文地理等高科技领域。巨型机的发展集中体现了计算机技术的发展水平,它可以推动多个学科的发展。它对国家安全、科学研究、经济和社会发展具有十分重要的意义,是一个国家科技发展水平和综合国力的重要标志。

2. 微型化

由于微电子技术的迅速发展,芯片的集成度越来越高,计算机的元器件越来越小,而使得计算机的计算速度快、功能强、可靠性高、能耗小、体积小、重量轻,向着微型化方向发展和向着多功能方向发展仍然是今后计算机发展的方向。

3. 网络化

计算机网络可以实现资源共享。计算机网络化能够充分利用计算机资源,进一步扩大计算机的使用范围,网络的应用已成为计算机应用的重要组成部分,现代的网络技术已成为计算机技术中不可缺少的内容。

4. 智能化

智能化是未来计算机发展的总趋势。智能化是指计算机能够模拟人的感觉和思维能力,具有解决问题和逻辑推理的能力。这种计算机除了具备现代计算机的功能之外,还要具有在某种程度上模仿人的推理、联想、学习等思维功能,并具有声音识别、图像识别能力。目前,人工智能已应用于机器人研发、医疗诊断、故障诊断、计算机辅助教育、案件侦破、经营管理等方面。

5. 多媒体技术应用

多媒体技术是集文字、声音、图形、图像和计算机于一体的综合技术。它以计算机软硬件技术为主体,包括数字化信息技术、音频和视频技术、通信和图像处理技术以及人工智能技术和模式识别技术等。多媒体技术拓宽了计算机的应用领域,使计算机广泛应用于商业、教育、文化娱乐等方面。同时,多媒体技术与人工智能技术的有机结合还促进了虚拟现实(Virtual Reality)、虚拟制造(Virtual Manufacturing)技术的发展,使人们可以在虚拟的环境中感受真实的场景,通过计算机仿真制造零件和产品,感受产品各方面的功能与性能。

6. 嵌入式系统

嵌入式系统是指以应用为中心,以现代计算机技术为基础,能够根据用户需求(功能、可靠性、成本、体积、功耗环境等)灵活裁剪软硬件模块的专用计算机系统。例如,在工业制造系统中有许多特殊的计算机,都是把处理器芯片嵌入其中,完成特定的处理任务。数码相机、数码摄像机以及高档电动玩具等都使用了不同功能的处理器,在许多智能家电中也应用了嵌入式系统。

7. 非冯·诺依曼体系结构的计算机——新一代计算机

非冯·诺依曼体系结构是提高现代计算机性能的另一个研究焦点。人们经过长期的探索,进行了大量的试验研究后,一致认为冯·诺依曼的传统体系结构虽然为计算机的发展奠定了基础,但是其"程序存储和控制"原理表现在"集中顺序控制"方面的串行机制,却成为进一步提高计算机性能的瓶颈,而提高计算机性能的方向之一是并行处理。因此许多非冯·诺依曼体系结构的计算机理论出现了。新一代计算机无论是体系结构、工作原理,还是器件及制造技术,都应该进行颠覆性变革,目前有可能应用的技术有纳米技术、光技术、生物技术和量子技术等。

(1) 量子计算机:量子计算机(Quantum Computer)是一类遵循量子力学规律进行高速数学和逻辑运算、存储及处理量子信息的物理装置。量子计算机的特点主要有运行速度较快、处置信息能力较强、应用范围较广等。与一般计算机比较起来,信息处理量愈多,对于量子计算机实施运算也就愈加有利,也就更能确保运算具备精准性。2021 年 2 月 8 日,中科院量子信息重点实验室的科技成果转化平台合肥本源量子科技公司,发布具有自主知识产权的量子计算机操作系统“本源司南”。专家表示,经测试该操作系统能数倍提升现有量子计算机的运行效率。

(2) 光子计算机:现有的计算机是由电子来传递和处理信息。光子计算机是一种由光信号进行数字运算、逻辑操作、信息存储和处理的新型计算机。它由激光器、光学反射镜、透镜、滤波器等光学元件和设备构成,靠激光束进入反射镜和透镜组成的阵列进行信息处理,以光子代替电子,光运算代替电运算。光的并行、高速,天然地决定了光子计算机的并行处理能力很强,具有超高运算速度。光子计算机还具有与人脑相似的容错性,系统中某一元件损坏或出错时,并不影响最终的计算结果。光子在光介质中传输所造成的信息畸变和失真极小,光传输、转换时能量消耗和散发热量极低,对环境条件的要求比电子计算机低得多。随着现代光学与计算机技术、微电子技术相结合,在不久的将来,光子计算机将成为人类普遍的工具。

(3) 分子计算机:分子计算就是尝试利用分子计算的能力进行信息的处理。分子计算机的运行靠的是分子晶体吸收以电荷形式存在的信息,并以更有效的方式进行组织排列。凭借着分子纳米级的尺寸,分子计算机的体积将剧减。此外,分子计算机耗电可大大减少,并能更长期地存储大量数据。

(4) 纳米计算机:纳米是一个计量单位,采用纳米技术生产芯片成本十分低廉,它既不需要建设超洁净生产车间,也不需要昂贵的实验设备和庞大的生产队伍,只要在实验室里将设计好的分子合在一起,就可以造出芯片,大大降低了生产成本。

(5) 生物计算机:生物计算机也称仿生计算机,主要原材料是生物工程技术产生的蛋白质分子,并以此作为生物芯片来替代半导体硅片,利用有机化合物存储数据。信息以波的形式传播,当波沿着蛋白质分子链传播时,会引起蛋白质分子链中单键、双键结构顺序的变化。运算速度要比当今最新一代计算机快 10 万倍,它具有很强的抗电磁干扰能力,并能彻底消除电路间的干扰。能量消耗仅相当于普通计算机的十亿分之一,且具有巨大的存储能力。生物计算机具有生物体的一些特点,如能发挥生物本身的调节机能,自动修复芯片上发生的故障,还能模仿人脑的机制等。

(6) 超导计算机:超导计算机是利用超导技术生产的计算机及其部件,其开关速度达到几微微秒,运算速度比现在的电子计算机快,电能消耗量少。超导计算机对人类文明的发展可以起到极大作用。超导计算机运算速度比现在的电子计算机快 100 倍,而电能消耗仅是电子计算机的千分之一,如果目前一台大中型计算机,每小时耗电 10kW,那么,同样一台的超导计算机只需一节干电池就可以工作了。

新一代计算机是把信息采集、存储、处理、通信同人工智能结合在一起的智能计算机系统。它不仅能进行数值计算或处理一般的信息,而且主要面向知识处理,具有形式化推理、联想、学习和解释的能力,能够帮助人们进行判断、决策、开拓未知的领域和获取新的知识。人-机之间可以直接通过自然语言(声音、文字)或图形图像交换信息。新一代计算机系统又称第五代计算机系统。新一代计算机系统是为适应未来社会信息化的要求而提出的,与前四代计算机有着质的区别。可以认为,它是计算机发展史上的一次重大变革,将广泛应用于未来社会生活的各个方面。

1.1.3 中国计算机的发展

中国计算机发展历史:

1958年,中科院计算所成功研制我国第一台小型电子管通用计算机103机(八一型),标志着我国第一台电子计算机的诞生。

1965年,中科院计算所成功研制第一台大型晶体管计算机109乙,之后推出109丙机,该机在两弹试验中发挥了重要作用。

1974年,清华大学等单位联合设计成功研制采用集成电路的DJS-130小型计算机,运算速度达每秒100万次。

1983年,国防科技大学成功研制运算速度每秒上亿次的银河-Ⅰ巨型机,这是我国高速计算机研制的一个重要里程碑。

1985年,电子工业部计算机管理局成功研制与IBM PC兼容的长城0520CH微机。

1992年,国防科技大学研制出银河-Ⅱ通用并行巨型机,峰值速度达每秒4亿次浮点运算(相当于每秒10亿次基本运算操作),为共享主存储器的四处理机向量机,其向量中央处理机是采用中小规模集成电路自行设计的,总体上达到1980年代中后期国际先进水平。它主要用于中期天气预报。

1993年,国家智能计算机研究开发中心(后成立北京市曙光计算机公司)研制成功曙光一号全对称共享存储多处理机,这是国内首次以基于超大规模集成电路的通用微处理器芯片和标准UNIX操作系统设计开发的并行计算机。

1995年,曙光公司又推出了国内第一台具有大规模并行处理机(MPP)结构的并行机曙光1000(含36个处理机),峰值速度每秒25亿次浮点运算,实际运算速度上了每秒10亿次浮点运算这一高性能台阶。曙光1000与美国Intel公司1990年推出的大规模并行机体系结构与实现技术相近,与国外的差距缩小到5年左右。

1997年,国防科大研制成功银河-Ⅲ百亿次并行巨型计算机系统,采用可扩展分布共享存储并行处理体系结构,由130多个处理节点组成,峰值性能为每秒130亿次浮点运算,系统综合技术达到1990年代中期国际先进水平。

1997至1999年,曙光公司先后在市场上推出具有集群结构(Cluster)的曙光1000A,曙光2000-Ⅰ,曙光2000-Ⅱ超级服务器,峰值计算速度已突破每秒1000亿次浮点运算,机器规模已超过160个处理机。

1999年,国家并行计算机工程技术研究中心研制的神威Ⅰ计算机通过了国家级验收,并在国家气象中心投入运行。系统有384个运算处理单元,峰值运算速度达每秒3840亿次。

2000 年，曙光公司推出每秒 3000 亿次浮点运算的曙光 3000 超级服务器。

2001 年，中科院计算所研制成功我国第一款通用 CPU——“龙芯”芯片。

2002 年，曙光公司推出完全自主知识产权的“龙腾”服务器，龙腾服务器采用了“龙芯-1”CPU，采用了曙光公司和中科院计算所联合研发的服务器专用主板，采用曙光 Linux 操作系统，该服务器是国内第一台完全实现自有产权的产品，在国防、安全等部门将发挥重大作用。

2003 年，百万亿次数据处理超级服务器曙光 4000L 通过国家验收，再一次刷新国产超级服务器的历史纪录，使得国产高性能产业再上新台阶。

2004 年，由中科院计算所、曙光公司、上海超级计算中心三方共同研发制造的曙光 44000A 实现了每秒 10 万亿次运算速度。

2008 年，深腾 7000 是国内第一个实际性能突破每秒百万亿次的异构机群系统，Linkpack 性能突破每秒 106.5 万亿次。

2008 年，曙光 5000A 实现峰值速度每秒 230 万亿次、Linkpack 值每秒 180 万亿次。作为面向国民经济建设和社会发展的重大需求的网格超级服务器，曙光 5000A 可以完成各种大规模科学工程计算、商务计算。

2009 年 10 月 29 日，中国首台千万亿次超级计算机天河一号诞生。这台计算机每秒 1206 万亿次的峰值速度和每秒 563.1 万亿次的 Linkpack 实测性能，使中国成为继美国之后世界上第二个能够研制千万亿次超级计算机的国家。

2010 年 11 月，天河一号曾以每秒 4.7 千万亿次的峰值速度，让中国人首次站到了超级计算机的全球最高领奖台上。

2013 年 6 月 17 日国际 TOP500 组织公布了最新全球超级计算机 500 强排行榜榜单，中国国防科学技术大学研制的“天河二号”以每秒 33.86 千万亿次的浮点运算速度，成为全球最快的超级计算机。此次是继天河一号之后，中国超级计算机再次夺冠。

2014 年 6 月 23 日公布的全球超级计算机 500 强榜单中，中国“天河二号”以比第二名美国“泰坦”快近一倍的速度连续第三次获得冠军。

2016 年 6 月，由国家并行计算机工程技术研究中心研制的“神威 · 太湖之光”超级计算机实测运算速度最高可达 12.54 亿亿次/秒，成为世界上第一台突破 10 亿亿次/秒的超级计算机，创造了速度、持续性、功耗比三项指标世界第一的纪录。

2017 年 6 月 19 日，全球超级计算机 500 强榜单公布，“天河二号”以每秒 3.39 亿亿次的浮点运算速度排名第二。

2017 年 11 月 13 日中国超级计算机“神威 · 太湖之光”和“天河二号”连续第四次分列冠亚军，且中国超级计算机上榜总数又一次反超美国，夺得第一。

1.1.4 计算机的特点

1. 处理速度快

现在普通的微型计算机每秒可执行几十万条指令，而巨型机则达到每秒几十亿次甚至几百亿次。随着计算机技术的发展，计算机的运算速度还在提高。例如天气预报，由于需要分析大量的气象资料数据，单靠手工完成计算是不可能的，而用巨型计算机只需十几分钟就可以完成。这种高速度可以在军事、气象、金融、通信等领域中实现实时、快速的服务。

2. 计算精度高

电子计算机具任何计算机工具都无法比拟的计算精度，目前已达到小数点后上亿位的精度。

3. 具有超强的存储功能

计算机的存储系统由内存和外存组成，具有存储和"记忆"大量信息的能力，现代计算机的内存容量已达到上百兆甚至几千兆，而外存也有惊人的容量。

4. 具有逻辑判断功能

计算机借助于逻辑运算，可以进行逻辑判断，并根据判断结果自动地确定下一步该做什么，实现推理和证明。记忆功能、算术运算和逻辑判断功能相结合，使得计算机能模仿人类的某些智能活动，成为人类脑力延伸的重要工具，所以计算机又称为"电脑"。

5. 可靠性高

随着微电子技术和计算机技术的发展，现代电子计算机连续无故障运行时间可达到几十万小时以上，具有极高的可靠性。例如，安装在宇宙飞船上的计算机可以连续几年时间可靠地运行。计算机应用在管理中也具有很高的可靠性，而人却很容易因疲劳而出错。另外，计算机对于不同的问题，只是执行的程序不同，因而具有很强的稳定性和通用性。用同一台计算机能解决各种问题，应用于不同的领域。

6. 能自动运行且支持人机交互

所谓自动运行，就是人们把需要计算机处理的问题编成程序，存入计算机中；当发出运行指令后，计算机便在该程序控制下依次逐条执行，不再需要人工干预。"人机交互"则是在人想要干预时，采用"人机之间一问一答"的形式，有针对性地解决问题。这些特点都是过去的计算工具所不具备的。

1.1.5 计算机的应用领域

计算机的应用领域已渗透到社会的各行各业，正在改变着传统的工作、学习和生活方式，推动着社会的发展。计算机的主要应用领域如下：

1. 科学计算（或数值计算）

科学计算是指利用计算机来完成科学研究和工程技术中提出的数学问题的计算。在现代科学技术工作中，科学计算问题是大量的和复杂的。利用计算机的高速计算、大存储容量和连续运算的能力，可以实现人工无法解决的各种科学计算问题。

2. 数据处理（或信息处理）

数据处理是指对各种数据进行收集、存储、整理、分类、统计、加工、利用、传播等一系列活动的统称。据统计，80%以上的计算机主要用于数据处理，这类工作量大面宽，决定了计算机应用的主导方向。

目前，数据处理已广泛地应用于办公自动化、企事业计算机辅助管理与决策、情报检索、图书管理、电影电视动画设计、会计电算化等各行各业。信息正在形成独立的产业，多媒体技术使信息展现在人们面前的不仅是数字和文字，也有声情并茂的声音和图像信息。

3. 辅助技术（或计算机辅助设计与制造）

计算机辅助技术包括 CAD、CAM 和 CAI 等。

（1）计算机辅助设计（Computer Aided Design，CAD）：计算机辅助设计是利用计算机系统辅助设计人员进行工程或产品设计,以实现最佳设计效果的一种技术。它已广泛地应用于飞机、汽车、机械、电子、建筑和轻工等领域。例如,在电子计算机的设计过程中,利用CAD技术进行体系结构模拟、逻辑模拟、插件划分、自动布线等,从而大大提高了设计工作的自动化程度。又如,在建筑设计过程中,可以利用CAD技术进行力学计算、结构计算、绘制建筑图纸等,这样不但提高了设计速度,而且可以大大提高设计质量。

(2) 计算机辅助制造(Computer Aided Manufacturing,CAM):计算机辅助制造是利用计算机系统进行生产设备的管理、控制和操作的过程。例如,在产品的制造过程中,用计算机控制机器的运行,处理生产过程中所需的数据,控制和处理材料的流动以及对产品进行检测等。使用CAM技术可以提高产品质量,降低成本,缩短生产周期,提高生产率和改善劳动条件。

将CAD和CAM技术集成,实现设计生产自动化,这种技术被称为计算机集成制造系统(CIMS)。它的实现将真正做到无人化工厂(或车间)。

(3) 计算机辅助教学(Computer Aided Instruction,CAI):计算机辅助教学是利用计算机系统使用课件来进行教学。课件可以用著作工具或高级语言来开发制作,它能引导学生循环渐进地学习,使学生轻松自如地从课件中学到所需要的知识。CAI的主要特色是交互教育、个别指导和因人施教。

4. 过程控制(或实时控制)

过程控制是利用计算机及时采集检测数据,按最优值迅速地对控制对象进行自动调节或自动控制。采用计算机进行过程控制,不仅可以大大提高控制的自动化水平,而且可以提高控制的及时性和准确性,从而改善劳动条件、提高产品质量及合格率。因此,计算机过程控制已在机械、冶金、石油、化工、纺织、水电、航天等部门得到广泛的应用。

例如,在汽车工业方面,利用计算机控制机床、控制整个装配流水线,不仅可以实现精度要求高、形状复杂的零件加工自动化,而且可以使整个车间或工厂实现自动化。

5. 人工智能(或智能模拟)

人工智能(Artificial Intelligence)是计算机模拟人类的智能活动,诸如感知、判断、理解、学习、问题求解和图像识别等。现在人工智能的研究已取得不少成果,有些已开始走向实用阶段。例如,能模拟高水平医学专家进行疾病诊疗的专家系统,具有一定思维能力的智能机器人等。

6. 网络应用

计算机技术与现代通信技术的结合构成了计算机网络。计算机网络的建立,不仅解决了一个单位、一个地区、一个国家中计算机与计算机之间的通信,各种软、硬件资源的共享,也大大促进了国际间的文字、图像、视频和声音等各类数据的传输与处理。

1.1.6 计算机的分类

计算机发展到今天,已是琳琅满目、种类繁多,并表现出各自不同的特点。可以从不同的角度对计算机进行分类。

1. 按计算机信息的表示形式和对信息的处理方式不同分类

分为数字计算机(Digital Computer)、模拟计算机(Analogue Computer)和混合计算机。

数字计算机处理的数据都是以0和1表示的二进制数字,是不连续的离散数字,具有运算速度快、准确、存储量大等优点，因此适宜科学计算、信息处理、过程控制和人工智能等，具有最广泛的用途。

模拟计算机处理的数据是连续的，称为模拟量。模拟量以电信号的幅值来模拟数值或某物理量的大小，如电压、电流、温度等都是模拟量。模拟计算机解题速度快，适于解高阶微分方程，在模拟计算和控制系统中应用较多。

混合计算机则是集数字计算机和模拟计算机的优点于一身。

2. 按计算机的用途分类

分为通用计算机(General Purpose Computer)和专用计算机(Special Purpose Computer)。

通用计算机广泛适用于一般科学运算、学术研究、工程设计和数据处理等，具有功能多、配置全、用途广、通用性强的特点，市场上销售的计算机多属于通用计算机。

专用计算机是为适应某种特殊需要而设计的计算机，通常增强了某些特定功能，忽略一些次要要求，所以专用计算机能高速度、高效率地解决特定问题，具有功能单纯、使用面窄甚至专机专用的特点。模拟计算机通常都是专用计算机，在军事控制系统中被广泛地使用，如飞机的自动驾驶仪和坦克上的兵器控制计算机。本书内容主要介绍通用数字计算机，平常所用的绝大多数计算机都是该类计算机。

3. 按计算机的规模和处理能力大小分类

计算机按其运算速度快慢、存储数据量的大小、功能的强弱，以及软硬件的配套规模等不同又分为巨型机、大中型机、小型机、微型机、工作站与服务器等。

1) 巨型机

巨型机(Giant Computer)又称超级计算机(Super Computer)，是指运算速度超过每秒1亿次的高性能计算机，它是目前功能最强、速度最快、软硬件配套齐备、价格最贵的计算机，主要用于解决诸如气象、太空、能源、医药等尖端科学研究和战略武器研制中的复杂计算。它们安装在国家高级研究机关中，可供几百个用户同时使用。

运算速度快是巨型机最突出的特点。如美国Cray公司研制的Cray系列机中，Cray-Y-MP运算速度为每秒20～40亿次，我国自主生产研制的银河Ⅲ巨型机为每秒100亿次，IBM公司的GF-11可达每秒115亿次，日本富士通公司研制了每秒可进行3000亿次科技运算的计算机。最近我国研制的曙光4000A运算速度可达每秒10万亿次。世界上只有少数几个国家能生产这种机器，它的研制开发是一个国家综合国力和国防实力的体现。

2) 大中型机

大中型机(Large-Scale Computer and Medium-Scale Computer)有很高的运算速度和很大的存储量并允许相当多的用户同时使用。当然在量级上都不及巨型机，结构上也较巨型机简单些，价格相对巨型机来得便宜，因此使用的范围较巨型机普遍，是事务处理、商业处理、信息管理、大型数据库和数据通信的主要支柱。大中型机通常都像一个家族一样形成系列，如IBM370系列、DEC公司生产的VAX8000系列、日本富士通公司的M-780系列。同一系列的不同型号的计算机可以执行同一个软件，称为软件兼容。

3) 小型机

小型机(Minicomputer)规模和运算速度比大中型机要差，但仍能支持十几个用户同时使用。小型机具有体积小、价格低、性能价格比高等优点，适合中小企业、事业单位用于工业控制、数据采集、分析计算、企业管理以及科学计算等，也可做巨型机或大中型机的辅助机。

典型的小型机是美国 DEC 公司的 PDP 系列计算机、IBM 公司的 AS/400 系列计算机、我国的 DJS-130 计算机等。

4) 微型机

微型机(Microcomputer)简称微机,是当今使用最普及、产量最大的一类计算机,体积小、功耗低、成本少、灵活性大,性能价格比明显地优于其他类型计算机,因而得到了广泛应用。

微型机可以按结构和性能划分为单片机、单板机、个人计算机等几种类型。

(1) 单片机(Single Chip Computer)。把微处理器、一定容量的存储器以及输入输出接口电路等集成在一个芯片上,就构成了单片机。可见单片机仅是一片特殊的、具有计算机功能的集成电路芯片。单片机体积小、功耗低、使用方便,但存储容量较小,一般用做专用机或用来控制高级仪表、家用电器等。

(2) 单板机(Single Board Computer)。把微处理器、存储器、输入输出接口电路安装在一块印制电路板上,就成为单板计算机。一般在这块板上还有简易键盘、液晶和数码管显示器以及外存储器接口等。单板机价格低廉且易于扩展,广泛用于工业控制、微型机教学和实验,或作为计算机控制网络的前端执行机。

(3) 个人计算机(Personal Computer,PC)。供单个用户使用的微型机一般称为个人计算机或 PC,是目前用得最多的一种微型计算机。PC 配置有一个紧凑的机箱、显示器、键盘、打印机以及各种接口,可分为台式微机和便携式微机。

台式微机可以将全部设备放置在书桌上,因此又称为桌面型计算机。当前流行的机型有 IBM-PC 系列,Apple 公司的 Macintosh,我国生产的长城、浪潮、联想系列计算机等。

便携式微机包括笔记本计算机、袖珍计算机以及个人数字助理(Personal Digital Assistant,PDA)。便携式微机将主机和主要外部设备集成为一个整体,显示屏为液晶显示,可以直接用电池供电。

5) 工作站

工作站(Workstation)是介于 PC 和小型机之间的高档微型计算机,通常配备有大屏幕显示器和大容量存储器,具有较高的运算速度和较强的网络通信能力,有大型机或小型机的多任务和多用户功能,同时兼有微型计算机操作便利和人机界面友好的特点。工作站的独到之处是具有很强的图形交互能力,因此在工程设计领域得到广泛使用。Sun、HP、SGI 等公司都是著名的工作站生产厂家。

6) 服务器

随着计算机网络的普及和发展,一种可供网络用户共享的高性能计算机应运而生,这就是服务器。服务器一般具有大容量的存储设备和丰富的外部接口,运行网络操作系统,要求较高的运行速度,为此很多服务器都配置双 CPU。服务器常用于存放各类资源,为网络用户提供丰富的资源共享服务。常见的资源服务器有域名解析(Domain Name System,DNS)服务器、电子邮件(E-mail)服务器、Web 服务器、电子公告板(Bulletin Board System,BBS)服务器等。

1.1.7 计算机的主要性能指标

在购买个人计算机时,商家必须要提供一个报价单,上面要有主要部件的型号及性能指标,那么,计算机主要的性能指标有哪些呢?

一台微型计算机功能的强弱或性能的好坏,不是由单项指标来决定的,而是由它的系统结构、指令系统、硬件组成、软件配置等多方面的因素综合决定的。但对于大多数普通用户来说，可以从以下几个指标来大体评价计算机的性能。

1. 运算速度

运算速度是衡量计算机性能的一项重要指标。通常所说的计算机运算速度(平均运算速度)，是指每秒钟所能执行的指令条数，一般用“百万条指令/秒”(Million Instruction Per Second，MIPS)来描述。同一台计算机，执行不同的运算所需时间可能不同，因而对运算速度的描述常采用不同的方法。常用的有 CPU 时钟频率(主频)、每秒平均执行指令数(ips)等。微型计算机一般采用主频来描述运算速度，例如，Pentium/133 的主频为 133MHz，PentiumⅢ/800 的主频为 800MHz，Pentium 4 1.5G 的主频为 1.5GHz。一般说来，主频越高，运算速度就越快。

2. 字长

一般说来，计算机在同一时间内处理的一组二进制数称为一个计算机的“字”，而这组二进制数的位数就是“字长”。在其他指标相同时，字长越大计算机处理数据的速度就越快。早期的微型计算机的字长一般是 8 位和 16 位。386 以及更高的处理器大多是 32 位。现在市面上的计算机的处理器大部分已达到 64 位。

3. 存储容量

存储容量表示存储设备存储信息的能力，一般分为内存容量和外存容量。

(1) 内存储器的容量。内存储器，也简称主存，是 CPU 可以直接访问的存储器，需要执行的程序与需要处理的数据就是存放在主存中的。内存储器容量的大小反映了计算机即时存储信息的能力。随着操作系统的升级，应用软件的不断丰富及其功能的不断扩展，人们对计算机内存容量的需求也不断提高。内存容量越大，系统功能就越强大，能处理的数据量就越庞大。

(2) 外存储器的容量。外存储器容量通常是指硬盘容量(包括内置硬盘和移动硬盘)。外存储器容量越大，可存储的信息就越多，可安装的应用软件就越丰富。目前，常见的硬盘容量一般为 500GB、750GB、1TB～16TB；主流硬盘各参数如下：SATA 3.0 接口，容量为 2TB～8TB，缓存为 64MB、256MB。

(3) 常用的存储容量单位。

比特(bit)：是表示信息的最小单位，用 1 位二进制数表示的信息，即 1 或 0，用 b 做单位。

字节(byte)：信息存储的最小单位。一个存储单元，只能存储 1 字节的二进制数，用 B 做单位。

$$1B=8b$$

随着计算机技术的发展，计算机的存储容量不断的增大，原有的存储单位已不能满足要求，目前常用的存储单位有千字节(KB)、兆字节(MB)、吉字节(GB)、太字节(TB)。

换算关系为：

$$1KB=2^{10}B=1024B$$
$$1MB=1024KB$$
$$1GB=1024MB$$
$$1TB=1024GB$$

以上只是一些主要性能指标。除了上述这些主要性能指标外,微型计算机还有其他一些指标,例如,所配置外围设备的性能指标以及所配置系统软件的情况等。另外,各项指标之间也不是彼此孤立的,在实际应用时,应该把它们综合起来考虑,而且还要遵循"性能价格比"的原则。

1.2 计算机的信息表示

1.2.1 计算机中的数制

所有信息在计算机中均以二进制形式表示,但二进制不直观,所以日常使用阿拉伯数字称为十进制,除此之外在计算机语言中,还要经常用其他数制表示,在计算机中还有八进制、十六进制等。

1. 数制

数制是指数据的表示方法,主要有进位规则和数码两部分构成。

数制的特点:每种进位计数制都有固定的数码,按基数进位或借位,用位权来计数。

数制的基数:每种进位计数制中数码的个数称为基数。

(1) 二进制。二进制的数码有 2 个,0 或 1,基数为 2。

进位规则:逢二进一。

二进制的加法:0+0=0　0+1=1+0=1　1+1=10(进位 1,表示为 2)

二进制的乘法:0×0=0　1×0=0×1=0　1×1=1

(2) 十进制。十进制的数码有 10 个,0,1,2,…9,基数为 10。

进位规则:逢十进一。

(3) 八进制。八进制的数码有 8 个,0,1,2,…7,基数为 8。

进位规则:逢八进一。

(4) 十六进制。十六进制的数码有 16 个,0,1,2,…9,A,B,C,D,E,F,基数为 16。

进位规则:逢十六进一。

各种进位制之间的关系如表 1-2 所示。

表 1-2　各种进位制之间的关系

十进制	二进制	八进制	十六进制	十进制	二进制	八进制	十六进制
0	0	0	0	8	1000	10	8
1	1	1	1	9	1001	11	9
2	10	2	2	10	1010	12	A
3	11	3	3	11	1011	13	B
4	100	4	4	12	1100	14	C
5	101	5	5	13	1101	15	D
6	110	6	6	14	1110	16	E
7	111	7	7	15	1111	17	F

2. 位权值

在进位记数制中数码所处的位置不同,代表的数值大小也不同。

对每一个数位赋予的位值，在数学上叫“权”。

位权与基数的关系是：位权的值等于基数的若干次幂。

例如，十进制 1234.5 可以展开为下面多项式的和。

位权

$$1234.5=1\times10^{3}+2\times10^{2}+3\times10^{1}+4\times10^{0}+5\times10^{-1}$$

注意：*幂数，即数码的位置。从小数点左右分，小数点左侧从 0 开始，右侧从负 1 开始。*

3. 进位制的表示方法

为了区分各种计数制的数，常采用如下方法：

1）数字后面加写相应的英文字母

B(Binary)——表示二进制数。二进制数的 1010 可写成 1010B。

O(Octonary)——表示八进制数。八进制数的 1010 可写成 1010O。

D(Decimal)——表示十进制数。十进制数的 1010 可写成 1010D。一般约定 D 可省略，即无后缀的数字为十进制数字。

H(Hexadecimal)——表示十六进制数。十六进制数的 1001 可写成 1001H。

2）在括号外面加数字下标

$(101)_2$——表示二进制数的 101。

$(37)_8$——表示八进制数的 37。

$(1688)_{10}$——表示十进制数的 1688。

$(3AF)_{16}$——表示十六进制数的 3AF。

4. 进位制之间的转换

设 R 表示二进制数、八进制数、十进制数。

1）十进制数转换为 R 进制

规则：整数部分：除 R 取余数，余数倒序写。小数部分：乘 R 取整数，整数顺序写。

$$(13.6875)_{10}=(?)_2$$

用除 2 取余法，求出整数 13 对应的二进制。

```
2 |13        …… 余数为 1     低    ↑
  2 |6       …… 余数为 0           |
   2 |3      …… 余数为 1           |
    2 |1     …… 余数为 1     高    |
       0
```

$(13)_{10}=(1101)_2$

用乘 2 取整法，求出 0.6875 对应的二进制。

```
0.6875×2=1.375     ……取出整数 1   高   |
0.375×2=0.75       ……取出整数 0        |
0.75×2=1.50          …取出整数 1        |
0.5×2=1.00         ……取出整数 1   低   ↓
```

$\therefore(0.6875)_{10}=(0.1011)_2$

$$(13.6875)_{10}=(1101.1011)_2$$

十进制数转换为其他进位制类似，请读者仿照上例自行练习。

2) R 进制转换为十进制数

规则：本位数码乘权的和。

【例 1-1】 $(10101)_2=2^4+2^2+2^0=21$

$(101.11)_2=2^2+2^0+2^{-1}+2^{-2}=5.75$

$(101)_8=8^2+8^0=65$

$(101A)_{16}=16^3+16^1+16^0*10=4122$

3) 二进制数与八、十六进制数间的转换。

(1) 八进制数、十六进制数转换为二进制数。

规则：每位八进制数可用 3 位二进制数表示，八进制最大数码为 7，7D=111B。

$$(7123)_8=(\underset{7}{\underline{111}}\ \ \underset{1}{\underline{001}}\ \ \underset{2}{\underline{010}}\ \ \underset{3}{\underline{011}})_2$$

每位十六进制数可用 4 位二进制数表示，十六进制最大数码为 F，0FH=1111B。

二进制数转换为十六进制数时，从小数点左右分，每四位为一组，将各组数码转换为二进制数。

$$(2C1D)_{16}=(\underset{2}{\underline{0010}}\ \ \underset{C}{\underline{1100}}\ \ \underset{1}{\underline{0001}}\ \ \underset{D}{\underline{1101}})_2$$

(2) 二进制数转换为八进制数、十六进制数。

二进制数转换为八进制数时，从小数点左右分，每三位为一组，不足位添零，三位二进制数可用一位八进制数表示，将各位数码转换为二进制数。

$$(\underset{1\ \ 5\ \ 5\ \ 6}{\underline{001\ 101\ 101\ 110}}.\ \underset{6\ \ 5}{\underline{110\ 101}})_2=(1556.65)_8$$

二进制数转换为十六进制数时，从小数点左右分，每四位为一组，不足位添零，四位二进制数可用一位十六进制数表示，将各位数码转换为二进制数。

$$(\underset{3\ \ 6\ \ E}{\underline{0011\ 0110\ 1110}}.\underset{D\ \ 4}{\underline{11010100}})_2=(36E.D4)_{16}$$

5. 用计算机中的计算器进行数制之间的转换

通过上述讲解，我们了解了计算机中的数制及其转换方法。在 Windows 10 操作系统中提供了计算器的应用程序，我们利用它可以方便地进行各进位制的转换。

计算器初始界面如图 1-5 所示。单击 ≡ 按钮，选择“程序员”模式，如图 1-6 所示，进入“程序员”模式计算器，如图 1-7 所示。其中 DEC 是十进制按钮，HEX 是十六进制按钮，BIN 是二进制按钮，OCT 是八进制按钮。

例如将十进制的 789 转换为十六进制数。先单击 DEC 按钮，通过键盘输入 789。单击 HEX 单选按钮，则文本框上的结果即为十进制 789 的十六进制值，如图 1-8 所示，单击 BIN 单选按钮，则文本框上的结果即为十进制 789 的二进制值，如图 1-9 所示。

其他进位制之间的转换类似，请读者自行练习。

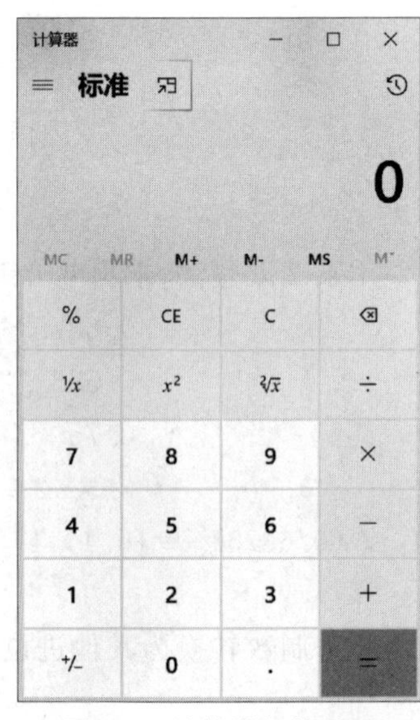

图 1-5 计算器初始界面

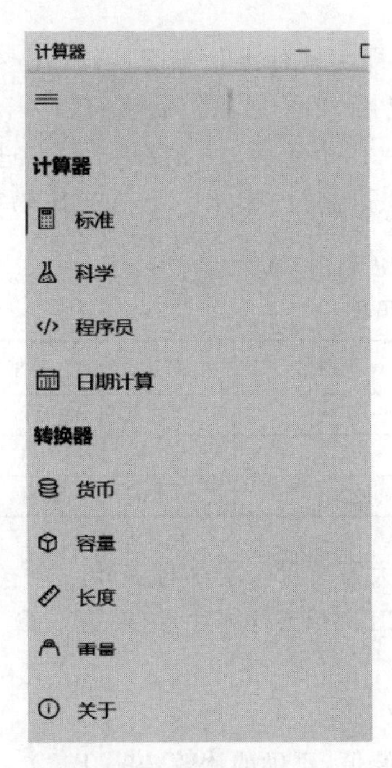

图 1-6　选择“程序员”模式

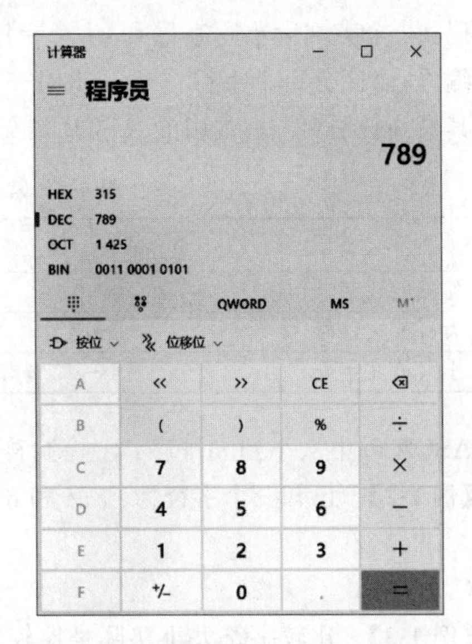

图 1-7　“程序员”模式计算器界面

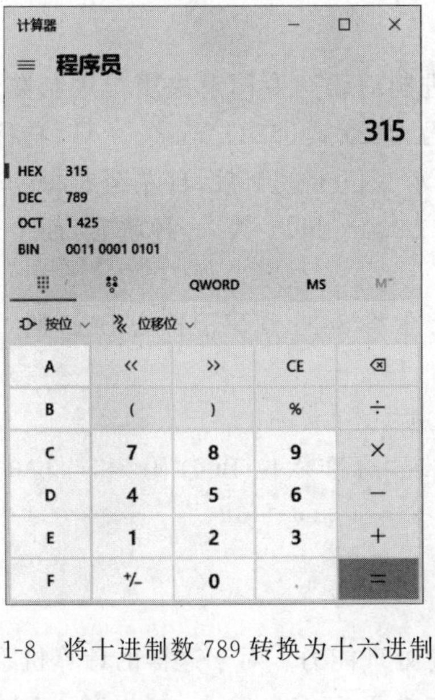

图 1-8　将十进制数 789 转换为十六进制数

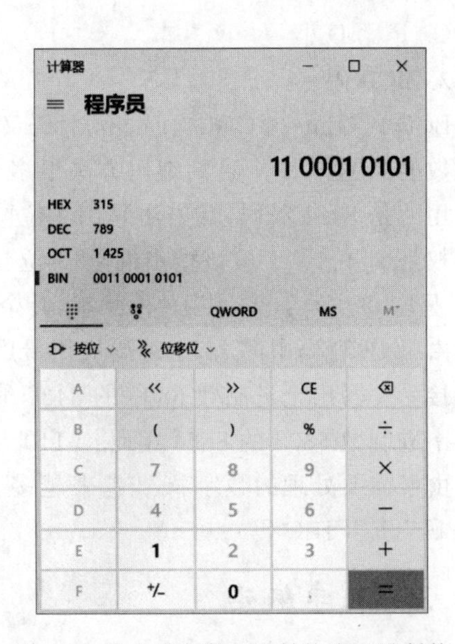

图 1-9　将十进制数 789 转换为二进制数

1.2.2　字符编码

字符是计算机中使用最多的信息形式之一，也是人与计算机通信的重要媒介。字符包括字母、数字及专门的符号，将字符变为指定的二进制符号称为二进制编码。在计算机内部，要为每个字符指定一个确定的编码，作为识别与使用这些字符的依据。

1. ASCII 码

目前计算机中使用最广泛的符号编码是 ASCII 码,即美国标准信息交换码(American Standard Code for Information Interchange)。ASCII 包括 32 个通用控制字符、10 个十进制数码、52 个英文大小写字母和 34 个专用符号,共 $128=2^7$ 个元素,故需要用 7 位二进制数进行编码,以区分每个字符。通常使用一字节(即 8 个二进制位)表示一个 ASCII 码字符,规定其最高位总是 0。常用的 ASCII 码见表 1-3。

表 1-3 常用的 ASCII 码编码表

类　型	字　符	对应的十进制数	对应的十六进制数
阿拉伯数字	0~9	48~57	30H~39H
大写英文字母	A~Z	65~90	41H~5AH
小写英文字母	a~z	97~122	61H~7AH

ASCII 码中从小到大排序:①控制符　②数字　③大写字母　④小写字母。

【例 1-2】 已知三个字符为:a、Z 和 8,按它们的 ASCII 码值升序排序,结果是(C)。

A. 8,a,Z　　B. a,Z,8
C. 8,Z,a　　D. a,8,Z

【例 1-3】 比较字符大小实际是比较它们的 ASCII 码值,正确的比较是(B)。

A. A 比 B 大　　B. H 比 h 小
C. F 比 D 小　　D. 9 比 D 大

2. BCD 码

BCD 码(Binary-Coded Decimal)码又称"二-十进制编码",专门解决用二进制数表示十进制数的问题。二-十进制编码方法很多,有 8421 码、2421 码、5211 码、余 3 码、右移码等。最常用的是 8421 编码,其方法是用 4 位二进制数表示一位十进制数,自左至右每一位对应的位权是 8、4、2、1。应该指出的是,4 位二进制数有 0000~1111 共 16 种状态,而十进制数 0~9 只取 0000~1001 共 10 种状态,其余 6 种不同。

由于 BCD 码中的 8421 编码应用最广泛,所以经常将 8421 编码混称为 BCD 码,也为人们所接受。写出十进制数 6803 的 8421 编码。

十进制数 6803 的 8421 编码:0110　1000　0000　0011

由于需要处理的数字符号越来越多,为此又出现"标准六位 BCD 码"和八位的"扩展 BCD 码"(EBCDIC 码)。

1.2.3 汉字编码

在我国推广应用计算机,必须使其具有汉字信息处理能力。对于这样的计算机系统,除了配备必要的汉字设备和接口外,还应该装配有支持汉字信息输入、输出和处理的操作系统。

汉字也是一种字符,但它远比西文字符量多且复杂,常用的汉字就有 3000~5000 个,显然无法用一个字节的编码来区分。所以,汉字通常用两个字节进行编码。1981 年我国公布的《通用汉字字符集(基本集)及其交换码标准》GB 2312—1980,共收集了 7445 个图形字符,其中汉字字符 6763 个,并分为两级,即常用的一级汉字 3755 个(按汉语拼音排序)和次常用汉字 3008 个(按偏旁部首排序),其他图形符号 682 个。为了直接用计算机键盘输入汉字,必须为汉字设计相应的编码,以满足计算机处理汉字的需要。

1. 区位码

用一串数字代表一个汉字,最常用的是国标区位码,它实际上是国标码的一种简单变形。把 GB 2312—1980 全部字符集分为 94 区,其中,1～15 区是字母、数字和图形符号区,16～55 区是一级汉字区,56～87 区是二级汉字和偏旁部首区,每个区又分为 94 位,编号也是从 01～94。这样,每一个字符便具有一个区码和一个位码,区码和位码的编码范围为 0～94。将区码置前、位码置后,组合在一起就成为区位码。例如,汉字“大”字在 20 区第 83 位,它的国标区位码为 2083。在选择区位码作为汉字输入码时,只要键入 2083,便输入了“大”字。

2. 国标码

GB 2312—1980 编码简称国标码,它规定每个图形字符由两个 7 位二进制编码表示,即每个编码需要占用两个字节,每个字节内占用 7 位信息,最高位补 0。

国标码与区位码是一一对应的。可以这样认为:区位码是十进制表示的国标码,国标码是十六进制表示的区位码。区位码转换为国标码:将某个汉字的区码和位码分别转换成十六进制后再分别加 20H。

区位码(转换成十六进制)+2020H=国标码

例如,“大”的区位码为 2083,即 20(区号) 83(位号),将其转换为国标码:

2083 (十进制)→1453H(十六进制)

1453H+2020H=3473H

故汉字“大”的区位码为 2083,其国标码为 3473H。

【例 1-4】 已知某汉字的区位码是 1221,则其国标码是(D)。

A. 7468D　　B. 3630H

C. 3658H　　D. 2C35H

解析:1212 (十进制)→0C15H(十六进制),区码和位码分别转换为十六进制。

0C15H+2020H=2C35H

3. 汉字机内码

汉字机内码是汉字在计算机内部存储、处理和传输用的信息代码,要求它与 ASCII 码兼容但又不能相同,以便实现汉字和西文的并存兼容。通常将国标码两个字节的最高位置 1 作为汉字的内码。机内码是汉字最基本的编码,不管是什么汉字系统和汉字输入方法,输入的汉字外码到机器内部都要转换成机内码,才能被存储和进行各种处理。

国标码转换为机内码等于国标码加 8080H,国标码的范围:2121H～7E7EH。

国标码+8080H=机内码

【例 1-5】 汉字“大”的国标码为 3473H,其机内码为 3473H+8080H=B4F3H。

【例 1-6】 已知一汉字的国标码是 5E48H,则其内码应该是(B)。

A. DE48H　　B. DEC8H

C. 5EC8H　　D. 7E68H

解析:5E48H+8080H=DEC8H。

4. 汉字输入码

在计算机系统处理汉字时，首先遇到的问题是如何输入汉字。汉字输入码又称为外码，是指从键盘输入汉字时采用的编码，主要有以下几类：

使用区位码输入汉字或字符，方法简单并且没有重码，但是用户不可能把区位码背诵下来，查找区位码也不方便，所以难以实现快速输入汉字或字符，通常仅用于输入一些特殊字符或图形符号。

(1) 拼音码。以汉字的汉语拼音为基础，以汉字的汉语拼音或其一定规则的缩写形式为编码元素的汉字输入码统称为拼音码，由于汉字同音字较多，因此重码率较高，输入速度较慢。

(2) 字形码。指以汉字的形状结构及书写顺序特点为基础，按照一定的规则对汉字进行拆分，从而得到若干具有特定结构特点的形状，然后以这些形状为编码元素“拼形”而成汉字的汉字输入码统称为形码。常用的五笔字型码和表形码就是采用这种编码方法。

(3) 音形码。这是一类兼顾汉语拼音和形状结构两方面特性的输入码，它是为了同时利用拼音码和拼形码两者的优点，一方面降低拼音码的重码率，另一方面减少拼形码需较多学习和记忆的困难程度而设计的。例如，双拼码、五十字元等。

不同的汉字输入方法有不同的汉字外码，即汉字的外码可以有多个，但内码只能有一个。目前已有的汉字输入编码方法有数百种，如首尾码、拼音码、表形码、五笔字型码等。一种好的汉字输入编码方法应该具备规则简单、易于记忆、操作方便、编码容量大、编码短和重码率低等特征。

5. 汉字输出码

汉字字形码用在输出时产生汉字的字形，通常采用点阵形式产生，所以汉字字形码就是确定一个汉字字形点阵的代码。全点阵字形中的每一点用一个二进制位来表示，随着字形点阵的不同，它们所需要的二进制位数也不同。例如：24×24 的字形点阵，因每字节 8 位二进制数，每行 24 个点为 3 字节，故每字 3×24 需要 72 字节；32×32 的字形点阵，每字共需 128 字节。与每个汉字对应的这一串字节，就是汉字的字形码。

【例 1-7】 存储一个 32×32 点阵的汉字字形码需要的字节数。

$$32\times32/8=128$$

【例 1-8】 存储 1024 个 24×24 点阵的汉字字形码需要的字节数是(　B　)。

A. 720B　　　　B. 72KB

C. 7000B　　　　D. 7200B

6. 各种编码之间的关系

汉字通常通过汉字输入码，并借助输入设备输入计算机内，再由汉字系统的输入管理模块进行查表或计算，将输入码(外码)转换成机器内码存入计算机存储器中。当存储在计算机内的汉字需要在屏幕上显示或在打印机上输出时，要借助汉字机内码在字模库中找出汉字的字形码，这种代码转换过程如图 1-10 所示。

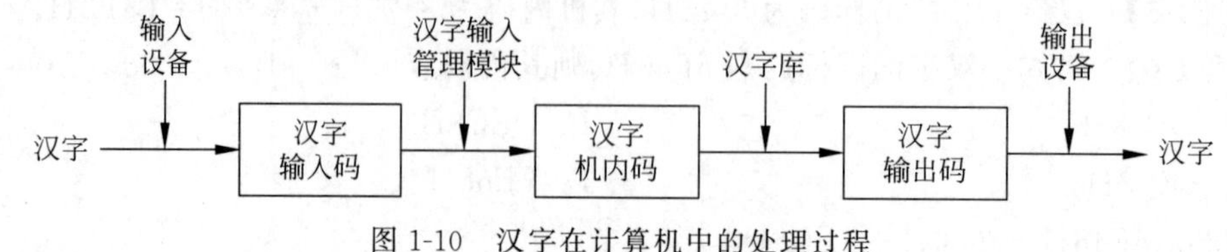

图 1-10　汉字在计算机中的处理过程

1.2.4 数的编码

前面我们讨论了字符的编码，其实质是将字符(包括 ASCII 码字符和汉字)数码化后在计算机内表示成二进制数，这个数通常被称作“机器数”。字符是非数值型数据，从算术意义上说，它们不能参与算术运算，没有大小之分，也没有正负号之说。因此，字符编码时需要考虑因素相对较少。计算机中的数据除了非数值型数据外，还有数值型数据。数值型数据有大小、正负之分，能够进行算术运算。将数值型数据全面、完整地表示成一个机器数，应该考虑三个因素：机器数的范围、机器数的符号和机器数中小数点的位置。

1. 机器数的范围

机器数的范围由硬件(CPU 中的寄存器)决定。当使用 8 位寄存器时，字长为 8 位，所以一个无符号整数的最大值是$(11111111)_2=(255)_{10}$，机器数的范围为 0～255；当使用 16 位寄存器时，字长为 16 位，所以一个无符号整数的最大值是$(FFFF)_{16}=(65535)_{10}$，机器数的范围为 0～65535。

2. 机器数的符号

在计算机内部，任何数据都只能用二进制的两个数码 0 和 1 来表示。正负数的表示也不例外，除了用 0 和 1 的组合来表示数值的绝对值大小外，其正负号也必须数码化以 0 和 1 的形式表示。通常规定最高位为符号位，并用 0 表示正，用 1 表示负。这时在一个 8 位字长的计算机中，数据的格式如图 1-11 所示。

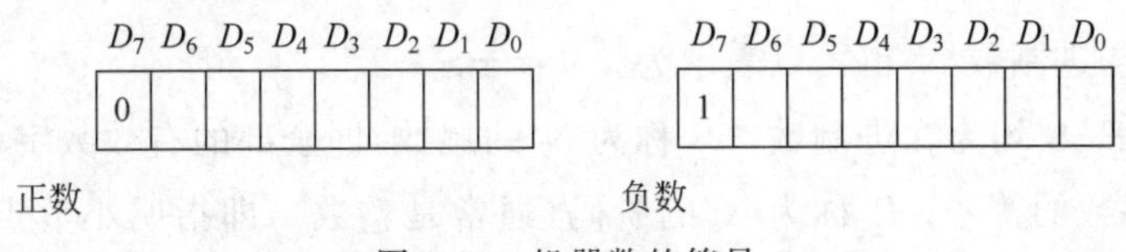

图 1-11 机器数的符号

最高位 D_7 为符号位，D_6～D_1 为数值位。这种把符号数字化，并和数值位一起编码的方法，很好地解决了带符号数的表示方法及其计算问题。这类编码方法，常用的有原码、反码、补码三种。

3. 定点数和浮点数

在计算机内部难以表示小数点。故小数点的位置是隐含的。隐含的小数点位置可以是固定的，也可以是变动的，前者表示形式称为“定点数”，后者表示形式称为“浮点数”。

1) 定点数

在定点数中，小数点的位置一旦固定，就不再改变。定点数中又有定点整数和定点小数之分。

对于定点整数，小数点的位置约定在最低位的右边，用来表示整数，如图 1-12 所示；对于定点小数，小数点的位置约定在符号位之后，用来表示小于 1 的纯小数，如图 1-13 所示。

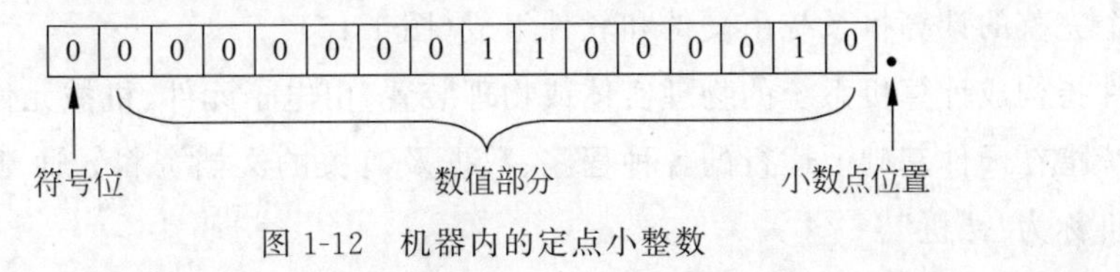

图 1-12 机器内的定点小整数

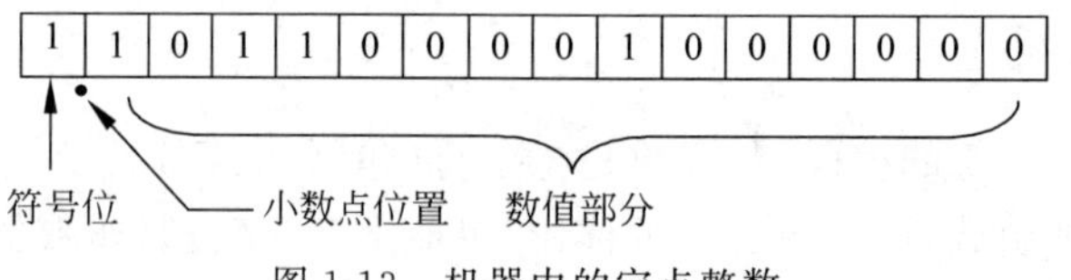

图 1-13　机器内的定点整数

【例 1-9】 设机器的定点数长度为 2 字节,用定点整数表示$(194)_{10}$。

因为$(194)_{10}$=11000010B,故机器内表示形式如图 1-11 所示。

【例 1-10】 用定点小数表示$(-0.6875)_{10}$。

因为$(-0.6875)_{10}$=-0.101100000000000B,其机内表示如图 1-12 所示。

2) 浮点数

如果要处理的数既有整数部分,又有小数部分,则采用定点数便会遇到麻烦。为此引出浮点数,即小数点位置不固定。

现将十进制数 75.24、-7.524、0.7524、-0.07524 用指数形式表示,它们分别为:

$$0.7524\times10^2、-0.7524\times10^1、0.7524\times10^0、-0.7524\times10^{-1}$$

可以看出,在原数字中无论小数点前后各有几位数,它们都可以用一个纯小数(称为尾数,有正、负)与 10 的整数次幂(称为阶数,有正、负)的乘积形式来表示,这就是浮点数的表示法。

同理,一个二进制数 N 也可以表示为:$N=\pm S\times2^{\pm P}$

式中的 N、P、S 均为二进制数。S 称为 N 的尾数,即全部的有效数字(数值小于 1),S 前面的±号是尾数的符号;P 称为 N 的阶码(通常是整数),即指明小数点的实际位置,P 前面的±号是阶码的符号。

在计算机中一般浮点数的存放形式如图 1-14 所示。

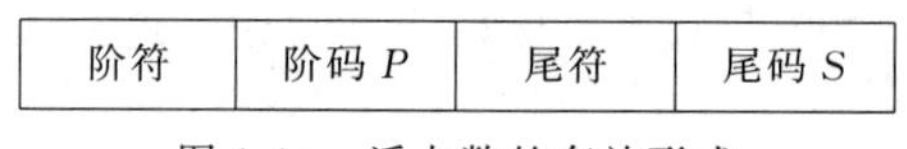

图 1-14　浮点数的存放形式

在浮点数表示中,尾数的符号和阶码的符号各占一位,阶码是定点整数,阶码的位数决定了所表示的数的范围,尾数是定点小数,尾数的位数决定了数的精度,在不同字长的计算机中,浮点数所占的字长是不同的。

1.3　计算机系统的组成

一个完整的计算机系统由硬件和软件组成(图 1-15)。

硬件指构成计算机系统的物理实体或物理装置,由电子元件、机械元件、集成电路构成。软件系统指在硬件基础上运行的各种程序、数据及有关的文档资料。通常把没有软件系统的计算机称为“裸机”。

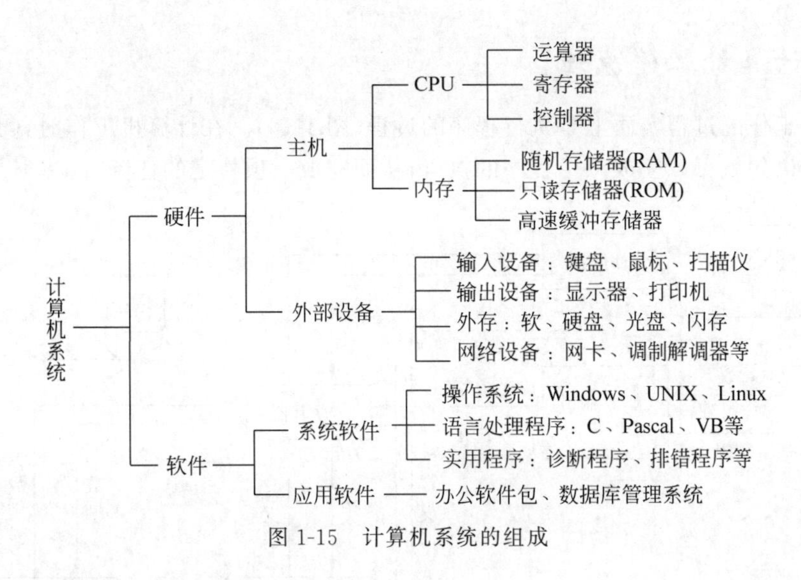

图 1-15　计算机系统的组成

1.3.1　计算机硬件系统

计算机的硬件由五大部分构成,也称冯·诺依曼结构,由输入设备、存储器、运算器、控制器、输出设备构成。

1. 输入设备

输入设备是将用户的程序、数据和命令输入计算机的内存器的设备。最常用的输入设备是键盘,常用的输入设备还有鼠标、扫描仪等。

2. 存储器

存储器具有记忆功能,用来保存信息,如数据、指令和运算结果等。

存储器可分为两种：内存储器与外存储器。

内存储器简称为内存,用来存储当前要执行的程序和数据以及中间结果和最终结果。内存储器由许多存储单元组成,每个存储单元都有自己的地址。外存储器简称为外存,用来存储大量暂时不参与运算的数据和程序,以及运算结果。

3. 运算器

运算器即 ALU(Arithmetic Logical Unit),是计算机对数据进行加工处理的部件。

它的主要功能是对二进制数码进行加、减、乘、除等算术运算和与、或、非等基本逻辑运算,实现逻辑判断。运算器在控制器的控制下实现其功能,运算结果由控制器指挥送到内存储器中。

4. 控制器

控制器是用来控制计算机各部件协调工作,并使整个处理过程有条不紊地进行。

它的基本功能就是从内存中取指令和执行指令,然后根据该指令功能向有关部件发出控制命令,执行该指令。另外,控制器在工作过程中,还要接收各部件反馈回来的信息。

通常把运算器和控制器合称为中央处理器(Center Processing Unit,CPU)。

5. 输出设备

输出设备是将计算机运算和处理结果输出的设备。最常用的输出设备是显示器和打印机,常用的输出设备还有绘图仪等。

1.3.2　计算机工作原理

计算机工作的过程实质上是执行程序的过程(图1-16)。在计算机工作时,CPU逐条执行程序中的语句就可以完成一个程序的执行,从而完成一项特定的任务。

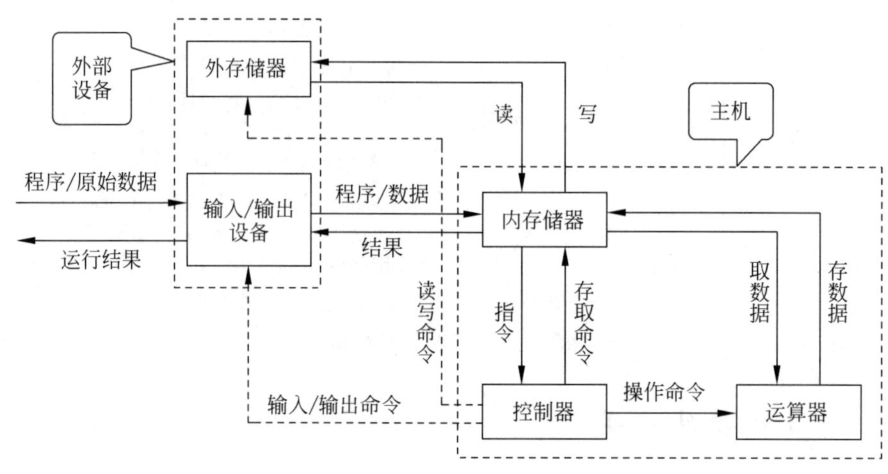

图1-16　计算机工作原理图

计算机在执行程序中,先将每个语句分解成一条或多条机器指令,然后根据指令顺序,一条指令一条指令地执行,直到遇到结束运行的指令为止。而计算机执行指令的过程又分为取指令、分析指令和执行指令三步。即:从内存中取出要执行的指令并送到CPU中,分析指令要完成的动作,然后执行操作,直到遇到结束运行程序的指令为止。

在计算机工作中有三种信息在流动:数据信息、指令信息和控制信息。

数据信息是指各种原始数据、中间结果、源程序等。这些信息由输入设备送到内存中。在运算过程中,数据从外存读入内存,由内存到CPU的运算器进行运算,运算后将计算结果再存入外存,或经输出设备输出。指令信息是指挥计算机工作的具体操作命令。而控制信息是由全机的指挥中心控制器发出的,根据指令向计算机各部件发出控制命令,协调计算机各部分的工作。

1.3.3　计算机软件系统

计算机软件系统包括系统软件和应用软件。系统软件一般由计算机厂商提供,应用软件是为解决某一问题而由用户或软件公司开发的。

1. 系统软件

系统软件是指管理、监控和维护计算机资源(包括硬件及软件)的软件,它主要包括操作系统、各种语言处理程序以及各种工具软件等。

1) 操作系统

操作系统(Operating System,OS)是控制和管理计算机硬件和软件资源、合理地组织计算机工作流程并方便用户充分且有效地使用计算机资源的程序集合,操作系统是系统软件的“核心”,是用户与计算机之间的接口,也是其他系统软件和应用软件能够在计算机上运行的基础。

目前，计算机上常用的操作系统有：DOS、Windows、UNIX、Linux 等，其中基于图形界面、多任务的 Windows 操作系统使用最为广泛。

2）程序设计语言及处理程序

人们要利用计算机解决实际问题，一般首先要编写程序。程序设计语言就是用来编写程序的语言，它是人与计算机之间交换信息的工具。程序设计语言一般分为机器语言、汇编语言和高级语言三大类。

（1）机器语言。机器语言由二进制数组成，是计算机硬件系统能直接识别的计算机语言，不需要翻译，由操作码和操作数组成。操作码指出应该进行什么操作，操作数指出参与操作的数本身或它在内存中的地址。

使用机器语言编写程序，工作量大、难于记忆、容易出错、调试修改麻烦，但执行速度快。机器语言承受机器型号不同而异，不具备通用性，不可移植，因此说它是“面向机器”的语言。

（2）汇编语言。汇编语言用助记符代替操作码，用地址符号代替操作数。由于这种“符号化”的做法，所以汇编语言也称为符号语言。用汇编语言编写的程序称为汇编语言“源程序”。汇编语言“源程序”不能直接运行，需要用“汇编程序”把它翻译成机器语言程序后，方可执行，这一过程称为“汇编”。

汇编语言“源程序”比机器语言程序易读、易检查、易修改，同时又保持了机器语言执行速度快、占用存储空间少的优点。汇编语言也是“面向机器”的语言，不具备通用性和可移植性。

（3）高级语言。高级语言相当于自然语言，高级语言是由各种意义的“词”和“数学公式”按照一定的“语法规则”组成的。

高级语言最大的优点是“面向问题，而不是面向机器”。这不仅使问题的表述更加容易，简化了程序的编写和调试，大大提高编程效率；同时还因这种程序与具体机器无关，所以有很强的通用性和可移植性。

目前，高级语言有面向过程和面向对象之分。传统的高级语言，严于律己，一般是面向过程的，如 Basic、Fortran、Pascal、C、FoxBase 等。随着面向对象技术的发展和完善，面向对象的程序设计方法和程序设计语言，以其独有的优势，得到普遍推广应用，并有完全取代面向过程的程序设计方法和程序设计语言的趋势，目前流行的面向对象的程序设计语言有：Visual Basic、Visual C++、Delphi、Visual FoxPro、Java、Python 等。

3）工具软件

工具软件又称服务软件，它是开发和研制各种软件的工具，常见的工具软件有诊断程序、调试程序、编辑程序等。这些工具软件为用户编制计算机程序及使用计算机提供了方便。

诊断程序：诊断程序是面向计算机维护的一种软件，功能是诊断计算机各部件能否正常工作。例如，对微机加电后，一般都首先运行 ROM 中的一段自检程序，以检查计算机系统是否能正常工作。这段自检程序就是一种最简单的诊断程序。

调试程序：调试程序是程序开发者的重要工具，用于对程序尤其大型程序进行调试。例如，DEBUG 就是一般 PC 系统中常用的一种调试程序。

编辑程序：编辑程序是计算机系统中不可缺少的一种工具软件。主要用于输入、修改、编辑程序或数据。

2. 应用软件

应用软件是指专门为解决某个应用领域内的具体问题而编制的软件,由于计算机的应用几乎已渗透到了各个领域,所以应用程序也是多种多样的。

常用的应用软件有以下几种:

- 各种信息管理软件。
- 各种文字处理软件。
- 各种计算机辅助设计软件和辅助教学软件。
- 实时控制软件。
- 各种软件包,如数值计算程序库、图形软件包等。

1.3.4 微型计算机的构成

以上内容介绍的是通用计算机的有关知识。而我们工作和生活使用的计算机一般指的是微型计算机。我们从组装一台微型计算机来介绍其各部分组成。

1. 主板

计算机的主板,又称母板。打开计算机的机箱,就会看到有一个部件将所有部件连接在一起,那就是主板。通过主板,计算机的所有部件可以得到电源并相互通信。主板是计算机关键部件之一,主板上的 CPU、内存插槽、芯片组以及 ROM BIOS 决定了这台计算机的档次。目前,主板的集成度越来越高,可以将声卡、显卡、网卡都可以集成在主板上,芯片数越来越少、故障率逐步降低、速度及稳定性增高,同时也降低了主板的价格。计算机主板如图 1-17 所示。

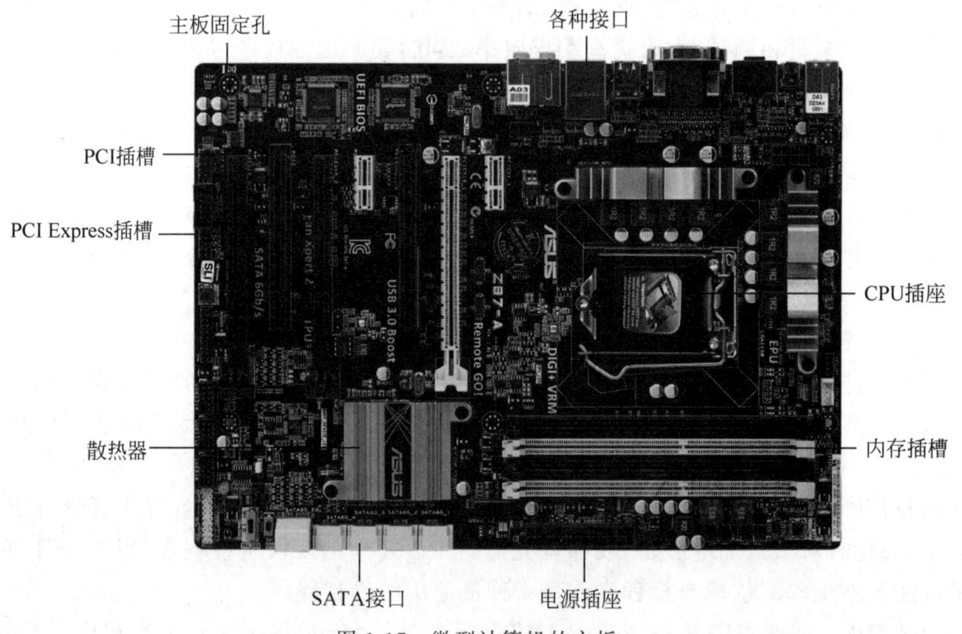

图 1-17 微型计算机的主板

几乎计算机中的所有部件都插接在主板上,主板的品牌很多,有华硕、技嘉、微星、建碁、精英等。主要参数有 CPU 的类型、所支持的内存类型、IDE 设备和 I/O 接口标准(如

ULTRADMA33/66/100 等)、扩展槽数量、系统监控及 BIOS 特殊功能等。

2. 中央处理器 CPU

CPU 是计算机的核心部件,可以直接访问内存储器。它主要是由运算器、控制器、寄存器等组成,并采用超大规模集成电路制成芯片。运算器的主要功能是完成各种算术运算、逻辑运算。控制器的主要功能是从内存中读取指令,并对指令进行分析,按照指令的要求控制各部件工作。寄存器是在处理器内部的暂时存储部件,寄存器的位数是影响 CPU 性能与速度的一个重要因素。CPU 的性能指标直接影响微机的性能,主要参数是字长和主频。CPU 的主要生产商有 Intel、AMD、VIA、IBM、IDT 及 RISE 等,目前以 Intel 和 AMD 为最主要的 CPU 厂商。CPU 的主要参数有时钟和频率、主频和外频、超频、前端总线频率、缓存、制造工艺、接口类别、封装技术等。图 1-18 为 Intel 公司的四核至强 X5365。

图 1-18　微处理器 CPU

CPU 的主要性能指标:

(1) 主频。主频是 CPU 的时钟频率(CPU Clock Speed)。主频越高,CPU 的运算速度也就越快。但由于内部其他器件的不同,不是所有时钟频率相同的 CPU 性能都一样。目前,CPU 的主频可达 2GHz 以上。

(2) 字与字长。计算机内部作为一个整体参与运算、处理和传送的一串二进制数,称为一个"字"(Word)。字是计算机内 CPU 进行数据处理的基本单位。一般将计算机数据总线所包含的二进制位数称为字长。字长的大小直接反映计算机的数据处理能力,字长越长,一次可处理的数据二进制位越多,运算能力就越强,计算精度就越高。目前,微型计算机字长有 8 位、16 位、32 位和 64 位等。

(3) 时钟频率。时钟频率即 CPU 的外部时钟频率(即外频),它直接影响 CPU 与内存之间的数据交换速度。数据带宽=(时钟频率 * 数据宽度)/8。时钟频率由计算机主板提供。Intel 公司的芯片组 BX 提供 100MHz 的时钟频率,815、845 芯片组提供 133MHz 的时钟频率,目前,CPU 外频已经达到了 200MHz 以上。

(4) 地址总线宽度。地址总线宽度决定了 CPU 可以访问的物理地址空间。简单地说就是 CPU 能够使用多大容量的内存。假设 CPU 有 n 根地址线,则其可以访问的物理地址为 $2n$。目前,微型计算机地址总线有 8 位、16 位、32 位等。

(5) 数据总线宽度。数据总线负责整个系统的数据流量的大小,数据总线宽度决定了 CPU 与二级高速缓存、内存以及输入输出设备之间一次数据传输的信息量。

(6) 内部缓存(L1 Cache、L2 Cache)。封闭在 CPU 芯片内部的高速缓存,用于暂时存储 CPU 运算时的部分指令和数据,存取速度与 CPU 主频一致。L1、L2 缓存的容量单位一般为 KB。L1 缓存越大,CPU 工作时与存储速度较慢的 L2 缓存和内存间交换数据的次数越少,相对计算机的运算速度越快。

Intel 公司的 CPU 型号主要有:

奔腾双核、赛扬双核是比较低端的处理器,只能满足上网、办公、看电影使用;酷睿 i3 是中端的处理器,可以理解为精简版的酷睿 i5,满足上网、办公、看电影外,可以玩网络游戏或大型单机游戏;酷睿 i5 是高端的处理器,满足上网、办公、看电影外,可以玩大型网络游戏,大型单机游戏,并且可以开较高的游戏效果;酷睿 i7 是发烧级处理器,常用的网络应用都可以,还能以最高效果运行发烧级大型游戏;如今酷睿 i9 也已经全新推出。

AMD 公司的 CPU 型号主要有以下几种。

闪龙系列:单核心、双核心(低端),只能满足上网、办公、看电影使用;

速龙系列:双核心、三核心、四核心、多核心(中端),满足上网、办公、看电影外,可以玩网络游戏或大型单机游戏;

羿龙系列:双核心、三核心、四核心、六核心(高端),发烧级处理器,常用的网络应用都可以,还能以最高效果运行发烧级大型游戏。

3. 存储器

微型计算机存储器分内存储器和外存储器。

1) 内存储器

微机内部直接与 CPU 交换信息的存储器称主存储器或内存储器。其主要功能是存放计算机运行时所需要的程序和数据。

(1) 内存储器的分类:微机的内存储器分为随机存储器(Random Access Memory,RAM)、只读存储器(Read Only Memory ,ROM)、高速缓冲存储器(Cache)。

① 随机存储器(RAM)。RAM 中的内容随时可读、可写,断电后 RAM 中的信息全部丢失。RAM 用于存放当前运行的程序和数据。根据制造原理不同,RAM 可分为静态随机存储器(SRAM)和动态随机存储器(DRAM)。DRAM 较 SRAM 电路简单,集成度高,但速度较慢,微机的内存一般采用 DRAM。目前微机中常用的内存以内存条的形式插于主机板上,如图 1-19 所示。常用的容量为 2GB、4GB、8GB、16GB 等。

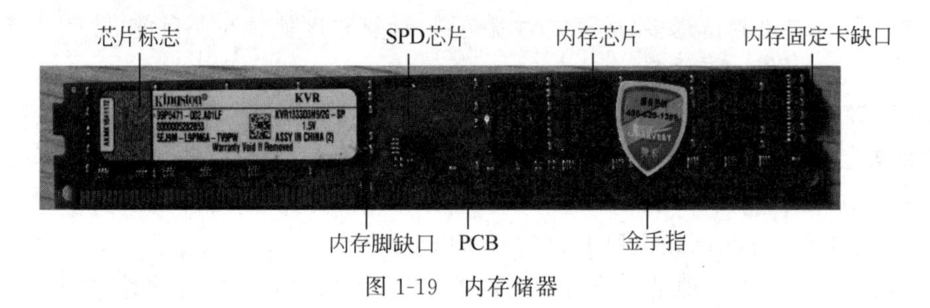

图 1-19 内存储器

② 只读存储器(ROM)。只能读出事先所存数据的固态半导体存储器,英文简称 ROM。ROM 所存数据一般是装入整机前事先写好的,整机工作过程中只能读出,而不像随机存储器那样能快速地、方便地加以改写。ROM 所存数据稳定,断电后所存数据也不会改变;其结构较简单,读出较方便,因而常用于存储各种固定程序和数据,如开机自检程序等内容。

③ 高速缓冲存储器(Cache)。随着微电子技术的不断发展,CPU 的主频不断提高。主存由于容量大、寻址系统繁多、读写电路复杂等原因,造成了主存的工作速度大大低于 CPU 的工作速度,直接影响了计算机的性能。为了解决主存与 CPU 工作速度上的矛盾,设计者们在 CPU 和主存之间增设一级容量不大、但速度很高的高速缓冲存储(Cache)(图 1-20),高速缓冲存储器(Cache)实际上是为了把由 DRAM 组成的大容量内存储器都看做是高速存储器而设置的小容量局部存储器,一般由高速 SRAM 构成。这种局部存储器是面向 CPU 的,引入它是为减小以至消除 CPU 与内存之间的速度差异对系统性能带来的影响。

Cache 的有效性是利用了程序对存储器的访问在时间上和空间上所具有的局部区域性，即对大多数程序来说，在某个时间片内会集中重复地访问某一个特定的区域。因此采用 Cache 可以提高系统的运行速度。Cache 由静态存储器（SRAM）构成，常用的容量为 128KB、256KB、512KB。在高档微机中为了进一步提高性能，还把 Cache 设置成二级或三级。

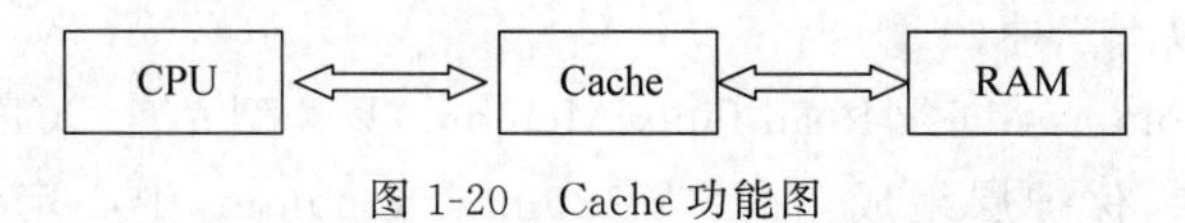

图 1-20　Cache 功能图

(2) 内存的性能指标。对存储器主要要求有：存储容量大，存取速度快，稳定可靠，经济性能好。存储器的性能指标主要有以下几项：

① 存储容量。存储器可以容纳的二进制信息量称为存储容量，通常以 RAM 的存储容量来表示微型计算机的内存容量。存储器的容量以字节(Byte)为单位，1 字节为 8 个二进制位(bit)。常用的单位还有 KB、MB、GB、TB 等。

② 存取周期。存取周期指存储器进行两次连续、独立的操作(读写)之间所需的最短时间，单位为 ns(纳秒)。存储器的存取周期是衡量主存储器工作速度的重要指标。

③ 功耗。这个指标反映了存储器耗电量的大小，也反映了发热程度。功耗小，对存储器的工作稳定有利。

2) 外存储器

外存储器又称为辅助存储器，用来长期保存数据、信息，主要包括：软盘存储器、硬盘存储器、光盘存储器、优盘等。由于软盘很容易坏损，目前配置微机已不再安装软盘。

(1) 硬盘。硬盘片是由涂有磁性材料的铝合金构成，读写硬盘时，磁性圆盘高速旋转产生的托力使磁头悬浮在盘面上而不接触盘面，硬盘容量视具体类型而定。目前常用的硬盘容量在 500GB～8TB，转速为 7200rpm。

硬盘的结构如图 1-21 所示。

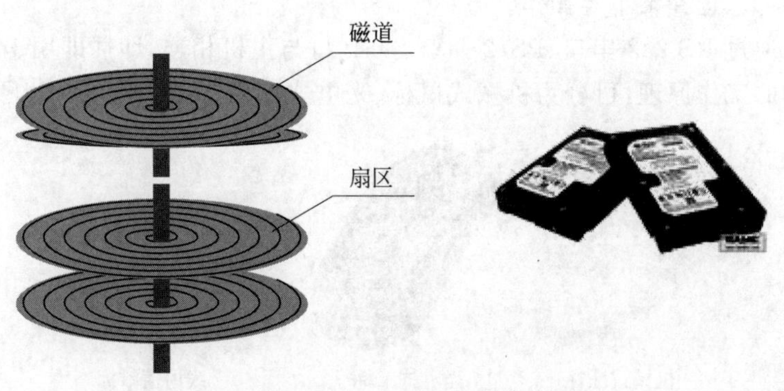

图 1-21　硬盘示意图及硬盘外观图

(2) 光盘。随着多媒体技术的发展，光盘存储器的适用越来越普遍。光盘又称 CD (Compact Disc，压缩盘)，由于其存储容量大，存储成本低、易保存，因此在微机中得到了广泛的应用。光盘一般采用丙烯树脂做基片，表面涂布一层碲合金或其他介质的薄膜，通过激光在光盘上产生一系列的凹槽来记录信息。利用金属盘片表面凹凸不平的特征，通过光的反射强度来记录和识别二进制的0、1信息。光盘一般直径为5.25in，分为只读(Read-Only)、一次写入(Write Once)和可擦式(Erasable)等几种。只读式光盘(CD-ROM)是用得最广泛的一种，其容量一般为650MB。与光盘配套使用的光盘驱动器的发展也非常快，从最初的单倍速、双倍速到8倍速、20、32、40倍速等，目前使用比较广泛的是40倍速的光驱，其中1倍速为150Kb/S。

常见的光盘有以下三种。

- CD-ROM(Compact Disk Read Only Memory)只读型光盘。CD-ROM由基底层、记录层、反射层、保护层组成，直径为120mm或80mm，中心定位孔直径15mm，厚1.2mm。CD-ROM中的程序或数据预先由生产厂家写入，用户只能读出，不能改变其内容。
- CD-R(CD-Recordable)一次写入型光盘。CD-R是一种一次性写、多次读的光盘，信息的存放格式与只读光盘CD-ROM相同，其材质中多了一层刻录层，可以用CD-R刻录机通过刻录软件向CD-R中一次性写入数据。
- CD-RW(CD-Rewriteable)可重写刻录型光盘。CD-RW技术先进，可以重复刻录，但价格较贵。

(3) 可移动外存储器。可移动外存储器包括U盘和移动硬盘。目前很多数码产品都可以当做U盘使用，例如MP3、MP4、MP5、手机等。U盘与主机的USB口相连接，在Windows 2000以上的系统中使用，无需安装驱动程序，可即插即用。目前U盘的容量基本都在4GB以上，可靠性远高于软盘，其价格便宜，深受计算机用户的喜爱。可直接插USB口的硬盘称为移动硬盘，其容量通常在80GB以上。

4. 鼠标与键盘

鼠标与键盘，常称为输入设备。

1) 鼠标

鼠标是微机最基本的输入设备，通过移动鼠标可以快速定位屏幕上的对象，从而实现执行命令、设置参数、选择菜单等操作。

鼠标可以通过RS-232串口、PS/2插口、USB口与主机相连，即插即用。

按照不同的工作原理，可分为机械式鼠标、光电式鼠标、无线遥控鼠标(图1-22)。

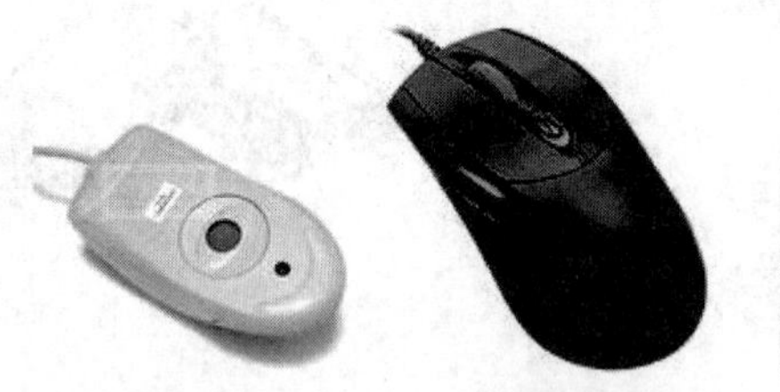

机械式鼠标　　光电式鼠标　　无线遥控鼠标

图1-22　鼠标

机械式鼠标：鼠标内有一个圆的实心橡皮球，在它的上下方向和左右方向各有一个转轮和它相接触，这两个转轮各连接着一个光栅轮，光栅轮的两侧各有一个发光二极管和光敏电阻。当鼠标移动时，橡皮球滚动，并带动两个飞轮转动，光敏电阻便感受到光线的变化，并把信号传送给主机。

光电式鼠标：光电式鼠标的内部有红外光发射和接收装置，它利用光的反射来确定鼠标的移动。当光电式鼠标在反射板上移动时，光源发出的光经反射后，再由鼠标器接收，并将鼠标移动的信息转换为编码信号送入计算机。

无线遥控鼠标：无线遥控鼠标又可分为：红外无线型鼠标和电波无线型鼠标。红外无线型鼠标一定要对准红外线发射器后才可以活动自如；而电波无线型鼠标较为灵活，但价格较贵。

2）键盘

键盘（图 1-23）是最常用的输入设备，它可以将英文字母、汉字、数字、标点符号等输入计算机中，从而向计算机输入数据、文本、程序和命令。

图 1-23　键盘

键盘按其按键的功能和排列位置可分为：打字机键、功能键、光标控制键和数字小键盘四部分。

计算机键盘中各主要键的功能如表 1-4 所示。

表 1-4　键盘中各主要键的功能

键	作　用	说　明
Esc	释放键	取消当前的操作。在 DOS 下废除当前行，等待新的输入
Space	空格键	按一下产生一个空格
Backspace	退格键	删除光标左侧的字符
Shift	换挡键	同时按下 Shift 和具有两挡字符的键，上挡符起作用
Tab	跳格制表定位	按一次光标向右跳 8 个字符位置
Caps Lock	大小写转换	按下此键 Caps Lock 灯亮，处于大写状态，否则为小写
NumLock	数字锁定转换	NumLock 灯亮，小键盘数字键起作用，否则下挡有效
Del	删字符	按一次删除光标右侧一个字符
Ins	插入/覆盖转换	插入状态时在光标左侧插入字符，否则覆盖当前字符
Ctrl	控制键	此键与其他键配合使用时可产生各种功能效果
Alt	控制键	又称替换键，具有与 Ctrl 键相似的作用
Enter	回车键	光标移到下一行
PrintScreen	打印屏幕	将屏幕上的内容打印
PageUp	向前翻页	光标快速定位到上一页
PageDown	向后翻页	光标快速定位到下一页

5. 显示器

显示器又称为“监视器”，是计算机中标准的输出设备。

1) 显示器的分类

按能显示的色彩种类的多少,可分为单色显示器和彩色显示器;按显示器件不同有阴极射线管显示器(CRT)(如图1-24所示)、液晶显示器(LCD)(如图1-25所示)、发光二极管(LED)、等离子体(PDP)、荧光(VF)等平板显示器;按显示方式的不同有图形显示方式的显示器和字符显示方式的显示器;按照显像管外观不同有球面屏幕、平面直角屏幕、柱面屏幕等几种。

图1-24 阴极射线管显示器(CRT)

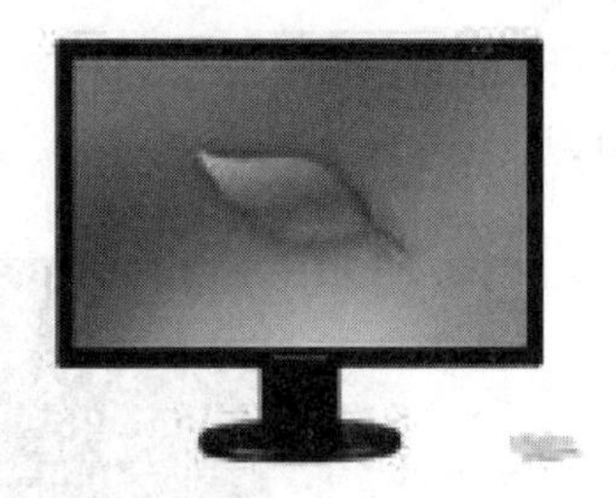

图1-25 液晶显示器(LCD)

按显示方式分类:分为字符显示方式和图形显示方式两种。

字符显示方式是把要显示字符的编码送入主存储器中的显示缓冲区,再由显示缓冲区送往字符发生器(ROM构成),将字符代码转换成字符的点阵图形,最后通过视频控制电路送给显示器显示。字符显示的最大分辨率为80×25。图形显示方式是直接将显示字符或图形的点阵送往显示缓冲区,再由显示控制电路送到显示器显示。这种显示方式的分辨率可高达1600×1200,甚至更高。

2) 显示器的主要技术参数

(1) 屏幕尺寸:指显示器的对角线长度,以英寸为单位(1in=2.54cm),常见的显示器为15in、17in、19in、21in等。

(2) 点距:点距指屏幕上的相邻像素点之间的距离。点距越小,显示器的分辨率越高。常见的显示器的点距有0.20、0.25、0.26、0.28等。

(3) 分辨率:指显示屏幕上可以容纳的像素点的个数,通常写成“水平点数”×“垂直点数”的形式。例如,800×600、1024×768等。显示器的分辨率受点距和屏幕尺寸的限制,也和显示卡有关。

(4) 灰度和颜色深度:灰度指像素点亮度的级别数,在单色显示方式下,灰度的级数越多,图像层次越清晰。颜色深度指计算机中表示色彩的二进制数,一般有1位、4位、8位、16位、24位,24位可以表示的色彩数为1600多万种。

(5) 刷新频率:指每秒钟内屏幕画面刷新的次数。刷新的频率越高,画面闪烁越小。通常是75~90Hz。

(6) 扫描方式:水平扫描方式分为隔行扫描和逐行扫描。隔行扫描指在扫描时每隔一行扫一行,完成一屏后再返回来扫描剩下的行;逐行扫描指扫描所有的行。隔行扫描的显示器比逐行扫描闪烁得更厉害,也会让使用者的眼睛更疲劳。现在的显示器采用的都是逐行扫描方式。

3）显示适配器

显示适配器又称显卡，它是连接CPU与显示器的接口电路。显卡的工作原理是：CPU将要显示的数据通过总线传送给显示芯片；显示芯片对数据进行处理后，送到显示缓存；显示缓存读取数据后将其送到RAMDAC进行数/模转换，然后通过VGA接口送到显示器显示。

6. 打印机

打印机用于将计算机运行结果或中间结果等信息打印在纸上。利用打印机不仅可以打印文字，也可以打印图形、图像。因此打印机已成为微机中重要的输出设备。

1）打印机的分类

按输出方式分为：逐行打印机和逐字打印机。逐行打印机是按"点阵"逐行打印，打印机自上而下每次动作打印一行点阵；逐字打印机则是按"字符"逐行打印，打印机自左至右每次动作打印一个字符的一列点阵。

按打印颜色分为：单色打印机和彩色打印机。

按工作方式分为：击打式打印机和非击打式打印机。击打式打印机噪声大、速度慢、打印质量差，但是价格便宜，常用的针式打印机。非击打式打印机的噪声小、速度快、打印质量高，但价格较贵，常用的有激光打印机、喷墨打印机。

2）打印机的工作原理及特点

(1) 针式打印机。其工作原理是：在指令的控制下，打印机不断敲打在循环的色带上，将色带的墨打印在纸上。针式打印机一般有9针、24针，常用的是24针。针式打印机的特点是：噪声大、精度低，但价格便宜、对纸张的要求低。针式打印机主要用于打印票据或具有复写功能的纸张。

(2) 激光打印机。激光打印机是60年代末Xerox公司发明的，采用的是电子照相(Electro-photo-graphy)技术。该技术利用激光束扫描光鼓，通过控制激光束的开与关使传感光鼓吸与不吸墨粉，光鼓再把吸附的墨粉转印到纸上而形成打印结果。激光打印机的整个打印过程可以分为控制器处理阶段、墨影及转印阶段。激光打印机的特点是：分辨率高、打印质量好、打印速度快，是目前主流使用的打印机。

(3) 喷墨打印机。目前喷墨打印机按打印头的工作方式可以分为压电喷墨技术和热喷墨技术两大类型。

压电喷墨打印机是将许多小的压电陶瓷放置到喷墨打印机的打印头喷嘴附近，利用它在电压作用下会发生形变的原理，适时地把电压加到它的上面。压电陶瓷随之产生伸缩使喷嘴中的墨汁在打印纸上。

热喷墨打印机是利用电阻加热喷墨打印机的喷头，使其中的墨水汽化，将墨水喷在打印纸上。喷墨打印机的特点是：打印速度较高，分辨率较高。但由于其耗材价格较高，目前使用该种打印机的用户很少。

3）打印机主要技术参数

打印分辨率：用DPI(点/英寸)表示。激光和喷墨打印机一般都能达到600DPI。

打印速度：可用CPS(字符/秒)表示或用"页/分钟"表示。

打印纸最大尺寸：一般打印机采用的是A4幅面。

1.3.5 如何购买笔记本电脑

目前计算机已成为我们日常生活与学习不可缺少的工具,特别是近几年受新冠病毒的影响,在特殊时期采用线上授课与学习,计算机是主要采用的工具之一。在学校很多学科都需要使用计算机,因此,每一个大学生都必备一台计算机。为了方便携带与使用,大多学生使用的都是笔记本电脑。如何购买笔记本电脑应从以下几方面考虑。

1. 确定预算和需求

一切购买笔记本的前提都是围绕预算去选择的,对于大学生而言由于预算有限,在考虑笔记本电脑更多考虑性价比高,建议从下面三个档次预算去选择。

(1) 3000元以下低端,办公用户首选。

(2) 3000~5000元中端,商务用户。

(3) 5000元以上,高配置体验,游戏玩家。

知道了预算之后就要针对自己的需求来选择,清楚自己购买笔记本电脑的主要用途,这样可避免配置过剩或者因为没有达到自己的需求而后悔。

2. 看配置

购买笔记本电脑前需要清楚的基本配置。

1) CPU处理器

两家生产CPU主流厂商分别是Intel和AMD。

Intel处理器包括:

- CPU系列:最常见的酷睿系列i9、i7、i5、i3,性能分别是i9>i7>i5>i3(仅针对同代同类型处理器对比)。
- CPU代数:代表是第几代CPU,通常来说数字越大,性能越好。如i5-9300H为第九代,i5-7200U为第七代。
- CPU类型:分为低压和标压两种,标注在CPU型号的后缀。Y、U代表低压,H、M、Q、X代表标压,标压CPU:性能强,功耗大,热量大,续航时间短。低压CPU:功耗低,产热量小,性能略差,续航时间长。

AMD处理器包括:

锐龙(Ryzen)系列:和Intel的酷睿一样分为低压和标压版,最新的低压版型号为R5 3500U和R7 3700U,标压版为R5 3550H和R7 3750H。其中低压锐龙与低压酷睿水平相当,标压版略逊于酷睿。

2) 显卡

主要处理图形,分为核显/集显和独显。如果需要做平面设计、图形图像处理、工程制图、玩大型游戏或视频处理等,则需要独立显卡,一般的办公用或文字处理,则采用集成显卡就够用。

(1) 核显/集显。集成显卡是焊接到主板上面的,核显就是将显卡的显示芯片集成在CPU内部,所以它也是集显的分支。

(2) 独显。独显自带独立显存,不占用系统内存,目前主流的厂商是NVIDIA和AMD。

NVIDIA:

20系列性能从高到低依次为:GeForce RTX 2080Ti/2080/2070/2060。

16 系列性能从高到低依次为：GeForce RTX 1660Ti/1660/1650。

10 系列性能从高到低依次为：GeForce RTX 1080Ti/1080/1070Ti/1070/1060/1050。

AMD：

Radeon RX Vega 系列：Radeon RX Vega 64/56。

Radeon RX 500 系列：Radeon RX 590/580/570/560XT/560/550。

Radeon RX 400 系列：Radeon RX 480/470/460。

3）内存

目前的计算机内存基本是 4GB 以上了，想要让计算机运行更快，建议都是 8GB 以上。

4）硬盘

硬盘分为机械和固态，机械硬盘空间大、传输慢、价格便宜，固态硬盘空间小、传输快、价格高。

如果条件允许可使用固态硬盘当系统盘，再加一个机械硬盘存储资料，目前的笔记本电脑使用固态硬盘基本能够满足用户的需求。

5）显示器

显示器配置注意下面事项：

(1) 虽然分为 IPS 和 TN 屏，但是建议选择 IPS!

(2) 目前主流分辨率选择 1080P 以上。

(3) 色域：屏幕可显示颜色的范围，100%sRGB≈72%NTSC>45%NTSC，对于设计要求尽量选择高色域屏幕。

1.4 计算机病毒及其防范

1.4.1 计算机病毒概述

1. 计算机病毒的概念

计算机病毒(Computer Virus)在《中华人民共和国计算机信息系统安全保护条例》中被明确定义，病毒指“编制或者在计算机程序中插入的破坏计算机功能或者破坏数据，影响计算机使用并且能够自我复制的一组计算机指令或者程序代码”。而在一般教科书及通用资料中被定义为：利用计算机软件与硬件的缺陷，由被感染机内部发出的破坏计算机数据并影响计算机正常工作的一组指令集或程序代码。计算机病毒最早出现在 20 世纪 70 年代 David Gerrold 科幻小说 *When H.A.R.L.I.E. was One*。最早科学定义出现在 1983：在 Fred Cohen(南加大)的博士论文“计算机病毒实验”“一种能把自己(或经演变)注入其他程序的计算机程序”。启动区病毒、宏(Macro)病毒、脚本(Script)病毒也是相同概念，传播机制同生物病毒类似，生物病毒是把自己注入细胞之中。

2. 计算机病毒的产生

病毒不是来源于突发或偶然的原因。一次突发的停电和偶然的错误，会在计算机的磁盘和内存中产生一些乱码和随机指令，但这些代码是无序和混乱的，病毒则是一种比较完美的，精巧严谨的代码，按照严格的秩序组织起来，与所在的系统网络环境相适应和配合起来，病毒不会通过偶然形成，并且需要有一定的长度，这个基本的长度从概率上来讲是不可能通过随机代码产生的。现在流行的病毒是由人为故意编写的，多数病毒可以找到作者和产地信息。从大量的统计分析来看，病毒作者主要目的是：一些天才的程序员为了表现自己和证明自己的能力，出于对上司的不满，为了好奇，为了报复，为了祝贺和求爱，为了得到控制口令，为了软件拿不到报酬预留的陷阱等。当然也有因政治、军事、宗教、民族、专利等方面的需求而专门编写的，其中也包括一些病毒研究机构和黑客的测试病毒。

3. 计算机病毒的特点

计算机病毒具有以下几个特点：

(1) 寄生性：计算机病毒寄生在其他程序之中，当执行这个程序时，病毒就起破坏作用，而在未启动这个程序之前，它是不易被人发觉的。

(2) 传染性：计算机病毒不但本身具有破坏性，更有害的是具有传染性，一旦病毒被复制或产生变种，其速度之快令人难以预防。传染性是病毒的基本特征。在生物界，病毒通过传染从一个生物体扩散到另一个生物体。在适当的条件下，它可得到大量繁殖，并使被感染的生物体表现出病症甚至死亡。同样，计算机病毒也会通过各种渠道从已被感染的计算机扩散到未被感染的计算机，在某些情况下造成被感染的计算机工作失常甚至瘫痪。当在一台机器上发现了病毒时，往往曾在这台计算机上用过的可移动磁盘也已感染上了病毒，而与这台机器相联网的其他计算机也许也被该病毒染上了。是否具有传染性是判别一个程序是否为计算机病毒的最重要特征。

(3) 潜伏性：有些病毒像定时炸弹一样，让它什么时间发作是预先设计好的。比如黑色星期五病毒，不到预定时间一点都觉察不出来，等到条件具备一下子就爆发，对系统进行破坏。一个编制精巧的计算机病毒程序，进入系统之后一般不会马上发作，可以在几周或者几个月内甚至几年内隐藏在合法文件中，对其他系统进行传染，而不被人发现，潜伏性愈好，其在系统中的存在时间就会愈长，病毒的传染范围就会愈大。潜伏性的第一种表现是指，病毒程序不用专用检测程序是检查不出来的，因此病毒可以静静地躲在磁盘或磁带里呆上几天，甚至几年，一旦时机成熟，得到运行机会，就四处繁殖、扩散。潜伏性的第二种表现是指，计算机病毒的内部往往有一种触发机制，不满足触发条件时，计算机病毒除了传染外不做什么破坏。触发条件一旦得到满足，有的在屏幕上显示信息、图形或特殊标识，有的则执行破坏系统的操作，如格式化磁盘、删除磁盘文件、对数据文件做加密、封锁键盘以及使系统死锁等。

(4) 隐蔽性：计算机病毒具有很强的隐蔽性，有的可以通过病毒软件检查出来，有的根本就查不出来，有的时隐时现、变化无常，这类病毒处理起来通常很困难。

(5) 破坏性：计算机中毒后，可能会导致正常的程序无法运行，计算机内的文件被删除或受到不同程度的损坏。通常表现为：增、删、改、移。

(6) 计算机病毒的可触发性：病毒因某个事件或数值的出现，诱使病毒实施感染或进行攻击的特性称为可触发性。为了隐蔽自己，病毒必须潜伏，少做动作。如果完全不动，一直潜伏的话，病毒既不能感染也不能进行破坏，便失去了杀伤力。病毒既要隐蔽又要维持杀伤力，它必须具有可触发性。病毒的触发机制就是用来控制感染和破坏动作的频率的。病毒具有预定的触发条件，这些条件可能是时间、日期、文件类型或某些特定数据等。病毒运行时，触发机制检查预定条件是否满足，如果满足，启动感染或破坏动作，使病毒进行感染或攻击；如果不满足，则病毒继续潜伏。

4. 计算机病毒分类

根据多年对计算机病毒的研究，按照科学的、系统的、严密的方法，计算机病毒可分类如下：

(1) 按照计算机病毒属性的方法进行分类：

根据病毒存在的媒体，病毒可以划分为网络病毒、文件病毒、引导型病毒。网络病毒通过计算机网络传播感染网络中的可执行文件，文件病毒感染计算机中的文件（如：COM、EXE、DOC 等），引导型病毒感染启动扇区（Boot）和硬盘的系统引导扇区（MBR），还有这三种情况的混合型，例如：多型病毒（文件和引导型）感染文件和引导扇区两种目标，这样的病毒通常都具有复杂的算法，它们使用非常规的办法侵入系统，同时使用了加密和变形算法。

(2) 按照计算机病毒传染的方法进行分类：

根据病毒传染的方法可分为驻留型病毒和非驻留型病毒，驻留型病毒感染计算机后，把自身的内存驻留部分放在内存（RAM）中，这一部分程序挂接系统调用并合并到操作系统中去，它处于激活状态，一直到关机或重新启动。非驻留型病毒在得到机会激活时并不感染计算机内存，一些病毒在内存中留有小部分，但是并不通过这一部分进行传染，这类病毒也被划分为非驻留型病毒。

(3) 根据病毒破坏的能力可划分为以下几种：

无害型：除了传染时减少磁盘的可用空间外，对系统没有其他影响。

无危险型：这类病毒仅仅是减少内存、显示图像、发出声音等。

危险型：这类病毒在计算机系统操作中造成严重的错误。

非常危险型：这类病毒删除程序、破坏数据、清除系统内存区和操作系统中重要的信息。这些病毒对系统造成的危害，并不是本身的算法中存在危险的调用，而是当它们传染时会引起无法预料的和灾难性的破坏。由病毒引起其他的程序产生的错误也会破坏文件和扇区。一些现在的无害型病毒也可能会对 DOS、Windows 和其他操作系统造成破坏。

(4) 根据病毒特有的算法，病毒可以划分为：

① 伴随型病毒，这一类病毒并不改变文件本身，它们根据算法产生 EXE 文件的伴随体，具有同样的名字和不同的扩展名（COM），例如：XCOPY. EXE 的伴随体是 XCOPY. COM。病毒把自身写入 COM 文件并不改变 EXE 文件，当 DOS 加载文件时，伴随体优先被执行到，再由伴随体加载执行原来的 EXE 文件。

② “蠕虫”型病毒，通过计算机网络传播，不改变文件和资料信息，利用网络从一台机器的内存传播到其他机器的内存、计算网络地址，将自身的病毒通过网络发送。有时它们在系统存在，一般除了内存不占用其他资源。

③ 寄生型病毒，除了伴随和“蠕虫”型，其他病毒均可称为寄生型病毒，它们依附在系统的引导扇区或文件中，通过系统的功能进行传播，按其算法不同可分为：

- 练习型病毒，病毒自身包含错误，不能进行很好的传播，例如一些病毒在调试阶段。
- 诡秘型病毒，它们一般不直接修改 DOS 中断和扇区数据，而是通过设备技术和文件缓区等 DOS 内部修改，不易看到资源，使用比较高级的技术。利用 DOS 空闲的数据区进行工作。
- 变型病毒（又称幽灵病毒），这一类病毒使用一个复杂的算法，使自己每传播一份都具有不同的内容和长度。它们一般的作法是一段混有无关指令的解码算法和被变化过的病毒体组成。

5. 用户计算机中毒的24种症状

(1) 计算机系统运行速度减慢。

(2) 计算机系统经常无故发生死机。

(3) 计算机系统中的文件长度发生变化。

(4) 计算机存储的容量异常减少。

(5) 系统引导速度减慢。

(6) 丢失文件或文件损坏。

(7) 计算机屏幕上出现异常显示。

(8) 计算机系统的蜂鸣器出现异常声响。

(9) 磁盘卷标发生变化。

(10) 系统不识别硬盘。

(11) 对存储系统异常访问。

(12) 键盘输入异常。

(13) 文件的日期、时间、属性等发生变化。

(14) 文件无法正确读取、复制或打开。

(15) 命令执行出现错误。

(16) 虚假报警。

(17) 换当前盘。有些病毒会将当前盘切换到C盘。

(18) 时钟倒转。有些病毒会命名系统时间倒转,逆向计时。

(19) Windows操作系统无故频繁出现错误。

(20) 系统异常重新启动。

(21) 一些外部设备工作异常。

(22) 异常要求用户输入密码。

(23) Word或Excel提示执行"宏"。

(24) 使不应驻留内存的程序驻留内存。

【知识拓展】 IT史上所出现的重大病毒

1. Elk Cloner(1982年)

它被看作攻击个人计算机的第一款全球病毒,也是所有令人头痛的安全问题先驱者。它通过苹果Apple Ⅱ软盘进行传播。这个病毒被放在一个游戏磁盘上,可以被使用49次。在第50次使用的时候,它并不运行游戏,取而代之的是打开一个空白屏幕,并显示一首短诗。

2. Brain(1986年)

Brain是第一款攻击运行微软DOS操作系统的病毒,可以感染360K软盘的病毒,该病毒会填满软盘上未用的空间,而导致它不能再被使用。

3. Morris(1988年)

Morris病毒程序利用了系统存在的弱点进行入侵,Morris设计的最初目的并不是搞破坏,而是用来测量网络的大小。但是,由于程序的循环没有处理好,计算机会不停地执行、复制Morris,最终导致死机。

4. CIH(1998年)

CIH病毒是迄今为止破坏性最严重的病毒,也是世界上首例破坏硬件的病毒。它发作时不仅破坏硬盘的引导区和分区表,而且破坏计算机的BIOS,导致主板损坏。此病毒是由台湾大学生陈盈豪研制的,据说他研制此病毒的目的是纪念1986年的灾难或是让反病毒软件难堪。

5. Melissa(1999年)

Melissa是最早通过电子邮件传播的病毒之一,当用户打开一封电子邮件的附件,病毒会自动发送到用户通信簿中的前50个地址,因此这个病毒在数小时之内传遍全球。

6. Love bug(2000年)

Love bug也通过电子邮件附近传播,它利用了人类的本性,把自己伪装成一封求爱信来欺骗收件人打开。这个病毒以其传播速度和范围让安全专家吃惊。在数小时之内,这个小小的计算机程序征服了全世界范围之内的计算机系统。

7. "红色代码"(2001年)

"红色代码"被认为是史上最昂贵的计算机病毒之一,这个自我复制的恶意代码"红色代码"利用了微软IIS服务器中的一个漏洞。该蠕虫病毒具有一个更恶毒的版本,被称作红色代码Ⅱ。这两个病毒除了可以对网站进行修改外,被感染的系统性能还会严重下降。

8. Nimda(2001年)

尼姆达(Nimda)是历史上传播速度最快的病毒之一,在上线22分钟之后就成为传播最广的病毒。

9. "冲击波"(2003年)

冲击波病毒的英文名称是Blaster,还被叫做Lovsan或Lovesan,它利用了微软软件中的一个缺陷,对系统端口进行疯狂攻击,可以导致系统崩溃。

10. "震荡波"(2004年)

震荡波是又一个利用Windows缺陷的蠕虫病毒,震荡波可以导致计算机崩溃并不断重启。

11. "熊猫烧香"(2007年)

熊猫烧香会使所有程序图标变成熊猫烧香,并使它们不能应用。

12. "扫荡波"(2008年)

同冲击波和震荡波一样,也是个利用漏洞从网络入侵的程序。而且正好在黑屏事件,大批用户关闭自动更新以后,这更加剧了这个病毒的蔓延。这个病毒可以导致被攻击者的机器被完全控制。

13. Conficker(2008年)

Conficker.C病毒原来要在2009年3月进行大量传播,然后在4月1日实施全球性攻击,引起全球性灾难。不过,这个病毒实际上没有造成什么破坏。

14. "木马下载器"(2009年)

计算机在中了该病毒后会产生1000～2000个木马病毒,导致系统崩溃。

15. "鬼影病毒"(2010年)

该病毒成功运行后,在进程中、系统启动加载项里找不到任何异常,同时即使格式化重装系统,也无法彻底清除该病毒。犹如"鬼影"一般"阴魂不散",所以称为"鬼影"病毒。

1.4.2 计算机病毒的防范

为了防止计算机病毒的蔓延和扩散,避免计算机病毒给用户造成危害,每个计算机用户都必须加强对计算机病毒的防范。预防计算机病毒的主要方法是切断病毒的传播途径。对于微型计算机而言,单机之间计算机病毒传染的主要媒介是可移动存储设备,包括U盘、移动硬盘、数码设备、手机等。网络上的病毒可以直接通过网络操作传播。

1. 计算机病毒的防范

(1) 计算机中必须要安装杀毒软件,并且杀毒软件的病毒库要经常更新,以快速检测到可能入侵计算机的新病毒或者变种。常用的杀毒软件有:卡巴基斯 Kaspersky Anti-Virus (AVP) Personal、瑞星杀毒软件、金山毒霸、江民杀毒软件、NOD32、360杀毒软件等。

(2) 使用安全监视软件(和杀毒软件不同),主要防止浏览器被异常修改,安装不安全的恶意插件。

(3) 使用防火墙或者杀毒软件自带的防火墙。

(4) 关闭计算机自动播放并对计算机和移动存储设备进行常见病毒免疫。

(5) 定时进行全盘病毒木马扫描。

2. 远离计算机病毒的注意事项

(1) 建立良好的安全习惯。对一些来历不明的邮件及附件不要打开,不要上一些不太了解的网站,不要执行从 Internet 下载后未经杀毒处理的软件等,这些必要的习惯会使计算机更安全。

(2) 关闭或删除系统中不需要的服务。默认情况下,许多操作系统会安装一些辅助服务,如 FTP 客户端、Telnet 和 Web 服务器。这些服务为攻击者提供了方便,而又对用户没有太大用处,如果删除它们,就能大大减少被攻击的可能性。

(3) 经常升级安全补丁。据统计,有80%的网络病毒是通过系统安全漏洞进行传播的,像蠕虫王、冲击波、震荡波等,所以应该定期下载最新的系统安全补丁,以防范于未然。

(4) 使用复杂的密码。有许多网络病毒是通过猜测简单密码的方式攻击系统的,因此使用复杂的密码,将会大大提高计算机的安全系数。

(5) 迅速隔离受感染的计算机。当计算机发现病毒或异常时应立刻断网,以防止计算机受到更多的感染,或者成为传播源,再次感染其他计算机。

(6) 了解一些病毒知识。这样就可以及时发现新病毒并采取相应措施,在关键时刻使自己的计算机免受病毒破坏。如果能了解一些注册表知识,可以定期看一看注册表的自启动项是否有可疑键值;如果了解一些内存知识,可以经常看看内存中是否有可疑程序。

(7) 最好安装专业的杀毒软件进行全面监控。在病毒日益增多的今天,使用杀毒软件进行防毒,是越来越经济的选择,不过用户在安装了反病毒软件之后,应该经常进行升级,将一些主要监控经常打开(如邮件监控、内存监控等),遇到问题要上报,这样才能真正保障计算机的安全。

(8) 用户还应该安装个人防火墙软件进行防黑。由于网络的发展,用户计算机面临的黑客攻击问题也越来越严重,许多网络病毒都采用了黑客的方法来攻击用户计算机,因此,用户还应该安装个人防火墙软件,将安全级别设为中、高,这样才能有效地防止网络上的黑客攻击。

1.5 计算机前沿技术

随着信息时代的发展，计算机技术正发生着日新月异的变化，本节简要介绍物联网、云计算、大数据等新兴技术。

1.5.1 物联网

物联网是互联网基础上的延伸和扩展的网络，将各种信息传感设备与互联网结合起来而形成的一个巨大网络，实现在任何时间、任何地点，人、机、物的互联互通。

1. 物联网的定义

物联网(Internet of things，IoT)的定义是通过射频识别(Radio Frequency Identification，RFID)、红外感应器、全球定位系统、激光扫描器等信息传感设备，按约定的协议，把任何物品与互联网相连接，进行信息交换和通信，以实现对物品的智能化识别、定位、跟踪、监控和管理，达到对物理世界实时控制、精确管理和科学决策的目的。

2. 物联网技术架构

物联网技术架构主要分为3层，分别是感知层、网络层和应用层。

(1) 感知层。主要负责感知信息，承担感知信息作用的传感器，一直是工业领域和信息技术领域发展的重点。

(2) 网络层。主要负责传输信息，传感器感知到基础设施和物品信息后，需要通过网络传输到后台进行处理。

(3) 应用层。主要负责处理信息，物联网概念下的信息处理技术有分布式协同处理、云计算、群集智能等。

3. 物联网的发展

物联网概念最早出现于比尔·盖茨1995年编写的《未来之路》一书中，只是当时限于无线网络、硬件及传感设备的发展，并未引起世人的重视。

我国中科院早在1999年就启动了传感网(物联网的别称)的研究，建立了一些适用的传感网。同年，在美国召开的移动计算和网络国际会议提出“传感网是下一个世纪人类面临的又一个发展机遇”。

2003年，美国《技术评论》提出传感网络技术将是未来改变人们生活的十大技术之首。

2005年11月17日，国际电信联(International Telecommunication Union，ITU)发布了《ITU互联网报告2005：物联网》，正式提出了“物联网”的概念。

2017年1月，工业和信息化部发布《信息通信行业发展规划物联网分册(2016—2020年)》，明确指出我国物联网加速进入“跨界融合、集成创新和规模化发展”新阶段，并对各项指标制定了目标。

2019年6月26日至28日，以“智联万物”为主题的世界移动大会(MWC19)在上海新国际博览中心举行。在政策、经济、社会、技术等因素的驱动下，GSMA提出，2019—2022年复合增长率为9%左右；预计到2022年，中国物联网产业规模将超过2万亿元。

4. 物联网的关键技术

(1) 射频识别技术。射频识别技术是一种简单的无线系统，由一个询问器(或阅读器)

和很多应答器(或标签)组成。通过在各种产品和设备上贴上RFID标签,企业可以实时跟踪其库存和资产。

(2) 传感器技术。传感器可以采集大量信息,它是许多装备和信息系统必备的信息摄取手段。

(3) 网络与通信技术。传感器网络通信技术主要包括广域网络通信和近距离通信两个方面。

(4) M2M系统框架。M2M(Machine-to Machine)是一种以机器终端智能交互为核心的、网络化的应用与服务,它将使对象实现智能化的控制。M2M基于云计算平台和智能网络,可以依据传感器网络获取的数据进行决策,改变对象的行为进行控制和反馈。

(5) 数据的挖掘与融合。从海量的数据中及时挖掘出隐藏信息和有效数据。

5. 物联网的应用

物联网的应用领域涉及物流、交通、安防、能源、医疗、建筑、制造、家居、零售和农业等,下面简要介绍几种典型应用。

(1) 智能交通。物联网与交通的结合主要体现在人、车、路的紧密结合,使得交通环境得到改善,交通安全得到保障,资源利用率在一定程度上也得到提高。比如对道路交通状况实时监控并将信息及时传递给驾驶人员,让驾驶人员及时做出出行调整,有效缓解了交通压力;高速路口设置道路自动收费系统(Electronic Toll Collection,ETC),提升车辆的通行效率;公交车上安装定位系统,乘客能及时了解公交车行驶路线及到站时间,节省出行时间;结合物联网技术与移动支付技术,共享车位资源,提高车位利用率等。

(2) 智能家居。智能家居是物联网在家庭中的基础应用,随着宽带业务的普及,智能家居产品涉及方方面面。家中无人,可利用手机等产品客户端远程操作智能空调,调节室温,甚至还可以学习用户的使用习惯,从而实现全自动的温控操作;通过客户端实现智能灯泡的开关、调控灯泡的亮度和颜色等;插座内置WiFi,可实现遥控插座定时通断电流,甚至可以监测设备用电情况,生成用电图表让用户对用电情况一目了然;用户即使出门在外,也可在任意时间、任何地方看家中任何角落的家居产品的位置、状态、变化等实时状况,及时了解安全隐患。看似烦琐的种种家居生活因为物联网变得更加轻松、美好。

(3) 公共安全。利用物联网技术可以智能感知大气、土壤、森林、水资源等方面各指标数据,实时监测环境的不安全性情况,提前预防、实时预警、及时采取应对措施,对于改善人类生活环境发挥巨大作用。

1.5.2 云计算

"云"实质上就是一个网络,云计算指的是通过网络"云"将巨大的数据计算处理程序分解成无数个小程序,然后,通过多部服务器组成的系统进行处理和分析,这些小程序得到结果并返回给用户。云计算(Cloud Computing)不是一种全新的网络技术,而是一种全新的网络应用概念,云计算的核心概念就是以互联网为中心,在网站上提供快速且安全的云计算服务与数据存储,让每一个使用互联网的人都可以使用网络上的庞大计算资源与数据中心。

1. 云计算的定义

狭义云计算就是一种提供资源的网络,使用者可以随时获取"云"上的资源,按需求量使用,并且可以看成是无限扩展的,只要按使用量付费就可以。

广义云计算是与信息技术、软件、互联网相关的一种服务的交付和使用模式，指通过网络以按需、易扩展的方式获得所需的服务，这种服务可以是和软件互联网相关的，也可以是任意其他的服务。云计算把许多计算资源集合起来，通过软件实现自动化管理，只需要很少的人参与，就能让资源被快速提供。也就是说，计算能力作为一种商品，可以在互联网上流通，就像水、电、煤气一样，可以方便地取用，且价格较为低廉。

目前有关云计算的定义有很多，但总体上来说，云计算的核心是可以将很多的计算机资源协调在一起，云计算具有很强的扩展性和需要性，可以为用户提供一种全新的体验，使用户通过网络就可以获取到无限的资源，同时获取的资源不受时间和空间的限制。

2. 云计算的特点

云计算的可贵之处在于高灵活性、可扩展性和高性比等，与传统的网络应用模式相比，其具有如下优势与特点：

(1) 虚拟化技术。虚拟化突破了时间、空间的界限，是云计算最为显著的特点，虚拟化技术包括应用虚拟和资源虚拟两种。物理平台与应用部署的环境在空间上是没有任何联系的，正是通过虚拟平台对相应终端操作完成数据备份、迁移和扩展等。

(2) 动态可扩展。用户可以利用应用软件的快速部署条件来更为简单快捷地将自身所需的已有业务及新业务进行扩展。在对虚拟化资源进行动态扩展的情况下，同时能够高效扩展应用，提高计算机云计算的操作水平。

(3) 按需部署。计算机包含了许多应用、程序软件等，不同的应用对应的数据资源库不同，因此用户运行不同的应用需要较强的计算能力对资源进行部署，而云计算平台能够根据用户的需求快速配备计算能力及资源。

(4) 灵活性高。云计算的兼容性非常强，不仅可以兼容低配置机器、不同厂商的硬件产品，还能够通过外设获得更高性能计算。

3. 云计算的发展

云计算的历史可以追溯到 1956 年，Christopher Strachey 发表了一篇有关虚拟化的论文，正式提出虚拟化的概念。虚拟化是现在云计算基础架构的核心，是云计算发展的基础。而后随着网络技术的发展，逐渐孕育了云计算的萌芽。

2006 年 8 月 9 日，Google 首席执行官埃里克·施密特(Eric Schmidt)在搜索引擎大会(Sessanjose2006)首次提出“云计算”的概念。这是云计算发展史上第一次正式地提出这概念，有着巨大的历史意义。

2006 年，Amazon 公司就开始在效用计算的基础上通过 Amazon Web Services 提供接入服务。在技术上，Amazon 公司研发了弹性计算云 EC2 和简单存储服务，为企业提供计算和存储服务。

2007 年 10 月，Google 公司与 IBM 公司联合宣布，将把全球多所大学纳入类似 Google 公司的云计算平台之中。同年 11 月份，IBM 推出了“蓝云”计算平台，为客户带来即买即用的云计算平台。2007 年以来，“云计算”成为计算机领域最令人关注的话题之一，同样也是大型企业、互联网公司着力研究的重要方向。因为云计算的提出，互联网技术和 IT 服务出现了新的模式，引发了一场变革。

2008 年，Microsoft 公司发布其公共云计算平台(Windows Azure Platform)，由此拉开了 Microsoft 公司的云计算大幕。同样云计算在国内也起一场风波，许多大型网络公司纷纷加入云计算的阵列。

2009年1月,阿里巴巴公司在江苏南京建立首个“电子商务云计算中心”。同年11月,中国移动云计算平台“大云”计划启动。到现阶段,阿里云计算已经发展到较为成熟的阶段。

2010年,云安全联盟(Cloud Security Alliance,CSA)和Novell共同宣布了一项名为“可信任云协议”的计划,帮助云服务提供商开发被业界认可的安全和可互操作身份识别、访问和一致性管理的配置系统。

同样来源于市场调查公司Gartner的数据,全球公有云服务市场的体量,在2017年达到了2400亿美元。其中,在亚洲尤其在中国,有最高的云服务增长率。

4. 云计算的应用

云计算技术已经融入现今的社会生活,最为常见的就是网络搜索引和网络邮箱,典型的应用主要有如下几种。

(1) 存储云。又称云存储,是在云计算技术上发展起来的一个新的存储技术。用户可以将本地的资源上传至云端,可以在任何地方联入互联网来获取云端的资源。存储云向用户提供了存储容器服务、备份服务、归档服务和记录管理服务等,大大方便了使用者对资源的管理。

(2) 医疗云。是指在云计算、大数据、物联网等新技术基础上,结合医疗技术,实现了医疗资源的共享和医疗范围的扩大。现在医院的预约挂号、电子病历、联网医保等都是云计算与医疗领域结合的产物,医疗云还具有数据安全、信息共享、动态扩展、布局全国的优势。

(3) 金融云。是指利用云计算的模型,将信息、金融和服务等功能分散到庞大的分支机构构成的互联网“云”中,旨在为银行、保险和基金等金融机构提供互联网处理和运行服务,同时共享互联网资源,从而解决现有问题并且达到高效、低成本的目标。

(4) 教育云。云计算在教育领域中的应用称为“教育云”,教育云可以将所需要的任何教育硬件资源虚拟化,然后将其传入互联网中,以向教育机构和学生、教师提供一个方便快捷的平台。现在流行的幕课就是教育云的一种典型应用。

1.5.3 大数据

人工智能的发展离不开大数据的支撑,伴随着人工智能的发展,大数据的作用日益重要。

1. 大数据的定义

麦肯锡全球研究所给出的定义是:一种规模大到在获取、存储、管理、分析方面大大超出了传统数据库软件工具能力范围的数据集合,具有海量的数据规模、快速的数据流转、多样的数据类型和价值密度低四大特征。

2. 大数据的特征

尽管各个机构对大数据的定义描述不完全一样,但从中可以看出大数据具有以下的特征。

(1) 数量庞大。例如,一个中等规模城市的视频监控信息一天就能产生几百TB的数据量。

(2) 种类繁多。随着传感器、智能设备、社交媒体、物联网、移动计算等新的数据媒介不断涌现,产生的数据类型不计其数。

(3) 速度极快。大数据的数据产生速度快，例如，Facebook 每日增加的数据超过500TB，因此要求数据处理和分析的速度也要快，用传统的数据分析方式很难完成任务，需要与之匹配的新的技术架构和分析方法。

(4) 价值不菲。目前，大数据已为不同学科的研究工作提供了宝贵机遇，体现了其科研价值。麦肯锡全球研究院称：大数据可为世界经济创造巨大价值，提高企业和公共部门的生产力和竞争力，并为消费者创造巨大的经济利益。

3. 大数据的发展

2008 年末，"大数据"得到部分美国知名计算机科学研究人员的认可，业界组织计算社区联盟(Computing Community Consortium)，发表了一份有影响力的白皮书《大数据计算：在商务、科学和社会领域创建革命性突破》，此组织可以说是最早提出大数据概念的机构。

2010 年，肯尼斯·库克尔发表大数据专题报告《数据，无所不在的数据》，库克尔也因此成为最早洞察大数据时代趋势的数据科学家之一。

2011 年，IBM 的沃森超级计算机每秒可扫描并分析 4TB(约 2 亿页文字量)的数据量，并在美国著名智力竞赛电视节目《危险边缘》上击败两名人类选手而夺冠。同年 5 月麦肯锡发布报告《大数据：创新、竞争和生产力的下一个新领域》，大数据开始备受关注，这是专业机构第一次全方面地介绍和展望大数据。

2012 年，在瑞士达沃斯召开的世界经济论坛上，大数据是主题之一，论坛上发布的报告《大数据，大影响》宣称，数据已经成为一种新的经济资产类别，就像货币或黄金一样。2013 年，互联网巨头纷纷发布机器学习产品，IBM Watson 系统、微软小冰、苹果 Siri 标志着大数据进入深层价值阶段。

2014 年 4 月，世界经济论坛以"大数据的回报与风险"主题发布了《全球信息技术报告(第 13 版)》。全球大数据产业的日趋活跃、技术演进和应用创新的加速发展，使各国政府逐渐认识到大数据在推动经济发展、改善公共服务，增进人民福利，乃至保障国家安全方面的重大意义。

2015 年，我国国务院正式印发《促进大数据发展行动纲要》，明确指出推动大数据发展和应用，在未来 5～10 年打造精准治理、多方协作的社会治理新模式，建立运行平稳、安全高效的经济运行新机制，构建以人为本、惠及全民的民生服务新体系，开启大众创业、万众创新的创新驱动新格局，培育高端智能、新兴繁荣的产业发展新生态。标志着大数据正式上升到国家战略。

2016 年，我国大数据"十三五"规划出台，涉及的内容包括，推动大数据在工业研发、制造、产业链全流程各环节的应用；支持服务业利用大数据建立品牌、精准营销和定制服务等。

2019 年，我国 31 个省级行政区相继发布了大数据相关的发展规划，十几个省(区、市)设立了大数据管理局，8 个国家大数据综合试验区、11 个国家工程实验室启动建设。大数据相关政策加快完善。

2020 年 5 月，我国工业和信息化部发布《工业和信息化部关于工业大数据发展的指导意见》，坚持以习近平新时代中国特色社会主义思想为指导，深入贯彻党的十九大和十九届二中、三中、四中全会精神，牢固树立新发展理念，按照高质量发展要求，促进工业数据汇聚共享、深化数据融合创新、提升数据治理能力、加强数据安全管理，着力打造资源富集、应用繁荣、产业进步、治理有序的工业大数据生态体系。

4. 大数据的关键技术

大数据技术主要从各种类型的数据中快速获得有价值信息的技术。大数据处理关键技术一般包括:大数据采集、大数据预处理、大数据存储及管理、大数据分析及挖掘、大数据展现和应用。

1) 大数据采集技术

数据采集是指通过传感器、社交网络、通信终端、企业平台、移动互联网等方式获得的海量数据,是大数据知识服务模型的根本。采集到的数据有结构化、非结构化和半结构化数据。大数据采集途径主要有如下4个方面。

(1) 数据库采集。通过采集SQL、NoSQL等数据库中的内容,并在这些数据库之间进行负载均衡和分片,完成采集工作。

(2) 系统日志采集。收集企业业务平台上日常产生的大量日志数据,提供离线和在线的大数据分析系统使用。如Apache Kafk、Apache Flume等数据采集平台。

(3) 网络数据采集。通过网络爬虫抓取网站上的数据信息。如八爪鱼网络信息采集工具。

(4) 物联网数据采集。通过物联网系统从物联网消费者设备收集数据,如安全系统、智能电器、智能电视和可穿戴健康装置等。

2) 大数据预处理技术

大数据预处理是对原始数据进行初步处理,为后续的数据分析提供一个相对完整的数据集。大数据预处理主要完成对已接收数据的抽取、清洗、集成、规约等操作。

3) 大数据存储及管理技术

大数据时代的存储及管理技术主要有以下3种。

(1) 虚拟化存储。虚拟化存储是指对存储硬件(内存、硬盘等)进行统一管理,并通过虚拟化软件对存储硬件进行抽象化表现。通过一个或多个服务,统一提供一个全面的服务功能。

(2) 云存储。云存储是在云计算的概念上衍生和发展出来的新概念,是指通过集群应用、网络技术或分布式文件系统等功能,是网络中大量不同类型的存储设备通过应用软件集合起来协同工作,共同对外提供数据存储和访问功能的一个系统。

(3) 分布式存储。分布式存储是通过大规模集群环境来存储数据,集群中的每个节点不仅要负责数据计算,同时还要存储一部分数据。集群中所有节点存储的数据之和才是完整的数据,集群中专门设置管理节点对数据的存储进行管理。

4) 大数据的应用

在我国,大数据已得到了广泛的重视,目前重点应用于电商行业、金融行业以及政府决策和公共服务方面。除此以外,在医学、教育、体育运动等许多领域也都展开了应用。

(1) 电商行业。

电商行业是最早将大数据用于精准营销的行业,在未来的发展中,大数据在电子商务中有太多的应用,其中主要包括预测趋势、消费趋势、区域消费特征、顾客消费习惯、消费者行为、消费热点和影响消费的重要因素。

(2) 金融行业。

大数据在金融行业的应用范围较广，如分析客户的交易数据、信用数据、资产数据等，为产品设计提供决策支持。典型的案例有花旗银行利用IBM沃森计算机为财富管理客户推荐产品，并预测未来计算机推荐理财的市场将超过银行专业理财师，摩根大通银行利用决策树技术，降低了不良贷款率，转化了提前还款客户，一年为摩根大通银行增加了6亿美元的利润。

(3) 政府决策。

在传统的公共管理模式下，政府决策主体更多的是党政机关及相关团体。而在大数据模式下，互联网为社会多元化主体提供了参与公共管理与决策的道和可能性。社会各界等多元化主体都可以通过各种渠道表达自己的意见，间接参与到公共管理和决策中来，并对决策主体及决策实施过程进行监督，对公共管理及决策结果进行及时反馈，最终形成有效的良性互动，加强公共管理决策的针对性和有效性。

另外，通过云计算及数据挖掘技术，大数据可以实现对大量复杂、多变、多元数据的多触角、多渠道采集、整理、加工和动态深度挖掘分析，这将使政府管理决策者对决策对象的各个方面有全面、系统的完整认知，并能及时获取各方面的动态信息，可以对公共管理的需求、目标有更清晰的界定，对未来人们的行为取向及事物的发展趋势进行更加准确的分析判断和预测，从而有助于提高决策的有效性和科学性，进而将极大地提升政府的科学管理决策水平。

(4) 公共服务。

大数据为公共服务打造了一个信息共享平台，有利于整合政府各部门和各层级所掌握的数据，消除信息孤岛，从而打破职能部门的界限，加强部门间的交流与合作，实现简化行政审批和办事流程的目的。

1.5.4 人工智能

人工智能(Artificial Intelligence, AI)是计算机学科的一个分支，20世纪70年代以来被称为世界三大尖端技术(空间技术、能源技术、人工智能)之一，也被认为是21世纪三大尖端技术(基因工程、纳米科学、人工智能)之一。

1. 人工智能的定义

人工智能早期定义是由约翰·麦卡锡(John McCarthy)在1956年的达特茅斯会议(Dartmouth Conference)上提出来的。即“使一部机器的反应方式像人一样进行感知、认知、决策、执行的人工程序或系统”，它重提了阿兰·图灵在《计算机器与智能》一文中的主张。

美国斯坦福大学人工智能研究中心的尼尔逊教授对人工智能下了这样一个定义：“人工智能是关于知识的学科——怎样表示知识以及怎样获得知识并使用知识的科学。”而美国麻省理工学院的温斯顿教授认为：“人工智能就是研究如何使计算机去做过去只有人才能做的智能工作。”这些说法反映了人工智能学科的基本思想和基本内容。即人工智能是研究人类智能活动的规律，构造具有一定智能的人工系统，研究如何让计算机去完成以往需要人的智力才能胜任的工作，也就是研究如何应用计算机的软硬件来模拟人类某些智能行为的基本理论、方法和技术。

2. 人工智能的分类

人工智能通常分为强人工智能和弱人工智能。

1）强人工智能

强人工智能又称为"通用AI"，具备通用化的人类认知能力，具备足够的智能解决不熟悉的问题。强人工智能的研究用来创造一些以计算机为基础、能真正推理和解决问题的人工智能，强人工智能被认为是有知觉的，有自我意识的。理论上可分为两类强人工智能。

类人的人工智能：计算机像人的头脑一样思考和推理。

非类人的人工智能：计算机产生了和人不一样的意识，使用和人完全不一样的思考和推理方式，但它同样拥有智能，甚至能超越人类的智能。

2）弱人工智能

弱人工智能又称"窄AI"，指专门针对特定任务而设计和训练的AI，如Apple公司的虚拟语音助手Siri。弱人工智能的研究用于创造一些基于计算机，但只能在有限领域推理和解决问题的人工智能（区别于通用AI），这些机器在某些方面表现出智能，甚至比人更为智能，例如，某些图像识别机器的准确率已经超过人类，但并不真正拥有同人一样的全面智能或感觉。

弱人工智能的研究和应用领域已十分广泛，如图像识别、物体分类、自然语言处理、神经网络和机器人技术等。

3. 人工智能的发展

人工智能的发展经历了萌芽期、启动期、消沉期、突破期和发展期，目前正处在兴盛阶段。人工智能的发展是一个长期的、有延续性的过程，下面仅列举一些标志性事件。

1）萌芽期

1943年，人工神经网络和数学模型建立，开启了人工神经网络时代，为人工智能的提出和发展奠定基础。

1950年，计算机与人工智能之父阿兰·图灵提出著名的"图灵测试"，为智能机器的判定设置了基准："能够成功骗过人类，让后者以为自己是人类的机器，称为智能机器。"

2）启动期

1956年，约翰·麦卡锡在达特茅斯会议上，首次提出"人工智能"的概念，这标志着人工智能的诞生。期间，国际学术界人工智能研究潮流兴起，当时盛行"由上至下"的思路，即由预编程的计算机来管治人类的行为。

1968年，首个通用式移动机器人诞生，能够通过周围环境来决定自己的行动。

3）消沉期

1969年，作为主要流派的连接主义与符号主义进入消沉期，强人工智能的实现遥遥无期，在计算能力的限制下，国家及公众信心持续减弱。

1973年，AI"寒冬"论开始出现。在AI上的巨额投入几乎未收到任何回报和成果，对AI行业的资助开始大幅滑坡。

4）突破期

1975年，BP（Back Propagation）算法开始研究，第五代计算机开始研制，专家系统的研究和应用艰难前行，半导体技术发展，计算机成本和计算能力逐步提高，人工智能逐渐开始突破。

1981 年,“窄 AI”的概念诞生。更多的研究不再寻求通用智能,而转向了面向更小范围专业任务的“窄 AI”领域。

5) 发展期

1986 年,BP 网络实现,神经网络得到广泛认知,基于人工神经网络的算法研究突飞猛进;计算机硬件能力快速提升;互联网构建,分布式网络降低了人工智能的计算成本。

1990 年,Rodney Brooks 提出了“由下自上”的研究思路,开发能够模拟人脑细胞运作方式的神经网络,并学习人的行为。

1997 年,超级计算机“深蓝”问世,并在国际象棋人机大战中击败人类顶尖棋手、特级大师加里·卡斯帕罗夫。

2002 年,iRobot 公司打造出全球首款家用自动化扫地机器人。

2005 年,美国军方开始投资自动机器人,波士顿动力公司的“机器狗”是首批产品之一。

6) 高速发展期

2006 年,Hinton 等提出深度学习,人工智能再次突破性发展。

2008 年,Google 公司在 iPhone 上发布了一款语音识别应用,开启了后来数字化语音助手(Siri、Alexa、Cortana)的浪潮。

2011 年,IBM Waston 在综艺节目《危险边缘》中战胜了最高奖金得主和连胜纪录保持者。

2012 年,Google 大脑通过模仿人类大脑,利用非监督深度学习方法,从大量视频中成功学习识别出一只猫的能力。

2014 年,在图灵测试诞生 64 年后,一台名为 Eugene Goostman 的聊天机器人通过了图灵测试。同年,Google 公司向自动驾驶技术投入重金,Skype 推出实时语音翻译功能。

2016 年,Google 公司的 AlphaGo 机器人在围棋比赛中击败了世界冠军李世石。

2017 年,Apple 公司在原来个人助理 Siri 的基础上推出了智能私人助理 Siri 和智能音响 HomePod。

2018 年,“猜画小歌”在 Google 公司 AI 的神经网络驱动下,通过识别 5000 万个手绘素描,能够在规定时间内识别出各位“灵魂画手”们的涂鸦。

4. 人工智能的关键技术

人工智能涉及的关键技术很广泛,如知识表示、机器学习、专家系统、深度学习、知识图谱、人机交互、自然语言处理、机器视觉等。本书主要从机器模拟人类学习知识的角度来简介其中的几种学习方式。

1) 机器学习

美国工程院 Mitchell 教授在其经典教材 *Machine Learning* 中将机器学习定义为“利用经验来改善计算机系统自身的性能”。

人脑的学习目前主要是一种以归纳思维为核心的行为,机器学习的概念是建立在人类学习概念上的,是用计算机的方法模拟人类学习的方法。计算机从大量样本数据(如训练数据、样本、样例)中寻找规律,归纳出知识的机制,生成训练模型,并依据规律来判断未知的数据(测试数据),从而代替人工去完成计算、分析,给出更直观的结果帮助人们理解数据。机器学习中的学习系统主要完成学习的核心功能,它是一个计算机应用系统,由三部分组成。

(1) 样本数据。在学习系统中的学习是通过数据学习的,计算机从大量样本数据(如训练数据、样本、样例)有统一的数据结构,数据量大、数据正确性好。它通过传感器从外部环境中获得。

(2) 机器建模。在学习系统中,学习过程用算法表示,并用代码形式组成程序模块,通过模块执行用以建立学习模型。

(3) 学习模型。以样本数据为输入,用机器建模作运行,最终可得到学习的结果,称为学习模型。

2) 深度学习

深度学习(Deep Learning)是机器学习的一种。给定足够大的模型和足够大的标注训练数据集,人们可以通过深度学习将输入向量映射到输出向量,完成大多数对人来说不能迅速处理的任务。

3) 强化学习

强化学习(Reinforcement Learning)又称再励学习、评价学习或增强学习,是机器学习方法之一,用于描述和解决智能体(Agent)在与环境的交互过程中通过学习策略以达成回报最大化或实现特定目标的问题。

4) 迁移学习

迁移学习(Transfer Learning)是一种机器学习方法,被称为"举一反三"的学习方式。迁移学习是把一个领域(源领域)的知识,迁移到另外一个领域(目标领域),使得目标领域能够取得更好的学习效果。从相关领域中迁移标注数据或者知识结构、完成或改进目标领域或任务的学习效果。迁移学习与其他已有概念相比,着重强调学习任务之间的相关性,并利用这种相关性完成知识之间的迁移。

5. 人工智能的应用

人工智能在安防、金融、医疗、零售、工业制造等许多领域都展开了全面的应用,下面简单介绍几种人工智能的典型应用。

1) 机器人

机器人(Robot)是人工智能的一种应用技术,它综合应用了人工智能中的多种技术,并且是与现代机械化手段相结合所组合而成的一种机电设备。机器人具有人类一定的智能能力,它能感知外部世界的动态变化,并且通过这种感知做出反应,以一定动作行为对外部世界产生作用。机器人是一种具有独立行为能力的个体,它具有类人的功能,可具有类人的外貌,也可不具有类人的外貌。目前已经应用的机器人种类很多,如工业机器人,可在特定的环境中取代人类的部分体力劳动,可在危险、恶劣、枯燥的环境下工作,在某些方面甚至超过人类的能力。再例如,服务机器人、娱乐机器人、军用机器人、医疗机器人、陪伴机器人、教育机器人等。

2) 自动驾驶

自动驾驶是人工智能与汽车驾驶的结合,利用先进的人工智能技术改造汽车产业,使之能协助驾驶人员最终达到完全替代驾驶人员的目标。具有自动驾驶技术的汽车则称为智能汽车。

自动驾驶汽车依靠人工智能、视觉计算、雷达、监控装置和全球定位系统协同合作,让计算机可以在没有任何人类的主动操作下,自动安全地操作机动车辆。早在 2009 年,Google 实验室就启动了无人驾驶项目,从开始测试到 2015 年,55 辆 Google 自动驾驶汽车的道路测试总里程达到 130 万英里(约合 209 万千米)。2019 年 9 月,百度和一汽联手打造了中国首批量产 L4 级自动驾驶乘用车——红旗 EV,获得 5 张北京市自动驾驶道路测试牌照。自动驾驶的技术已日益成熟,正在积极向应用领域推广。

3) 人脸识别

人脸识别的研究始于 20 世纪 60 年代,如今已经广泛用于智能手机、银行、机场、高铁站、大型运动场馆的身份识别和认证。除此以外,人脸识别的应用还包含搜捕逃犯、自助服务、信息安全服务和智能咨询等许多领域。

4) 自然语言处理

自然语言处理是综合性应用技术,包括信号处理、模式识别、机器学习、数值分析等多种技术。自然语言表示形式有两种,一种是文字形式,另一种是语音形式。其中,文字形式是基础。例如,不同文字之间的翻译,语音识别、语义理解、语义合成等应用。

1.6 算法初步

1.6.1 算法的概念

做任何事情都有一定的步骤。例如,你想从北京去天津开会,首先要去买火车票,然后按时乘坐地铁到北京站,登上火车,到天津站后坐电车到会场,参加会议;你要考大学,首先要填报名单,交报名费,拿到准考证,按时参加考试,得到录取通知书,到指定学校报到注册等。这些步骤都是按一定的顺序进行的,缺一不可。

1. 算法的定义

算法是对解决某一特定问题的操作步骤的具体描述,或者说算法是解决一个问题而采取的方法和步骤。例如,描述太极拳动作的图解,就是"太极拳的算法"。一首歌曲的乐谱,也可以称为该歌曲的算法,因为它指定了演奏该歌曲的每一个步骤,按照它的规定就能演奏出预定的曲子。描述上网的过程是:打开浏览器的窗口、输入网址、在网页上操作、关闭网页,这就是"上网算法"。

对同一个问题,可以有不同的解题方法和步骤。有的方法只需进行很少的步骤,而有些方法则需要较多的步骤。一般说,希望采用方法简单、运算步骤少的方法。因此,为了有效地进行解题,不仅需要保证算法正确,还要考虑算法的质量,选择合适的算法。

计算机算法可分为两大类别:数值运算算法和非数值运算算法。数值运算的目的是求数值解,例如求方程的根、求一个函数的定积分等,都属于数值运算范围。非数值运算包括的面十分广泛,最常见的是用于事务管理领域,例如图书检索、人事管理、行车调度管理等。

2. 算法的特性

一个算法必须满足以下五个重要特性。

(1) 有穷性。一个算法必须总是在执行有穷步后结束,且每一步都必须在有穷时间内完成。"有穷性"往往指"在合理的范围内"。如果让计算机执行一个历时 1000 年才结束的算法,虽然是有穷的,但超出了合理的范围,也不能被视为合理的算法。"合理范围"并无严格的标准,由人们的常识和需要而定。

(2) 确定性。对于每种情况下所应执行的操作,在算法中都有确切的规定,不会产生二义性,使算法的执行者或阅读者都能明确其含义及如何执行。例如,有一个健身操的动作要领,其中有一个动作是"手举过头顶",这个步骤就是不确定的,是双手举过头顶?还是左手?或是右手?不同的人可以有不同的理解。而算法中的每一个步骤不能解释成不同的含义,而应当是十分明确无误的。

(3) 可行性。算法中的所有操作都可以通过已经实现的基本操作运算执行有限次来实现。

(4) 有零个或多个输入。所谓输入是指在执行算法时需要从外界取得必要的信息,当用函数描述算法时,输入往往是通过形参表示的,在函数被调用时从主调函数或得输入值。

(5) 有一个或多个输出。一个算法的目的是为了求解,"解"就是算法进行信息加工后得到的结果,没有输出的算法是没有任何意义的。

3. 算法的评价标准

一个算法的优劣应该从以下几方面来评价。

(1) 正确性。在合理的数据输下,能够在有限的运行时间内得到正确的结果。

(2) 可读性。一个好的算法,首先应便于人们理解和相互交流,其次才是机器可执行性。可读性的算法有助于人们对算法的理解,而难的算法易于隐藏错误,且难于调试和修改。

(3) 健壮性。当输入的数据非法时,好的算法能适当地做出正确反应或进行相应处理,而不会产生一些莫名其妙的输出结果。

(4) 高效性。高效性包括时间和空间两个方面。时间高效是指算法设计合理,执行效率高可以用时间复杂度来度量;空间高效是指算法占用存储容量合理,可以用空间复杂度来度量。时间复杂度和空间复杂度是衡量算法的两个主要指标。

1.6.2 算法的描述方法

算法的描述应直观、清晰、易懂,并便于维护和修改。常用的算法表示方法有自然语言、传统流程图、N-S图、伪代码和计算机语言等。其中最常用的是传统流程图和N-S图。

1. 自然语言

自然语言就是人们日常使用的语言。用自然语言表示的算法便于人们理解和记忆。例如用自然语言描述1×2×3×4×5×6×7×8×9的算法。设变量s用于存放累乘积,n用于表示1~9之间的自然数。算法如下:

(1) 将1赋给变量s。

(2) 将1赋给变量n。

(3) 计算s×n,并将结果存入变量s。

(4) 取下一个自然数(n+1)给变量n。

(5) 若n小于等于9,则重复(3)和(4),否则进行下一步。

(6) 输出s。

通过上例可以看到,用自然语言表示的算法虽然便于理解和记忆,但表述的文字较长且不严格。而且在表示复杂问题的算法时也不直观,所以,自然语言一般只用于表示简单问题。

2. 传统流程图

流程图是用图形符号、箭头线和文字说明表示算法的框图。其优点是直观形象、易于理解，并能将设计者的思路表达清楚，便于以后检查修改和编写程序代码。

美国国家标准化协会(American National Standard Institute，ANSI)规定了一些常用的流程图符号，如表 1-5 所示。

表 1-5　传统流程图符号

流程图符号	符号名称	符号功能
	起止框	表示流程的开始或结束
	处理框	表示基本处理
	判断框	判断条件是否满足，然后从给定的路径中选择其中的一个路径
	输入输出框	表示输入或输出
	流程线	表示流程的方向
	连接点	用于连接分开画的流程

例如：用传统流程图描述 1×2×3×4×5×6×7×8×9 的算法，如图 1-26 所示。

3. N-S 图

美国学者 I. Nass 和 B. Shneiderman 于 1973 年提出了一种新的流程图，其主要特点是不带有流程线，整个算法完全写在一个大矩形框中，将这种流程图称为 N-S 图。N-S 图适合于结构化程序设计。

例如：用 N-S 流程图描述 1×2×3×4×5×6×7×8×9 的算法，如图 1-27 所示。

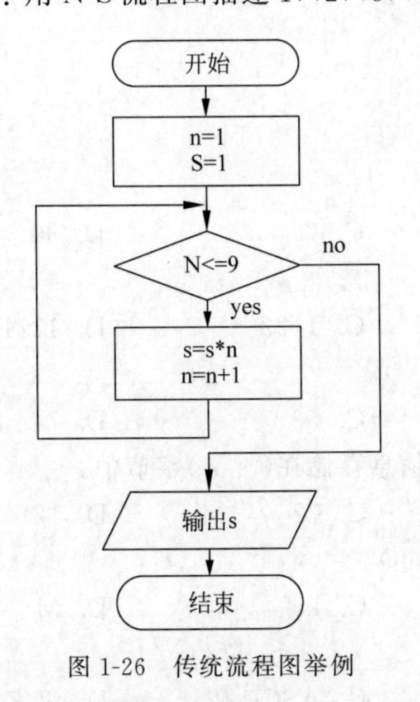

图 1-26　传统流程图举例

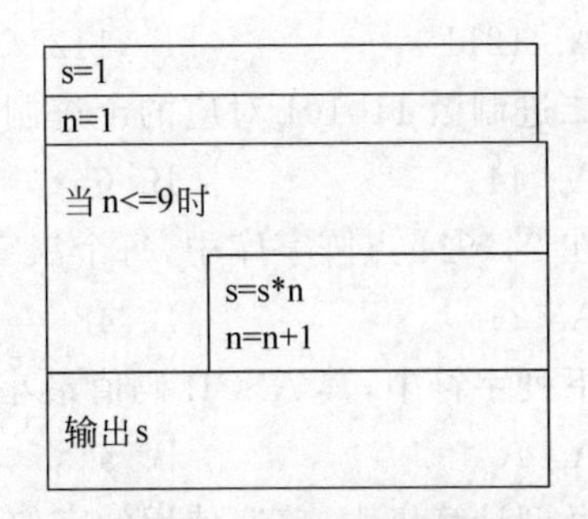

图 1-27　N-S 流程图举例

4. 伪代码

伪代码是利用文字和符号的方式来描述算法。在实际应用中,人们通常使用接近于某种程序设计语言的代码形式作为伪代码,这样可以方便编程。

用伪代码描述1×2×3×4×5×6×7×8×9的算法如下。

```
BEGIN
  s = 1
  n = 1
   do while n <= 9
      s = s * n
      n = n + 1
   enddo
   PRINT s
END
```

5. 计算机语言

可以利用某种计算机语言来描述算法。

用C语言描述1×2×3×4×5×6×7×8×9的算法如下。

```
#include <stdio.h>
void main()
{
     int s = 1,n = 1;
     while(n <= 9)
     { s = s * n;
       n = n + 1;
     }
    printf("s = %d\n",s)
}
```

【习题】

1. 选择题(单选题)

(1) 二进制数110000转换成十六进制数是(　　)。

A. 77　　B. D7　　C. 7　　D. 30

(2) 与十进制数4625等值的十六进制数为(　　)。

A. 1211　　B. 1121　　C. 1122　　D. 1221

(3) 二进制数110101对应的十进制数是(　　)。

A. 44　　B. 65　　C. 53　　D. 74

(4) 在24×24点阵字库中,每个汉字的字模信息存储在(　　)字节中。

A. 24　　B. 48　　C. 72　　D. 12

(5) 下列字符中,其ASCII码值最小的是(　　)。

A. A　　B. a　　C. k　　D. M

(6) 微型计算机中,普遍使用的字符编码是(　　)。

A. 补码　　B. 原码　　C. ASCII码　　D. 汉字编码

(7) 某汉字的区位码是 2534，它的国际码是(　　)。

A. 4563H　　B. 3942H　　C. 3345H　　D. 6566H

(8) 已知三个字符为：a、Z 和 8，按它们的 ASCII 码值升序排序，结果是(　　)。

A. 8、a、Z　　B. a、Z、8　　C. 8、Z、a　　D. a、8、Z

(9) 在 ASCII 码表中，根据码值由小到大的排列顺序是(　　)。

A. 控制符、数字、大写英文字母、小写英文字母

B. 数字、控制符、大写英文字母、小写英文字母

C. 控制符、数字、小写英文字母、大写英文字母

D. 数字、大写英文字母、小写英文字母、控制符

(10) 存储 1024 个 24×24 点阵的汉字字形码需要的字节数是(　　)。

A. 720B　　B. 72KB　　C. 7000B　　D. 7200B

(11) 下列 4 种不同数制表示的数中，数值最小的一个是(　　)。

A. 八进制数 247　　B. 十进制数 169

C. 十六进制数 A6　　D. 二进制数 10101000

(12) 下列字符中，其 ASCII 码值最大的是(　　)。

A. NUL　　B. B　　C. g　　D. p

(13) 汉字区位码分别用十进制的区号和位号表示。其区号和位号的范围分别是(　　)。

A. 0～94，0～94　　B. 1～95，1～95

C. 1～94，1～94　　D. 0～95，0～95

(14) 根据汉字国标 GB 2312—1980 的规定，存储一个汉字的内码需用的字节个数是(　　)。

A. 4　　B. 3　　C. 2　　D. 1

(15) 汉字“中”的国标码是 5650H，其机内码是(　　)。

A. 5650H　　B. D6D0H　　C. 8080H　　D. B6B0H

参考答案：(1)～(5) DACCA　(6)～(10) CDCAB　(11)～(15) CDACB

2. 实际操作题

模拟购买一台自己喜欢的计算机(台式机和笔记本电脑均可)。要求写出自己的购买需求，计算机最后配置、装机体验及收获。

第2章 操作系统

2.1 操作系统概述

操作系统(Operation System,OS)是管理计算机硬件与软件资源的计算机程序。在计算机中,操作系统是其最基本也是最为重要的基础性系统软件。从计算机用户的角度来说,计算机操作系统体现为其提供的各项服务;从程序员的角度来说,其主要是指用户登录的界面或者接口;如果从设计人员的角度来说,就是指各式各样模块和单元之间的联系。

2.1.1 操作系统功能

操作系统的功能主要包括存储器管理、设备管理、文件管理和作业管理。

1. 存储器管理

存储器管理主要是指针对内存储器的管理。主要任务是:分配内存空间,保证各作业占用的存储空间不发生矛盾,并使各作业在自己所属存储区中不互相干扰。

2. 设备管理

设备管理是指负责管理各类外围设备(简称外设),包括分配、启动和故障处理等。主要任务是:当用户使用外设时,必须提出要求,待操作系统进行统一分配后方可使用。当用户的程序运行到要使用某外设时,由操作系统负责驱动外设。操作系统还具有处理外设中断请求的能力。

3. 文件管理

文件管理是指操作系统对信息资源的管理。在操作系统中,将负责存取的管理信息的部分称为文件系统。文件是在逻辑上具有完整意义的一组相关信息的有序集合,每个文件都有一个文件名。文件管理支持文件的存储、检索和修改等操作以及文件的保护功能。操作系统一般都提供功能较强的文件系统,有的还提供数据库系统来实现信息的管理工作。

4. 作业管理

每个用户请求计算机系统完成的一个独立的操作称为作业。作业管理包括作业的输入和输出,作业的调度与控制(根据用户的需要控制作业运行的步骤)。

2.1.2 操作系统的分类

操作系统种类繁多,很难用单一标准统一分类。

根据应用领域的不同,可将其分为桌面操作系统(如 Windows、Mac OS)、服务器操作系统(如 Windows Server)、嵌入式操作系统(如 Linux)、移动设备操作系统(如 iOS、Android)。

根据所支持的用户数目，可分为单用户操作系统（如 DOS、Windows）、多用户操作系统（如 UNIX、Linux）。

根据源码开放程度，可分为开源操作系统（如 Linux）和闭源操作系统（如 Mac OS、Windows）。

根据操作系统的使用环境和对作业的处理方式，可分为批处理操作系统（如 DOS）、分时操作系统（如 Linux、UNIX、Mac OS）、实时操作系统（如 Windows）。

根据存储器寻址宽度可将操作系统分为 8 位、16 位、32 位、64 位操作系统。早期操作系统一般只支持 8 位和 16 位存储器寻址宽度，现代的操作系统如 Linux 和 Windows 10 都支持 32 位和 64 位。

2.1.3 典型的操作系统

1. Window 操作系统

Windows 是由微软公司成功开发的多任务操作系统，采用图形窗口界面，用户对计算机的各种复杂操作只需通过单击鼠标就可以实现。Windows 是在微软给 IBM 机器设计的 MS-DOS 的基础上发展起来的，打破了用户只能用命令行接受指令的操作方式，Windows 的部分发展历程见表 2-1。

表 2-1　Windows 操作系统发展历史

时　间	产　品	特　点
1981	MS-DOS	基于字符界面的单用户、单任务操作系统
1983 年发布，1985 年发行	Windows 1.0	基于 MS-DOS 操作系统，是微软正式发布的第一代窗口式多任务系统，用鼠标单击就可完成命令的执行
1987	Windows 2.0	该版本对用户界面做了一些改进，增强了键盘和鼠标界面，特别是加入了功能表和对话框
1990	Windows 3.0、3.1、3.2	它将 Win/286 和 Win/386 结合到同一种产品中。是第一个在家用和办公室市场上取得立足点的版本。Windows 3.2 是微软发行的中文版
1995	Windows 95	是第一个独立的 32 位操作系统，并实现真正意义上的图形用户界面，使操作界面变得更加友好，具有需要较少硬件资源的优点
1998	Windows 98	性能更加稳定、执行效能更高、更好的硬件支持，与 Internet 紧密集成，让互联网真正走进个人应用
2000	Windows 2000 系列	由 Windows NT 发展而来，正式抛弃了 9X 的内核，实现了真正意义上的多用户
2001	Windows XP	全新的用户图形界面，结合了更多实用的功能，加强了用户体检，促进了多媒体技术及数码设备的发展。增强的即插即用特性使许多硬件设备更易于在 Windows XP 中使用
2007	Windows Vista	具有华丽的界面和炫目的特效，引发了硬件革命，使 PC 正式进入双核、大（内存、硬盘）时代。但因为其使用习惯与 Windows XP 有一定差异，软硬件的兼容问题导致它的普及率差强人意

续表

时　　间	产　　品	特　　点
2009	Windows 7	是除了 Windows XP 外第二经典的 Windows 系统
2012	Windows 8	提供屏幕触控支持,系统画面与操作方式采用新的 Windows UI 风格,具有良好的续航能力,且启动速度更快、占用内存更少,兼容 Windows 7 所支持的软件和硬件
2015	Windows 10	是一款跨平台的操作系统,能同时运行在台式机、笔记本电脑和智能手机等平台,为用户带来统一的操作体验

2. UNIX 操作系统

UNIX 是一个强大的多用户、多任务操作系统,支持多种处理器架构,按照操作系统的分类,属于分时操作系统。UNIX 最早由 Ken Thompson 和 Dennis Ritchie 于 1969 年在美国 AT&T 的贝尔实验室开发。经过长期的发展和完善,目前已成长为一种主流的操作系统技术和基于这种技术的产品大家族。由于 UNIX 具有技术成熟、可靠性高、网络和数据库功能强、伸缩性突出和开放性好等特色,可满足各行各业的实际需要,特别能满足企业重要业务的需要,已经成为主要的工作站平台和重要的企业操作平台。曾经是服务器操作系统的首选,占据最大市场份额,但最近在跟 Windows Server 以及 Linux 的竞争中有所失利。

3. Linux 操作系统

Linux 是一套免费使用和自由传播的类 UNIX 操作系统,是一个基于 POSIX 的多用户、多任务、支持多线程和多 CPU 的操作系统。它的最大的特点在于它是一个源代码公开的自由及开放源码的操作系统,其内核源代码可以自由传播。Linux 最初是由芬兰赫尔辛基大学计算机系学生 Linux Torvaids 在基于 UNIX 的基础上开发的一个操作系统的内核程序,设计是为了在 Intel 微处理器上更有效的运用。Linux 遵循 GNU 通用公共许可证(GPL),任何个人和机构都可以自由地使用 Linux 的所有底层源代码,也可以自由地修改和再发布。由于 Linux 是自由软件,任何人都可以创建一个符合自己需求的 Linux 发行版。

Linux 发行版可作为个人计算机操作系统或服务器操作系统,特别是在服务器上已成为主流的操作系统。Linux 在嵌入式方面也得到广泛应用,基于 Linux 内核的 Android 操作系统已经成为当今全球最流行的智能手机操作系统。

4. Mac OS 操作系统

Mac OS 是一套运行于苹果 Macintosh 系列计算机上的操作系统,是首个在商用领域成功的图形用户界面。Mac OS 是基于 XNU 混合内核的图形化操作系统,一般情况下在普通 PC 上无法安装。

Mac OS 操作系统界面非常独特,突出了形象的图标和人机对话。全屏幕窗口是 Mac OS 中最为重要的功能。一切应用程序均可以在全屏模式下运行。这并不意味着窗口模式将消失,而是表明在未来有可能实现完全的网格计算。全屏模式的优点在于,简化了计算体验,以用户感兴趣的当前任务为中心,减少了多个窗口带来的困扰,并为全触摸计算铺平了道路。另外,疯狂肆虐的计算机病毒几乎都是针对 Windows 的,由于 Mac OS 的架构与 Windows 不同,所以很少受到计算机病毒袭击。

5. iOS 操作系统

iOS 操作系统是由苹果公司开发的移动端操作系统,最早在 2007 年 1 月 9 日的 Mac iOS 6 用户界面世界大会上公布这个系统,最初是设计给 iPhone 使用的,后来陆续套用到 iPod Touch、iPad 以及 Apple TV 等苹果产品上。iOS 与苹果的 Mac OS X 操作系统一样,它也是以 Darwin 为基础的,因此同样属于类 UNIX 的商业操作系统。原本这个系统名为 iPhone OS,直到 2010 年 6 月 7 日 WWDC 大会上宣布改名为 iOS。iOS 系统具有流畅性好、兼容性强、人性化、上手简单、易于操作等优点。缺点是比较封闭,自定义程度不高,不能对系统进行深层次改造。

6. Android 操作系统

Android 是一种基于 Linux 的自由及开放源代码的操作系统,主要使用于移动设备,如智能手机和平板电脑,由 Google 公司和开放手机联盟领导及开发。Android 操作系统最初由 Andy Rubin 开发,主要支持手机。Google 以 Apache 开源许可证的授权方式,发布了 Android 的源代码。第一部 Android 智能手机发布于 2008 年 10 月。Android 逐渐扩展到平板电脑及其他领域上,如电视、数码相机、游戏机等。2011 年第一季度,Android 在全球的市场份额首次超过塞班系统,跃居全球第一。2012 年 11 月数据显示,Android 占据全球智能手机操作系统市场 76%的份额,中国市场占有率为 90%。

Android 最大优势是开发性,允许任何移动终端厂商、用户和应用开发商加入到 Android 联盟中来,允许众多的厂商推出功能各具特色的应用产品。平台提供给第三方开发商宽泛、自由的开发环境,由此会诞生丰富的、实用性好、新颖、别致的应用。产品具备触摸屏、高级图形显示和上网功能,界面友好,是移动终端的 Web 应用平台。

7. Chrome OS 操作系统

Chrome OS 是由 Google 开发的一款在 Linux 的内核上运行的以 Chrome 浏览器为核心的操作系统。它围绕着节奏、易用性和安全性的关键原则而设计,专为使用 Web 应用程序在互联网上花费大量时间的用户而设计,因此 Chrome OS 中包含的唯一应用程序是包含媒体播放器和文件浏览器的 Web 浏览器。Chrome OS 系统启动和运行速度都很快,界面元素最少化,直接集成 Chrome 浏览器,为用户提供流畅的网络体验,并支持 Web 程序。Chrome OS 操作系统具有自动更新的功能,用户不需要再考虑由于频繁更新操作系统和安装应用程序本地存储空间不足的问题。它还包含反病毒扫描和检测可能有害的网站的能力。

2.1.4 Windows 10 操作系统

Windows 10 是由微软公司 2015 年发布新一代跨平台及设备应用的操作系统,应用于计算机和平板电脑等设备。

Windows 10 比 Windows 7、Windows 8 等在易用性和安全性方面有了极大的提升,除了针对云服务、智能移动设备、自然人机交互等新技术进行融合外,还对固态硬盘、生物识别、高分辨率屏幕等硬件进行了优化完善与支持。从技术角度来讲,Windows 10 操作系统是一款优秀的消费级别操作系统。

借助数百万用户的测试以及他们提供的反馈和想法,Windows 10 将熟悉的用户界面、高效与创新特性,包括私人语音助手和全新浏览器,以及出色的安全功能和兼容性集于一身。用户可以免费获得始终开启的更新,让系统在设备的支持周期内时刻保持最新状态,这在 Windows 的历史上尚属首次。

1. Windows 10 的最新功能

1) 全平台操作系统

Windows 10 覆盖全平台,可以运行在手机、平板、台式机以及 Xbox One 等设备中,所有平台拥有相同的操作界面和同一个应用商店,能够跨设备进行应用搜索、购买和升级。

微软表示,这将是目前硬件设备兼容性最高的系统,具备全新的使用体验,允许用户边玩边工作。

2) 开始按钮真正归回

在 Windows 8 发布之后,各方面糟糕的体验成为了全球用户的共识。而在其中,开始按键的取消更成为了吐槽的焦点。虽然随后的 Windows 8.1 又再次提出了开始按钮的概念,但"名存实亡"的形式一直并未能让广大用户接受。

显然,微软已经深刻地认识到了这一点,在 Windows 10 中,虽然整体界面依旧延续了此前 Windows 8 的风格,但是开始按键得到了真正的回归。回归后的开始按键将传统的 Windows 10 风格和磁贴相结合,用户不仅可以像之前一样在屏幕的左下角点选开始按钮进行应用程序的选择,而且菜单的右侧还会延展出一个小型的 Metro 磁贴界面,支持图标的自定义、搜索等功能。当然,用户也可以通过选择回到 Windows 8.1 对开始按钮的操作模式,算是微软给自己在此前对 Windows 8 上的决定留了一点颜面。

3) 全新多任务处理方式

在系统界面上,Windows 10 采用了全新的多任务处理方式,任务栏中出现了一个新的按键:任务视图。当用户单击任务查看功能按钮时可在屏幕上方启动多个桌面,可以更加轻松地查看当前正在打开的应用程序,类似 OS X 系统。

这个多桌面功能可以让用户在独立的区域内展示多个应用程序,这对于提高商务用户的工作效率还是非常实用的。

4) 保留 Charm 边栏

此前在 Windows 8 中增加的 Charms Bar 功能本意是让用户可以在触控操作时更好地对系统进行控制,但是在实际应用中它的出现却像没有开始按钮一样让人头疼,甚至一度在 Windows 8 发布之后,让使用了多年 PC 的老用户不知道如何关机。

2. Windows 10 的版本

表 2-2 显示了 Windows 10 的版本。

表 2-2　Windows 10 的版本

版　本	介　绍
家庭版 Windows 10 Home	面向使用 PC、平板电脑和二合一设备的消费者。它将拥有 Windows 10 的主要功能:Cortana 语音助手(选定市场)、Edge 浏览器、面向触控屏设备的 Continuum 平板电脑模式、Windows Hello(脸部识别、虹膜、指纹登录)、串流 Xbox One 游戏的能力、微软开发的通用 Windows 应用(Photos、Maps、Mail、Calendar、Music 和 Video)

续表

版　本	介　绍
专业版 Windows 10 Professional	面向使用PC、平板电脑和二合一设备的企业用户。除具有 Windows 10 家庭版的功能外，它还使用户能管理设备和应用，保护敏感的企业数据，支持远程和移动办公，使用云计算技术。另外，它还带有 Windows Update for Business，微软承诺该功能可以降低管理成本、控制更新部署，让用户更快地获得安全补丁软件
企业版 Windows 10 Enterprise	以专业版为基础，增添了大中型企业用来防范针对设备、身份、应用和敏感企业信息的现代安全威胁的先进功能，供微软的批量许可(Volume Licensing)客户使用，用户能选择部署新技术的节奏，其中包括使用 Windows Update for Business 的选项。作为部署选项，Windows 10 企业版将提供长期服务分支(Long Term Servicing Branch)
教育版 Windows 10 Education	以 Windows 10 企业版为基础，面向学校职员、管理人员、教师和学生。它将通过面向教育机构的批量许可计划提供给客户，学校将能够升级 Windows 10 家庭版和 Windows 10 专业版设备
移动版 Windows 10 Mobile	面向尺寸较小、配置触控屏的移动设备，例如智能手机和小尺寸平板电脑，集成有与 Windows 10 家庭版相同的通用 Windows 应用和针对触控操作优化的 Office。部分新设备可以使用 Continuum 功能，因此连接外置大尺寸显示屏时，用户可以把智能手机用作 PC
企业移动版 Windows 10 Mobile Enterprise	以 Windows 10 移动版为基础，面向企业用户。它将提供给批量许可客户使用，增添了企业管理更新，以及及时获得更新和安全补丁软件的方式
物联网版 Windows 10 IoT Core	面向小型低价设备，主要针对物联网设备。微软预计功能更强大的设备——例如ATM、零售终端、手持终端和工业机器人，将运行 Windows 10 企业版和 Windows 10 移动企业版。 Windows 10 发布时间为 2015 年 7 月 29 日。微软将分阶段发布 Windows 10，Windows 10 将首先登录 PC，其次是手机，最后是 Surface Hub 和 HoloLens 等设备

2.2 Windows10 基本操作

2.2.1 Windows 10 的启动、退出和注销

1. 启动 Windows 10

安装了 Windows 10 操作系统的计算机，每次开启电源，系统会进行自检，加载驱动程序，硬件检测正确后，系统自行开始引导程序，Windows 系统会自动启动，屏幕显示登录界面，如图 2-1 所示。选择登录用户账户，并按要求输入密码后，系统会打开 Windows 10 的桌面，用不同的身份登录，用户将拥有不同的桌面和开始菜单。

2. 退出 Windows 10

当用户要结束对计算机的操作时，一定要先退出 Windows 10 系统，然后再关闭显示器，否则会丢失文件或破坏程序。单击“开始”按钮，在展开的“开始”菜单左侧栏中单击“电源”⏻图标，打开如图 2-2 所示子菜单。

(1) 选择“关机”：计算机关闭所有打开程序，退出 Windows，完成关闭计算机的操作。

图 2-1　Windows 10 登录界面

由于计算机不会自动保存和修改,因此,要保证确认保存文件后才关机。

(2) 选择“睡眠”:计算机处于低耗能状态,硬盘、显卡、CPU 等停止工作,只为内存供电,计算机的风扇停止,操作系统会自动保存当前打开的文档和程序,按鼠标或键盘任意键可将睡眠的计算机唤醒,无需按 Power 键。

(3) 选择“重启”:系统关闭所有打开的程序,重新启动操作系统。

3. 注销账户

Windows 10 是一个支持多用户的操作系统,当登录系统时,只需要在登录界面上选择用户名前的图标,即可实现多用户登录,各个用户可以进行个性化设置而互不影响。

为了便于不同的用户快速登录来使用计算机,Windows 10 提供了切换用户的功能,应用切换功能,用户不必重新启动计算机就可以实现多用户登录,这样既快捷方便,又减少了对硬件的损耗。Windows 10 的切换用户,可执行下列操作:

单击“开始”按钮,在展开的“开始”菜单左侧栏中单击登录用户的图标 ,这时会出现“更改账户设置”“锁定”“注销”等几个选项,如图 2-3 所示。

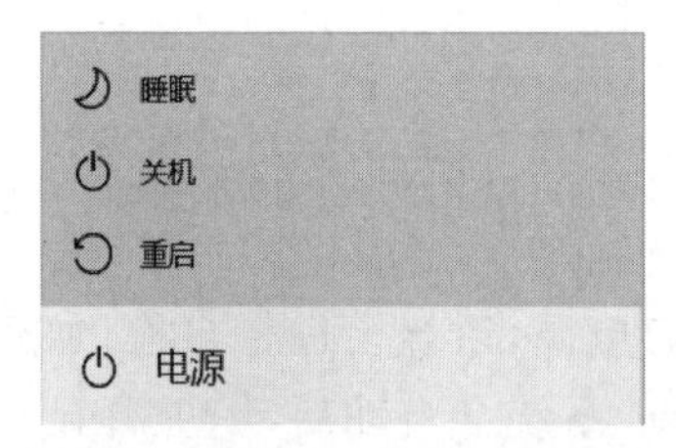

图 2-2　Windows 10 的关闭界面

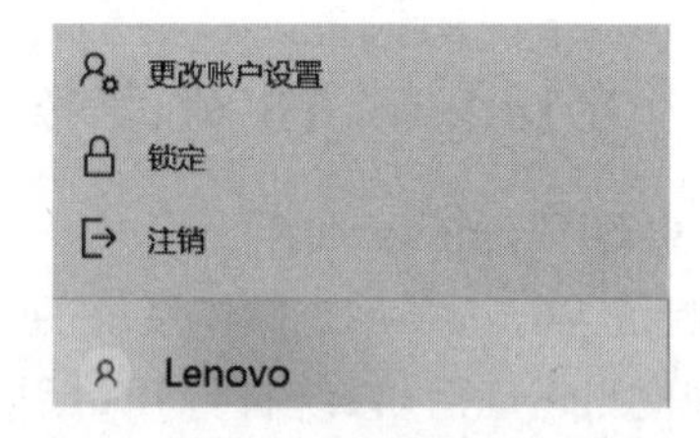

图 2-3　Windows 更改用户及注销界面

(1) 选择“更改账户设置”:进入计算机账户管理界面,用户可查看自己的账户信息并对账户信息进行更改。

(2) 选择“注销”:计算机将关闭当前运行的全部程序,重新进入系统登录界面,用户可以选择其他账户或原账户再次登录。

(3) 选择“锁定”:当用户暂时离开计算机,又不希望其他人看到自己计算机的信息时,就可以选择“锁定”选项使计算机锁定。此时计算机各部件处于正常工作状态并保持用户当前工作数据，同时返回其登录界面，需要恢复时，若系统没有设置密码，直接单击用户即可进入系统，如果系统有密码，则需要输入用户密码。

用户也可以在关机前关闭所有的程序，然后使用 Ctrl＋Alt＋Del 快捷键快速调出如图 2-4 所示界面，用户根据实际需要，选择执行其中某一操作。

图 2-4　按 Ctrl＋Alt＋Del 快捷键调出的关机管理界面

2.2.2　Windows 10 桌面

“桌面”就是安装好 Windows 10 后，用户启动计算机登录到系统后看到的整个屏幕界面，如图 2-5 所示。“桌面”是用户和计算机进行交流的界面，包括桌面图标、桌面背景、“开始”按钮和任务栏。

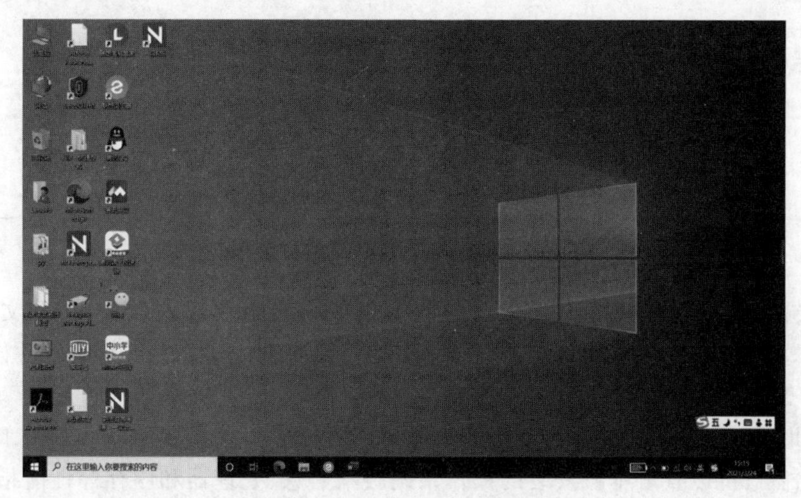

图 2-5　Windows 10 的桌面

1. 桌面图标

桌面图标是指在桌面上排列的小图像，包含图形、说明文字两部分，如果用户把鼠标放在图标上停留片刻，桌面上会出现对图标所表示内容的说明或文件存放的路径。桌面图标通常代表 Windows 环境下的一个可以执行的应用程序，也可能是一个文件或文件夹，用户通过双击桌面图标可打开相应的应用程序窗口。桌面图标主要有三类，分别是系统图标、快捷图标、文件/文件夹图标。

(1) 系统图标：是系统程序、系统文件或文件夹图标，如“此电脑”图标、“回收站”图标等，若将其删除，程序将不能正常运行。

(2) 快捷图标：标志为图标左下角有箭头，是用户为应用软件或应用程序设置的便捷启动图标，又称快捷方式，删除后不影响程序的正常运行。

(3) 文件/文件夹图标：其内容为用户保存在桌面上的文件或文件夹。

不同用户桌面图标内容不同，对于第一次启动的 Windows 10 操作系统，默认图标主要有：

- “用户文件夹”图标：是 Windows 10 操作系统自动给每个用户账户建立的个人文件夹，根据当前登录用户账户命名。打开此文件夹，显示如图 2-6 所示窗口。用于管理“文档”“图片”“音乐”“下载”等子文件夹，这些文件夹是系统默认的存储相对应文件类型的位置。

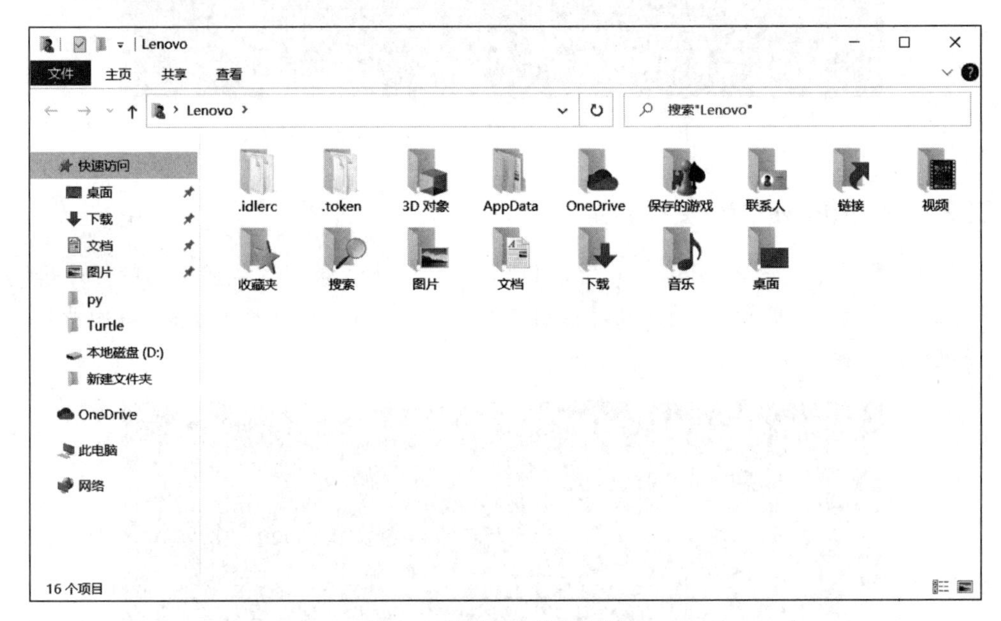

图 2-6 “用户文件夹”窗口

- “此电脑”图标：通过该图标可以实现对计算机硬盘驱动器、文件夹和文件的管理；用户可以访问连接到计算机的硬盘驱动器、照相机、扫描仪和其他硬件以及有关信息，如图 2-7 所示。

右击“此电脑”图标，在弹出的快捷菜单中选择“属性”，打开“系统属性”窗口，如图 2-8 所示。在此窗口可以查看本机安装的操作系统版本信息、处理器和内存等性能指标、计算机名等重要信息。

- “网络”图标：该项目可以搜索局域网能连接上的计算机信息；可以查看工作组中的计算机；查看及添加网络位置；查看本机网络连接属性等。
- “回收站”图标：在回收站中暂时存放着用户已经删除的文件或文件夹等一些信息，当用户还没有清空回收站时，可以从中还原删除的文件或文件夹。
- “控制面板”图标：该项目提供了计算机的系统设置和设备管理。

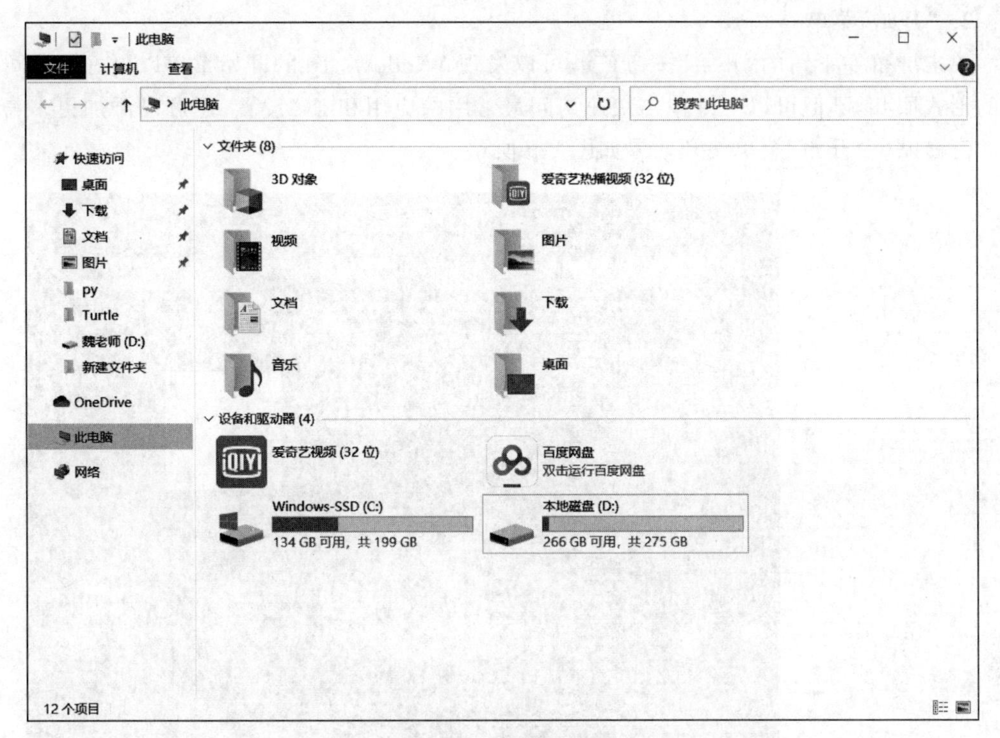

图 2-7 “此电脑”窗口

图 2-8 “系统属性”窗口

2. “开始”菜单

单击屏幕左下角的“开始”按钮，可以发现 Windows 10 的开始菜单以更好用并可扩展的形式回归，不但可以一键单击快速访问最常用的应用和 PC 设置，还可以添加更多喜爱的动态磁贴。“开始”菜单展开效果如图 2-9 所示。

图 2-9 “开始”菜单屏幕

Windows 10 的“开始”菜单包含使用系统时需要开始的所有工作，由左边的开始菜单和右边的动态磁贴面板组成。其中：

(1) 固定程序区域：“开始”菜单左下方为固定程序区域，包含“用户名”“文档”“图片”“文件资源管理器”“设置”“电源”等。

(2) “开始”菜单主体区域：以菜单方式列出系统中已安装的全部应用及最新添加、最近使用的应用，按字母顺序排列，便于查找。

(3) 动态磁贴面板：对应各种程序应用，每个磁贴既有图片又有文字，并且可根据应用程序动态更新。

用户可以将最喜爱的应用固定到“开始”菜单动态磁贴面板。操作方法如下：

在“开始”菜单上右击想要固定的应用，并选择“固定到‘开始’屏幕”，也可拖曳“最常用”或“所有应用”里的应用并将其固定为磁贴。

用户可以对固定到动态磁贴面板的应用进行项目归类，操作方法如下：

(1) 创建新的磁贴组：向上或向下移动应用磁贴直至出现组分隔条，然后松开磁贴。

(2) 移出或移入应用：用户可以根据喜好，向组中移入应用或从组中移出应用。

(3) 命名新组：选择新组上方的开放空间并输入名称。

用户可以将最常用或最新添加的应用，固定到“开始”菜单最前端，操作方法为：

执行“开始”→“设置”→“个性化”→“开始”命令，弹出如图 2-10 所示的对话框，用户通过调整开关的状态可以对“开始”菜单进行设置，如“在‘开始’菜单上显示更多磁贴”“显示最近添加的应用”等。

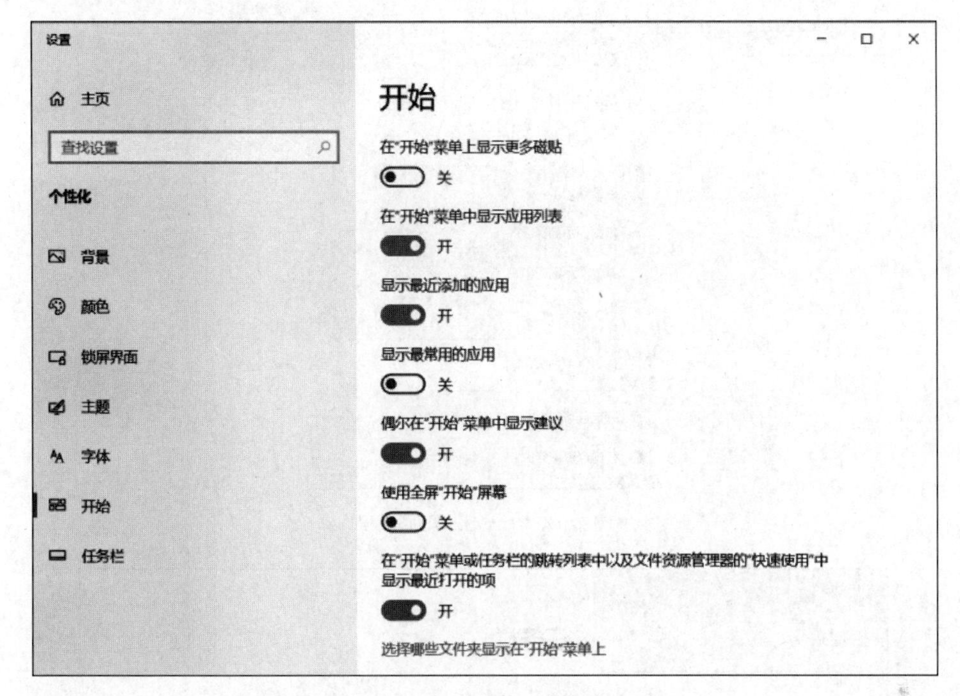

图 2-10　设置开始菜单

3. 任务栏

一般位于桌面底部，也可以用鼠标拖动到屏幕的左、右或上方。“任务栏”从左到右依次为“开始”按钮、搜索按钮或搜索框、任务视图按钮、锁定程序按钮、任务图标、通知区域、“显示桌面”按钮等，如图 2-11 所示。

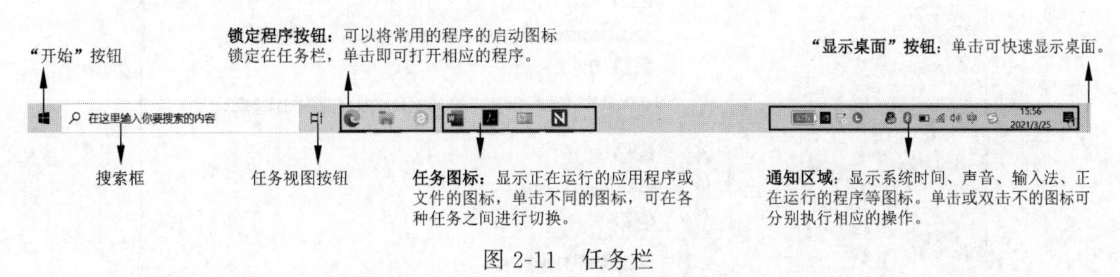

图 2-11　任务栏

用户可以按需要设置自己的任务栏，常见操作主要有：

(1) 打开任务栏快捷菜单或设置窗口：右击任务栏空白处，打开如图 2-12 所示的任务栏快捷菜单。在其中勾选相应项目可进行任务栏的属性设置，如“锁定任务栏”“工具栏”“搜索”等设置。用户也可以单击“任务栏设置”命令，将打开如图 2-13 所示的任务栏设置窗口，在其中可通过开启相应项目的开关,控制任务栏显示的项目及任务栏的属性设置,如"锁定任务栏""在桌面模式下自动隐藏任务栏"等。

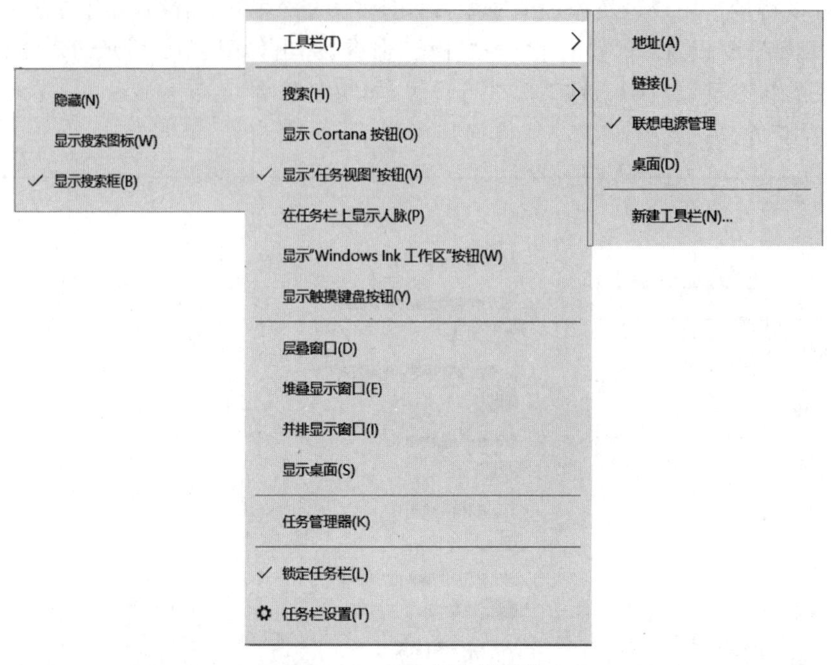

图 2-12　任务栏快捷菜单

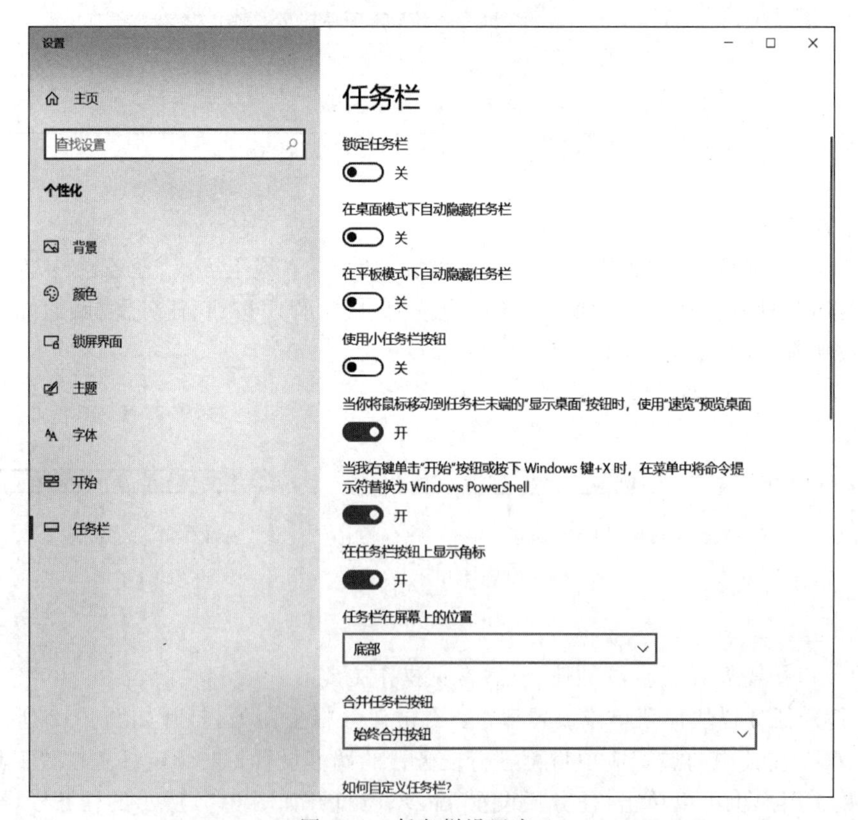

图 2-13　任务栏设置窗口

(2) 锁定任务栏：锁定状态下禁止移动任务栏和改变任务栏的大小。

(3) 调整大小：鼠标指向任务栏边沿，鼠标指针变为双向箭头，左键拖动可改变任务栏大小。

(4) 移动位置：用鼠标拖动任务栏空白处可将任务栏置于桌面的顶部、底部或左右两侧，也可在“任务栏设置”窗口中“任务栏在屏幕中的位置”项中进行设置。

(5) 应用搜索栏：鼠标单击此处可打开如图 2-14 所示界面，显示用户常用、最近使用的应用，用户输入要打开应用或文件名首字母，可打开此字母开头的所有应用及文件，如图 2-15 所示。

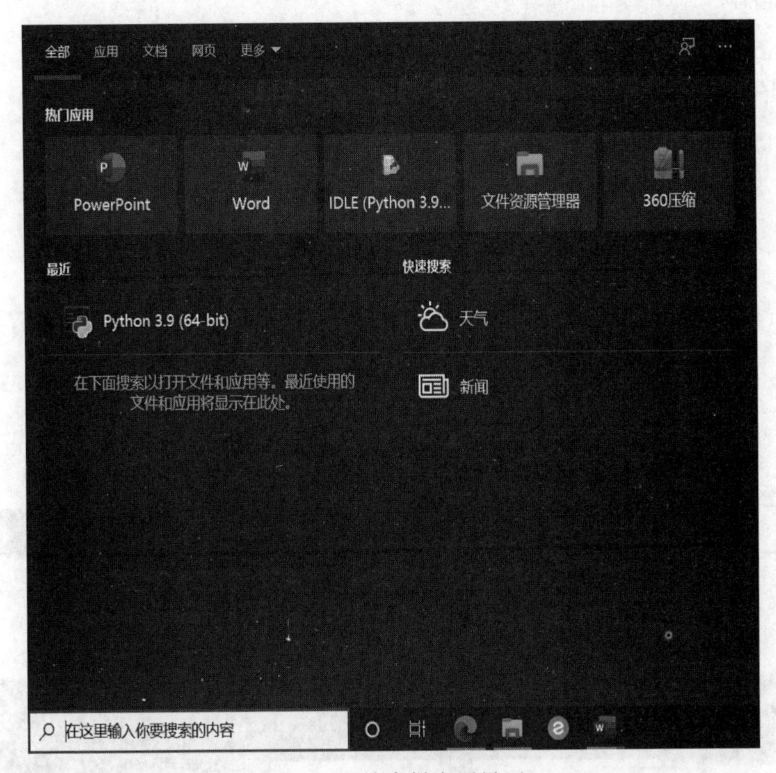

图 2-14　搜索栏应用界面

(6) 任务视图：单击任务栏中的任务视图按钮，打开任务视图模式，如图 2-16 所示。该模式下能将所有已开启窗口缩放并排列，用户可以在同一个视图中查看打开的应用、文档和文件，并迅速预览多个桌面中打开的所有应用，单击其中一个可以快速跳转到该页面。

4. 设置桌面

1) 设置 Windows 主题

主题是一整套显示方案，决定着整个系统的显示风格，包括桌面背景、窗口颜色、声音、鼠标光标等，Windows 10 为用户提供了多个主题选择。设置 Windows 主题的操作方法为：

(1) 在桌面空白处右击，在弹出的快捷菜单中选择“个性化”，打开“个性化”设置窗口。

(2) 在“个性化”设置窗口左侧窗格列表中选择“主题”，进入主题设置，如图 2-17 所示。

(3) 用户可以在其中选择系统已有的主题，也可单击“在 Microsoft Store 中获取更多主题”链接，打开 Microsoft Store，自行下载适合的主题进行系统设置。

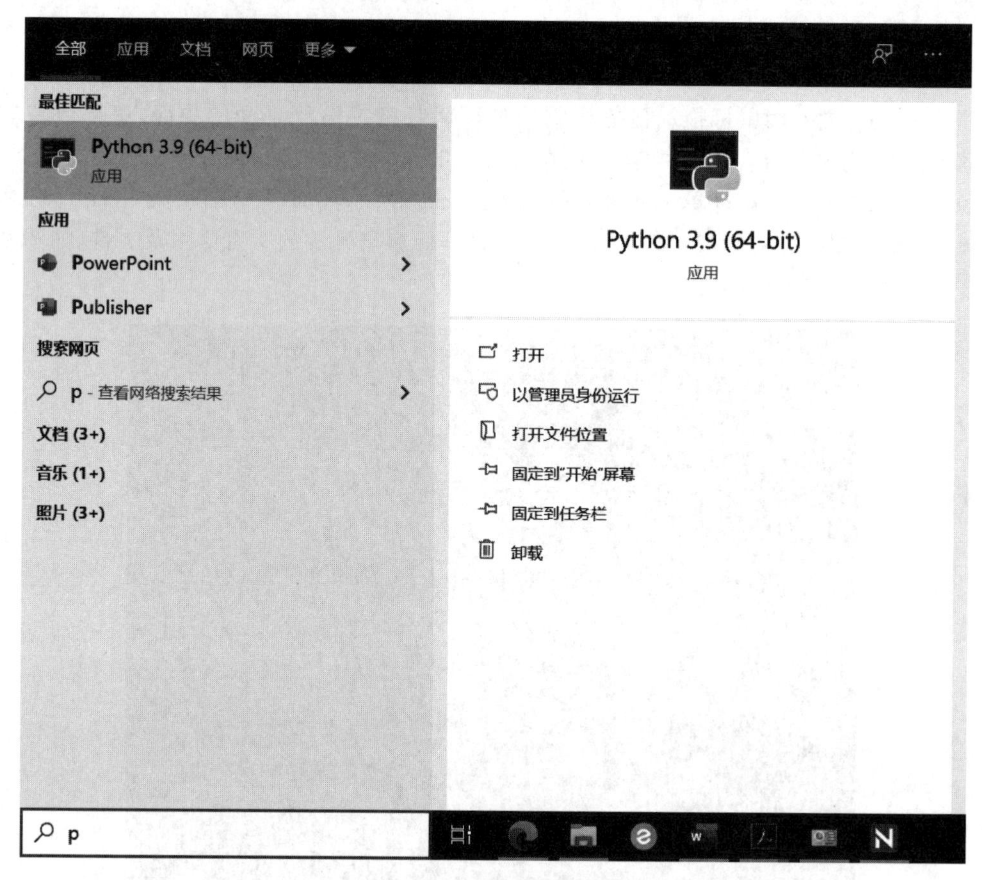

图 2-15　搜索应用界面

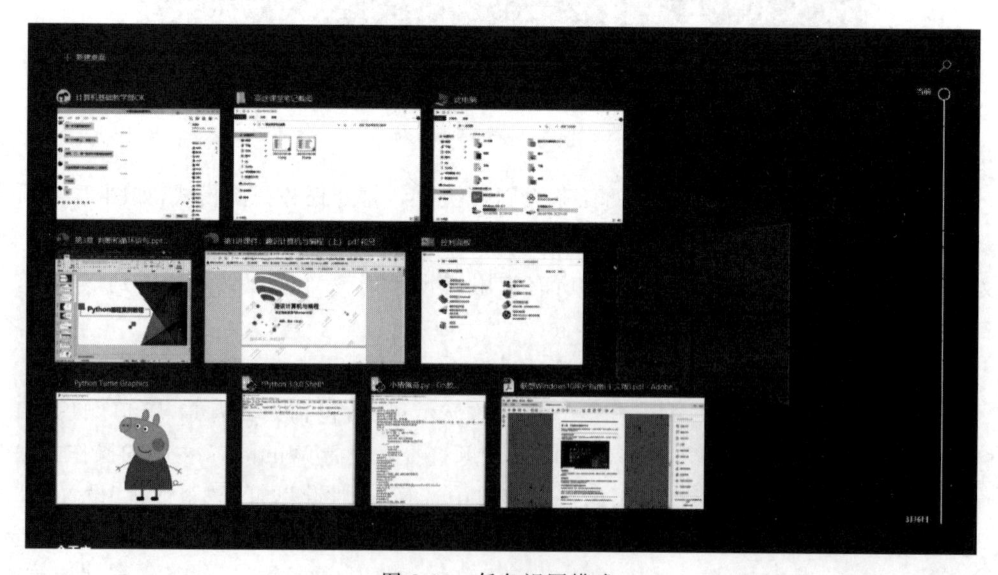

图 2-16　任务视图模式

图 2-17　设置系统“主题”窗口

(4) 用户如果单击“使用自定义主题”按钮,则系统主题将更改为用户自行定制的主题,设置完成后,单击“保存主题”命令,在弹出的“为主题命名”对话框中输入主题的名称,再单击“确定”按钮,即可保存该主题。

更改主题后,之前所有的设置如都将改变。当然,在应用了一个主题后也可以单独更改其他元素,如桌面背景、窗口颜色、声音和屏幕保护程序等。

2) 设置桌面背景

如不想更改主题设置,只想更改桌面背景,则在个性化窗口中选择“背景”,打开背景设置窗口,如图 2-18 所示。用户可以更改背景图片、图片与屏幕契合度实现桌面背景的设置。

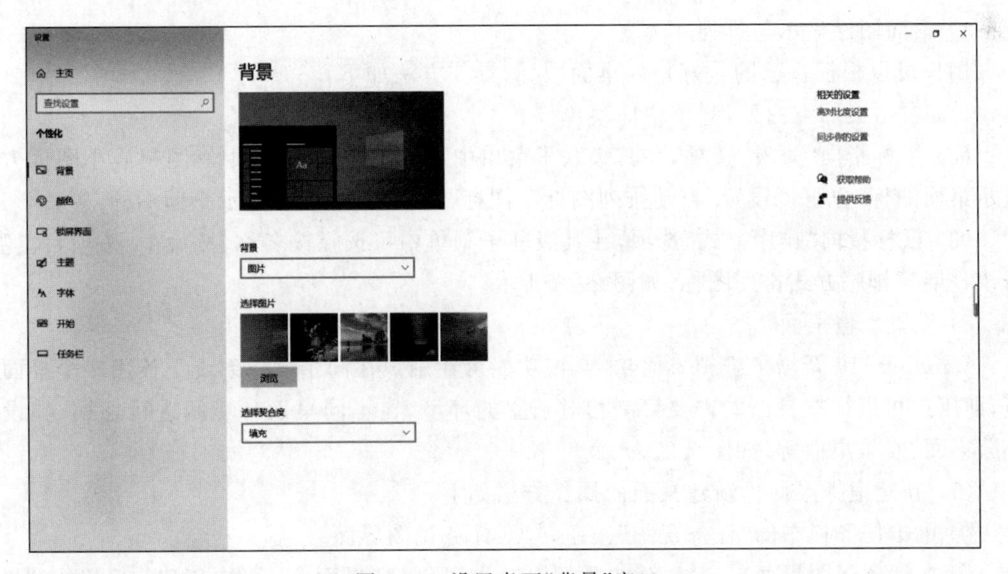

图 2-18　设置桌面“背景”窗口

3）设置桌面图标

Windows 10 操作系统安装完成，默认桌面只显示“回收站”图标，用户可在设置系统主题的窗口(图 2-17)中选择“桌面图标设置”，弹出如图 2-19 所示的对话框，在其中用户可以选择要显示在桌面上的图标及图标样式。

图 2-19 “桌面图标设置”对话框

4）桌面图标显示与排列

用户可以根据自己的爱好排列桌面图标，操作方法如下：

(1) 右击桌面空白处，弹出快捷菜单。

(2) 鼠标指向“查看”选项，在其级联子菜单中可选择按大图标、中等图标或小图标方式显示桌面图标，也可以设置“自动排列图标”“图标与网络对齐”和“显示桌面图标”等。

(3) 鼠标指向“排序方式”选项，在其级联子菜单中可选择按名称、按大小、按项目类型、修改日期等排序方式排列图标，如图 2-20 所示。

5）设置虚拟桌面

Windows 10 新增了虚拟桌面功能，该功能可让用户在同个操作系统下使用多个桌面环境，即用户可以根据自己的需要订制相对独立的环境，在不同桌面环境间进行切换，如设置办公桌面、娱乐桌面等，如图 2-21 所示。

(1) 新建虚拟桌面。新建桌面的操作方法如下：

① 单击任务栏中的“任务视图”按钮，打开任务视图界面。

② 在任务视图界面单击“新建桌面”按钮，即可创建“桌面 2”，再次创建自动命名为“桌面 3”。

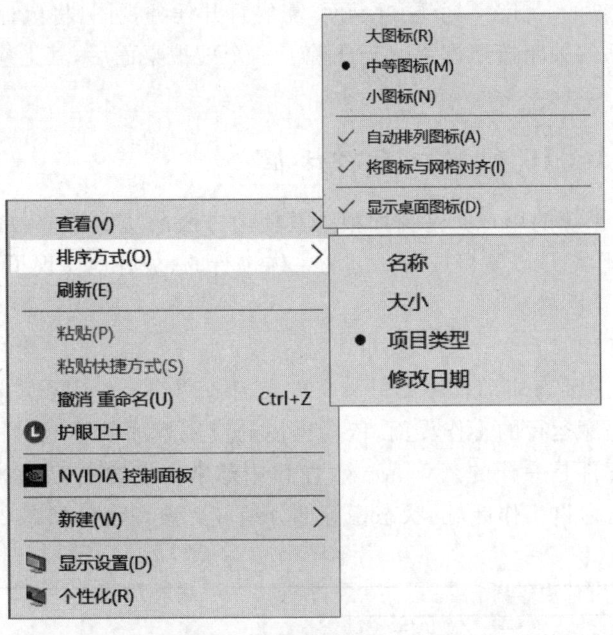

图 2-20　桌面图标查看与排列

图 2-21　浏览虚拟桌面

③ 在创建好的桌面中依次打开所需要的文档或程序。

(2) 管理虚拟桌面。利用虚拟桌面可以将混乱的桌面窗口重新布局,操作方法如下:

① 新建若干新桌面,桌面 1,桌面 2,…。

② 切换到桌面 1 任务视图,直接拖曳目标程序到指定桌面,也可右击需要移动的目标程序,在弹出的快捷菜单中选择移动到某指定桌面或指定位置,如图 2-22 所示。

图 2-22　管理虚拟桌面

(3) 删除虚拟桌面。删除一个虚拟桌面,需要打开任务视图,将鼠标移动到某一虚拟桌面上,单击其右上角的关闭按钮即可。当删除了一个虚拟桌面后,其上应用的视图会添加到前一个桌面里。

2.2.3 Windows 10 的窗口与对话框

Windows 操作系统的用户交互界面根据其使用方法及功能可分为窗口与对话框两类。整个操作系统的操作都是以窗口或对话框为主体进行的,极好地体现了 Windows 多窗口多任务同步处理的优异性能。

1. 窗口的组成

Windows 窗口主要有应用程序窗口和文件夹窗口两类。应用程序窗口是 Windows 的典型窗口,是应用程序运行的工作界面,依据具体的应用程序的不同,窗口的部件可能会有一些差异,但主要部件是一样的。Windows 窗口中通常由标题栏、菜单栏、工具栏、最小化、最大化和关闭按钮,窗口工作区域、状态栏等部分组成。典型窗口如图 2-23 所示。

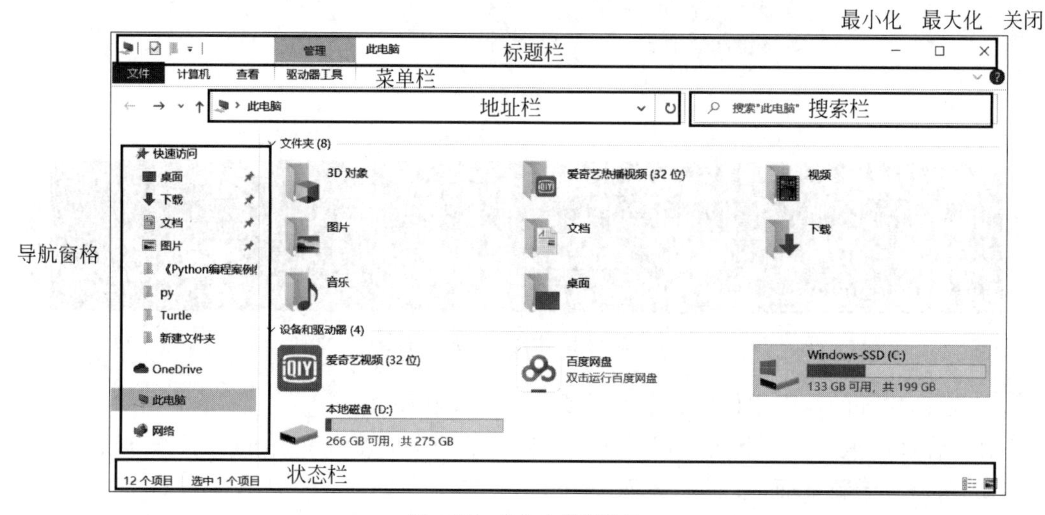

图 2-23 “此电脑”窗口

2. 对话框的组成

对话框是系统和用户对话、交换信息的场所,对话框形态随其种类的不同变化很大,对话框不能调节大小,能移动位置。典型对话框如图 2-24 所示。

3. 窗口的管理

1) 窗口菜单操作

Windows 10 操作系统的窗口菜单大多数不再采用下拉式菜单,而更改为面板式,菜单命令在菜单面板上以图形按钮的方式显示,操作更清晰、便捷。其中:

- 主页面板:用于完成项目新建、打开、移动、复制和选择等。
- 共享面板:用于将项目压缩、打印、发送邮件等。
- 查看面板:用于窗格布局、图标布局、视图选择、项目显示与隐藏设置等。

2) 多窗口排列

同时打开多个窗口在实际使用时切换很不方便,且容易造成混乱。Windows 10 提供了

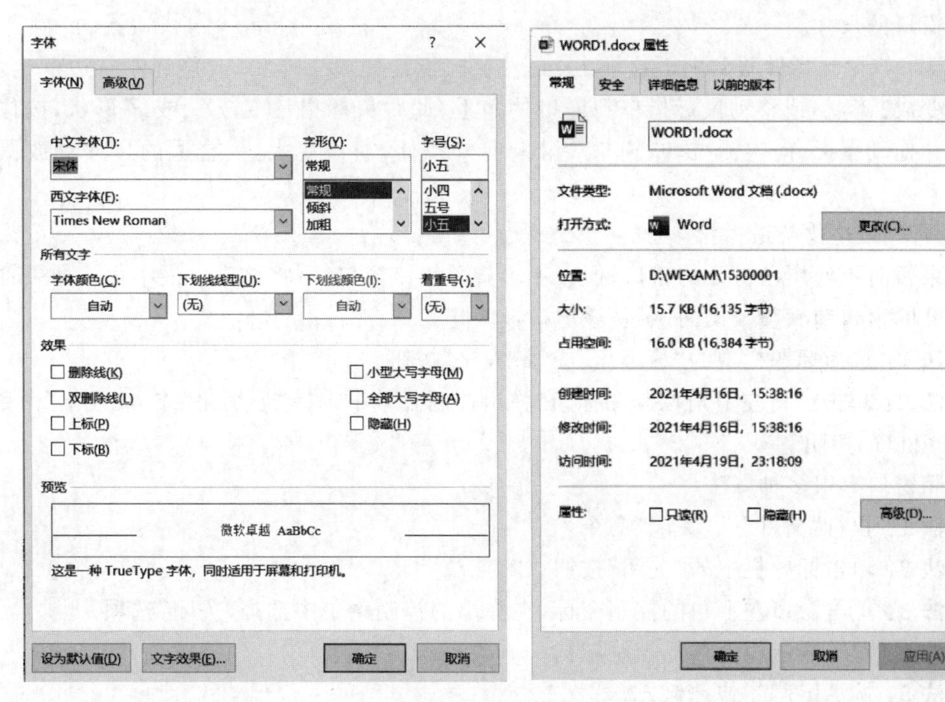

图 2-24　典型对话框

层叠窗口、堆叠显示窗口和并排显示窗口 3 种标准的窗口排列方式。利用这 3 种窗口排列方式可方便地进行查看和切换窗口，使桌面更整洁。

操作方法：右击任务栏空白处，在弹出的快捷菜单中选择排列方式，如图 2-25 所示。

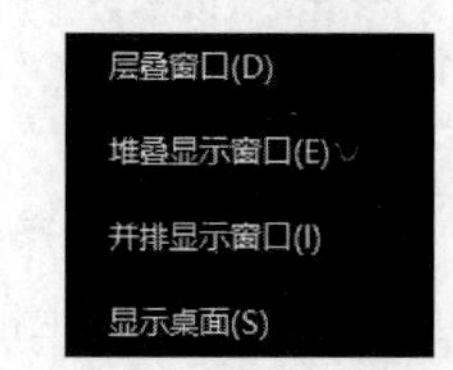

图 2-25　多窗口排列选择

3）窗口的切换

Windows 10 允许两个以上的程序同时运行，并且可以在已经打开的应用程序窗口之间来回切换，而无须将任何一个程序窗口关闭。当打开两个以上窗口时，只有一个窗口位于其他窗口的上方，该窗口的标题栏呈高亮显示，称此窗口为前台窗口，相应程序称为前台程序。其他窗口标题栏呈灰度显示，称为后台窗口，相应程序称为后台程序。窗口切换有以下几种方法：

方法 1：单击需切换窗口的任意位置，若该窗口被完全遮盖，可单击任务栏上相应程序图标。

方法 2：Alt＋Tab。即先按住 Alt 键不放，然后按 Tab 键。此时屏幕中央会出现一个小窗口，其中列出所有正在运行的程序图标，按 Tab 键可在图标间进行切换，直至切换到所需的程序图标，松手即可。

4）窗口的移动

窗口的显示位置一般都不是固定的。如果打开的窗口太多，某个窗口遮住了另一个用户希望看到的非当前活动窗口，最方便的方法就是将前面的窗口从当前的位置上移开。

方法：用鼠标拖曳要移动窗口的标题栏至合适的位置，释放即可。

5）调整窗口的大小

如果打开的窗口尺寸过大或过小，看起来不合适，可以通过拉伸窗口的边框和角的办法来调整窗口的尺寸。

方法：将鼠标指针移到上下边框上，此时鼠标指针变成↕形状，或移到左右边框上，此时指针变成↕形状，或移动鼠标指针到窗口的角上，此时鼠标指针变成⤡或⤢形状，按住鼠标左键并拖动鼠标，向内侧拉伸，窗口变小；向外拉伸，窗口变大，到合适的尺寸释放鼠标即可。

6）窗口最小化与最大化

如果暂时不使用已打开的窗口，但又不希望关闭该窗口，可将该窗口最小化。如果希望将已打开的窗口铺满整个桌面，可将该窗口最大化。

方法1：选择标题栏中的“最小化”或“最大化”按钮。

方法2：单击窗口左上角控制图标，在弹出控制菜单中选择“最小化”或“最大化”命令。

7）窗口的关闭

关闭窗口有很多种方法。

方法1：执行“文件”→“关闭”命令。

方法2：单击标题栏中的“关闭”按钮。

方法3：单击窗口左上角的控制图标，在弹出的控制菜单中选择“关闭”选项。

方法4：双击窗口左上角的控制图标。

方法5：按Alt+F4快捷键。

2.2.4 鼠标和键盘操作

鼠标和键盘是计算机重要的输入设备，用于从外界将数据、命令输入到计算机的内存，供计算机处理。

1. 鼠标

1）鼠标的基本操作

用鼠标在屏幕上的项目之间进行交互操作就如同现实生活中用手取用物品一样。可以用鼠标将对象选定、移动、打开、更改，以及将其从其他对象之中剔除出去。鼠标的基本操作有：

单击：快速按一次鼠标左键，立即释放，常用于对象的选取。

双击：连续快速按鼠标左键两次，常用于启动程序或打开窗口等。

右击：按一下鼠标右键，常用于打开快捷菜单。

指向：移动鼠标指针至某个位置或某个对象上。

拖动：鼠标指针指向某对象后，按下鼠标左键不放，移动鼠标指针到指定位置后再释放鼠标左键。常用于移动对象或拖动滚动条、标尺等操作。

2）鼠标指针的形状

鼠标指针的形状及位置能反映鼠标当前的操作，在不同的情况下，鼠标指针的形状会不一样。

执行“控制面板”→“轻松使用”→“轻松使用设置中心”→“更改鼠标的工作方式”命令，可弹出“使鼠标更易于使用”对话框(图2-26)。通过该对话框，可更改鼠标指针的颜色和大小，单击“鼠标设置”，选择“指针”选项卡，可查看或更改鼠标外观设置(图2-27)。“鼠标键”选项卡可以设置鼠标键的功能，如调整双击的速度或切换主要与次要按钮等。

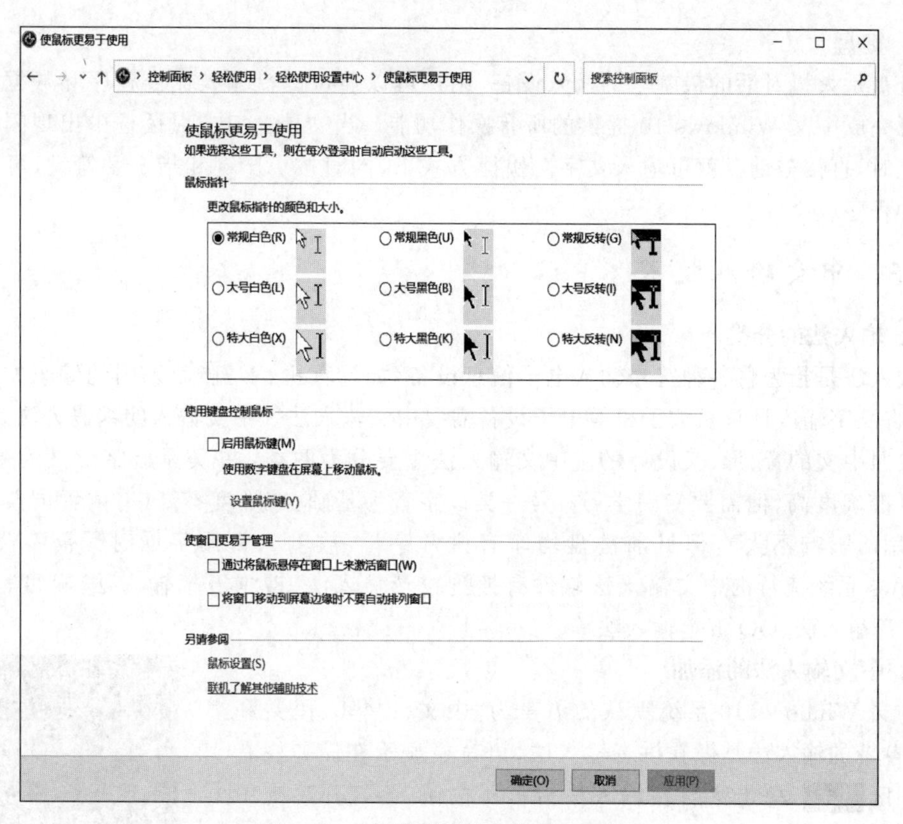

图 2-26 “使鼠标更易于使用”对话框

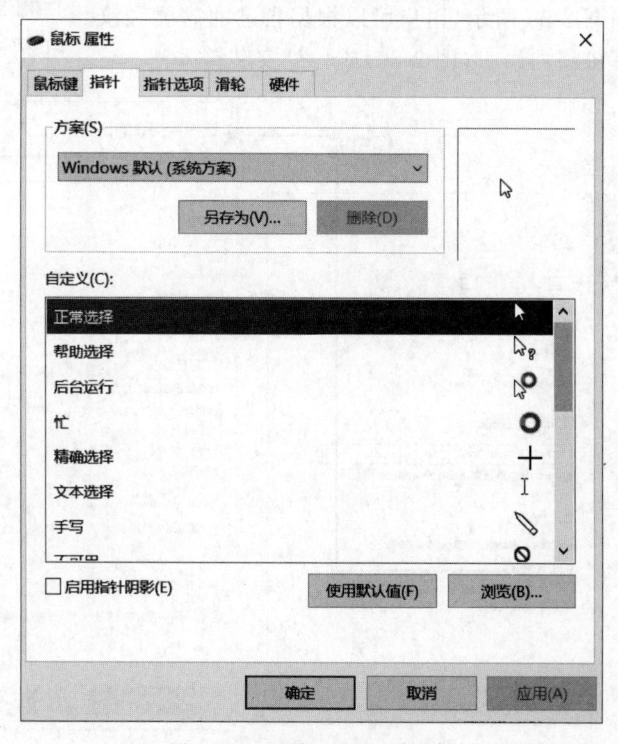

图 2-27 “鼠标 属性”对话框

2. 键盘

键盘是人机对话的最基本的输入设备,用户可以通过键盘输入命令程序和数据。利用键盘可完成中文 Windows 10 提供的所有操作功能。当文档窗口或对话框中出现闪烁的插入标记时,直接敲键盘就可输入文字。快捷方式下,同时按 Alt 键和指定字符键,可以启动相应的程序或文件。

2.2.5 中文输入技术

1. 输入法的分类

输入法是指为将各种符号输入电子信息设备(如计算机、手机)而采用的编码方法。在中国,将汉字输入计算机或手机等电子设备需要中文输入法。中文输入的编码方法,基本上都是按照中文的音、形、义设计的。中文输入法主要分为两类:一类是以字形义为基础,输入快且准确度高,但需要专门学习;另一类以字音为基础,准确度不高(有内置词典对流行语、惯用语影响不大),但目前键盘均印有拼音字母,故输入常用字词时无需专门学习。Windows 系统流行的中文输入法软件有搜狗拼音输入法、搜狗五笔输入法、百度输入法、QQ 拼音输入法、QQ 五笔输入法等。

2. 中文输入法的添加

中文 Windows 10 系统默认的语言为"中文(中华人民共和国)",自带的输入法是微软拼音输入法,语言栏显示在任务栏右侧通知区 中 拼 ,单击语言栏输入法指示器按钮,会打开系统中已安装的中文输入法列表(图 2-28),选择"语言首选项",可打开"语言设置"窗口,如图 2-29 所示,用户可以根据自己的需要和汉字输入习惯,为计算机添加语言(图 2-30)或另外安装输入法。

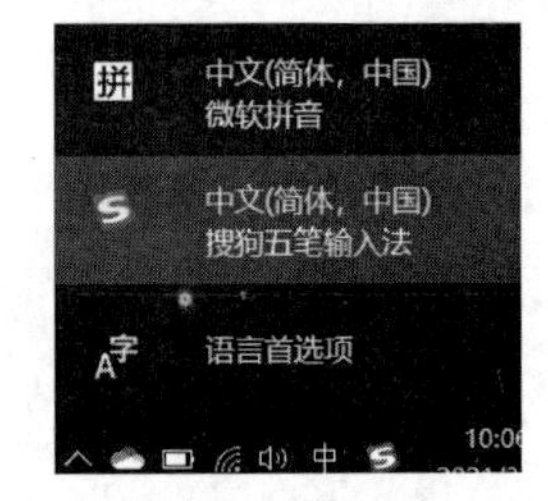

图 2-28 "语言指示器"列表

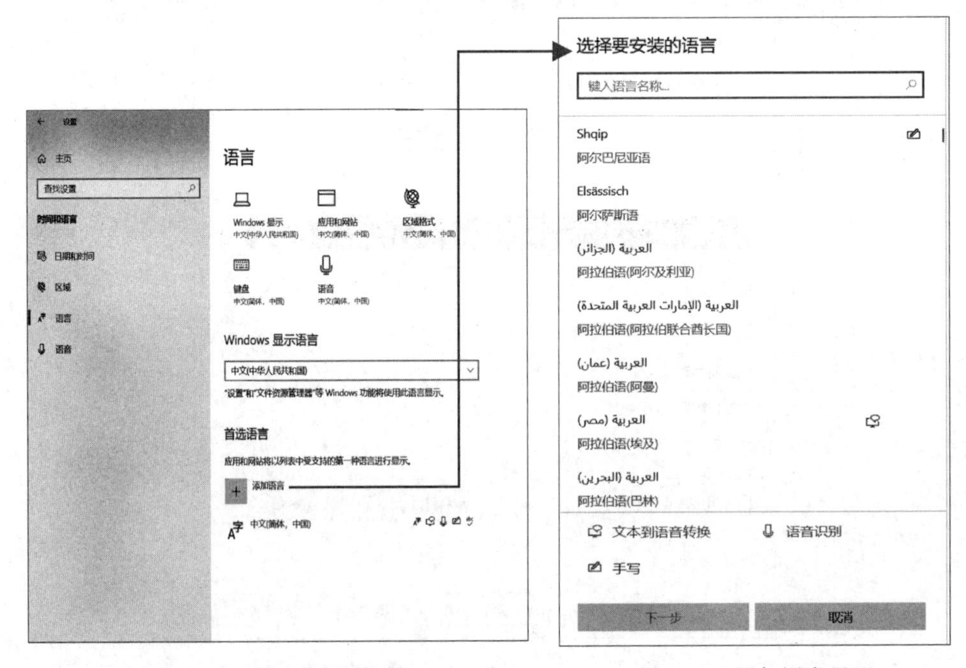

图 2-29 "语言"设置界面

图 2-30 添加语言界面

3. 中文输入法的切换

系统中安装的输入法较多时,用户可对输入法的切换顺序及输入法的停靠位置进行设定。具体方法是执行“开始”→“设置”→“设备” →“输入”→“高级键盘设置”(图 2-31),并在随后打开的界面中(图 2-32)选择“语言栏选项”或“输入语言热键”,弹出如图 2-33、图 2-34 所示的对话框,完成设定单击“确定”按钮。

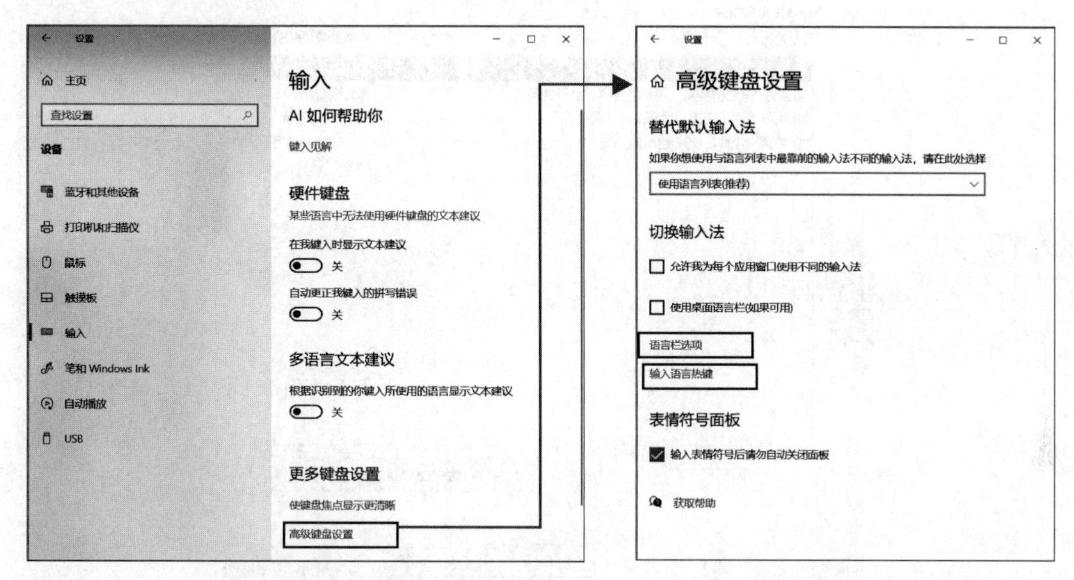

图 2-31 “输入”设置界面　　　　图 2-32 “高级键盘设置”界面

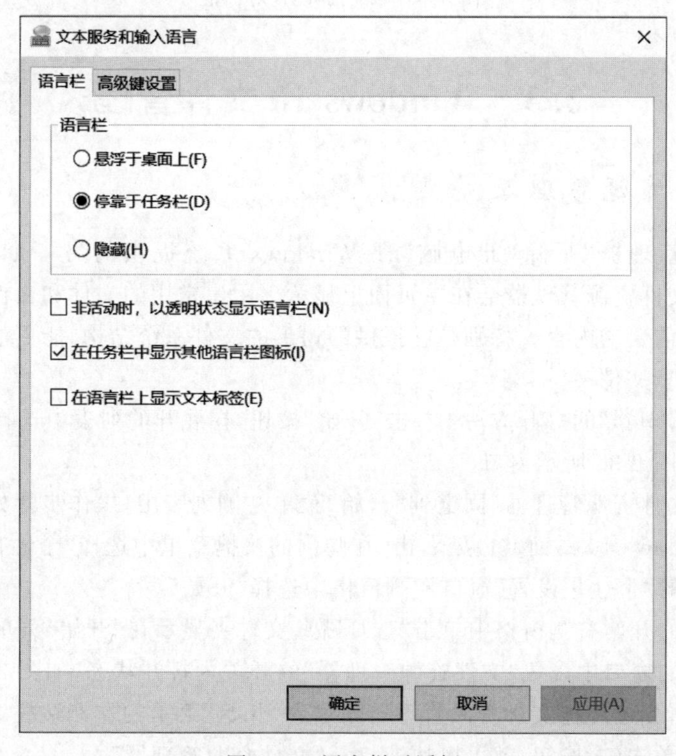

图 2-33 语言栏对话框

图 2-34　高级键设置对话框

2.3　Windows 10 文件管理

2.3.1　文件资源管理器

“文件资源管理器”是除“此电脑”外 Windows 系统提供的另一个资源管理工具。Windows 10 的文件资源管理器会在主页面上显示出用户常用的文件和文件夹,让用户可以快速获取到自己需要的内容。特别是它提供的树形的文件系统结构,能更清楚、更直观地显示计算机的文件和文件夹。

“文件资源管理器”的打开方法:右击“开始”按钮,在展开的列表中选择“文件资源管理器”选项,打开如图 2-35 所示窗口。

也可以将“文件资源管理器”固定到“开始”菜单左侧列表中,操作步骤如下:

(1) 在 Windows 10 桌面空白处右击,在弹出的快捷菜单中选择“个性化”选项。

(2) 在打开的“个性化设置”窗口左侧窗格中选择“开始”。

(3) 在展开的开始右侧窗格中单击“选择哪些文件夹显示在‘开始’菜单上”。

(4) 在打开的窗口中设置“文件资源管理器”的开关为打开状态,如图 2-36 所示。

此后,可以看到已经把文件资源管理器添加到“开始”菜单的左侧边栏,如图 2-37 所示,在“开始”菜单中单击 按钮,就可以快速打开“文件资源管理器”。

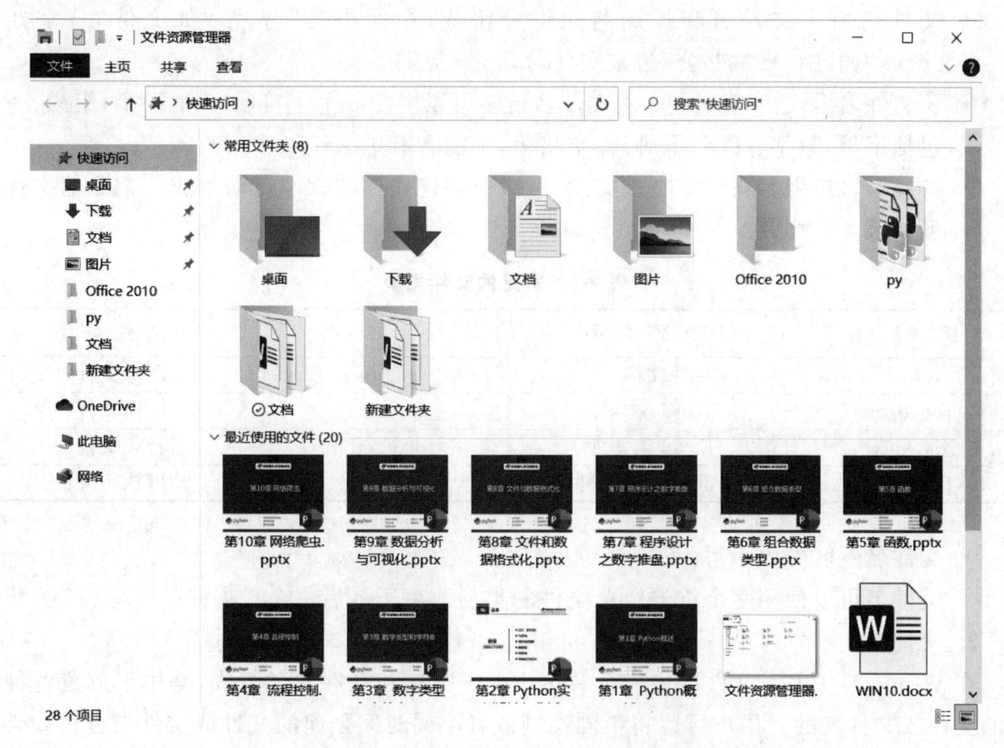

图 2-35 “文件资源管理器”窗口

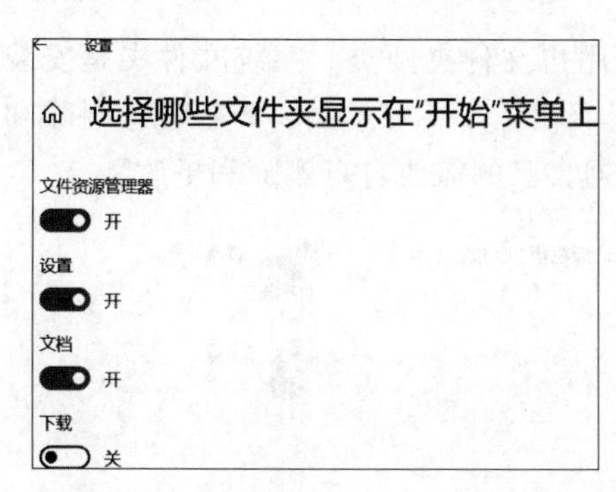

图 2-36 设置“文件资源管理器”开关

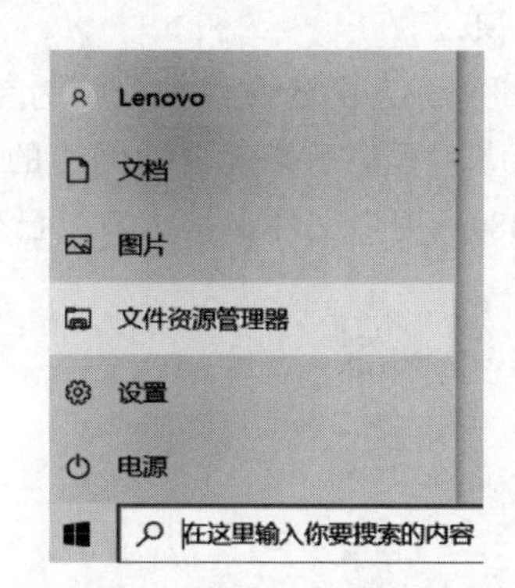

图 2-37 “文件资源管理器”添加到“开始”菜单

2.3.2 文件及文件夹

1. 文件

文件是数据在计算机中的组织形式。计算机中的任何程序和数据都是以文件的形式保存在计算机的外存储器(硬盘、光盘、U 盘等)中的。文件的范围很广,具有一定独立功能的程序模块或者数据都可以作为文件。如:应用程序、文字资料、图片资料或数据库均可作为文件。Windows 10 中的任何文件都是以图标和文件名标识的。用户可以将命名好的文件或文件夹存储在计算机的相应磁盘中。

Windows 10 的文件命令规则如下:

- 文件名由主文件名和扩展名两部分组成,中间由“.”分隔。如文件“日常办公.docx”,其中“日常办公”为主文件名,docx为扩展名。
- 长文件名形式。Windows主文件名最多可以由255个字符(127个汉字)组成,一般包括字母、数字、汉字、下画线、空格等,不能含有\、/、|、<、>、?、*、”、: 等。
- 扩展名。扩展名表示了文件类型,一般由创建文件的软件自动生成。常见的文件类型如表2-2所示。

表2-2 常见的文件类型

扩展名	文件类型	扩展名	文件类型
txt	文件文体	jpg、jpeg	图像文件
doc、docx	Word 文档	rar、zip	压缩文件
xls、xlsx	Excel 工作簿	wav、mp3	音频文件
ppt、pptx	演示文稿文件	exe	可执行文件

- 文件名不区分大小写。
- 文件名可以使用多个符号“.”,文件的类型取决于最后一个扩展名。

2. 文件夹

在Windows 10中,文件夹由一个黄色小夹子图标和文件夹名组成,是用来放置各种类型的文件或文件夹的。用户可以将不同类型或者不同时间创建的文件或文件夹分别归类保存,在需要某个文件时可快速找到它。文件夹指向某一磁盘空间,没有扩展名,不能以扩展名进行标识。

Windows 10中的文件夹分别为系统文件夹和用户文件夹两类。系统文件夹是安装操作系统或应用程序后系统自动创建的文件夹,它们通常位于C磁盘中,不能随意删除和更改(图2-38);用户文件夹是用户自己创建的,可根据自己的需要自行删除和更改。

图2-38 系统文件夹

3. 逻辑盘

计算机的外存储器以硬盘为主,为了便于管理,一般会根据需要对硬盘进行分区,划分成多个逻辑盘,用盘符C:、D:等表示。如果一台计算机有逻辑盘C和D,它们可能属于同一个物理硬盘,也可能属于两个物理硬盘,需要从硬件管理中进行查看。

4. 文件的路径

在Windows 10中,文件的存储方式呈树状结构。其主要优点是结构层次分明,很容易让人们理解。文件夹树的最高层称为根文件夹,在根文件夹中建立的文件夹称为子文件夹,子文件夹还可再含子文件夹。如果在结构上加上许多子文件夹,它便形成一棵倒置的树,根向上,而树枝向下生长,这也称为多级文件夹结构,如图2-39所示。

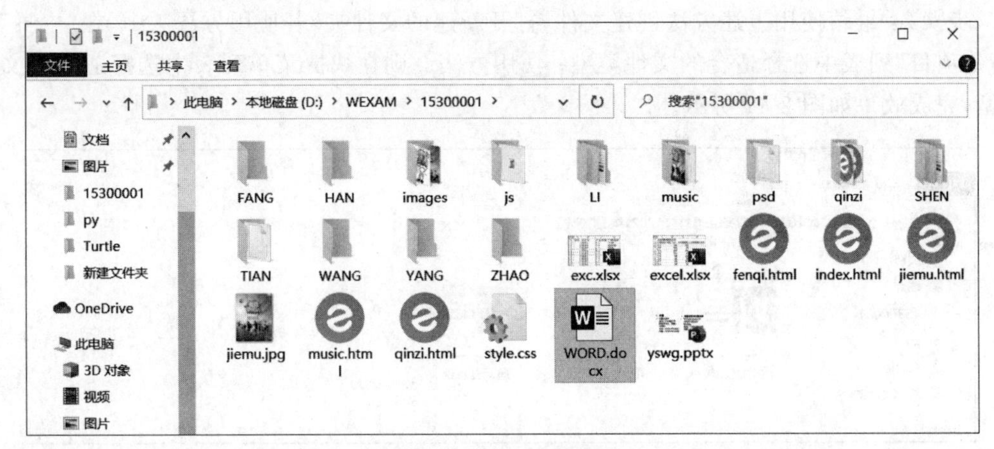

图 2-39　多级文件夹结构

路径是指用户在计算机的磁盘上寻找文件所途经的文件夹路线。路径根据表述方式不同可分为绝对路径和相对路径。

绝对路径：从根文件夹开始到文件所在的目录路线。根文件夹以"盘符:\"表示，如"D:\"其余各级子文件夹以"\"分隔。如图 2-39 中 WORD. docx 的绝对路径为 D:\WEXAM\15300001\WORD. docx。

相对路径：从当前文件夹开始到文件所在的目录路线，如图 2-39 中 image 文件夹中文件 index. jpg 的相对路径表示为 image\index. jpg，若 image 文件夹在 WEXAM 文件夹中，则其相对路径表示为..\image\index. jpg，其中"..."表示上一级文件夹(父文件夹)。

2.3.3 文件及文件夹操作

1. 浏览文件和文件夹

【例 2-1】 浏览计算机中的 D 盘。

方法 1：双击桌面"此电脑"图标，在打开的窗口中双击"本地磁盘(D:)"图标。

方法 2：执行"开始"→"文件资源管理器"命令，在打开的资源管理器窗口左侧窗格选择"此电脑"→"本地磁盘(D:)"。

2. 新建文件或文件夹

【例 2-2】 在 D 盘根目录，建立一个名为"2021 年工作文档"文件夹，并在其中新建"日常办公. docx"文件，"通信录. xlsx"文件，"日程安排. txt"文件。

操作步骤如下：

步骤 1：可选择使用菜单操作和鼠标右击操作两种方法之一完成。

方法 1(菜单操作)：在"文件资源管理器"或"此电脑"窗口中，打开要创建文件夹的上级文件夹，即本地磁盘(D:)，菜单栏中执行"主页"→"新建文件夹"命令，即可在当前位置创建一个文件夹，如图 2-40 所示。输入文件夹名称"2021 年工作文档"后单击窗口任意位置，完成创建。

图 2-40　新建文件夹

方法 2(鼠标右键)：在"文件资源管理器"或"此电脑"窗口中，打开要创建文件夹的上级文件夹，在空白位置右击，在弹出的快捷菜单中选择"新建"→"文件夹"选项，即可在当前位置创建一个新文件夹，同上输入文件夹名称即可。

步骤2：继续使用上述方法创建文件，打开新建的文件夹，若使用方法1中，在“主页”→“新建项目”列表中选择适合的文件类型；使用方法2则在快捷菜单列表中选择适合的文件类型，完成效果如图2-41所示。

图2-41　例2-2完成效果

3. 移动文件或文件夹

方法1(菜单操作)：在“文件资源管理器”或“此电脑”窗口中，选定要移动的文件或文件夹，在菜单栏“主页”面板中执行“剪切”命令，将需移动的文件放在“剪贴板”上，选择目标位置，执行“主页”面板中的“粘贴”命令。

方法2(鼠标右键)：在“文件资源管理器”或“此电脑”窗口中，选定要移动的文件或文件夹，选择鼠标右键，执行“剪切”命令，将需移动的文件放在“剪贴板”上，选择目标位置，选择鼠标右键，执行“粘贴”命令。

方法3(鼠标拖曳)：在“文件资源管理器”或“此电脑”窗口中，选定要移动的文件或文件夹，将选定文件拖曳到目标位置。

特别提示：文件在不同驱动器之间的进行拖曳将完成文件(夹)的复制操作。

4. 复制文件或文件夹

方法1(菜单操作)：在“文件资源管理器”或“此电脑”窗口中，选定要复制的文件或文件夹，执行“主页”面板中的“复制”命令，将需复制的文件放在“剪贴板”上，选择目标位置，执行“主页”面板中的“粘贴”命令。

方法2(鼠标右键)：在“文件资源管理器”或“此电脑”中，选定要复制的文件或文件夹，右键选择“复制”命令，将需复制的文件放在“剪贴板”上，选择目标位置，右键选择“粘贴”命令。

方法3(Ctrl+鼠标拖曳)：在“文件资源管理器”或“此电脑”窗口中，选定要复制的文件或文件夹，按住Ctrl键的同时将选定文件拖曳到目标位置。

5. 重命名文件或文件夹

方法1(菜单操作)：在“文件资源管理器”或“此电脑”窗口中，选定要重新命名的文件或文件夹，并执行“主页”面板中的“重命名”命令，使文件(夹)名称呈反向显示，之后编辑文件名，文件名编辑完成后单击其他任意位置确定。

方法2(鼠标右键)：在“文件资源管理器”或“此电脑”窗口中，右击要重新命名的文件或文件夹，选择“重命名”选项使文件(夹)名称呈反向显示，编辑文件名后单击其他任意位置确定。

方法3(二次选择)：在“文件资源管理器”或“此电脑”窗口中，选择要重新命名的文件或文件夹，使其处于选中状态，再次单击文件名位置使文件(夹)名称呈反向显示，直接编辑文件名后单击其他任意位置确定。

6. 删除文件和文件夹

为了保证计算机中文件系统的整洁，同时节省磁盘空间，用户要经常删除一些无用的或损坏的文件或文件夹。

方法1(键盘)：在“文件资源管理器”或“此电脑”窗口中，选定要删除的文件或文件夹，按键盘上的Del键。

方法2(菜单)：在“文件资源管理器”或“此电脑”窗口中，选定要删除的文件或文件夹，执行“主页”面板中的“删除”命令。

方法3(鼠标右键)：在“文件资源管理器”或“此电脑”窗口中，选定要删除的文件或文件夹，右击，在弹击的快捷菜单中选择“删除”选项。

7. 查看和设置文件属性

Windows 10中的文件和文件夹都有其对应的属性查看界面。从属性对话框中，用户可以获得以下信息：文件或文件夹属性(只读、隐藏等)；文件类型；打开该文件的程序的名称；文件保存位置；文件大小及占用空间；文件夹中所包含的文件和子文件夹的数量；文件的创建、最近一次修改或访问时间等。并可根据需要在查看属性的同时更改文件的属性。Windows 10的文件属性有：只读、隐藏和存档3种。

查看文件属性的操作方法为：

方法1(鼠标右键)：首先选中需要查看或修改属性的文件或文件夹，在选中对象上右击，在弹出的快捷菜单中选择“属性”选项，打开属性对话框，选择“常规”选项卡，用户在查看的同时，可通过选择相关属性的复选框来更改其属性设置，如图2-42所示。

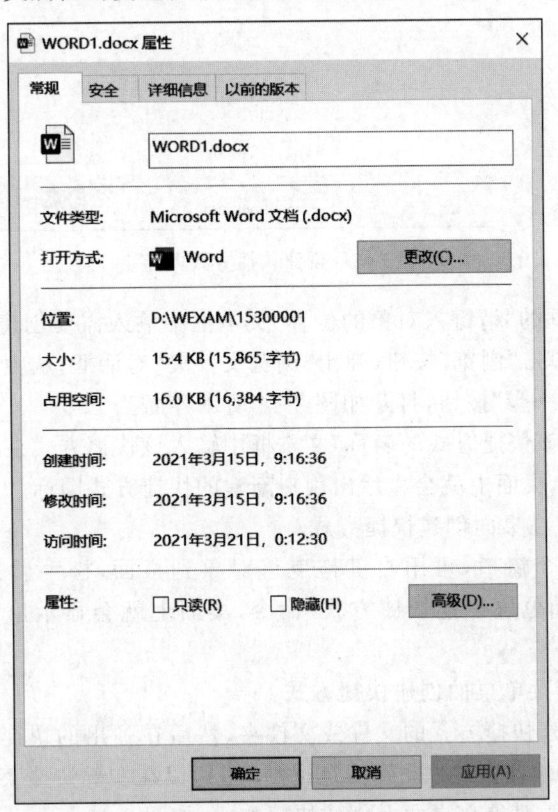

图2-42　文件属性对话框

方法2(菜单操作):在“文件资源管理器”或“此电脑”窗口中,选择要查看或更改属性的文件或文件夹,执行“主页”菜单中的“属性”命令。也可以弹出如图2-42所示的对话框,具体操作同方法1。

8. 创建快捷方式

在Windows 10中,为使用户能够方便快捷地访问某个项目,常常在桌面上建立快捷方式。例如:用户文件(夹)、应用程序、打印机等。创建快捷方式主要有以下几种方法:

1) 用快捷方式向导在桌面上创建快捷方式

步骤1:在桌面空白区域右击,在弹出的快捷菜单中选择“新建”→“快捷方式”选项,打开“创建快捷方式”向导窗口,如图2-43所示。

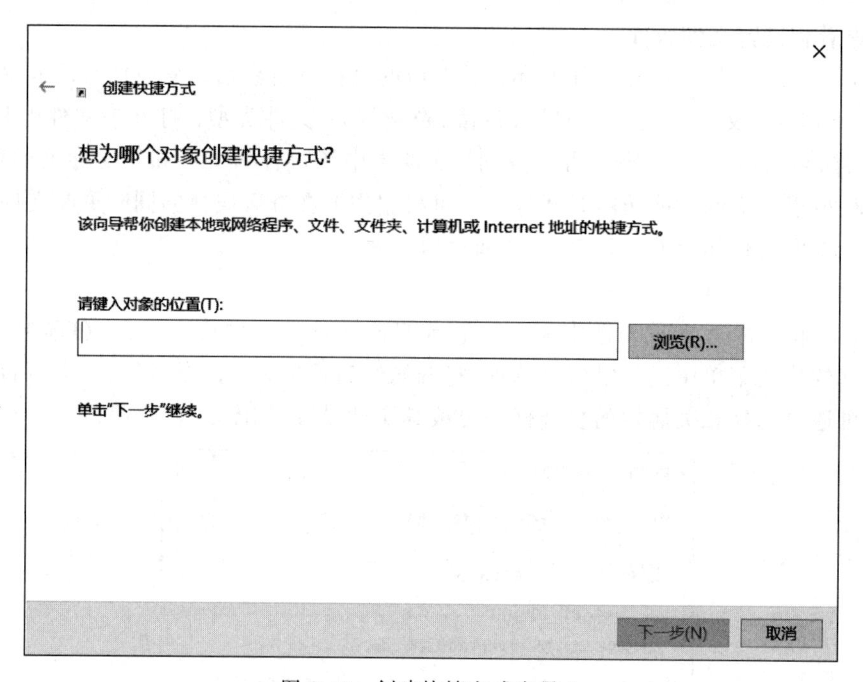

图2-43　创建快捷方式向导1

步骤2:在对话框的“请键入对象的位置”文本框中输入需要创建快捷方式的项目名称及路径,也可以通过单击“浏览”按钮,弹出“浏览文件夹”对话框,从中选择需要的项目。

步骤3:单击“下一步”按钮,打开如图2-44所示界面。

步骤4:在“键入该快捷方式的名称”文本框中输入该快捷方式在桌面上的显示名称,单击“完成”按钮。此时,桌面上就会显示出用户新建的快捷方式图标。

2) 利用右键拖曳在桌面创建快捷方式

如果对象已在某个窗口,可用右键拖曳该对象到桌面,松手后在弹出的快捷菜单中(图2-45)选择“在当前位置创建快捷方式”命令,桌面上就会显示出用户新建的快捷方式图标。

3) 利用右键快捷菜单桌面创建快捷方式

首先右击需要创建快捷方式的文件或文件夹,然后在弹出的快捷菜单中选择创建快捷方式,最后将创建好的快捷方式移动到指定位置;也可以在右键快捷菜单中选择“发送到”→“桌面快捷方式”直接为对象在桌面上创建快捷方式,如图2-46所示。

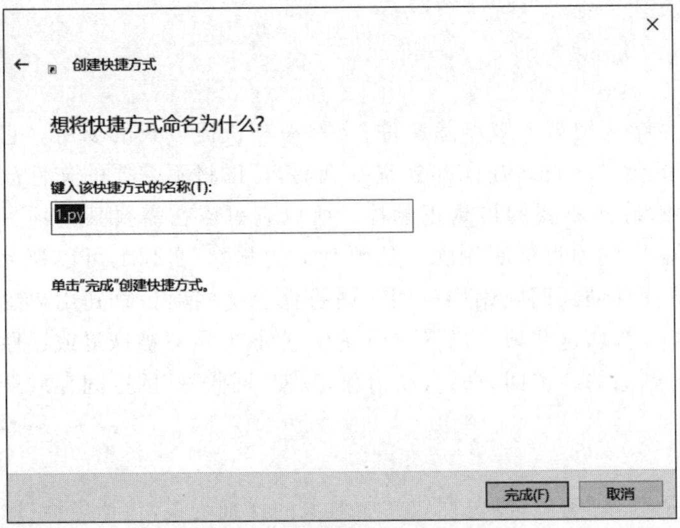

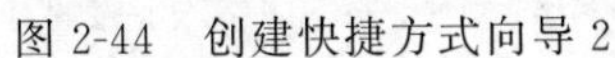

图 2-44　创建快捷方式向导 2

图 2-45　右键拖曳后的快捷菜单

4）复制粘贴快捷方式

先复制目标文件，然后在指定位置（文件夹）右击，在弹出的快捷菜单中选择“粘贴快捷方式”选项，如图 2-47 所示。

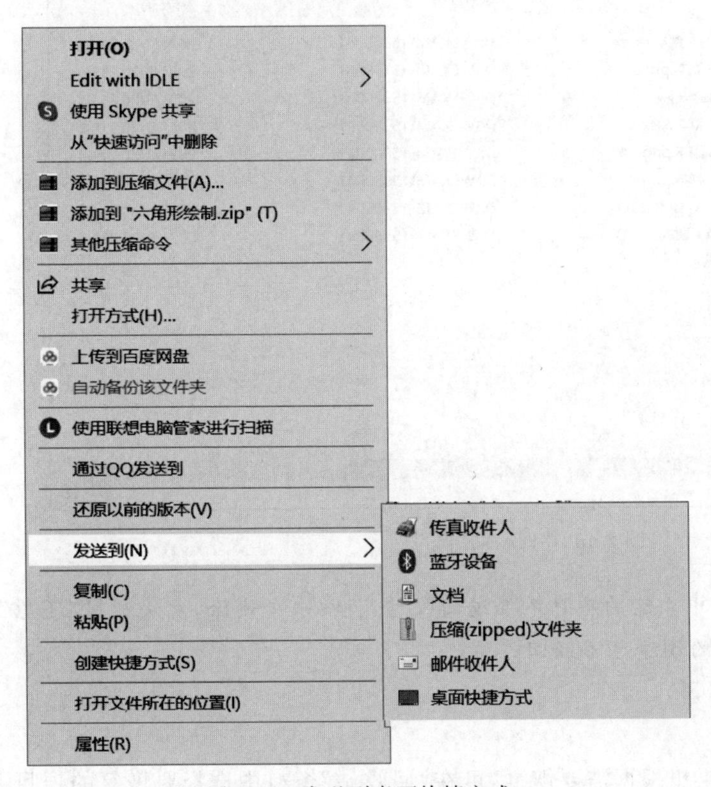

图 2-46　发送到桌面快捷方式

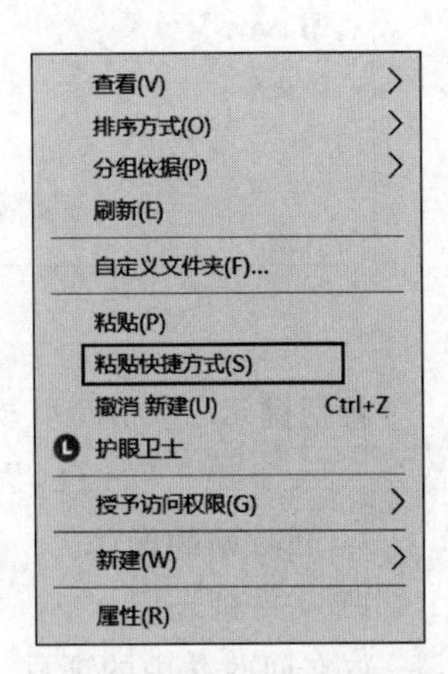

图 2-47　粘贴快捷方式菜单

2.3.4 回收站

1. 回收站概念

回收站是 Windows 10 用于存储从硬盘上被删除文件、文件夹和快捷方式的场所。它为用户提供了一个恢复误删除的机会。回收站好像办公室字纸篓,可以将不需要的文件放在其中,当需要时还可以再捡回来,确实不要的再真正删掉。所以它可以在需要某些项目时,将它们还原,也可以将确实不需要的项目彻底删除。从硬盘上的删除,实际上可以视为是一种文件移动,即将文件从原位置移动到回收站中。回收站将保留这些项目直到用户决定从计算机中永久地将它们删除。所以,这些项目仍然占用硬盘空间,并可以被恢复或还原到原位置。当回收站充满后,最先删除的会被回收站自动清除,以使"回收站"的空间存放最近删除的文件和文件夹。

2. 回收站中对象的浏览

双击"回收站"图标,可打开"回收站"窗口,浏览回收站中对象的详细资料,包括名称、原位置、删除日期、大小等,如图 2-48 所示。

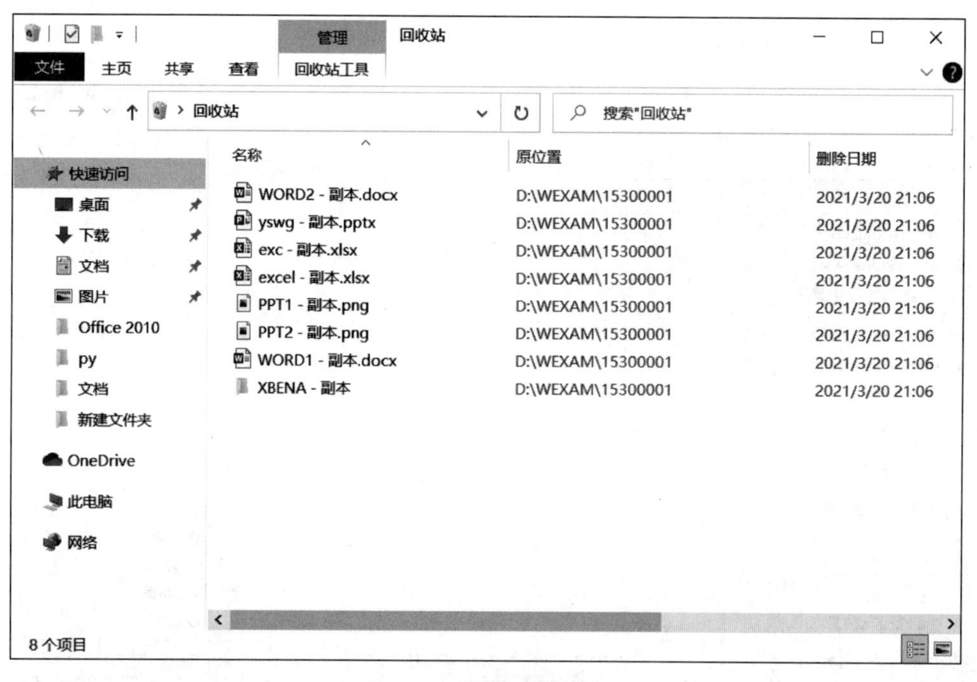

图 2-48 "回收站"窗口

特别提示:从网络驱动器中删除的项目不经过回收站,将被永久删除,无法利用"还原"恢复。按 Shift+Del 键,执行的删除也不经回收站。

3. 回收站的操作

1) 文件的还原

放在回收站中的项目,如果想根据需要恢复,可在"回收站"窗口中选择要恢复的项目,然后执行"文件"菜单中的"还原"命令,或者用鼠标右键选择要还原的项目,在弹出的快捷菜单中选择"还原"选项,即可将该项目恢复到原来的位置,如图 2-49 所示。

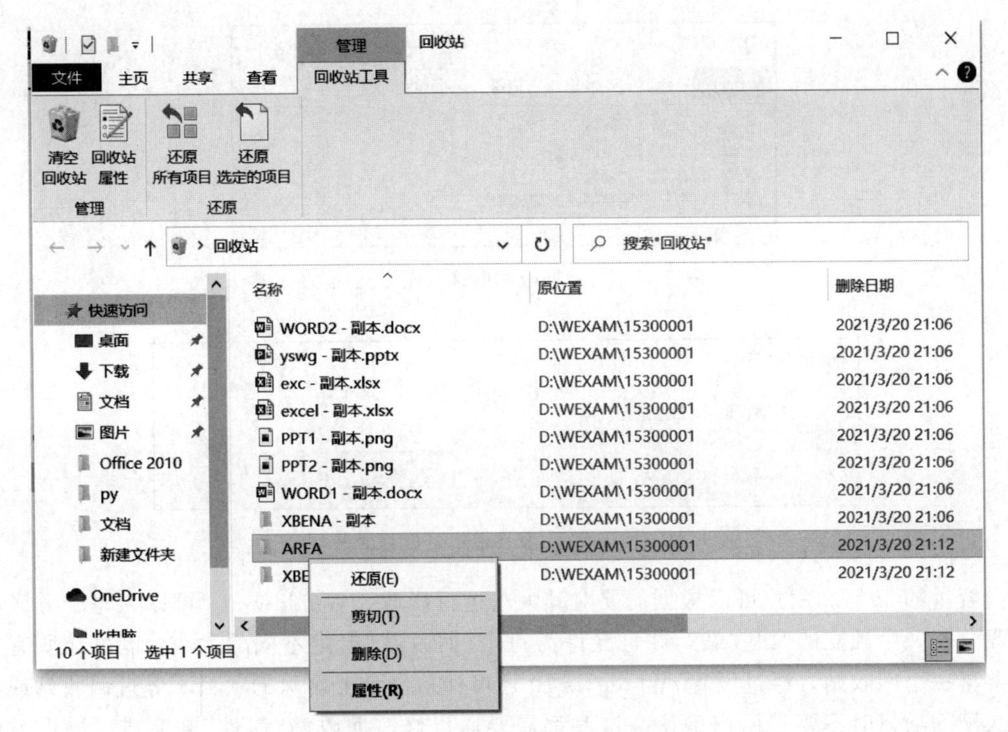

图 2-49　回收站中文件还原与删除

2）文件的删除

放在回收站中的项目,如果确实不再需要,可以彻底删除以腾出空间。在"回收站"窗口中用鼠标右键选择要删除的项目,在弹出的快捷菜单中选择"删除"选项,由于清空和删除均无法恢复,所以系统会弹出确认要求确认,如图 2-50 所示。单击"是"按钮,即可将该项目永久删除。

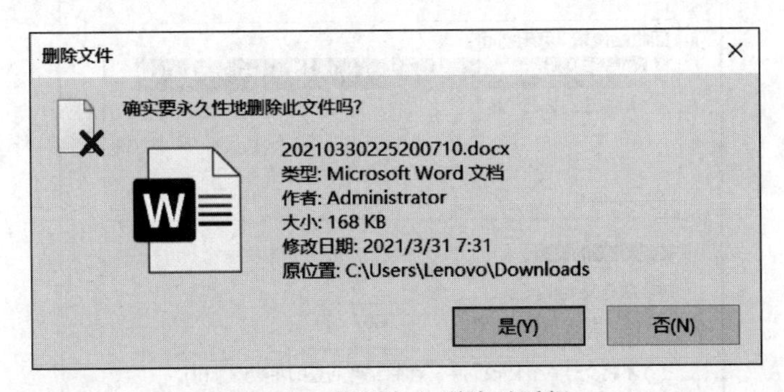

图 2-50　确认永久删除对话框

3）回收站的清空

由于回收站中的内容依然占有磁盘空间,所以需要时可将其清空以释放该部分存储空间。可以在"管理回收站"窗口选择"回收站工具"面板中的"清空回收站",在弹出的确认窗口中选择"是",即可将回收站全部清空,如图 2-51、图 2-52 所示。

4. 回收站属性设置

回收站实际上是 Windows 10 在每个硬盘上保留的一个特殊区域。其大小通常为每个

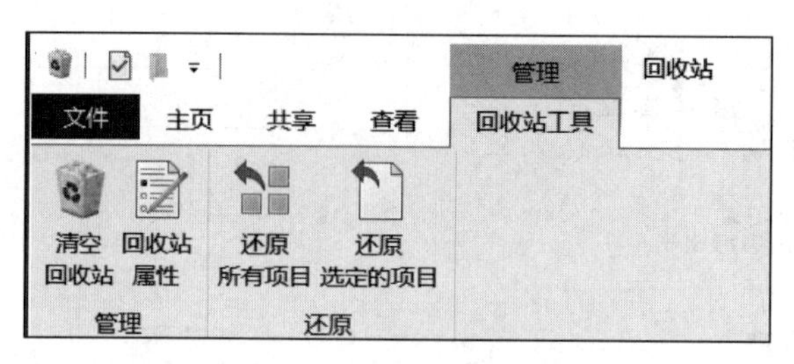

图 2-51　管理回收站的回收站工具面板

图 2-52　确认永久删除项目对话框

硬盘容量的 10%。用户可以根据需要对其大小进行修改。Windows 10 可以为每个分区或硬盘分配一个独立的"回收站",并且允许为每个"回收站"指定不同的大小;也可让所有分区共享一个回收站。经过设置,Windows 10 还可让从硬盘上删除的项目不经过回收站或在永久删除项目时不要求用户确认。这些都需要通过修改回收站"属性"来完成。操作方法如下:

右击"回收站"图标,在弹出的快捷菜单中选择"属性"选项,如图 2-53 所示。从中选择回收站驱动器的大小、删除是否经回收站及是否显示删除确认对话框。

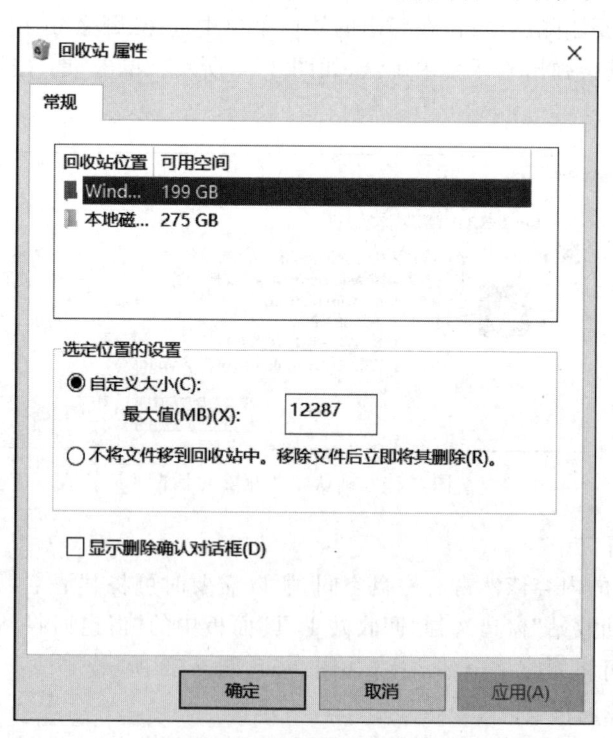

图 2-53　"回收站 属性"对话框

2.4 Windows 10 系统管理

2.4.1 控制面板与“Windows 设置”

“控制面板”是传统 Windows 系统对系统环境进行调整和设置的中枢功能区，它集中了配置系统的全部应用程序，允许用户查看并进行计算机系统硬件的设置和控制。使用控制面板，用户可以根据自己的喜好做很多系统设置包括系统的外观主题更改、网络设置、程序卸载、安全维护等。

对于使用 Windows 10 移动版用户而言，控制面板对触控并不友好，因此 Windows 10 正式版发布之前，微软就希望能够让“设置”应用彻底取代传统“控制面板”。然而，清除控制面板涉及到很多系统功能设置迁移，是个庞大的系统工程，并非朝夕可就。Windows 10 系统的新版本将慢慢弱化控制面板的作用，开始推行新的“Windows 设置”界面。由于新的 Windows 10 设置功能还未完善，所以传统的控制面板并没有被完全抛弃，只是隐藏得更深了。因此现在的 Windows 10 中同时存在“控制面板”和“Windows 设置”两个用于系统设置的工具集。本节的全部设置将基于“Windows 设置”面板。

1. “控制面板”的打开

“控制面板”的打开方法有以下几种，打开界面如图 2-54 所示。

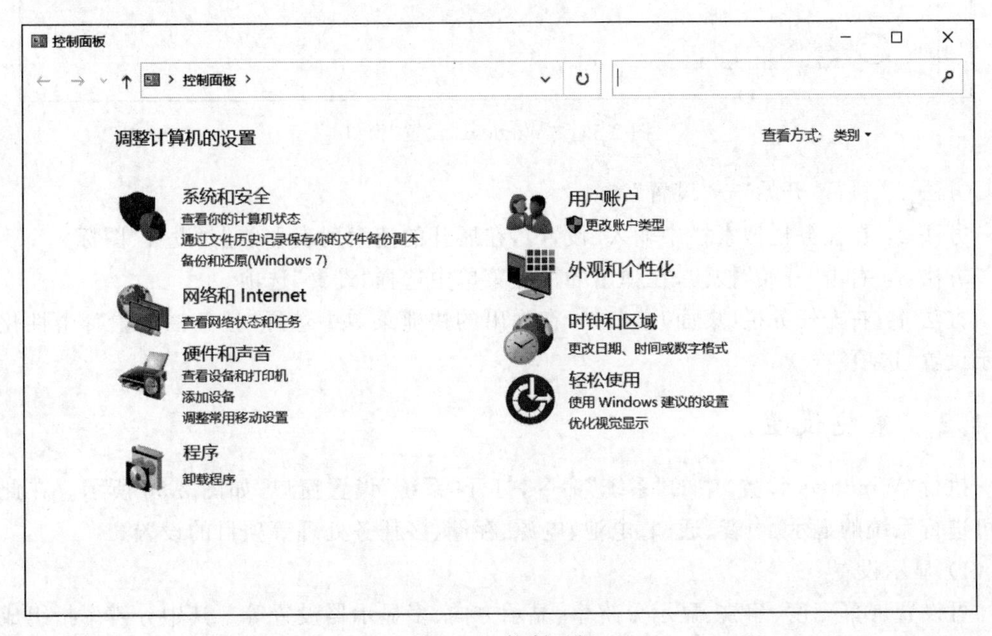

图 2-54 控制面板

方法 1：单击“开始”按钮，在所有程序列表中找到“Windows 系统”下的“控制面板”命令并单击。

方法 2：在任务栏搜索栏中输入“控制面板”，在展开的搜索列表中单击“控制面板”图标。

方法 3：双击桌面“控制面板”程序图标（前提是已通过设置桌面图标将其显示在桌面）。

2. “Windows 设置”窗口打开

“Windows 设置”窗口的打开方法有以下几种,打开界面如图 2-55 所示。

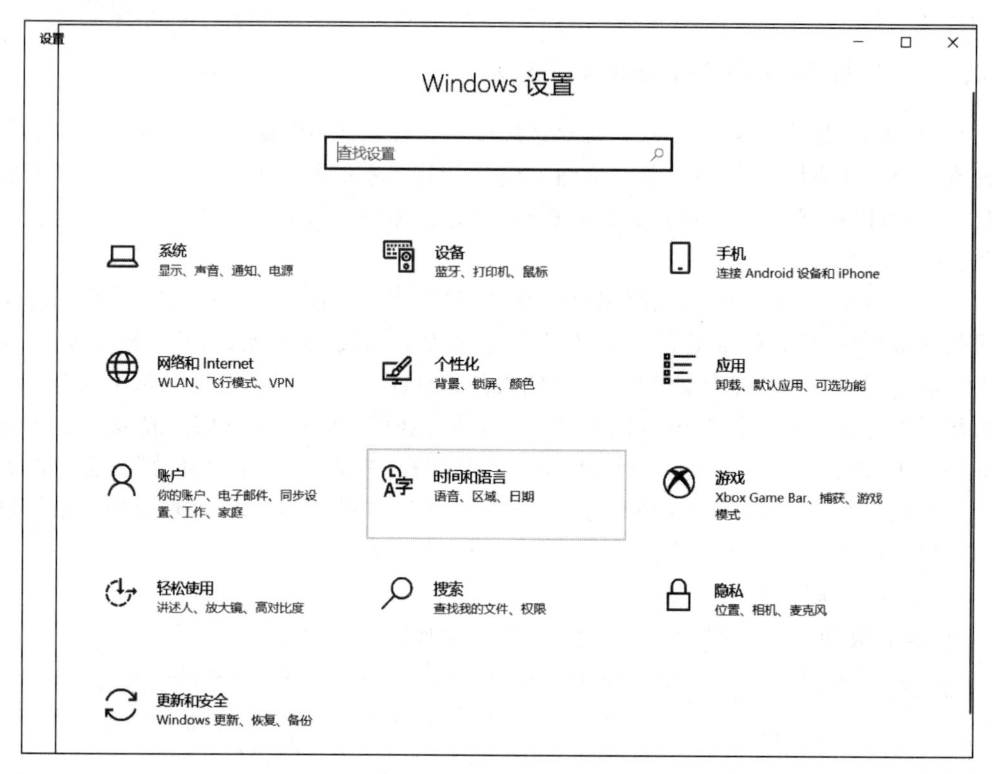

图 2-55 “Windows 设置”窗口

方法 1: 执行“开始”→“设置”⚙。

方法 2: 在任务栏搜索栏中输入“设置”,在展开的搜索列表中单击“设置”图标。

方法 3: 右击“开始”按钮,在弹出的快捷菜单中选择“设置”选项。

方法 4: 右击任务栏(桌面)空白处,在弹出的快捷菜单中选择“任务栏设置”(个性化或显示设置)选项。

2.4.2 系统设置

执行“Windows 设置”中的“系统”命令,打开“系统”设置窗口,如图 2-56 所示。在此窗口可进行系统的显示、声音、通知、电池、电源、存储、多任务处理等项目的设置。

1) 显示设置

可设置屏幕亮度、缩放、显示分辨率,显示方向、多显示器设置等。其中分辨率指组成显示内容的像素总数,设置不同的分辨率,屏幕上的显示效果也不一样,一般分辨率越高,屏幕上的显示的像素越多,相应的图标也就越大。在窗口中选择“显示分辨率”下拉列表适当分辨率即可完成设置,一般情况系统会根据用户硬件自动给出推荐分辨率并默认应用。

2) 声音设置

声音设置窗口可以实现系统与声音有关的输出、输出设备的选择及声音设备的管理;音量的调节。也可打开声音控制面板,进一步进行系统声音的硬件配置,如图 2-57 所示。

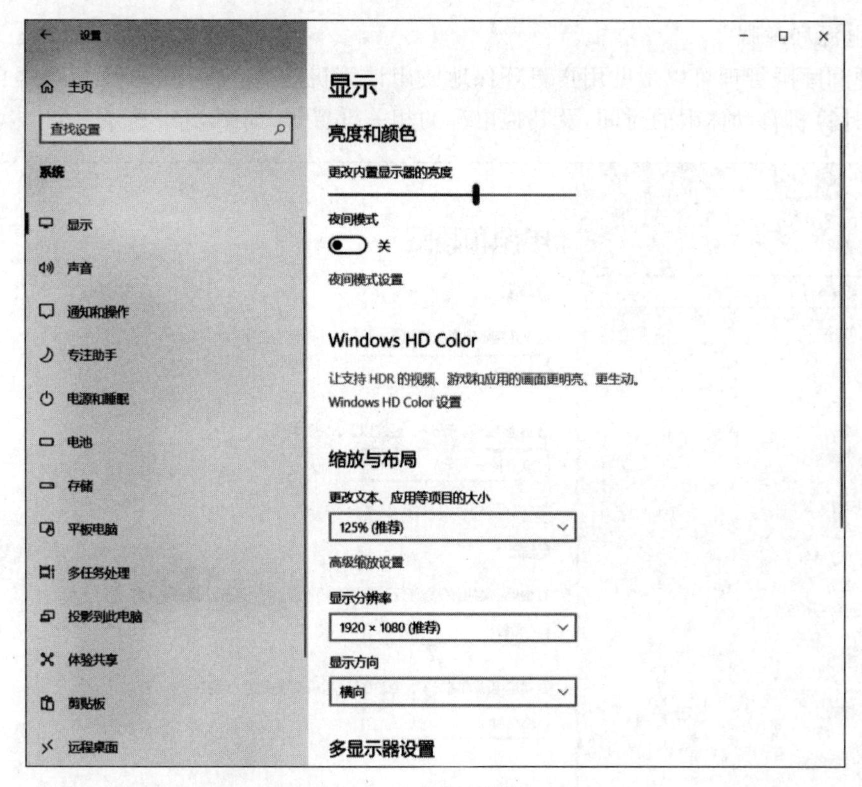

图 2-56 "系统"设置窗口

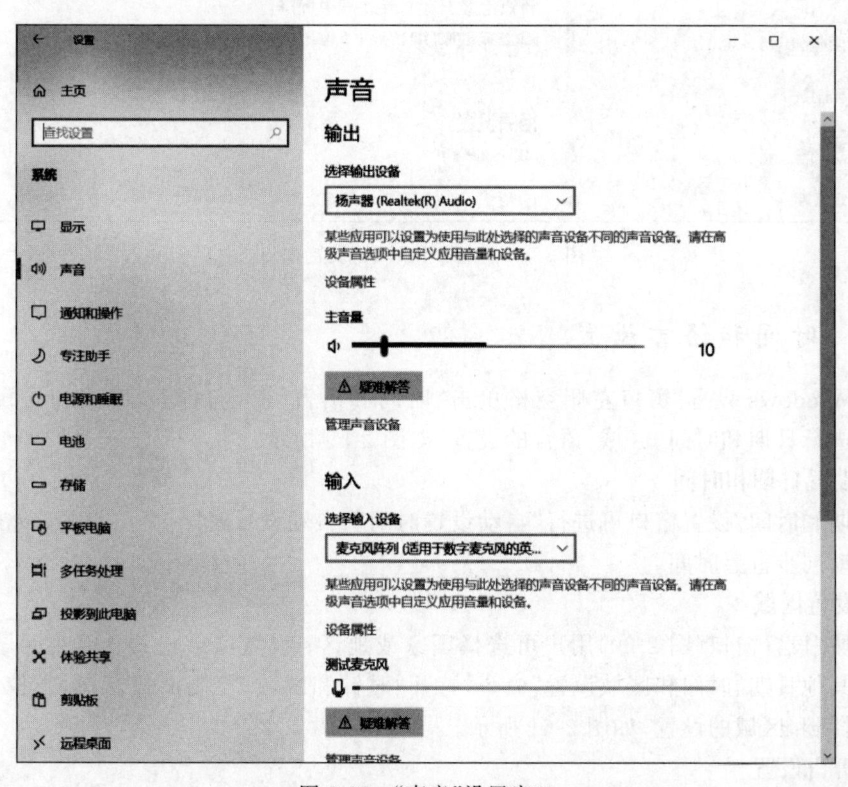

图 2-57 "声音"设置窗口

3）电源和睡眠

电源和睡眠管理可以帮助用户更环保地使用计算机电源，用户可以设置屏幕自动关闭的时间，计算机自动休眠的时间，及其他电源的相关设置等，如图 2-58 所示。

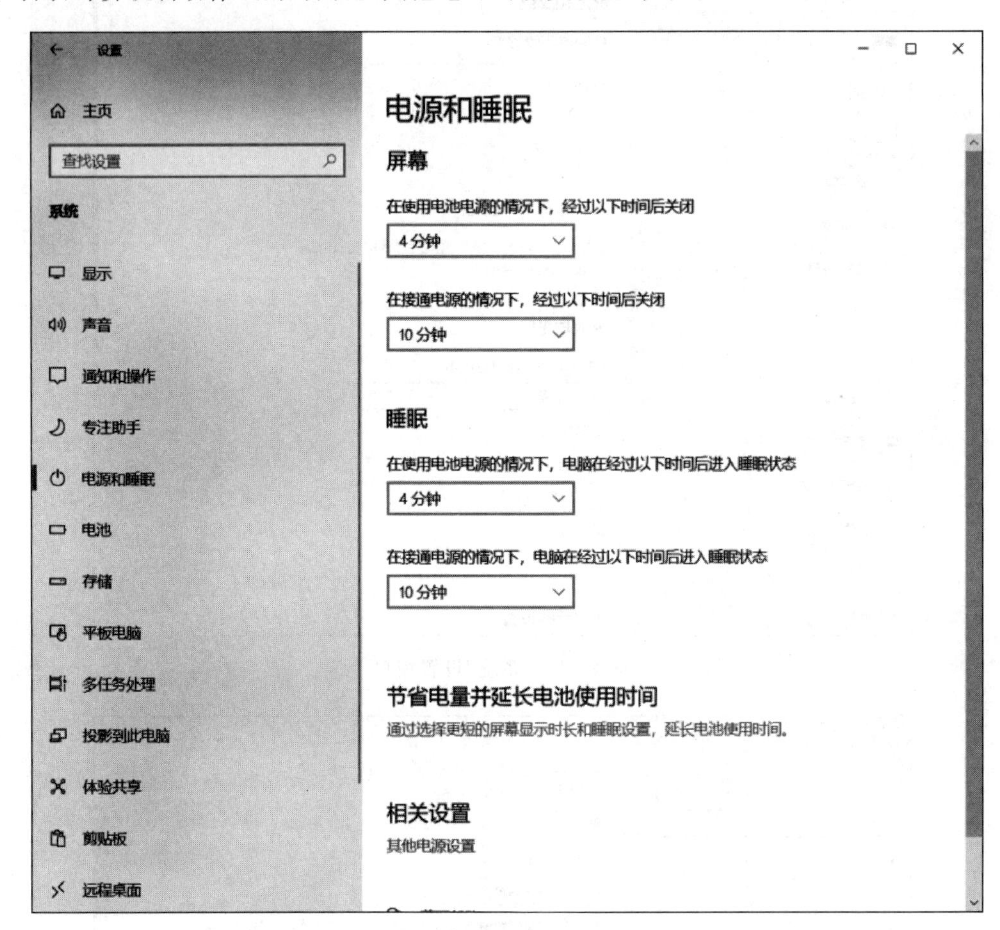

图 2-58 “电源和睡眠”设置窗口

2.4.3 时间和语言设置

在“Windows 设置”窗口左侧空格单击“时间和语言”命令，打开“时间和语言”设置窗口，可以进行日期和时间、区域、语言的设置，如图 2-59 所示。

1. 设置日期和时间

“日期和时间”设置窗口可进行“自动设置时间”“自动设置时区”开关设置，单击“同步时钟”可自动同步世界时间。

2. 设置区域

“区域”设置窗口(图 2-60)用户可选择国家或地区；设置区域格式；更改区域格式，也可单击“其他日期、时间和区域设置”命令，打开“时钟和区域”控制面板窗口，在控制面板窗口进行时间和区域的设置，如图 2-61 所示。

3. 语言设置

语言设置内容见 2.2.5 节“中文输入技术”。

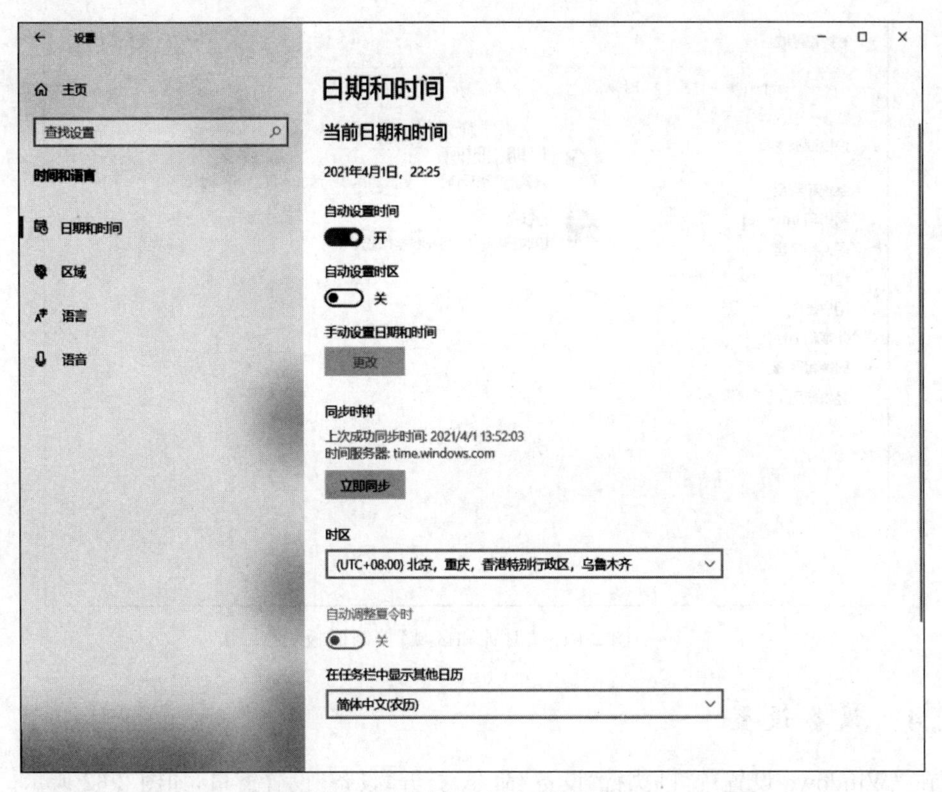

图 2-59 “时间和语言”设置窗口

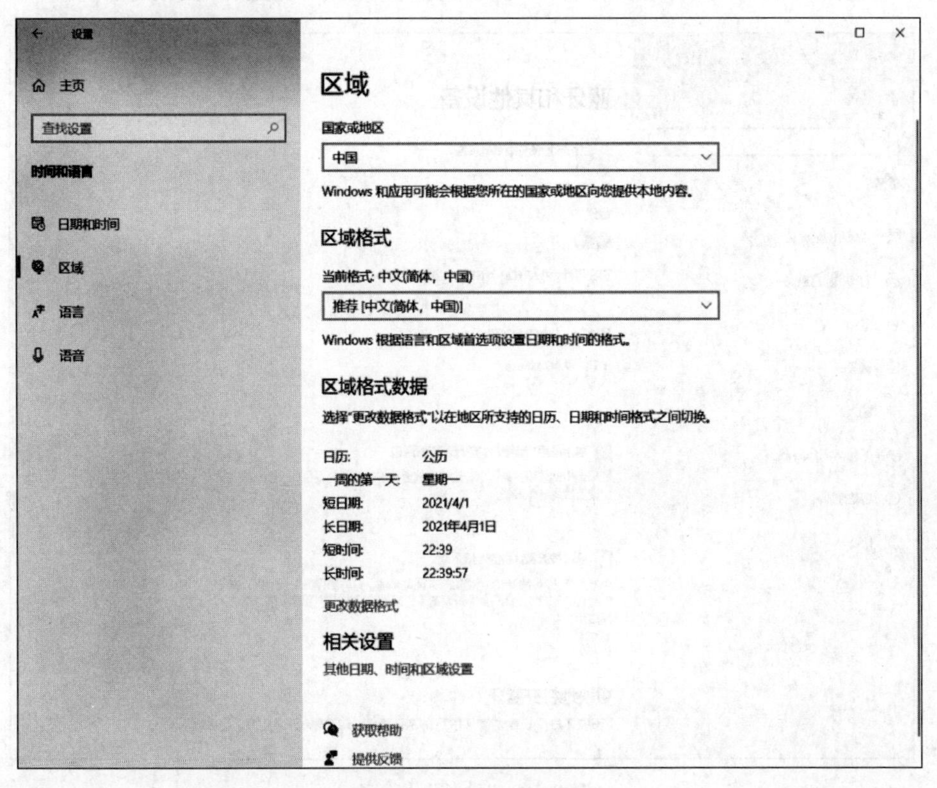

图 2-60 “区域”设置窗口

图 2-61 "时钟和区域"控制面板

2.4.4 设备设置

在"Windows 设置"窗口执行"设备"命令,打开"设备"设置窗口,如图 2-62 所示。在此窗口可以设置系统蓝牙和其他设备、打印机和扫描仪、鼠标、键盘、触摸板等。

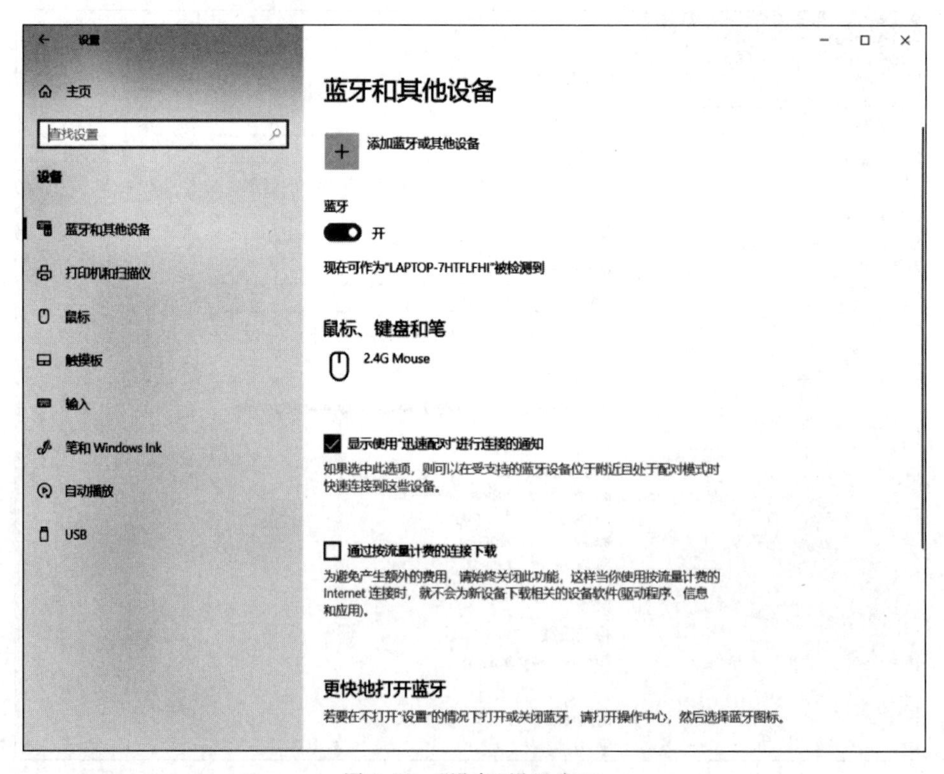

图 2-62 "设备"设置窗口

1. 打印机和扫描仪

"打印机和扫描仪"设置窗口(图 2-63)列出了系统中已安装的全部打印机和扫描仪,单击"添加打印机或扫描仪"按钮,系统会自动搜索已连接到系统中的设置,完成设备的安装,也可以运行设备的安装程序手动进行打印机和扫描仪的安装(图 2-64)。

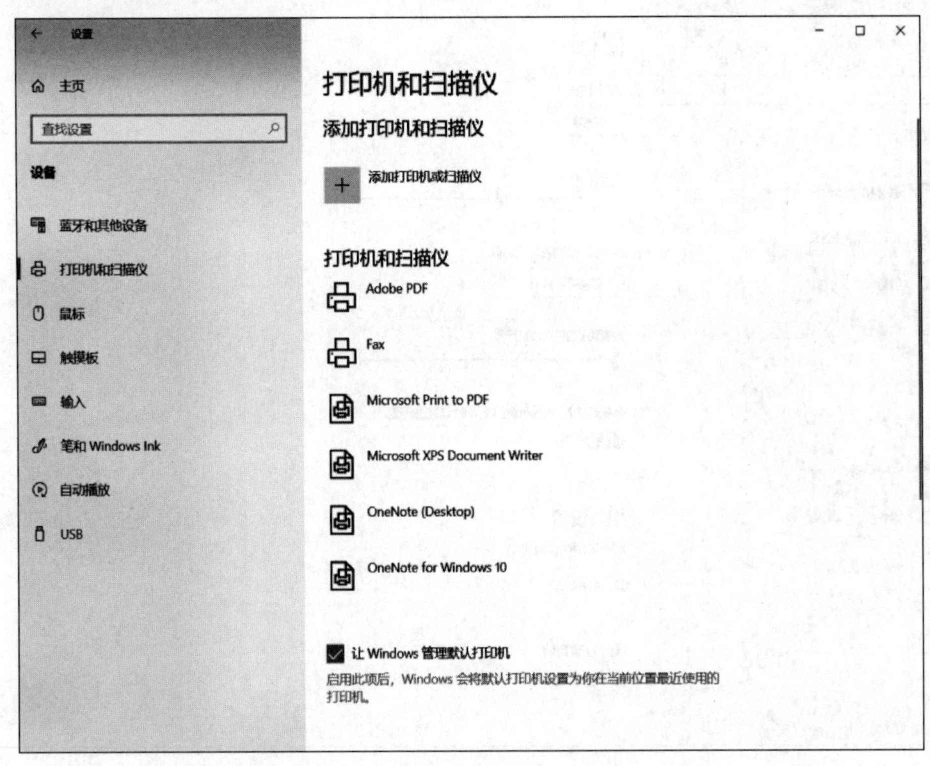

图 2-63 "打印机和扫描仪"设置窗口

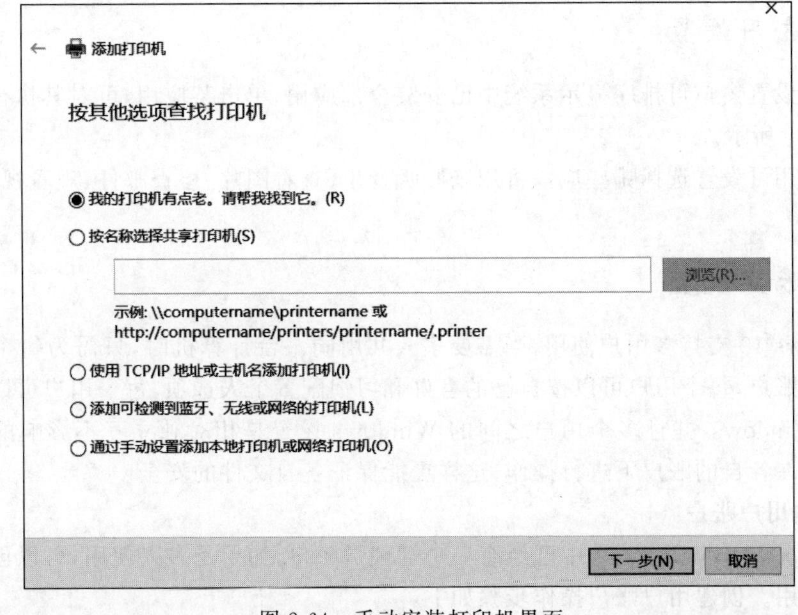

图 2-64 手动安装打印机界面

2. 鼠标

“鼠标”设置窗口如图 2-65 所示,包括设置鼠标主按钮,光标速度,滚轮设置等,单击“其他鼠标选项”,可打开鼠标设置控制面板,具体操作见 2.2.4 节“鼠标和键盘操作”。

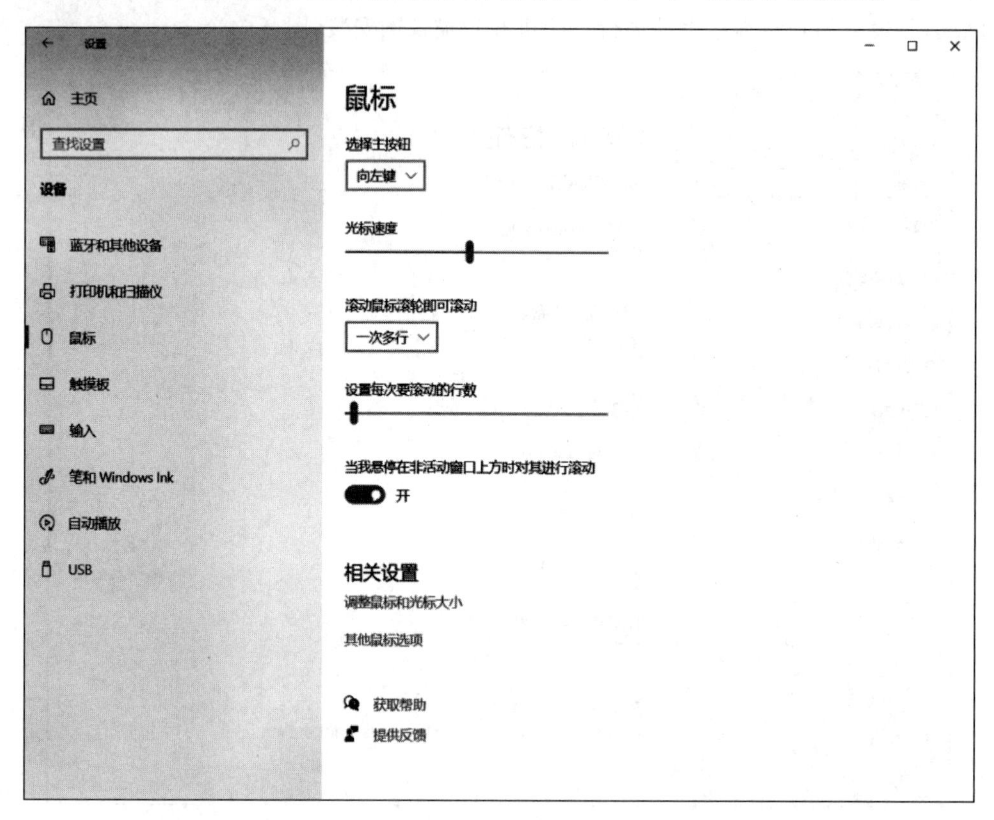

图 2-65 “鼠标”设置窗口

2.4.5 应用设置

“应用”设置窗口可排序显示系统中已安装全部应用,单击某应用,可对其执行修改或删除,如图 2-66 所示。

默认应用可设置选择哪些应该可用来聆听音乐、查看图片、检查邮件、观看视频等,如图 2-67 所示。

2.4.6 账户设置

Windows 10 支持多用户使用,当需要多人共用同一台计算机时,只需为每个用户建立一个独立的账户,每个用户可以按自己的喜好和习惯配置个人选项,每个用户可以用自己的账号登录 Windows,并且多个用户之间的 Windows 设置是相对独立互不影响的。由于不同的用户是在各自的账户下进行操作,这样更能保证各自文件的安全。

1. 创建用户账户

默认情况下,Windows 10 中已经有一个管理员账户,如果是多人使用,可以创建新账户给其他人使用。创建用户账户操作步骤如下:

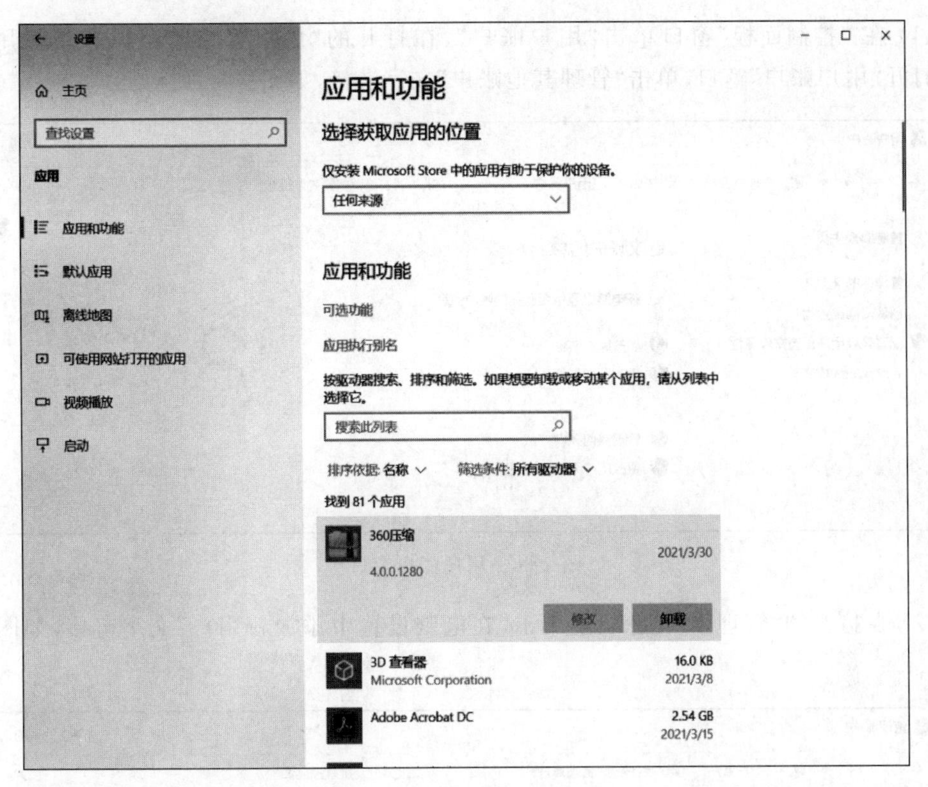

图 2-66 “应用”设置窗口

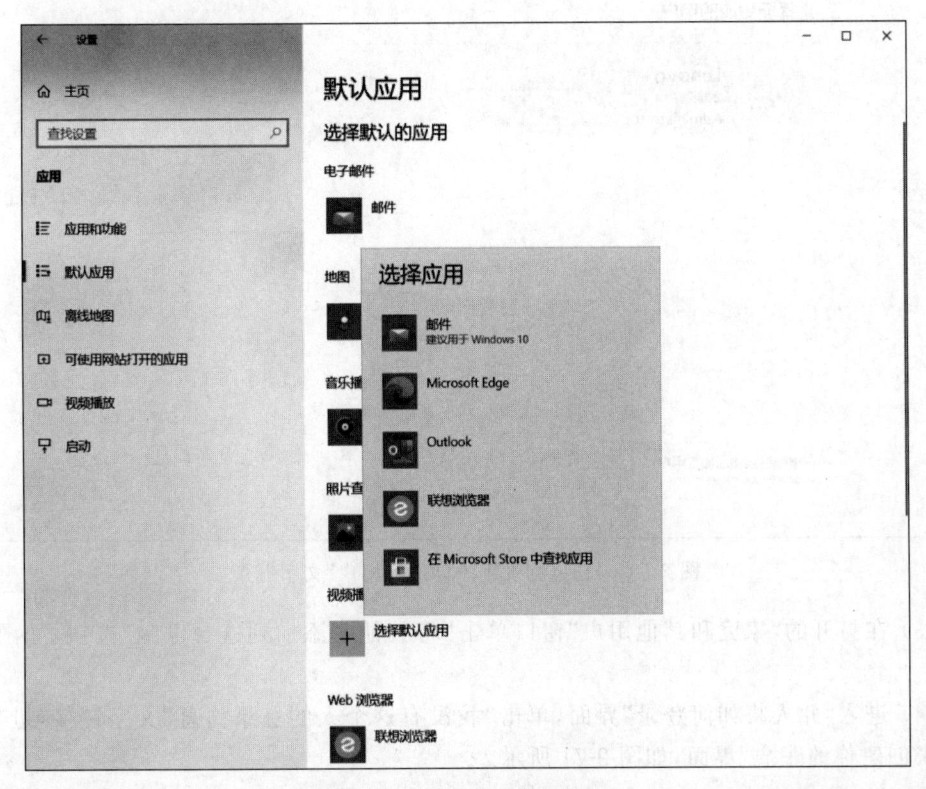

图 2-67 “默认应用”设置窗口

（1）在“控制面板”窗口单击“用户账户”，在打开的“用户账户”窗口中选择“用户账户”，打开“用户账户”窗口，单击“管理其他账户”文字链接，如图 2-68 所示。

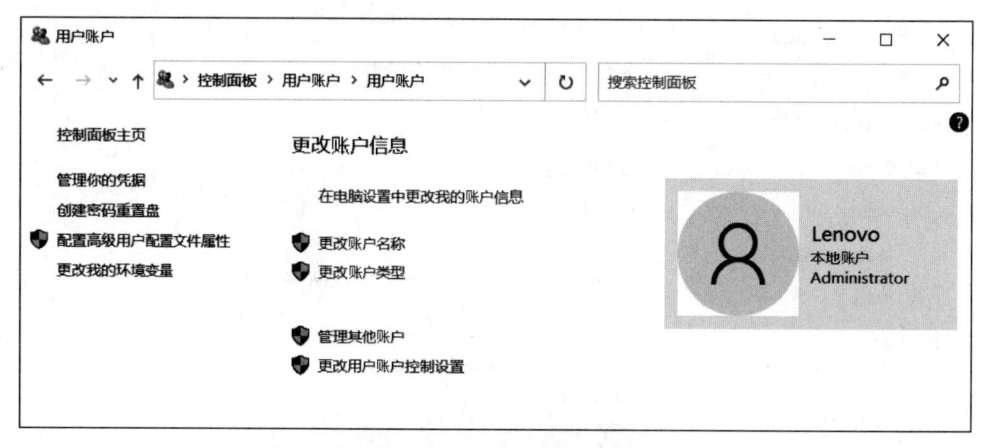

图 2-68　用户账户窗口

（2）在打开的“管理账户”窗口中单击“在电脑设置中添加新用户”文字链接，如图 2-69 所示。

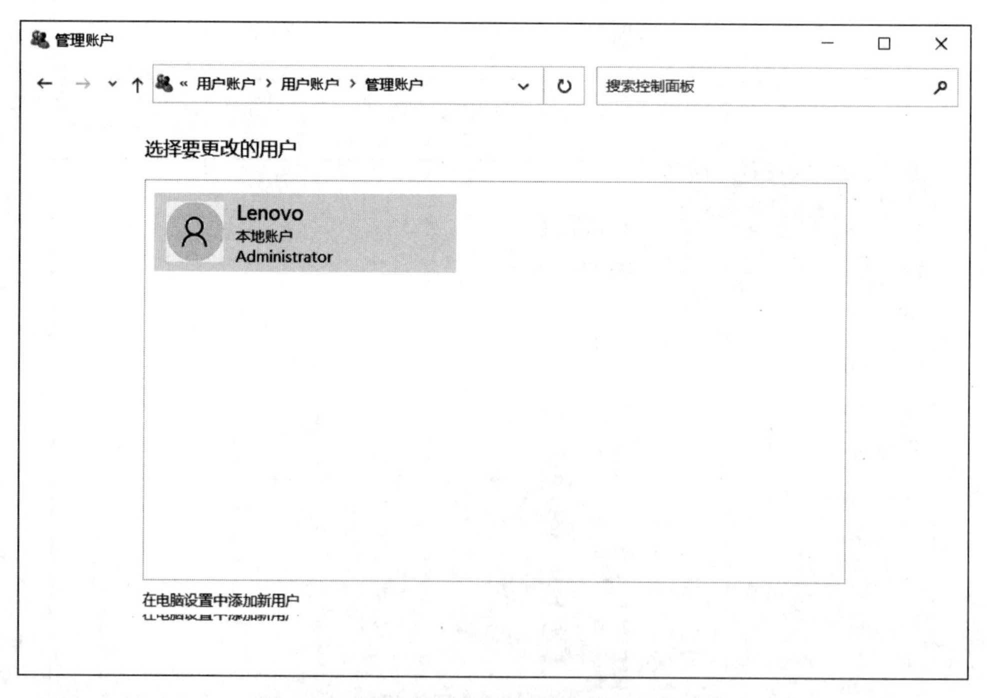

图 2-69　“在电脑设置中添加新用户”文字链接

（3）在打开的“家庭和其他用户”窗口单击“将其他人添加到这台电脑”按钮，如图 2-70 所示。

（4）进入“此人将如何登录”界面，单击“我没有这个人的登录信息”文字链接，进入“让我们来创建你的账户”界面，如图 2-71 所示。

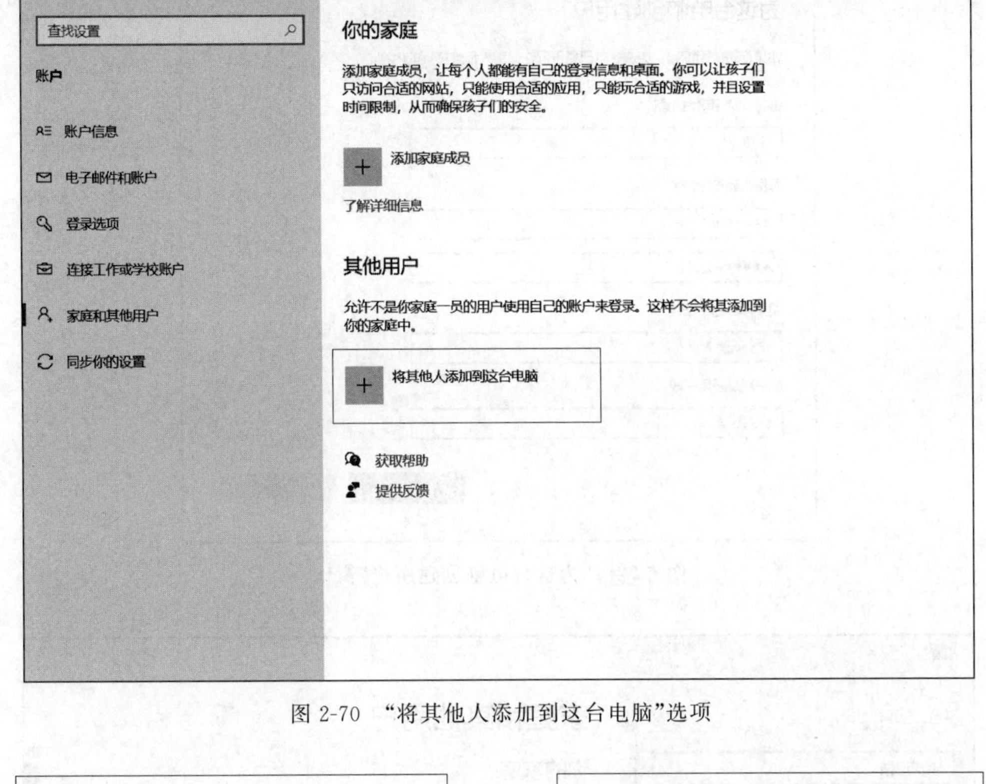

图 2-70 “将其他人添加到这台电脑”选项

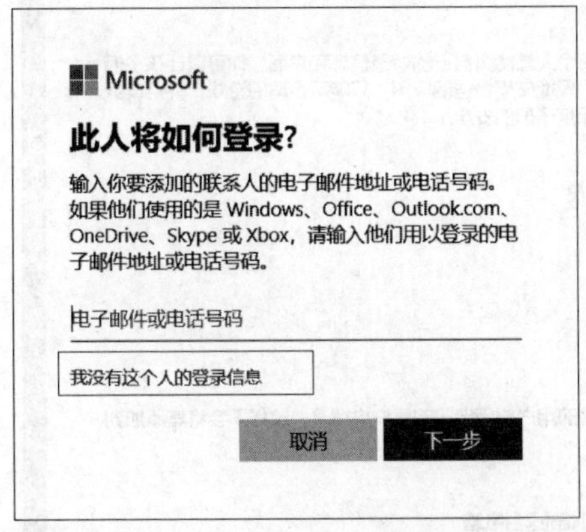

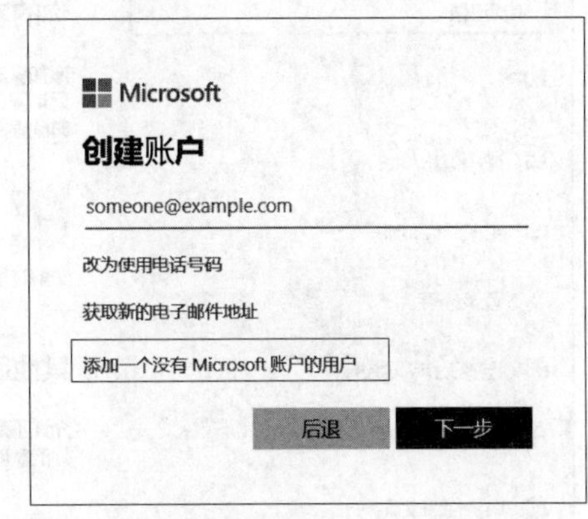

图 2-71 “让我们来创建你的账户”界面

(5) 单击“添加一个没有 Microsoft 账户的用户”文字链接，进入“为这台电脑创建用户”窗口，输入新账户名、密码和提示语，如图 2-72 所示。

(6) 单击“下一步”按钮，返回“家庭和其他用户”窗口，可看见新建账户显示在“其他人员”区域，如图 2-73 所示。

2. 删除账户

如需删除已创建的用户，在“家庭和其他用户”窗口选择要删除的账户名，并在展开的面板中单击“删除”按钮，如图 2-74 所示。

Microsoft 帐户

为这台电脑创建用户

如果你想使用密码，请选择自己易于记住但别人很难猜到的内容。

谁将会使用这台电脑?

小鱼

确保密码安全。

如果你忘记了密码

安全问题 1

此字段是必填字段

你的答案

下一步(N) 上一步(B)

图 2-72 “为这台电脑创建用户”窗口

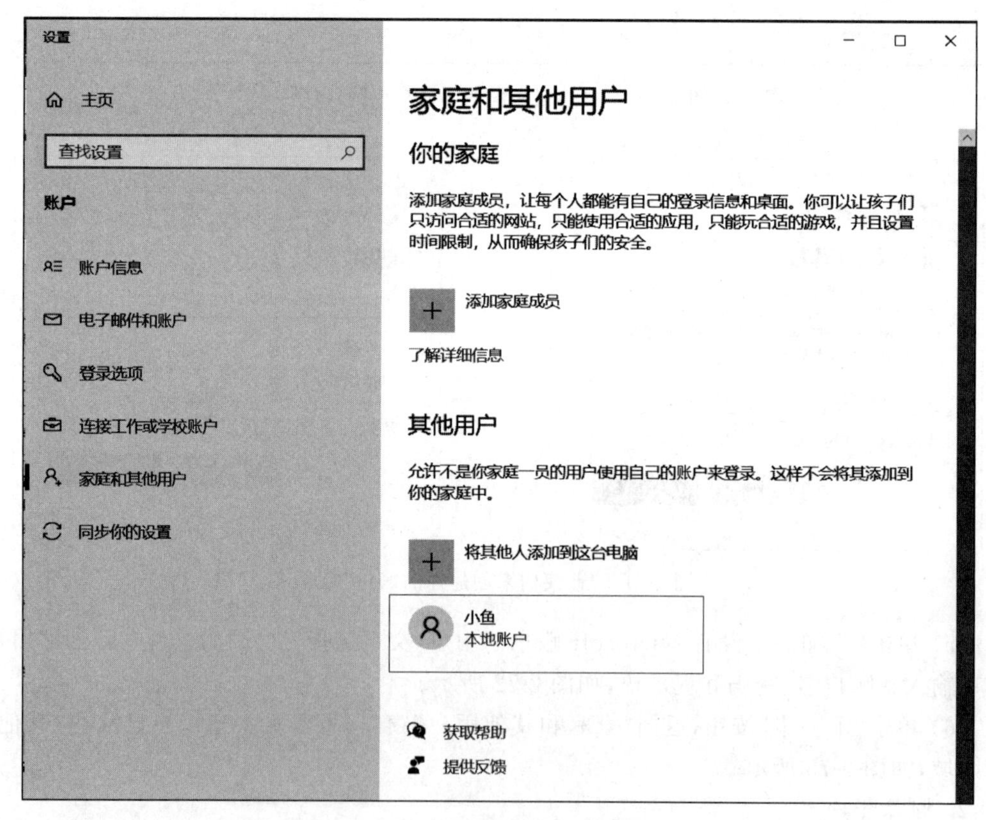

图 2-73 “家庭和其他用户”窗口

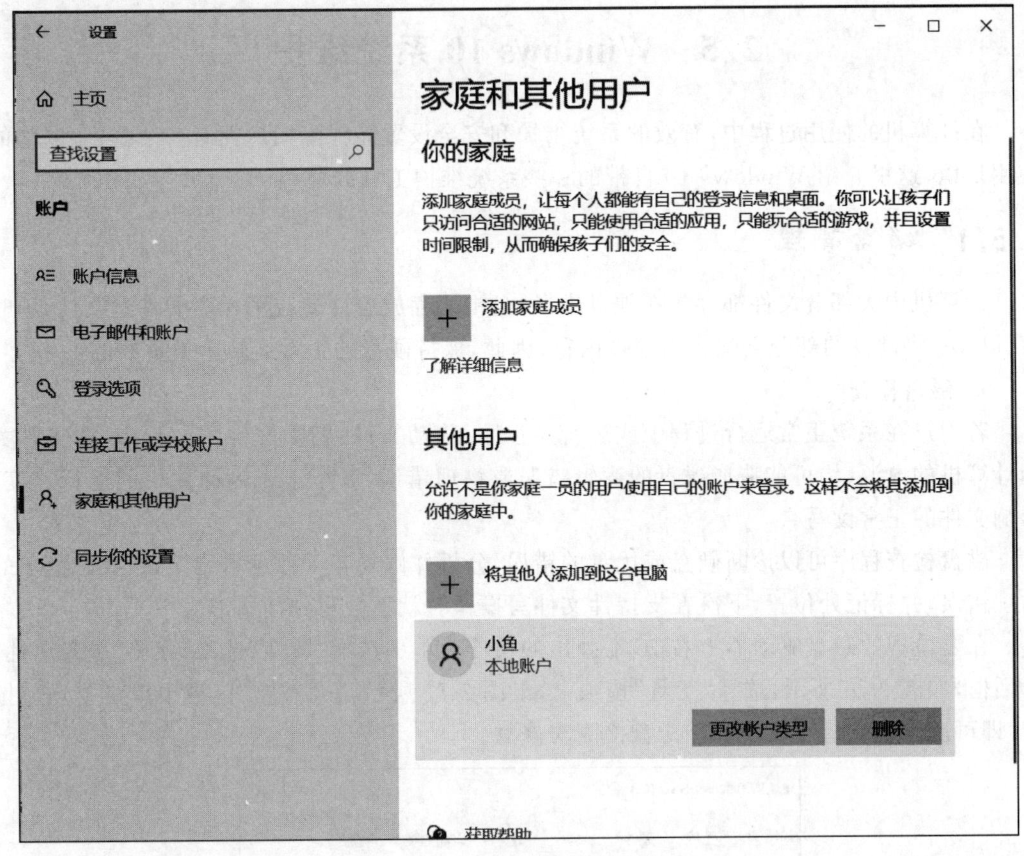

图 2-74 “家庭和其他用户”窗口

3. 更改账户类型

除默认系统用户外，新创建的用户类型为标准用户，也可将其设置为管理员用户，为其赋予更多系统操作权限。在“家庭和其他用户”窗口选择要更改类型的账户名，并在展开的面板中单击“更改账户类型”按钮，打开如图 2-75 所示界面，在列表中选择欲更改的类型后，单击“确定”按钮。

图 2-75 “更改账户类型”对话框

2.5 Windows 10 系统维护

在计算机的使用过程中,有效的系统维护和安全设置能保障用户拥有一个稳定、顺畅的使用环境,这里介绍 Windows 10 自带的一些系统维护工具的使用。

2.5.1 磁盘管理

计算机中大部分文件都存放在硬盘中,硬盘中还存放着许多应用程序的临时文件,同时 Windows 将硬盘的部分空间作为虚拟内存,因此,保持硬盘的正常运转是很重要的。

1. 磁盘检查

若用户在系统正常运行过程中或运行某程序、移动文件、删除文件的过程中,非正常关闭计算机的电源,均可能造成磁盘的逻辑错误或物理错误,以至于影响计算机的运行速度,影响文件的正常读写。

磁盘检查程序可以诊断硬盘或优盘的错误,分析并修复若干种逻辑错误,查找磁盘上的物理错误,并标记处位置,下次在支持性文件写操作时就不会写到坏扇形区中。

在要检查的磁盘驱动器上右击,在弹出的快捷菜单中选择"属性"选项,弹出"磁盘属性"对话框,如图 2-76 所示,选择"工具"选项卡,如图 2-77 所示,在"查错"区域中单击"检查"按钮,即可启动磁盘检查程序开始磁盘检测与修复。

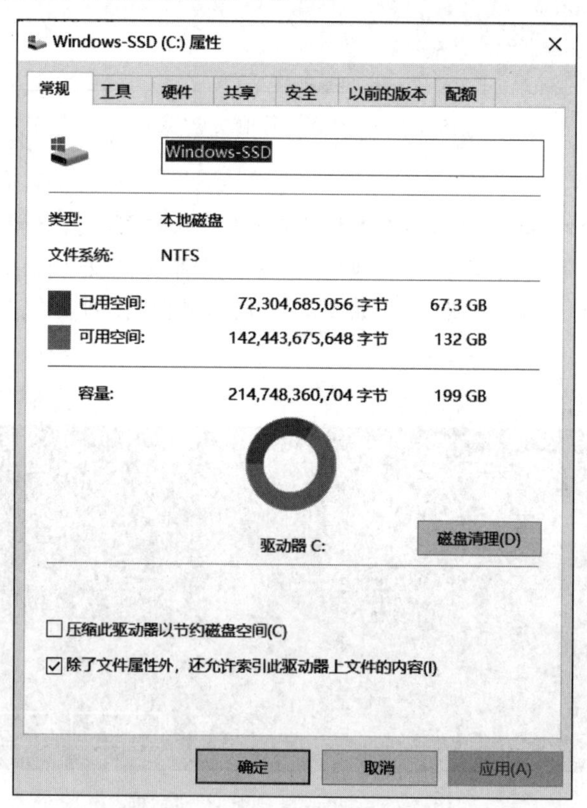

图 2-76 查看磁盘属性

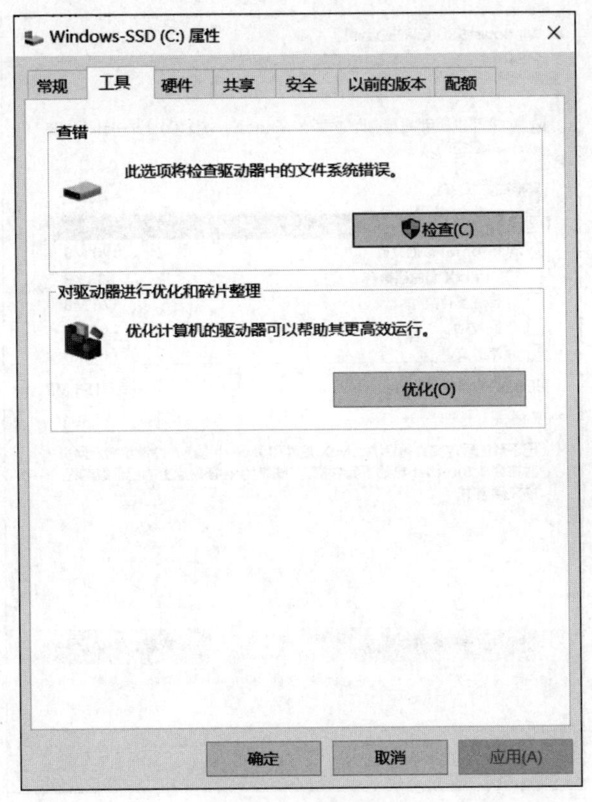

图 2-77　磁盘检查

2. 磁盘清理

磁盘清理可以删除计算机上不再需要的文件,已释放磁盘空间并让计算机运行得更快。该程序可删除临时文件,Internet 缓存文件,清空回收站并删除各种系统文件和其他不再需要的项。

执行“开始”→“所有程序”→“ Windows 管理工具”→“磁盘清理”命令,弹出“磁盘清理:驱动器选择”对话框(图 2-78),选择要清理的驱动器后单击“确定”按钮,便开始检查磁盘空间和可以被清理掉的数据。清理完毕,程序将报告清理后可能释放的磁盘空间,如图 2-79 所示,列出可能被删除的目标文件类型和每个目标文件类型的说明,用户选定哪些确定要删除的文件类型后,单击“确定”按钮,即可删除选定的文件释放出相应的磁盘空间。

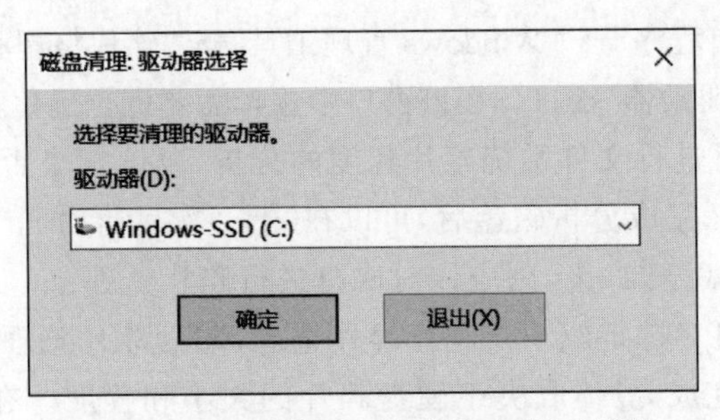

图 2-78　“磁盘清理:驱动器选择”对话框

图 2-79 磁盘清理

3. 磁盘碎片清理

这里的"碎片"是指磁盘上的不连续的空闲空间。当用户对计算机使用了较长一段时间后,由于进行了大量的文件的写入和删除操作,磁盘碎片会显著增加。碎片的增加,会导致字节数较大的文件在磁盘上的不连续存放,这直接影响了大文件的存取速度,也会影响机器的整体运行速度。

磁盘碎片整理程序可以重新安排磁盘中的文件存放区和磁盘空闲区,使文件尽可能地存储在连续的单元中,使磁盘空闲区形成连续的空闲区,以便磁盘和驱动器能够更有效地工作。磁盘碎片整理程序可以按计划自动运行,也可以手动分析磁盘和驱动器以及对其进行碎片整理。

执行"开始"→"所有程序"→" Windows 管理工具"→ "碎片整理和优化驱动器"命令,打开如图 2-80 所示的"优化驱动器"窗口。在该窗口中选择需要进行优化整理的驱动器,其中:

- "分析"按钮:可进行文件系统碎片程度的分析,以确定是否需要对磁盘进行碎片整理,在 Windows 完成分析磁盘后,可以在"上一次运行时间"列中检查磁盘上碎片的百分比,若数字高于 10%,则应该对磁盘进行碎片整理;
- "优化"按钮:可对选定驱动器进行碎片整理,磁盘碎片整理程序可能需要几分钟到几个小时才能完成,具体取决于硬盘碎片的大小和程度。在碎片整理过程中,仍然可以使用计算机;
- "更改配置"按钮:可进行磁盘碎片整理程序计划配置。

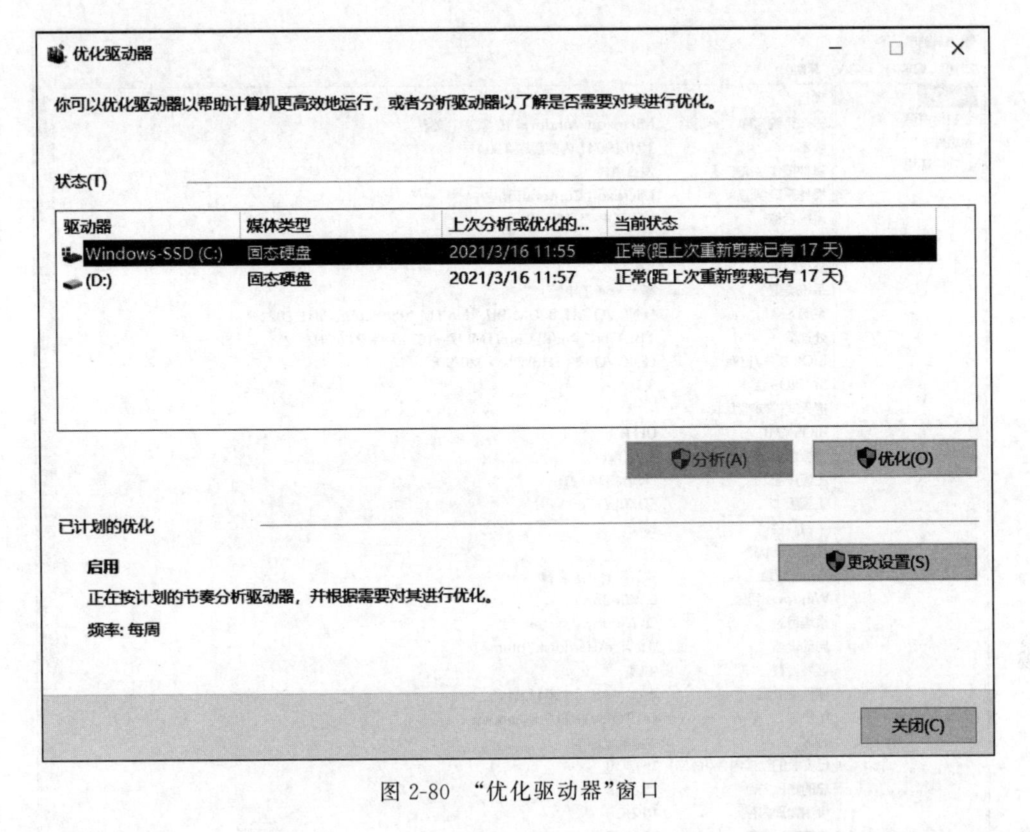

图 2-80 “优化驱动器”窗口

提示：如果磁盘已经由其他程序独占使用，或者磁盘使用 NTFS 文件系统、FAT 或 FAT32 之外的文件系统格式化，则无法对该磁盘进行碎片处理，也不能对网络位置进行碎片整理。

2.5.2 查看系统信息

系统信息显示有关计算机系统配置、计算机组件和软件(包括驱动程序)的详细信息。通过查看系统的运行情况，可以对系统当前运行情况进行判断，以决定应该采用何种操作。

执行“开始”→“所有程序”→“ Windows 管理工具”→“系统信息”命令，打开如图 2-81 所示的“系统信息”窗口。在该窗口中用户可以了解系统的各个组成部分的详细运行情况。想了解哪个部分，单击该窗口的左窗格中列出的类别项前面的“+”，右侧窗口便会列出有关该类别的详细信息。

- 系统摘要：显示有关计算机和操作系统的常规信息，如计算机名、制造商、计算机使用的基本输入输出系统(BIOS)的类型以及安装的内存的数量。
- 硬件资源：显示有关计算机硬件的高级详细信息。
- 组件：显示有关计算机上安装的磁盘驱动器、声音设备、调制解调器和其他组件的信息。
- 软件环境：显示有关驱动程序、网络连接以及其他与程序有关的详细信息。

若希望在系统信息中查找特定的详细信息，可在“系统信息”窗口底部的“查找什么”文本框中输入要查找的信息。如：若要查找计算机的磁盘信息，可在“查找什么”文本框中输入“磁盘”，然后单击“查找”按钮即可。

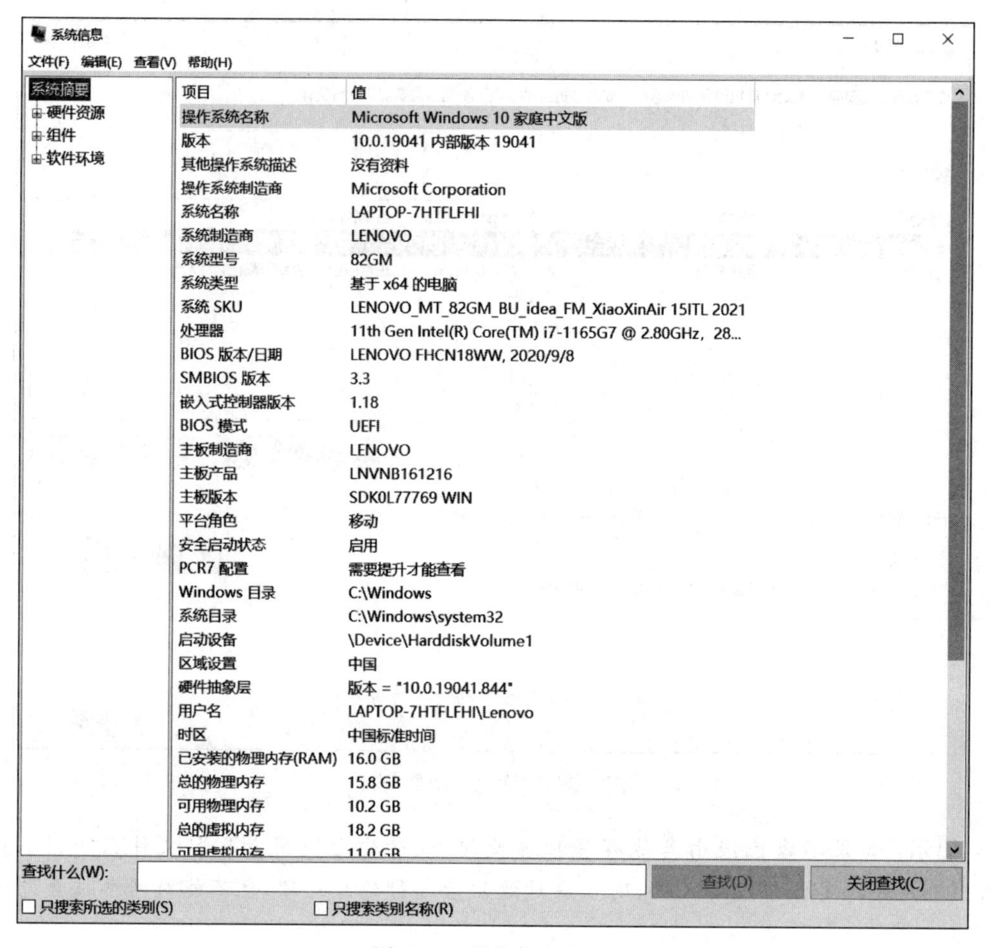

图 2-81 系统信息窗口

2.6 Windows 10 文件与文件夹综合操作案例

1. 创建文件夹

在 D 盘根目录创建名为 WINLX 的文件夹,并在该文件夹中创建三个文件夹,分别是“办公”“学习”“娱乐”。

【操作步骤 1】

(1) 打开“文件资源管理器”或“此电脑”,继续打开 D 盘,在空白位置右击,在弹出的快捷菜单中选择“新建”→“文件夹”选项,并在文件夹名称位置输入文件夹名称 WINLX,输入完成按 Enter 键或者用鼠标在窗口空白处单击。

(2) 双击打开刚刚创建的文件夹,右击空白处,继续在弹出的快捷菜单中选择“新建”→“文件夹”选项,并在文件夹名称位置输入文件夹名称“办公”,完成子文件夹的创建。

(3) 同样的方法创建子文件夹“学习”“娱乐”。

2. 新建文件

在“娱乐”文件夹下创建名为“2021 工作计划. txt”的文本文件。

【操作步骤 2】

(1) 打开"娱乐"文件夹。

(2) 执行"文件"→"新建项目"→"文本文档"命令，并输入文件名"2021 工作计划"，输入完成按 Enter 键或用鼠标在窗口空白处单击。也可用鼠标右击的方法创建新文件，方法参见【操作步骤 1】。

3. 移动文件

将"2021 工作计划.txt"文件移动到"办公"文件夹中。

【操作步骤 3】

首先打开"娱乐"文件夹，选中"2021 工作计划.txt"文件，选择下列方法之一完成文件移动。

- 利用主页面板：单击"主页"面板下的"剪贴"命令，然后打开"办公"文件夹，执行"主页"→"粘贴"命令。
- 利用右键快捷菜单：在选中对象上右击，在弹出的快捷菜单中选择"剪贴"选项，然后打开"办公"文件夹，在空白处右击，在弹出的快捷菜单中选择"粘贴"选项。
- 利用键盘快捷键：按下 Ctrl＋X 快捷键，然后打开文件夹"办公"，按下 Ctrl＋V 快捷键。
- 利用鼠标左键：在两个窗口分别打开"娱乐"文件夹和"办公"文件夹，按住鼠标左键，同时按住键盘上的 Shift 键拖动"2021 工作计划.txt"文件到"办公"文件夹中。
- 利用鼠标右键：分别在两个窗口打开"娱乐"和"办公"文件夹，按住鼠标右键拖动"2021 工作计划.txt"文件到"办公"文件夹中，释放鼠标，在弹出的快捷菜单中选择"移动到当前位置"。
- 利用"移动到"：执行"主页"→"移动到"命令，然后在展开的文件夹列表中选择"办公"文件夹。

4. 复制文件

将"办公\2021 工作计划.txt"文件复制到"学习"文件夹中。

【操作步骤 4】

首先打开"办公"文件夹，选中 2021 工作计划.txt 文件，选择下列方法之一完成文件复制。

- 利用主页面板：执行"主页"→"复制"命令，然后打开"学习"文件夹，执行"主页"→"粘贴"命令。
- 利用右键快捷菜单：在选中对象上右击，在弹出的快捷菜单中选择"复制"选项，然后打开"学习"文件夹，在空白处右击，在弹出的快捷菜单中选择"粘贴"选项。
- 利用键盘快捷键：按下 Ctrl＋C 快捷键，然后打开文件夹"办公"，按下 Ctrl＋V 快捷键。
- 利用鼠标左键：在两个窗口分别打开"娱乐"文件夹和"办公"文件夹，按住鼠标左键，同时按住键盘上的 Ctrl 键拖动"2021 工作计划.txt"文件到"办公"文件夹中。
- 利用鼠标右键：分别在两个窗口打开"娱乐"和"办公"文件夹，按住鼠标右键拖动"2021 工作计划.txt"文件到"办公"文件夹中，释放鼠标，在弹出的快捷菜单中选择"复制到当前位置"选项。

- 利用“复制到”：执行“主页”→“复制到”命令，然后在展开的文件夹列表中选择“办公”文件夹。

5. 重命名文件

将“学习”文件夹下“2021 工作计划.txt”文件改名为“2021 学习计划.docx”。

【操作步骤 5】

首先打开“学习”文件夹，选中 2021 工作计划.txt 文件，选择下列方法之一完成文件重命名。

- 利用主页面板：执行“主页”→“重命名”命令，使文件名呈反白显示，输入新文件名“2021 学习计划.docx”，输入完成按 Enter 键或用鼠标在窗口空白处单击。
- 利用右键快捷菜单：在选中对象上右击，在弹出的快捷菜单中选择“重命名”选项，使文件名呈反白显示，输入新文件名“2021 学习计划.docx”，输入完成按 Enter 键或用鼠标在窗口空白处单击。
- 直接改名：单击“2021 工作计划.txt”文件的文件名，使文件名呈反白显示，输入新文件名“2021 学习计划.docx”，输入完成按 Enter 键或用鼠标在窗口空白处单击。

6. 删除文件

将“办公”文件夹中文件“2021 工作计划.txt”删除。

【操作步骤 6】

首先打开“办公”文件夹，选中 2021 工作计划.txt 文件，选择下列方法之一完成文件删除。

- 利用主页面板：执行“主页”→“删除”命令。
- 利用右键快捷菜单：在选中对象上右击，在弹出的快捷菜单中选择“删除”选项。
- 利用键盘：按下 Delete 键。
- 直接拖入“回收站”：选定要删除的文件“2021 工作计划.txt”，在回收站图标可见的情况下，拖住鼠标左键到“回收站”完成。
- 彻底删除文件：选定要删除的文件“2021 工作计划.txt”，按下 Shift＋Delete，在弹出的“删除文件”对话框中单击“是”按钮即可，这种方法删除的文件或者文件夹不可恢复。

7. “回收站”操作

将删除的文件还原。

【操作步骤 7】

(1) 打开“回收站”，选中被删除的文件“2021 工作计划.txt”。

(2) 选择“回收站工具”→“还原选定的项目”，则被删除的文件被还原到原来删除的文件夹中。

8. 将“工作”文件夹中文件“2021 工作计划.txt”的属性设置为只读和隐藏

【操作步骤 8】

(1) 打开“工作”文件夹，选定文件“2021 工作计划.txt”，在该文件上右击，在弹出的快捷菜单中选择“属性”选项，弹出该文件的属性设置对话框。

(2) 在该对话框中选择“只读”和“隐藏”复选框，单击“确定”按钮即可。

9. 隐藏属性与文件扩展名

将"工作"文件夹中文件"2021 工作计划.txt"的隐藏属性取消，显示该文件的扩展名。

【操作步骤 9】

打开文件所在文件夹窗口，并在查看面板中勾选"文件扩展名"和"隐藏的项目"两项，设置效果如图 2-82 所示。

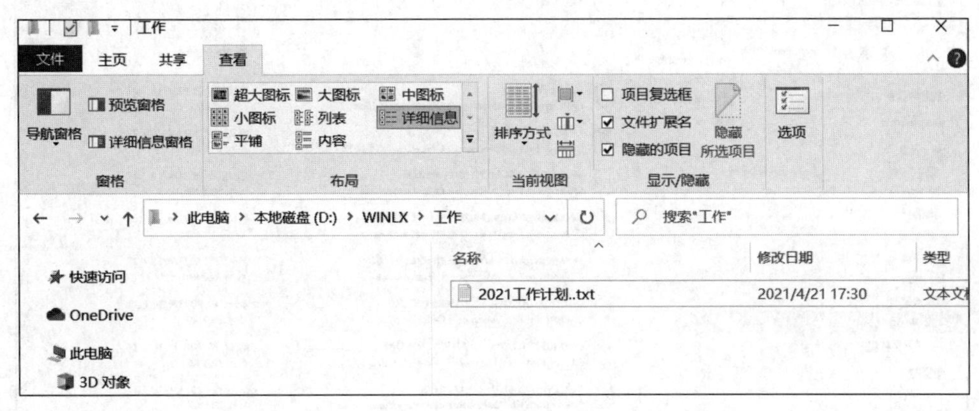

图 2-82　设置显示"隐藏的项目"及"文件扩展名"

10. 查找文件

在 C 盘的 Program Files 文件夹中查找以字母 C 开头的所有文件，并且要求这些文件大小在 16KB～1MB。

【操作步骤 10】

（1）打开 C 盘的 Program Files 文件夹窗口，在其窗口顶部的"搜索"文本框中输入 c*.*，开始搜索，搜索结果如图 2-83 所示。

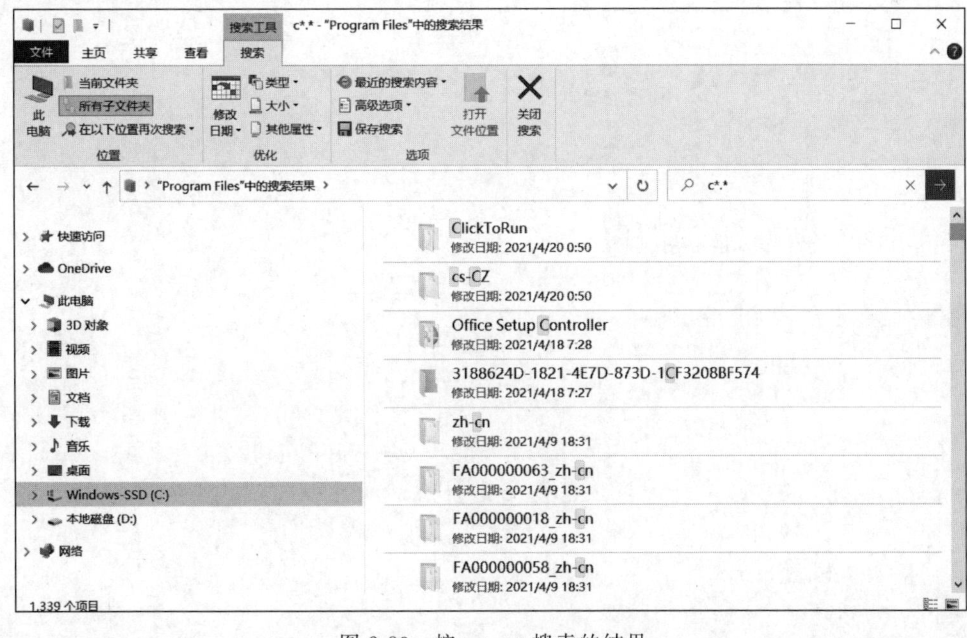

图 2-83　按 c*.* 搜索的结果

(2) 单击“搜索工具”面板“大小”命令按钮,在展开的大小列表中选择“小(16KB~1MB)”,搜索结果如图 2-84 所示。

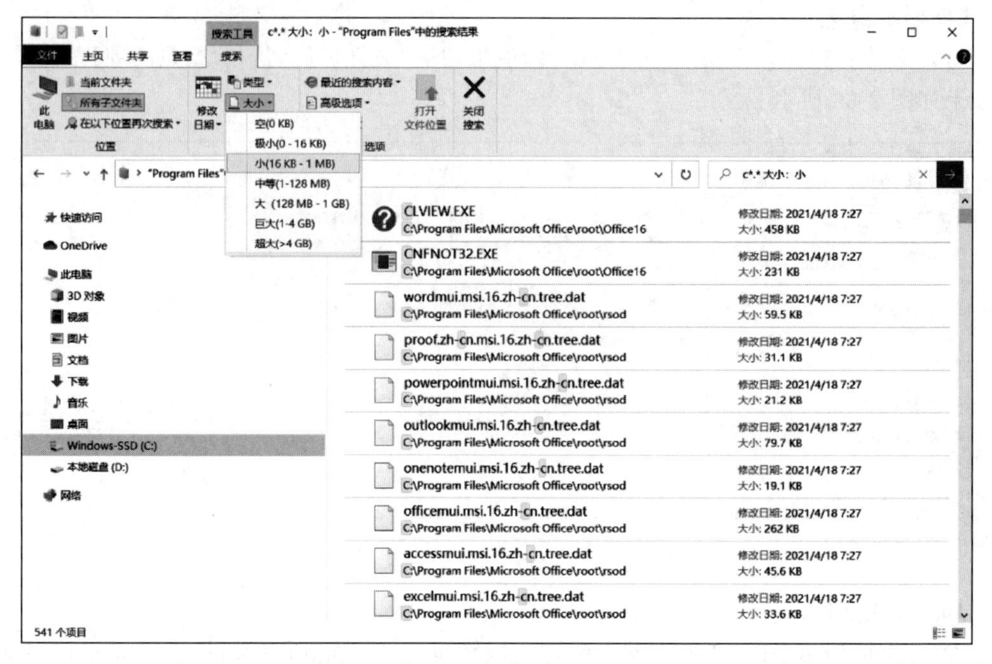

图 2-84 指定文件大小的搜索的结果

拓展:若搜索第 2 个字母为 C 的所有文件,可在窗口顶部的“搜索”文本框中输入?c*.*

第3章 文字处理软件——Word 2016

3.1 Word 2016 概述

3.1.1 Office 2016 简介

Office 2016 是微软 2015 年 9 月 22 日发布的一个庞大的办公软件集合，不仅包括了诸多的客户端软件，还包括强大的服务器软件，同时包括了相关的服务、技术和工具。使用 Office 2016，不同的企业均可以构建属于自己的核心信息平台，实现协同工作、企业内容管理以及商务智能。

目前正版 Office 2016 一共有五个版本，分别为 Office 2016“家庭和学生版”“家庭和学生版 for Mac”“小型企业版”“小型企业版 for Mac”以及“专业版”。

Office 2016 家庭和学生版是相对来说档次最低的版本，只包含了四个组件：Word 2016、Excel 2016、PowerPoint 2016、OneNote 2016；Office 2016 小型企业版与家庭和学生版本相比，在家庭版的基础上增加了一个组件 Outlook 2016；Office 2016 专业版包含的组件更为全面，此版本包含了：Word、Excel、PowerPoint、OneNote、Outlook、Publisher、Access 的完整版，并且可以使用 OneDrive 将文件保存在云存储空间，包含所有语言。

Office 2016 专业版所支持的七个组件中，每个都有各自不同的功能，组件简单描述如下：

Word 2016：是微软公司开发的一个文字处理器应用程序。提供文档创建工具，同时也提供了文档编辑排版功能，可以使简单的文档变得比纯文本更具吸引力。

Excel 2016：电子表格软件。它可以进行各种数据的处理、统计分析和辅助决策操作，广泛地应用于管理、统计财经、金融等众多领域。

PowerPoint 2016：演示文稿软件，简称为 PPT。用户可以在投影仪或者计算机上进行演示，也可以将演示文稿打印出来，制作成胶片，以便应用到更广泛的领域中。

Outlook 2016：轻松地管理电子邮件、日历、联系人和任务。推送电子邮件功能使收件箱保持更新，对话视图将相关消息分组，而且日历可以并排查看，方便规划。

OneNote 2016：数字笔记本。可以在同一个地方保存笔记、想法、网页、照片，甚至音频和视频。无论用户在家里、办公室里，还是外出，都可以把它带到任何地方，同时与他人共享及协作。

Access 2016：是一款用于快速创建基于浏览器的数据库应用程序，可以帮助用户运行业务。数据自动存储在 SQL 数据库中，所以它比以往更加安全和可扩展。

Publisher 2016：轻松创建、个性化和共享具有专业品质的刊物。通过简单的拖放功能交换图片，或直接从在线相册添加图片。使用特殊效果让刊物脱颖而出。

3.1.2　Office 2016 的运行

Office 2016 组件众多，功能各异但是它们的运行方式相同。软件安装完成后，如果桌面有 Office 组件快捷方式，双击某个应用组件程序图标，就可以打开相应的软件，各组件图标如图 3-1 所示。

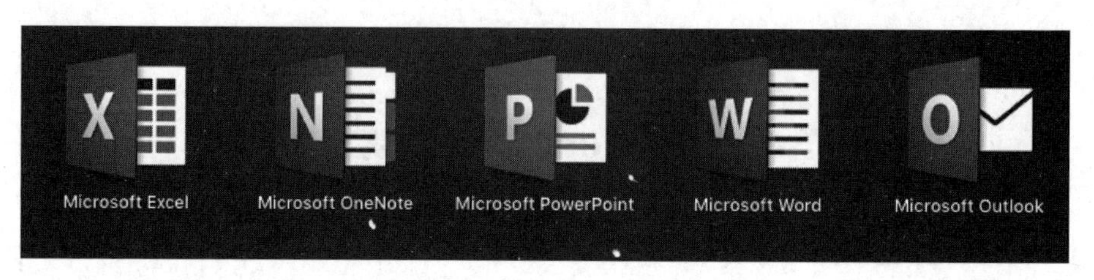

图 3-1　Office 2016 组件图标

Office 2016 组件启动，还可以通过“开始”菜单、“搜索”栏、应用程序动态磁贴等在开始菜单中打开相应的组件；也可以直接在文件夹中新建相应文档，或找到已保存的文档，双击直接运行 Office 文档的方式启动应用。新建文件快捷菜单如图 3-2 所示。

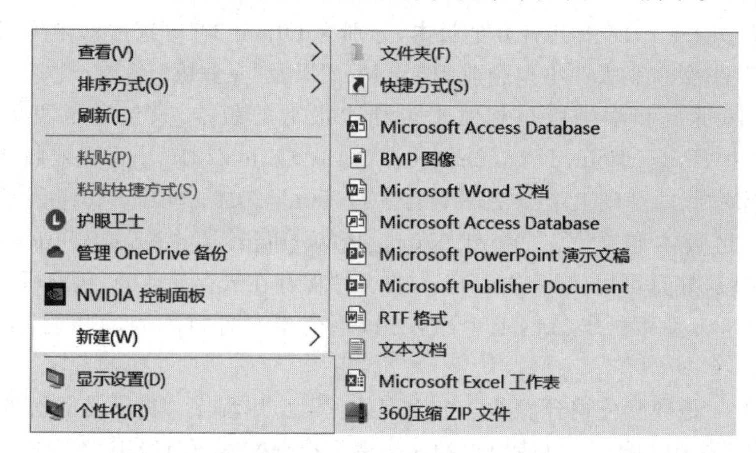

图 3-2　右键快捷菜单新建子菜单

3.1.3　Word 2016 的主要功能

Word 是微软公司开发的一个文字处理应用程序。作为 Office 套件的核心程序，Word 提供了许多易于使用的文档创建工具，同时也提供了丰富的功能集供创建复杂的文档使用。哪怕只使用 Word 应用中文本格式化操作或图片处理，也可以使简单的文档变得比纯文本更具吸引力。利用 PC、Mac 或移动设备上的 Word，可以：

- 从头开始或根据模板创建文档。
- 添加文本、图像、艺术效果和视频。
- 研究某一主题，查找可靠来源。
- 使用 OneDrive 从计算机、平板电脑或手机访问文档。

• 共享文档，并与他人协作。
• 修订和审阅。

3.2 Word 2016 基本操作

俗话说"千里之行，始于足下"，无论多么复杂的文档都是从 Word 基本操作开始。Word 2016 为文档的创建及编辑提供了各种工具，并能帮助用户修饰文档的外观和完善文档内容。在本节中，主要讲解如何创建文档、保存文档、打开文档以及编辑文档等基本操作。

3.2.1 Word 2016 窗口及其组成

Word 2016 窗口界面具有美观性与实用性。启动 Word 2016 应用程序后，即可以打开如图 3-3 所示的工作窗口。主要由标题栏、选项卡、功能区、编辑区及状态栏等部分组成。

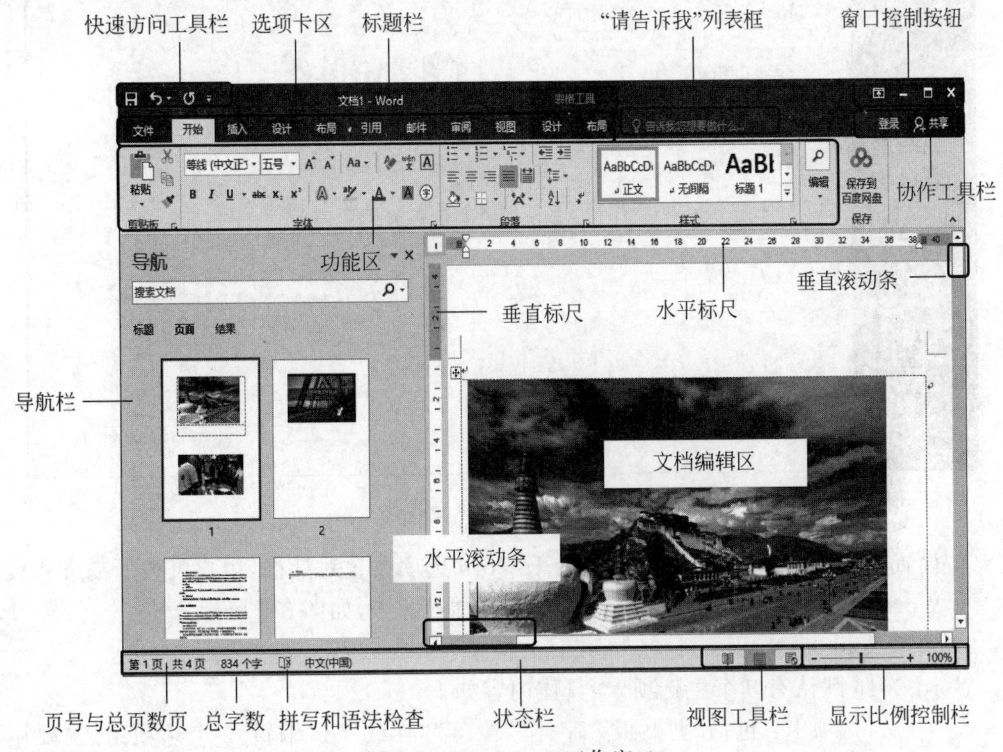

图 3-3 Word 2016 工作窗口

1. 标题栏

标题栏位于窗口最上方，由快速访问工具栏、当前工作文档名称、窗口控制按钮等组成。利用标题栏不仅可以查看当前文档名称，调整工作窗口大小，还可以完成文档的新建、保存、撤销、还原等操作。

2. 选项卡与功能区

Word 选项卡与功能区位于标题栏下方，旧版菜单栏和工具栏的位置，选项卡与功能区是一种全新的设计，它以选项卡的方式对命令进行分组和显示，并由功能区替代了旧版本菜单中的各级命令。同时,功能区上的选项卡在排列方式上与用户所要完成任务的顺序一致,并且选项卡中命令的组合方式更加直观,大大提升了应用程序的可操作性。

每个选项卡由名称和功能区两部分组成,按选项卡的激活方式,可将选项卡分为 3 种类型,即文件选项卡、主选项卡、工具选项卡。用户可以根据需要通过执行"文件"→"选项"→"自定义功能区"命令来定义自己的功能区。各类选项卡说明如下:

1) "文件"选项卡

"文件"选项卡与功能区一起,提供了一组文件操作命令,包括"信息""新建""打开""保存""打印""账户""选项"等。

- 查看账户信息:执行"账户"命令,可打开本机 Office 用户的账户信息如图 3-4 所示。

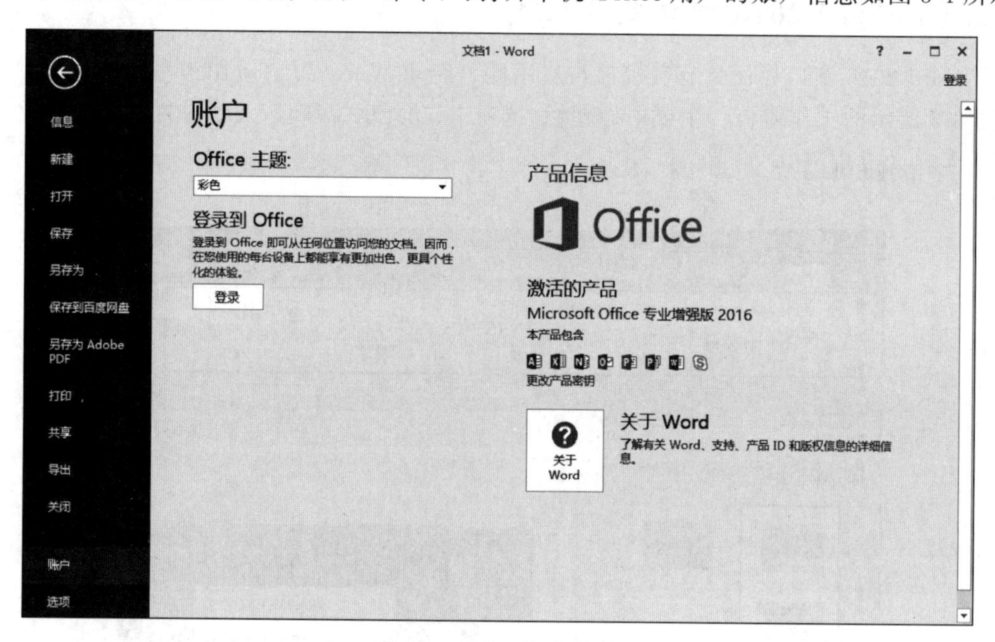

图 3-4 Office 账户信息

- 设置首选项:单击"选项",则会打开 Word 选项设置对话框,用户可按所需方式设置 Word 2016,如"自动保存时间""自定义功能区"等,如图 3-5 所示。

2) 主选项卡

Word 2016 默认有 8 个主选项卡,具体内容如下:

- "开始"选项卡:包括"剪贴板""字体""段落""样式"与"编辑"5 个选项组,主要用于帮助用户对文档进行文字编辑和格式设置,是用户最常使用的功能区。
- "插入"选项卡:包括"页面""表格""插图""加载项""媒体""链接""批注""页眉和页脚""文本"与"符号"等几个选项组,主要用于帮助用户在文档中插入各种元素。
- "设计"选项卡:包括 "文档格式"与"页面背景"两个选项组,用于帮助用户设置文档的页面样式和页面背景。
- "布局"选项卡:包括 "页面设置""稿纸""段落"与"排列"等 4 个选项组,主要用于帮助用户设置文档页面参数、段落格式及页面布局。
- "引用"选项卡:包括"目录""脚注""引用与书目""题注""索引"与"引文目录"等 6 个选项组,主要用于帮助用户在文档中实现插入目录、脚注、引文等高级编辑功能。

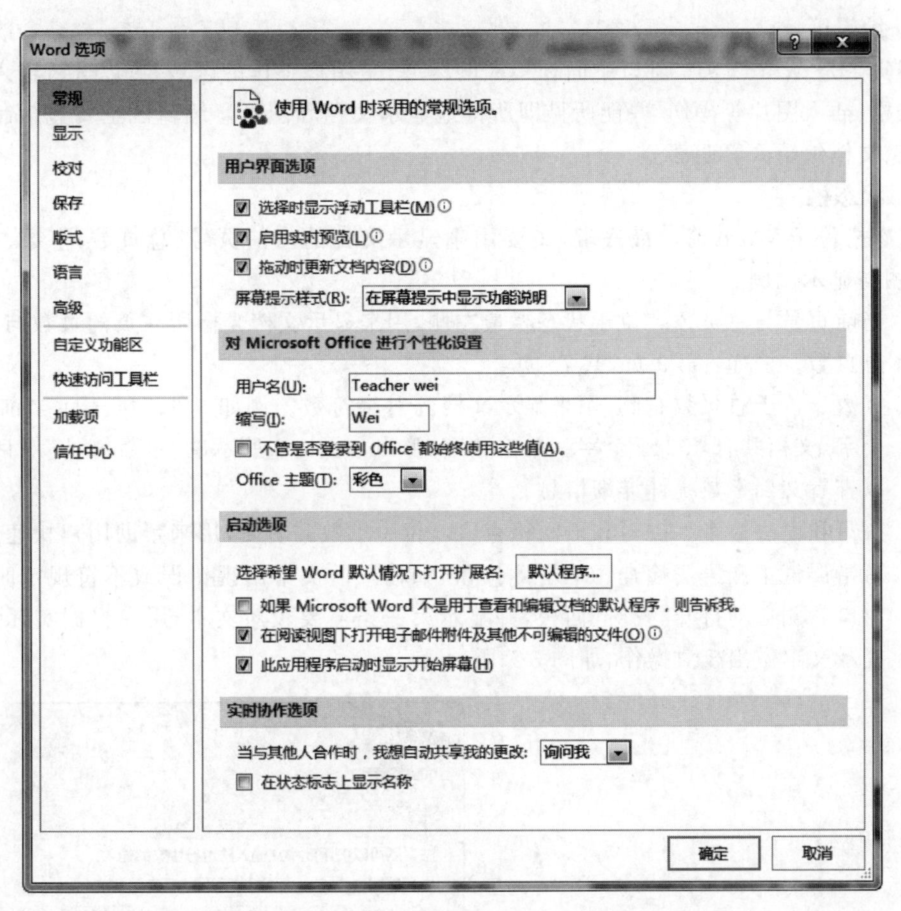

图 3-5　Word 设置首选项对话框

- “邮件”选项卡：包括“创建”“开始邮件合并”“编写和插入域”“预览结果”与“完成”等 5 个选项组，专门用于在文档中进行邮件合并的操作。
- “审阅”选项卡：包括“校对”“见解”“语言”“中文简繁转换”“批注”“修订”“更改”“比较”“保护”与“OneNote”等 10 个选项组，用于帮助用户进行校对和修订等操作，适用于多人协作处理长文档。
- “视图”选项卡：包括“视图”“显示”“显示比例”“窗口”与“宏”等 5 个选项组，用于帮助用户设置文档操作窗口的查看方式和显示比例等。

在功能区面板右下角有一个“折叠功能区”按钮 ，用于控制显示/隐藏功能区，以扩大 Word 窗口的编辑区域，折叠功能区后，将仅显示选项卡名称，单击标题栏“功能区显示选项”按钮 ，选中“显示选项卡和命令”可恢复显示被隐藏的功能区。

3）工具选项卡

工具选项卡是一类特殊的选项卡，平时不会显示，只有当在文档中插入图形、图像、表格、艺术字、文本框、页眉和页脚等 Word 元素后，对其进行选中、编辑时，在主选项卡右侧会自动出现相应元素的工具选项卡，如“图表工具”“绘图工具”“表格工具”等，这些工具选项卡为不同的 Word 元素编辑和排版提供了针对性的操作命令。

3. 编辑区

编辑区是 Word 2016 窗口中面积最大的区域,是用户工作的区域,可以进行输入文本、插入表格、插入图片等操作,并能所见即所得地显示文档和图形。编辑区主要包括制表位、滚动条、文档编辑区等四部分。

4. 状态栏

状态栏位于 Word 窗口最底端,主要用来显示文档的当前页号、总页数、字数、编辑状态、视图与显示比例。

- 当前页号与总页数。位于状态栏最左侧,用来显示文档光标所在页的页数与文档的总页数。例如:第 9 页,共 75 页。
- 字数。位于总页数右侧,用来显示文档的总字符数。例如 3/45344 表示当前选中 3 个字,文档共有 45344 个字。单击数字,弹出如图 3-6 所示的"字数统计"对话框,可以查看文档字数统计详细信息。
- 拼写和语法检查。拼写和语法检查 ,位于字数的右侧,用来帮助用户快速进行拼写错误订正和语法检查。单击此按钮,如输入的文本出现错误或不符规定时,会在窗口右侧自动打开"校对"面板,并显示第一条需要校对文本,用户根据实际情况对提示文本做出校对操作,如图 3-7 所示。

图 3-6 "字数统计"对话框

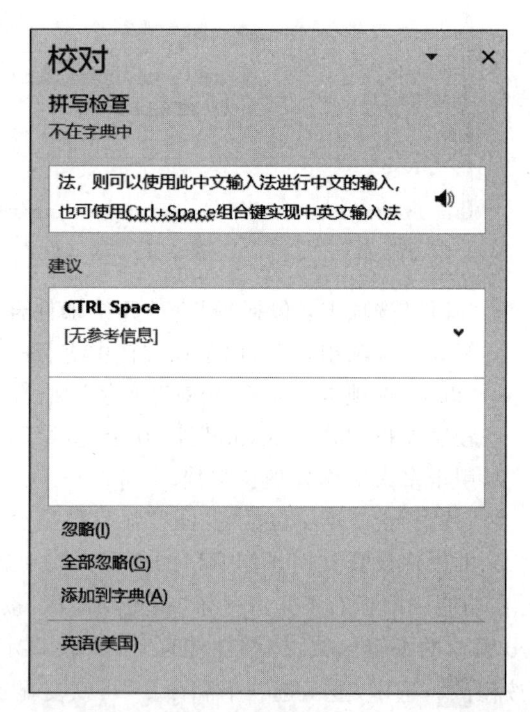

图 3-7 校对面板

- 视图方式。位于状态栏的右侧,用来切换文档视图。从左至右依次为阅读视图、页面视图、Web 版式视图。
- 显示比例。位于状态栏的最右侧,用来调整视图的显示比例,调整范围为 10%~500%。

5. "请告诉我"列表框

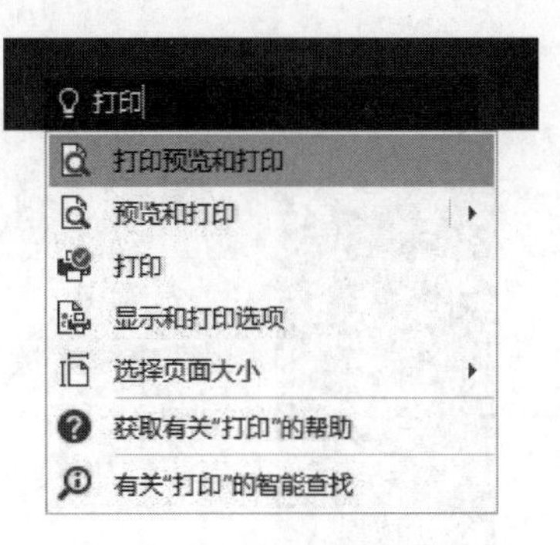

图 3-8 "请告诉我"列表框

是 Word 2016 新增的功能，类似于一个搜索引擎，用于帮助用户快速定位命令菜单或对话框。用户只需要在"告诉我您想要做什么"框中键入关键字或短语就可以找到所寻找的 Word 功能和命令，阅读联机帮助内容，或者在 Web 上执行智能查找以获得更多见解。列表框中输入内容，就可以轻松利用功能并获得帮助，如图 3-8 所示输入"打印"的效果。

6. "协作"工具栏

"协作"工具栏包括登录 登录 和共享 共享 两个命令按钮，是 Word 2016 新增的一种非常有用的联合编辑功能，它允许多人共同处理文档。要使用联合编辑功能，首先要登录到 Office 账户，并将文档存放在云存储器中，然后使用共享功能邀请他人共同审阅和编辑存放在云存储器（Windows 文件资源管理器中名为 OneDrive 的资源项）中的 Word 文档。

3.2.2 创建文档

启动 Word 2016 后，在创建文档页面选择"空白文档"，系统会自动创建一个名为"文档1-Word"的空白文档，用户可以直接在窗口中输入文字、插入表格、插入图片等，并可以对输入的文字进行排版处理。这并不意味着每次创建文档都必须重新启动一次 Word 2016，Word 2016 创建新文档一般存在以下几种情况：

1. 创建空白文档

在 Word 2016 中，执行"文件"→"新建"（快捷键 Ctrl+N）命令，打开如图 3-9 所示的界面。在"新建"窗口右侧区域选择"空白文档"，即可在使用过程另外创建一个新通用空白文档。

用户也可以单击"快速访问工具栏"中的下三角形，在下拉列表中选择"新建"选项，并单击新建按钮快速创建新文档。

2. 创建 Office 模板文档

在 Word 中创建的每一个新文档（包括空白文档）都是基于某一个模板的。新建空白文档时，Word 自动应用默认的模板 Normal.dotm。Word 2016 提供了大量的按应用文规范建立的文档模板，如博客文章、书法字帖等，并设置了文档中的固定文字内容，及相应的文档格式，通过这些文档模板创建文档，可以快速地获得具有固定文字和格式。

Word 2016 中有 3 类模板，分别为 Office 2016 自带模板；用户自己创建模板；Office 网站上的模板。

执行"文件"→"新建"命令后，用户在打开的新建窗口右侧列表中单击需要创建的文档模板类型，即可创建指定模板类型的文档；如果找不到合适类型，可以尝试在右侧窗口"搜索联机模板"文本框输入搜索关键字，在 Office.com 网站下载联机模板使用。也可以在"建议的搜索"中选择某一类搜索，下载对应模板，如图 3-9 所示。

3. 创建自定义模板文档

现成的模板不能满足用户需求，用户可以自己创建专用模板。操作步骤如下：

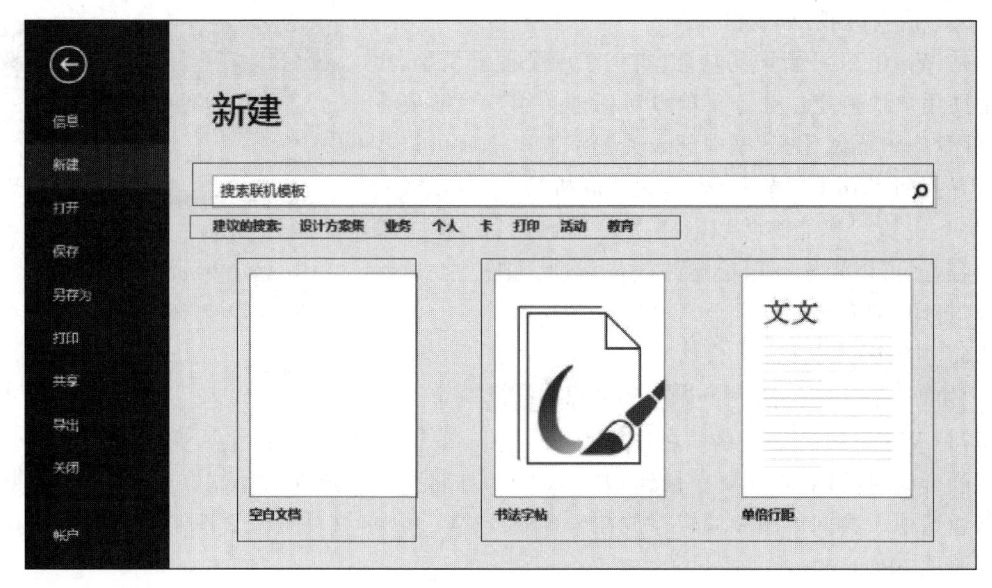

图 3-9 新建窗口

(1) 执行“文件”→“新建”命令,创建自己的模板文件。

(2) 执行“文件”→“保存”命令,将模板文件保存在这台电脑中,注意保存文件类型为.dotx,默认保存位置为“我的文档”→“自定义 Office 模板”文件夹,文件名自定义。

(3) 执行“文件”→“新建”命令,在右侧窗口“建议搜索”链接项中选择“个人”,并在显示的个人模板选中目标模板单击即可。

3.2.3 打开文档

编辑或查看一个业已存在的文档,用户必须首先打开它。打开 Word 文档方法大致可分为两种,一种是双击文档图标,在启动 Word 应用程序的同时打开文档;另一种是先打开 Word 应用程序,再打开指定文档。具体操作方法如下:

1. 在窗口中打开一个或多个 Word 文档

在“文件资源管理器”窗口或“此电脑”窗口中双击带有 Word 文档图标的文件,或选中多个 Word 文档文件,在选中区域右击,在弹出的快捷菜单中选择“打开”选项。

2. “打开”窗口的使用

为了方便用户对前面工作的继续,Word 会记住用户最近使用过的文件。执行“文件”→“打开”命令,并在打开窗口右侧单击相应文档即可,“打开”窗口如图 3-10 所示。

- 选择“最近”,在展开的面板中会显示最近使用过的 25 个文档。
- 选择 OneDrive,在展开面板中显示登录用户 OneDrive 服务器中保存的共享文档。
- 选择“这台电脑”,在展开面板中显示“我的文档”中文档及文件夹信息。

注意:可以执行“文件”→“选项”命令,在弹出的“Word 选项”对话框的“高级”选项卡“显示”区域中找到“显示此数目的:最近使用文档”,在其右侧文本框中输入 1~50 数字,该数字决定了在“最近使用过的文件”列表中显示的文件数目,系统默认显示 25 个文件。

3. “打开”对话框的使用

如果在“最近”面板的列表中没有找到想要打开的 Word 文档,用户可单击“浏览”按钮,

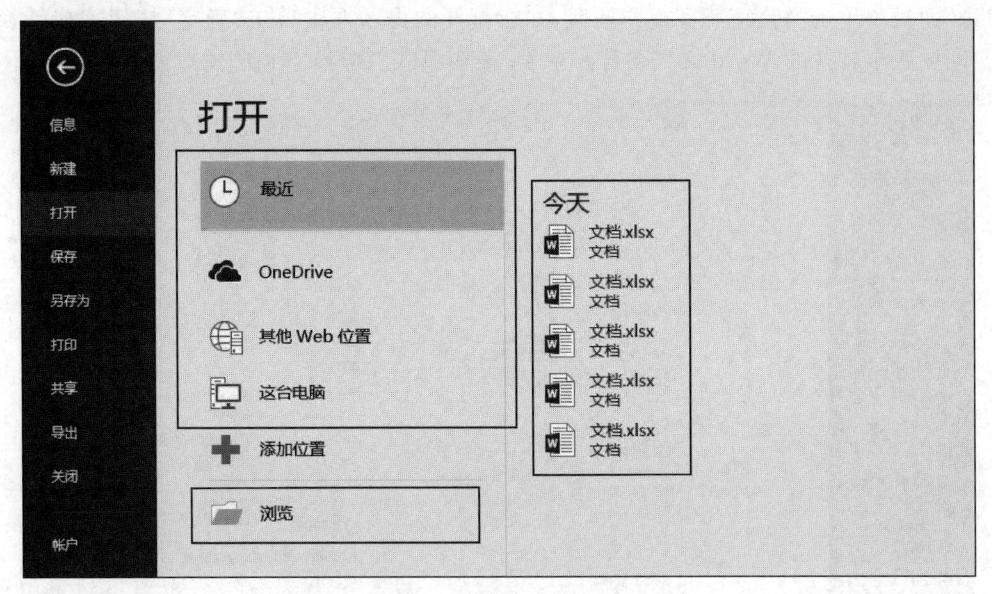

图 3-10 “打开”窗口

在弹出的“打开”对话框中,用户确定文件路径及文件类型后可以选择任何 Word 文档,单击“打开”按钮即可,如图 3-11 所示。

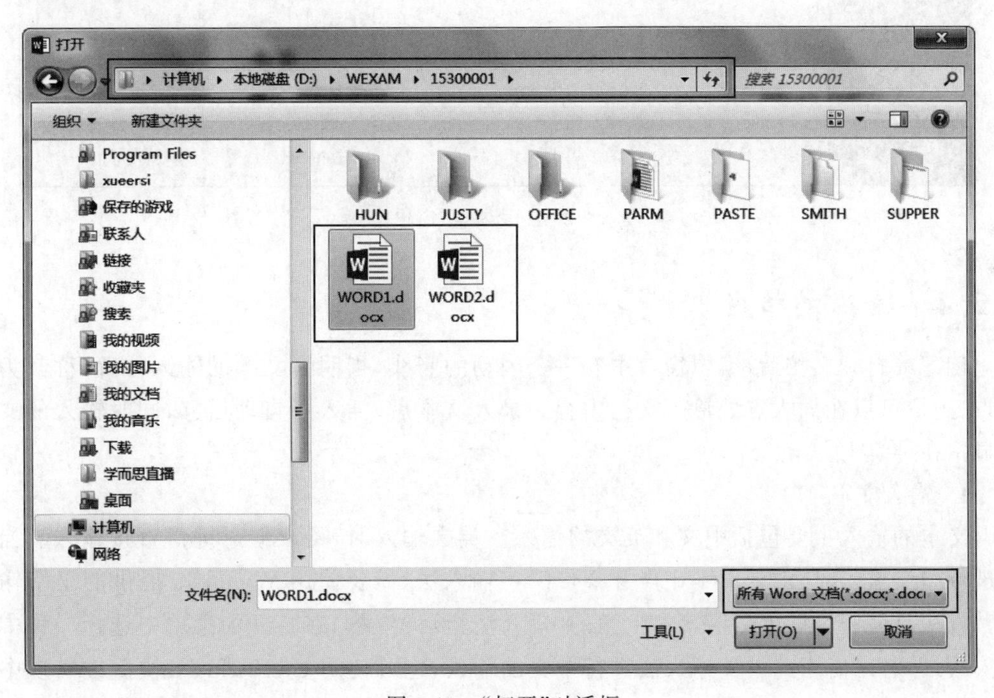

图 3-11 “打开”对话框

4. 打开低版本 Word 文档

用户在 Word 2016 中打开并使用由低版本 Word 创建的扩展名为.doc 文档时,可以看到文档名称后面标识有“兼容模式”字样。为了使其能具有 Word 2016 文档的全部功能,用户需要把其转换成 Word 2016 文档。具体操作方法为执行“文件”→“信息”命令,在打开

"信息"面板中单击"转换"兼容模式按钮,并在打开的提示框中单击"确定"按钮完成转换操作。完成版本转换的 Word 文档名称将取消"兼容模式"字样,"信息"窗口如图 3-12 所示。

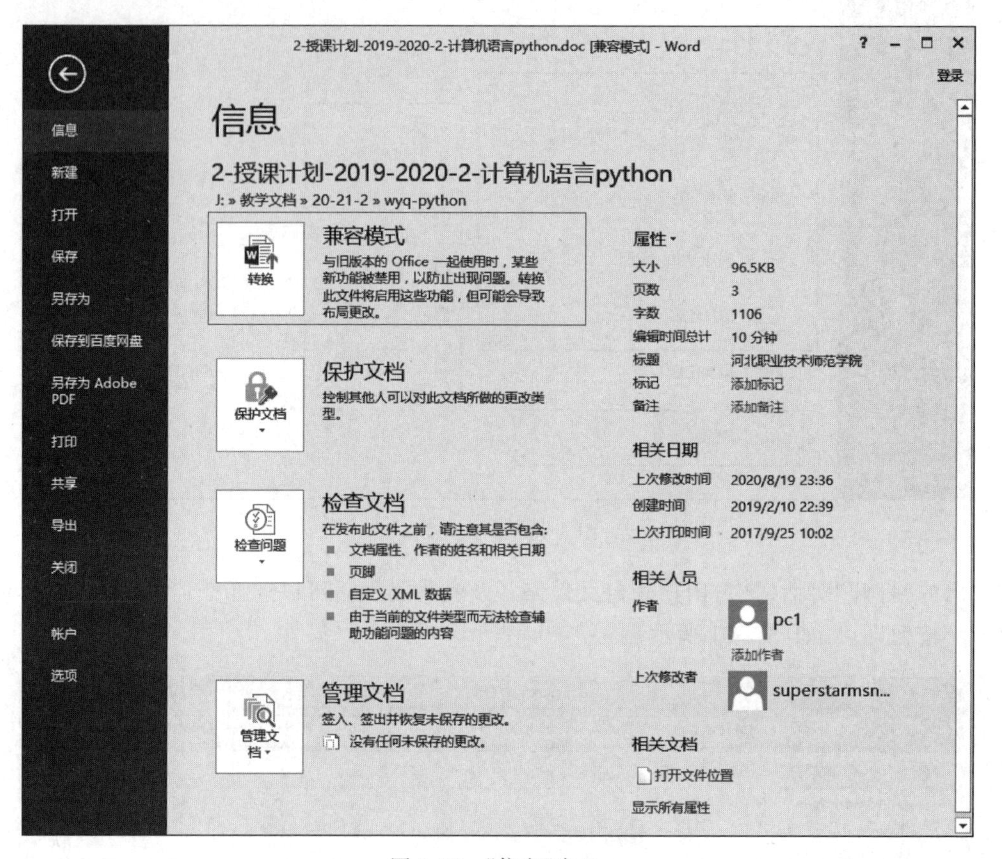

图 3-12 "信息"窗口

3.2.4 输入文档内容

创建或打开文档后,编辑窗口中有一个闪动的竖线,指明了文本的输入位置,称其为插入点,用户可以在插入点处输入文档内容。录入文本后,插入点自动后移,同时输入的文本被显示在屏幕上。

1. 输入文本

文本的输入主要包括中文和英文的输入。英文输入时,可以通过键盘直接输入。当需要进行中文输入时,由于 Word 自身不带汉字输入法,需要使用 Windows 提供的汉字输入法。方法是使用鼠标单击屏幕右下角的"输入法指示器",在打开的菜单中选择一种中文输入法,即可以使用此中文输入法进行中文的输入,也可使用 Ctrl＋Space 快捷键实现中英文输入法的切换。

输入过程注意以下问题:

(1) 空格。空格在文档中占有宽度,但与字体和字号有关,也与"全角"或"半角"输入方式有关。"半角"方式空格占一个字符位置,"全角"方式空格占两个字符位置。

(2) 回车符。Word 具有自动换行的功能,当插入点到达右页边距时,不必按 Enter 键,

Word 会根据纸型自动折行显示,并能自动避免标点符号位于行首。只有在文本的一个自然段结束后,需要另起一行开始新的段落时,才需按下 Enter 键。按 Enter 键后显示回车符为↵。

(3) 换行符。如果需要另起一行,但不另起一段,可以按 Shift+Enter 快捷键输入换行符↓。换行符表示另起一行显示文档内容,内容与前文同段,而回车符↵表示一个段落的结束。

(4) 输入空行。将插入点移到需要插入空行的位置,按 Enter 键,如果要在文档的开始插入空行,则将光标定位到文首,按 Enter 键。

(5) 删除空行。将光标移到空行,按 Delete 键。

2. 修改文本

默认情况下,在文档中输入文本时处于插入状态,在这种状态下,输入的文字出现在插入点所在位置,而该位置原有字符将依次向后移动。

在文档输入时还有一种状态为改写,在这种状态下,输入的文字会依次替代原有插入点所在位置的字符,对其实现文档的修改。其优点是即时覆盖无用的文字,节省文本空间,对于一些格式已经固定的文档,使用这种改写方式不会破坏已有格式,修改效率较高。

插入与改写状态的切换可以通过 Insert 键实现。

当文本中出现错误或多余文字时,可以使用 Delete 键删除插入点光标后面字符,或使用 Backspace 键删除插入点光标前面的字符。如果需要删除大段文字,则先选定需要删除的大段内容,然后执行上面的方法即可实现内容的删除。

3. "撤销"与"恢复"

文档编辑过程中,如果所做操作有误,想返回到当前结果之前的状态,可以通过"撤销"或"恢复"功能实现。通过单击"快速访问工具栏"→"撤销"按钮,或按 Ctrl+Z 快捷键执行撤销操作,也可以单击"撤销"按钮旁边小三角在撤销列表中选择撤销连续若干步骤。Word 2016 的撤销功能可以保留最近执行的操作记录,但不能有选择地撤销不连续的操作。如果用户不小心撤销多了,用户可以单击"快速访问工具栏"→"恢复"按钮,或按 Ctrl+Y 快捷键进行恢复操作。

4. 插入日期和时间

文档中需要添加日期和时间信息时,可以使用键盘直接输入到文档中的指定位置。Word 2016 也提供了插入"日期和时间"命令,使日期和时间的插入更加简单和方便。使用该命令,可以用任何一种数据格式添加日期,以 12 小时或者以 24 小时制式添加系统时间。

使用"日期和时间"命令添加日期的操作步骤如下:

(1) 将插入点移到要添加日期或时间的位置。

(2) 执行"插入"→"文本"→"日期和时间"命令,弹出如图 3-13 所示的"日期和时间"对话框。

(3) 在对话框内选择所需的日期和时间格式,单击"确定"按钮。

Word 2016 将把使用这种方法插入的日期和时间字符串作为域代码插入到文档中。如果在该对话框中设置了"自动更新"复选框,则在打印时,系统将自动把当前的系统时间替换到该字符串中以进行更新。

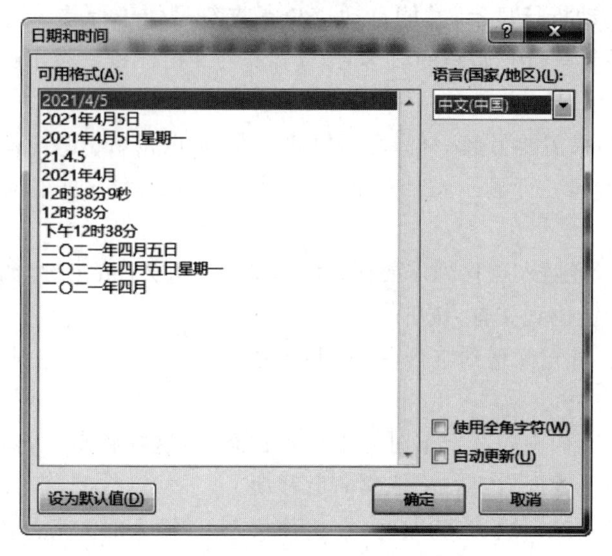

图 3-13 “日期和时间”对话框

5. 插入符号

Word 2016 提供了丰富的符号，除键盘上显示的字母、数字和标点符号外，还提供了大量的键盘上没有的特殊符号，这些符号在屏幕和打印时都可以显示。插入符号具体操作如下：

(1) 将插入点放置到要插入符号的位置。

(2) 执行“插入”选项卡“符号”功能组中的“符号”命令，单击下拉列表中所需符号即可将符号插入指定位置，如果“符号”面板中没有所需符号，则可以执行“其他符号”命令，弹出“符号”对话框，如图 3-14 所示。

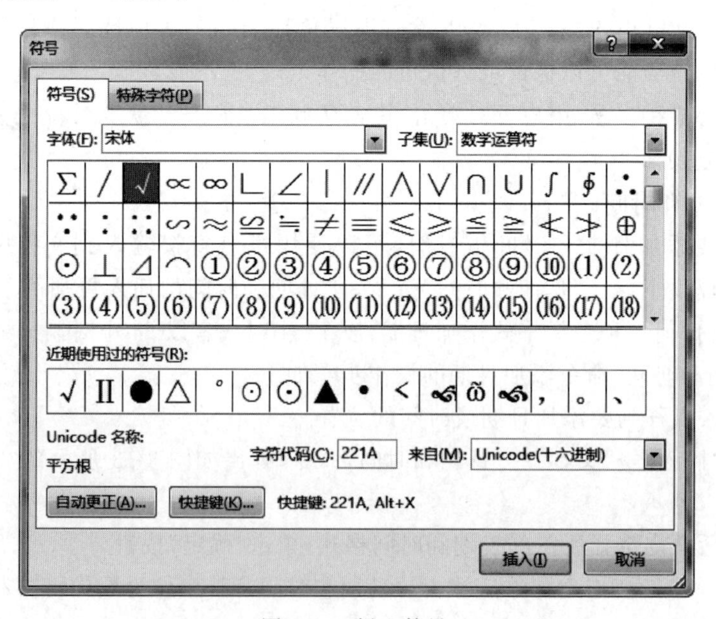

图 3-14 插入符号

(3) 在下拉列表中选择一种字体，选择“子集”下拉列表中的所选符号所在的子集，找到所需符号，双击要插入的符号，或单击要插入的符号，再单击“插入”按钮，则符号出现在插入点位置。

(4) 若需要连续插入其他符号，则将插入点移动到需要其他插入符号的位置，执行步骤(3)。

(5) 若需要插入特殊字符，则选择“特殊字符”选项卡，如图 3-15 所示，从中选择插入长画线、短画线、版权符、注册符等，单击“插入”按钮。

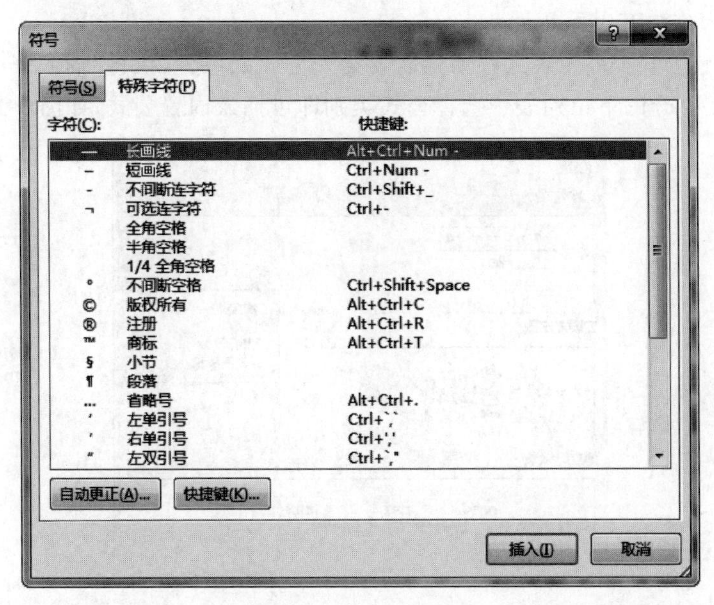

图 3-15　插入特殊符号

(6) 符号插入完毕后单击“关闭”按钮，将关闭此对话框。

若需要定义某个符号的快捷键，可单击符号后，再单击“快捷键”按钮，从弹出的自定义键盘对话框中定义相应的快捷键。

中文输入法的软键盘也提供了丰富的符号，如图 3-16 所示(本文以搜狗五笔输入法为例)。开启软键盘的方法是右击已经启动的中文输入法，选择更多工具下软键盘命令，在展开列表中选择一种类型，弹出软键盘界面，用户可用鼠标或键盘直接在软键盘上选择需要的符号。

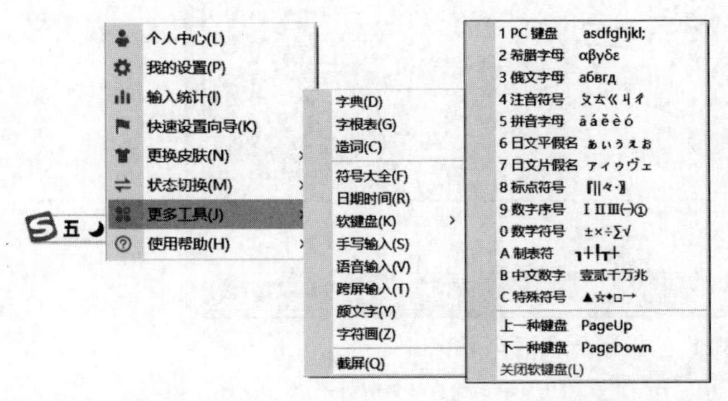

图 3-16　中文输入法软键盘

6. 插入公式

在编辑论文或特殊文档时，往往需要输入数学公式，用户可以利用 Word 2016 提供的如二次公式、二项式定理、勾股定理等 9 种公式或 Office.com 中提供的其他常用公式直接插入内置公式；用户也可以根据需要自行创建公式对象；墨迹公式是 Office 2016 新增功能，意为手写输入公式。利用墨迹公式可以轻松识别不正规的书写，这样输入复杂数学公式就变得更为方便。

公式的插入方法有以下几种：

- 插入内置公式：将插入点移动到需要插入公式的位置，执行"插入"→符号→"公式"命令，在打开的下拉列表中选择公式类别即可插入内置公式，如图 3-17 所示。

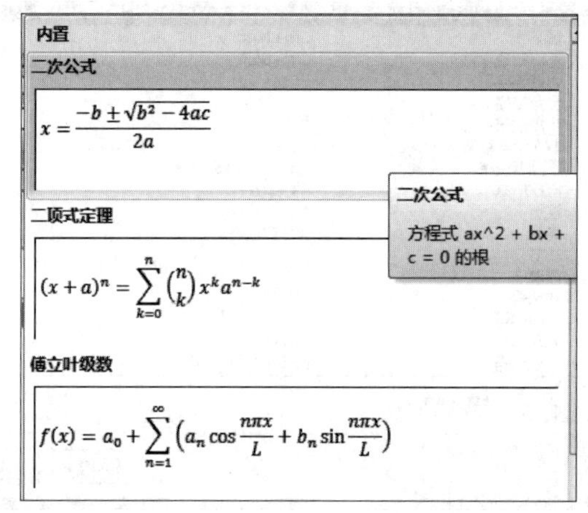

图 3-17　插入公式

- 插入公式对象：执行"插入"→"符号"→"公式"→"插入新公式"命令，在"设计"选项卡中设置公式结构或公式符号来创建公式对象。
- 插入"墨迹公式"：执行"插入"→"符号"→"公式"→"墨迹公式"命令，打开墨迹公式输入窗口，按下鼠标左键不放并在黄色区域中进行手写就可以了，如图 3-18 所示。

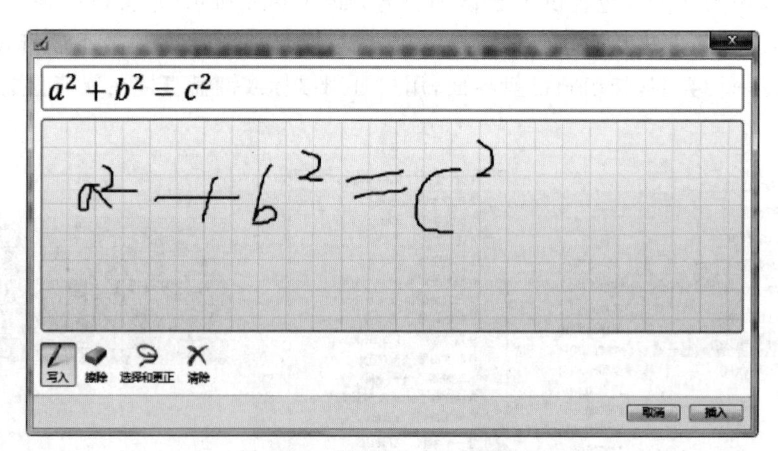

图 3-18　"墨迹公式"手写输入

手写公式不用担心自己的手写字母不好看，墨迹公式的识别能力是非常强的。不过书写的时候还是有些小技巧的，首先是识别错了之后不要着急改，继续写后面的，它会自动进行校正；如果实在校正不过来的，可以选择“清除”图标工具进行擦除重写；还有一个办法，就是通过“选择和更正”工具选中识别错误的符号，将会弹出一个菜单框，从中选择正确的符号即可，如图 3-19 所示。

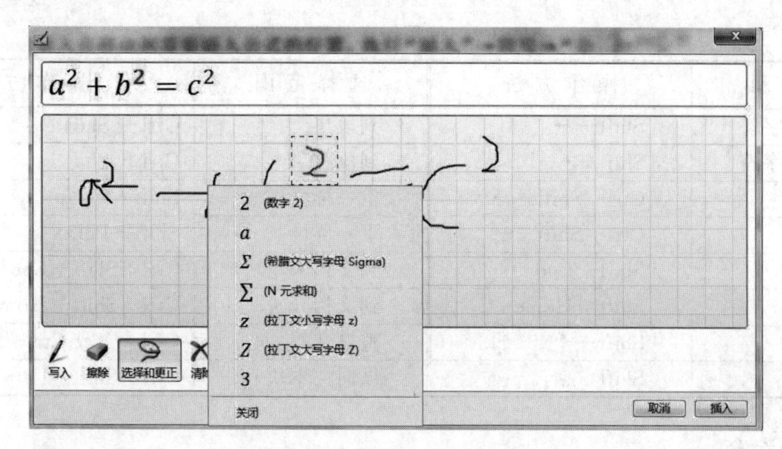

图 3-19 “墨迹公式”编辑

3.2.5 编辑文档

使用 Word 2016 编辑文档，就是文档内容输入和修改的过程，是 Word 的基本功能之一。编辑文档首先要利用鼠标或键盘选择文本，然后对选择的文本进行移动、复制或删除等操作，也包括文本的查找与替换等，以下将对文档的编辑方法进行说明。

1. 选择文本

在编辑文本内容前，首先要选中被编辑的部分。在 Word 中选中的文本将被反白显示（黑底白字）。文本的选定可以采用鼠标或键盘完成。

1）使用鼠标选取文本

在编辑文档时，许多编辑操作都需要鼠标的配合，因此鼠标的操作非常重要，使用鼠标选定文本有以下几种情况，如表 3-1 所示。

表 3-1 使用鼠标选取文本

选择范围	鼠标操作
选取单词	将鼠标光标移动到被选择内容的任一字符上，双击鼠标
选取一行文本	将鼠标光标移动到一行的左边空白处（选定栏），鼠标指针为向右倾的箭头时，单击鼠标
选取多行文本	在行的左侧选定栏中拖动鼠标
选取一段文本	双击左侧选定栏或将鼠标光标移动到段落中的任意位置三击鼠标左键
选取句子	按住 Ctrl 键，用鼠标单击该句子中的任意位置
选取矩形区域	将鼠标光标移动到矩形区域左上角，按住 Alt 键，同时拖动鼠标指针到矩形区域右下角
选取整个文档	在选定栏内任意处，按住 Ctrl 键，并单击鼠标左键，或者在选定栏内任意位置连续三击鼠标左键
放弃选取	单击编辑窗口的任意位置

2) 使用键盘选取文本

Word 2016 提供了一整套利用键盘选择文本的方法。它们主要是通过 Shift、Ctrl 和方向键来实现,其方法如表 3-2 所示。

表 3-2 使用键盘选取文本

选择范围	操作方法	选择范围	操作方法
右边一个字符	Shift+→	到段尾	Ctrl+Shift+↓
左边一个字符	Shift+←	到段首	Ctrl+Shift+↑
到词尾	Ctrl+Shift+→	上一屏	Shift+PgUp
到词首	Ctrl+Shift+←	下一屏	Shift+PgDn
到行末	Shift+End	到文档末尾	Ctrl+Shift+End
到行首	Shift+Home	到文档开头	Ctrl+Shift+Home
上一行	Shift+↑	整篇文档	Ctrl+A 或 Ctrl+5(小键盘)
下一行	Shift+↓	纵向文本块	Ctrl+Shift+F8+方向键

2. 移动文本

移动文本即是剪切文本,在文本编辑过程中,为了重新组织文档结构,经常需要将某些文本从一个位置移动到另一个位置。文本的移动既可以在当前页内移动,也可以从某一页移动到另一页,甚至可以从一个文档移动到另一个文档。移动文本可以使用鼠标进行,也可用键盘进行。

1) 用鼠标移动文本

用鼠标移动文本是最常用的操作方法,适合于移动距离较小的情况,操作步骤如下:

(1) 选定要移动的内容。

(2) 将鼠标指向被选中的文本,此时鼠标变为箭头指针 。

(3) 按下鼠标左键并保持,拖动鼠标,将选定内容移到目的位置。释放鼠标左键,此时选定的内容即被移动到指定位置。

2) 使用剪贴板移动文本

剪贴板是一个公用临时存储区,所有"剪切"或"复制"的项目都将自动置于"Office 剪贴板"之中。可用其实现程序间的信息交换。"Office 2016 剪贴板"最多可容纳 24 项内容。请注意:在"Office 剪贴板"上的内容,会一直保持到您关闭了计算机上运行的所有 Office 程序为止。操作步骤如下:

(1) 选中要移动的正文。

(2) 执行"开始"→"剪贴板"→"剪切"命令,或按 Ctrl+X 快捷键。

(3) 将插入点移到目标位置。

(4) 执行"开始"→"剪贴板"→"粘贴"命令,或按 Ctrl+V 快捷键,即可将指定内容移动到目标位置。

3. 复制文本

在文本编辑过程中,复制也是常用功能之一。复制文本既可以使用鼠标操作,也可以用键盘来操作。复制的方法有:

1) 使用鼠标拖动

(1) 选取要复制的文本。

(2) 按下 Ctrl 键,同时按下鼠标左键并保持,鼠标箭头指针右下角出现一小“+”。

(3) 拖动鼠标到目的位置再释放左键,所选内容即被复制指定的位置。

2) 使用剪贴板

操作步骤如下:

(1) 选取需要复制的文本。

(2) 执行“开始”→“剪贴板”→“复制”命令,或按 Ctrl+C 快捷键。

(3) 将插入点移到目标位置。

(4) 执行“开始”→“剪贴板”→“粘贴”命令,或按 Ctrl+V 快捷键,即可将指定内容移动到目标位置,即可将指定内容移动到目标位置。

4. 删除文本

删除文本可使用下面的方法:先选定要删除的内容,然后使用下面的键盘操作:

- Delete 键:删除光标右侧的一个字符。
- Backspace 键:删除光标左侧的一个字符。
- Ctrl+Backspace 快捷键:删除光标左侧的一句话或一个英文单词。
- Ctrl+Del 快捷键:删除光标右侧的一句话或一个英文单词。

5. 查找、替换和定位

查找、替换和定位在文档的输入和编辑中非常有效,特别是对于长文档。比如在一篇几万字的文档中查找若干相同的字符或某种格式,使用查找功能立即就能找到;如果要修改则使用替换功能就可以实现,这会大大提高编辑速度;定位则可帮助用户快速移动到指定位置。查找与替换的另一个技巧是可以对出现频率高的同一词汇简化输入。

1) 查找文本

我们用一个具体的实例来帮助用户掌握“查找”的具体操作。

【例 3-1】 在《计算机应用大赛方案》文档中查找所有“大赛”。

操作方法及步骤如下:

(1) 执行“开始”→“编辑”→“查找”命令,或按 Ctrl+F 快捷键,打开导航窗格。

(2) 在导航栏搜索框中输入需要查找的内容“大赛”,会在导航窗口显示查找结果并在文本编辑窗口以黄色底纹显示搜索到的文本,效果如图 3-20 所示。

2) 高级查找

(1) 单击导航栏“搜索文档”列表区右侧的下拉三角 ,或在“开始”选项卡“编辑”功能区“查找”右侧的下拉三角 查找 ,选择“高级查找”选项,如图 3-21 所示,弹出“查找和替换”对话框。

(2) 选择“查找”选择卡,在“查找内容”文本框中输入查找内容。

(3) 单击“查找下一处”,查找到的内容将以反白显示。

(4) 再次单击“查找下一处”按钮或“搜索”按钮,继续往下查找直至完成整篇文档的查找。

3) 查找特殊格式文本

除了查找输入的文字外,有时需要查找某些特定的格式或符号等,这就要设置高级查找选项。这时在上述对话框中单击“更多”按钮,展开“搜索选项”选项组,弹出如图 3-22 所示的对话框,在此可以设置查找条件、搜索范围等内容。

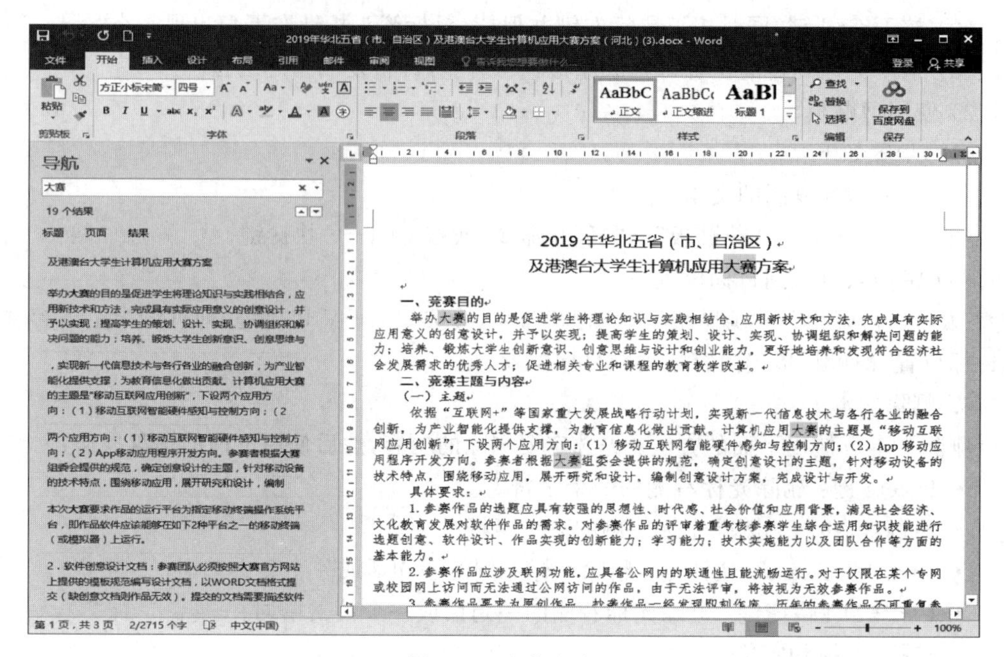

图 3-20　查找文本

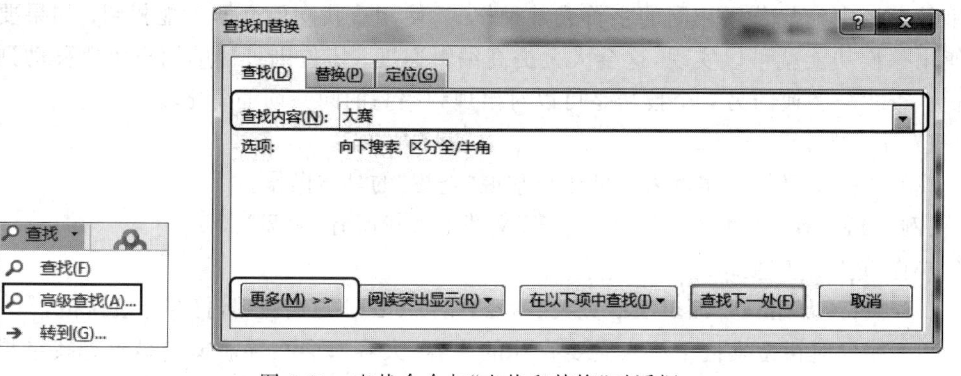

图 3-21　查找命令与“查找和替换”对话框

“搜索”列表框：用于设置搜索的范围，默认为全部文档范围，也可设置“向上”或“向下”，即可从光标处开始搜索到文档开头或结尾。

不限定格式：用于取消“查找内容”框下指定的所有格式。

“格式”按钮：用于设定查找对象的排版格式，如字体、段落、样式等的设置。

“特殊字符”按钮：查找对象是特殊字符，如制表符、分栏符、分页符等。

同时，用户可以利用勾选“搜索选项”区域中的复选项来设置高级搜索条件，选项组功能如下所示。

- “区分大小写”和“全字匹配”：主要用于高效查找英文单词。
- “使用通配符”允许用户在查找内容中使用通配符实现模糊查找。例如，在查找内容中键入“星期＊”，则可以找到“星期一”“星期二”“星期三”等。
- 同音：查找发音相同的单词。
- 区分全/半角：可以区分查找全角、半角完全匹配的字符。

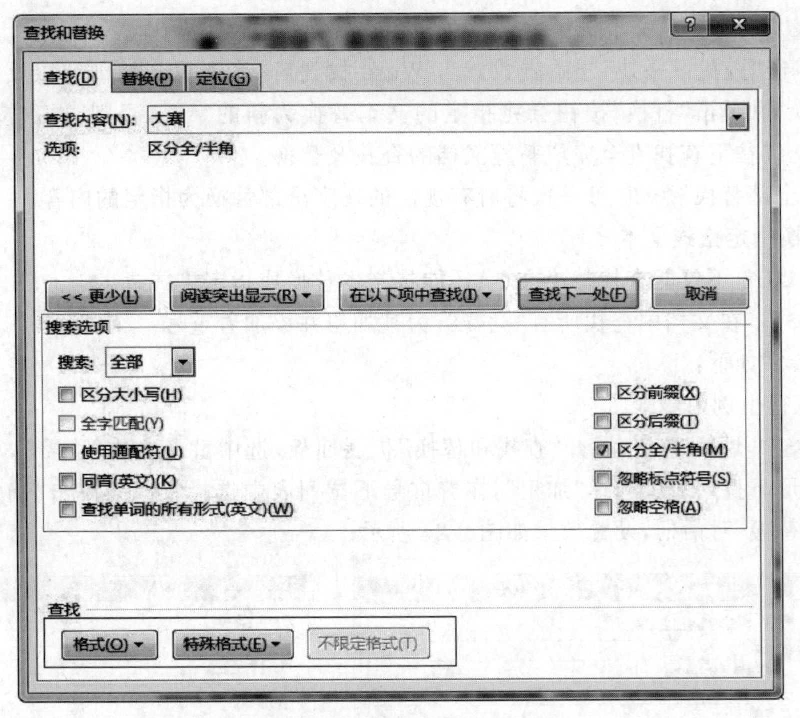

图 3-22 “查找”对话框的扩展

- 忽略标点符号：查找过程中忽略文中标点。
- 忽略空格：查找过程中忽略空格。

4）替换文本

替换文本是指将查找到的指定文本用其他的文本或不同格式替代。如果未选定替换范围，Word 2016 将把整个文档中的指定文本替换掉。因此在替换前应先保存文档，这样如果对替换结果不满意，可关闭该文档而不保存替换结果。对于替换的具体操作我们仍用实例进行解释。

【例 3-2】 在文档中查找所有“大赛”，并替换为“竞赛”。

操作步骤如下：

(1) 执行“开始”→“编辑”→“替换”命令；或按 Ctrl＋H 快捷键，弹出如图 3-23 所示的对话框。

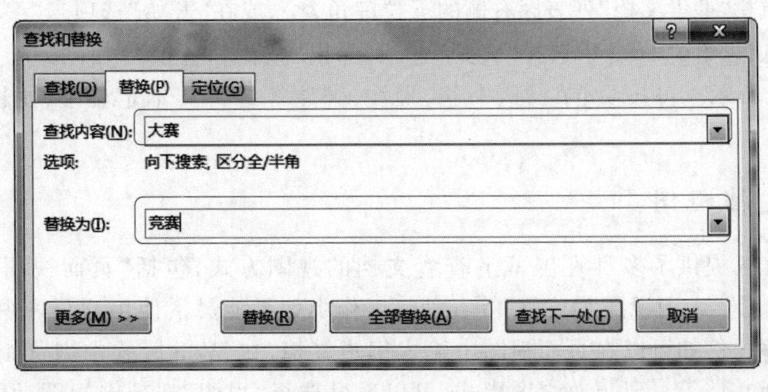

图 3-23 替换文字

(2) 在“查找内容”文本框中输入“大赛”,在“替换为”文本框中输入“竞赛”。

(3) 单击“查找下一处”开始查找。当 Word 找到后,将查找到的内容以反白显示。如果需要替换,则单击“替换”按钮会将指定的文本替换为新的字符,否则,再次按“查找下一处”按钮,继续往下查找直至完成整篇文档的查找及替换。

单击“全部替换”按钮,可一次将所有规定的文字全部替换为指定的内容。

5) 替换指定格式文本

Word 2016 不仅能查找替换文本,还能将文本替换成指定格式。

【例 3-3】 在文档中查找所有“竞赛”,为其加粗并添加着重号。

操作步骤如下:

(1) 执行上例中步骤(1)(2)。

(2) 单击“更多”按钮,展开“查找和替换”扩展面板,选中替换文本“竞赛”,单击“格式”按钮,在字形下拉列表中选择“加粗”,在着重号下拉列表中选择“.”,并单击“确定”按钮,返回“查找和替换”对话框,设置效果如图 3-24 所示。

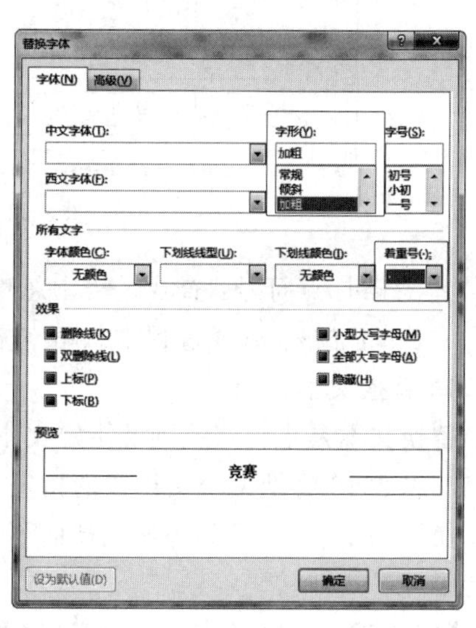

图 3-24 “查找和替换”扩展选项卡

(3) 单击“全部替换”按钮,可一次性将找到的内容全部替换为指定格式的文本内容。

6) 文本定位

单击导航栏“搜索文档”列表区右侧的下拉三角,或在“开始”选项卡“编辑”功能区“查找”右侧的下拉三角 查找 中选择“转到”选项,弹出“查找和替换”对话框,选择“定位”选项卡,如图 3-25 所示。可按页、节、行、书签、批注、脚注等进行文本定位,以便快速找到指定对象。

3.2.6 文档视图

Word 2016 提供了多种在屏幕上查看文档的视图方式,包括“页面视图”“阅读视图”“Web 版式视图”“大纲视图”“草稿”等五种。工作中如果能灵活使用这几种视图方式,可以提高工作效率。例如可以在页面视图中输入编辑文档,在 Web 版式中浏览阅读文档,在大纲视图中排版文档等。要更改视图模式,可以通过选择“视图”选项卡视图功能区中相应项

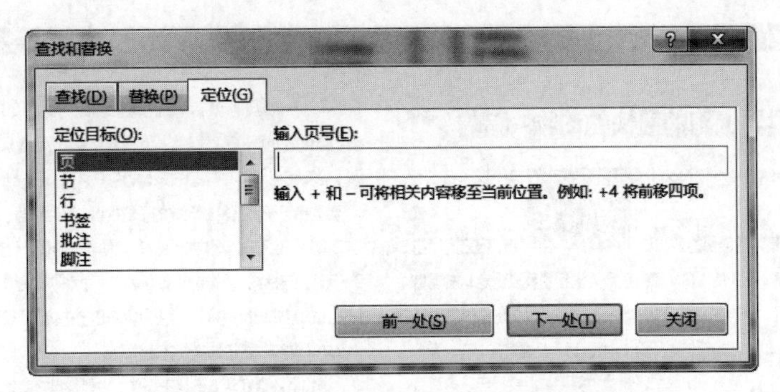

图 3-25 “查找和替换”对话框“定位”选项卡

目来实现，或单击文档窗口右下方视图切换按钮 选择视图。

1. 页面视图

“页面视图”是 Word 2016 的默认视图方式，是一种所见即所得的视图，在这种显示模式下，文档将按照实际打印效果显示文字。用户可以在页面视图中直接编辑页眉、页脚，修改图形，调整页面设置等。这种视图的优点是显示比较直观，缺点是处理大文档的速度较慢，“页面视图”的显示效果如图 3-26 所示。

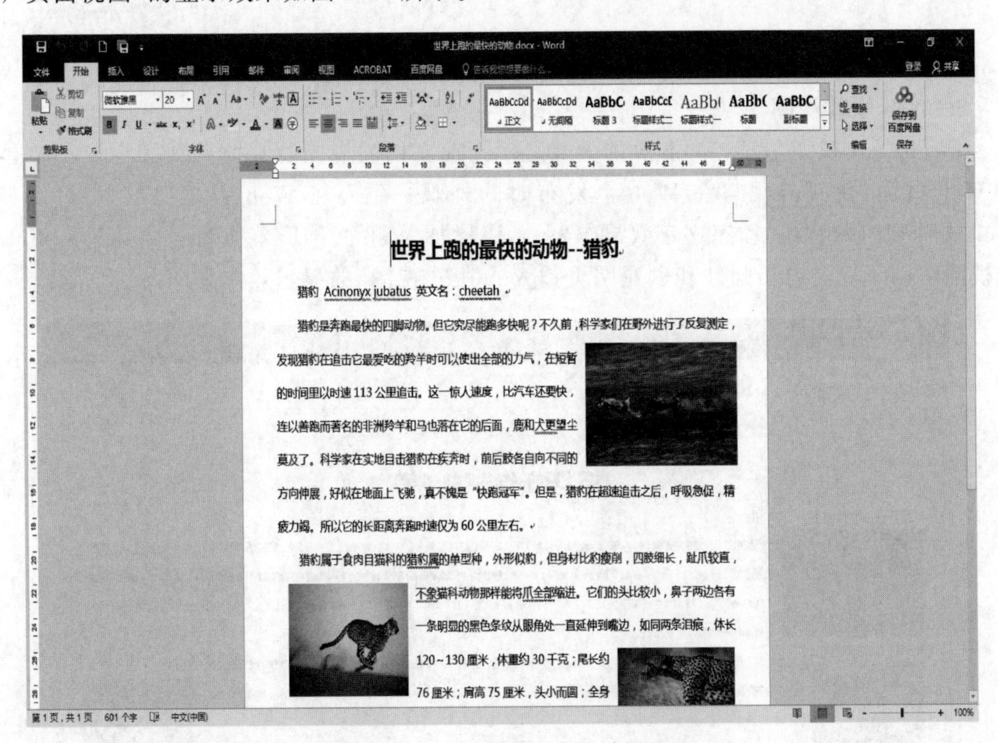

图 3-26 “页面视图”的显示效果

2. 阅读版式视图

“阅读版式视图”用于浏览文档，以图书的分栏样式显示文档，视觉效果好，眼睛不易感觉疲劳，尤其适合阅读长文档。用户还可以单击“工具”按钮选择各种阅读工具，单击“视图”按钮选择各种显示效果。在该模式下，文本输入、格式设置、图片处理等大多数文本编辑工作都可以进行，但不能设置页眉与页脚，“阅读版式视图”的显示效果如图 3-27 所示。

文件 工具 视图 世界上跑的最快的动物.docx - Word

世界上跑的最快的动物--猎豹

猎豹 Acinonyx jubatus 英文名：cheetah

猎豹是奔跑最快的四脚动物。但它究竟能跑多快呢？不久前，科学家们在野外进行了反复测定，发现猎豹在追击它最爱吃的羚羊时可以使出全部的力气，在短暂的时间里以时速 113 公里追击。这一惊人速度，比汽车还要快，连以善跑而著名的非洲羚羊和马也落在它的后面，鹿和犬更望尘莫及了。科学家在实地目击猎豹在疾奔时，前后肢各自向不同的方向伸展，好似在地面上飞驰，真不愧是"快跑冠军"。但是，猎豹在超速追击之后，呼吸急促，精疲力竭。所以它的长距离奔跑时速仅为 60 公里左右。

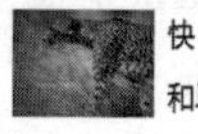

猎豹属于食肉目猫科的猎豹属的单型种，外形似豹，但身材比豹瘦削，四肢细长，趾爪较直，不象猫科动物那样能将爪全部缩进。它们的头比较小，鼻子两边各有一条明显的黑色条纹从眼角处一直延伸到嘴边，如同两条泪痕，体长 120～130 厘米，体重约 30 千克；尾长约 76 厘米；肩高 75 厘米，头小而圆；全身无色淡黄并杂有许多小黑点。

猎豹栖息于有丛林或疏林的干燥地区，平时独居，仅在交配季节成对，也有由母豹带领 4～5 只幼豹的群体。母豹 1 胎产 2～5 仔。寿命约 15 年。以羚羊等中、小型动物为食。除以高速追击的方式进行捕食外，也采取伏击方法，隐匿在草丛或灌木丛中，待猎物接近时突然窜出猎取。

猎豹虽凶猛好斗，但易于驯养，古代曾用它助猎。猎豹曾有较广泛的分布区，从非洲大陆到亚洲南部各国都有栖息，由于人类长期的滥猎，目前印度、苏联中亚等地已绝灭，在非洲西南部各地很稀有。

文档结尾

屏幕 1-2，共 2 个 140%

图 3-27 "阅读版式视图"的显示效果

3. Web 版式视图

"Web 版式视图"是以 Web 页的方式显示当前文档的视图。在此种视图中，Word 能优化 Web 页面，使其外观与在 Web 上发布时的外观一致。在 Web 版式视图中，可以显示 Web 文档独有的背景、动态文字效果等特性，以增加 Web 文档屏幕查看时的效果。Web 版式视图适用于发送电子邮件和创建网页，"Web 版式视图"的显示效果如图 3-28 所示。

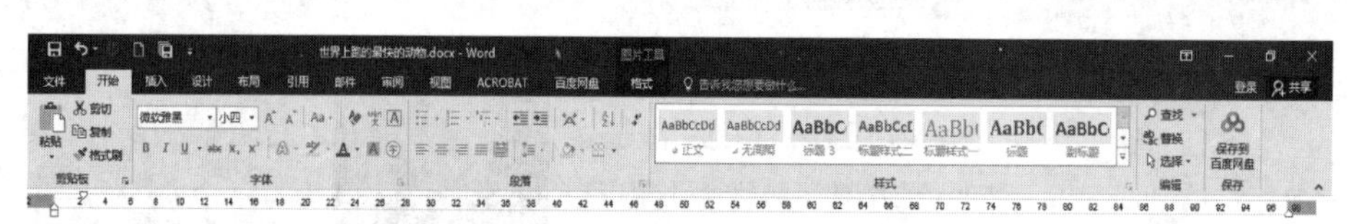

世界上跑的最快的动物--猎豹

猎豹 Acinonyx jubatus 英文名：cheetah

猎豹是奔跑最快的四脚动物。但它究竟能跑多快呢？不久前，科学家们在野外进行了反复测定，发现猎豹在追击它最爱吃的羚羊时可以使出全部的力气，在短暂的时间里以时速 113 公里追击。这一惊人速度，比汽车还要快，连以善跑而著名的非洲羚羊和马也落在它的后面，鹿和犬更望尘莫及了。科学家在实地目击猎豹在疾奔时，前后肢各自向不同的方向伸展，好似在地面上飞驰，真不愧是"快跑冠军"。但是，猎豹在超速追击之后，呼吸急促，精疲力竭。所以它的长距离奔跑时速仅为 60 公里左右。

猎豹属于食肉目猫科的猎豹属的单型种，外形似豹，但身材比豹瘦削，四肢细长，趾爪较直，不象猫科动物那样能将爪全部缩进。它们的头比较小，鼻子两边各有一条明显的黑色条纹从眼角处一直延伸到嘴边，如同两条泪痕，体长 120～130 厘米，体重约 30 千克；尾长约 76 厘米；肩高 75 厘米，头小而圆；全身无色淡黄并杂有许多小黑点。

猎豹栖息于有丛林或疏林的干燥地区，平时独居，仅在交配季节成对，也有由母豹带领 4～5 只幼豹的群体。母豹 1 胎产 2～5 仔。寿命约 15 年。以羚羊等中、小型动物为食。除以高速追击的方式进行捕食外，也采取伏击方法，隐匿在草丛或灌木丛中，待猎物接近时突然窜出猎取。

猎豹虽凶猛好斗，但易于驯养，古代曾用它助猎。猎豹曾有较广泛的分布区，从非洲大陆到亚洲南部各国都有栖息，由于人类长期的滥猎，目前印度、苏联中亚等地已绝灭，在非洲西南部各地很稀有。

601 个字 英语(美国) 100%

图 3-28 "Web 版式视图"的显示效果

4. 大纲视图

大纲视图用于显示文档的框架结构。在此模式下,使用缩进文档标题的方式显示文档结构的级别。这种视图使得查看文档的结构变得轻松,用户可以方便地折叠文档,只显示主标题,或扩展文档,查看整个文档;并可拖动标题来快速移动、复制或重组正文,“大纲视图”的显示效果如图 3-29 所示。

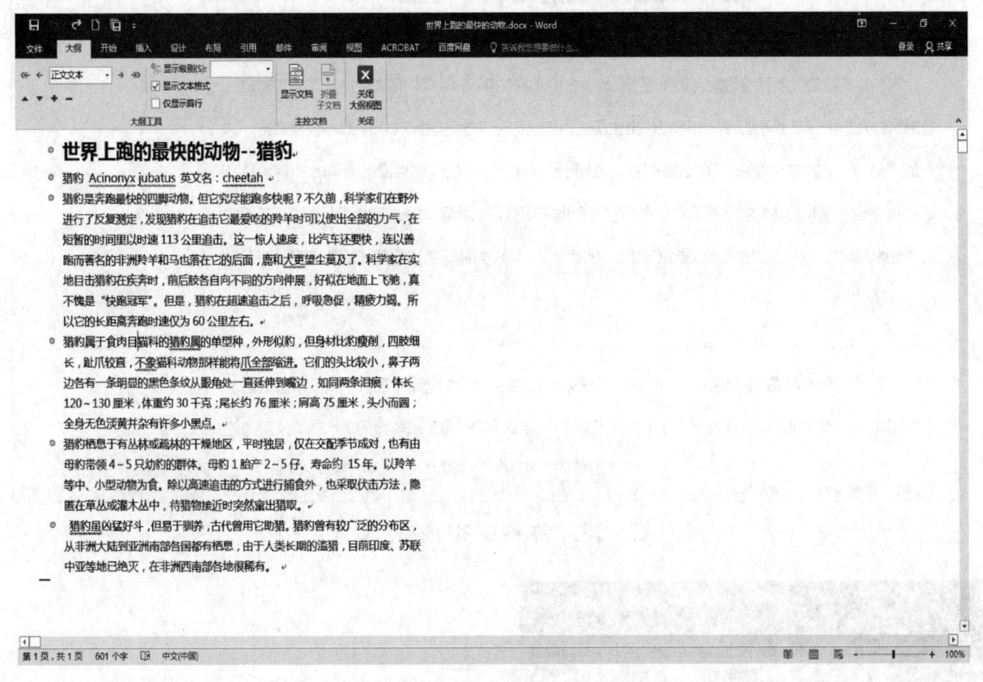

图 3-29 “大纲视图”的显示效果

5. 草稿视图

草稿视图即是旧版本的普通视图,只显示文字格式,不显示文档中的页面布局如页眉、页脚、图像等信息。这种视图模式布局简单,显示速度快,输入和编辑比较方便。在该视图显示方式中,可以连续显示文档的内容,页与页之间以一条虚线划分,这条虚线表示为分页符。节与节之间用双行虚线分隔,表示为分节符,这样使文档阅读起来比较连贯,“草稿视图”的显示效果如图 3-30 所示。

6. 导航窗格

导航窗格是一个位于文档窗口左边的窗格,用来显示文档的各级标题,勾画出文档的结构。使用这种方式可以快速浏览一篇很长的文档,迅速定位所要阅读的文档内容。执行“视图”→“显示”→“导航窗格”命令,即会在 Word 2016 窗口左侧打开导航窗格,显示文档的结构,用户单击左窗口的内容,在右窗口上马上可以显示出相应位置的文档内容,“导航窗格”的显示效果如图 3-31 所示。

7. 改变视图的尺寸

为了得到更好的显示效果,用户可以改变视图的尺寸。操作方法有以下几种:

方法 1:执行“视图”→“显示比例”→“显示比例”🔍命令,弹出如图 3-32 所示的对话框,选择适合“显示比例”即可改变视图在屏幕中的大小。

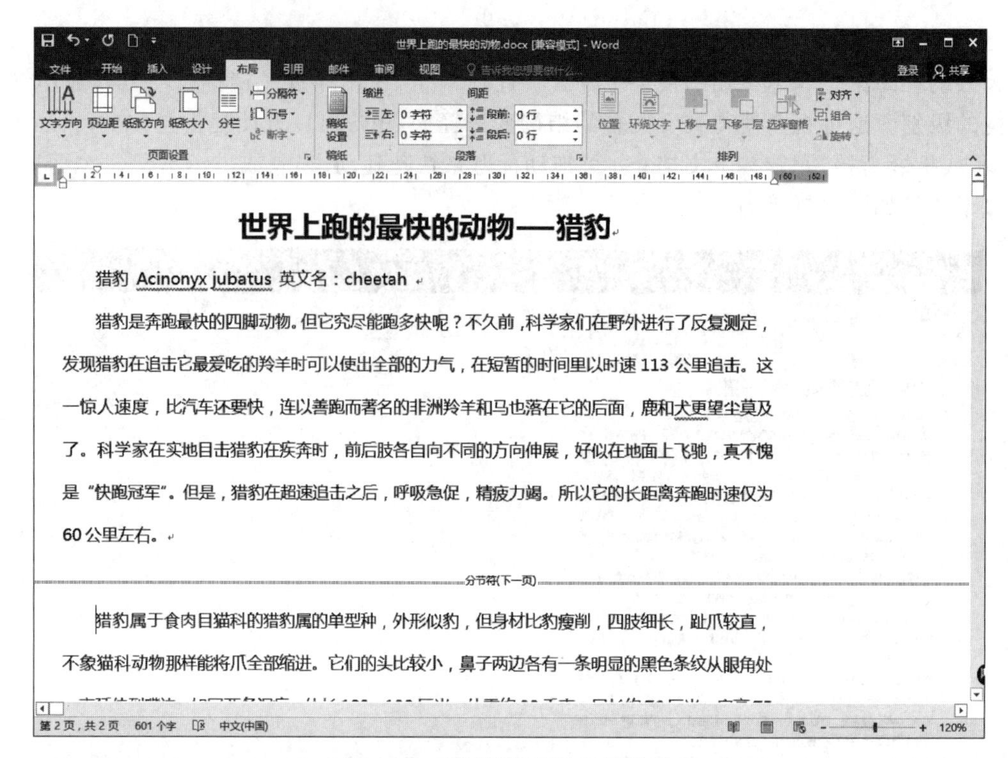

图 3-30 “草稿视图”的显示效果

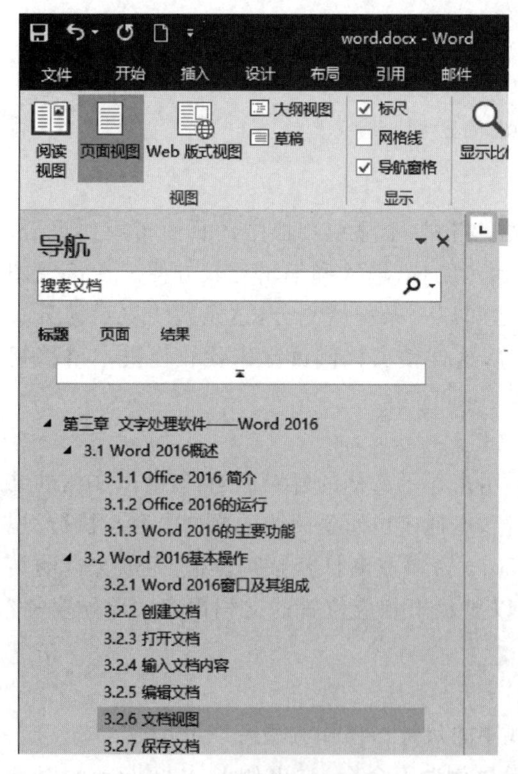

图 3-31 开启“导航窗格”效果

图 3-32 “显示比例”对话框

方法 2：直接拖动 Word 窗口右下角“显示比例”滚动条调节视图显示比例，调整范围10%～500%。

方法 3：按住 Ctrl 键的同时滑动鼠标滚轮，可以动态对视图显示比例进行调整。

3.2.7 保存文档

用户建立并编辑的文档仅仅存放在计算机的内存中，并显示在屏幕上，关机或突然断电都会造成信息丢失。为了保存文档以备今后使用，就需要对输入的文档给定具体的文件名并存盘保存。根据文档的有无文件名及文档的格式，可以分别采用下列几种方法进行保存：

1. 保存未命名的 Word 文档

对于一个新建的文档，Word 2016 用“文档 1”“文档 2”“文档 3”等暂时给文件命名，在保存这类未命名文档时，必须给它指定一个名字，并且要确定它的保存位置。默认情况下，使用 Word 2016 编辑的 Word 文档会保存成为一个.docx 格式的文档。用户可以通过“文件”→“保存”命令进行保存，也可以使用“快捷访问工具栏”上的“保存”按钮，或直接按 Ctrl+S 快捷键。使用上述三种方法都会进入“另存为”界面，如图 3-33 所示。单击“这台电脑”或“浏览”，弹出“另存为”对话框，如图 3-34 所示。

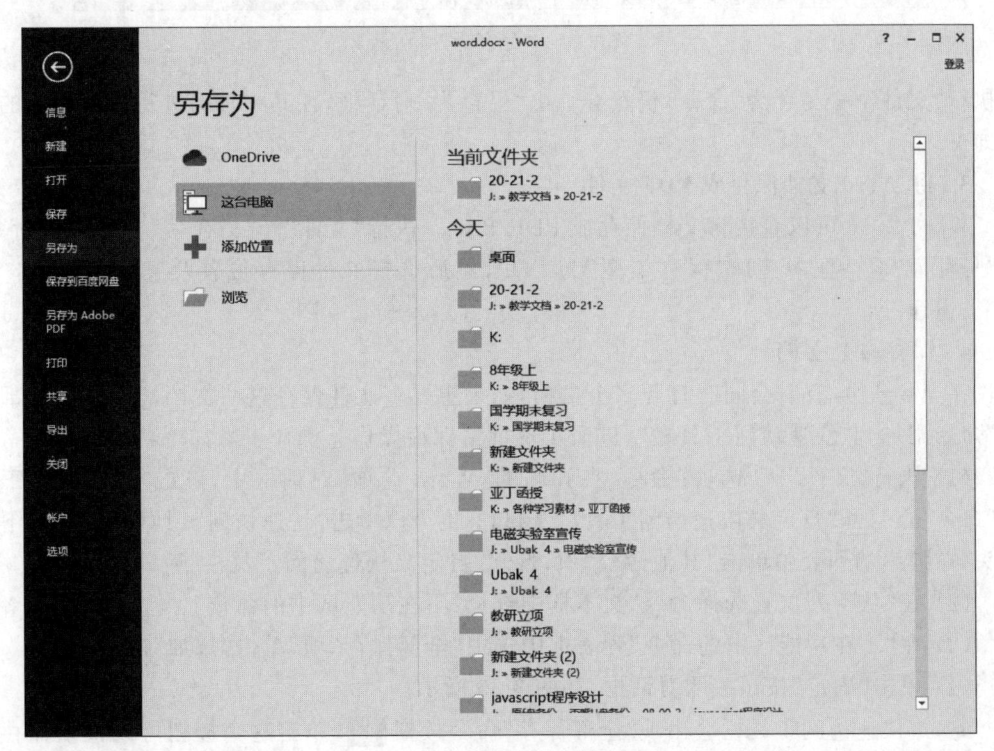

图 3-33 “另存为”界面

2. 保存已命名的文档

当一个文档已命名保存后，若再对其进行操作，在操作结束后，仍须存盘保存下来，这时可直接通过“文件”→“保存”命令或“快速访问工具栏”上的“保存”按钮，也可以直接按 Ctrl+S 快捷键完成文件的再次存盘操作，此时不会再打开“另存为”对话框。

如果希望把打开的文档用其他文件名保存或保存到其他文件夹中，而不影响原文件，可

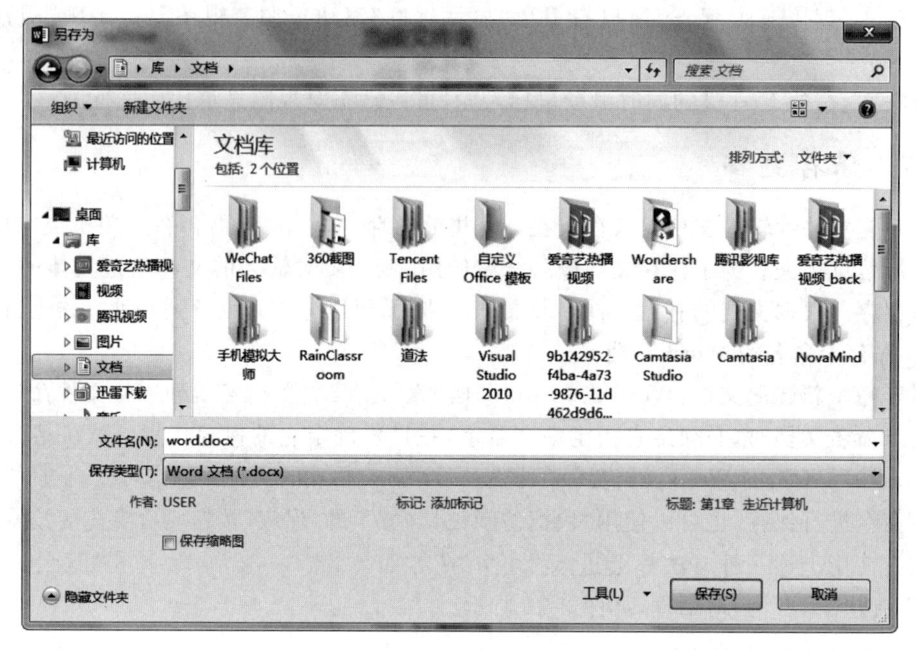

图 3-34 “另存为”对话框

以执行“文件”→“另存为”命令,仍然会弹出“另存为”对话框,在其中重新进行保存选项的设置即可。

3. 将 Word 文档保存成 PDF 文件

Word 2016 可以直接将文档保存成 PDF 文件。执行“文件”→“另存为”→“浏览”命令,在“另存为”对话框中选择“保存类型”为 PDF,然后选择文件保存位置及文件名,单击“保存”按钮。

4. 保存多个文档

在 Word 中,有时会同时打开多个文档,如果想要一次性保存这些文档,需要将“全部保存”命令添加到“快速访问工具栏”,进而实现批量保存操作。操作步骤如下:

(1) 执行“文件”→“选项”命令,在弹出的“Word 选项”对话框中,单击“快速访问工具栏”命令项,打开“自定义快速访问工具栏”窗口;也可以单击“快速访问工具栏”最右侧下拉箭头,在弹出的列表中单击“其他命令”项,打开“自定义快速访问工具栏”窗口。

(2) 在“从下列位置选择命令”文本框中选择“不在功能区中的命令”。

(3) 在“不在功能区中的命令”列表框中选中“全部保存”项,单击“添加”按钮。

(4) 单击“确定”按钮关闭对话框,如图 3-35 所示。

此时,快速访问工具栏会出现“全部保存”命令按钮,单击这个按钮可以批量保存打开的全部文档。

5. 保护文档

对于一些具有保密性内容的文档,需要添加密码、限制编辑、限制访问等以防止内容外泄。执行“文件”→“信息”→“保护文档”命令,打开如图 3-36 所示的界面,其中选择“用密码进行加密”可通过设置密码,保护当前文档(需要输入密码才能打开该文档);选择“限制编辑”选项,可通过设置格式限制、编辑限制并启动强制保护,防止其他人对文档的格式或内容进行更改。

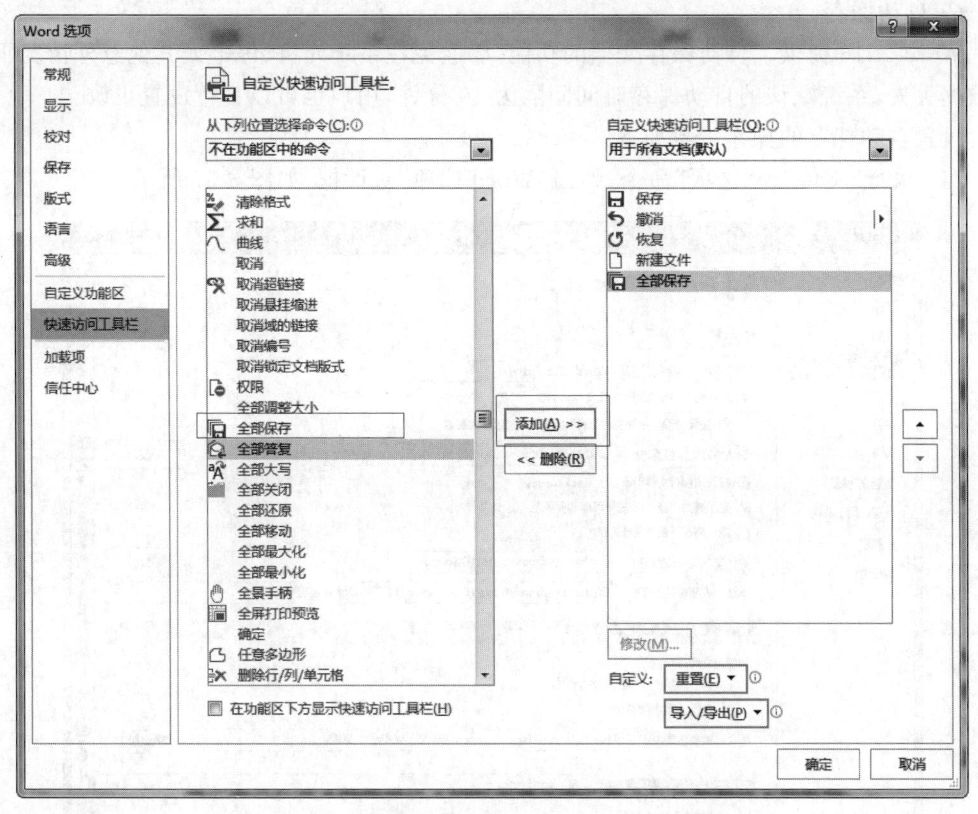

图 3-35　添加“全部保存”到快速访问工具栏

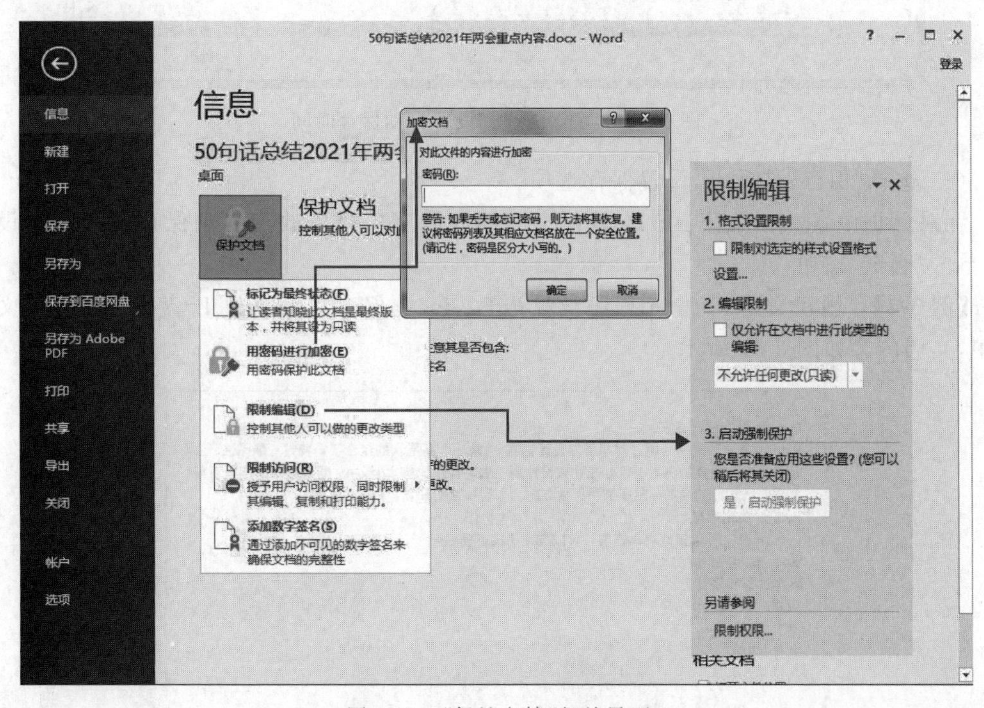

图 3-36　“保护文档”相关界面

6. 自动保存

Word 2016 提供了自动保存文档的功能,以避免在系统死机、停电或其他意外情况下造成数据丢失,系统默认的自动保存时间间隔为 10 分钟,用户也可以自行设置更改。

设置自动保存的操作步骤如下:

(1) 执行"文件"→"选项"命令,弹出"Word 选项"对话框,如图 3-37 所示。

图 3-37 "Word 选项"设置自动保存时间

(2) 选择"保存"选项卡,设置保存选项。

在对话框中,选中"保存自动恢复信息时间间隔"复选框,改变自动保存时间间隔设置后,单击"确定"按钮。

【例 3-4】 创建文档 Python 程序设计语言. docx,保存在计算机 D 盘 Word 练习文件夹中,文档内容如图 3-38 所示。

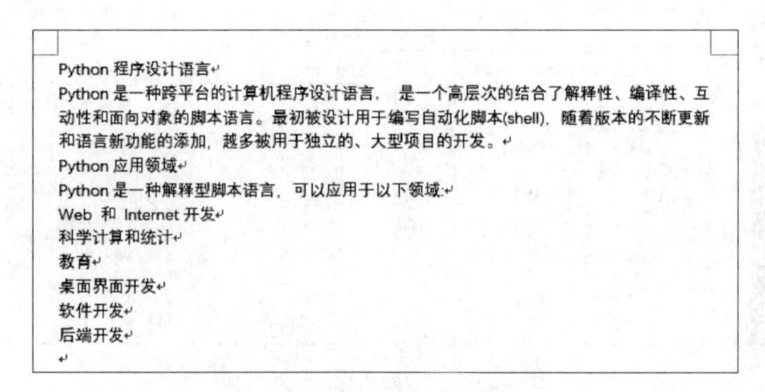

Python 程序设计语言
Python 是一种跨平台的计算机程序设计语言, 是一个高层次的结合了解释性、编译性、互动性和面向对象的脚本语言。最初被设计用于编写自动化脚本(shell), 随着版本的不断更新和语言新功能的添加, 越多被用于独立的、大型项目的开发。
Python 应用领域
Python 是一种解释型脚本语言, 可以应用于以下领域:
Web 和 Internet 开发
科学计算和统计
教育
桌面界面开发
软件开发
后端开发

图 3-38 文档输入保存示例

3.3 Word 2016 格式设置

在建立一篇文章时,仅仅将文档编辑成一篇内容丰富、语句通顺的文章是远远不够的。要实现图文并茂的文章页面,使之看上去更加漂亮和整齐,便于阅读,就必须对文档进行必要的排版。Word 2016 提供了丰富的格式排版功能,包括对字符排版、段落排版等。同时,Word 是所见即所得的字处理软件,可以直接在屏幕上显示排版效果。

3.3.1 设置字符的格式

字符是文档的基本组成单元。字符的格式是指英文字母、汉字、数字和各种符号等的字形(如粗体、斜体和下画线等)、字体(如宋体、黑体、楷体等)、字号(一号、二号、小一、小二等)和字符位置(如上标、下标及字距调整等)等。字符的格式化亦即调整字符的字体、字形、字号等参数。

用户可以单击"开始"选项卡中的"字体"选项功能区相应按钮,也可以在选中的文字上右击,在弹出的快捷菜单中选择"字体"选项或单击"开始"选项卡"字体"功能区右下角"字体对话框启动器" ,打开"字体"对话框设置字符格式。"字体"功能区及"字体"对话框如图 3-39、图 3-40 所示。

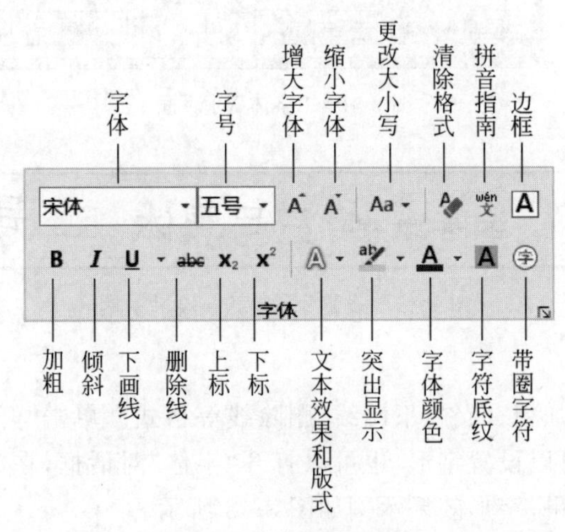

图 3-39 "字体"功能区

1. 设置字体

在文档中选择需要设置字体格式的文本,通过"开始"选项卡"字体"功能区的"字体"列表设置字体,或者打开"字体"对话框,使用其中"字体"选项卡中"中文字体""西文字体"列表设置选中文本的字体格式。

2. 设置字号

Word 2016 的字号度量单位主要有"号"与"磅"两种,前者数值大越字越小,后者数值越大字越大。单击"开始"面板"字体"功能区"更改字号"下拉列表中的项目来设置选中文本的字号大小。也可以单击"增大字体" 和"减小字体" 按钮快速增减字号。字体、字号格式设置效果示例如图 3-41 所示。

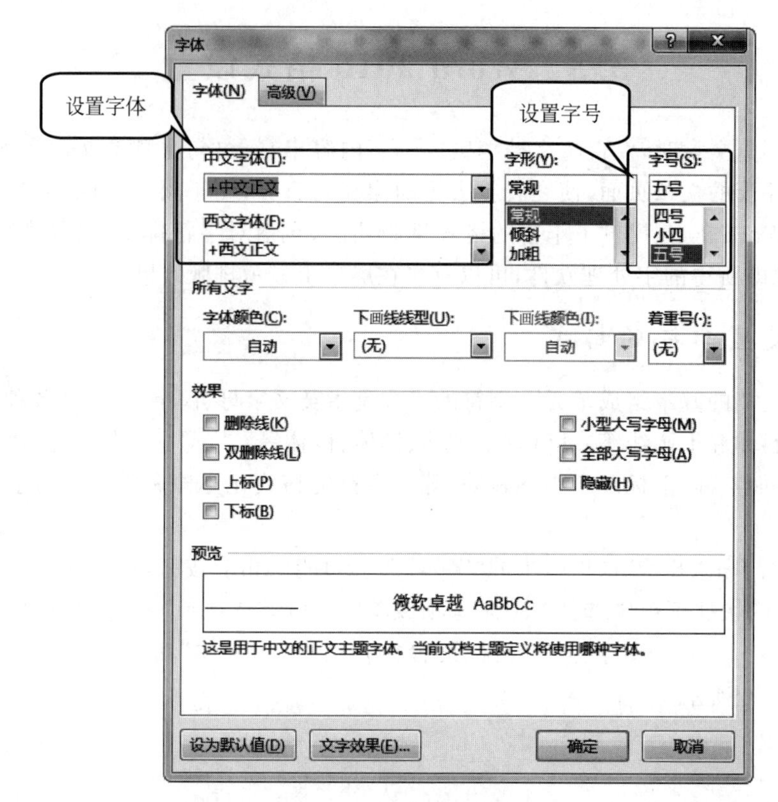

图 3-40 “字体”对话框

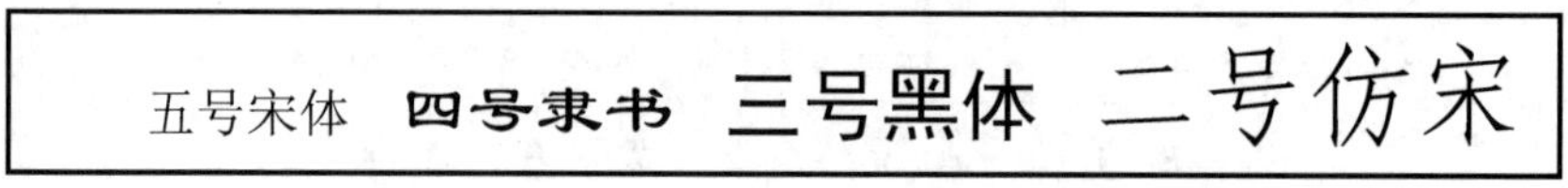

五号宋体 四号隶书 三号黑体 二号仿宋

图 3-41 设置字体、字号效果示例

3. 设置字形

字形格式主要包括加粗、倾斜、下画线、删除线等格式。单击“开始”选项卡“字体”功能区的相应按钮命令,即可以设置字形,也可以打开“字体”对话框,在“所有文字”和“效果”选项组中设置更多字形效果,字形效果示例如图 3-42 所示。

字符加粗 *字符倾斜* 加下画线 ~~删除线~~ 上标 下标 字符效果

图 3-42 设置字形效果示例

4. 设置字符间距

字符间距指两个字符之间的间距距离。在 Word 中字符间距有“标准”“加宽”“紧缩”等三种,“标准”间距即默认字间距,它的实际距离并非一成不变,而是与文档中字号的大小有一定的关系,字号变化时,间距也会自动调整。“加宽”和“紧缩”则是在“标准”的基础上由用户根据需要增加或减少一定的数值。设置字符间距需要使用“字体”对话框的高级选项卡,如图 3-43 所示,操作步骤与方法如下:

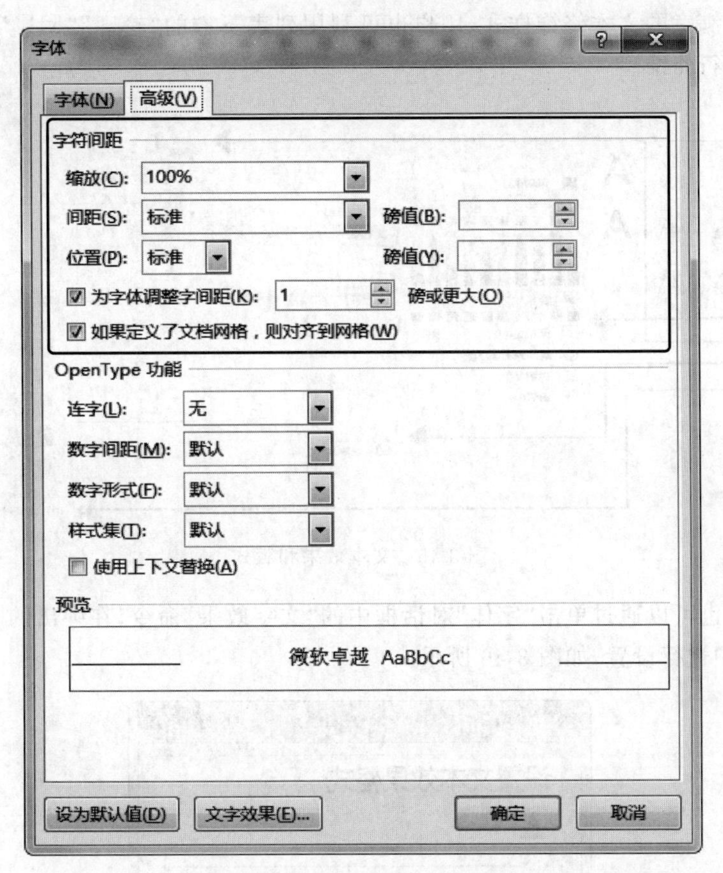

图 3-43 “字体”高级选项卡

- 缩放：用于设定选中文字的缩放比例。单击“缩放”下拉列表选择选项，当选择比例小于 100%，则文字变得更紧凑；当选择比例大于 100%时，文字将会横向扩大。
- 间距：用于设定选中文字的间距，用户可以单击下拉列表中选择“加宽”或“紧缩”，即可调整字符之间的距离，同时可以通过“磅值”微调设置间距。
- 位置：用于设定选中文字的相对位置变动。用户可以选择下拉列表中“提升”或“降低”两个选项调整字符位置，同时可以通过“磅值”微调位置变化的幅度。

字符间距设置效果如图 3-44 所示。

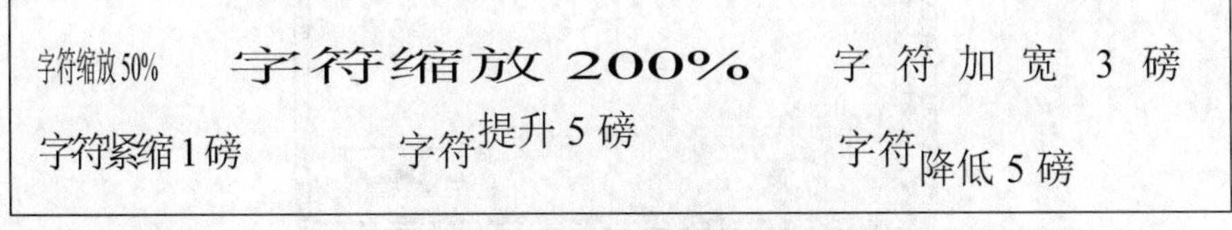

图 3-44 字符间距设置效果示例

5. 设置文本效果和版式

Word 可以应用轮廓、阴影、发光、映像等修饰元素增加文本效果。单击“开始”选项卡“字体”功能区的“文本效果和版式” A· 下拉三角按钮，打开如图 3-45 所示的“文本效果和版式”列表，在列表中单击所需文本修饰样式图标，被选定的文本立即变成选定显示效果。如果列表中没有满意的文本修饰样式,用户也可利用列表下方的“轮廓”“阴影”“映像”“发光”等命令项目自行修饰。

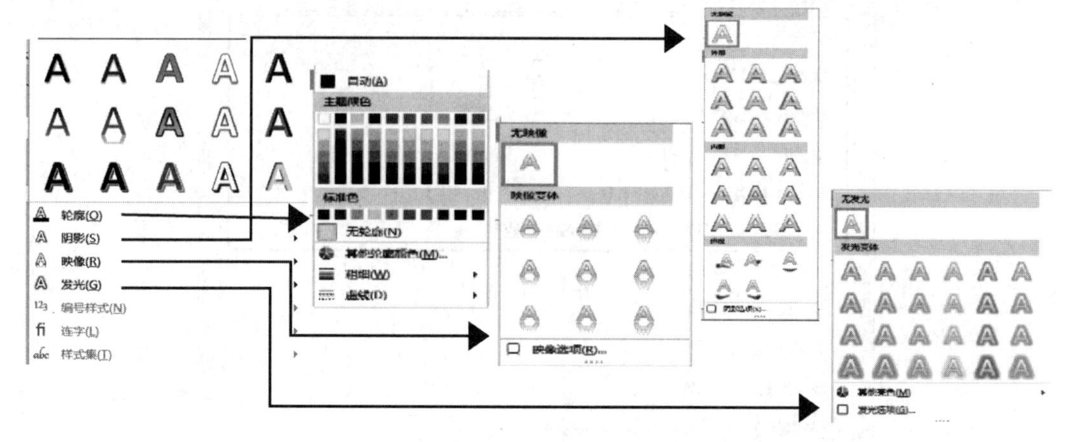

图 3-45　文本效果和版式

文本效果也可以通过单击“字体”对话框中的“文字效果”命令,在弹出的“设置文本效果格式”对话框中进行设置,如图 3-46 所示。

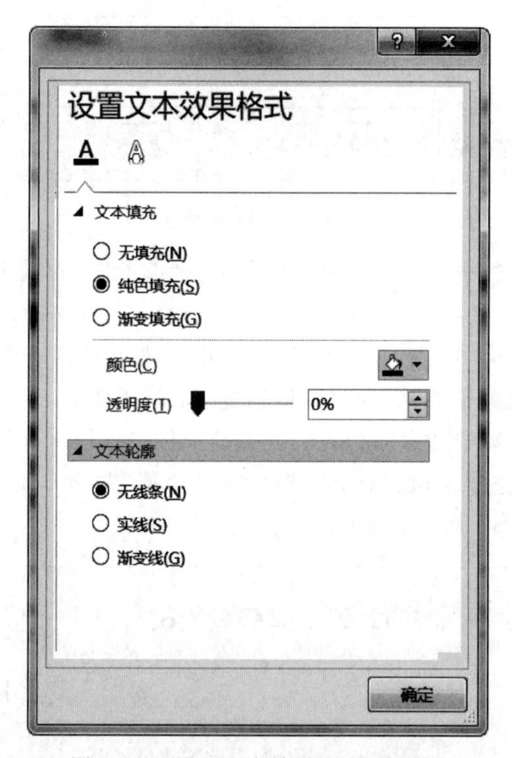

图 3-46　“设置文本效果格式”对话框

6. 用快捷键进行字符格式化

使用键盘快捷键可以提高处理文档的速度,字符格式化的快捷键如表 3-3 所示。

表 3-3　字符格式化快捷键

快　捷　键	功　能	快　捷　键	功　能
Ctrl＋Shift＋＞	增加字号	Ctrl＋I	斜体
Ctrl＋Shift＋＜	减小字号	Ctrl＋u	下画线
Ctrl＋]	字号增加一级	Ctrl＋Shift＋D	双下画线
Ctrl＋[	字号减小一级	Ctrl＋Shift＋H	隐藏文字
Shift＋F3	大小写转换	Ctrl＋＝	下标
Ctrl＋Shift＋A	全部大写字母	Ctrl＋Shift＋＝	上标
Ctrl＋B	粗体	Ctrl＋Shift＋Q	改变为符号字体

7. 复制字符格式

利用“格式刷”按钮，可将某文本的特殊格式复制到其他文本上，格式越复杂，效率越高。设置方法如下：

(1) 选定需要作为模板的格式，或直接将插入点定位在作为模板的文本上。

(2) 单击“开始”→“剪贴板”→“格式刷”按钮。

(3) 移动鼠标，使指针指向需要应用格式的文本，此时鼠标指针变成一个格式刷，按住左键，拖曳到应用格式文本的末尾，释放鼠标即可。

若要一次复制格式到多个文本，则在选择“格式刷”时，双击“格式刷”按钮，再执行(3)，完成复制后，再单击“格式刷”按钮，复制结束。

8. 清除字符格式

如果用户对设置的字符格式不满意，想恢复为默认格式，可以先选择要清除格式的字符，然后单击“字体功能区”的“清除格式”按钮，设置的字符格式即被清除并恢复为默认的字符格式。

【例 3-5】 打开例 3-4 中的“Python 程序设计语言.docx”文档，将标题段文字“Python 程序设计语言”设置为深蓝色黑体、16 磅、加粗、居中、字符间距加宽 1 磅；正文字体设置为中文宋体五号，西文 Arial 五号。完成效果如图 3-47 所示。

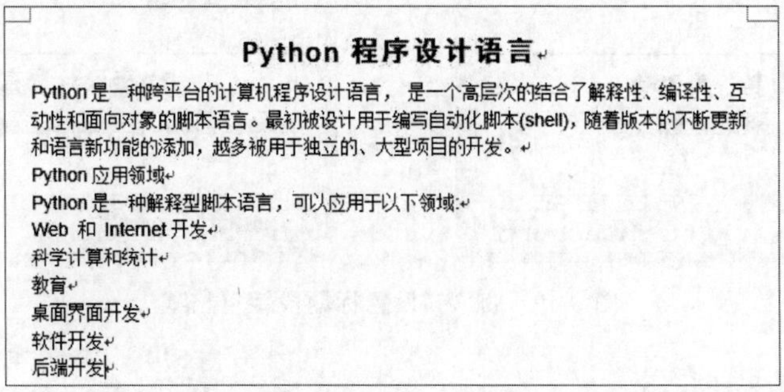

Python 程序设计语言

Python 是一种跨平台的计算机程序设计语言，是一个高层次的结合了解释性、编译性、互动性和面向对象的脚本语言。最初被设计用于编写自动化脚本(shell)，随着版本的不断更新和语言新功能的添加，越多被用于独立的、大型项目的开发。

Python 应用领域

Python 是一种解释型脚本语言，可以应用于以下领域:

Web 和 Internet 开发

科学计算和统计

教育

桌面界面开发

软件开发

后端开发

图 3-47　例 3-5 完成效果

操作步骤如下：

(1) 设置正文字体格式。打开文档，选中正文文本，在“开始”选项卡“字体”功能组中单击“字体”按钮，弹出“字体”对话框，在“字体”对话框中设置标题段字体，如图 3-48 所示。

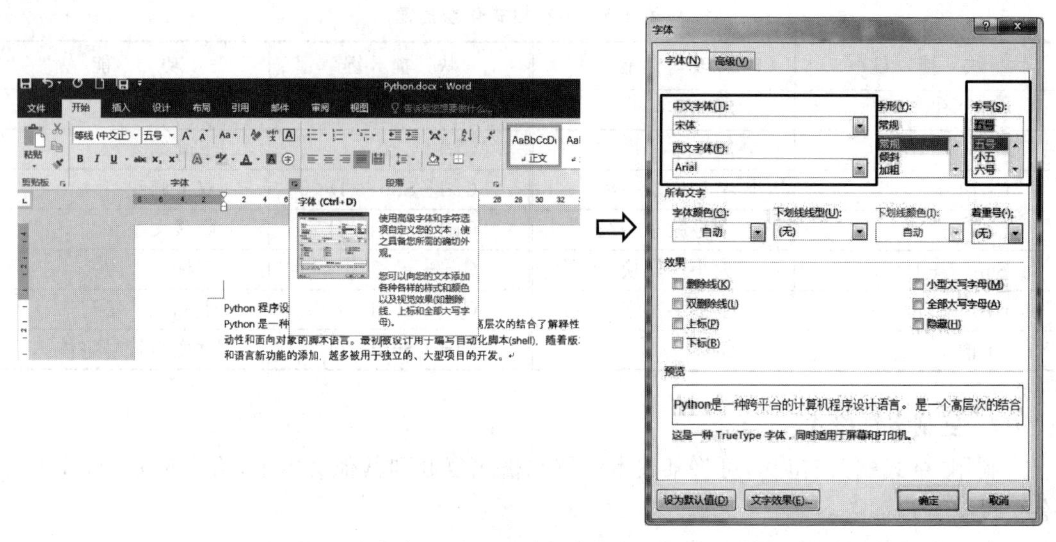

图 3-48　例 3-5 设置正文字符格式操作示意

(2) 设置标题段字符格式。选中标题段文本,首先按步骤(1)设置标题字体;再单击"高级"选项卡,在"间距"列表框中选择"加宽",如图 3-49 所示。

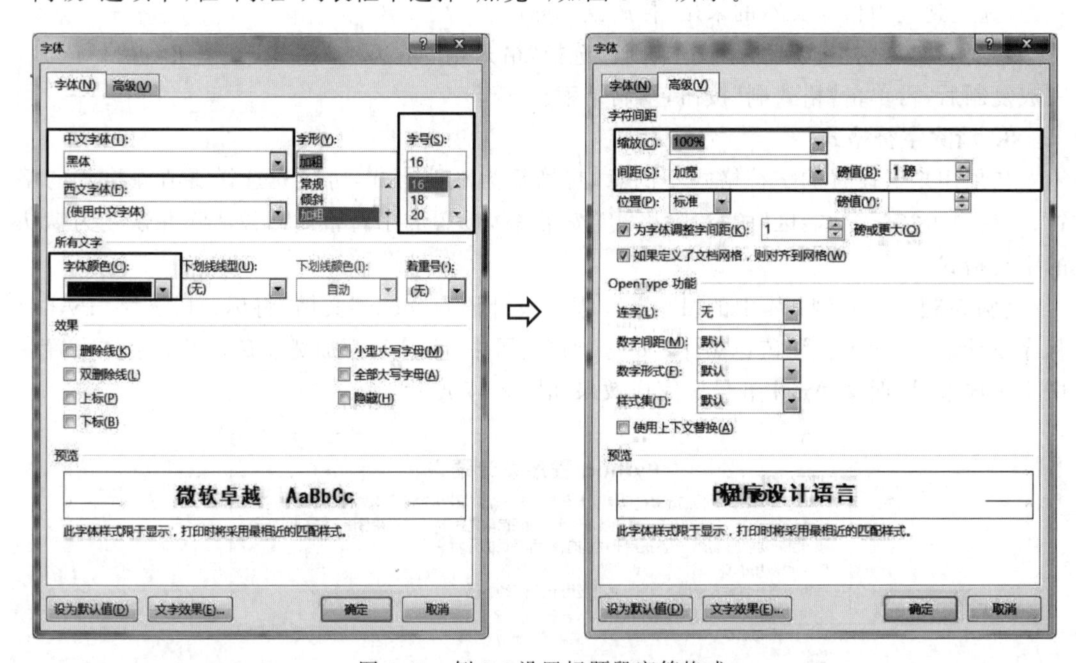

图 3-49　例 3-5 设置标题段字符格式

3.3.2　设置段落格式

在 Word 2016 中,"段落"是指在文章的输入(或修改)中两次键入 Enter(回车键)之间的所有字符。在输入时,每行的行末会自动换行,这样产生的回车称为软回车。在段落格式化时,软回车会根据格式的需要自动调整,而通过键入 Enter 来结束一个段落称为硬回车,并显示为↵。该标志是否在屏幕上显示出来,可以通过"开始"选项卡"段落"功能区中的"显示/隐藏段落标记”按钮↵来设置。

段落的格式化包括设置段落的对齐方式、段落间距、段落缩进及项目符号与编号等。当用户建立一个文档时，如果不设置段落格式，Word 2016 会自动将默认的或预设的格式编排应用于该文档中，默认的段落格式为：段落左对齐、自动设置行距、上下页边距 2.54cm、左右页边距 3.17cm。如果对默认段落格式不满意，用户可以调整段落格式。

1. 设置段落对齐方式

段落对齐主要包括两端对齐、居中对齐、左对齐、右对齐、分散对齐等 5 种方式。单击“开始”选项卡“段落”选项功能区中的“段落对齐”按钮，可以直接设置段落对齐方式。对齐方式的效果如图 3-50 所示。

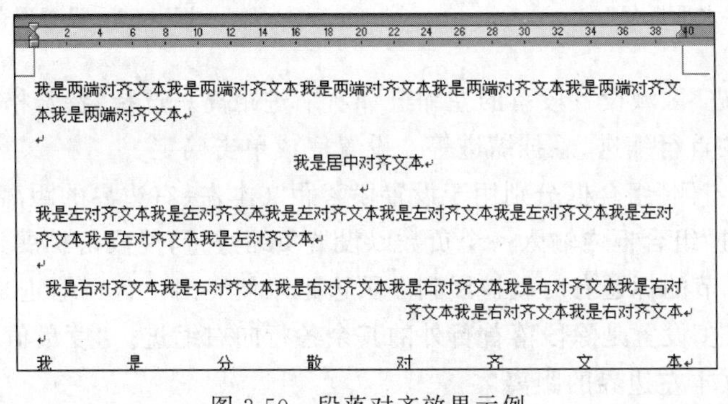

图 3-50　段落对齐效果示例

(1) 两端对齐：段落沿页的左、右边界或段落缩进的位置均匀对齐，Word 自动调整每一页的空格数。

(2) 左对齐：段落沿页左边界对齐。对于纯中文段落左对齐与两端对齐相同，英文段落才有区别。

(3) 右对齐：段落沿页的右边界或段落缩进的位置对齐。多用于文档末尾的署名。

(4) 居中对齐：段落沿页的左、右边界居中对齐。如：文章标题、表格内容填写等。

(5) 分散对齐：段落各行字符沿页的左、右边界等距离分散排列。

2. 设置段落缩进

段落缩进是指纸张左右边界到段落左右边界之间的距离。段落的缩进形式主要有首行缩进、悬挂缩进、左缩进、右缩进。设置段落缩进主要包括“段落”对话框和“标尺”两种方法，具体操作步骤如下：

1) 使用标尺设置段落的缩进

在水平标尺上有四个缩进标记，分别为左缩进、右缩进、首行缩进、悬挂缩进，如图 3-51 所示，使用标尺进行缩进调整的方法如下：

(1) 首先选择需要设置的段落，或将插入点放置在需要设置段落的任意位置。

(2) 用鼠标拖动标尺上相应游标到合适位置，释放鼠标。就完成相应段落的缩进设置。

2) 使用“段落”对话框设置段落缩进

操作步骤如下：

(1) 选中需要设置格式的段落，或将插入点放置在需要设置格式段落的任意位置。

(2) 单击“开始”选项卡“段落”功能区的“段落设置”对话框启动器，弹出“段落”对话框,如图 3-52 所示。

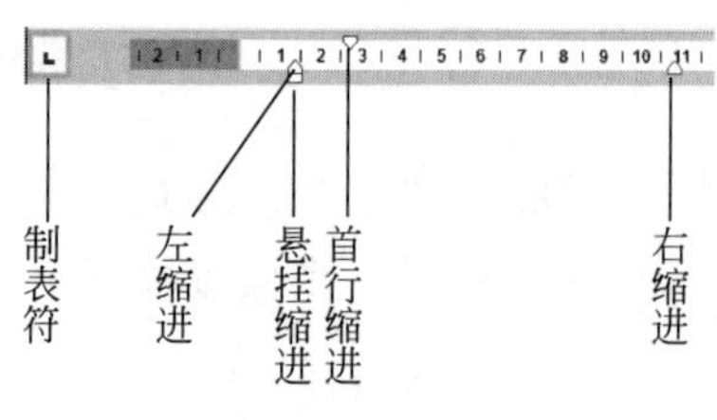

图 3-51 “水平标尺”

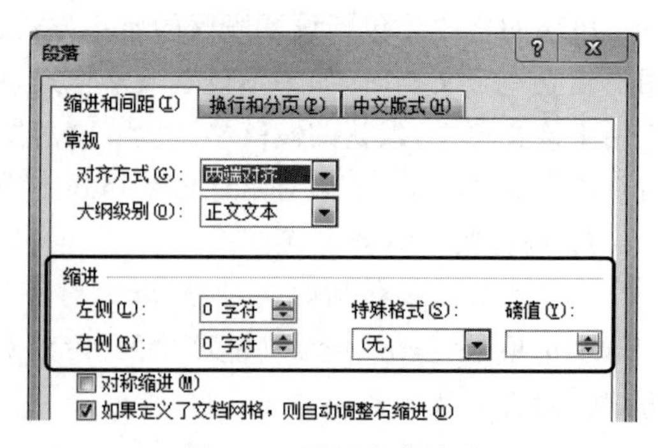

图 3-52 设置段落缩进

(3) 选择“缩进”区域设置段落的左缩进和右缩进距离。选择“特殊格式”列表框中的选项可以设置段落的首行缩进、悬挂缩进等。设置完成单击确定。

其中“左侧”“右侧”组合框分别用于设置段落距文本左、右边界的距离,在这两个组合框中,用户可在“缩进”组合框内输入一个负数以设置负缩进量,使段落扩展到左侧或右侧的页面空隙内。如:章节的标题有时就扩展到左页边距以便突出。首行缩进是设定段落第一行的缩进;“悬挂缩进”设置是除段落首行外的其余各行向右缩进。“度量值”组合框可输入段落相应缩进项距文本左边界的距离。

3. 设置段落间距与行间距

段落间距是指相邻两个段落之间的距离,行间距是指段落中相邻两行之间的距离。可以通过“段落”对话框中“间距”与“行距”选项组区域进行设置,如图 3-53 所示。相关说明如下:

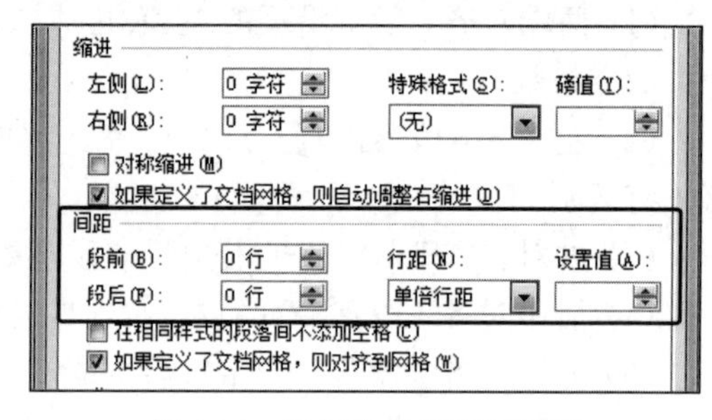

图 3-53 设置段落间距与行距

(1) 间距:表示当前段落与前段,以及与后段间隔开相应数值的距离。设置段间距时,在“段前”和“段后”组合框中输入间距的磅值即可。

(2) 行距:调整段落中的行距时,在“行距”列表框中选择定义行距的方式,各选项的意义如表 3-4 所示,然后在其后的“设置值”中输入相应的数据。

表 3-4 行距选项表

选　项	设 置 意 义
单倍行距	行与行之间的距离为标准的一行
1.5 倍行距	行与行之间的距离为标准行距的 1.5 倍
最小值	如果用户指定最小值小于单倍行距,行距为单倍行距; 如果用户指定最小值大于单倍行距,行距为用户设定的“最小值”
固定值	以用户设定值为固定间距,行间距不可再调整
2 倍行距	行与行之间的距离为标准行距的 2 倍
多倍行距	行与行之间的距离为用户设定的单倍行距的倍数

4. 设置段落边框

通过为 Word 文档的段落设置边框或底纹，可以使相关段落的内容更突出，从而便于读者阅读。设置段落边框的方法如下：

方法 1：直接设置段落边框

(1) 选择需要设置边框的段落。

(2) 单击“开始”选项卡“段落”功能区的“边框”下拉三角按钮 ⊞ ·，在打开的下拉列表中选择恰当的边框效果即可。

方法 2：使用边框与底纹对话框

(1) 执行方法 1 中①②步骤，并在打开的下拉列表中选择“边框和底纹”选项，弹出“边框和底纹”对话框，如图 3-54 所示。

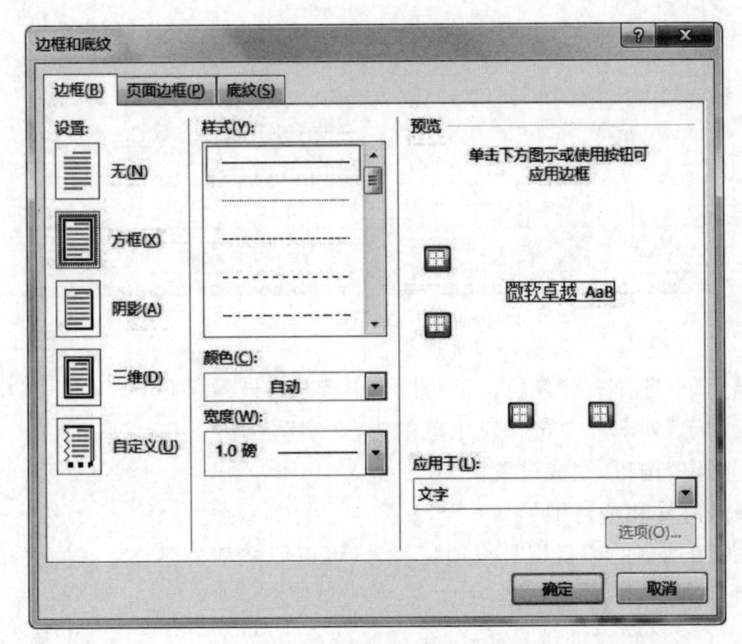

图 3-54 “边框和底纹”对话框

(2) 在“边框”选项卡中，“设置”区域选择边框类型，在样式、颜色及宽度设置区域选择边框的线条样式，颜色及线条粗细。

(3) 在“应用于”列表框中选择应用范围为“文字”。

(4) 单击“确定”按钮，完成设置。

5. 设置段落的底纹

段落底纹与边框一样，可以在文档中强调显示效果，操作方法如下：

方法 1：直接设置段落底纹

(1) 选择需要设置底纹的段落。

(2) 单击“开始”选项卡“段落”功能区的“底纹”下拉三角按钮 ·，在打开的下拉列表中选择恰当的底纹颜色。

方法 2：使用边框与底纹对话框

(1) 选择需要设置底纹的段落。

(2) 单击"开始"选项卡"段落"功能区的"边框"下拉三角按钮，在打开的下拉列表中选择"边框和底纹",弹出"边框和底纹"对话框,选择"底纹"选项卡,如图 3-55 所示。

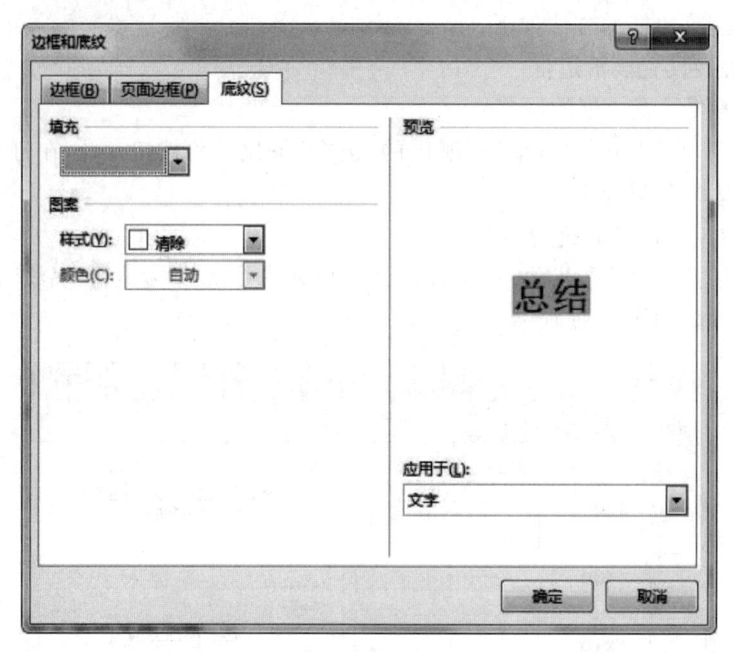

图 3-55 设置段落底纹

(3) 在"填充"中选择一种颜色;在"图案"中选择样式及颜色。

(4) 在"应用于"列表框中选择应用范围为"文字"。

(5) 单击"确定"按钮,完成设置。

6. 设置项目符号和项目编号

在文档中添加适当的项目编号或项目符号,可以使文章条理清楚,层次分明,结构清晰。

1) 设置项目编号

Word 提供了多种预设的编号样式,包括"1,2,3,…""一,二,三,…""甲,乙,丙,…"等,用户在使用时可以根据不同的情况选择编号样式,也可以依据自己的需求自定义新的项目编号样式。项目编号设置步骤如下:

(1) 选择需要设置项目编号的若干段落。

(2) 单击"开始"选项卡"段落"功能区的"编号"命令旁边下拉三角，在展开的"编号"列表中选择一种编号样式,如图 3-56 所示。

(3) 当用户想更改编号格式时,单击下拉列表中"定义新编号格式",弹出"定义新编号格式"对话框,如图 3-57 所示,用户可以根据需要为编号设置更多格式效果,包括"编号样式""编号字体""编号格式""编号对齐"等,设置完成,单击"确定"按钮。

(4) 当起始编号不合理时,单击下拉列表中的"设置编号值",弹出"起始编号"对话框,如图 3-58 所示,在这个对话框中用户可以设置编号的起始值,设置完成,单击"确定"按钮。

2) 设置项目符号

项目符号表示并列关系,Word 2016 提供了多种项目符号图形。利用"开始"选项卡"段落"功能区的"项目符号"按钮可以完成项目符号的添加。项目符号设置方法为:

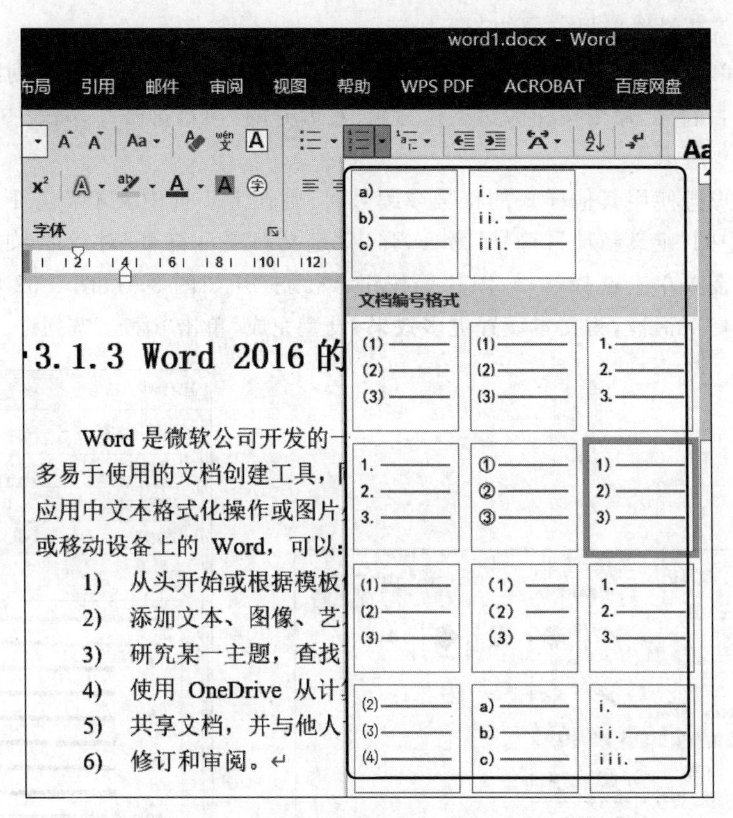

图 3-56 “编号”下拉列表

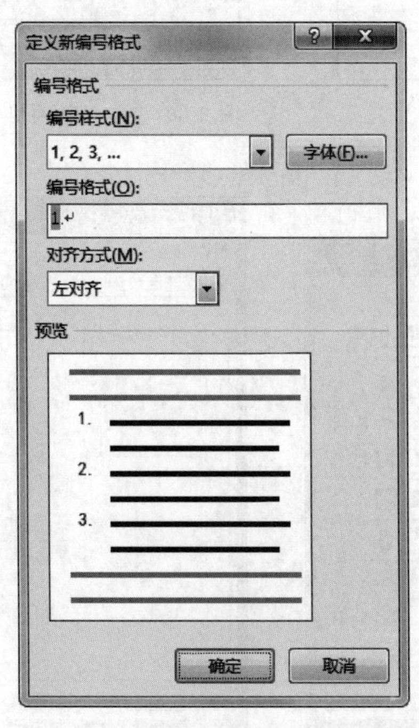

图 3-57 “定义新编号格式”对话框

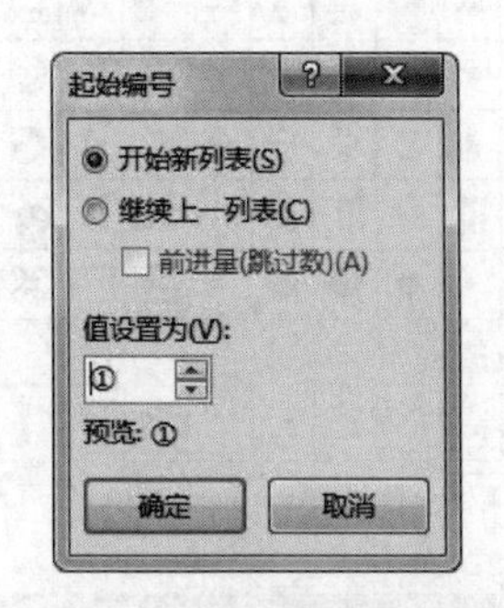

图 3-58 “起始编号”对话框

(1) 选择需要设置项目符号的若干段落。

(2) 直接单击“开始”选项卡“段落”功能区的“项目符号”按钮 ☰·,得到默认的圆点编号,或单击“项目符号”命令按钮旁边下拉三角,在展开的“项目符号库”列表中选择一种符号样式,如图 3-59 所示。

(3) 当用户想使用其他样式的符号或编号时,则在上步选中文本状态下,执行“项目符号”下拉列表中的“定义新项目符号”命令,弹出“定义新项目符号”对话框,如图 3-60 所示,用户可以根据需要单击选择符号、图片等按钮,继续打开如图 3-61、图 3-62 所示的“符号”“图片项目符号”对话框,为文本设置更多效果,设置完成,单击“确定”按钮。

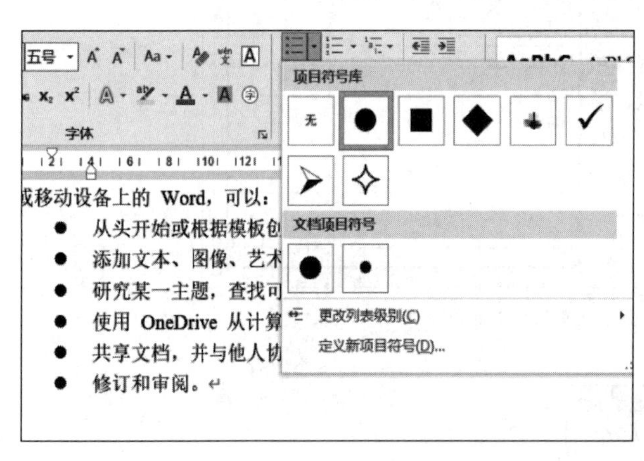

图 3-59 “编号”下拉列表

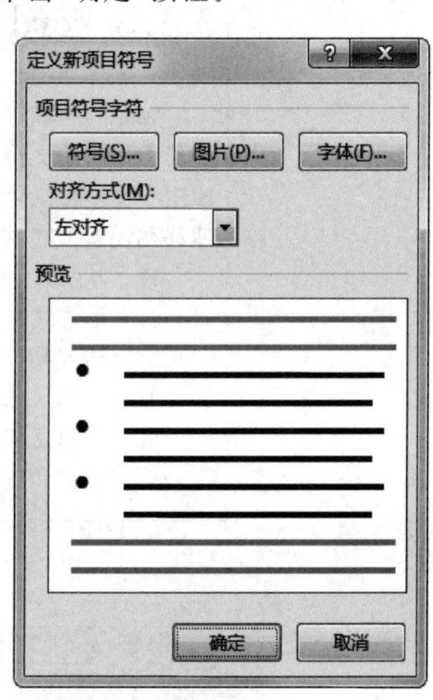

图 3-60 “定义新项目符号”对话框

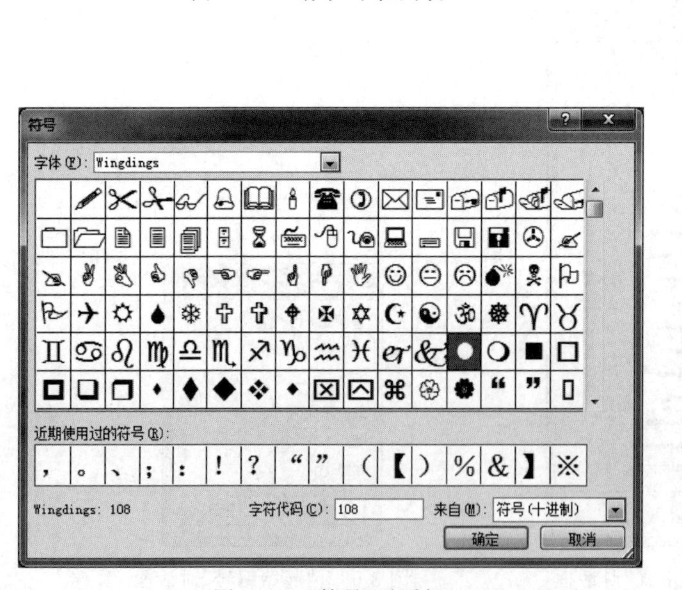

图 3-61 “符号”对话框

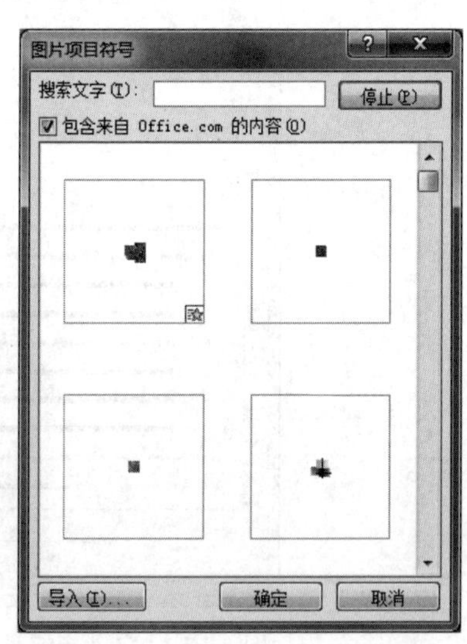

图 3-62 “图片项目符号”对话框

3）设置多级编号

在 Word 2016 文档中，用户可以通过更改编号列表级别创建多级编号列表，使 Word 编号列表的逻辑关系更加清晰。多级编号操作步骤及方法如下：

(1) 打开待排版文档，选择作为一级标题段落的文字，用户在选择时可以借助 Ctrl 键，间断不连续选择多段文本。单击“开始”→“段落”→“多级列表”按钮旁边下拉三角 ，在弹出的下拉列表中选择编号库中某种多级编号样式，如 1，1. 1，1. 1. 1，… 样式，如图 3-63 所示。

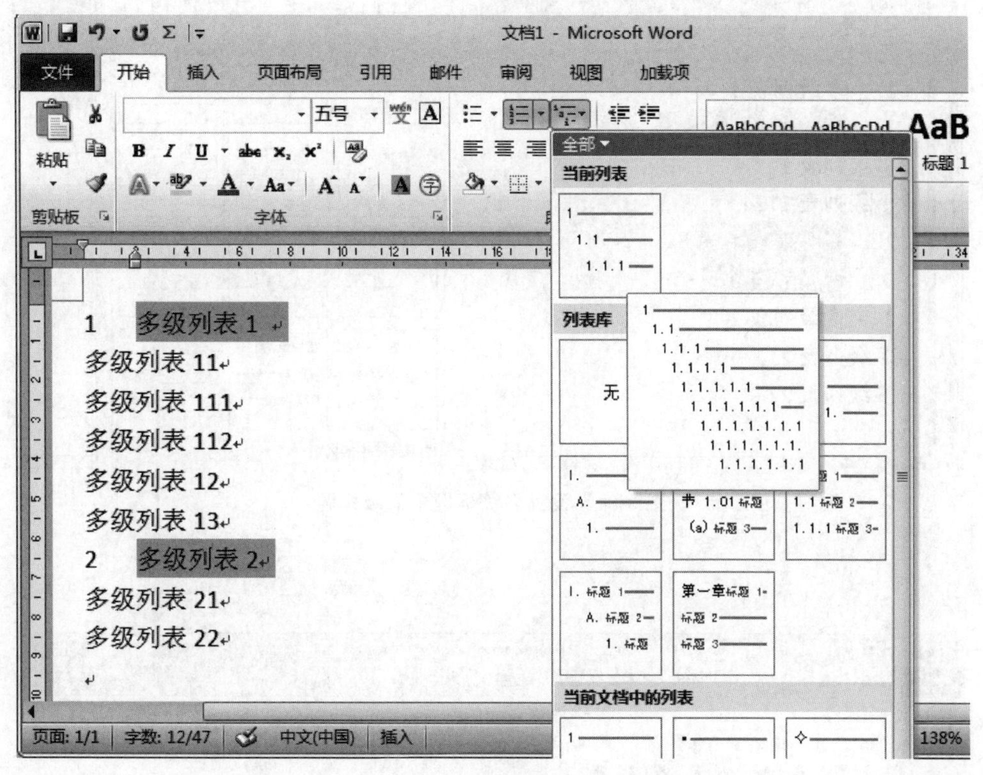

图 3-63　设置多级列表中一级标题

(2) 选择作为二级标题的所有段落，打开“多级列表”的下拉列表，选择步骤(1)中选择的多级列表样式，如图 3-64 所示。

(3) 选择步骤(2)中的所有二级标题，单击“开始”→“段落”→“多级标题”→“更改列表级别”，在展开的列表中选择二级标题，如图 3-65 所示选择 1. 1，完成二级标题的设置。

(4) 重复执行步骤(2)、(3)设置三级标题，效果如图 3-66 所示。

(5) 按照同样方法继续设置其余段落的 2 级文本编号，此时编号若重新从 1 开始记数，则在选中的编号文本上右击，在弹出的快捷菜单中选择“继续编号”选项，自动更正编号。也可以执行“开始”→“段落”→“多级标题”→“定义新列表样式”命令，弹出“定义新列表样式”对话框，设置“起始编号”为 2，单击“确定”按钮，完成多级列表设置，效果如图 3-67 所示。

【例 3-6】 打开例 3-4 中的“Python 程序设计语言. docx”文档，进行段落格式设置。

(1) 将标题段文字“Python 程序设计语言”设置为居中，并添加黄色底纹。

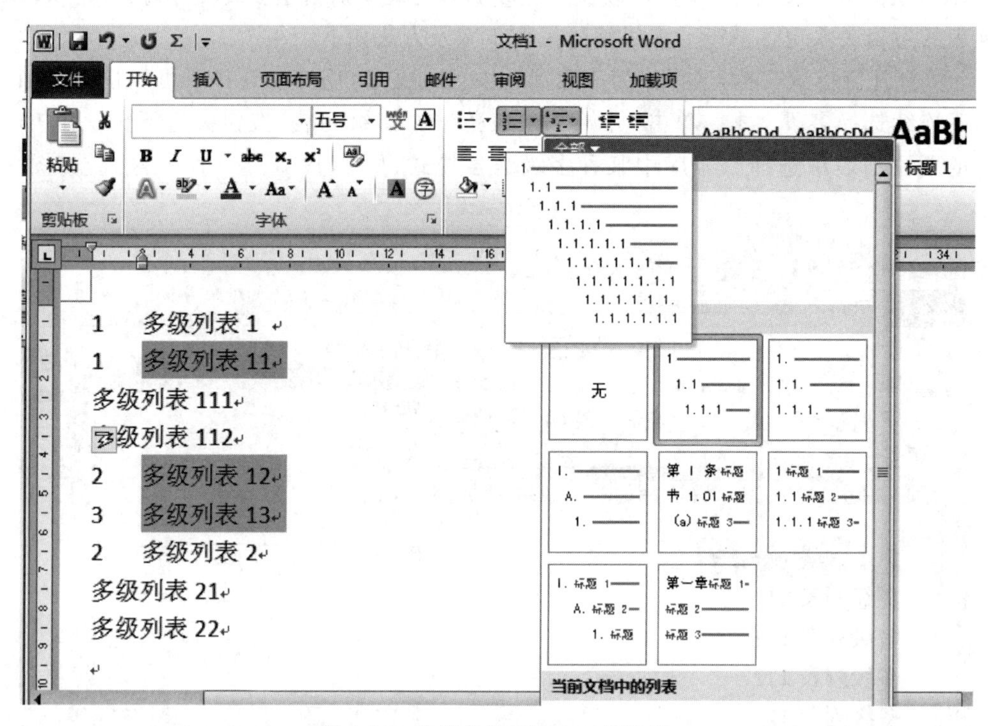

图 3-64　设置多级标题中二级标题

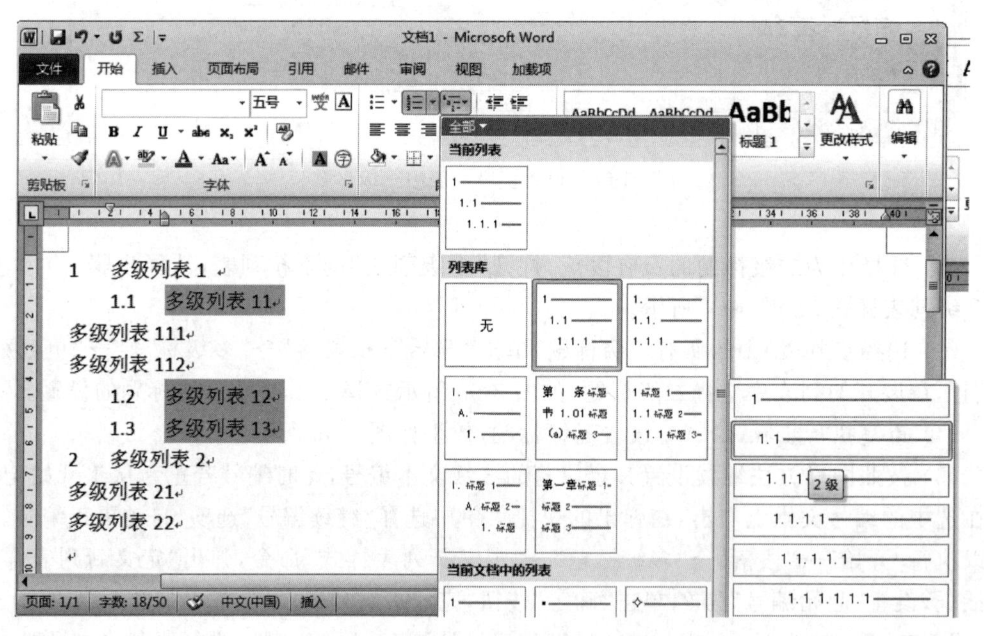

图 3-65　修改多级列表中二级标题

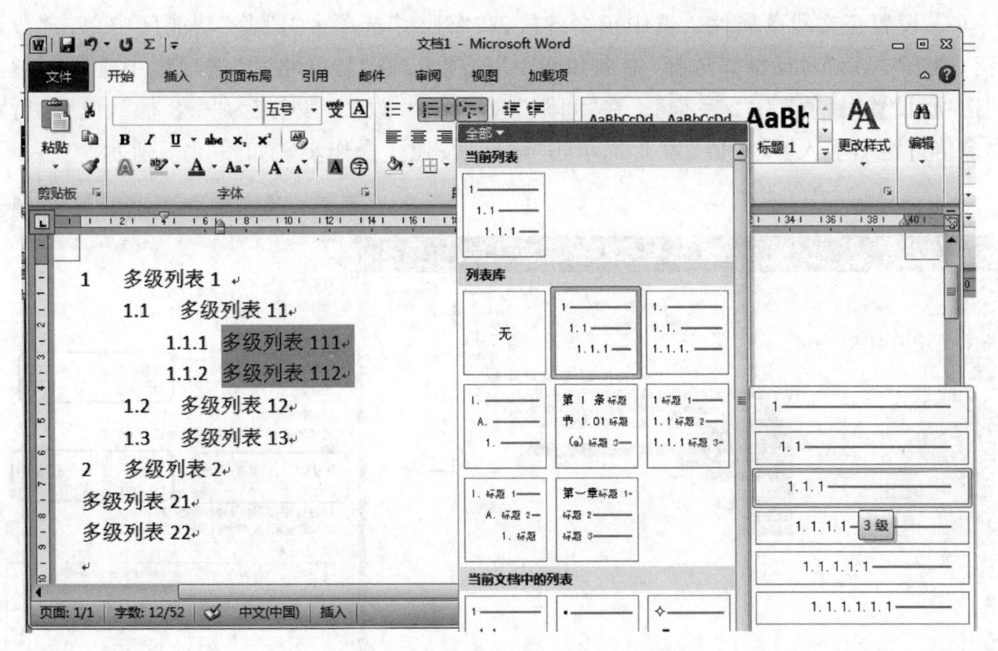

图 3-66　修改多级列表中三级标题

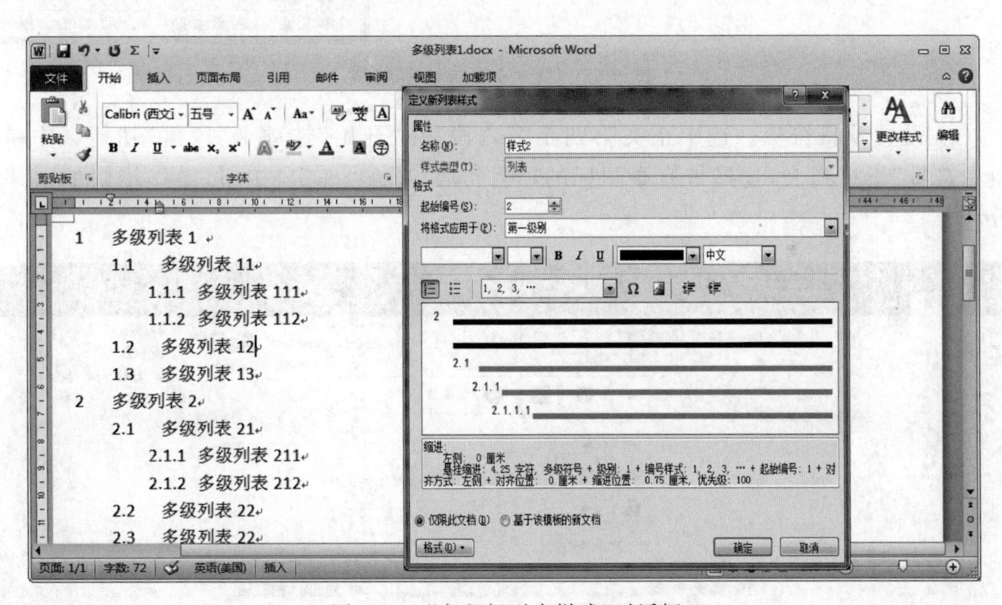

图 3-67　“定义新列表样式”对话框

(2) 设置正文各段落(“Python……后端开发”)首行缩进 2 字符、行距为 1.2 倍行距、段前间距 0.8 行；为正文第四至第九段(“Web 和 Internet 开发……后端开发”)添加项目符号◆。

操作步骤如下：

(1) 设置标题段对齐属性。选中标题段,执行“开始”→“段落”→“居中”命令。

(2) 设置标题段底纹属性。选中标题段,单击“开始”→“段落”→“底纹”下拉三角按钮,选择填充色为“黄色”,单击“确定”按钮。

(3) 设置正文段落属性。选中正文各段,在"开始"选项卡"段落"功能区中单击"段落"按钮,弹出"段落"对话框。选择"缩进和间距"选项卡,在"特殊格式"选项组中选择"首行缩进"选项,设置"磅值"为"2 字符"。在"间距"选项组中,设置"段前"为"0.8 行",设置"行距"为"多倍行距",输入"设置值"为 1.2,单击"确定"按钮。操作步骤如图 3-68 所示。

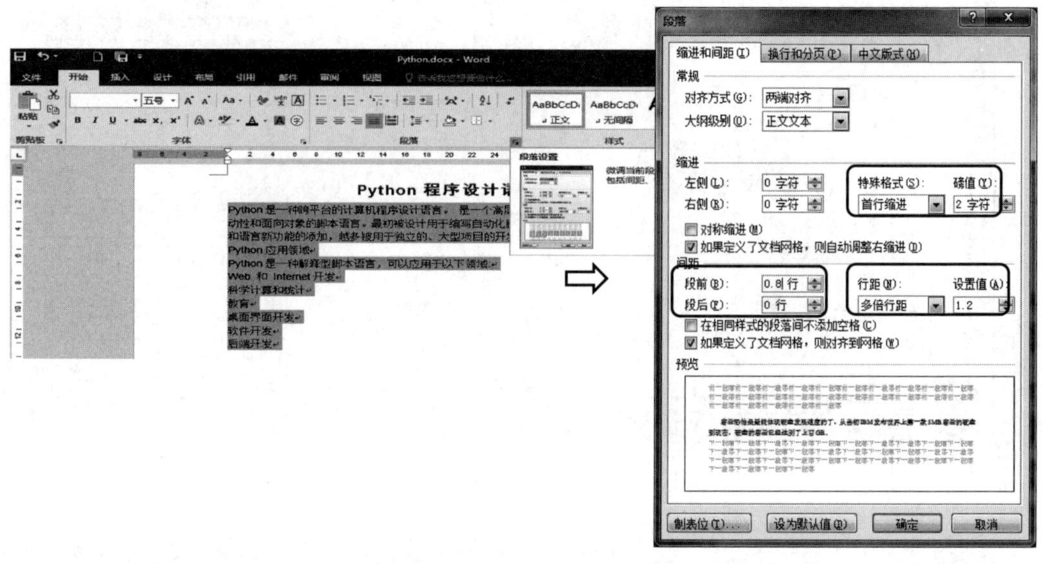

图 3-68 例 3-6 设置段落操作

(4) 设置项目符号。选中正文第四至第六段,在"开始"选项卡"段落"功能区中单击"项目符号"下拉列表,选择带有◆图标的项目符号,单击"确定"按钮,操作步骤如图 3-69 所示。

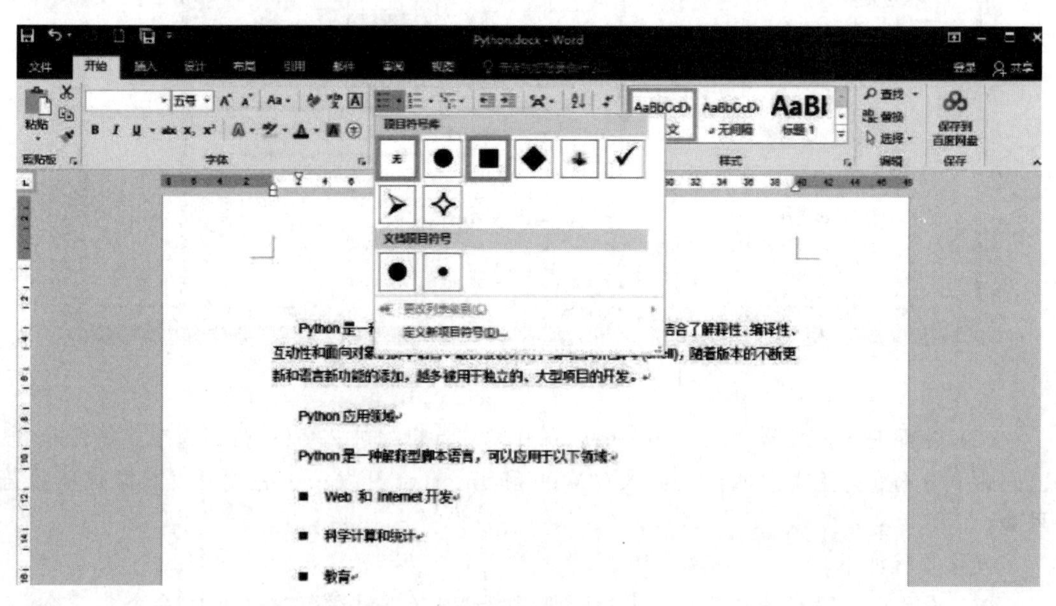

图 3-69 例 3-6 设置项目符号操作

3.3.3 设置中文版式

除了常用的字符格式,Word 2016 还提供了具有中国特色的特殊字符格式,如纵横混排、双行合一、合并字符、简体和繁体转换、带圈字符、拼音指南等。

其中加删除线、字符底纹、拼音指南、带圈字符、字符边框按钮在“开始”选项卡的“字体”功能区;简体与繁体转换在“审阅”选项卡的“中文繁简转换”功能区;中文版式可以通过执行“开始”→“段落”→“中文版式”命令实现。使用“字体”对话框可以设置字符下画线的线型及颜色,加着重号等。特殊字符格式设置示例如图 3-70 所示。“中文版式”列表如图 3-71 所示。

图 3-70 特殊字符格式设置示例

各项中文版式的说明如下:

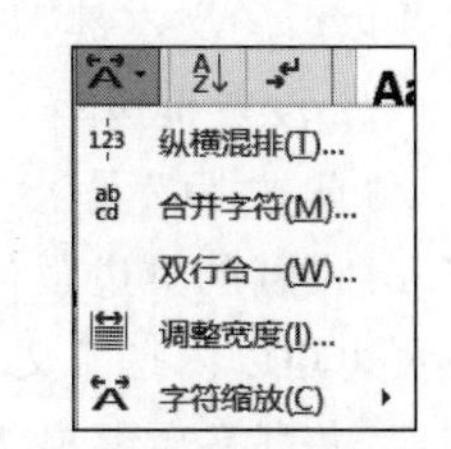

图 3-71 “中文版式”列表

- 拼音指南:是 Word 中为汉字加注拼音的功能。默认情况下拼音会被添加到选中汉字的上方,且汉字和拼音将被合并成一行。
- 带圈字符:为所选字符添加,或取消所选字符的圈号。用户需要输入的带圈数字在 10 以内,可以通过输入法软键盘上的“数字序号”实现。如果输入 10 以上的带圈数字,则可以通过“带圈字符”功能来实现。
- 字符边框:将选中的文字设置边框,可增加也可取消。
- 突出显示文本:通过使用不同颜色突出显示文本功能,可以使被选中的文字内容看上去像使用荧光笔作了标记一样,以突出文字内容的重要性。
- 纵横混排:将被选中的文本以竖排的方式显示,而未被选中的文本则保持横排显示。
- 合并字符:将选中的字符按照上下两排的方式进行显示,显示所占据的位置以一行的高度为基准。
- 双行合一:将文档中的两行文本合并为一行,并以一行的格式进行显示。

3.4 Word 2016 页面设置

在 Word 2016 中编辑处理后的文档,无论是作为书籍的一部分,还是作为论文或文件,都必须进行页面格式的设置,并最终以页面为单位打印输出。页面排版包括页面设置,页眉、页脚和页码,分栏与分节,脚注和尾注等效果设置。

3.4.1 页面设置

页面设置是打印文档之前的必要准备工作,目的是使页面布局与页边距、纸张大小和页面方向一致。选择"页面布局"选项卡的"页面设置"选项功能区的相应命令可以设置包括文字方向、页边距、纸张方向、纸张大小、分栏分隔符等页面效果。

1. 设置文字方向

通常文档中文字都是从左到右排列的,段落由横行组成,版面也是横向的。竖向版式只是用于编排古汉语的文章以及不符合传统习惯的文档或艺术修饰等。Word 2016 提供了竖行排版功能,从而更加丰富了文章排版风格和版面设计内容。

实现文档竖行键入和排版的步骤是:

(1) 执行"布局"→"页面设置"→"文字方向"命令,在打开的下拉列表中选择相应方向样式,或单击"文字方向选项"按钮,弹出如图 3-72 所示的"文字方向"对话框。

(2) 选择相应竖行排版方式,单击"确定"按钮。以后的文本键入就变为竖行版式键入。

图 3-72 "文字方向"对话框

2. 设置页边距

"页边距"是指文本与纸张边缘的距离。Word 设置的页边距与所用的纸张大小有关,通常在页边距以内打印文本。边距太窄会影响文档的装订,太宽又会影响美观,而且浪费纸张。默认情况下,系统页面设置为标准 A4 型纸,页面边距上下 2.54cm,左右 3.17cm,纸张方面为纵向。可以执行"页面布局"→"页面设置"→"页边距"命令,在展开的下拉列表中选择相应的选项即可。

用户也可以根据需要选择"页边距"下拉列表的"自定义边距"命令,弹出"页面设置"对话框自行设置页边距,如图 3-73 所示。

"页边距"选择组,主要用于上、下、左、右页边距数值的设置。如需装订,还需要设置"装订线"及"装订线位置"。装订线设置只能位于页左侧或页顶端,这对于装订成册非常重要。

"纸张方向"选项组中,用来设定纸张的打印方向。选择"纵向",Word 将文本行排版为平行于纸的短边的形式;选择"横向"则将文本排版为平行于纸长边的形式。

"页码范围"选择组用于设置页码的范围格式,主要包括对称页边距、拼页、书籍折页和反向书籍折页等效果,默认为"普通"。

3. 设置纸张大小

设置纸张大小可执行"布局"→"页面设置"→"纸张大小"命令,在展开的下拉列表中选择 A3、B5、16 开、32 开等纸型,如果用户使用的是非标准纸张类型,则应选择"其他纸张大小",打开"页面设置"对话框,在"纸型"选项卡(图 3-74),纸张大小列表中选择"自定义大小",并手动输入纸张的宽度与高度值。

"纸张来源"选项组,用于设置打印机打印纸的来源。此设置只影响打印输出而不影响页面显示。一般使用"默认纸盒"即可。如果要在普通打印机上进行双面打印,可选择手动方式。

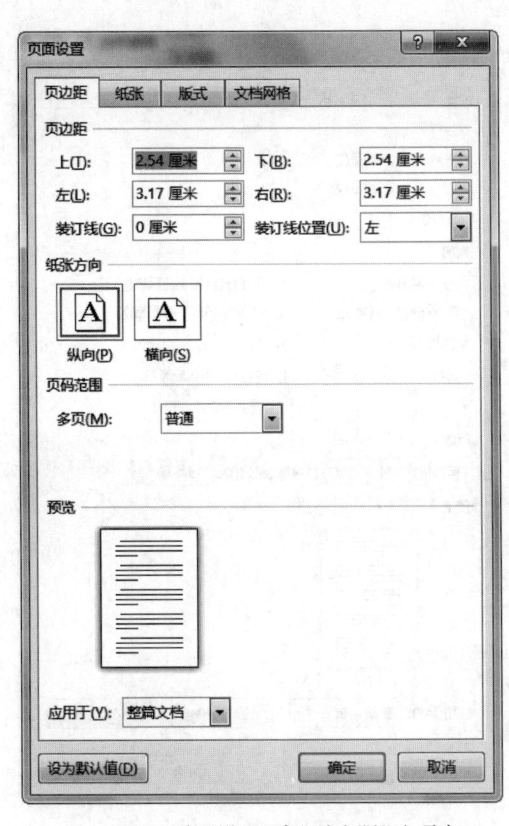

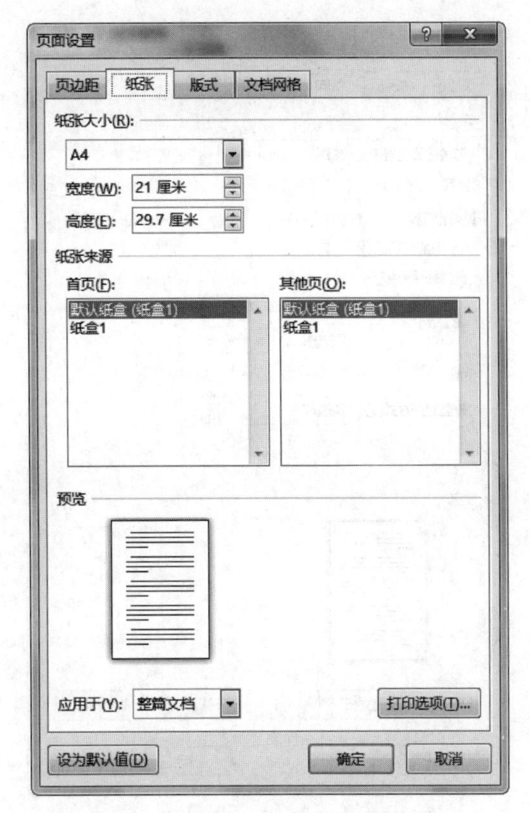

图 3-73 “页面设置”中“页边距”选项卡

图 3-74 “页面设置”中“纸张” 选项卡

4. 设置页面版式

页面版式是指整个页面的格局,通过对页眉、页脚、对齐方式等特殊版式设置形成不同风格的布局。在“页面设置”对话框的“版式”选项卡进行相应设置(图 3-75)。其中:

“节的起始位置”下拉列表指明节的起始位置是新建页、新建栏、偶数页、奇数页或连续本页。

“页眉和页脚”可设置为奇偶页不同和首页不同。例如排版一本书时,首页不使用页眉,奇数页页眉使用标题,偶数页页眉使用书名。并可以通“距边界”列表设置页眉和页脚距离位置。

“垂直对齐方式”用于设置文本的垂直对齐方式,可设置为顶端对齐、居中对齐和两端对齐。

选择“行号”按钮,可以给文本添加行号。

选择“边框”按钮,可以给文本或页面添加边框。

5. 设置文档网格

“页面设置”的“文档网格”选项卡(图 3-76)主要用于设置文档的网格、每页行数、每行字符数、分栏、字体及文字排列方向等。

在一般情况下,如果用户没有特殊要求,可以选择缺省设置,即“使用默认字符数”。如果缺省设置不能满足用户的要求,可以通过改变每页中的行数以及每行中的字符数来设定要求的格式。单击“指定行和字符网格数”单选框后,用户可以改变行数及字符数的设置,系统会计算出字符跨度和行跨度,并填入到“字符跨度”和“行跨度”文本框中。“栏数”即为文档分栏数;“文字排列”设置正文文字的横排或竖排。

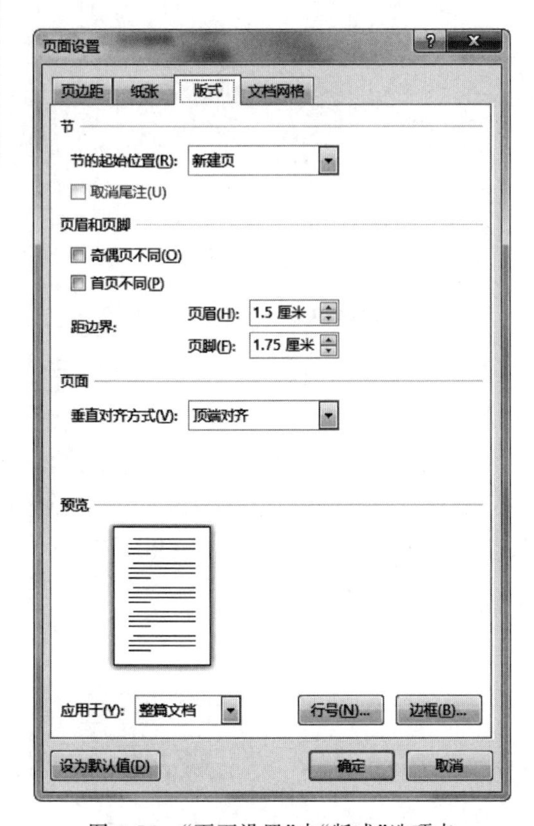

图 3-75 “页面设置”中“版式”选项卡

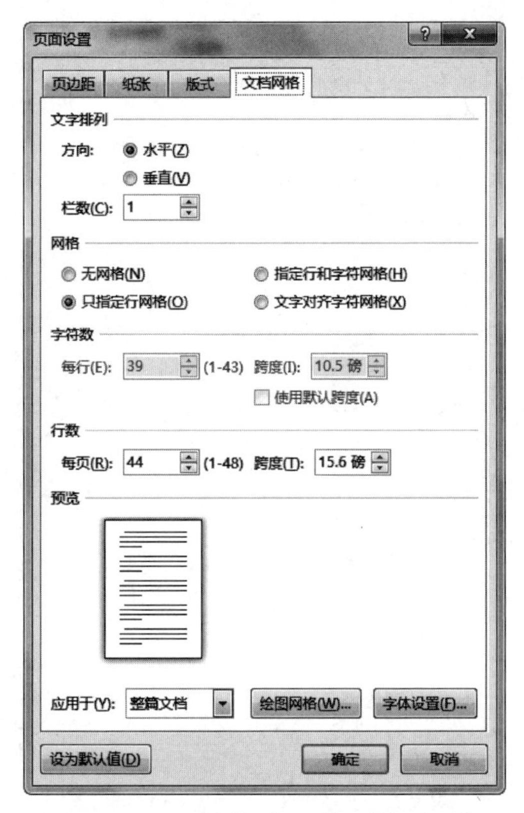

图 3-76 “页面设置”中“文档网格” 选项卡

【例 3-7】 对例 3-4 中“Python 程序设计语言.docx”文档进行页面设置：上、下、左、右边距均为 2.5cm，页面左侧预留 1.5cm 装订线，纸张方向纵向，纸张大小 16 开，设置页眉和页脚奇偶页不同。

操作步骤如下：

(1) 打开文档，执行“布局”→“页面设置”→“页边距”→“自定义页边距”命令，弹出“页面设置”对话框。

(2) 在“页边距”选项卡，调整上下左右边距均为 2.5cm，装订线 1.5，装订线位置为左，纸张纵向。

(3) 在“纸张”选项卡，纸张大小列表框选择纸型为 16 开。

(4) 在“版式”选项卡，“页眉和页脚”栏中勾选“奇偶页不同”复选框。

(5) 设置完成，单击“确定”按钮。

3.4.2 设置分页与分节

进行页面设置并选择了纸张大小后，Word 会按设置页面的大小、字符数和行数对文档进行自动排版并进行分页。用户可以利用 Word 提供的分页或分节的功能在文档中强制分页或分节。

1. 自动分页

Word 2016 中提供两种分页的功能，即自动分页和人工分页。在草稿视图中，自动分页符显示为一条贯穿页面的虚线；人工分页符显示为标有“分页符”字样的虚线。通常，一旦确定了文档的页面大小，则每行文本的宽度和每页所能容纳的文本的行数也就确定下来。因此，Word 会自动计算分页的位置并自动插入一个分页符进行分页。

2. 设置人工强制分页

人工分页，就是在要分页的位置插入人工分页符，人为进行分页控制，在页面视图、打印预览和打印的文档中，分页符后边的文字将出现在新的一页上，操作步骤如下：

(1) 将插入点定位到需要重新分页的位置。

(2) 插入分页符。可以使用下述方法之一完成分页设置。

方法 1：执行“插入”→“页面”→“分页”命令，在光标位置对文档分页。

方法 2：执行“布局”→“页面设置”→“分隔符”→“分页符”命令，在光标位置对文档分页。

方法 3：按 Ctrl+Enter 快捷键，在光标位置对文档分页。

3. 设置分节

分节是为了方便页面格式化而设置的，使用分节可以将文档分成任意的几部分，每一部分使用分节符分开，Word 以节为单位，可以对文档的不同分节设置不相同的页眉、页脚、行号、页号、纸张大小、纸张方向等页面格式。

在草稿视图下，分节符显示为带“分节符”字样的双虚线，如图 3-77 所示。Word 将每一节的格式信息存储到分节符里，其中包含了该节的排版信息，如分栏、页面格式等。

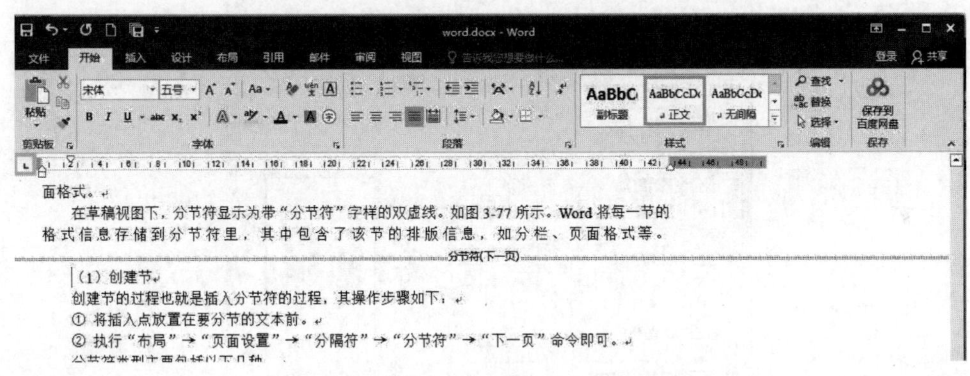

图 3-77　为文档设置分节符示例

1) 创建节

创建节的过程也就是插入分节符的过程，操作步骤如下：

(1) 将插入点放置在要分节的文本前。

(2) 执行“布局”→“页面设置”→“分隔符”→“分节符”→“下一页”命令即可。

分节符类型主要包括以下几种：

- 下一页：另起一页，分节符所在位置即新页的开始处。
- 连续：设置该项后不换页即开始新的一节，即新节与前面的节共存于当前页中。
- 偶数页：设置该项后，新节文本将从下一个偶数页上开始。
- 奇数页：设置该项后，新节文本将从下一个奇数页上开始。

2) 删除节

删除节只需将分节符删除即可。操作步骤如下：

(1) 在页面视图方式,单击"开始"→"段落"→"显示/隐藏编辑标记"按钮 ↵,或将显示模式切换为草稿视图。

(2) 将插入点放置在要删除的分节符上,按 Delete 键即可删除。

注意:删除节以后,当前节被合并到下一节,其格式也将变得和下一节一样。

3.4.3 设置分栏

1. 分栏

分栏排版是将一段文本分成并排的几栏,只有添满第一栏,才移到下一栏。分栏技术被广泛应用于报纸、杂志等宣传出版物的排版中,通过设置分栏可以增强文档的生动性。利用 Word 的分栏功能可以对整篇文档或部分文档设置分栏数和各栏文字的列宽。文档分栏操作方法如下:

1) 插入栏

插入栏的方法是:首先选定要分栏的文档内容,然后,执行"布局"→"页面设置"→"分栏"命令,在展开的下拉列表中选择"一栏""两栏""三栏""偏左""偏右"中的一种分栏效果,或单击"更多分栏",弹出如图 3-78 所示的"分栏"对话框。在该对话框中各选项的功能如下:

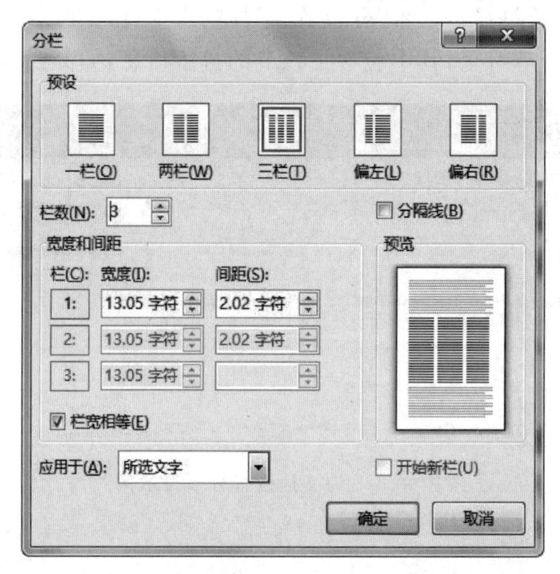

图 3-78 "分栏"对话框

(1)"预设"功能区:该选择框用于设置选定栏的格式,用户可以直接选取所需的图例即可。其中"无""两栏""三栏"选项用于插入相等宽度的一栏、两栏或三栏。

"偏左"选项将文本格式化为双栏,左栏的宽度是右栏的一半。

"偏右"选项将文本格式化为双栏,右栏的宽度是左栏的一半。

(2)"栏数"功能区:用于输入或选定设置的栏数。

(3)"分隔线"复选框用于确定是否在栏之间添加一条竖线。若添加,则此竖线与页面或节中的最长的栏等长。

(4)"宽度和间距"功能区:用于设置栏宽和栏间距。其中:

- 栏:显示可以更改宽度和间距的栏号。

• 宽度：用于输入或选定栏宽尺寸。

• 间距：用于输入或选定某栏与其右边相邻栏的间距。

(5)“栏宽相等”复选框：表示为各栏设置相等的栏宽。如果选中该项，Word 会根据“宽度和间距”中设置的值自动计算栏宽。

(6)“应用范围”列表框：用于选定要应用栏格式的文档范围。“整篇文档”选项对整个文档应用分栏格式。“插入点之后”选项表明只对包含插入点的节之后的文档应用分栏格式。“所选文字”表明只对选定的内容进行分栏效果的设置。不同应用范围设置效果如图 3-79～图 3-82 所示。

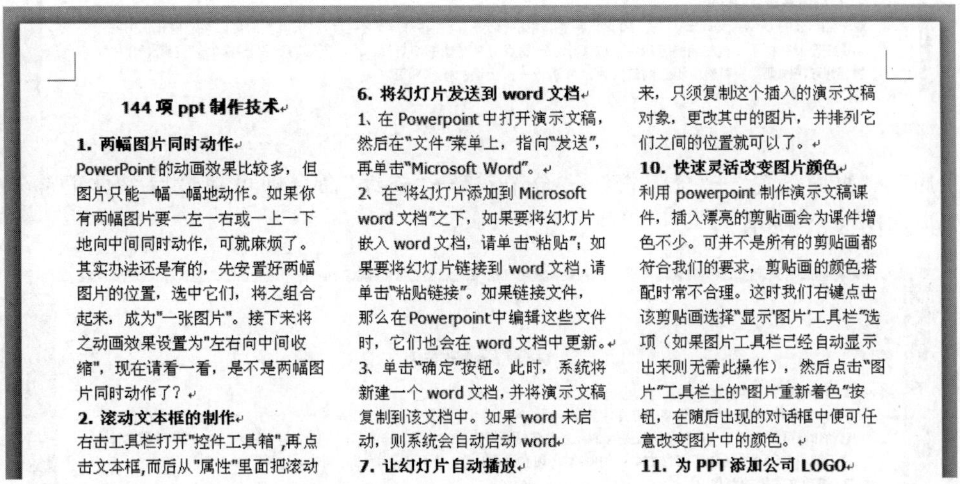

144 项 ppt 制作技术

1. 两幅图片同时动作

PowerPoint 的动画效果比较多，但图片只能一幅一幅地动作。如果你有两幅图片要一左一右或一上一下地向中间同时动作，可就麻烦了。其实办法还是有的，先安置好两幅图片的位置，选中它们，将之组合起来，成为"一张图片"。接下来将之动画效果设置为"左右向中间收缩"，现在请看一看，是不是两幅图片同时动作了？

2. 滚动文本框的制作

右击工具栏打开"控件工具箱",再点击文本框,而后从"属性"里面把滚动

6. 将幻灯片发送到 word 文档

1、在 Powerpoint 中打开演示文稿，然后在"文件"菜单上，指向"发送"，再单击"Microsoft Word"。

2、在"将幻灯片添加到 Microsoft word 文档"之下，如果要将幻灯片嵌入 word 文档，请单击"粘贴"；如果要将幻灯片链接到 word 文档，请单击"粘贴链接"。如果链接文件，那么在Powerpoint中编辑这些文件时，它们也会在 word 文档中更新。

3、单击"确定"按钮。此时，系统将新建一个 word 文档，并将演示文稿复制到该文档中。如果 word 未启动，则系统会自动启动 word

7. 让幻灯片自动播放

来，只须复制这个插入的演示文稿对象，更改其中的图片，并排列它们之间的位置就可以了。

10. 快速灵活改变图片颜色

利用 powerpoint 制作演示文稿课件，插入漂亮的剪贴画会为课件增色不少。可并不是所有的剪贴画都符合我们的要求，剪贴画的颜色搭配时常不合理。这时我们右键点击该剪贴画选择"显示'图片'工具栏"选项（如果图片工具栏已经自动显示出来则无需此操作），然后点击"图片"工具栏上的"图片重新着色"按钮，在随后出现的对话框中便可任意改变图片中的颜色。

11. 为 PPT 添加公司 LOGO

图 3-79 整篇文档

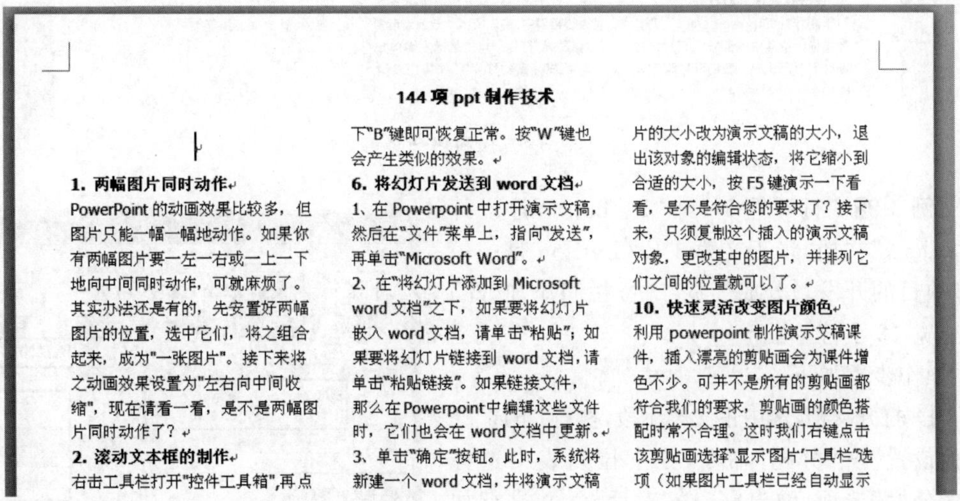

144 项 ppt 制作技术

1. 两幅图片同时动作

PowerPoint 的动画效果比较多，但图片只能一幅一幅地动作。如果你有两幅图片要一左一右或一上一下地向中间同时动作，可就麻烦了。其实办法还是有的，先安置好两幅图片的位置，选中它们，将之组合起来，成为"一张图片"。接下来将之动画效果设置为"左右向中间收缩"，现在请看一看，是不是两幅图片同时动作了？

2. 滚动文本框的制作

右击工具栏打开"控件工具箱",再点

下"B"键即可恢复正常。按"W"键也会产生类似的效果。

6. 将幻灯片发送到 word 文档

1、在 Powerpoint 中打开演示文稿，然后在"文件"菜单上，指向"发送"，再单击"Microsoft Word"。

2、在"将幻灯片添加到 Microsoft word 文档"之下，如果要将幻灯片嵌入 word 文档，请单击"粘贴"；如果要将幻灯片链接到 word 文档，请单击"粘贴链接"。如果链接文件，那么在Powerpoint中编辑这些文件时，它们也会在 word 文档中更新。

3、单击"确定"按钮。此时，系统将新建一个 word 文档，并将演示文稿

片的大小改为演示文稿的大小，退出该对象的编辑状态，将它缩小到合适的大小，按 F5 键演示一下看看，是不是符合您的要求了？接下来，只须复制这个插入的演示文稿对象，更改其中的图片，并排列它们之间的位置就可以了。

10. 快速灵活改变图片颜色

利用 powerpoint 制作演示文稿课件，插入漂亮的剪贴画会为课件增色不少。可并不是所有的剪贴画都符合我们的要求，剪贴画的颜色搭配时常不合理。这时我们右键点击该剪贴画选择"显示'图片'工具栏"选项（如果图片工具栏已经自动显示

图 3-80 插入点之后

2) 均衡栏的长度

通常节或文档的最后一页内的正文不会满页，因此，在分栏时 Word 2016 将先按页面长度填满可以填满的栏，而最后一栏就有可能为空栏或只有部分文档。此时可以调整设置使得各栏文档的长度均衡，调整的方法是，首先在要均衡的栏中正文结尾处设置插入点，执

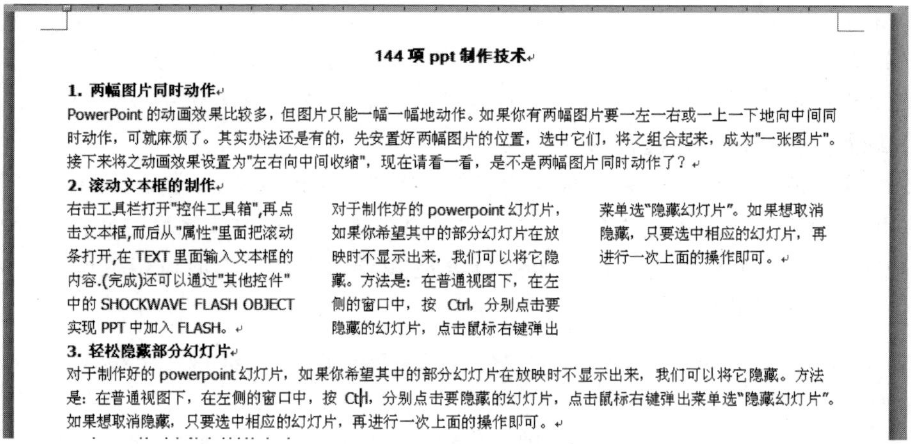

144 项 ppt 制作技术

1. 两幅图片同时动作

PowerPoint 的动画效果比较多，但图片只能一幅一幅地动作。如果你有两幅图片要一左一右或一上一下地向中间同时动作，可就麻烦了。其实办法还是有的，先安置好两幅图片的位置，选中它们，将之组合起来，成为"一张图片"。接下来将之动画效果设置为"左右向中间收缩"，现在请看一看，是不是两幅图片同时动作了？

2. 滚动文本框的制作

右击工具栏打开"控件工具箱",再点击文本框,而后从"属性"里面把滚动条打开,在 TEXT 里面输入文本框的内容.(完成)还可以通过"其他控件"中的 SHOCKWAVE FLASH OBJECT 实现 PPT 中加入 FLASH。对于制作好的 powerpoint 幻灯片，如果你希望其中的部分幻灯片在放映时不显示出来，我们可以将它隐藏。方法是：在普通视图下，在左侧的窗口中，按 Ctrl，分别点击要隐藏的幻灯片，点击鼠标右键弹出菜单选"隐藏幻灯片"。如果想取消隐藏，只要选中相应的幻灯片，再进行一次上面的操作即可。

3. 轻松隐藏部分幻灯片

对于制作好的 powerpoint 幻灯片，如果你希望其中的部分幻灯片在放映时不显示出来，我们可以将它隐藏。方法是：在普通视图下，在左侧的窗口中，按 Ctrl，分别点击要隐藏的幻灯片，点击鼠标右键弹出菜单选"隐藏幻灯片"。如果想取消隐藏，只要选中相应的幻灯片，再进行一次上面的操作即可。

图 3-81　所选文字

行“布局”→“页面设置”→“分隔符”→“分节符”→“连续”命令即可在最后一页正常分栏显示，效果如图 3-82 所示。

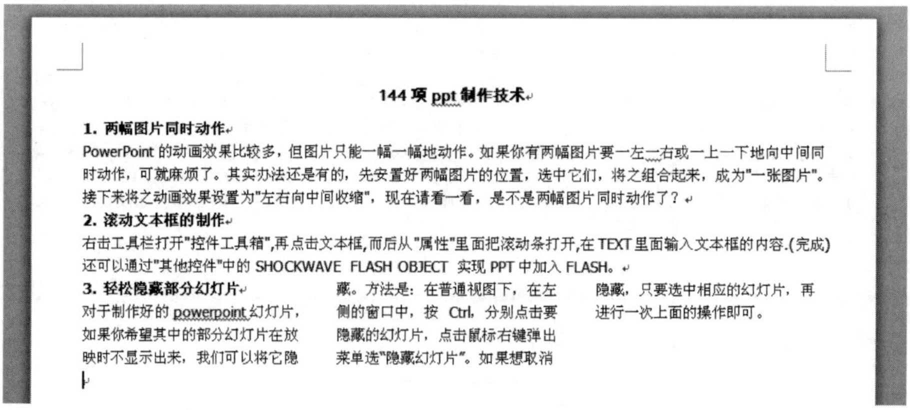

144 项 ppt 制作技术

1. 两幅图片同时动作

PowerPoint 的动画效果比较多，但图片只能一幅一幅地动作。如果你有两幅图片要一左一右或一上一下地向中间同时动作，可就麻烦了。其实办法还是有的，先安置好两幅图片的位置，选中它们，将之组合起来，成为"一张图片"。接下来将之动画效果设置为"左右向中间收缩"，现在请看一看，是不是两幅图片同时动作了？

2. 滚动文本框的制作

右击工具栏打开"控件工具箱",再点击文本框,而后从"属性"里面把滚动条打开,在 TEXT 里面输入文本框的内容.(完成)还可以通过"其他控件"中的 SHOCKWAVE FLASH OBJECT 实现 PPT 中加入 FLASH。

3. 轻松隐藏部分幻灯片

对于制作好的 powerpoint 幻灯片，如果你希望其中的部分幻灯片在放映时不显示出来，我们可以将它隐藏。方法是：在普通视图下，在左侧的窗口中，按 Ctrl，分别点击要隐藏的幻灯片，点击鼠标右键弹出菜单选"隐藏幻灯片"。如果想取消隐藏，只要选中相应的幻灯片，再进行一次上面的操作即可。

图 3-82　均衡栏的长度

【例 3-8】 打开例 3-4 中“Python 程序设计语言.docx”文档，将正文第 1 段(Python 是……大型项目的开发。)分成等宽二栏，栏间添加分隔线，栏宽 12 字符。

操作步骤如下：

(1) 打开文档，选中正文第 1 段，执行“布局”→“页面设置”→“分栏”命令，在下拉列表中选择“更多分栏”选项，弹出“分栏”对话框，并进行如下设置，设置界面如图 3-83 所示。

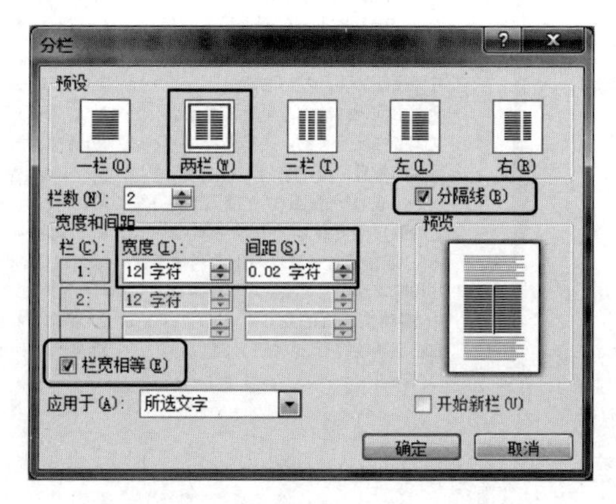

图 3-83　例 3-8 设置“分栏”对话框

(2) 选择“预设”选项组中的“两栏”。

(3) 在“宽度”中输入“12 字符”。

(4) 选中“栏宽相等”和“分隔线”复选项。

(5) 单击“确定”按钮。

3.4.4 设置页面背景与水印

合理设置页面背景可以使文档看起来更美观，Word 2016 的页面背景设置包括添加页面水印、设置页面颜色、添加页面边框等。

1. 水印

利用 Word 中的水印，不仅能传达有用信息，更能起到提示文档性质以及进行相关说明的作用，很多场合都能够用上它。设置“水印”的操作步骤如下：

(1) 单击“设计”选项卡“页面背景”功能组中的“水印”按钮，可展开“水印”下拉列表，用户可直接在列表中选择内置样式的水印，如“机密”“紧急”等。如果没有理想样式，可选择“自定义水印”选项，弹出如图 3-84 所示的“水印”对话框。

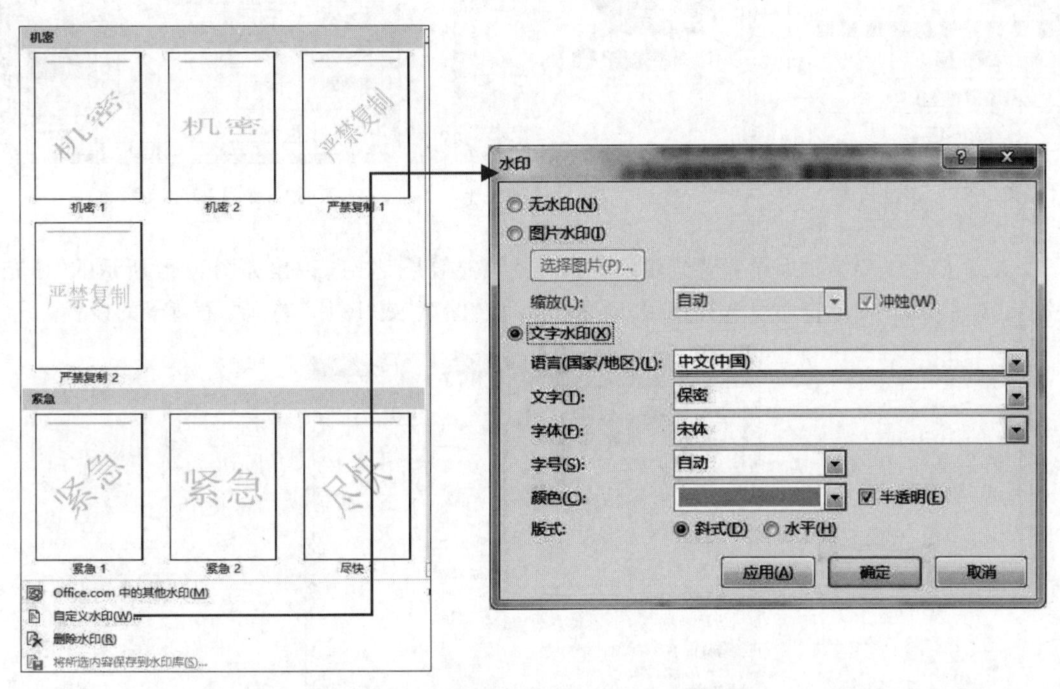

图 3-84 “水印”下拉列表及“水印”对话框

(2) 在“水印”对话框中，在“图片水印”或“文字水印”中选择一种水印样式。

(3) 选择“图片水印”，然后需要选择用于作水印的图片；选择“文字水印”设置水印文字内容、文字字体与字号、文字颜色、版式等。

(4) 单击“确定”按钮，完成设置。

如果需要删除水印，则在“水印”下拉列表中选择“删除水印”选项；或者在“水印”对话框中选择“无水印”，单击“确定”按钮即可。

2. 页面颜色

“页面颜色”即给页面添加背景。背景形式多种多样，可以是单纯的颜色，也可以是过渡色、图案、图片或纹理等。设置“页面颜色”的操作步骤如下：

(1) 单击“设计”选项卡“页面背景”功能组中的“页面颜色”按钮，可展开如图 3-85 所示的下拉列表，用户可以在列表的“主题颜色”或“标准色”中直接单击某颜色块，作为背景颜色,如果没有理想颜色,可单击“其他颜色”按钮,弹出“颜色”对话框,用户可在标准色盘中选择颜色,如图 3-86 所示,或自行定义 RGB 颜色,如图 3-87 所示。

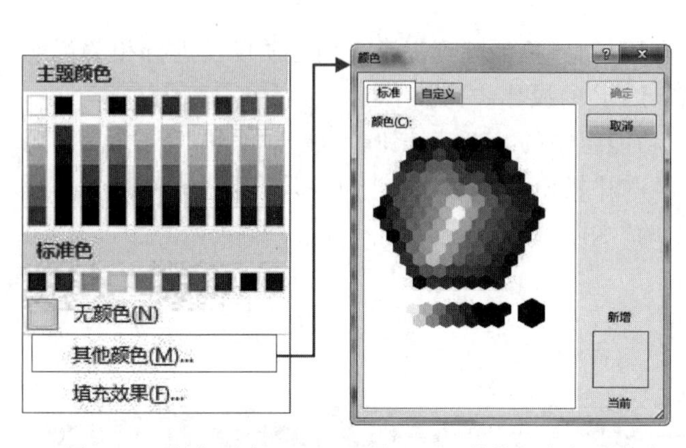

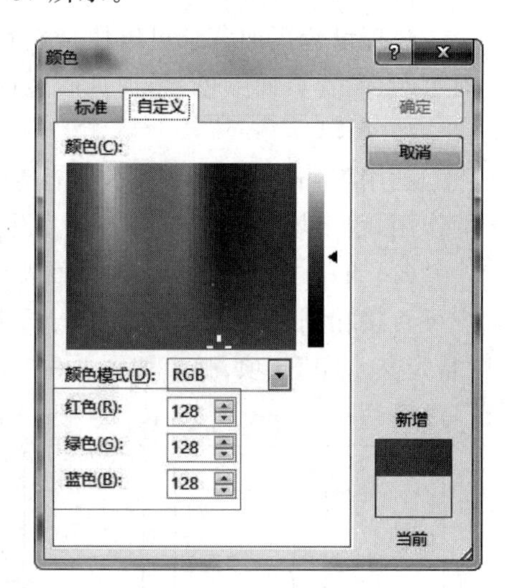

图 3-85　颜色列表　　图 3-86　其他颜色标准色卡　　图 3-87　自定义颜色

(2) 如果需要为页面设置背景效果,则单击“填充效果”按钮,弹出如图 3-88 所示的“填充效果”对话框,在对话框中可选择使用“渐变”“纹理”“图案”或“图片”进行页面背景的设置。

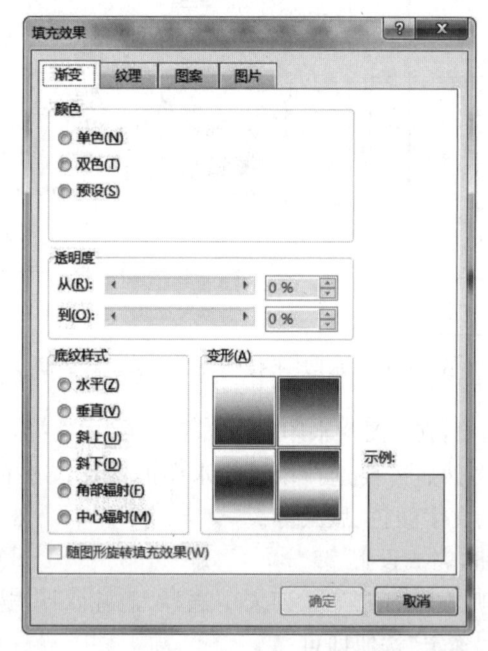

图 3-88　“填充效果”对话框

(3) 单击“确定”按钮,完成设置。

3. 页面边框

“页面边框”也是页面背景的效果之一,设置“页面边框”的操作步骤如下:

(1) 单击“设计”选项卡“页面背景”组中的“页面边框”按钮,弹出如图 3-89 所示的“页面边框”对话框。

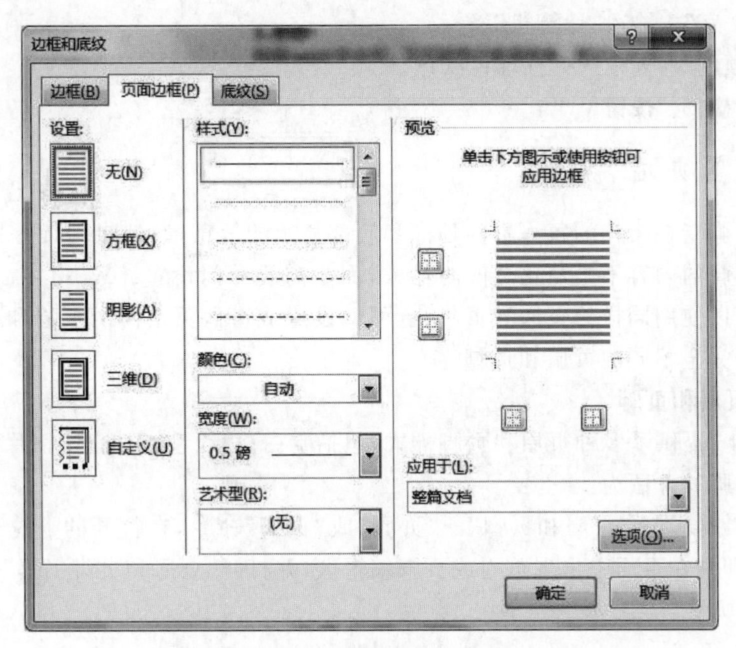

图 3-89 “页面边框”对话框

(2) 在对话框“设置”区选择页面边框的风格；在“样式”区选择边框的线条样式；在“颜色”和“宽度”区为边框选择线条的颜色和宽度；在“艺术型”列表中选择艺术型边框线条。

(3) 单击“确定”按钮,完成设置。

【例 3-9】 为例 3-4 中“Python 程序设计语言. docx”文档,添加标准色红色文字水印,内容为“计算机”。

操作步骤如下：

(1) 打开文档,执行“设计”→“页面背景”→“水印”命令,在打开的下拉列表中选择“自定义水印”选项,弹出“水印”对话框,并进行如下设置,如图 3-90 所示。

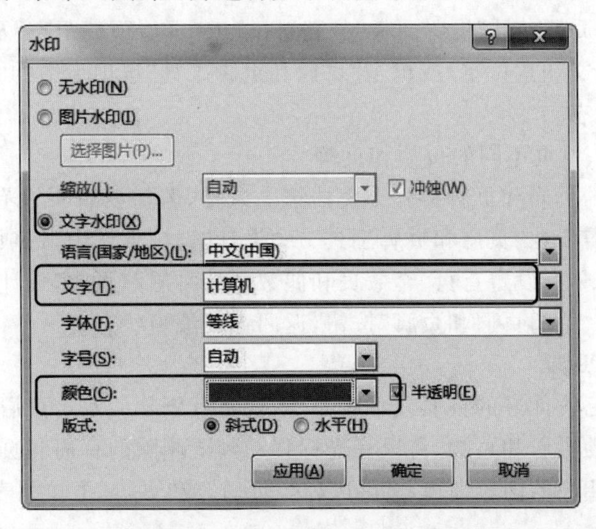

图 3-90 例 3-9 设置“水印”对话框

(2) 选择“文字水印”。

(3) 在“文字”中输入“计算机”。

(4) 在“颜色”列表中选择标准色红色。

(5) 单击“确定”按钮。

3.4.5 设置页眉、页脚

页眉和页脚指在文档的每一页的顶部和底部显示的信息,如日期、页码、书名、章名等内容。页眉和页脚的内容不是与正文同时输入,而是需要专门设置。Word 2016 可以给文档中全部内容可以使用同样的页眉和页脚,也可以设置成奇偶页不同的页眉和页脚。还可以给每一节设置完全不同的页眉和页脚。

1. 创建页眉和页脚

Word 2016 提供了多种页眉和页脚样式,包括空白、边线型、平面型、切片型等 20 多种。插入页眉和页脚的方法为:

(1) 执行“插入”→“页眉和页脚”→“页眉”或“页脚”命令,在打开的下拉列表中选择相应的样式后,即会在页面中出现页眉或页脚编辑区,并打开“页眉和页脚工具”→“设计”选项卡,如图 3-91 所示。

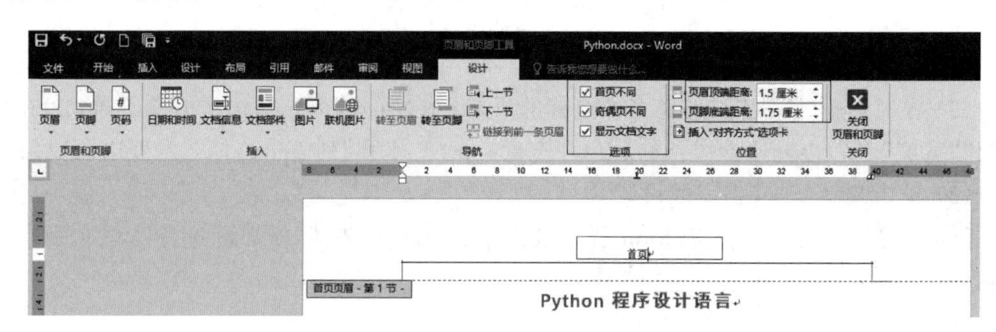

图 3-91 “页眉和页脚工具”→“设计”选项卡

(2) 将光标移动到页眉或页脚的编辑区,输入页眉和页脚内容。

(3) 在“页眉和页脚工具”设置面板“位置”区输入“页眉顶端距离”及“页脚底端距离”的数值,完成后双击正文任意位置,或单击“页眉和页脚工具”选项卡中的“关闭页眉和页脚”按钮,返回正文编辑状态。

2. 奇偶页不同、首页不同的页眉和页脚

默认情况创建的页眉和页脚是整个文档统一风格,若需要首页没有页眉或奇偶页不同风格页眉、页脚,则需要在“页眉和页脚工具”→“设计”选项卡选中“选项”功能区“首页不同”和“奇偶页不同”,再分别设定首页、奇数页和偶数页的页眉和页脚,设计完成单击“页眉和页脚工具”选项卡中的“关闭页眉和页脚”按钮,返回正文编辑状态。

3. 删除页眉和页脚

如文档不需要已设计好的页眉或页脚时,需要将其删除。双击页眉页和脚所在位置,会显示出文档中已有的页眉和页脚,将鼠标光标移动到要删除的页眉和页脚位置,按 Del 键删除页眉和页脚中的相应的内容即可;也可以在“页眉”或“页脚”下拉列表中单击“删除页眉”或“删除页脚”命令。

3.4.6 设置页码

对于较长的 Word 文档,设置页码是必不可少的,这样打印出来便于整理装订。设置页码可在文档编辑中进行,也可以在打印文档前进行。

1. 插入页码

在需要插入页码的文档中执行"插入"→"页眉和页脚"→"页码"命令,在展开的下拉列表中选择某一项,则会在选定的位置插入页码。其中如果选择"页面顶端"或"页面底端",则页码将以页眉或页脚的方式插入文档;若选择"页边距",则将页码显示在页面的左、右的页边距中;若选择"当前位置",页码将插到光标所在的位置。

2. 设置页码格式

插入页码后,用户可以根据文档的内容设置页码的格式。执行"插入"→"页面设置"→"页码"命令,在展开的下拉列表中选择 "设置页码格式"选项,弹出如图 3-92 所示的"页码格式"对话框,可以对页码的格式进行设置。

- 编号格式:用于选择页码采用的样式,包括数字、英文或汉字等。
- 包含章节号:如果想在页码中包含章节序号,则选中此项,并确定用哪一级标题的章节号。
- 页码编号:选中"续前节",则当前页中的页码数值延续前节顺序继续排列;选中"起始页码",则当前页中的页码以某个数值为基准单独进行排列。

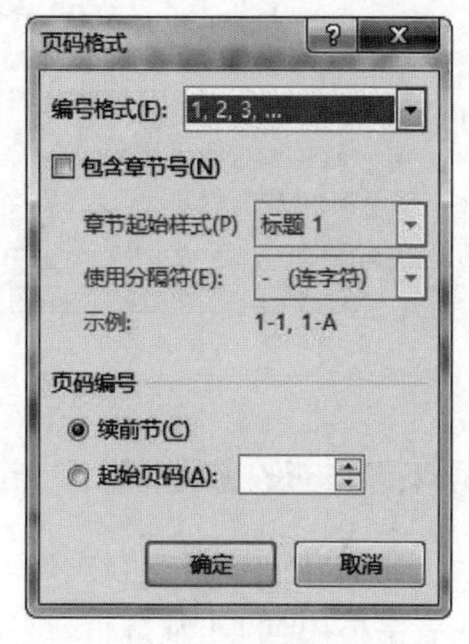

图 3-92 "页码格式"对话框

3. 删除页码

双击页码,进入"页眉和页脚"编辑状态,执行"页眉和页脚工具设置"→"页眉和页脚"→"页码"→"删除页码"命令可以将页码删除。也可以直接选中页码文本框,按 Del 键。

【例 3-10】 打开例 3-4 中"Python 程序设计语言 .docx"文档,插入页眉"计算机技术发展",空白页眉样式,字体为小五号,宋体。在页面底端(页脚),普通数字 2 样式居中位置插入页码,并设置起始页码为"Ⅲ"。

操作步骤如下:

(1) 打开文档,执行"插入"→"页眉和页脚"→"页眉"→"空白"命令,进入页眉设计状态。

(2) 在键入文字区输入"计算机技术发展",并将页眉文本设置为小五号,宋体。

(3) 执行"插入"→"页眉和页脚"→"页码"→"页面底端"→"普通数字 2"命令,在文档页脚处插入页码。

(4) 执行"页眉和页脚工具设计"→"页眉和页脚"→"页码"→"设置页码格式"命令,在弹出的"页码格式"对话框中,设置"编码格式"为"Ⅰ,Ⅱ,Ⅲ,…",设置"页码编号"区"起始页码"为"Ⅲ"。

(5) 设置完成,单击"确定"按钮。操作步骤如图 3-93 所示。

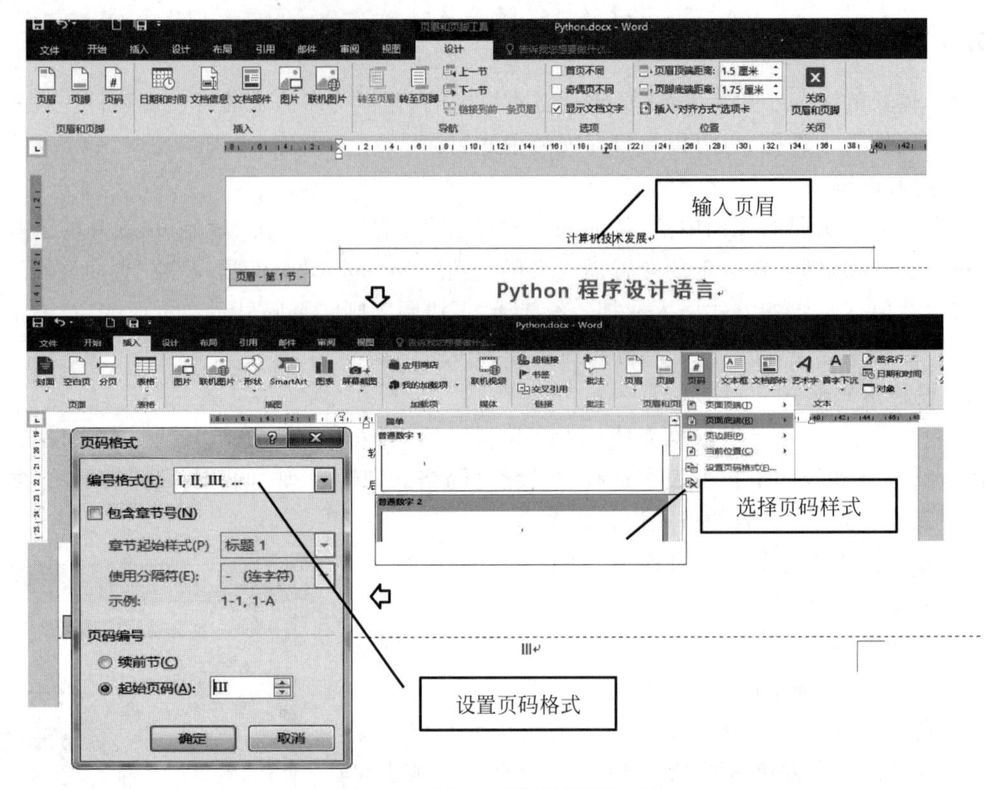

图 3-93　例 3-10 设置页眉与页脚

3.4.7　设置首字下沉

我们在阅读报刊杂志时,常会看到很多文章开头的第一个字符比文档中其他字符要大,或者字体不同,非常醒目,这不仅能改善文档的外观,更能引起读者的注意,这就是首字下沉的效果。

设置首字下沉的步骤如下:

(1) 选择要设置首字下沉的段落。

(2) 执行"插入"选项卡"文本"功能区的"首字下沉"命令,在展开的下拉列表中选择"首字下沉"选项,弹出如图 3-94 所示的对话框。

(3) 在"位置"功能区中选择下沉方式。

(4) 在"选项"功能区的"字体"下拉列表中选择下沉字体。

(5) 在"下沉行数"文本框中,设置首字下沉时所占用的行数。

(6) 在"距正文"文本框中,设置首字与正文之间的距离。

(7) 设置完成,单击"确定"按钮。

图 3-94　"首字下沉"对话框

【例 3-11】　打开例 3-4 中"Python 程序设计语言.docx"文档,为正文第一段("Python 是……项目的开发。")设置首字下沉效果,要求下沉 3 行,距正文 0.1 厘米。

操作步骤如下：

(1) 选中第一段,在“插入”选项卡“文本”功能区中单击“首字下沉”按钮,选择“首字下沉”选项,弹出“首字下沉”对话框。

(2) 单击“下沉”图标,设置“下沉行数”为 3,设置“距正文”为 0.1 厘米。

(3) 单击“确定”按钮,完成首字下沉的设定。设置及效果如图 3-95 所示。

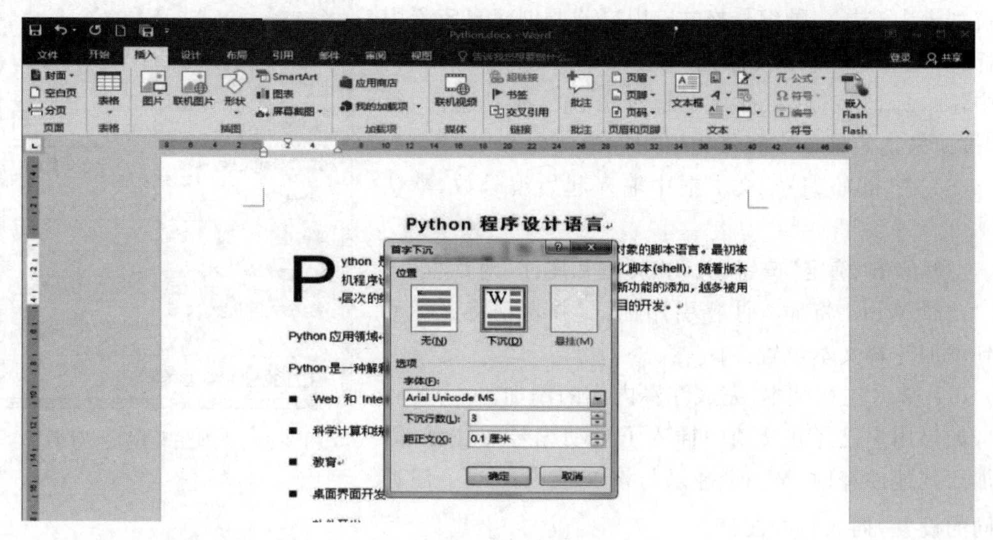

图 3-95　例 3-11 设置“首字下沉”

3.4.8　设置脚注与尾注

脚注和尾注一般用于对文档进行注释。通常脚注出现在页面的底部,为当前页的某一内容进行注释。尾注一般出现在文档的最后,常用于列出参考文献等。在同一文档中可以既有脚注也有尾注。

1. 插入脚注和尾注

插入脚注的操作步骤如下：

(1) 打开文档,将插入点放置在要插入注释引用标记的位置。

(2) 单击“引用”选项卡“脚注”功能区的“插入脚注”按钮,此时会自动在文档当前页下边距上方页面底端的位置出现自动编号的注释编辑区,用户直接输入注释内容即可完成脚注的编辑,上方文档会显示与下方编号一致的引用编号标记。

尾注的插入方法与脚注相同,只是相应的注释内容会插入到文档的结尾处。

当用户添加下一个脚注或尾注时,Word 将自动按正确的顺序为其编号。如果以后在该注释前添加了一个注释,则 Word 将会正确地对新注释进行编号,同时还将对文档中的其他注释重新进行编号。

2. 脚注和尾注对话框

用户也可以使用“脚注和尾注”对话框完成文档注释内容的添加,操作步骤如下：

(1) 打开文档,将插入点放置在要插入注释引用标记的位置。

(2) 单击“引用”选项卡“脚注”功能区右下角“脚注和尾注”对话框启动器,弹出“脚注和尾注”对话框,如图 3-96 所示。

(3) 在对话框"位置"功能区选定"脚注"或"尾注"单选项,并确定脚注及尾注的放置位置,一般脚注在页面底端,尾注在文档结尾。

(4) 在"格式"功能区执行下列操作:

用户若要 Word 对注释自动编号,则在"编号格式"下拉列表中选择一种编号格式;用户若要创建自定义引用标记,则选定"自定义标记"按钮,并在其右侧的编辑框中输入标记字符,字符数不超过 10 个,或者选择"符号"按钮来选定某一字符作为引用标记。

(5) 在"起始编号"文本框中输入起始编号数,默认为 1。

(6) 单击"确定"按钮,关闭"脚注和尾注"对话框。

此时 Word 将插入注释引用标记,并自动将光标移动到添加注释文本位置。

(7) 输入注释文本,完成注释内容的添加。

如果用户已经在文档中插入了自动编号的注释,需要加入其他注释时,Word 将以与该文档中前一个注释相同的设置,插入新的注释。

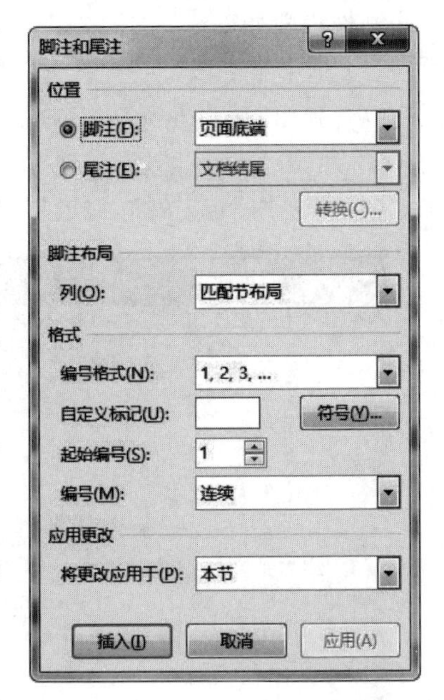

图 3-96 "脚注和尾注"对话框

3. 查看和编辑脚注及尾注

用户可以查看和编辑已有的注释,注释文本显示在要打印的页面位置。在文档中双击添加了注释的引用标记,文档将自动切换到标记注释文本位置,用户可以查看注释内容,反之如果用户双击注释标记文本,文档自动切换到添加注释的文本位置,实现标注标记与标注正文之间的切换。

用户可以使用"剪切""复制"和"粘贴"等通用编辑命令移动或复制脚注和尾注内容。如果移动或复制自动编号的注释引用标记,Word 将按照新顺序对注释重新编号。

用户若要删除注释,则可以在文档中选定相应的注释引用标记,然后将其删除。如果用户删除了自动编号的注释,Word 将对其余注释自动重新编号。当用户删除了包含注释引用标记的文本区域,Word 2016 也将删除相应的注释文本。若要删除所有自动编号的脚注和尾注,则可用 Ctrl+H 快捷键,弹出"查找与替换"对话框,将"脚注标记"或者"尾注标记"全部替换为空内容即可。

【例 3-12】 打开例 3-4 中"Python 程序设计语言. docx"文档,为标题段"Python 程序设计语言"在页面底端添加脚注,脚注内容为"资料来源:百度百科。",脚注字体及字号为小五号宋体。

操作步骤如下:

(1) 打开文档,将光标放置在标题段尾部,执行"引用"→"插入脚注"命令。

(2) 在脚注位置输入"资料来源:百度百科。"

(3) 选中脚注文字,执行"开始"→"字体"命令,在"字体"功能区设置"宋体",设置"字号"为"小五",如图 3-97 所示。

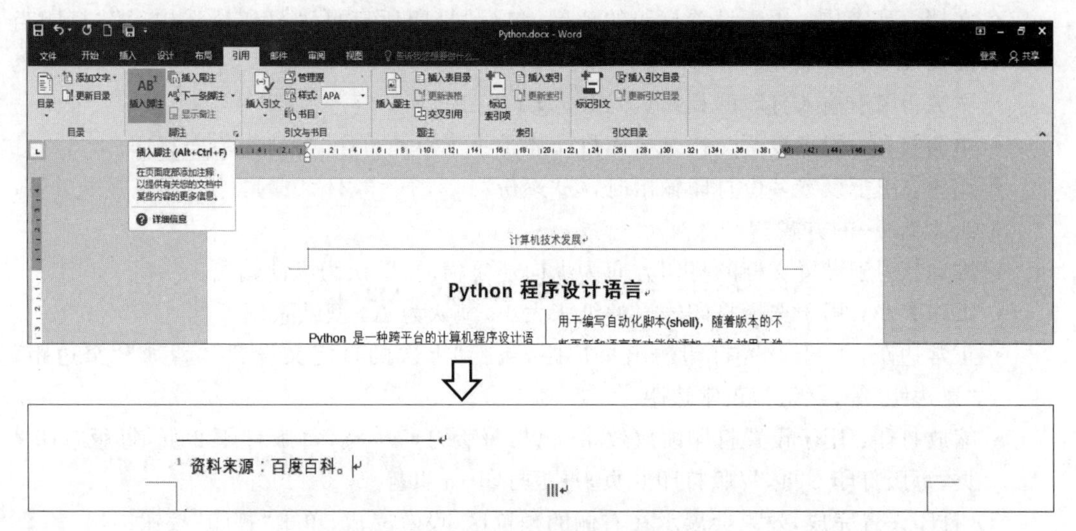

图 3-97　例 3-12 添加脚注操作步骤

3.4.9　打印文档

文档排版完，就可以进行打印操作了。在打印前必须先确保打印机已经连接到主机相应端口上，并安装了正确的驱动程序。另外打印前应先保存文档，避免出错后丢失排版设置。

文档打印方法及步骤如下：

(1) 执行“文件”→“打印”命令，展开“打印预览和打印”界面，如图 3-98 所示。

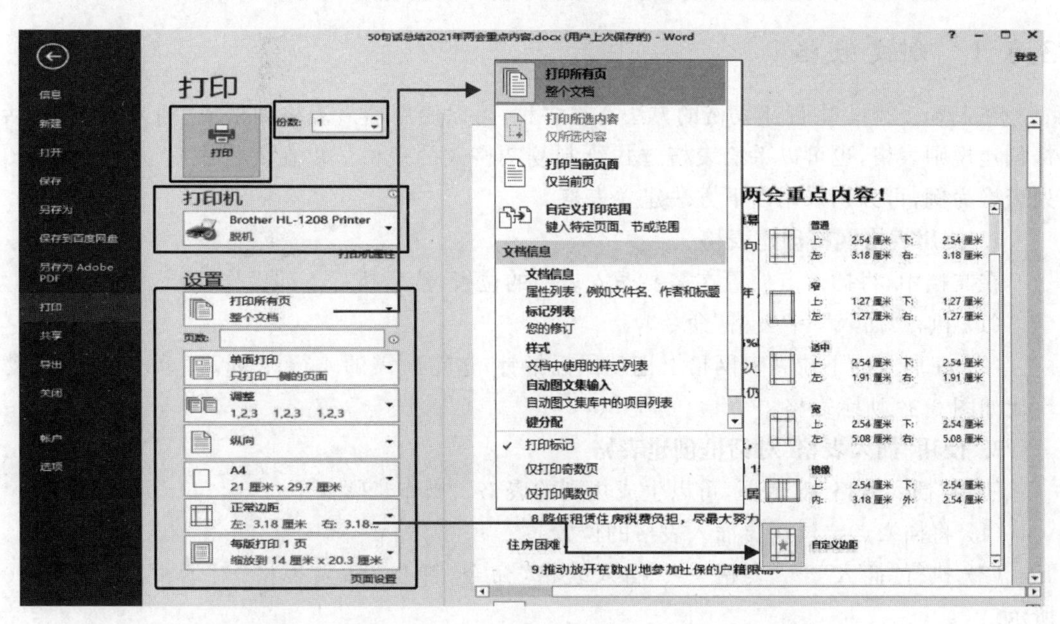

图 3-98　“打印”对话框及“文档范围”列表、“打印页面边距”列表

(2) 在打印机列表框中选择打印机，在“份数”文本框中输入文档打印份数。

(3) 设置功能区参数，包括：

- 文档打印范围：用于设置打印的范围，包括“打印所有页”“打印所选内容”“打印当面页面”“打印自定义范围”等，默认为打印所有页。
- 页数：用于输入打印的具体页码数，如1,2,3-5等。
- 单面打印：用于设置文档是单面打印还是手工双面打印，默认为单面打印。
- 调整：用于设置多份打印输出时，按“逐份”1,2,3…1,2,3…的方式，还是按页1,1,2,2,3,3…的方式。
- 方向：用于设置文档的打印方向为纵向还是横向，默认为纵向输出。
- 纸张大小：用于选择打印输出的纸张大小，默认为A4型纸张。
- 正常边距：用于设置打印输出页边距，包括“上次的自定义设置”“普通”“窄边距”“宽边距”等，默认为正常边距。
- 缩放打印：用于设置打印缩放效果，包括每版打印1页，每版打印2页，每版打印4页，每版打印6页，每版打印8页，每版打印16页等。

(4) 打印设置完成，效果会展示在右侧的预览区，设置完成，单击“打印”按钮。

3.5 Word 2016 表格操作

Word表格以行和列的形式来组织信息，利用Word 2016提供的丰富的表格功能，不仅可以输入普通的文字或数据，而且还可以输入图像、声音等多媒体信息。同时，Word 2016的表格还具有计算的能力，支持数学公式及函数的运算。另外，Word 2016的支持表格中插入表格，文字环绕表格，斜线表格等。在Word中创建表格通常采用自动方式生成雏形，再用自动套用格式、绘制方式、编辑和修改功能完成表格定型。

3.5.1 创建表格

在Word 2016中创建表格的方法有很多种，可以使用插入表格网格或“插入表格”对话框创建规则表格，也可以手绘表格方式绘制复杂格式的表格。以在文档中建立一个4行5列表格为例，可分别采用以下方法建立表格。

1. 使用表格网格创建表格

在文档中，将插入点放置在需要插入表格的位置，然后执行下列操作：

(1) 执行“插入”→“表格”命令。

(2) 在展开的下拉列表网格上拖动鼠标指针，选定所需的4行、5列，再单击鼠标，自动生成如图3-99所示表格。

2. 使用“插入表格”对话框创建表格

使用“插入表格”对话框，可以生成规则的表格。操作步骤如下：

(1) 将插入点定位在要插入表格的位置。

(2) 执行“插入”→“表格”→“插入表格”命令，弹出“插入表格”对话框，如图3-100所示。

(3) 在“行数”文本框中输入4，在“列数”文本框中输入5。

(4) 在“自动调整”操作区域的“固定列宽”中输入指定的列宽值，如“2厘米”。系统默认列宽值为“自动”，即列宽为页总宽度除以列数。

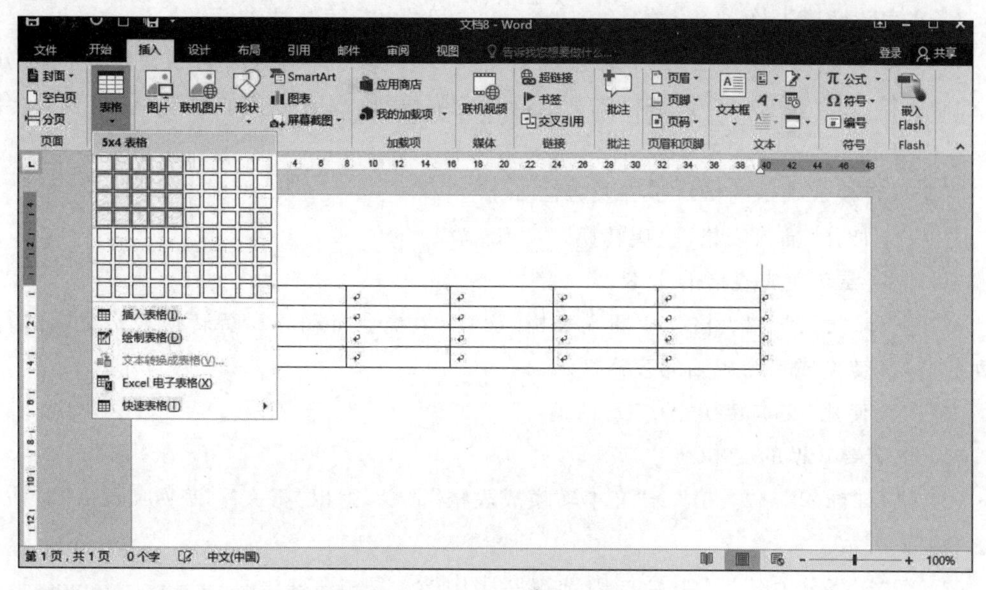

图 3-99　“插入表格”按钮定义表格

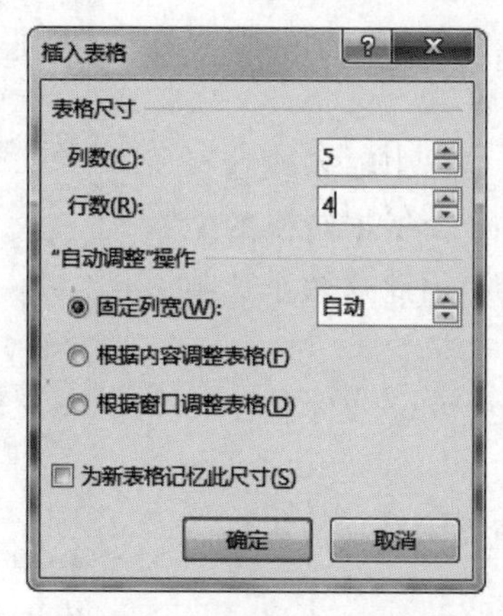

图 3-100　“插入表格”对话框

(5) 单击“确定”按钮，Word 2016 就会在指定位置创建一个 4 行 5 列的空表格。

3. 手工绘制表格

在 Word 2016 中用户可以运用铅笔工具手工绘制不规则表格。操作方法如下：

执行“插入”→“表格”→“绘制表格”命令，此时光标变成铅笔形状，拖动鼠标就可以直接手工绘制不规则、复杂的表格，以满足不同用户的使用需要，生成表格如图 3-101 所示。

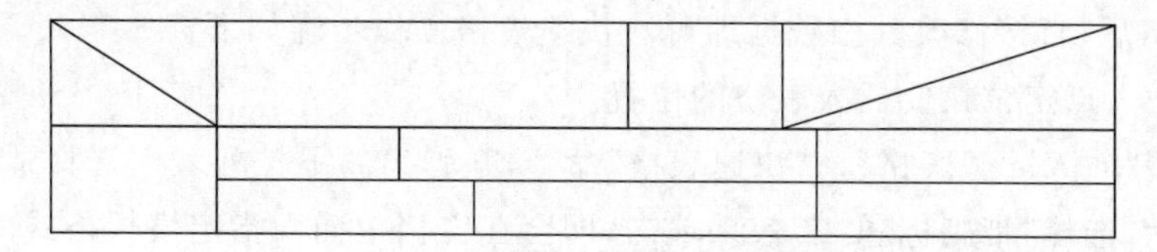

图 3-101　使用“绘制表格”按钮绘制表格

4. 文字转换成表格

Word 允许把已经存在的文字转换成表格。要转换的文本之间必须使用相同的分隔符,如制表符、段落标记、逗号、空格或其他符号分隔编排,没有合并的信息,包括表头、合计等项目内容。

将文本转换成表格的操作步骤及方法如下:

方法 1:使用"插入表格"直接转换

(1) 选定要转换成表格的文本。

(2) 执行"插入"→"表格"→"插入表格"命令,系统会自动计算待转换表格文本的行数与列数,将其转换成一个规则的表格区域。

方法 2:使用"文本转换表格"对话框

(1) 选定要转换的文本。

(2) 执行"插入"→"表格"→"文本转换成表格"命令,弹出"将文字转换成表格"对话框,如图 3-102 所示。

(3) 在"文字分隔位置"组合框内选择文字中所用的分隔符号。如段落标记、逗号、制表符、空格或其他符号选项,如果选择"其他字符"单选钮,则可在其后的编辑框内输入所用的分隔符。

(4) 在"列数"和"行数"文本框中输入或选择所需要的行数和列数。通常 Word 会根据转换的文本测算,自动给出表的行数和列数,因此这两个选项一般不需要修改。

(5) 对于特殊表格,可以在"列宽"文本框中指定列的宽度。

(6) 单击"确定"按钮,完成文本转换成表格。

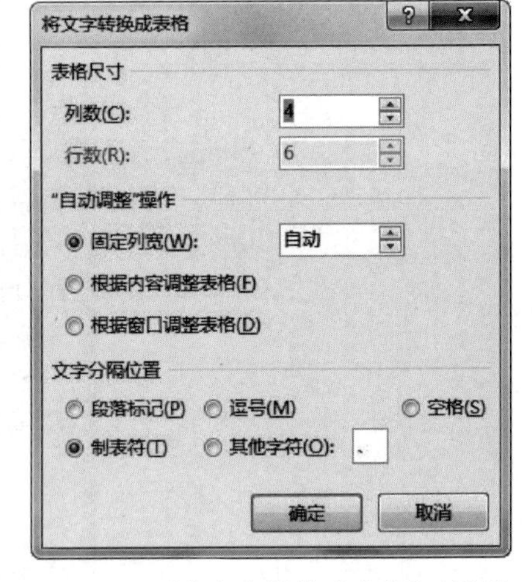

图 3-102 "将文字转换成表格"对话框

5. 插入 Excel 电子表格

Word 2016 中不仅可以插入普通表格,而且也可以将 Excel 表格嵌入到 Word 文档中。双击该表格进入编辑模式后,Word 功能区就变成 Excel 功能区,用户可以像操作 Excel 一样使用该表格。执行"插入"→"表格"→"Excel 电子表格"命令,即可在文档指定位置插入一个 Excel 电子表格,效果如图 3-103 所示。

6. 利用快速表格命令创建模板表格

Word 2016 为用户提供了多种表格模板,并且每种模板中自带表格数据,用户选择适合模板创建表格后,直接修改其中数据即可。快速表格操作步骤如下:

(1) 将插入点定位在要插入表格的位置。

(2) 执行"插入"→"表格"→"快速表格"命令,在弹出的下拉列表中选择适合的模板,如图 3-104 所示,选择"带副标题 2" 效果单击,即会在文档中插入指定模板格式的表格。

(3) 按用户实际需求修改表格数据。

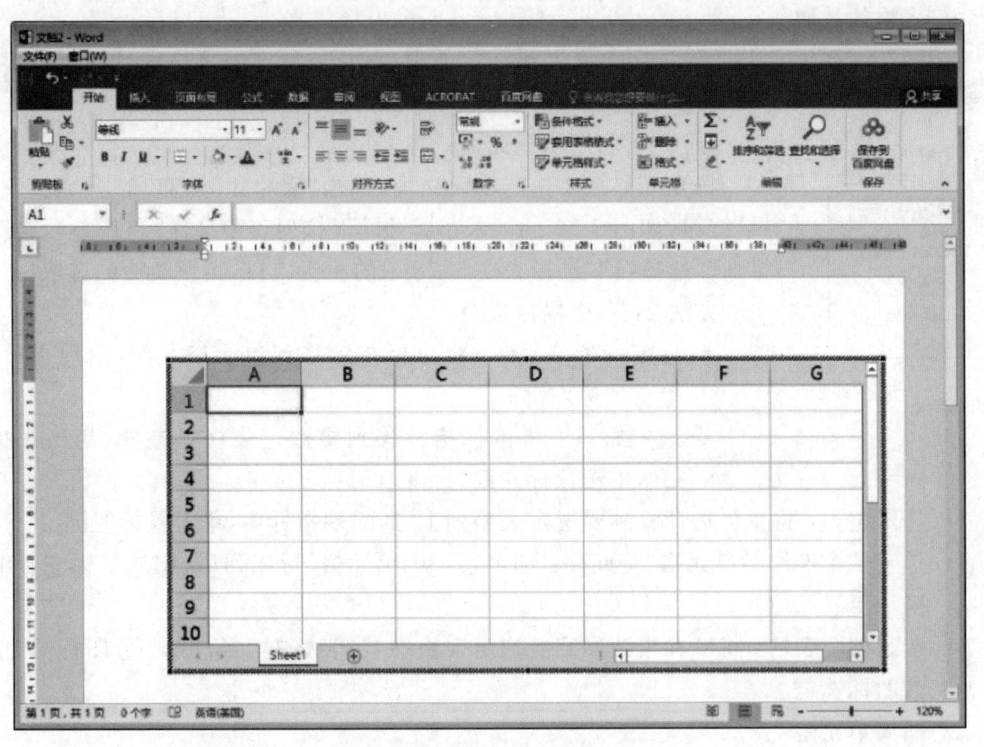

图 3-103　插入 Excel 电子表格

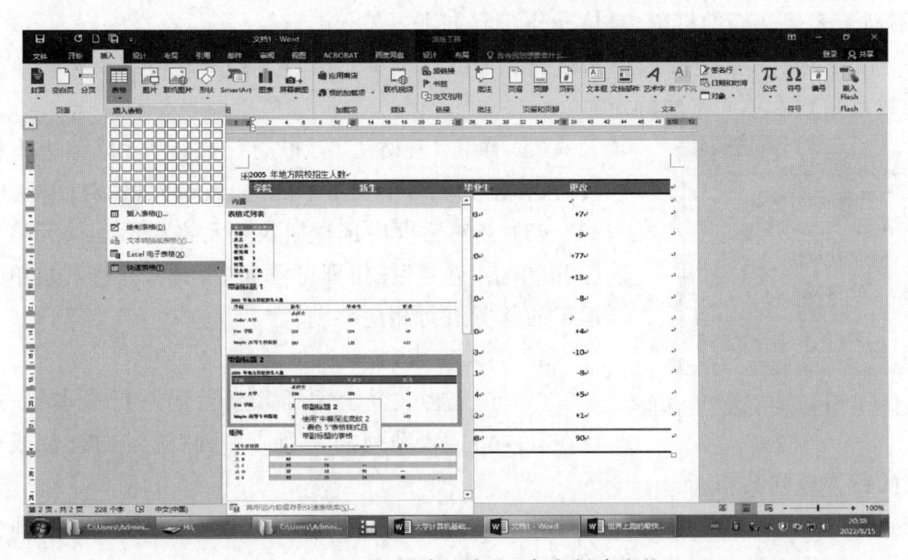

图 3-104　利用“快速表格”命令创建表格

3.5.2　编辑表格

实际应用中的表格是复杂多样的，创建的规范表格一般需要作适当的调整才能满足需要。表格的编辑包括行、列以及单元格的增加与删除；行高、列宽的修改；单元格式的合并与拆分等。

1. 表格的选取

在表格编辑前,往往要先选定表格。和字符处理一样,被选定的表格区域为反白显示。在表格中常用的选定操作有鼠标选择和命令选择两种方式。

图 3-105 选择列表

方法 1:利用功能面板选择

将光标移至要选定单元格内,单击"表格工具/布局"→"表"→"选择"按钮,如图 3-105 所示,在展开的下拉列表中选择"选择单元格""选择列""选择行""选择表格"命令中的相应项目,实现表格的选取。

方法 2:利用鼠标选择

- 选定一个单元格:将鼠标指针移到单元格左侧,出现指针➡,单击鼠标左键。
- 选定整行:将鼠标指针移到要选定表格行左侧,当出现指针↗,单击鼠标左键。
- 选定整列:将鼠标指针移到要选定表格列上方,出现指针⬇,单击鼠标左键。
- 选定多个连续的单元格、行或列:选定第一个单元格、行或列后,按住鼠标左键继续拖动至终点位置。
- 选定整个表格:将鼠标指针移到要选定表格中,当表格左上角出现⊞图标时,单击该图标选定。

2. 插入单元格

插入单元格操作并不常见,因为插入或删除单元格后会使原有的 Word 表格变得参差不齐,不利于表格文档的排版,具体操作步骤如下:

(1) 选定要在其旁边插入单元格的一个或几个单元格,包括"单元格结束标记"(选定单元格的数目由插入单元格数确定)。

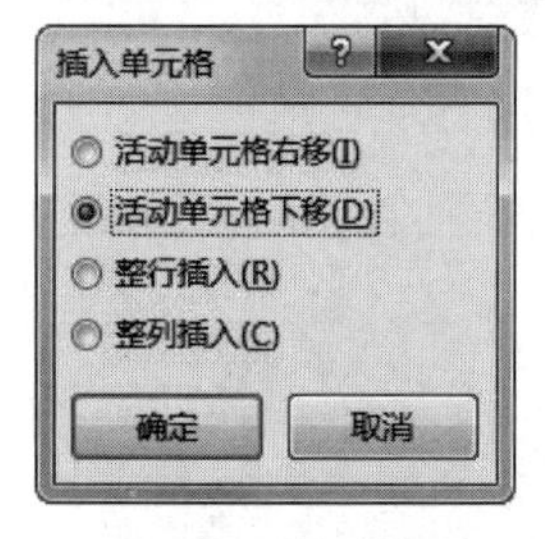

图 3-106 "插入单元格"对话框

(2) 单击"表格工具/布局"→"行和列"旁边下拉三角按钮,弹出如图 3-106 所示的"插入单元格"对话框。

(3) 在对话框中选择插入单元格后活动单元格的移动位置,单击"确定"按钮即可添加单元格,并将其余单元格按指定的位置进行相应移动。

3. 插入行或列

(1) 选定将在其上面插入新行的一行或多行,或选定将在其左边插入新列的一列或多列(选定的行数或列数与要插入的行数或列数相同。)

(2) 执行"表格工具/布局"→"行和列"功能区的相应按钮,如图 3-107 所示,即会在指定位置插入与选定的行数或列数相同数目的行或列。

4. 删除单元格、行、列或表格

用户可以删除单元格、行、列甚至整个表格。操作步骤如下:

(1) 将插入点定位到要删除的表格的行或列的任意位置。

(2) 单击"表格工具/布局"→"行和列"→"删除"下拉列表中相应项目,完成表格相应区域内容的"删除"操作,如图 3-108 所示。

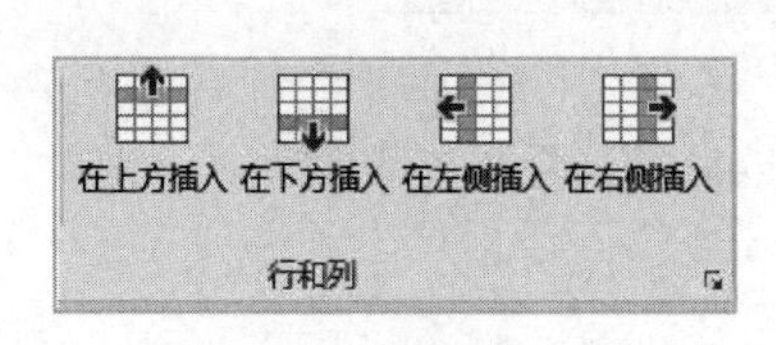

图 3-107　插入行和列

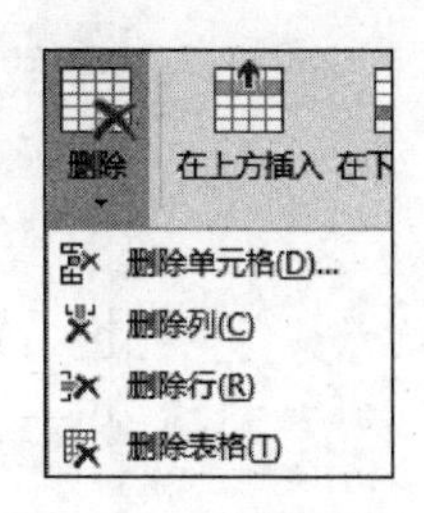

图 3-108　表格“删除”

注意：如果删除的是单元格，则会打开“删除单元格”对话框，外观与图 3-108 相似，需要选择活动单元格的移动位置。

5. 合并和拆分单元格

1）合并单元格

所谓合并单元格，是将一行或一列中的多个单元格合并成一个单元格。操作方法如下：

(1) 同时选定要合并的多个连续单元格。

(2) 执行“表格工具/布局”→“合并”→“合并单元格”命令；或在选中单元格区域右击，在弹出的快捷菜单中选择“合并单元格”选项，即可实现选定单元格的合并。

2）拆分单元格

把表格中的一个单元拆分成多个单元的操作可以采用以下方法：

(1) 选定要进行拆分的单元格，可以是一个也可以是多个单元格。

(2) 执行“表格工具/布局”→“合并”→“拆分单元格”命令，或在选中单元格区域右击，在弹出的快捷菜单中选择“拆分单元格”选项，弹出如图 3-109 所示的“拆分单元格”对话框。

图 3-109　“拆分单元格”对话框

(3) 在“行数”和“列数”文本框中输入要拆分的行或列的数值。

(4) 输入完成后单击“确定”按钮即可。

6. 拆分表格

Word 不仅提供拆分单元格命令，还可以把一个表格拆分为两个单独的表格，操作步骤如下：

(1) 如果将一个表格拆分成两个表格，选中作为第二个表格第一行所在行。

(2) 执行“表格工具/布局”→“合并”→“拆分表格”命令，即可将对表格的整体拆分。

7. 调整表格行高和列宽

1）调整列宽

方法 1：选定需改变列宽的列，在“表格工具/布局”→“单元格大小”→“宽度”文本框中输入列宽值。

方法 2：选定需改变列宽的列，执行“表格工具/布局”→“表”→“表格属性”命令，弹出如图 3-110 所示的“表格属性”对话框。选择“列”标签。在“列宽”中键入数值，可以精确指定列宽。

图 3-110　“表格属性”对话框设置列宽

2）改变表格行高

方法 1：选定需改变行高的行，在“表格工具/布局”→“单元格大小”→“高度”文本框中输入行高值。

方法 2：选定需改变高度的行，执行“表格工具/布局”→“表”→“表格属性”命令，弹出如图 3-111 所示的“表格属性”对话框。选择“行”标签。在“行高”文本框键入数值，可以精确指定行高。

图 3-111　“表格属性”对话框设置行高

技巧：要使多行、多列或多个单元格具有相同的高度或宽度值，可先选定这些行、列或单元格，再执行“表格工具/布局”→“单元格大小”→“分布行”或“分布列”命令。

执行“表格工具/布局”→“单元格大小”→“自动调整”→“根据内容自动调整表格”命令，Word 可以根据表格内容自动配置单元格的宽度和高度。

若不需要指定精确的行高和列宽，也可以直接拖动表格中的列边框或水平标尺上的“移动表格列标记”来改变行高和列宽。

如果在拖动行或列标记的同时按住 Alt 键，Word 标尺上的将显示行高或列宽数值。

8. 设置表格对齐及环绕

在表格文档中，通过设置表格的对齐方式和环绕方式可以增加表格与文字的排版合理性，美化文档。表格对齐及环绕的设置方法步骤如下：

(1) 将光标移至表格内任意位置，执行“表格工具/布局”→“表”→“表格属性”命令，弹出如图 3-112 所示的“表格属性”对话框。

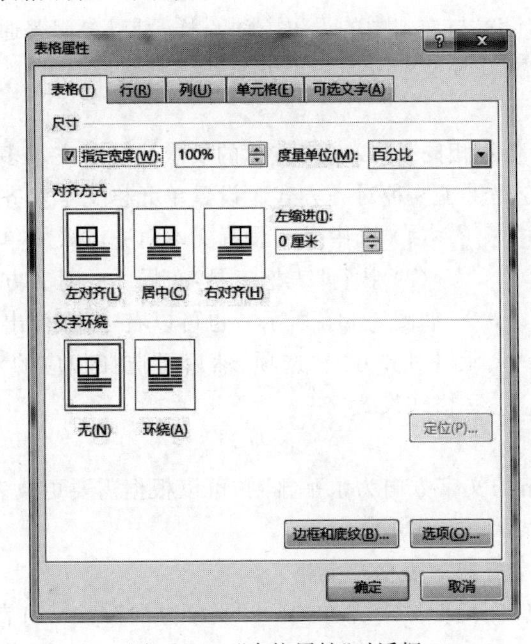

图 3-112 “表格属性”对话框

(2) 在“表格”标签中，“对齐方式”功能区可设置整个表格对齐方式为“左对齐”“居中对齐”或“右对齐”。

(3) 在“文字环绕”功能区可表格环绕方式为“无环绕”或“环绕”效果。

(4) 设置完成，单击“确定”按钮。

9. 表格标题行重复

当表格较长，占多页时，表格会根据页面大小自动跨页，如果每页都需相同标题行时，可用下述方法设置标题行重复：

(1) 从表格第一行开始，选择一行或多行作为标题行。

(2) 执行“表格工具/布局”→“数据”→“重复标题行”命令。

当表格自动分页时，会为每页自动加上标题，如果表格是人工分页则无法重复标题。

3.5.3 格式化表格

表格绘制完成后需要进行格式设置，如表格的边框、底纹及表格文字格式调整等。

1. 自动套用表格样式

表格样式是包含边框、颜色、字体以及文本等的一组事先定义好的效果组合,Word 2016 预先为用户提供了 106 种内置样式,用户可以根据实际情况,选择快速样式或自定义样式来设置表格的外观。表格样式的自动套用操作步骤如下:

(1) 选中要修饰的表格,执行"表格工具/设计"→"表格样式"展开样式列表,用鼠标在样式列表中滑动,同时预览文档中表格应用样式的效果。

(2) 在预览满意的效果上单击鼠标,选中的表格区域就会应用该种样式。

(3) 选中"表格样式选项"功能区中相应项目,对应用样式的项目进行调整,动态观察表格效果。

2. 表格中文字的格式设置

表格中文字的字体设置与文本中的设置方法一样,可以参照普通文字的格式设置方法。本处主要讨论文字对齐方式和文字方向两个方面。

1) 文字对齐方式

由于单元格的规格各不相同,所以对齐方式的要求比普通文本多,包括水平方向和垂直方向的对齐,Word 2016 提供了 9 种对齐方式。设置单元格文本对齐方式的步骤如下:

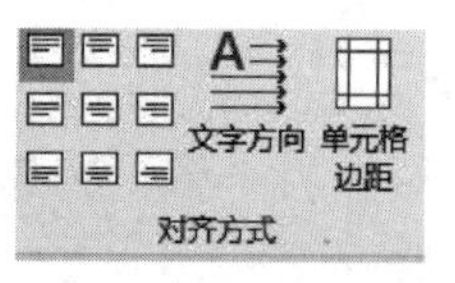

图 3-113　单元格文本对齐

(1) 选中需要设置文本对齐方式的单元格。

(2) 执行"表格工具/布局"→"对齐方式"功能区相应对齐命令,如图 3-113 所示。也可以右击,在弹出的快捷菜单中选择"单元格对齐方式"选项,然后再选择相应的对齐方式命令,进行文字格式设置。

2) 文字方向

默认情况下,单元格的文字方向为水平排列,可以根据需要更改表格单元格中的文字方向,使文字垂直或水平显示。操作步骤如下:

(1) 选中要更改文字方向的表格单元格。

(2) 执行"表格工具/布局"→"对齐方式"→"文字方向"命令,可直接更改所选单元格中文字的方向。

3. 表格边框和底纹

Word 中的表格的默认格式是 0.75 磅单线边框,用户可以根据需要,设置表格的边框,同时还能在单元格中设置使用不同的底纹。设置表格的边框和底纹可以使用"表格工具/设计"选项卡中边框与底纹按钮,如图 3-114 所示。操作步骤如下:

(1) 选中需要设置边框的单元格区域。

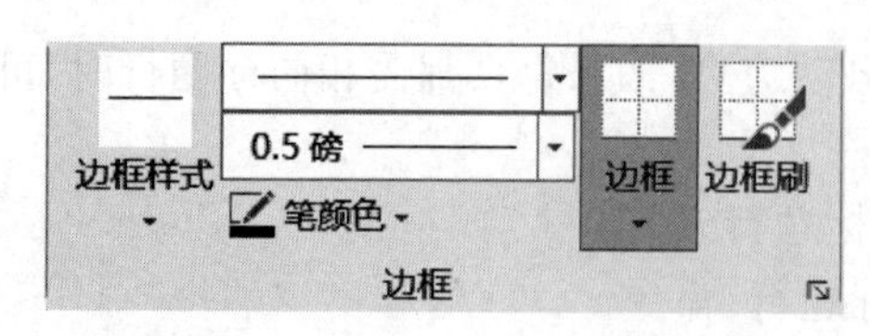

图 3-114　表格的边框与底纹功能区

(2) 在"表格工具/设计"→"边框"功能区"笔样式"列表中选择线条样式。

(3) 在"表格工具/设计"→"边框"功能区"笔画粗细"列表中选择线条粗细。

(4) 在"表格工具/设计"→"边框"功能区"笔颜色"列表中选择线条颜色。

(5) 单击"表格工具/设计"→"边框"→"边框"下拉列表,选择相应的线条样式,如外侧框线、内部框线等。

(6) 执行“表格工具/设计”→“表格样式”→“底纹”下拉列表，选择相应颜色，设置单元格填充颜色。

3.5.4 表格的排序

Word 2016 提供了在表格中对单独列或整个表格数据按字母顺序、数字顺序或日期顺序进行升序或降序排列的功能，排序的依据是关键字。当排序后该列(主关键字)内容有多个值相同时，可依据另一列(次关键字)排序。最多可选择三个关键字排序，操作步骤如下：

(1) 选中整个表格或将光标放置在需要排序列的任意单元格中。

(2) 执行“表格工具/布局”选项卡“数据”选项功能区中的“排序”命令，或单击“开始”→“段落”→“排序”按钮，弹出如图 3-115 所示的“排序”对话框。

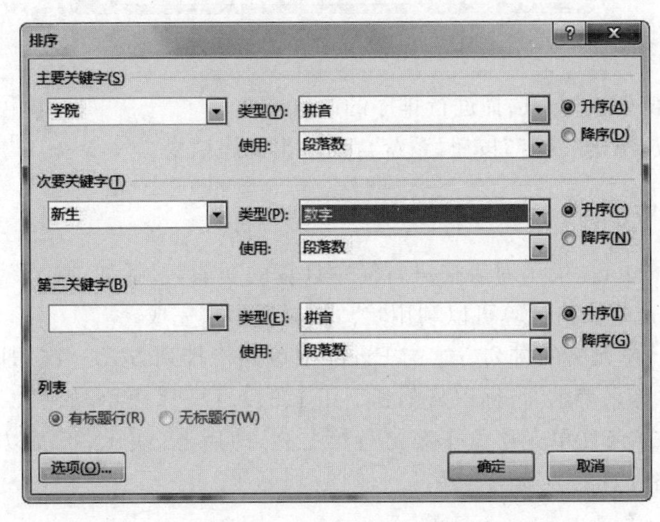

图 3-115 “排序”对话框

(3) 在对话框中设置排序依据(主要关键字)。如果选定列中有标题，则应确保该对话框底部的“有标题行”单选钮处于选定状态，以使标题行不参与排序。通常 Word 会自动识别选定列是否有标题行。

(4) “类型”列表框内选择要进行排序的类型。如按“拼音”或按“笔画”等。

(5) 选择排序依据为“升序”还是“降序”。

(6) 依据需要继续设置“次要关键字”和“第三关键字”。

(7) 如果想进一步设置排序选项，可单击该对话框的“选项”按钮，弹出如图 3-116 所示的对话框。

其中各选项功能如下：

- “分隔符”组合框：选择用于分隔域所使用的字符，Word 可以识别由制表符或逗号分隔的域。用户也可以在“其他字符”选项中设置特殊的域分隔符，文档将按所设置的分隔符来分隔各个域。
- “仅对列排序”复选框：该复选框仅对表格排序时起作用。如果选定整个表或段落，则该选项不能使用。
- “区分大小写”复选框：设置该选项后，可将大写单词排列在小写单词之前。

图 3-116 “排序选项”对话框

• “排序语言”列表框：选择进行排序的语言。

(8) 设置完成，单击“确定”按钮，系统自动输出排序结果。

3.5.5 表格的计算

在 Word 2016 中，提供了对表格进行简单计算的功能，包括加、减、乘、除、求和、求平均值、求最大值等。这些表格计算可以利用“公式”对话框来完成。

Word 表格中，单元格的排列方式与 Excel 中单元格排列方式一致，即列标识从左到右用字母 A、B、C、D 等来表示，行标识从上到下用 1、2、3、4 等来表示，如图 3-117 所示表格中，P-1 产品的单价 654 所在单元格位于第二行第二列，即用 B2 表示，下面以完成下表计算为例说明 Word 表格计算的步骤与方法：

产品型号	单价（元）	销售数量	销售额(元)
P-1	654	123	
P-2	1652	84	
P-3	2098	111	
P-4	2341	66	
合计			

图 3-117 表格计算样表

(1) 计算销售数量合计：将插入点放置在 C6 单元格，执行“表格工具/布局”→“数据”→“公式”命令，弹出“公式”对话框，如图 3-118 所示。Word 默认公式为 SUM(ABOVE)即为向上求和，与题意相符，单击“确定”按钮，完成计算。

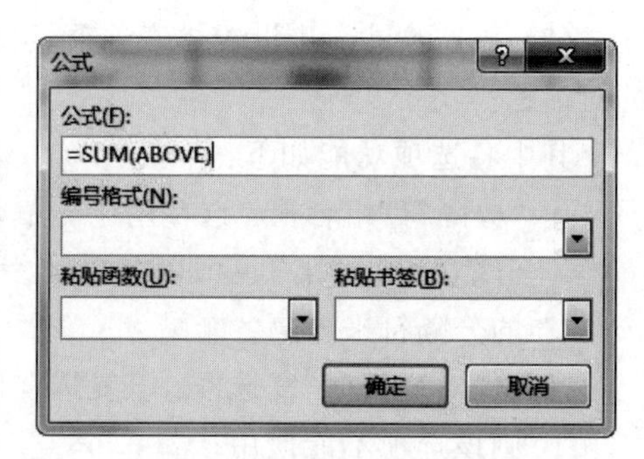

图 3-118 “公式”对话框

注意：*可以通过输入 LEFT(左边数据)、RIGHT(右边数据)、ABOVE(上边数据)、BELOW(下边数据)来指定数据的计算方向。如 SUM(LEFT)表示左边数据求和。*

(2) 计算销售额：插入点放置在D2单元格，执行“表格工具/布局”→“数据”→“公式”命令，弹出“公式”对话框，输入公式＝B2＊C2，单击“确定”按钮，完成计算，如图3-119所示。

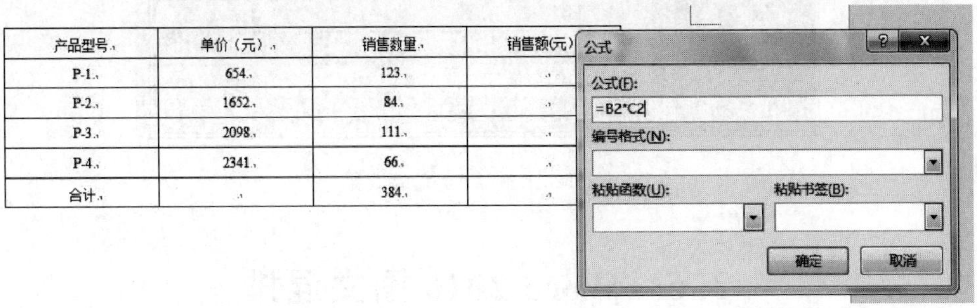

产品型号	单价（元）	销售数量	销售额(元)
P-1	654	123	
P-2	1652	84	
P-3	2098	111	
P-4	2341	66	
合计		384	

公式
公式(F):
=B2*C2
编号格式(N):
粘贴函数(U):
粘贴书签(B):
确定 取消

图3-119 自定义公式

注意：在“公式”文本框中，不仅可以使用函数利用表示方向单词进行规则函数计算，也可以直接输入表示单元格名称的标识及运算符自定义公式，如C6公式文本框中也可以输入SUM(C2：C6)来计算。

(3) 计算D3单元格：重复执行步骤(2)，并将公式中B2＊C2修改为B3＊C3；同样操作完成D4与D5单元格中公式计算。

【例3-13】 创建文档，输入图3-117所示表格内容。设置表格居中；表格列宽为3厘米，行高0.4厘米；并将表格中所有文字设置为水平居中；合并最后一行1、2列两个单元格；为表格设置内置样式为网格表5深色－着色1；设置表格外框线为1.5磅蓝色双窄线，内框线0.75磅蓝色单实线；完成表格所有的公式计算。

操作步骤如下：

(1) 设置表格对齐。选中整个表格，执行“开始”→“段落”→“居中”命令；或执行“表格工具/布局”→“表”→“属性”命令，在打开的“表格属性”对话框中“表”选项卡的“对齐方式”区域选择“居中”，设置完成，单击“确定”按钮。

(2) 设置表格列宽与行高。选中表格所有列，在“表格工具/布局”选项卡“单元格大小”功能区“宽度”文本框中输入3厘米，“高度”文本框中输入0.9厘米。

(3) 设置表格内容对齐方式。选中表格内所有单元格，执行“表格工具/布局”→“对齐方式”→“水平居中”命令。

(4) 合并单元格。选中最后一行第1、2列两个单元格，执行“表格工具/布局”→“合并”→“合并单元格”命令；或在选中范围上右击，在弹出的快捷菜单中选择“合并单元格”选项。

(5) 设置表格自动套用格式。选中整个表格，单击“表格工具/设计”选项卡“表格样式”下拉按钮，打开表格样式列表，在样式网格中选择“网格表5深色－着色1”并单击。

(6) 设置表格外侧框线属性。单击表格，在“设计”选项卡“边框”功能区中，设置“笔样式”为“双窄线”；“笔画粗细”为“1.5磅”；“笔颜色”为“蓝色”；选中整个表格内部，在“边框”下拉列表中选择“外侧框线”，设置表格外部线条效果。

(7) 设置表格内部框线。设置“笔样式”为“单实线”；“笔画粗细”为0.75磅；“笔颜色”为“蓝色”；在“边框”下拉列表中选择“内部框线”设置表格内部线条效果。

(8) 参照上文完成表格计算。

(9) 保存文件，完成设置，效果如图3-120所示。

产品型号	单价(元)	销售数量	销售额(元)
P-1	654	123	80442
P-2	1652	84	138768
P-3	2098	111	232878
P-4	2341	66	154506
合计		384	

图 3-120　例 3-14 完成效果

3.6　Word 2016 图文混排

Word 作为优秀的文字处理软件之一，能在文档中插入各种图形、图表、艺术字等对象，实现图文混排的效果。利用 Word 进行排版，用户可以创建图文并茂，内容丰富的文档。

在 Word 2016 中可以插入的对象很多，包括各类图片、图形对象(形状、SmartArt 图形、文本框、艺术字等)、图表等。通常使用“插入”选项卡实现这些对象的插入。

3.6.1　插入图片

Word 2016 插入图片的功能非常强大，不仅可以来自本地计算机，而且还可以来自扫描仪、数码相机、屏幕截图或联机网站。在文档中适当插入一些图片，不仅能使文档美观大方，还能增加可读性。

1. 插入图像文件

用户可以直接在文档中插入图像文件。Word 支持多种常用的图像格式，如.jpg、.bmp、.tif、.gif、.png 等十多种。

插入图像文件的步骤如下：

(1) 移动插入点到需要放置图片的位置。

(2) 执行“插入”→“插图”→“图片”命令，弹出如图 3-121 所示的“插入图片”对话框。

(3) 在“插入图片”对话框中，通过指定文件存放路径、文件名、文件类型等查找所需图片。

(4) 找到图片文件后，选中需插入的图片文件，单击“插入”按钮即可实现。

Word 默认将图片嵌入到文档中保存，插入图片后文件长度会大大增加。可选取“插入”按钮右侧的下拉选项，选择“链接文件”，以链接方式插入图片所在的位置，文件名等链接信息。注意，当原图片文件移动或改名时将会造成文档中图片的丢失。

2. 插入联机图片

用户可以利用 Office 网站提供的大量联机图片，满足更多需求。

插入联机图片操作方法如下：

(1) 移动插入点到需要放置联机图片的位置。

(2) 执行“插入”→“插图”→“联机图片”命令，弹出如图 3-122 所示的“插入图片”对话框。

(3) 在“必应图像搜索”文本框输入关键字，如“计算机”，单击搜索按钮，搜索结果如图 3-123 所示。

图 3-121 “插入图片”对话框

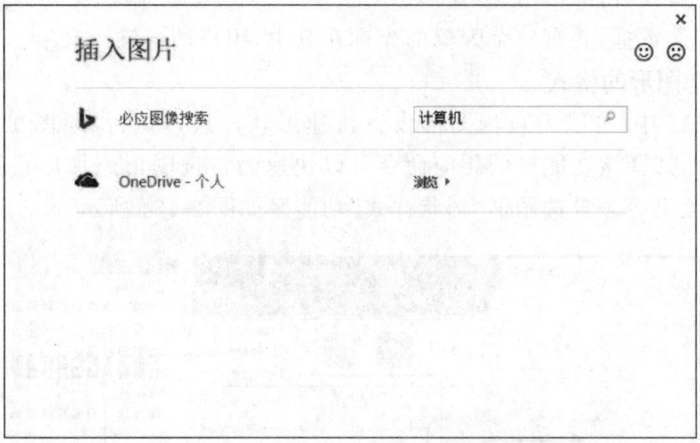

插入图片

必应图像搜索 计算机

OneDrive - 个人 浏览 ▸

图 3-122 “插入图片”对话框

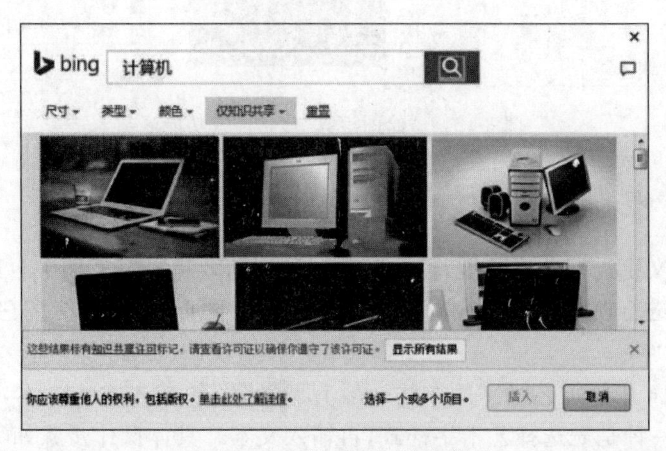

图 3-123 “联机图片”搜索结果

(4) 找到需要图片后,先单击选中图片,然后单击"插入"按钮,完成联机图片的插入。

3.6.2 绘制形状

Word 2016 中的自选图形包括线条、基本形状、箭头总汇、流程图、标注、星与旗帜等 6 种。可以满足用户绘制自选图形的需求。

1. 插入自选图形

Word 2016 提供了一套现成的基本图形,可以在文档中直接使用这些图形,并可以对生成的图形进行组合或编辑。

绘制自选图形的操作步骤如下:

(1) 执行"插入"→"插图"→"形状"命令,在展开的下拉列表中选择"线条""矩形""基本形状""箭头总汇""公式形状""标注""流程图""星与旗帜"等形状中的一种。

(2) 将鼠标指针移动到文中插入图形的位置,此时鼠标指针会变成十字形状,拖动鼠标到所需的大小。即可在文档中绘制出选定的图形。

2. 为自选图形添加文本

在用户绘制的任何一个自选图形中,都可以添加文字,无论该图形是否是标注。用户选定了图形的形状后,右击图形对象,在弹出的快捷菜单中选择"添加文字"选项,会自动在图形上方出现一个文本框,并有一个闪烁的光标在其中,用户即可输入文字。

3. 设置自选图形的格式

在 Word 2016 中,可以为自选图形设置快速形状样式。执行"绘图工具"→"格式"→"形状样式"命令,选择该功能区的相应命令可以快速为自选图形添加形状样式、形状填充、形状轮廓、形状效果等。自选图形"形状样式"功能区如图 3-124 所示。

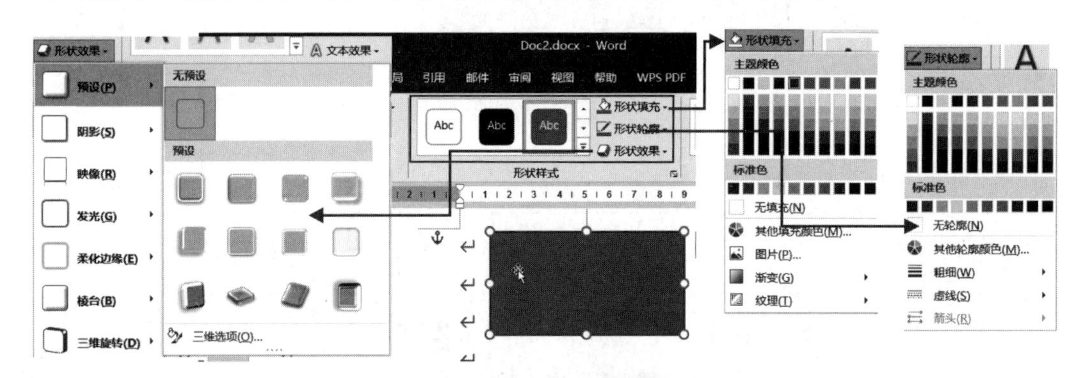

图 3-124 "绘图工具"形状样式功能区

3.6.3 插入艺术字

艺术字是对文字进行艺术处理,使之产生一种特殊效果。在文档中,可以对艺术字的样式、位置、大小等进行设置,在 Word 中的艺术字是一种图形对象,不能把它作为文本对待。

1. 插入艺术字

在 Word 2016 中添加艺术字的方法一般有两种,一种是先输入文本,再将文本应用于艺术字样式;另一种是先选择艺术字样式,再输入文本。具体操作步骤如下:

方法 1：直接插入艺术字操作步骤

(1) 将插入点定位在需要插入艺术字的位置。

(2) 执行“插入”→“文本”→“艺术字”命令，在展开的下拉列表中选择相应的艺术字样式，如图 3-125 所示。

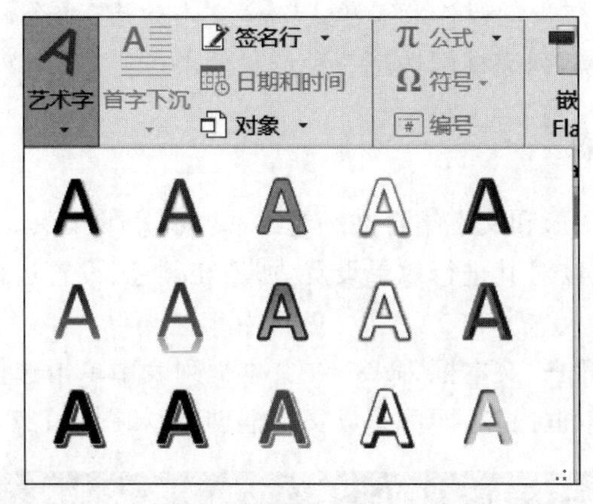

图 3-125　选择艺术字式样式

(3) 在艺术字文本框中输入艺术字内容。

(4) 设置艺术字的“字体”和“字号”，完成艺术字的插入。

方法 2：文本直接应用艺术字样式操作步骤

(1) 选中需要设置为艺术字的文本。

(2) 执行“插入”→“文本”→“艺术字”命令，在展开的下拉列表中选择相应的艺术字样式。

(3) 设置艺术字的“字体”和“字号”，完成艺术字的插入。

2. 设置艺术字样式

设置艺术字样式与设置图片样式的内容及操作基本一致，选定艺术字后，切换到“绘图工具格式”选项卡，在“艺术字样式”功能区中，单击“文本填充”“文本轮廓”“文本效果”按钮，可以对艺术字进行效果设置。或单击“艺术字样式”右下角小三角，打开“设置形状格式”面板，在面板中设置艺术字格式效果。“艺术字样式”功能区及“设置形状格式”面板如图 3-126 所示。

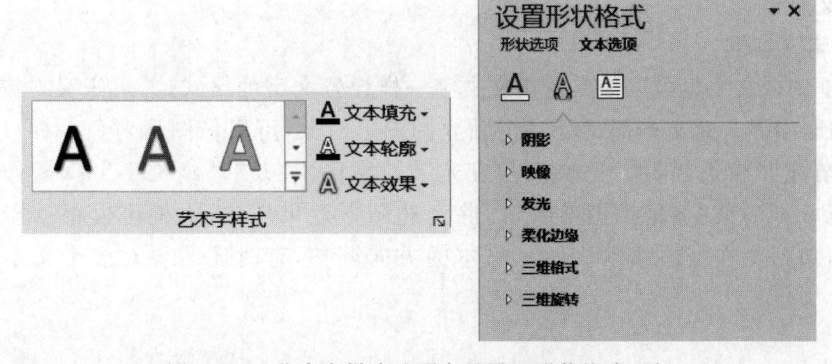

图 3-126　艺术字样式选项卡及设置形状格式面板

3. 设置艺术字形状

艺术字形状是艺术字的整体形状更改为跟随路径或弯曲形状。主要包括圆形、V 形、波形、弯弧形等。操作如下:

(1) 选中需要设置形状的艺术字文字。

(2) 执行“绘图工具格式”→“艺术字样式”→“文本效果”命令,在打开的下拉列表中选择“转换”选项,并在“转换”列表框中选择一种形状效果。

3.6.4 使用文本框

文本框是一种能将图形和文字结合在一起的非常有用的工具。同时由于文本框本身也是一个图形对象,所以可以对其进行效果设置,如填充颜色、设置边框等。

1. 插入文本框

执行“插入”→“文本”→“文本框”命令,在文本框列表中单击选择适合的文本框样式,然后在文本框区域输入文本框内容,即可完成文本框创建,如图 3-127 所示。

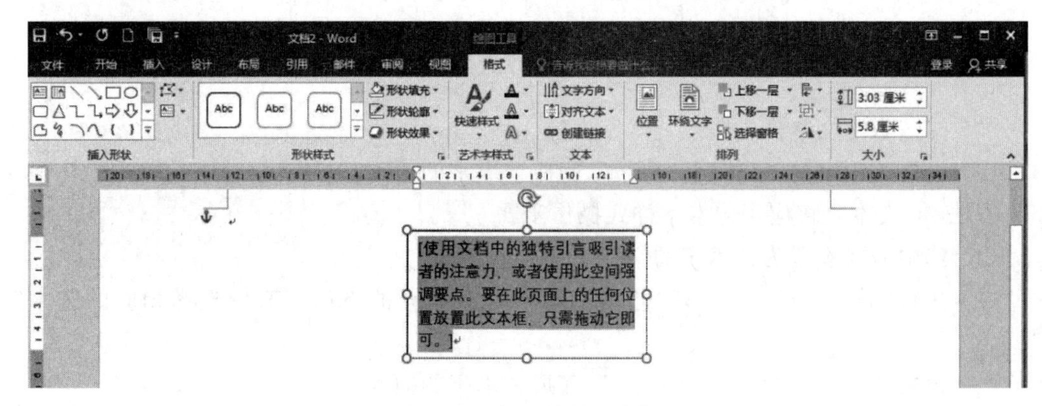

图 3-127 插入简单文本框

2. 绘制文本框

用户可以直接在 Word 文档中绘制文本框,包括“横排”和“纵排”两种。执行“插入”→“文本”→“文本框”→“绘制文本框”或者“绘制竖排文本框”命令,此时光标变成“+”形状,拖动鼠标,在文档中直接绘制一个适合区域的“横排”或“竖排”文本框,然后在文本框区域输入文本框内容,即可完成绘制文本框创建;也可以先选中已有文字,再使用绘制文本框的方法创建绘制文本框。

3. 编辑文本框

文本框中的文字也可以像其他正文文字一样设置文字的格式,并可定义对齐方式如居左、居右和居中等。而文本框又是一个独立的图形对象,可以像图形对象一样设置外观效果,包括“填充”“线条”“阴影”“映像”“发光”“三维格式”及“环绕文字”等,操作同图像设置,具体见 3.6.6 节“编辑插图对象”。除上述图形效果外,文本框可以根据需要及用途进行编辑,包括文本框的移动、复制、文本的方向调整,有时还需要对多个文本框之间建立链接。

1）文本框移动

文本框可以放置在任意位置，移动文本框需要将鼠标指针指向文本框边框线，当鼠标指针变成✥形状时，直接按下鼠标左键拖动文本框到目标位置即可。注意，对于无边框的文本框需要首先单击文本框内部任意位置将其激活，然后再执行移动操作。

2）文本框复制

复制文本框可以加速文本框的创建，复制时只需要先选中文本框，并按住 Ctrl 键，同时使用移动文本框的方法拖动文本框，即可实现文本框的复制。

3）文本框的链接

为了提高文本框的利用效率，可以将文字安排在不同的版面中，运用文本框的链接来实现高效处理。

文本框的链接操作步骤如下。

(1) 在文档中插入两个以上文本框。

(2) 选择第一个文本框，单击“图片格式工具”选项卡“文本”功能区的“创建链接”按钮 创建链接。

(3) 此时鼠标指针变为茶杯状，将鼠标指针移至第二个文本框内单击，这样就实现了这两个文本框之间的链接，如图 3-128 所示。

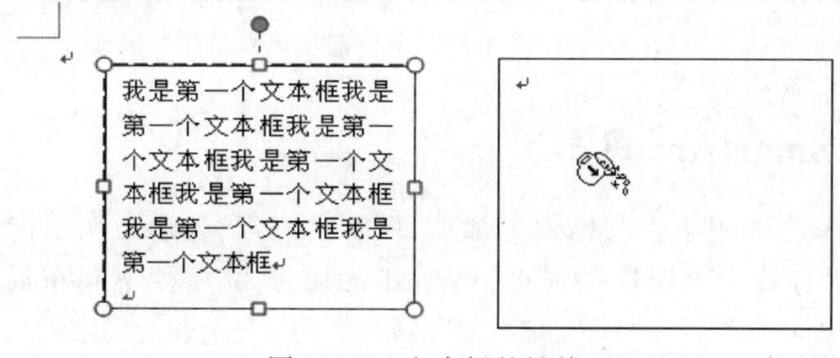

图 3-128　文本框的链接

(4) 如果需要，我们还可以设置第二个文本框和第三个文本框之间的链接，以此类推。

(5) 此时将一大段文本复制到第一个文本框内，多余的内容将自动被放置到第二、第三个文本框中。同样，删除任一文本框内的内容，其他文本框内的文本会自动填补过来。

注意：只有空的文本框才可以被设置为链接目标；如果要取消文本框间的链接，只需选中第一个文本框，单击“图片格式工具”选项卡“文本”功能区的“断开链接”按钮 断开链接 就可以了。

4）文本框的文字方向

在使用内置文本框时，需要设置文字方向为“竖排”或“横排”。

更改文字方向操作步骤为：

(1) 选择需要设置文本方向的文本框。

(2) 执行“图片工具格式”→“文本”→“文字方向”命令，在展开的下拉列表中选择一种文字方向样式，即可以将文本框中的文字方向进行转换，文本方向转换效果如图 3-129 所示。

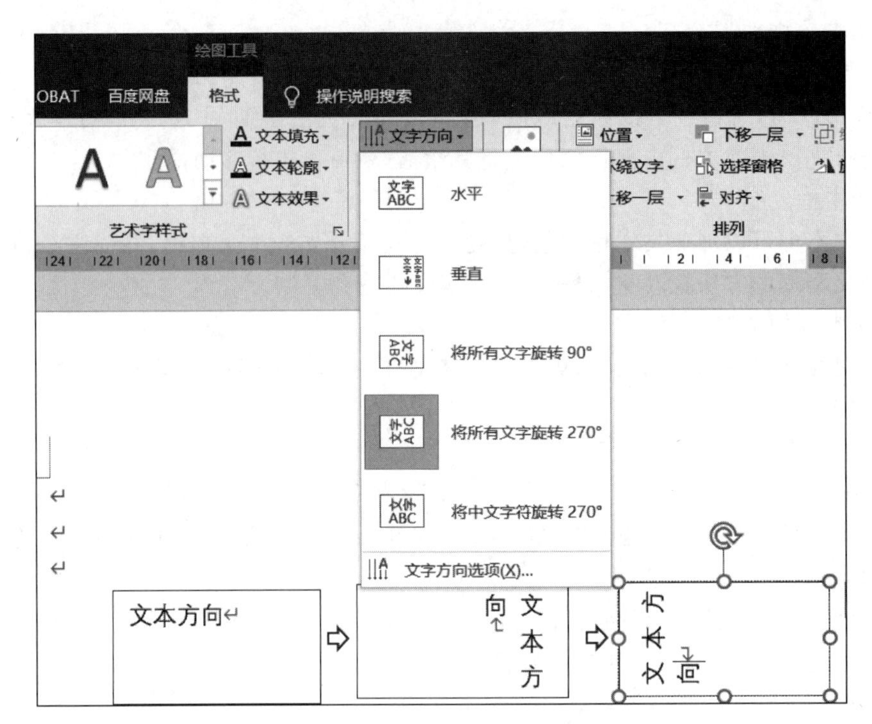

图 3-129　文本框文字方向更改及效果

3.6.5　使用 SmartArt 图形

SmartArt 图形主要用于在文档中列示项目、演示流程、表达层次结构或关系，并通过图形结构和文字说明有效传达信息和观点。Word 2016 提供多种不同布局样式的 SmartArt 图形，供用户按需选择。

1. 创建 SmartArt 图形

【例 3-14】 为例 3-4 中“Python 程序设计语言.docx”文档添加“IPO 程序编程方法”SmartArt 层次结构图，文本内容为“输入数据(Input)、处理数据(Process)、输出数据(Output)”。

操作步骤如下：

(1) 打开 Python 程序设计语言.docx 文档，执行“插入”→“插图”→SmartArt 命令，弹出“选择 SmartArt 图形”对话框，如图 3-130 所示。

(2) 在弹出的“选择 SmartArt 图形”对话框中，单击左侧的类别名称，选择“层次结构”，然后在对话框右侧项目中单击“水平多层层次结构”图形按钮，并单击“确定”按钮。

2. 添加文字

插入 SmartArt 图形后，用户需要为其添加文字，单击 SmartArt 图形左侧边框上展开与折叠箭头，展开文本窗格，即可进行文字的添加，也可以执行“设计”→“创建图形”→“文本窗格”命令，打开“在此处键入文字”文本窗格，进行文本的添加，如图 3-131 所示。

3. 更改 SmartArt 版式

更改 SmartArt 版式即是更改 SmartArt 显示效果，当用户选择的 SmartArt 图形版式不能满足应用要求时，可以先选择原 SmartArt 图形，然后执行“SmartArt 工具”→“设计”→

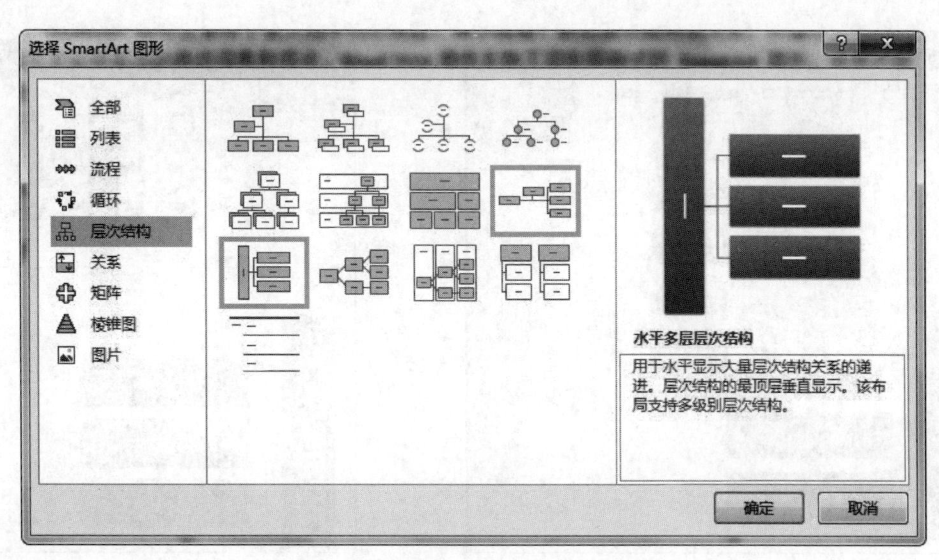

图 3-130 “选择 SmartArt 图形”对话框

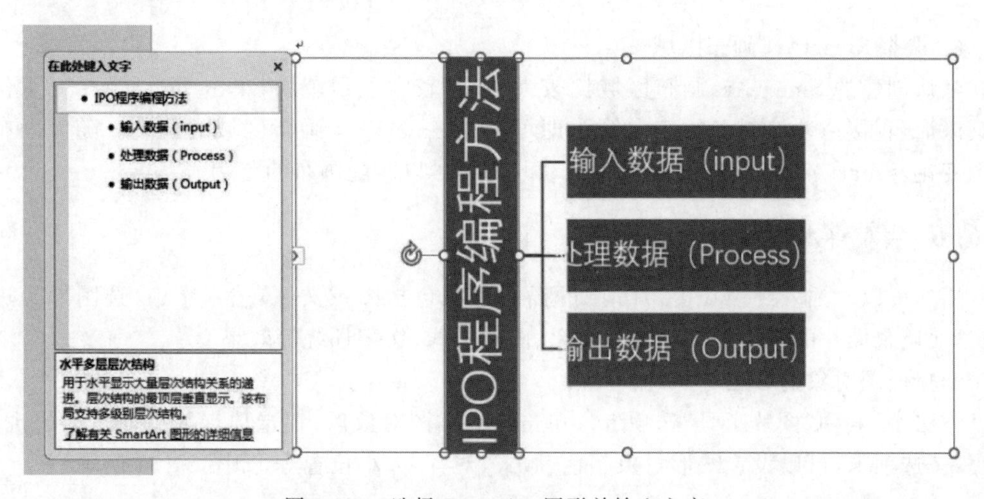

图 3-131 选择 SmartArt 图形并输入文字

“版式”命令，在版式列表面板中重新选择 SmartArt 图形布局版式；另外，也可以选择下拉列表中的“其他布局”选项，在弹出的“选择 SmartArt 图形”对话框中重新选择 SmartArt 图形布局版式。

4. 更改 SmartArt 图形的颜色

在“SmartArt 样式”选项功能区，可以为 SmartArt 设置颜色，单击“更改颜色”按钮，展开“主题颜色”列表，单击选择“彩色填充 个性色 1”，如图 3-132 所示。

5. 更改 SmartArt 图形样式

SmartArt 样式是不同格式选项的组合，主要包括文档的最佳匹配对象与三维共计 14 种样式，随着 SmartArt 图形颜色不同，样式也自动更改效果。更改样式效果如图 3-133 所示。

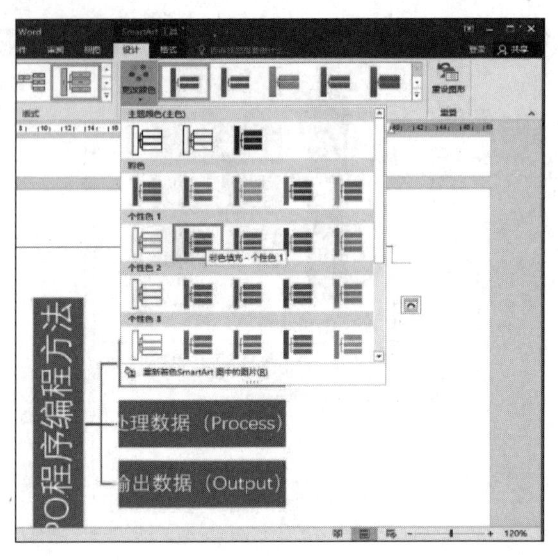

图 3-132　SmartArt 更改颜色列表

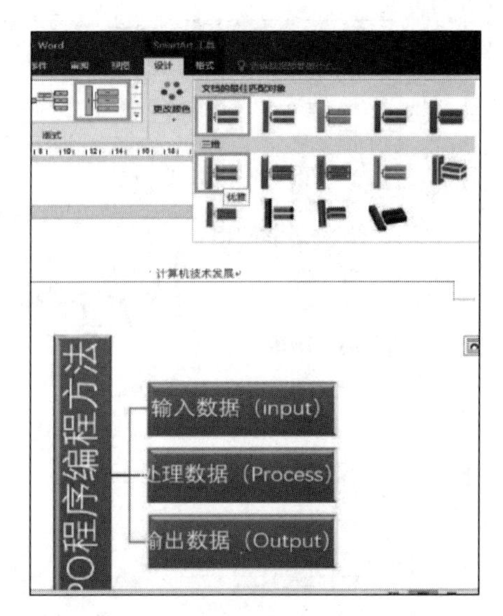

图 3-133　SmartArt 更改样式

6. 调整 SmartArt 画布区域

默认创建的 SmartArt 画布区域比较大,占据较大显示范围,单击 SmartArt 任意位置将其激活,直接拖动控制点的双向箭头即可实现 SmartArt 画布区域的调整。随着画布的范围变化,SmartArt 中输入的字符将自动改变字号以匹配画布的范围。

3.6.6　编辑插图对象

用户可以对插入到 Word 2016 中的插图对象包括图像文件、艺术字、自选图形等进行编辑,如调整图片的大小、颜色、艺术效果、图片样式、文字环绕等效果。

编辑插图对象的方法有三种:

方法 1:利用"图片工具"选项卡。单击任意插图对象后,在选项卡区后面自动出现"图片工具"选项卡,可以设置图形对象颜色、版式、对齐、大小位置等,如图 3-134 所示。

图 3-134　图片工具选项卡

方法 2:利用快捷菜单。右击任意插图对象,会弹出快捷菜单,可以设置对象的环绕方式、大小和位置。

方法 3:利用"设置图片格式"面板。可以设置插图对象阴影、映像、发光、柔化边缘、三维格式等。

1. 移动插图对象

(1) 将鼠标移至插图对象中,当鼠标指针变为✥时,在插图对象任意位置单击,图形四周会出现 8 个控点。

(2) 用鼠标将图形拖曳到新位置,或用键盘将图形移动到新位置。

注意：在移动图形时，按 Alt 键，可以实现图形的微调。

2. 缩放插图对象

(1) 单击选中图形，图形四周出现 8 个控点。

(2) 将鼠标指向控点，当鼠标变为水平、垂直、斜对角的双向空心双箭头时，拖动该控点即可改变该图形的水平、垂直或斜对角方向的大小。

(3) 选中图形后，直接在“图片工具”面板的“大小”工作区，高度与宽度文本框直接输入宽度与高度值可以直接进行图形对象的缩放。

3. 剪裁图片

如果只需要插图对象的一部分，可以对其进行裁剪。操作步骤如下：

(1) 在文档中单击插图对象，对象四周出现 8 个控点，执行“图片工具”→“格式”→“大小”→“裁剪”→“裁剪”命令。

(2) 此时对象四周出现裁剪控点，鼠标形状改变为，将变形的鼠标移到控点上，向内拖动控点，周围就会出现黑色的边框，用鼠标调整出适合图片范围后，单击文档非图片区域任意位置，结束裁剪图片操作。

(3) 若要恢复裁剪后的图片，可反方向拖动控点，或单击“撤销”按钮。

也可以在裁剪下拉列表中选择“裁剪为形状”选项，对图片对象按不规则外形进行裁剪。

4. 调整图片效果

Word“图片工具”面板“调整区”为用户提供了调整图片亮度、对比度、颜色等图片效果的功能，可以通过预览图片查看设置效果。操作步骤如下：

(1) 在文档中单击插入的插图对象，图形四周出现 8 个控点。

(2) 执行“图片工具”→“格式”→“调整”功能区的相应命令，设置图片效果。调整功能区命令如图 3-135 所示。其中：

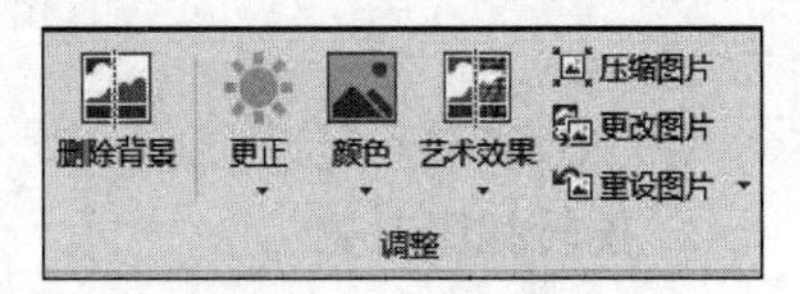

图 3-135 “绘图工具”调整功能区

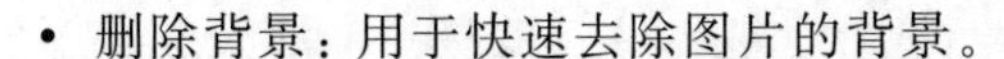

- 删除背景：用于快速去除图片的背景。
- 更正：用于调整图片的亮度和对比度。
- 颜色：用于调整图片的饱和度、色调等。
- 艺术效果：用于直接给图片添加快速艺术效果。

如果调整后图片不满意，可以单击“重设图片”将图片恢复成原始状态。

5. 应用图片样式

Word “图片工具”面板“图片样式”区为用户提供多种图片样式，用户可以快速对图片进行艺术处理、增加边框、设置图片效果等。

图片样式的设置方法为：

(1) 在文档中单击插入的图片，图形四周出现 8 个控点。

(2) 执行“图片工具”→“格式”→“图片样式”功能区的各项命令，可以设置图片的外观样式、图片的边框样式、图片效果等。

6. 设置插图对象的位置和文字的环绕方式

大多时候插入到文档当中的各种插图对象与文档中文字的相对位置都不一定很合适，需要对文字环绕位置进行调整。具体操作步骤如下：

(1) 选中需要设置相对位置的对象。

(2) 单击“图片工具”→“格式”→“排列”→“位置”按钮，在展开的下拉列表中选择合适的文字环绕方式。也可以单击列表中的“其他布局选项”命令，弹出“布局”对话框，设置图片的文字环绕方式，如图 3-136 所示。

图 3-136　图片“布局”对话框

(3) 单击“对齐”按钮，在展开的下拉列表框中选择适合图片对齐方式。

7. 旋转插图对象

利用 Word 的旋转功能可以对选定图形进行水平、垂直翻转，旋转 90 度等操作。

具体操作如下：

(1) 单击图形对象，选定图形。

(2) 单击“图片工具”→“格式”→“排列”→“旋转”按钮，在展开的下拉列表中选择“向左旋转 90”“向右旋转 90”“垂直翻转”“水平翻转”等方式中的一种，实现图片旋转。也可以直接选择图片，拖动“自由旋转”按钮，对图片对象进行任意角度的旋转。

3.7　Word 2016 长文档操作

编写一篇长文档尤其是学术论文或学位论文，不仅仅涉及文字、公式、表格、图形内容及格式的编辑，更需要考虑其内容的完整性和一致性。运用高级排版技术，在文档中插入分页、分节，使用样式，插入目录，统一标注，将更能展现长文档排版的规范性。

3.7.1　样式的使用

样式是指用有意义的名称保存的字符格式和段落格式的集合，这样在编辑重复格式时，先创建一个该格式的样式，然后在需要的地方套用这种样式，就无须一次次地对它们进行重复的格式化操作了。使用样式后，无需过分关注格式问题，一切交由样式打理，可以节省很多时间，特别是长篇文章的排版中，优势将会非常明显。

Word 2016 预定义了标准样式，用户可以根据实际需要直接应用，也可以根据实际需要修改标准样式或重新定制样式。

1. 应用样式

Word 2016 预定义了上百种标准样式，用户也可以自行定义或修改标准样式，无论是哪种样式，都需要先创建样式并命名，然后由用户通过样式名进行调用与应用，操作步骤如下：

（1）选择需要应用样式的文本或段落。

（2）在“开始”选项卡“样式”功能区的快速样式库列表中选择需要应用的样式名单击，快速样式库列表如图 3-137 所示。

（3）快速样式库中没有想用的样式时，单击“样式”功能区右下角，展开样式库列表窗格，用户在其中通过拖动滚动条进行浏览并选择目标样式。样式库窗格如图 3-138 所示。

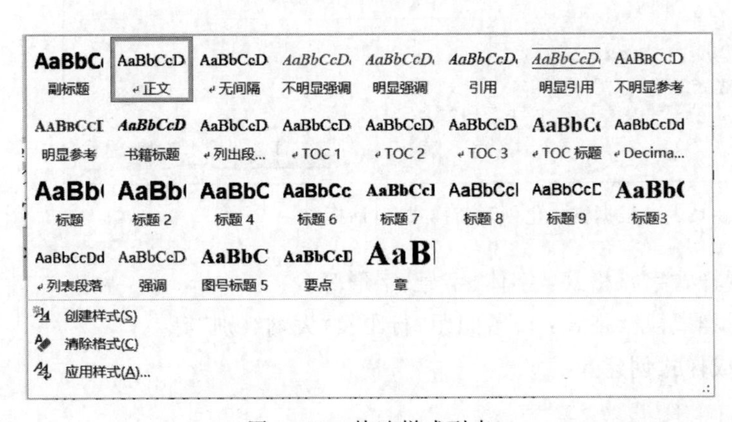

图 3-137　快速样式列表

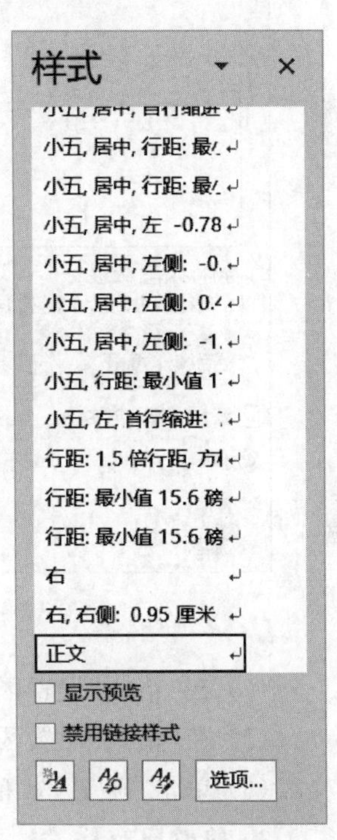

图 3-138　样式库列表窗格

2. 创建新样式

操作步骤如下：

（1）单击“开始”选项卡“样式”功能区右下角，展开样式库列表窗格。

（2）单击“新建样式”按钮，弹出“根据格式化创建新样式”对话框，如图 3-139 所示。

（3）在“名称”编辑框中输入新样式名，如“我的样式”；在“样式类型”下拉列表中选择样式类型，如“段落”；在“样式基准”和“后续段落样式”下拉列表中选择样式基准为“正文”或选择其他项目。

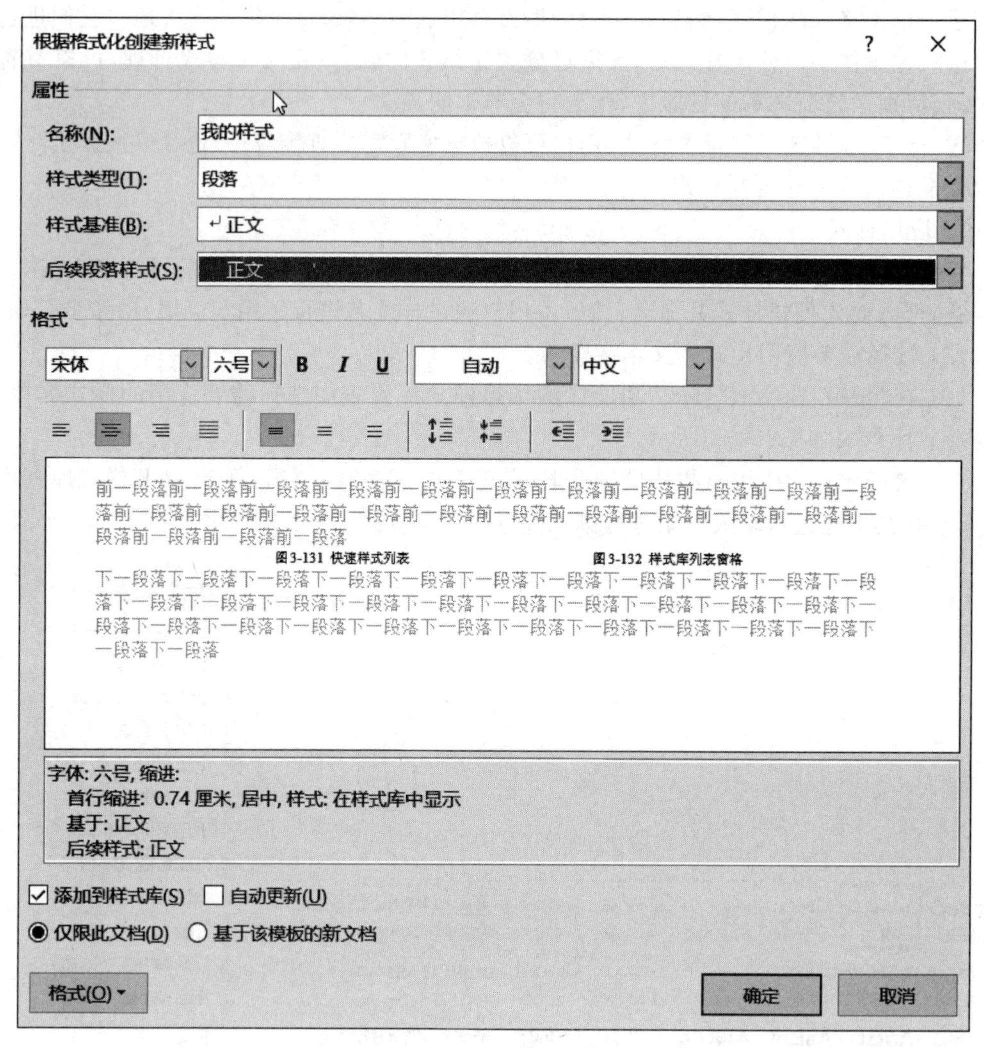

图 3-139 “根据格式化创建新样式”对话框

(4) 在“格式”设置区设置样式字符格式：字体、字号、字形等。

(5) 在“格式”设置区设置样式段落格式：段落间距、行距及“大纲级别”等。

(6) 单击“确定”按钮，完成样式创建。

3. 修改已有样式

操作步骤如下：

(1) 单击“开始”选项卡“样式”功能区右下角，展开样式库列表窗格。

(2) 鼠标指向需要修改的样式名称，在名称右侧出现的向下箭头按钮上单击，选择“修改样式”；或右击需要修改的样式，在弹出的快捷菜单中选择“修改样式”选项。

(3) 修改“属性”区内容设置。

(4) 在“格式”设置区设置样式字符格式：字体、字号、字形等。

(5) 在“格式”设置区设置样式段落格式：段落间距、行距及“大纲级别”等。

(6) 单击“确定”按钮，完成样式创建。

4. 删除样式

找到要删除的样式名称,右击,在弹出的快捷菜单中选择“从样式库中删除”选项即可。

3.7.2 设置题注

题注就是给图片、表格、图表、公式等项目添加的名称和编号。例如,本书中的图片,在图片下面输入了图编号和图题,这可以方便读者的查找和阅读。

使用题注功能可以保证长文档中图片、表格或图表等项目能够顺序地自动编号。如果移动、插入或删除带题注的项目时,Word 可以自动更新题注的编号。而且一旦某一项目带有题注,还可以对其进行交叉引用。

1. 插入题注

下面以在 Word 2016 文档中添加表格题注为例介绍 Word 2016 添加题注的操作。

插入题注的操作步骤如下:

(1) 打开文档选中准备插入题注的表格,执行“引用”→“题注”→“插入题注”命令。

用户还可以在选中整个表格后右击表格,在弹出的快捷菜单中选择“插入题注”选项。

(2) 弹出“题注”对话框,如图 3-140 所示,在“题注”文本框中会自动出现“表格 1”字样,用户可以在其后输入被选中表格的名称。然后单击“编号”按钮,弹出如图 3-141 所示的“题注编号”对话框。

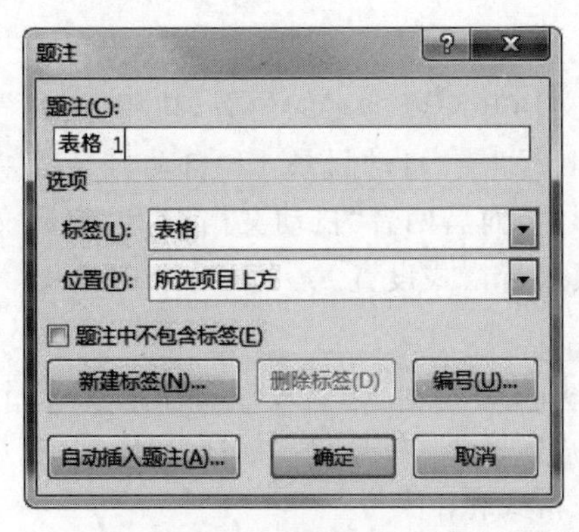

图 3-140 “题注”对话框

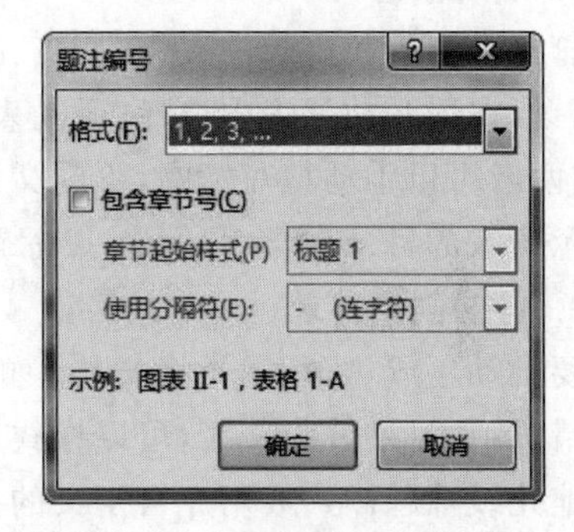

图 3-141 “题注编号”对话框

(3) 在“题注编号”对话框中,单击“格式”下拉三角按钮,选择合适的编号格式。如果选中“包含章节号”复选框,则标号中会出现章节号。设置完毕,单击“确定”按钮。

(4) 返回“题注”对话框,如果选中“题注中不包含标签”复选框,则表格题注中将不显示“表”字样,而只显式编号和用户输入的表格名称。单击“位置”下拉三角按钮,在位置列表中可以选择“所选项目上方”或“所选项目下方”。设置完毕,单击“确定”按钮。

插入的表格题注默认位于表格左上方,用户可以在“开始”功能区设置对齐方式(如居中对齐)。

2. 自动插入题注

在文档中插入图片、公式或图表等项目时,可以设定 Word 自动给插入的项目加上题注。要实现自动为项目添加题注的功能,可以按照下述步骤进行:

(1) 打开如图 3-140 所示的“题注”对话框,单击“自动插入题注”按钮,弹出“自动插入题注”对话框,如图 3-142 所示。

(2) 在“插入时添加题注”列表框中选择要添加题注的项目。

(3) 在“使用标签”列表框中选择所需标签。

(4) 在“位置”列表框中选择题注出现位置。

(5) 如果要修改用于题注的编号格式,请选择“编号”按钮,再选择需要的编号格式。

(6) 如果没有合适的标签选择,可以单击“新建标签”创建新的标签。

(7) 设置完成,单击“确定”按钮。

图 3-142 “自动插入题注”对话框

当用户在文档中再次插入设定了“自动题注”对象时,将自动将题注按顺序加入文档中。

3.7.3 设置文档目录

制作书籍、写论文、做报告的时候,做目录是必须的。在 Word 2016 中不仅可以手动创建目录,还可以通过 Word 2016 自动生成目录,制作出条理清晰的目录,制作的方法也是非常简单。

1. 手动创建目录

打开需要创建目录的文档,并将光标放置在文档开头或结尾的位置,执行“引用”→“目录”命令,在展开的列表中选择“手动表格”“手动目录”或“自动目录 1”“自动目录 2”中的一项,前两者可以手动填写标题,不受文档内容的影响,而后两者“自动文档 1”和“自动文档 2”则表示插入的目录包含用“标题 1、标题 2…”样式进行格式设置。

2. 自动创建目录

要自动生成目录,需要将文档中的各级标题用快速样式库中的标题样式统一格式化。一般情况下,目录分为 3 级,可以样式库中相应的“标题 1”“标题 2”“标题 3”样式,也可以使用其他几级标题样式或用户自定义的标题样式来格式化。

插入自动生成目录时,执行“引用”→“目录”命令,在下拉列表中选择“插入目录”选项,在弹出如图 3-143 所示的“目录”对话框中,设置所需的目录显示级别及格式,设置完成,单击“确定”按钮。

【例 3-15】 有如图 3-144 所示标题文字,为其设置自动生成 3 级标题样式。

操作步骤如下:

(1) 为各级标题设置标题样式。选定标题文字“第 3 章 文字处理软件-Word 2016”,执行“开始”→“样式”→“标题 1”命令。

(2) 用同样方法依次设置“3.1 Word 2016 概述”为“标题 2”样式,其余设置为“标题 3”样式。

(3) 移动光标到目录插入的位置,执行“引用”→“目录”→“自动目录 1”命令,完成目录插入。效果如图 3-145 所示。

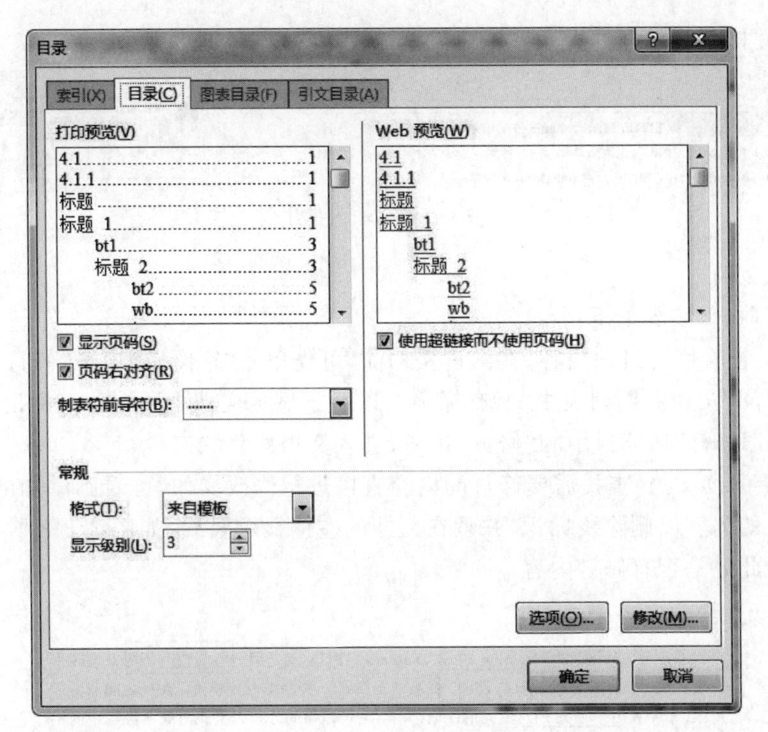

图 3-143 “目录”对话框

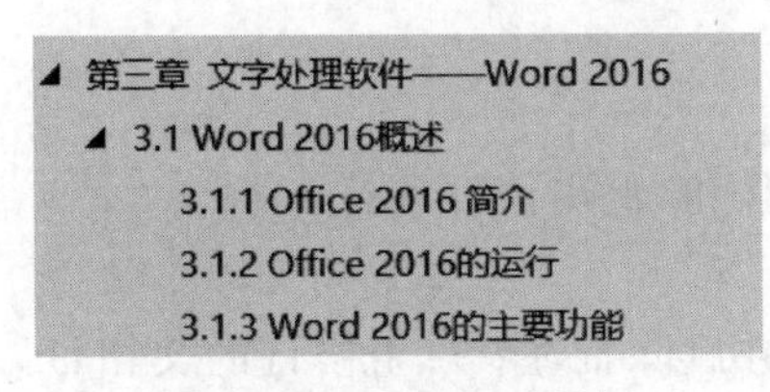

图 3-144 “目录”对话框

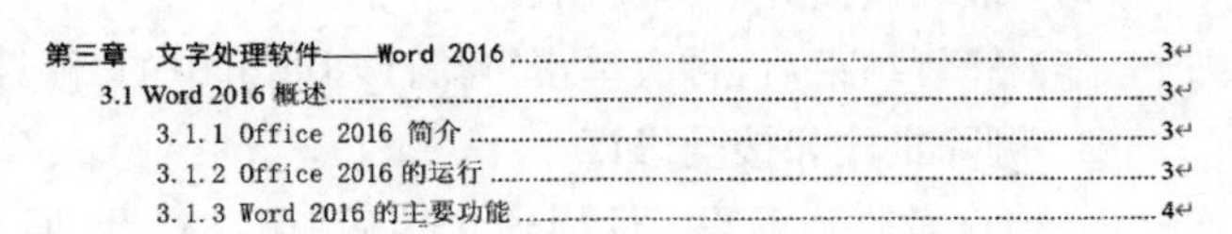

图 3-145 自动生成目录示例效果

3.7.4 审阅的使用

Word 2016 提供的文档审阅功能主要包括两个方面，一是文档审阅者可以通过为文档添加批注的方式，对文档的某些内容提出自己的看法和意见；二是文档审阅者在文档修订模式下修改原文档，而文档作者可决定是接受修改还是拒绝。

1. 添加批注

利用 Word 的批注功能，审阅者可以很方便地在文档中插入对某些内容的说明或建议。

操作步骤如下：

(1) 将插入点置于要添加批注的文本位置，或选中要添加批注的文本块，然后单击“审阅”选项卡“批注”功能组的“新建批注”按钮，如图 3-146 所示。

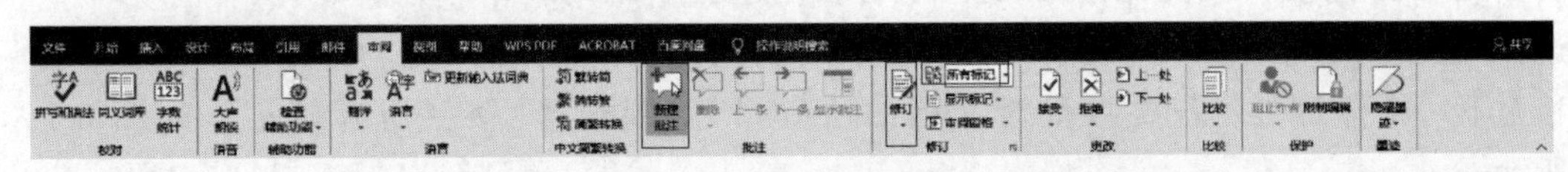

图 3-146 “审阅”选项卡

(2) 在文档右侧打开的批注框中输入批注文本,如图 3-147 所示。

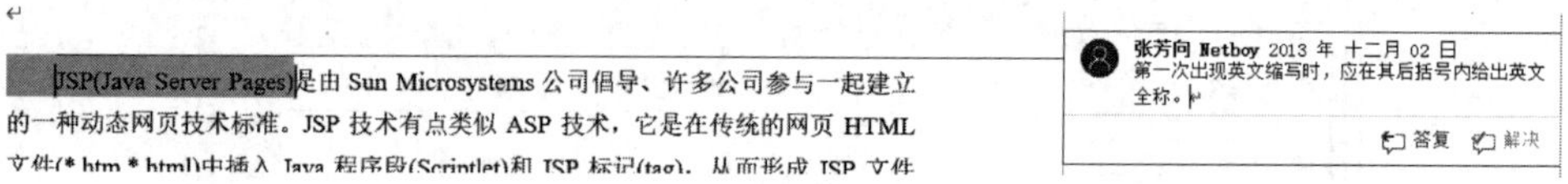

JSP(Java Server Pages)是由 Sun Microsystems 公司倡导、许多公司参与一起建立的一种动态网页技术标准。JSP 技术有点类似 ASP 技术，它是在传统的网页 HTML 文件(*.htm,*.html)中插入 Java 程序段(Scriptlet)和 JSP 标记(tag)，从而形成 JSP 文件

张芳向 Netboy 2013 年 十二月 02 日
第一次出现英文缩写时，应在其后括号内给出英文全称。
答复 解决

图 3-147 输入批注

2. 修订文档

文档修订操作步骤如下:

(1) 为了查看修订过的内容,在修订文档前,可先单击“审阅”选项卡“修订”功能组中的“显示以供审阅”按钮右侧列表中“所有标记”,以便于显示文档中所有修订标记项。

(2) 单击“修订”功能组中的“修订”按钮,进入文档修订状态。

(3) 开始阅读文档,查找需要修订的内容直接进行修改操作,可看到添加的内容以下画线标识,删除的内容以删除线标识,并且在文档的左侧显示竖线,如图 3-148 所示,凭此竖线标识,可判断此处是否有修订内容。

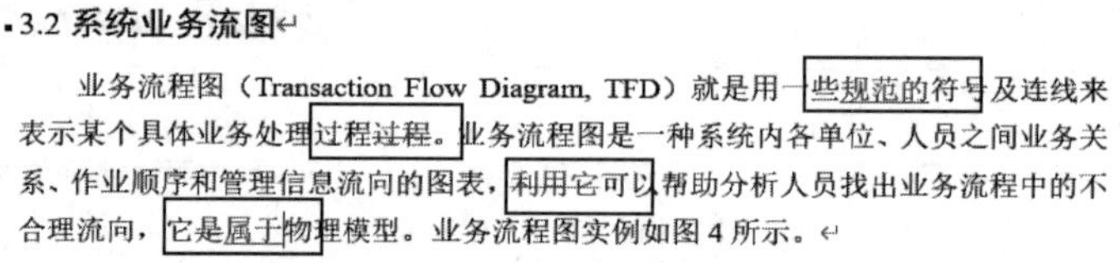

3.2 系统业务流图

业务流程图（Transaction Flow Diagram, TFD）就是用一些规范的符号及连线来表示某个具体业务处理过程过程。业务流程图是一种系统内各单位、人员之间业务关系、作业顺序和管理信息流向的图表，利用它可以帮助分析人员找出业务流程中的不合理流向，它是属于物理模型。业务流程图实例如图 4 所示。

图 3-148 修订文档

(4) 继续阅读并修订文档。

(5) 修订结束后,再次单击“修订”功能组中的“修订”按钮,退出修订状态。

3. 删除批注和接受修订

文档作者收到审阅者返回的文档后,可以查看、回复并删除批注;对于修订的文档,可以接受修订或拒绝修订。操作步骤如下:

(1) 回复批注。为文档添加了批注后,文档作者可以在批注框中回复批注,用以和审阅者交流修改意见。只需单击回复批注框中“答复”按钮,然后输入答复内容即可。

(2) 查看批注。单击“审阅”选项卡“批注”功能组中的“上一条”“下一条”按钮可以查看文档中其他批注。

(3) 删除批注。将插入点置于需要删除的批注框中,单击“审阅”选项卡“批注”功能组中的“删除”按钮,可以删除当前批注或文档中所有批注,如图 3-149 所示。

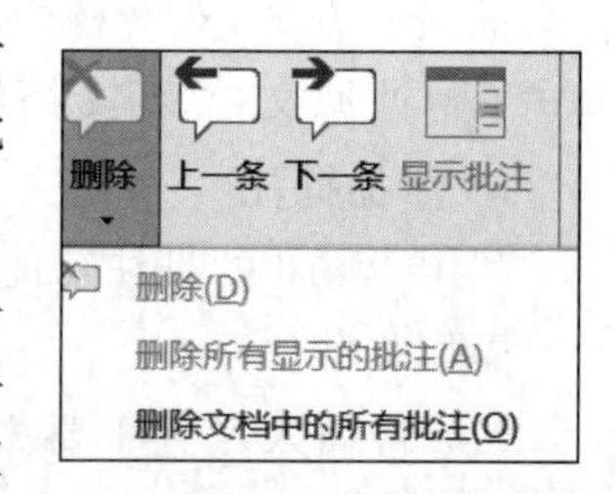

图 3-149 删除批注

(4) 接受修订。对于修订文档,如果要接受修订,可将插入点移至要接受修订的文本处或选中要接受修订的文本,然后单击“审阅”选项卡“更改”功能组中的“接受”下方小三角按钮,在展开的列表中选择“接受此修订”选项;若在“接受”下拉列表中选择“接受并移至下一处”选项,可接受选中的修订并将插入点移至下一个修订处;若要接受对文档的所有修订,则选择“接受所有修订”,如图 3-150 所示。

(5) 拒绝修订。如果要拒绝对文档的某处修订或全部修订,只需与接受修订一样,执行“审阅”选项卡“更改”功能组中的“拒绝”按钮选项即可,如图 3-151 所示。

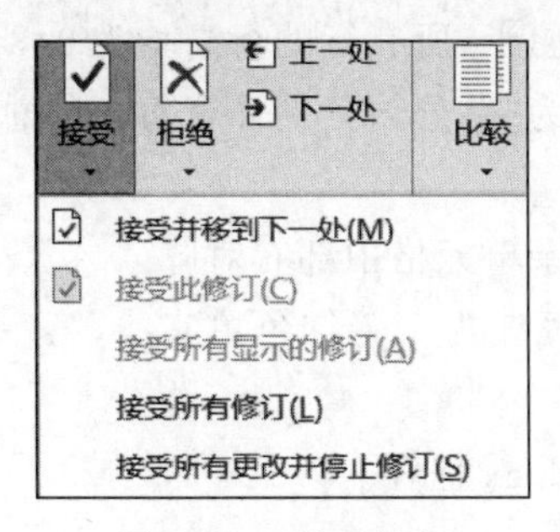

图 3-150 接受修订

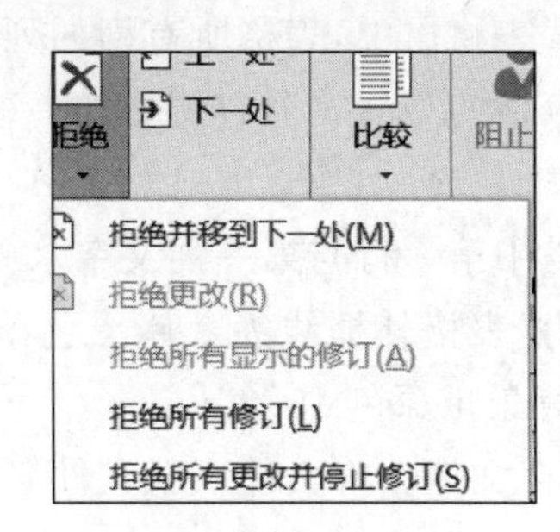

图 3-151 拒绝修订

3.8 Word 2016 综合操作案例

对 WORD.DOCX 文档中文字进行编辑、排版和保存,具体要求如下:

【文档开始】

第三代计算机网络——计算机互联网

第三代计算机网络是 Internet,这是网络互联阶段。20 世纪 70 年代局域网诞生并推广使用,例如以太网。

IBM 公司于 1974 年研制了 SNA(系统网络体系结构),其它公司也相继推出本公司的网络标准,此时人们开始认识到存在的问题和不足:各个厂商各自开发自己的产品、产品之间不能通用、各个厂商各自制定自己的标准以及不同的标准之间转换非常困难等。这显然阻碍了计算机网络的普及和发展。

成绩单

姓名	计算机	电子商务	英语
张品	78	88	70
李力	88	76	78
周正新	98	85	77
赵霞	67	90	89
王珊珊	74	78	80

【文档结束】

对文档中的文字进行编辑、排版和保存,具体要求如下:

(1) 将标题段(第三代计算机网络——计算机互联网)文字设置为楷体,四号,红色字,并添加绿色阴影边框、黄色底纹、居中。

(2) 设置正文各段落(第三代计算机网络是 Internet……计算机网络的普及和发展。)左右各缩进 1 字符、行距为 1.2 倍;各段落首行缩进 2 字符;将正文第二段(IBM 公司……网络的普及和发展。)分为等宽三栏、首字下沉 2 行。

(3) 为文本所有“网络”一词添加着重号。

(4) 设置文档页眉为“计算机网络”,字号大小为小五号。在页面底端添加“带状物”页码。

(5) 设置表格标题“成绩单”的文本效果为“渐变填充;蓝色,主题色 5;映像”;并为其添加脚注,内容为“2020—2021 学年第 1 学期成绩”。

(6) 将文中后 6 行文字转换为一个 6 行 4 列的表格。

(7) 设置表格居中,表格所有列的列宽均为 2 厘米,所有行的行高均为 0.8 厘米。

(8) 在表格的最后一列右侧增加一列,列标题为“总分”,分别计算每人的总分并填入相应的单元格内。

(9) 表格中第一行与第一列文字水平居中,其余单元格中部右对齐。

(10) 设置表格外框线为 3 磅黑色单实线,内框线为 1 磅红色单实线,第一行的底纹设置为“白色,背景 1 深色 15%”。

(11) 保存文件。将文件以新文件名 Wordlx.docx 保存。

操作解析

【步骤 1】 设置标题段字体及对齐属性。选中标题段文本,在“开始”选项卡“字体”功能区“字体”列表中选择“楷体”;“字号”列表选择四号;“字体颜色”列表选择红色;选中标题段文本,在“开始”功能区“段落”分组中单击“居中”按钮。

【步骤 2】 设置标题段边框和底纹属性。选中标题段文本,在“开始”选项卡“段落”功能区单击“下框线”下拉列表,选择“边框和底纹”选项,弹出“边框和底纹”对话框,单击“边框”选项卡,选中“阴影”选项,在“颜色”中选择绿色,在“应用于”中选择“文本”,单击“底纹”选项卡,选中填充色为黄色,设置“应用于”为“文字”,单击“确定”按钮。效果如图 3-152 所示。

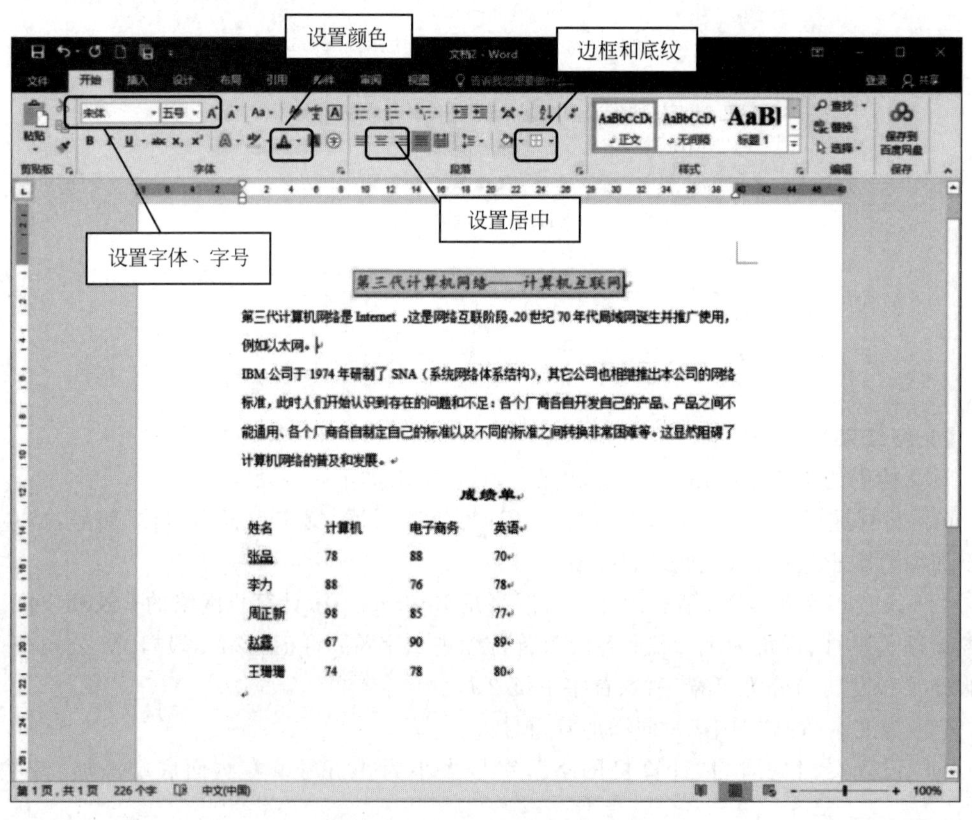

图 3-152　设置标题段文字效果

【步骤 3】 设置段落属性。选中正文所有文本(标题段不要选),单击“开始”选项卡“段落”功能区右下角“段落设置启动器”按钮,弹出“段落”对话框。单击“缩进和间距”选项卡,在“缩进”选项组中设置“左侧”为“1 字符”,在“右侧”中输入“1 字符”,在“特殊格式”中选择“首行缩进”,在“缩进值”中选择“2 字符”,在“行距”中选择“多倍行距”,在“设置值”中输入 1.2,单击“确定”按钮,“段落”设置如图 3-153 所示。

【步骤 4】 设置段落分栏。选中正文第二段,执行“布局”→“页面设置”→“栏”→“三栏”命令,分栏设置方法及设置后效果如图 3-154 所示。

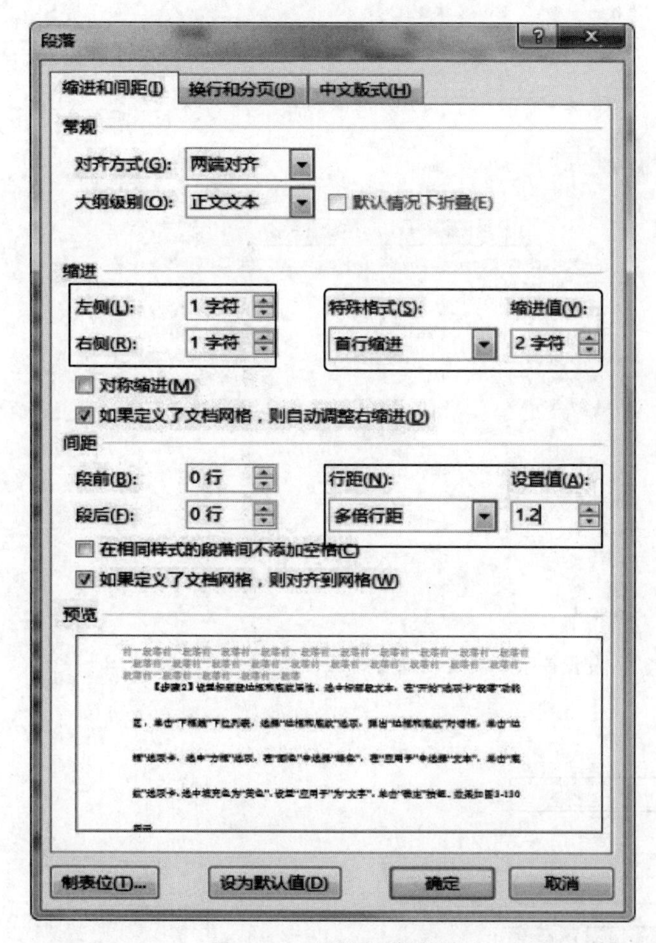

图 3-153 设置段落效果

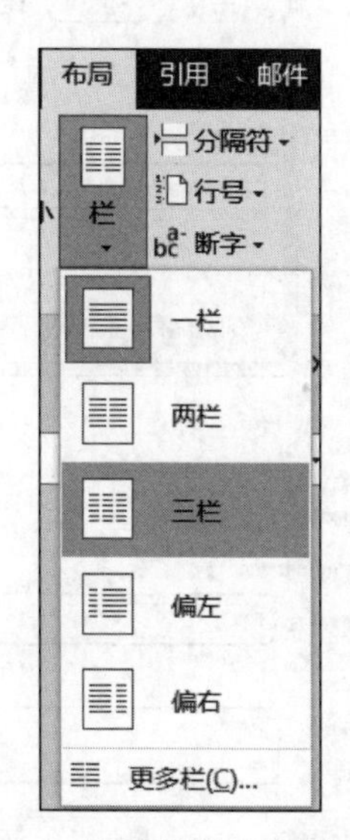

图 3-154 设置分栏及分栏后效果

【步骤 5】 设置首字下沉。选中正文第二段,执行“插入”→“文本”→“首字下沉”→“首字下沉选项”命令,弹出“首字下沉”对话框,单击“下沉”图标,在“下沉行数”中输入“2 行”,单击“确定”按钮,设置首字下沉及设置后效果如图 3-155 所示。

【步骤 6】 查找和替换。单击“开始”选项卡“编辑”功能区中的“替换”按钮,弹出“查找和替换”对话框,在“查找内容”和“替换为”文本框中均输入“网络”,并单击“更多”按钮,在展开的扩展面板中设置“格式”→“字体”,弹出“字体”对话框,选择“着重号”,单击“确定”按钮返回“查找替换”对话框,单击“全部替换”按钮,替换完成,单击“取消”按钮。设置查找和替换及设置后效果如图 3-156 所示。

第三代计算机网络——计算机互联网

第三代计算机网络是 Internet，这是网络互联阶段。20 世纪 70 年代局域网诞生并推广使用，例如以太网。

IBM 公司于 1974 年研制了 SNA(系统网络体系结构)，其它公司也相继推出本公司的网络标准，此时人们开始认识到存在的问题和不足：各个厂商各自开发自己的产品、产品之间不能通用、各个厂商各自制定自己的标准以及不同的标准之间转换非常困难等。这显然阻碍了计算机网络的普及和发展。

成绩单

姓名	计算机	电子商务	英语
张晶	78	88	70
李力	88	76	78
周正新	98	85	77
赵露	67	90	89
王珊珊	74	78	80

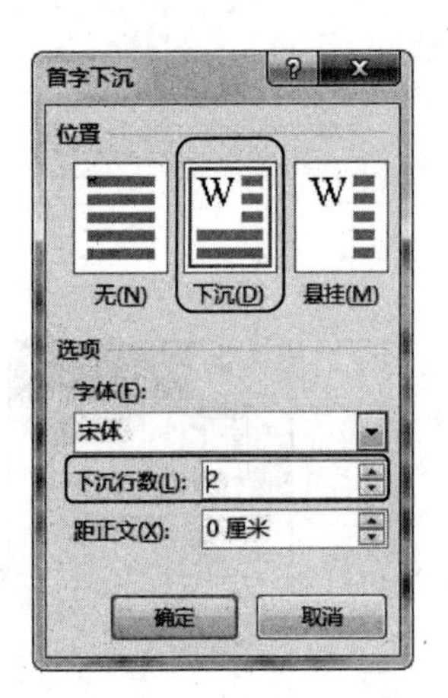

第三代计算机网络——计算机互联网

第三代计算机网络是 Internet，这是网络互联阶段。20 世纪 70 年代局域网诞生并推广使用，例如以太网。

IBM 公司于 1974 年研制了 SNA(系统网络体系结构)，其它公司也相继推出本公司的网络标准，此时人们开始认识到存在的问题和不足：各个厂商各自开发自己的产品、产品之间不能通用、各个厂商各自制定自己的标准以及不同的标准之间转换非常困难等。这显然阻碍了计算机网络的普及和发展。

成绩单

姓名	计算机	电子商务	英语
张晶	78	88	70
李力	88	76	78
周正新	98	85	77
赵露	67	90	89
王珊珊	74	78	80

图 3-155　设置首字下沉及设置后效果

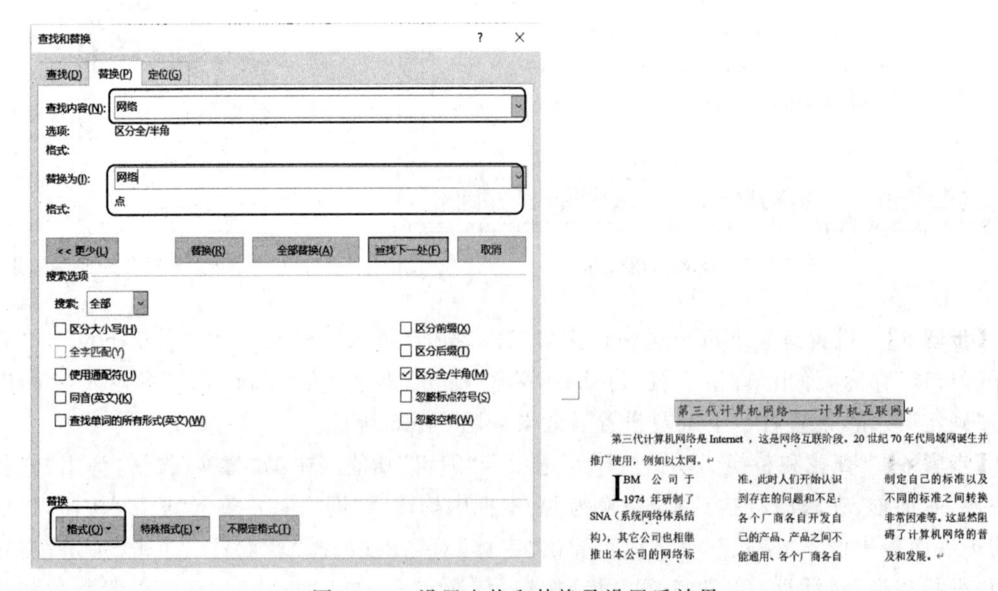

图 3-156　设置查找和替换及设置后效果

【步骤 7】 插入页眉。执行“插入”→“页眉和页脚”→“页眉”命令的下拉列表，选择“空白”选项，输入“计算机网络”，选中页眉文本，右击，在弹出的快捷菜单中选择“字体”选项，设置字号为小五号，单击“确定”按钮，然后单击“页眉页脚工具”选项卡中的“关闭页眉和页脚”按钮，效果如图 3-157 所示。

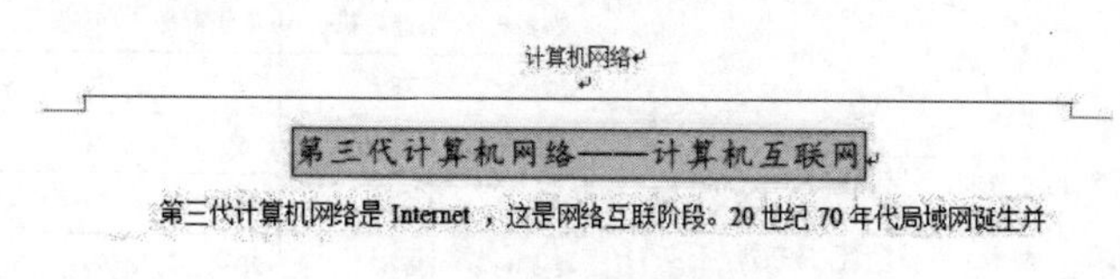

图 3-157 设置页眉

【步骤 8】 插入页码。执行“插入”→“页眉和页脚”→“页码”→“页面底端”→“带状物”命令，在页面底端添加页码。单击“页眉页脚工具”→“关闭页眉和页脚”按钮，效果如图 3-158 所示。

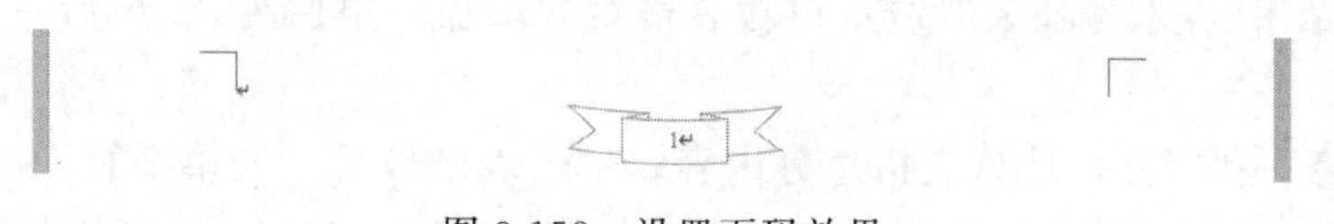

图 3-158 设置页码效果

【步骤 9】 设置表格标题。选中表格标题“成绩单”，执行“开始”→“字体”→“文本效果和版式”命令，在展开的列表中选择“渐变填充；蓝色，主题色 5；映像”文本效果。

【步骤 10】 添加脚注。光标置于成绩单的末尾，执行“引用”→“脚注”→“插入脚注”命令，并在页面底端输入脚注内容“2020—2021 学年第 1 学期成绩”。设置脚注后效果如图 3-159 所示。

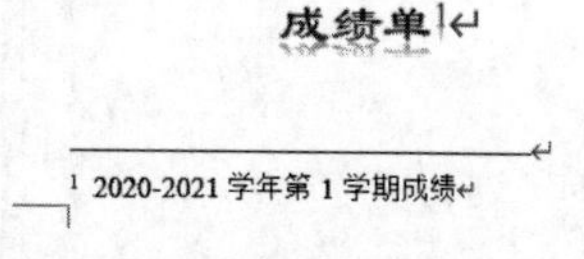

图 3-159 设置表格标题效果

【步骤 11】 文本转换为表格。选中正文中最后 6 行文本，执行“插入”→“表格”→“表格”命令，选择“文本转换成表格”选项，弹出“将文字转换成表格”对话框，单击“确定”按钮。

【步骤 12】 设置表格对齐属性。选中表格，执行“开始”→“段落”→“居中”命令。文字转换表格对话框及设置表格居中后效果如图 3-160 所示。

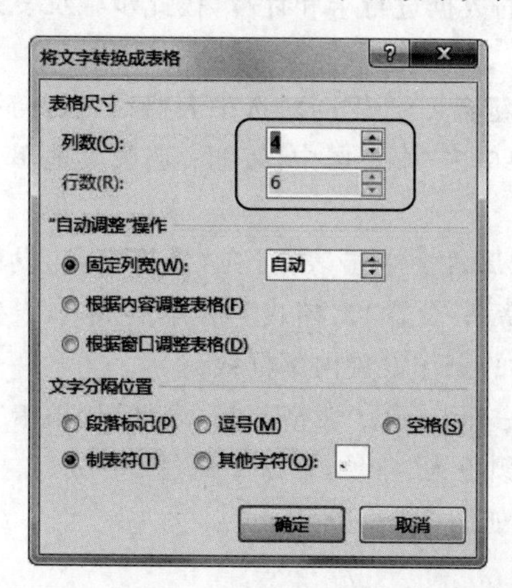

成绩单

姓名	计算机	电子商务	英语
张晶	78	88	70
李力	88	76	78
周正新	98	85	77
赵露	67	90	89
王珊珊	74	78	80

图 3-160 文本转换为表格对话框及转换效果

【步骤 13】 设置表格行高与列宽。选中表格，分别在“表格工具/布局”选项卡“单元格大小”功能区的“宽度”文本框中输入“2 厘米”；“高度”文本框中输入“0.8 厘米”。行高及列宽设置及效果如图 3-161 所示。

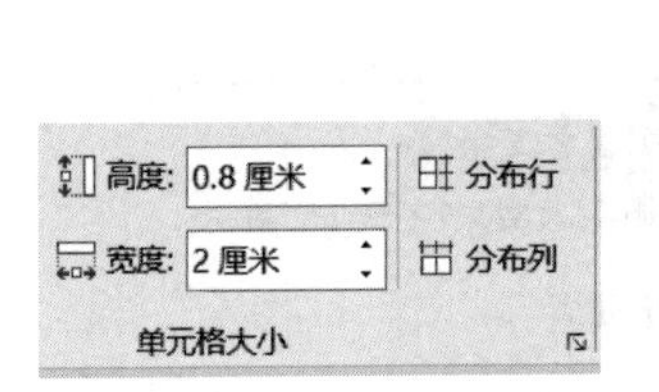

姓名	计算机	电子商务	英语
张晶	78	88	70
李力	88	76	78
周正新	98	85	77
赵露	67	90	89
王珊珊	74	78	80

图 3-161 设置表格行高与列宽

【步骤 14】 为表格增加列。选中表格的最右侧一列，在“表格工具/布局”选项卡“行和列”功能组中单击“在右侧插入”按钮，可在表格右方增加一空白列，在最后一列的第一行输入“总分”。

【步骤 15】 利用公式计算表格总分内容。单击表格最后一列第 2 行，在“表格工具/布局”选项卡“数据”功能组中单击“公式”按钮 f_x，弹出“公式”对话框，在“公式”中输入“=SUM(LEFT)”，单击“确定”按钮。公式设置如图 3-162 所示。

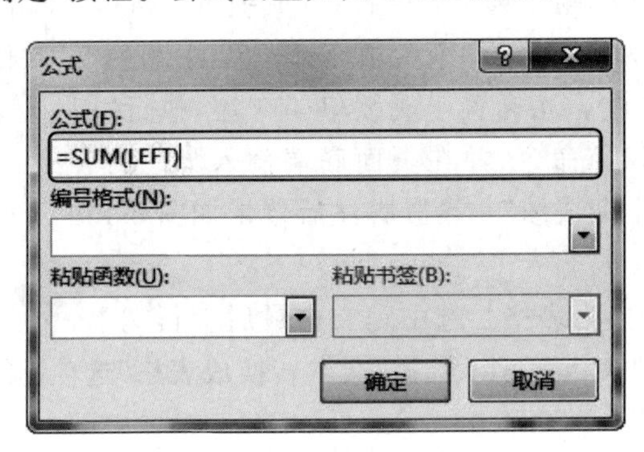

图 3-162 公式设置

注：SUM(LEFT)中的 LEFT 表示对左方的数据进行求和计算，按此步骤反复进行，直到完成所有行的计算。

【步骤 16】 设置表格内容对齐方式。按住键盘 Ctrl 键同时选中表格第一行与第一列，在“表格工具/布局”选项卡“对齐方式”功能组中单击“水平居中”按钮；选中其他单元格，设置对齐方式为“中部右对齐”。

【步骤 17】 设置表格外侧框线和内部框线属性。单击表格，在“表格工具/设计”选项卡“绘图边框”功能区中，设置“笔画粗细”为“3 磅”；设置“笔样式”为“单实线”；设置“笔颜色”为黑色；边框线应用于“外部框线”。按同样的操作设置内部框线。

【步骤 18】 设置单元格底纹。选中表格第一行，执行“表格工具/设计”选项卡“表格样式”功能区底纹命令，在展开的列表中选择底纹颜色为“白色，背景 1 深色 15%”。

【步骤 19】 保存文件。文档设置完成效果如图 3-163 所示。

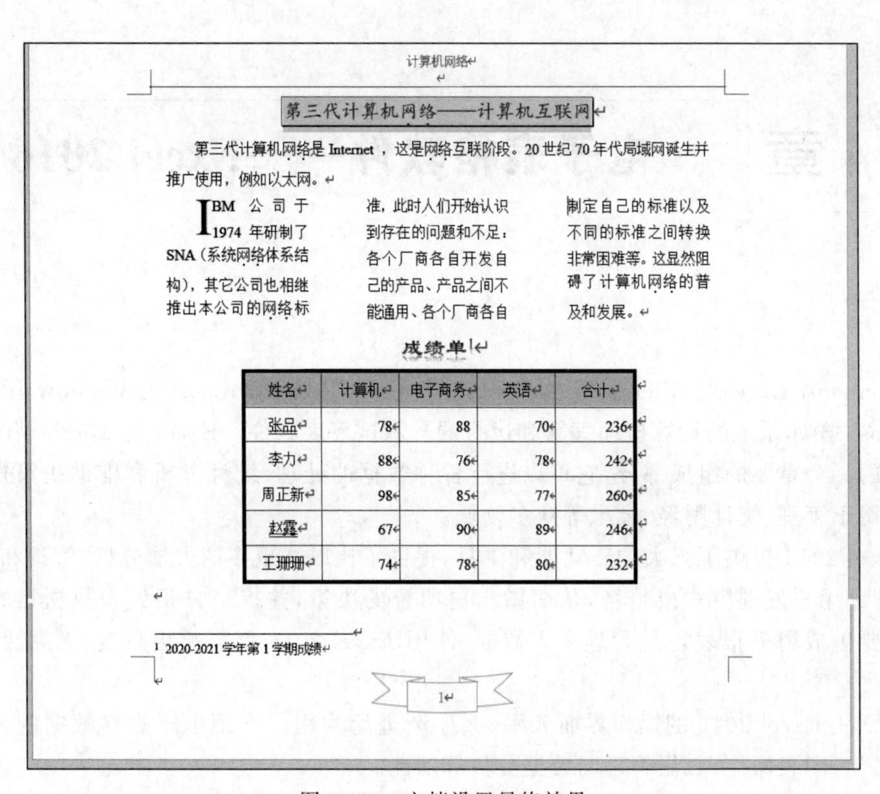

计算机网络

第三代计算机网络——计算机互联网

第三代计算机网络是 Internet，这是网络互联阶段。20 世纪 70 年代局域网诞生并推广使用，例如以太网。

IBM 公司于 1974 年研制了 SNA（系统网络体系结构），其它公司也相继推出本公司的网络标准，此时人们开始认识到存在的问题和不足：各个厂商各自开发自己的产品、产品之间不能通用、各个厂商各自制定自己的标准以及不同的标准之间转换非常困难等。这显然阻碍了计算机网络的普及和发展。

成绩单[1]

姓名	计算机	电子商务	英语	合计
张品	78	88	70	236
李力	88	76	78	242
周正新	98	85	77	260
赵霞	67	90	89	246
王珊珊	74	78	80	232

[1] 2020-2021 学年第 1 学期成绩

1

图 3-163 文档设置最终效果

第 4 章　电子表格软件——Excel 2016

Microsoft Excel 是 Microsoft Office 的组件之一，是由 Microsoft 为 Windows 和 Apple Macintosh 操作系统的计算机而编写和运行的一款试算表软件。Excel 是 Microsoft 办公套装软件的一个重要的组成部分，它可以进行各种数据的处理、统计分析和辅助决策操作，广泛地应用于管理、统计财经、金融等众多领域。

Excel 2016 提供了强大的新功能和工具，提供了比以往更多的方法分析、管理和共享信息，可帮助用户发现模式或趋势，从而做出更明智的决策，并提高分析大型数据集的能力。无论是要生成财务报表还是管理个人数据，使用 Excel 2016 都能够更高效、更灵活地实现目标。

本章从 Excel 2016 的操作界面入手，循序渐进地为用户介绍电子表格数据的创建、编辑、格式化、图表操作、数据管理与数据分析等功能。

4.1　Excel 2016 简介

Excel 2016 是在 Windows 环境下运行的系列软件之一，它继承了 Windows 应用软件的优秀风格，为用户提供了一个新颖、独特、友好的操作界面，下面先了解 Excel 2016 的工作窗口和常用术语。

4.1.1　Excel 2016 工作窗口

Excel 2016 的启动和退出与 Word 2016 类似。最常用的启动方法为：单击任务栏上的"开始"→"所有程序"→Excel 2016 选项，打开如图 4-1 所示的工作窗口。主要由功能区、公式编辑栏及单元格区域、状态栏等部分组成。

该窗口中各组成部分的功能与 Word 2016 类似，下面只介绍该窗口中不同于 Word 的几方面，即编辑栏、工作表区的使用方法。

1. 编辑区

编辑区是 Excel 窗口特有的，用来显示和编辑数据和公式。编辑区位于选项卡功能区下方，由名称框、插入函数按钮 fx 和编辑框三部分组成。

1) 名称框

位于编辑区的最左侧，用户可在该框中给一个或一组单元格命名。当用户选择单元格或单元格区域时，相应的地址或区域名也会显示在该名称框中。

图 4-1　Excel 2016 主界面工作窗口

2）插入函数按钮

位于编辑区的中间，当用户在右侧的数据框中输入数据时，即会出现 3 个工具按钮，分别为"取消"按钮、"输入"按钮和"插入函数"按钮。

(1)"取消"按钮：单击该按钮，可取消单元格中数据的输入操作。

(2)"输入"按钮：单击该按钮，可确认单元格中数据的输入操作。

(3)"插入函数"按钮：单击该按钮，可在单元格中快速插入函数。

3）编辑框

位于编辑区的最右侧。在单元格中编辑数据时，其内容会同时出现在编辑框中，如果是较长的数据，由于单元格默认的宽度通常不能显示完整，因此可以在编辑框中直接输入单元格中的内容或编辑数据和公式。

2. 工作表区

Excel 2016 工作窗口中间最大的空白区域就是工作表区，用来放置工作表中数据。工作表区水平方向显示工作表的列号，从 A 开始，依次向后编号；左侧显示行号，从 1 开始，依次向下编号；右侧是垂直滚动条，可拖动它上下移动显示工作表中的内容。

工作表区下方由工作表标签和水平滚动条组成。工作表标签用于显示工作簿中工作表的名称。单击标签名称，即可打开相应的工作表。用户也可以通过单击工作表标签左侧的标签滚动按钮，在工作表之间进行切换。

4.1.2　Excel 2016 中的常用术语

由于在同一个工作簿中可以包含多个工作表，每个工作表中又可以管理多种类型的信息。因此，在学习如何创建、编辑工作表之前，首先应了解有关工作簿、工作表及单元格的基本术语以及它们之间的相互关系。

1. 工作簿

工作簿是指 Excel 环境中用来存储并处理工作数据的文件,也就是说 Excel 文档就是工作簿。工作簿是 Excel 工作区中一个或多个工作表的集合,其扩展名为.xlsx。每个工作簿可以拥有许多不同的工作表,一个工作簿最多可以包含 255 个工作表。默认每个新工作簿中包含 1 个工作表,命名为 Sheet1,也可以根据需要,单击“文件”菜单下“选项”中的“常规”选项卡设置新建工作簿时的默认工作表参数。

每个工作表中的内容相对独立,通过单击工作表标签可以在不同的工作表之间进行切换,工作表的名称可以修改,工作表的数量可以增减。

2. 工作表

工作表是显示在工作簿窗口中的表格。一个 Excel 2016 的工作表可以由 1048576(2^{20})行和 16384(2^{14})列构成。行的编号用 1~1048576 表示,列的编号依次用字母 A,B,C,…,X,Y,Z,AA,BB,…,XFD 表示。行号显示在工作簿窗口的左边,列号显示在工作簿窗口的上边。启动 Excel 2016 后,系统会自动创建一个名称为“工作簿 1”的新工作簿。默认的工作簿有 1 个工作表,用户可以根据需要添加、删改工作表,但每个工作簿中的工作表个数受可用内存的限制,当前的主流配置已经能轻松建立超过 255 个工作表了。

3. 单元格

单元格是工作表中行与列的交叉部分,它是组成工作表的最小单位,可拆分或者合并。单个数据的输入和修改都是在单元格中进行的。单元格按所在的行列位置来命名,例如,地址 B5 指的是 B 列与第 5 行交叉位置上的单元格。

在 Excel 中,活动单元格以加粗的黑色边框显示。当同时选择两个或多个单元格时,这组单元格被称为活动单元格区域或当前单元格区域。单元格区域可以是连续的,也可以是彼此分离的位置。

4.2 工作簿的基本操作

Excel 2016 的基本操作主要是对工作簿和工作表的操作。本节主要介绍工作簿的创建、保存、加密和管理。

4.2.1 创建工作簿

当用户启动 Excel 2016 时,系统会自动创建一个新的名为“工作簿 1”的空白工作簿。如果要创建其他新的工作簿,可通过以下 3 种方法进行操作。

(1) 单击快速访问工作栏中的“新建”按钮 □。

(2) 执行“文件”→“新建”命令,在“可用模板”列表中选择“空白工作簿”选项,单击“创建”按钮。

(3) 使用 Ctrl+N 快捷键,可以快速创建空白工作簿。

Excel 也可以根据工作簿模板来创建新的工作簿,操作与 Word 类似。

4.2.2 保存工作簿

创建完工作簿文件后,需要将其保存到磁盘上,以保存工作簿中的数据。用户可以使用以下 3 种方法保存工作簿。

(1) 如果是首次保存工作簿,执行“文件”→“保存”命令,会弹出“另存为”对话框,用户可在该对话框中输入文件名及保存路径,单击“保存”按钮即可。

(2) 如果用户已保存了工作簿,单击快速访问工具栏中的“保存”按钮 ,可保存工作簿中所做的修改工作。

(3) 如果用户要为当前工作簿以新文件名字或者路径来保存,可执行“文件”→“另存为”命令,在弹出的“另存为”对话框中输入新的文件名或者保存路径,单击“保存”按钮,即可将原工作簿以新文件名字或副本的方式进行保存。

4.2.3 加密工作簿

为了保护工作簿中的数据,不允许无关人员访问,可以为工作簿设置密码,实现工作簿的加密保护。操作步骤如下:

(1) 执行“文件”→“另存为”命令,弹出“另存为”对话框。

(2) 单击“加密(E)...”按钮,弹出“密码加密”对话框,如图 4-2 所示。

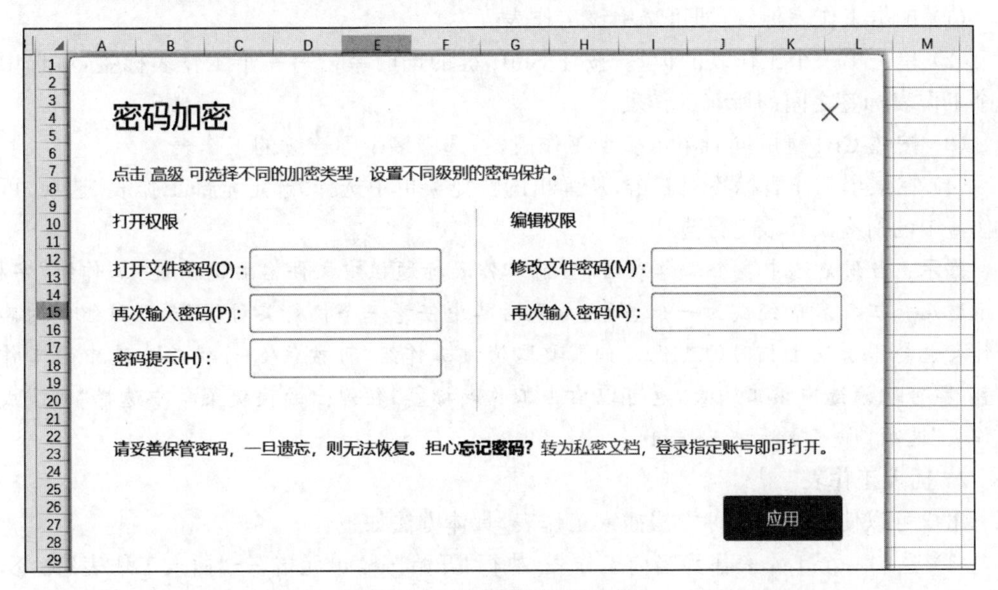

图 4-2 “密码加密”对话框

(3) 在该对话框的“打开文件密码”与“修改文件密码”文本框中输入密码,单击“应用”按钮。

(4) 在弹出的“另存文件”对话框中单击“保存”按钮,完成工作簿打开或修改的加密保护,如图 4-3 所示。

4.2.4 管理工作簿

默认情况下,一个新的工作簿中只包含 1 个工作表,用户可根据需要对工作簿中的工作表进行切换、添加、删除、命名、移动、复制等操作。

1. 选定工作表

对工作表进行复制、移动等操作之前,必须先将目标工作表选中,使其变成活动工作表,

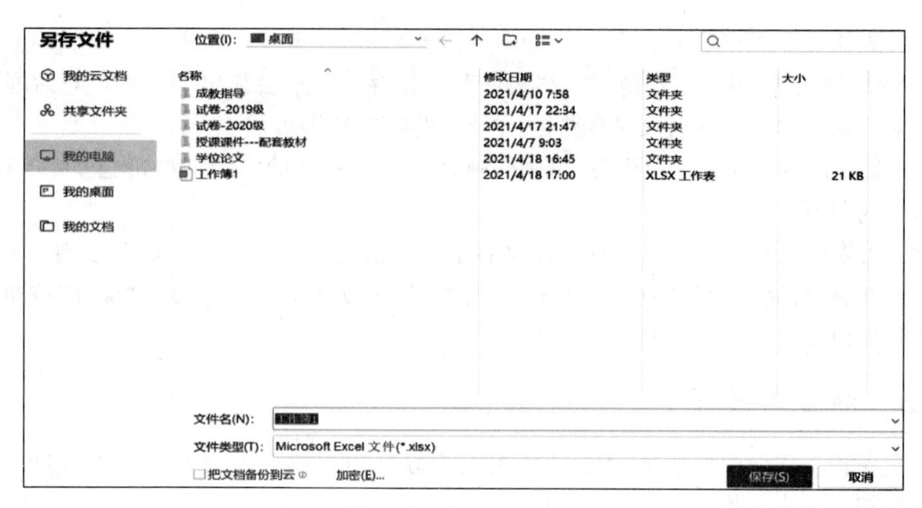

图 4-3 “另存文件”对话框

然后才能编辑工作表中的数据。用户可以使用以下 4 种方法选中工作表,具体方法如下:

(1) 单击工作表标签,即可选中该工作表。

(2) 单击第一个工作表的标签,按住 Shift 键的同时单击另一个工作表标签,可选中这两个工作表标签之间的所有工作表。

(3) 按住 Ctrl 键的同时单击多个工作表,可选中多个不连续的工作表。

(4) 在某个工作表标签上右击,从弹出的快捷菜单中选择“选定全部工作表”选项,可将工作簿中的所有工作表全部选中。

提示:当用户选中多个工作表后,当前工作表标题栏中文件名右侧出现“工作组”字样,表示这几个工作表已经成为一个整体,如果对其中任意一个执行某种操作,则该组中的其他工作表也会跟着发生相同的变化。如果要取消该工作组,可按住 Ctrl 键单击选中的工作表标签,即可取消选中该工作表,也可以右击工作表标签,在弹出的快捷菜单中选择“取消成组工作表”选项,即可取消该工作组。

2. 插入工作表

用户可以使用以下 3 种方法插入工作表,具体方法如下:

(1) 选中一个工作表作为当前工作表,执行“开始”→“单元格”→“插入工作表”命令,即可在当前工作表前面插入一个新工作表,且插入的工作表会成为当前工作表。若按住 Shift 键的同时,选中多个工作表,再执行“插入工作表”命令,则可创建与选中工作表数量相同的工作表。

(2) 右击活动工作表,在弹出的快捷菜单中选择“插入”选项,在弹出的“插入”对话框中选择“工作表”选项。

(3) 直接单击工作表标签右侧的“插入工作表”标签,即可完成工作表的快速插入,如图 4-4 所示。

注意:新插入的工作表名称按顺序排列,自动命名为 Sheet2,Sheet3……。

3. 移动和复制工作表

在使用 Excel 的过程中,用户既可以在同一个工作簿内移动和复制工作表,也可以在不同工作簿之间移动和复制工作表。具体操作如下:

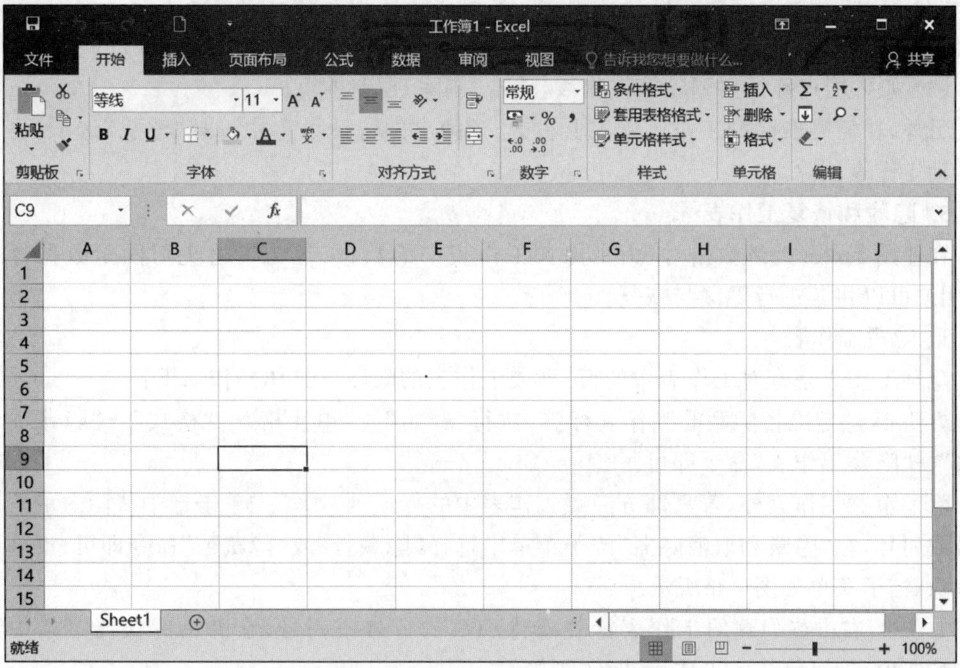

图 4-4 “插入工作表”标签

1）鼠标移动或复制

选中要移动的工作表，沿工作表标签行拖动选中的工作表标签，到达目的位置后松开鼠标，即可完成工作表的移动。如果在移动工作表的过程中按住 Ctrl 键，即可在移动的同时完成工作表的复制。

2）对话框移动或复制

右击工作表标签，在弹出的快捷菜单中选择“移动或复制工作表”选项，在弹出的“移动或复制工作表”对话框的“下列选定工作表之前”列表框中选择相应选项，单击“确定”按钮完成移动。若在该对话框中选中“建立副本”复选框，则可实现工作表的复制，如图 4-5 所示。

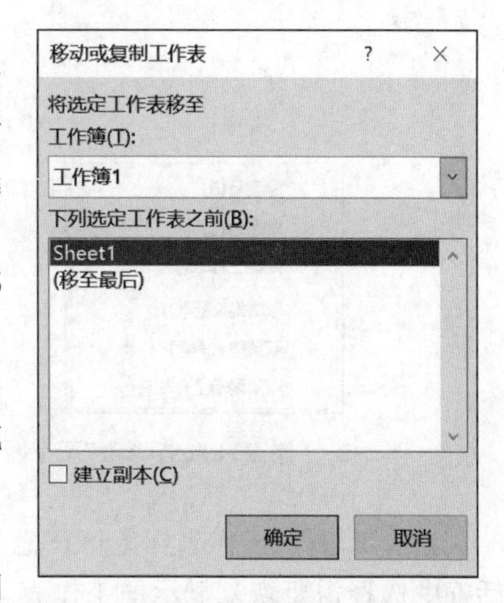

图 4-5 “移动或复制工作表”对话框

另外，在“将选定工作表移至工作簿”下拉列表中，选择另外的工作簿即可在不同的工作簿之间移动或复制。

3）选项卡命令移动或复制

执行“开始”→“单元格”→“格式”→“移动和复制工作表”命令，也可以弹出“移动或复制工作表”对话框，选择相应选项即可实现工作表的移动或复制。

4. 删除工作表

用户可以将工作簿中不需要的任意一个或多个工作表删除，其具体操作如下：

(1) 选择要删除工作表的标签。

(2) 执行“开始”→“单元格”→“删除”→“删除工作表”命令，如果该工作表内包含数据，则会弹出一个提示框，提醒用户是否真的要删除该工作表。

(3) 如果用户确认要删除该工作表，单击“删除”按钮即可。

另外，在需要删除的工作表标签上右击，在弹出的快捷菜单中选择“删除”选项，也可以将活动工作表删除。

5. 隐藏和恢复工作表

在使用 Excel 处理数据时，为了保护工作表中的数据，也为了避免对固定数据操作失误，用户可以将其进行隐藏与恢复。

1) 隐藏工作表

隐藏工作表是指对工作表中的行、列或工作表的隐藏。具体操作如下：

方法 1，选定准备隐藏的工作表标签，执行“开始”→“单元格”→“格式”→“隐藏和取消隐藏”→“隐藏工作表”命令即可。

除了隐藏工作表外，若只部分隐藏工作表中的行或列，则需先单击选中待隐藏的行列的行号或列号，在“隐藏和取消隐藏”的子菜单中选择“隐藏行”或“隐藏列”命令即可。“隐藏和取消隐藏”子菜单如图 4-6 所示。

方法 2，右击待隐藏的工作表标签或待隐藏的行号或列号，在弹出的快捷菜单中选择“隐藏”选项，即可将选定工作表或行、列隐藏。

2) 恢复显示工作表

将工作簿中的工作表进行隐藏后，可以重新显示隐藏的工作表。具体操作如下：

方法 1，执行“开始”→“单元格”→“格式”→“隐藏和取消隐藏”→“取消隐藏”命令，弹出“取消隐藏”对话框，如图 4-7 所示。在对话框中选中需要恢复的工作表，单击“确定”按钮，返回 Excel 工作窗口，完成工作表的恢复显示。

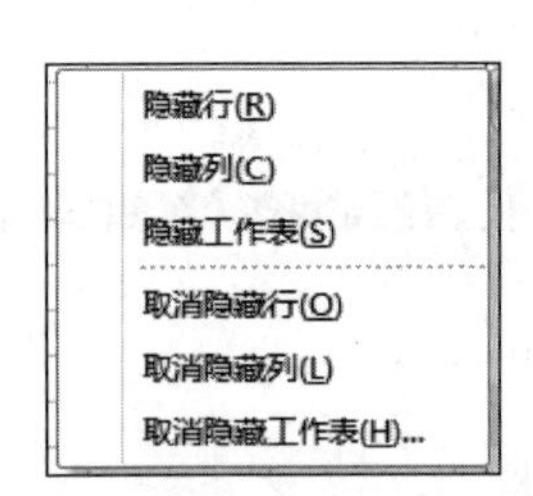

图 4-6 “隐藏和取消隐藏”子菜单

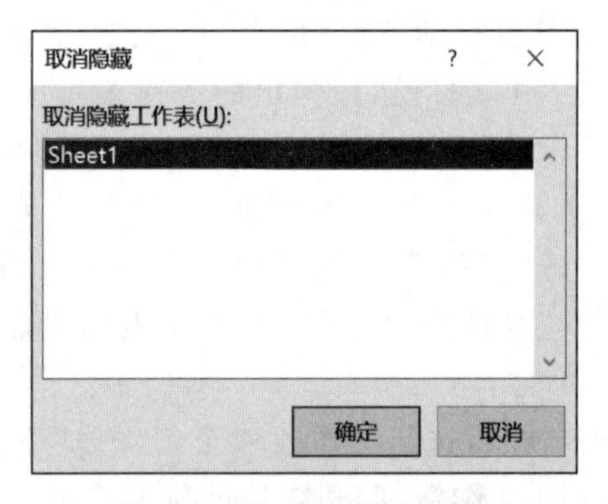

图 4-7 “取消隐藏”对话框

方法 2，右击工作表标签区任意工作表，选择“取消隐藏”选项，在弹出的“取消隐藏”对话框中选择需要恢复显示的工作表，单击“确定”按钮，完成工作表的恢复显示。

恢复隐藏行、列，则需要先按 Ctrl+A 快捷键选择整个工作表，然后再执行相应的“取消隐藏”命令，恢复行、列的显示。

6. 切换工作表

一个工作簿通常都包含多个工作表，但在一个工作簿窗口中只能显示一个工作表，因此，常常需要在多个工作表之间切换，才能转到相应的工作表中。用户可以使用以下 3 种方法切换工作表，具体方法如下：

(1) 在工作表区下方单击工作表标签，即可快速切换到相应的工作表中。

(2) 按 Ctrl+Page Up 或 Ctrl+Page Down 快捷键，即可切换到当前工作表的前一个或后一个工作表中。

(3) 右击工作表标签左侧的标签滚动按钮，在弹出的快捷菜单中选中要切换工作表的名称，即可切换到该工作表中。

7. 重命名工作表

通常，在 Excel 2016 中新建工作表时，所有的工作表都是以 Sheet1、Sheet2、Sheet3……来命名，这在实际工作中不便于记忆和管理。因此，用户可通过改变这些工作表的名称，有效地管理工作表，操作方法如下：

方法 1，右击要重命名的工作表，在弹出的快捷菜单中选择“重命名”选项，待工作表标签上的文字以反白显示，输入新的工作表名称，按 Enter 键即可。

方法 2，执行“开始”→“单元格”→“格式”→“重命名工作表”命令，待工作表标签上的名字以反白显示，输入新的工作表名称，按 Enter 键即可。

方法 3，用户也可以直接在工作表标签上双击，待工作表标签上的文字以反白显示时，输入新的工作表名称，按 Enter 键即可。

8. 拆分和冻结工作表窗口

Excel 2016 提供了拆分和冻结工作表的功能。用户可以使用该功能将工作表按水平或垂直方向分割或冻结，以便同时观察或编辑一张较大的表格的不同部分。

1）工作表窗口的拆分与取消

查看工作表时，如果工作表比较大而不能全屏幕显示，用户可以将表格拆分为几个不同的部分，分别进行查看或编辑。拆分工作表窗口的具体操作如下：

- **任意范围拆分**。选中工作表中作为拆分的中心单元格，执行“视图”→“窗口”→“拆分”命令，此时，整个窗口就被分成 4 部分，并且出现两个水平和垂直滚动条。
- **水平拆分**。选中待拆分行的下方一行，执行“视图”→“窗口”→“拆分”命令，此时，整个窗口就被水平拆分为上下两部分。
- **垂直拆分**。选中待拆分列的右侧一列，执行“视图”→“窗口”→“拆分”命令，此时，整个窗口就被纵向拆分成左右两部分。

拖动相应窗口中的滚动条，即可查看该窗口中的数据。将鼠标指针置于窗口中间的分隔线上，单击并拖动鼠标，即可改变分隔线的位置。

用户也可以直接用鼠标拖动工作表的水平或垂直滚动条上的拆分块，快速对窗口进行水平或垂直的拆分。

如果要取消窗口拆分，只需双击分隔线即可。

2）工作表窗口冻结与取消

如果用户要查看特定行或列中的数据，可将它们冻结起来，这样，该行或列中的数据就不会随着其他单元格的移动而移动，其具体操作如下：

- **冻结行标题**。执行“视图”→“窗口”→“冻结窗格”→“冻结首行”命令。
- **冻结列标题**。执行“视图”→“窗口”→“冻结窗格”→“冻结首列”命令。

- **冻结任意范围**。如果要同时将某个特定的区域范围冻结,则只要选中不冻结区域左上角第一个单元格,执行"视图"→"窗口"→"冻结窗格"→"冻结拆分窗格"命令,则活动单元格左边的列和上方的行均被冻结。

提示:当工作表窗口被冻结后,会在被冻结的行、列间出现一条十字形交叉的黑线,表示该十线交叉线上方的行、左边的列被冻结。

如果要取消冻结窗口,执行"视图"→"窗口"→"取消冻结窗格"命令即可。

4.3 工作表的基本操作

工作表的基本操作是指对 Excel 中单元格数据的编辑,包括单元格数据的输入、修改、清除,以及插入单元格、行或者列,复制和移动单元格等操作。

4.3.1 输入数据

Excel 的单元格可以存储多种数据形式,包括文本、日期、数字、声音、图形等。输入的数据可以是常量,也可以是公式和函数。Excel 能自动把它们区分为文本、数值、日期和时间 3 种。

Excel 工作表中的数据可以在单元格中直接输入,也可以在编辑栏中输入。其中在单元格中直接输入,需要先选定单元格使其成为活动单元格,然后直接输入数据,并按 Enter 键。在编辑栏中输入时,也需要先选择单元格,然后将光标移动到编辑栏中并输入数据,按 Enter 键或单击 ✓ ,完成输入。以下涉及的数据的输入均可以用这两种方法实现。

1. 输入文本

Excel 文本包括汉字、英文字母、数字、空格和其他能用键盘输入的符号。文本数据默认在单元格中左对齐。对于文本数据有以下几点说明:

(1) 一个单元格中最多可以输入 32 000 个字符。当输入的文本长度超过单元格宽度时,若右边单元格无内容,则扩展到右边显示,否则将截断显示,但编辑框中会有完整显示。

(2) 如果输入的数据既有数字又有汉字或字符,例如"10 天",则默认为文本数据。

(3) 对于数字形式的文本数据,如电话号码、邮政编码、学号等,为了避免被系统认为是数字、公式等数值型数据,需要在这些数据之前加英文单引号(')。例如,若输入编号 00101,应输入'00101,此时 Excel 以 00101 显示,在单元格中左对齐。

2. 输入数值

Excel 中的数值除了包括数字(0~9)组成的字符串外,还包括+、-、E、e、$、¥、/、%以及小数点(.)、千分位符号(,)等。数值型数据在单元格中一律自动右对齐。数值型数据有以下几点说明:

(1) 输入正数——直接在单元格中输入数字即可,无须添加"+"。

(2) 输入负数——在数字之前添加负号(-),或将输入的数据放在括号内,例如输入(100)表示输入-100。

(3) 输入分数——由于 Excel 中的日期格式与分数格式一致,所以在输入分母小于 12 的分数时,为避免将输入的分数视作日期,需要在分数前先输入数字 0 和空格。例如,输入

1/5 时应输入 0 1/5。

(4) 输入百分数——直接在单元格中输入数字,然后在数字后面输入百分号%即可。

(5) 输入长数字——Excel 数值输入与数值显示并不总是相同的,计算时以输入数值为准。当输入的数字超过 11 位时,单元格中的数字将以科学记数法显示,并会自动将单元格的列宽调整到 11 位数字(包含小数点和指数符号 E)。例如,输入 123456789012345,则会以 1.23457E+14 的形式显示;当数字位数超过 15 位,计算时超过 15 位的部分将会自动转换为 0,例如,输入 1234567890123456790,将显示为 1.23457E+19,并以 1234567890123450000 来计算。

输入数值时,有时会发现单元格中出现符号###,这是因为单元格列宽不够,不足以显示全部数值的缘故,此时扩大列宽即可。

3. 输入日期和时间

Excel 内置了一些日期和时间格式,当输入数据与这些格式相匹配时,Excel 会自动将其识别为日期和时间型数据。

在 Excel 2016 中,系统将时间和日期作为数字进行处理,因此,输入的时间和日期在单元格靠右对齐,当用户输入的时间和日期不能被系统识别时,系统将认为输入的是文本,并使它们在单元格中靠左对齐。

在单元格中输入时间时,可以用":"分隔时间的各部分;输入日期时,用"/"或"-"分隔日期的各部分。在输入时间和日期时,应该注意以下几方面的问题:

(1) 如果要在一个单元格中同时输入时间和日期,则需要在时间和日期之间以空格将它们分隔。

(2) 如果按 12 小时制输入时间,则需要在时间数字后空一格,并输入字母 a(上午)或 p(下午),例如,8:00 a。

(3) 输入系统当前时间的快捷键是 Ctrl+;,输入系统当前时间的快捷键是 Ctrl+Shift+;。

小技巧:如果需要在不连续的多个单元格中输入同样内容,可以先选中这些单元格,然后直接输入数据,输入结束后按 Ctrl+Enter 快捷键,即可实现多个单元格相同数据的快速输入。具体的操作步骤如下:

(1) 选中要输入相同数据的所有单元格,如图 4-8 所示。

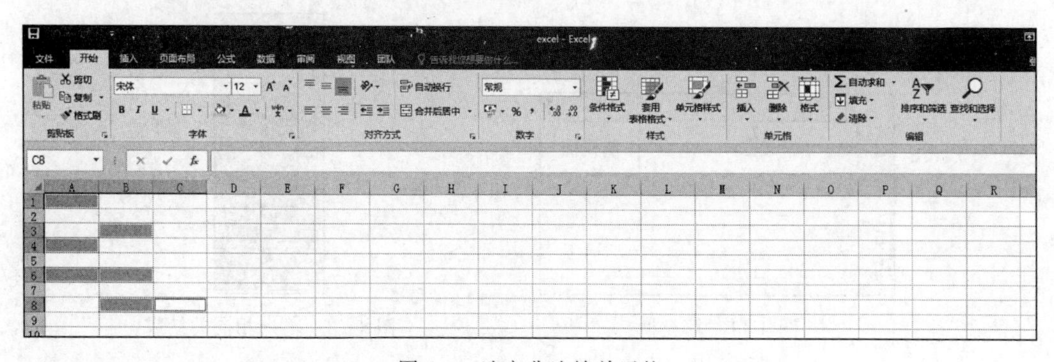

图 4-8　选定非连续单元格

(2) 输入数据,例如输入文本"是",如图 4-9 所示。

(3) 按 Ctrl+Enter 快捷键,即可实现多单元格同时输入相同的内容效果,如图 4-10 所示。

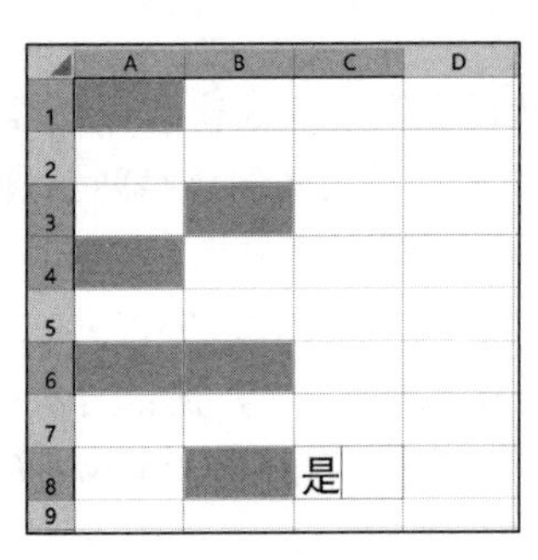

图 4-9　输入数据

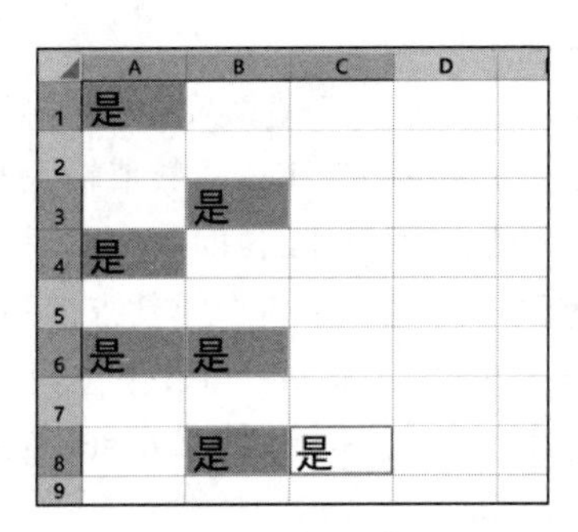

图 4-10　输入结果

4.3.2　自动填充数据

自动填充功能是 Excel 的一项特殊功能,利用该功能可以将一些有规律或相同的数据快速填充到相邻的单元格中,从而提高输入效率。单元格的自动填充主要有使用填充柄填充和使用填充对话框填充两种方式。

1. 使用填充柄填充数据序列

填充柄是 Excel 中提供的快速填充单元格内容的工具。填充柄有序列填充和复制的功能。

当把光标定位在工作表的某一个单元格或单元格区域时,就会在选中单元格(区域)的右下角出现一个小黑点,这个小黑点就是填充柄。当光标移到它上面时,光标变为"+",这时按下鼠标左键,向下拖曳,就会将当前单元格的内容按程序设定的规则,填充到下一个单元格中。具体操作步骤如下:

(1) 在工作表中选中准备输入数据的起始单元格,输入数据,例如,输入数字 1。

(2) 选中输入数据的单元格,将鼠标指针移动到单元格填充柄(即边框右下角的小黑块)上,如图 4-11 所示,当鼠标指针变成实心十字形的时候按住鼠标左键向下拖动。

(3) 到合适位置后松开鼠标左键,在拖动过的单元格区域即可自动输入相应的数据,如图 4-12 所示。

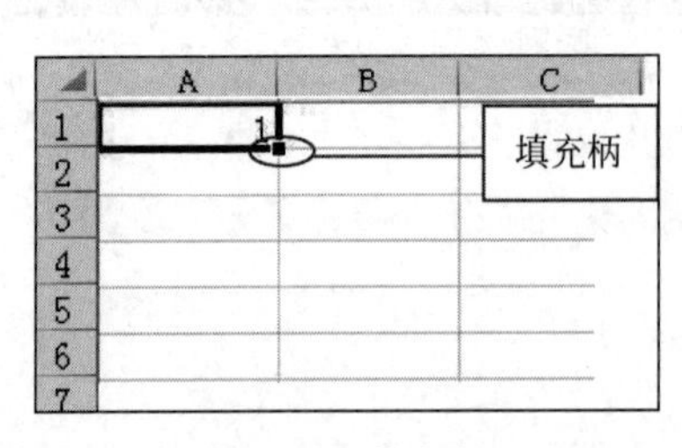

图 4-11　填充柄

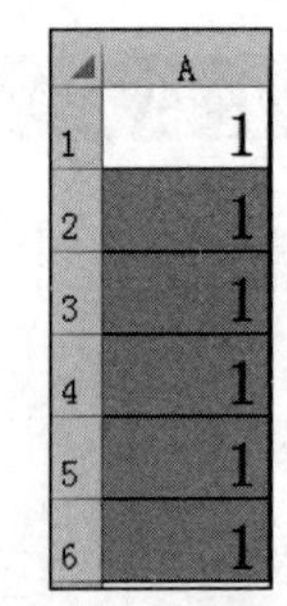

图 4-12　输入相同的结果

说明:在填充的过程中,系统会根据选中单元格中的数据类型选择填充方式。

(1) 当选中的起始单元格中是一般文本(不含数字的文本)或数值型数据时,系统会自动将起始单元格中的文本复制到选中的单元格中,如图 4-12 所示。

(2) 当选中的起始单元格中是含数字的文本时，如“星期一”，则填充时，系统会按照规律延伸，如图 4-13 所示。如果在拖动填充柄时同时按住 Ctrl 键，则会填充相同的数据，如图 4-14 所示。

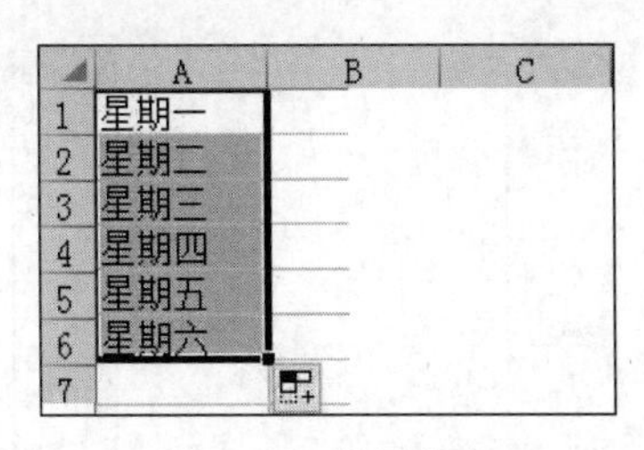

图 4-13　扩展填充

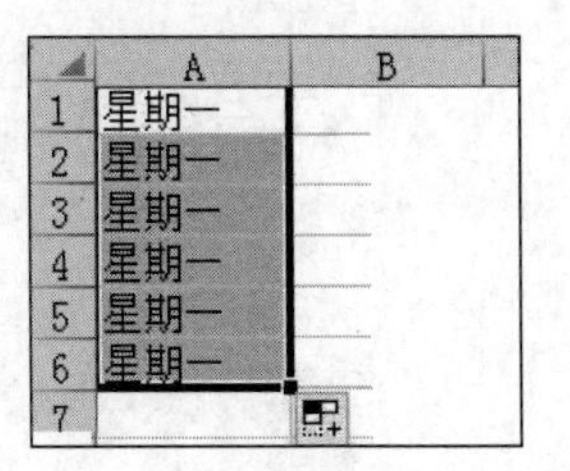

图 4-14　填充相同数据

(3) 当选中的是若干个连续的用户自己定义的起始数据项，则填充时，系统会按照规律延伸。例如，在工作表连续的单元格中输入一组按一定规律变化的数据，如分别输入 1、3、5，如图 4-15 所示。

选定 A1～A3 单元格区域，将鼠标指针移动到填充柄上，按住鼠标左键并向下拖动。

在拖出的单元格区域中即可输入规律变化的数据，如图 4-16 所示。

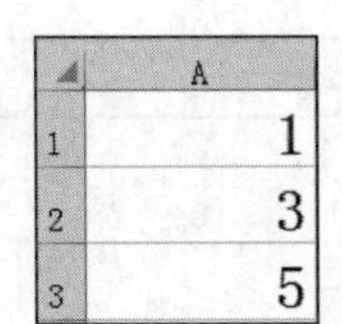

图 4-15　输入一组规律数据

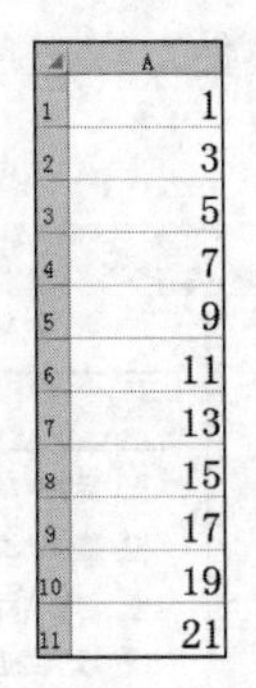

图 4-16　填充后的结果

2. 使用填充对话框填充数据

利用填充对话框，Excel 可以按系统已定义的序列来进行规律填充，包括数值型数据的等差或等比填充、日期和文本类型数据的填充等；也可以按用户自定义的数据序列进行规律填充。

1）填充序列数据

例如对数据如“1、2……20”“星期一、星期二……星期六”“一月、二月……”等，可用系统菜单的序列填充产生。具体操作步骤如下：

(1) 输入第一个数据，并选定其所在单元格。例如要在 A 列自动填充 1～10，则首先在 A1 单元格中输入 1，并选定 A1 单元格，执行“开始”→“编辑”→“填充”→“序列”命令，弹出“序列”对话框，在“序列产生在”选项区中选择“列”单选按钮，在“终止值”文本框中输入数字 10，如图 4-17 所示。

(2) 单击“确定”按钮，则在 A 列自动填充了 1～10，如图 4-18 所示。

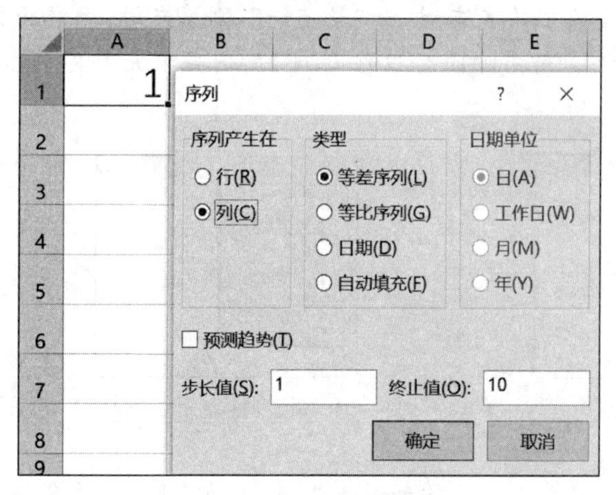

图 4-17 “序列”对话框

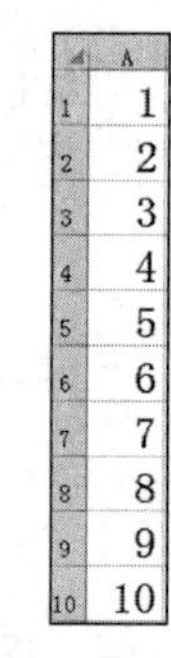

图 4-18 填充的结果

2) 填充用户自定义序列数据

在实际工作中,用户需要输入类似课程名称、商品名称、部门名称等不规则信息,可以将这些有序的数据自定义为序列,从而节省输入的工作量,提高工作效率,操作步骤如下:

(1) 执行“文件”→“选项”命令,弹出“Excel 选项”对话框,选择“高级”选项卡,如图 4-19 所示。

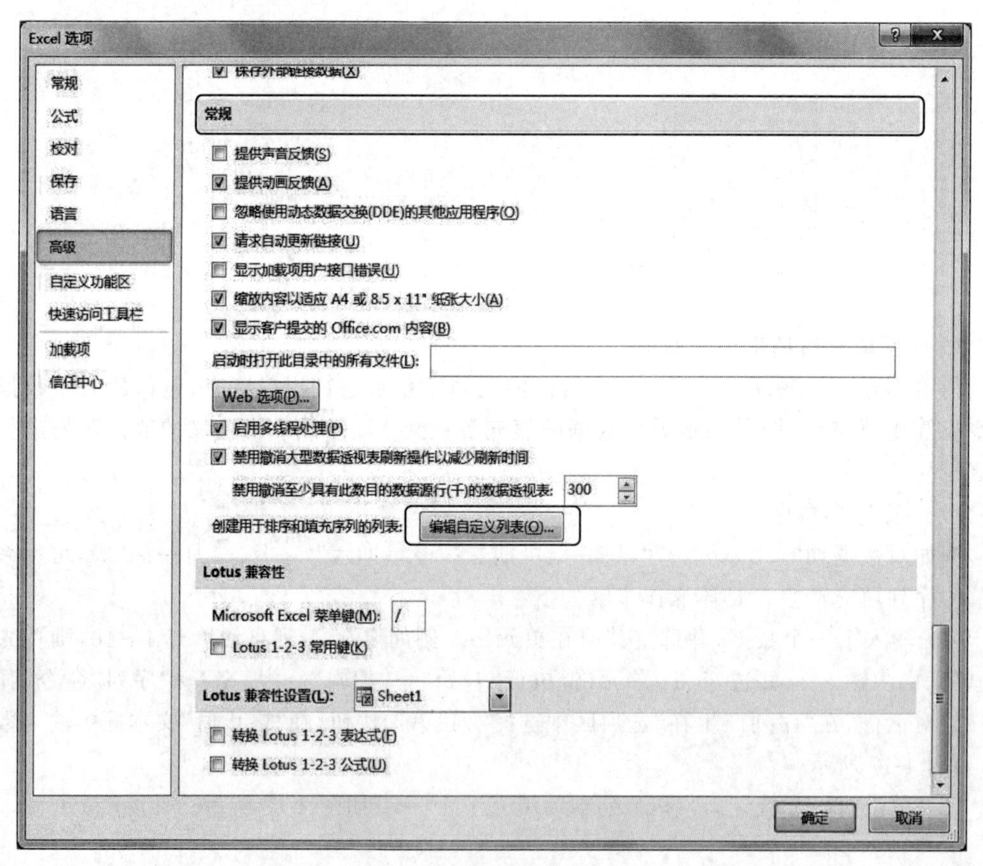

图 4-19 “Excel 选项”对话框之“高级”选项卡“常规”选项区

(2) 在“常规”选项区中单击“编辑自定义列表”按钮，弹出“自定义序列”对话框。

(3) 在“自定义序列”对话框中选择“新序列”，在右侧“输入序列”列表框中输入用户自定义的数据序列，如图 4-20 所示。

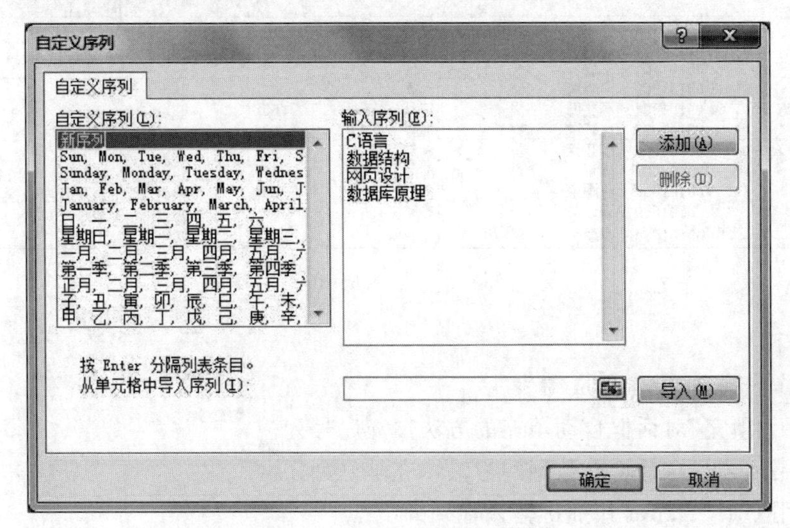

图 4-20 “自定义序列”对话框

在对话框添加新序列，有两种方法：

方法 1，在“输入序列”列表框中直接输入数据，每一个序列输入完成后按 Enter 键，所有序列输入完成后单击“添加”按钮。

方法 2，首先在工作表中直接输入序列内容，然后在“自定义序列”对话框中单击折叠对话框按钮，并用鼠标选中工作表中刚输入的序列数据，单击“导入”按钮。

(4) 序列项目添加完成，单击“确定”按钮返回工作表编辑状态。

(5) 在指定单元格中输入序列项目第一项，并选择需要应用自定义序列的所有单元格，执行“开始”→“编辑”→“填充”→“序列”命令，在弹出的“序列”对话框的“序列产生在”选项区选择“行”或“列”单选按钮，在“类型”选项区选择“自动填充”单选按钮，如图 4-21 所示。

(6) 设置完成，单击“确定”按钮，返回工作表编辑状态，完成自定义序列填充，如图 4-22 所示。

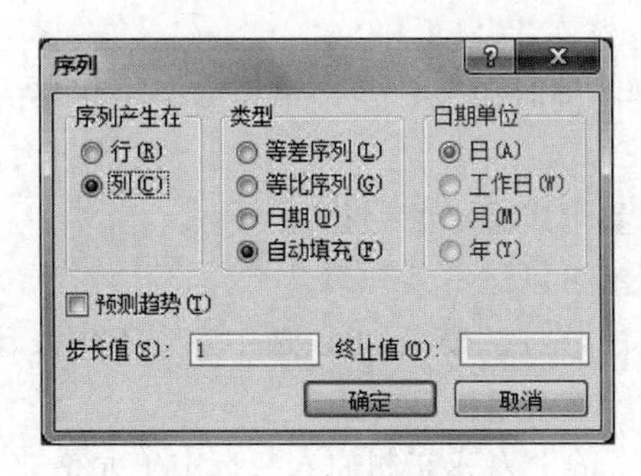

图 4-21 “序列”对话框

图 4-22 自定义序列

【学习实践 1】 用 Excel 2016 创建工作簿“学生成绩.xlsx”,单元格内容如图 4-23 所示。

	A	B	C	D	E	F	G	H	I
1	序号	学号	姓名	性别	籍贯	英语	数学	计算机	总成绩
2	1	05101001	刘利兵	女	秦皇岛	56	69	68	
3	2	05101002	王强	女	北京	49	54	85	
4	3	05101003	李晓丽	女	天津	88	89	78	
5	4	05101004	高文博	男	邢台	55	68	86	
6	5	05101005	张晓琳	男	邯郸	69	85	91	
7	6	05101006	李亚芳	男	保定	54	78	78	
8	7	05101007	段平	男	邢台	49	89	56	
9	8	05101008	曹雨生	女	衡水	98	98	87	
10	9	05101009	徐志华	男	石家庄	85	88	87	
11	10	05101010	罗明	男	张家口	78	98	95	

图 4-23 学生成绩表

要求如下:

(1) 工作表命名为“学生成绩表”。

(2) 使用“填充”对话框自动填充的方法填充序号列。

(3) 使用填充柄自动填充数据的方法填充学号列。

(4) 使用 Ctrl+Enter 快捷键输入性别列。

(5) 使用填充自定义序列的方式填充课程名称。

4.3.3 编辑单元格

单元格是 Excel 工作表中最基本的单位,Excel 中所有的操作都是以单元格为基础进行的,因此,掌握单元格的编辑操作十分必要。

1. 选定单元格

在单元格中进行各种编辑操作之前,必须先将其选中,用户可以使用以下 6 种方法选中工作表中的一个或多个单元格,具体方法如下:

选择单元格——用鼠标单击某个单元格,即可将其选中。

选择连续的单元格区域——单击某个单元格,按住鼠标左键不放,拖动鼠标到另一个单元格后释放鼠标,即可选中以这两个单元格为对角线的矩形区域。也可以先单击某个单元格,按住 Shift 键的同时单击另一个单元格,即可选中以这两个单元格为对角线的矩形区域。

选择不连续单元格区域——按住 Ctrl 键的同时用鼠标左键单击多个不相邻的单元格,即可将其选中。

选择整行——单击工作表左侧的行号标签可以选中某一行。

选择整列——单击工作表上边的列号标签可以选中某一列。

选择整个工作表——单击工作表左上角的“全选”按钮,可以选中整个工作表。

2. 插入单元格

在 Excel 2016 中,用户可以在选中单元格的上方或左侧插入与选中单元格数量相同的空白单元格,具体操作如下:

(1) 在要插入单元格的位置选中一个或多个单元格。

(2) 执行“开始”→“单元格”→“插入”命令,并在展开的列表中选择“单元格”选项,弹出

“插入”对话框,如图 4-24 所示,用户可在该对话框中选择一种合适的插入方式。

- 选中“活动单元格右移”单选按钮,可在选中区域插入空白单元格,原来单元格及其右侧的单元格自动右移。
- 选中“活动单元格下移”单选按钮,可在选中区域插入空白单元格,原来单元格及其下方的单元格自动下移。
- 选中“整行”单选按钮,可在选中的单元格区域上方插入与选中区域的行数相等的若干行。
- 选中“整列”单选按钮,可在选中的单元格区域左侧插入与选中区域的列数相等的若干列。

(3) 选择好插入方式后,单击“确定”按钮即可。

3. 删除单元格

删除单元格与插入单元格刚好相反,删除某个单元格后,该单元格会消失,并由其下方或右侧的单元格填补原单元格所在位置,具体操作如下:

(1) 选中要删除的单元格或单元格区域。

(2) 执行“编辑”→“删除”命令,弹出“删除”对话框,如图 4-25 所示,用户可在该对话框中选择一种合适的删除方式。

图 4-24 “插入”对话框

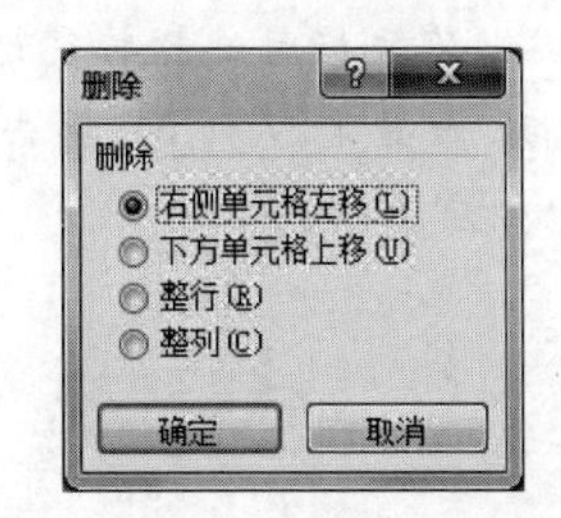

图 4-25 “删除”对话框

- 选中“右侧单元格左移”单选按钮,将选中的单元格删除,并将其右侧的单元格向左移动,以填补空白。
- 选中“下方单元格上移”单选按钮,将选中的单元格删除,并将其下边的单元格向上移动,以填补空白。
- 选中“整行”单选按钮,将选中单元格所在行删除,并将其下边的行向上移动,以填补空白。
- 选中“整列”单选按钮,将选中单元格所在列删除,并将其右侧列向左移动,以填补空白。

(3) 选择一种合适的删除方式,单击“确定”按钮即可。

4. 移动和复制单元格

用户可以通过复制、移动操作,将单元格中的数据复制、移动到同一个工作表的不同位置或其他工作表中。用户可以使用以下 3 种方法移动和复制单元格。

1) 使用鼠标

具体操作如下:

(1) 选中要移动的单元格区域。

(2) 将鼠标指针移到选中区域的边框上,单击鼠标左键,当鼠标指针变成形状时,拖动鼠标到表格中的其他位置后释放鼠标,即可将选中的内容移动到新的位置,相当于剪切后粘贴。

(3) 如果在拖动鼠标的同时按住Ctrl键,可以将选中区域的内容复制到新位置,相当于复制后粘贴。

2) 使用剪贴板

具体操作如下:

(1) 选中要移动或复制的单元格区域。

(2) 在“开始”选项卡的“剪贴板”功能区执行的相应命令,如图4-26所示,若要移动,则单击“剪切”按钮或按Ctrl＋X快捷键;若要复制,则单击“复制”按钮或按Ctrl＋C快捷键,即可将被选中的单元格区域中的内容添加到剪贴板中。

(3) 选中要粘贴单元格的目标区域,执行“开始”→“剪贴板”→“粘贴”命令,即可将剪贴板中的内容粘贴到选中的单元格区域中。

注意:

(1) 如果要将选定区域移动或复制到不同的工作表或工作簿,则单击另一个工作表选项卡或切换到另一个工作簿,然后选择粘贴区域左上角的单元格。

(2) 若要粘贴单元格时选择特定选项,则可以单击“粘贴”按钮下面的下三角按钮,打开“粘贴”选项面板,如图4-27所示,单击所需选项。例如,单击“粘贴数值”中相应选项或“其他粘贴选项”中相应选项。

图4-26 “剪贴板”选项区

图4-27 “粘贴”选项面板

3) 有选择地复制

在Excel 2016中,除了可以复制选中单元格中的内容外,还可以根据需要只选择复制单元格中的特定内容或属性。例如,可以复制数据而不复制格式,也可以复制公式的结果而不复制公式本身。选择性复制的具体操作如下:

(1) 选中要复制的单元格区域,执行“开始”→“剪贴板”→“复制”命令。

(2) 选中粘贴区域,执行“开始”→“剪贴板”→“粘贴”→“选择性粘贴”命令,弹出“选择性粘贴”对话框,如图4-28所示。对话框中各选项的功能如表4-1所示。

(3) 在“粘贴”选项区中选择要粘贴的内容,在“运算”选项区中选择一种运算方式,复制单元格中的数值将会与粘贴单元格中的数值进行相应的运算。

(4) 单击“确定”按钮,即可将运算后的结果粘贴到目标单元格中。

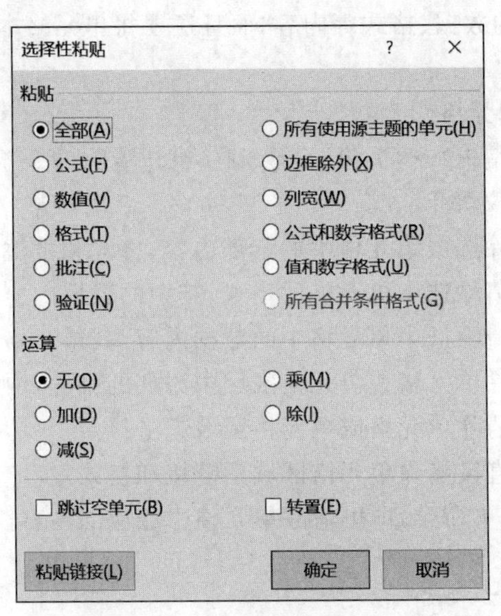

图 4-28 “选择性粘贴”对话框

表 4-1 选择性粘贴选项功能表

选项组	选 项	功 能
粘贴	全部	粘贴单元格中的所有内容和格式
	公式	仅粘贴单元格中的公式
	数值	仅粘贴在单元格中显示的数据值
	格式	仅粘贴单元格格式
	批注	仅粘贴附加到单元格中的批注
	验证	仅粘贴将单元格中的数据有效性验证规则
	所有使用源主题的单元	粘贴使用复制数据应用的文档主题格式的所有单元格内容
	边框除外	粘贴应用到单元格中的所有单元格内容和格式,边框除外
	列宽	仅粘贴某列或某个列区域的宽度
	公式和数字格式	仅粘贴单元格中的公式和所有数字格式选项
	值和数字格式	仅粘贴单元格中的值和所有数字格式选项
	所有合并条件格式	仅粘贴单元格中的合并条件格式
运算	无	指定没有数学运算应用到所复制的数据
	加	指定要将复制的数据与目标单元格或单元格区域中的数据相加
	减	指定要从目标单元格或单元格区域中的数据减去复制的数据
	乘	指定所复制的数据乘以目标单元格或单元格区域中的数据
	除	指定所复制的数据除以目标单元格或单元格区域中的数据
跳过空单元		表示当复制区域中有空单元格时,可以避免替换粘贴区域中的值
转置		可将所复制数据的列变成行,将行变成列
粘贴链接		表示只粘贴单元格中的链接

5. 清除单元格

如果工作表中有不需要的数据,可将其清除。清除与删除类似,但在 Excel 中,它们是两个完全不同的概念。清除单元格是指清除单元格中的内容、格式、批注等；删除单元格是

指不仅要删除单元格中的数据、格式等内容,而且还要将单元格本身从工作表中删除。清除单元格操作步骤如下:

(1) 选中要清除的单元格。

(2) 执行"开始"→"编辑"→"清除"命令,展开清除命令下拉列表,该命令包含6种清除方式,它们的具体含义如下:

- 全部清除——清除选中单元格中的全部内容、格式和批注。
- 清除格式——只清除选中单元格的格式,其中的数据内容不变。
- 清除内容——只清除选中单元格中的数据内容,其单元格格式不变。
- 清除批注——清除单元格或单元格区域中添加的批注,内容及格式保留。
- 清除超链接——清除单元格或单元格区域超链接。
- 删除超链接——直接删除单元格区域超链接和格式。

(3) 选中合适的子菜单命令,即可清除单元格中相应的内容。

4.3.4 管理工作表

工作表中的数据在实际应用中,难免会出现输入时的重复或遗漏,或者因数据复杂性而出现显示不全等情况。管理工作表主要是指在工作表中插入或删除行、列,及工作表中行高、列宽的调整。

1. 插入行、列

在工作表中插入行、列的具体操作如下:

1) 插入行

在工作表中选中一行或多行,执行"开始"→"单元格"→"插入"→"插入工作表列"命令(或者在选中的区域右击,在弹出的快捷菜单中选择"插入"选项),即可在选中行上方插入与选中行数相同的若干行。插入行后,原选中行及其下方的行自动下移。

2) 插入列

在工作表中选中一列或多列,执行"开始"→"单元格"→"插入"→"插入工作表列"命令(或者在选中的区域右击,在弹出的快捷菜单中选择"插入"选项),即可在选中列左侧插入与选中列数相同的若干列。插入列后,原选中列及其右侧的列自动右移。

2. 删除行、列

在工作表中删除行、列的具体操作如下:

1) 删除行

在工作表中选中要删除的一行或多行,执行"开始"→"单元格"→"删除"→"删除工作表行"命令(或者在选中区域右击,在弹出的快捷菜单中选择"删除"→"整行"选项),此时选中的行及其内容将一起从工作表中消失,其位置由下方的行自动补充。

2) 删除列

在工作表中选中要删除的一列或多列,执行"开始"→"单元格"→"删除"→"删除工作表列"命令(或者在选中区域右击,在弹出的快捷菜单中选择"删除"→"整列"选项),此时选中的列及其内容将一起从工作表中消失,其位置由右侧的列自动补充。

注意:以上两种操作可以将选中的行或列及其内容一起从工作表中删除,而此时如果按 Delete 键,将仅删除选中行或列的内容,而该行或列的位置仍然保留。

3. 调整行高和列宽

在实际工作中,单元格的宽度和高度有时并不能满足实际需要,用户可依据单元格中数据的长度及高度,适当调整单元格的宽度和高度。在 Excel 2016 中,用户可以使用以下两种方法调整单元格的行高和列宽。

1) 使用鼠标

使用鼠标可以十分方便地调整单元格的行高和列宽,具体操作如下:

- 鼠标指针指向列号的右边界,当指针改变形状时,单击并拖动鼠标,即可改变单元格的宽度。
- 鼠标指针指向行号的下边界,当指针改变形状时,单击并拖动鼠标,即可改变单元格的高度。
- 选中多列后(可以是连续多列,也可以是不连续多列),拖动其中某一列的右边界即可改变所有选中列的列宽,同时使所有选中列的列宽相等。
- 选中多行后(可以是连续多行,也可以是不连续多行),拖动其中某一行的下边界即可改变所有选中行的行高,同时使所有选中行的行高相等。
- 双击列号的右边界,可以将列宽调整为最合适的列宽。
- 双击行号的下边界,可以将行高调整为最合适的行高。

2) 使用调整对话框

使用调整行高、列宽对话框可以精确地调整工作表的行高和列宽。

行高调整具体操作如下:

(1) 选中要调整行高的行号,执行"开始"→"单元格"→"格式"→"行高"命令,弹出"行高"对话框,或者在选中的区域右击,在弹出的快捷菜单中选择"行高"选项,也能弹出"行高"对话框,如图 4-29 所示。

(2) 在"行高"文本框中输入指定的行高值,单击"确定"按钮,完成行高的精确设定。

(3) 若执行"开始"→"单元格"→"格式"→"自动调整行高(A)"命令,则可为选定区域按活动单元格中的内容及格式自动匹配相符高度,实现行高自动设定。

列宽调整具体操作如下:

(1) 选中要调整列宽的列标,执行"开始"→"单元格"→"格式"→"列宽"命令,弹出"列宽"对话框,或者在选中区域右击,在弹出的快捷菜单中选择"列宽"选项,也能弹出"列宽"对话框,如图 4-30 所示。

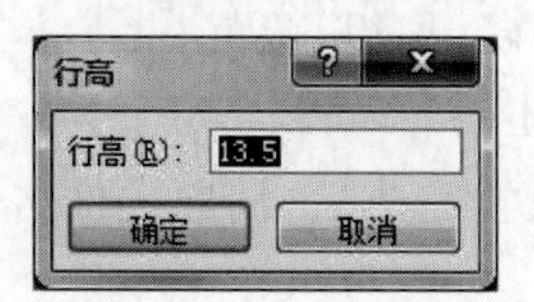

图 4-29 "行高"对话框

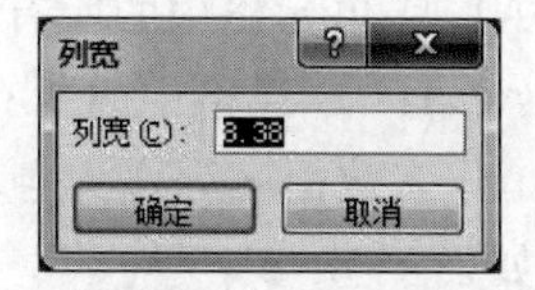

图 4-30 "列宽"对话框

(2) 在"列宽"文本框中输入指定的列宽值,单击"确定"按钮,完成列宽的精确设定。

(3) 若执行"开始"→"单元格"→"格式"→"自动调整列宽"命令,则可为选定区域按活动单元格中的内容及格式自动匹配相符宽度,实现列宽的自动设定。

4.4 格式化工作表

工作表建立后,用户可以对工作表进行格式化操作,从而使工作表更加美观、整齐,便于阅读。Excel 2016 工作表的格式化主要包括两个方面:一是工作表中数据的格式化,如字符的格式、数据显示方式、数据对齐方式等;二是单元格的格式化,如单元格的合并、单元格的边框与底纹、自动套用格式等。Excel 提供了大量的格式设置命令,使用这些命令,可以完成工作表的美化处理。

4.4.1 设置数据格式

1. 编辑单元格数据

在单元格中输入数据后,可以根据需要,对其中的数据进行编辑修改。用户可以使用以下常用方法编辑单元格中的数据。

方法 1,双击需要编辑的单元格,可将光标定位在该单元格中,即可对其中的数据进行编辑修改,编辑完成后按 Enter 键。

方法 2,单击需要编辑的单元格,再单击编辑栏上的编辑输入框,即可以直接在编辑栏上进行单元格的内容编辑,编辑完成后按 Enter 键。

方法 3,单击需要编辑的单元格,然后直接输入数据,即可用新的内容替代原单元格中的内容,不需要单独进行单元格内容清除的操作,编辑完成后按 Enter 键。

2. 设置字符格式

在 Excel 中,为了让数据显示更规则,经常会对数据进行字符格式化,包括设置字体、字形、字号等。字符格式化可以在"开始"选项卡的"字体"选项区设置,其操作类似于 Word 中对字符格式的设置方法。

也可以单击字体功能区右下角的"字体设置"启动器按钮,或在选中单元格区域右击,在弹出的快捷菜单中选择"设置单元格格式"选项,均可打开"设置单元格格式"对话框的"字体"选项卡,如图 4-31 所示。用户可在该选项卡中对字符的字体、字号、字形、下画线、颜色及特殊效果进行设置。

【例 4-1】 创建"教师工资表"工作表,如图 4-32 所示。在工作表中进行如下字符格式设置。

(1) 设置 A1:I1 单元格中的所有字符为楷体,14 磅,加粗,蓝色。

(2) 设置 A2:I11 单元格中的所有字符为宋体,14 磅。

(3) 设置工作表数据区列宽为自动调整列宽。设置完成后,用原文件名保存文件。

操作步骤如下:

(1) 选定 A1:I1 单元格,在"开始"选项卡"字体"选项区的"字号"下拉列表框中选择 14 磅;"字体"下拉列表框中选择"楷体";设置字符"加粗";设置字体颜色为"蓝色"。

(2) 选定 A2:I14 单元格,在"开始"选项卡"字体"选项区的"字号"下拉列表框中选择 14 磅;"字体"下拉列表框中选择"宋体"。

(3) 执行"开始"→"单元格"→"格式"→"自动调整列宽"命令,完成效果如图 4-33 所示。

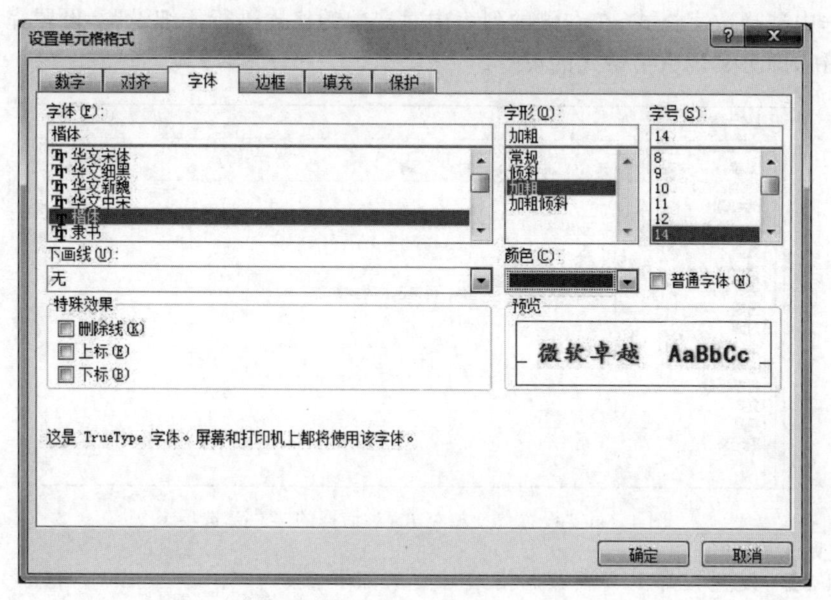

图 4-31 “设置单元格格式”对话框的“字体”选项卡

	A	B	C	D	E	F	G	H	I
1	系别	姓名	性别	职称	基本工资	岗位津贴	补贴	扣除	实发工资
2	化工系	陈广路	男	副教授	823		200	60	
3	化工系	李峰	男	教授	1200		250	80	
4	数学系	李雅芳	女	教授	1150		250	80	
5	化工系	李月明	女	讲师	650		150	40	
6	材料系	刘丽冰	女	助教	220		50	20	
7	工管系	刘欣宇	女	讲师	600		150	40	
8	工管系	王君彦	女	助教	500		50	20	
9	数学系	王强	男	副教授	800		200	60	
10	机械系	王照亮	男	副教授	750		200	60	
11	工管系	徐惠敏	女	教授	1000		250	60	

图 4-32 教师工资表

	A	B	C	D	E	F	G	H	I
1	系别	姓名	性别	职称	基本工资	岗位津贴	补贴	扣除	实发工资
2	化工系	陈广路	男	副教授	823		200	60	
3	化工系	李峰	男	教授	1200		250	80	
4	数学系	李雅芳	女	教授	1150		250	80	
5	化工系	李月明	女	讲师	650		150	40	
6	材料系	刘丽冰	女	助教	220		50	20	
7	工管系	刘欣宇	女	讲师	600		150	40	
8	工管系	王君彦	女	助教	500		50	20	
9	数学系	王强	男	副教授	800		200	60	
10	机械系	王照亮	男	副教授	750		200	60	
11	工管系	徐惠敏	女	教授	1000		250	60	

图 4-33 教师工资表字符格式设置完成效果

也可以打开“设置单元格格式”对话框的“字体”选项卡，在对话框中进行字符格式的设置。

3. 设置数字格式

数字格式是指数字、日期、时间等各种数值数据在工作表中的显示方式。在工作表中，应根据数字含义的不同，将它们以不同的格式显示出来。

在 Excel 2016 中，数字格式通常包括常规、数值、货币、会计专用、日期、时间、百分比、分数、科学计算、文本和特殊格式，用户可以根据需要在单元格中设置合适的数字格式。设置数字格式，可以使用“设置单元格格式”对话框的“数字”选项卡，如图 4-34 所示。在“分类”列表框中选择数字格式,在右侧的列表中对选中的格式进行详细设置,设置完成后,单击“确定”按钮,即可实现数字格式的设置。

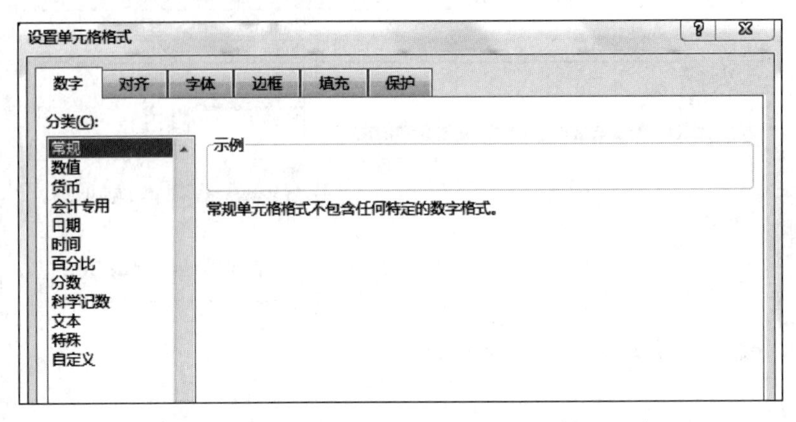

图 4-34 “设置单元格格式”对话框的“数字”选项卡

【例 4-2】 设置教师工资表数据格式。要求如下:

将教师工资表中的基本工资和实发工资列的数字分类格式设置为货币型,货币符号为$,负数第 4 种,保留 0 位小数。设置完成后,用原文件名保存文件。

操作步骤如下:

(1) 选定“基本工资”数据所在单元格,按住 Ctrl 键再选择实发工资数据所在单元格,如图 4-35 所示。

	A	B	C	D	E	F	G	H	I	J
1	系别	姓名	性别	职称	基本工资	岗位津贴	补贴	扣除	实发工资	
2	化工系	陈广路	男	副教授	823		200	60		
3	化工系	李峰	男	教授	1200		250	80		
4	数学系	李雅芳	女	教授	1150		250	80		
5	化工系	李月明	女	讲师	650		150	40		
6	材料系	刘丽冰	女	助教	220		50	20		
7	工管系	刘欣宇	女	讲师	600		150	40		
8	工管系	王君彦	女	助教	500		50	20		
9	数学系	王强	男	副教授	800		200	60		
10	机械系	王照亮	男	副教授	750		200	60		
11	工管系	徐惠敏	女	教授	1000		250	60		

图 4-35 选定数据区域

(2) 单击“开始”选项卡“数字”选项组右下角的对话框启动器按钮,打开“设置单元格格式”对话框的“数字”选项卡进行设置,如图 4-36 所示。

(3) 单击“确定”按钮,返回到工作表,操作结果如图 4-37 所示。

4.4.2 设置单元格格式

1. 设置单元格的对齐方式

默认情况下,Excel 不同的数据类型有不同的对齐方式。例如文本靠左对齐,数字、日期及时间靠右对齐,逻辑值和错误值居中对齐等。如果用户不满意可以自行定义数据的对齐方式。可以使用以下方法调整单元格中数据的对齐方式。

方法 1,使用“开始”选项卡“对齐方式”选项组的相应命令按钮,设置单元格中数据左对

图 4-36 设置“数字”选项

齐、居中对齐、右对齐，或者顶端对齐、垂直居中、底端对齐，“对齐方式”选项组按钮如图 4-38 所示。

	A	B	C	D	E	F	G	H	I
1	系别	姓名	性别	职称	基本工资	岗位津贴	补贴	扣除	实发工资
2	化工系	陈广路	男	副教授	$823		200	60	
3	化工系	李峰	男	教授	$1,200		250	80	
4	数学系	李雅芳	女	教授	$1,150		250	80	
5	化工系	李月明	女	讲师	$650		150	40	
6	材料系	刘丽冰	女	助教	$220		50	20	
7	工管系	刘欣宇	女	讲师	$600		150	40	
8	工管系	王君彦	女	助教	$500		50	20	
9	数学系	王强	男	副教授	$800		200	60	
10	机械系	王照亮	男	副教授	$750		200	60	
11	工管系	徐惠敏	女	教授	$1,000		250	60	

图 4-37 教师工资表设置数据格式结果示例

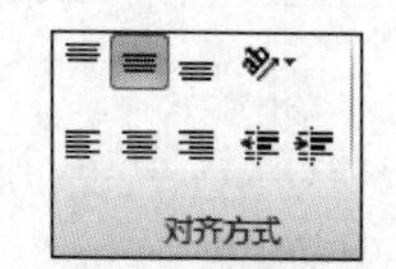

图 4-38 “对齐方式”选项组

方法 2，单击“开始”选项卡“对齐方式”选项组右下角的对话框启动器按钮，弹出“设置单元格格式”对话框。在如图 4-39 所示的“对齐”选项卡中，可以设置数据水平方向或垂直方向的对齐方式。

2. 设置文本方向

默认情况下，工作表中的文字以水平方向从左到右显示，用户可以根据需要来设置文本的方向。与设置单元格对齐方式一样，设置文本的方向既可以使用“对齐方式”选项组的“方向”按钮 ≫▾（图 4-40），也可以使用“设置单元格格式”的“对齐”选项卡（图 4-41）。

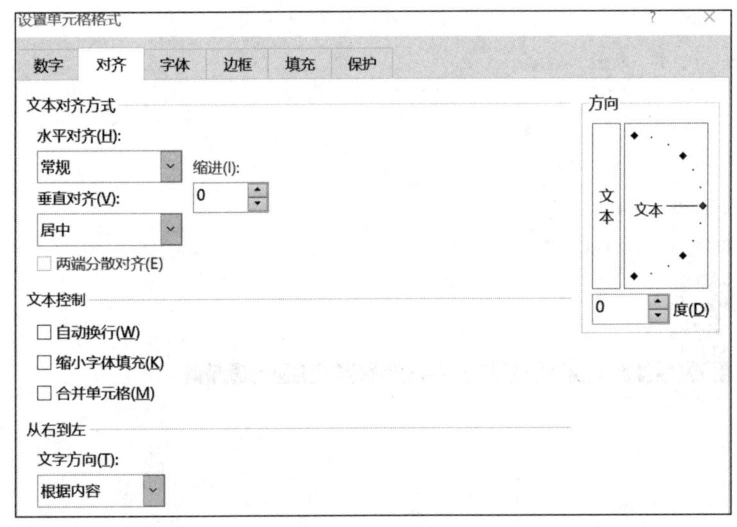

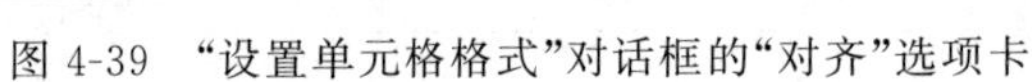
图 4-39 “设置单元格格式”对话框的“对齐”选项卡

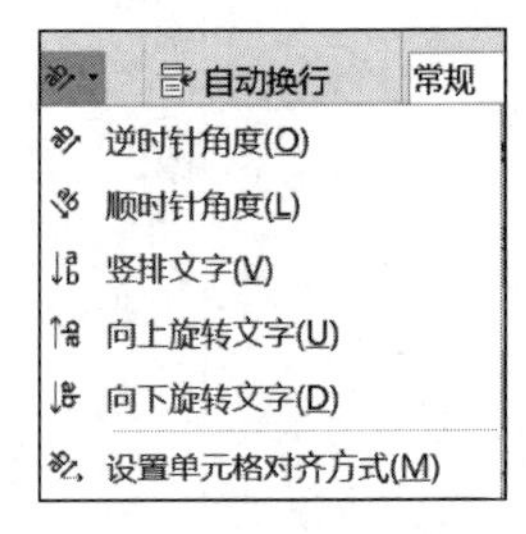

图 4-40 方向按钮

3. 合并单元格

在 Excel 中,可以将工作表中的两个以上相邻的单元格合并为一个大单元格,并将其中内容居中或跨多列、多行进行显示。

单元格合并时,需要先选择待合并的多个单元格区域,执行“开始”→“对齐方式”→“合并后居中”命令,在下拉列表中选择相应的选项,如图 4-42 所示,即可完成单元格的合并。也可以通过“设置单元格格式”对话框的选项卡中与合并有关的相关命令完成。

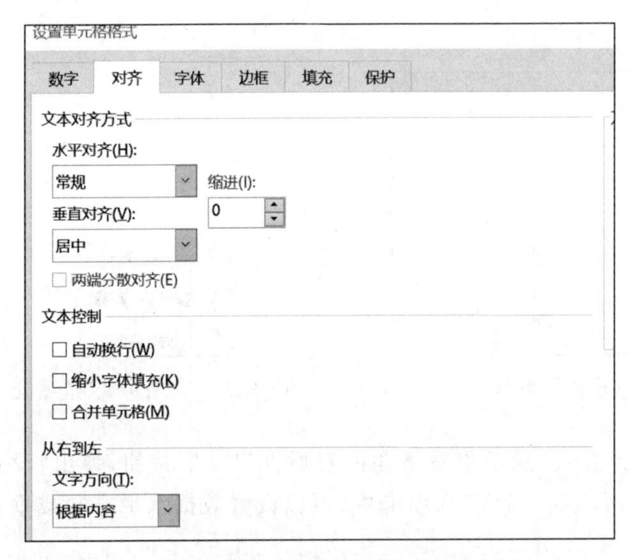

图 4-41 “设置单元格格式”对话框的“对齐”选项卡

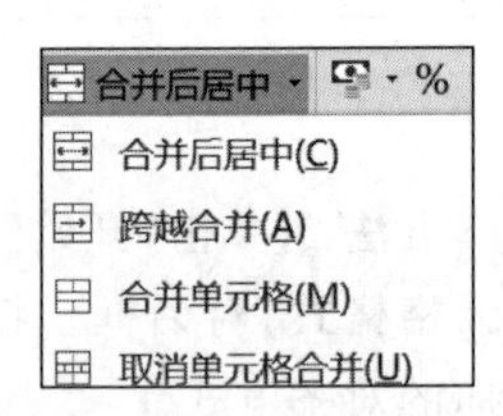

图 4-42 合并列表

通过对话框合并单元格的操作步骤如下:

(1) 打开工作簿,在工作表中选中准备合并的多个单元格,如图 4-43 所示。

(2) 执行“开始”→“对齐方式”命令,单击右下角的对话框启动按钮,打开“设置单元格

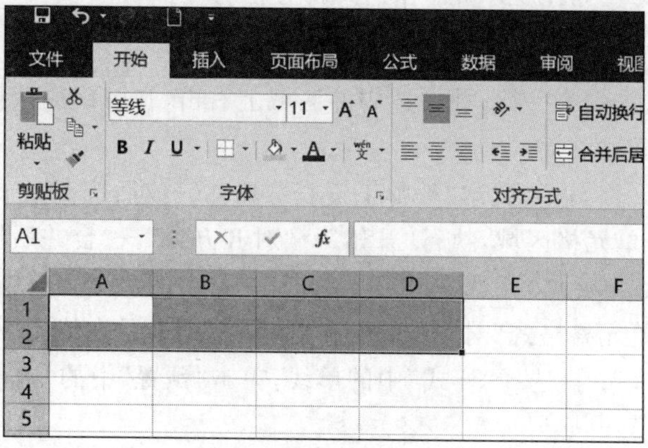

图 4-43　选择要合并的单元格

格式”对话框的“对齐”选项卡(图 4-44),选中“合并单元格”复选框,并设置“水平对齐”方式为“居中”。

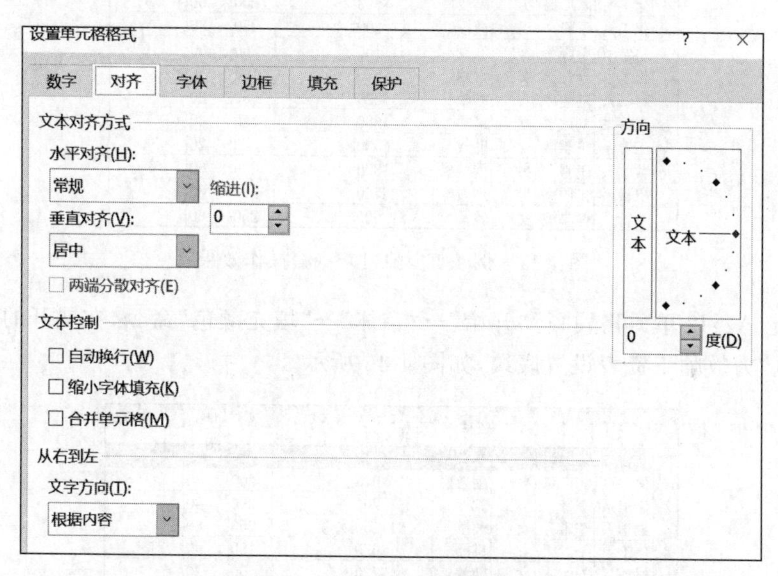

图 4-44　“设置单元格格式”对话框

(3) 设置完成,单击“确定”按钮,完成单元格合并设置。

4. 设置单元格的边框和底纹

为工作表添加各种类型的边框和底纹,不仅能起到美化工作表的目的,还可以使工作表更加清晰、明了。

给单元格添加边框和底纹,首先要选择相应的单元格区域,然后打开“设置单元格格式”对话框,使用“边框”选项卡可以设置单元格的边框;使用“填充”选项卡可以设置单元格的底纹。

【例 4-3】　继续编辑教师工资表,并为教师工资表设置单元格格式,要求如下:

(1) 为教师工资表增加一行,输入文本“教师工资表”,使 A1:I1 单元格区域合并居中。

(2) 将整个数据清单 A2:I12 区域设置外部框线为双线,内部框线为单线;将单元格

A2:I2 设置浅绿色底纹。设置完成后，用原文件名保存文件。

操作步骤如下：

(1) 单击行号 1，选中第一行，并在选中的区域上右击，在弹出的快捷菜单中选择“插入”选项，在第一行上方添加一行。

(2) 选中 A1 单元格，输入文本“教师工资表”，输入完成后按 Enter 键。

(3) 选中 A1:I1 单元格区域，执行“开始”→“对齐方式”→“合并后居中”命令。

(4) 选定 A2:I12 单元格，在选中区域上右击，在弹出的快捷菜单中选择“设置单元格格式”选项，弹出“设置单元格格式”对话框，选择“边框”选项卡。在线条“样式”中选择“双线”，单击预置中的“外边框”；再选择“样式”中的单线，单击“预置”中的“内部”，设置完成后单击“确定”按钮。

步骤(1)～(4)操作效果如图 4-45 所示。

	A	B	C	D	E	F	G	H	I
1	教师工资表								
2	系别	姓名	性别	职称	基本工资	岗位津贴	补贴	扣除	实发工资
3	化工系	陈广路	男	副教授	$823		200	60	
4	化工系	李峰	男	教授	$1,200		250	80	
5	数学系	李雅芳	女	教授	$1,150		250	80	
6	化工系	李月明	女	讲师	$650		150	40	
7	材料系	刘丽冰	女	助教	$220		50	20	
8	工管系	刘欣宇	女	讲师	$600		150	40	
9	工管系	王君彦	女	助教	$500		50	20	
10	数学系	王强	男	副教授	$800		200	60	
11	机械系	王照亮	男	副教授	$750		200	60	
12	工管系	徐惠敏	女	教授	$1,000		250	60	

图 4-45　例 4-3 步骤(1)～(4)操作效果

(5) 选定 A2:I2 单元格，执行“开始”→“字体”→“填充颜色”命令，在展开的颜色列表中选择“浅绿色”为教师工资表设置底纹，如图 4-46 所示。

	A	B	C	D	E	F	G	H	I
1	教师工资表								
2	系别	姓名	性别	职称	基本工资	岗位津贴	补贴	扣除	实发工资
3	化工系	陈广路	男	副教授	$823		200	60	
4	化工系	李峰	男	教授	$1,200		250	80	
5	数学系	李雅芳	女	教授	$1,150		250	80	
6	化工系	李月明	女	讲师	$650		150	40	
7	材料系	刘丽冰	女	助教	$220		50	20	
8	工管系	刘欣宇	女	讲师	$600		150	40	
9	工管系	王君彦	女	助教	$500		50	20	
10	数学系	王强	男	副教授	$800		200	60	
11	机械系	王照亮	男	副教授	$750		200	60	
12	工管系	徐惠敏	女	教授	$1,000		250	60	

图 4-46　例 4-3 步骤(5)操作效果

5. 使用条件格式

条件格式可以对含有数值或其他内容的单元格或含有公式的单元格应用某种条件来决定数值的显示方式。

【例 4-4】 打开“教师工资表”，为其设置“条件格式”。要求如下：

将基本工资大于 1000 的单元格设置为红色文本，小于 500 的设置为蓝色加下画线文本。

操作步骤如下：

(1) 打开“教师工资表”,选择“基本工资”列数据区域(E3:E15)。

(2) 执行“开始”→“样式”→“条件格式”→“突出显示格式”→“其他规则”命令,弹出“新建格式规则”对话框。

(3) 如图 4-47 所示,在“只为包含以下内容的单元格设置格式”选项区中选择“单元格值”“大于”,并在其右侧文本框中输入 1000。

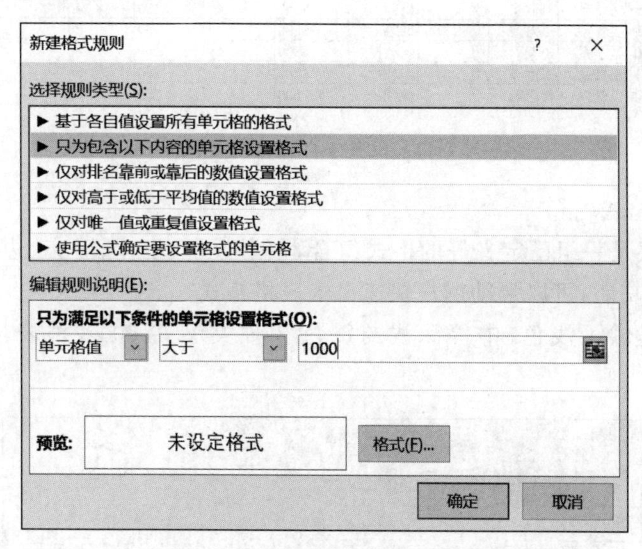

图 4-47 “新建格式规则”对话框

(4) 单击“格式”按钮,弹出“设置单元格格式”对话框,设置文本“红色”,如图 4-48 所示。

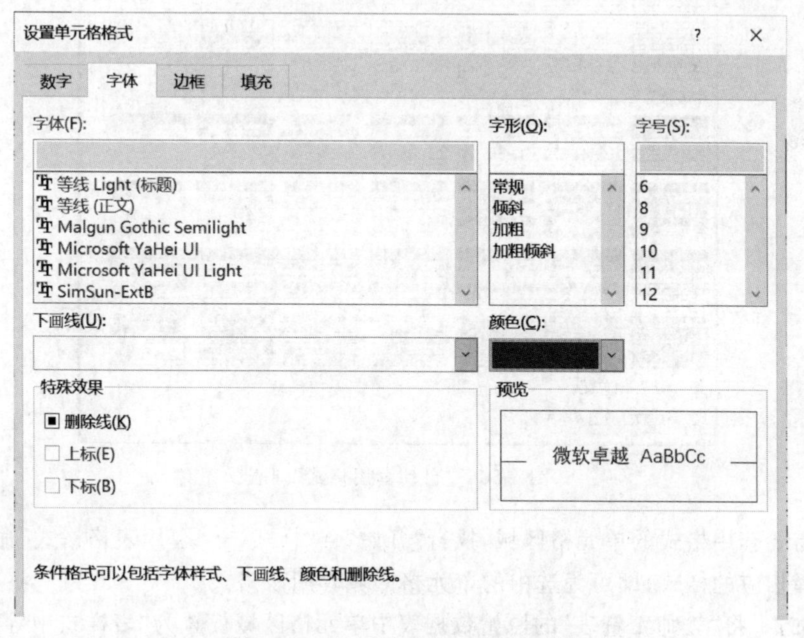

图 4-48 “设置单元格格式”对话框

(5) 重复执行步骤(1)~(4),继续设置小于 500 的工资为蓝色加下画线文本效果。最终效果如图 4-49 所示。

	A	B	C	D	E	F	G	H	I
1					教师工资表				
2	系别	姓名	性别	职称	基本工资	岗位津贴	补贴	扣除	实发工资
3	化工系	陈广路	男	副教授	$823		200	60	
4	化工系	李峰	男	教授	$1,200		250	80	
5	数学系	李雅芳	女	教授	$1,150		250	80	
6	化工系	李月明	女	讲师	$650		150	40	
7	材料系	刘丽冰	女	助教	$220		50	20	
8	工管系	刘欣宇	女	讲师	$600		150	40	
9	工管系	王君彦	女	助教	$500		50	20	
10	数学系	王强	男	副教授	$800		200	60	
11	机械系	王照亮	男	副教授	$750		200	60	
12	工管系	徐惠敏	女	教授	$1,000		250	60	

图 4-49 设置条件格式最终效果

6. 自动套用格式

自动套用格式是一组已定义好的格式组合,包括数字、字体、对齐、边框、颜色等。利用Excel套用表格的功能,可以帮助用户快速设置表格格式。

Excel 2016 提供了浅色、中等深浅与深色 3 种类型共 60 多种表格格式,如图 4-50 所示。

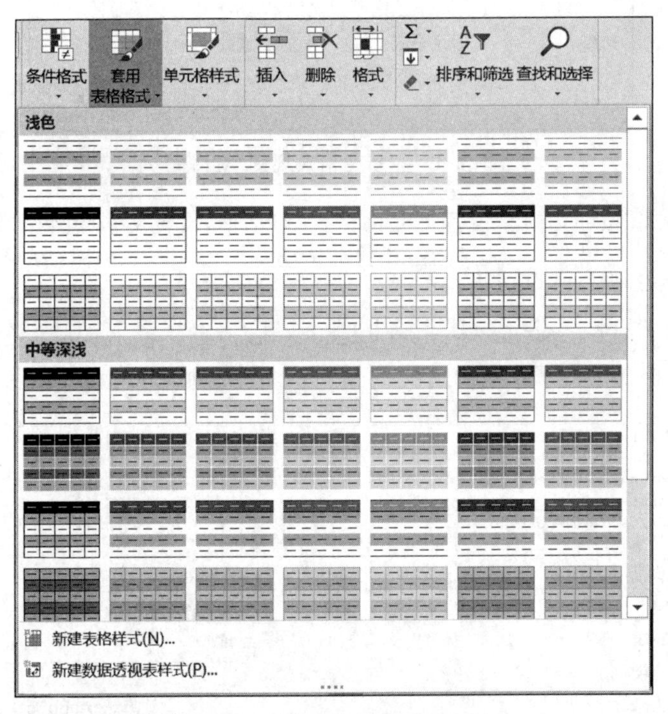

图 4-50 "自动套用格式"列表

选择需要套用格式的单元格区域,执行"开始"→"样式"→"套用表格格式"命令,在下拉列表中选择相应的样式,即可为选中的单元格区域套用该格式。

【例 4-5】 将"教师工资表"的原始数据表中单元格区域设置为"表样式中等深浅 9"

操作步骤如下:

(1) 选择 A1:G11 单元格区域,执行"开始"→"样式"→"套用表格格式"命令,在下拉列表中选择"表样式中等深浅 9"。

（2）在弹出的“套用表格式”对话框中确认套用的表格范围，如图 4-51 所示，单击“确定”按钮，完成设置。

结果如图 4-52 所示。

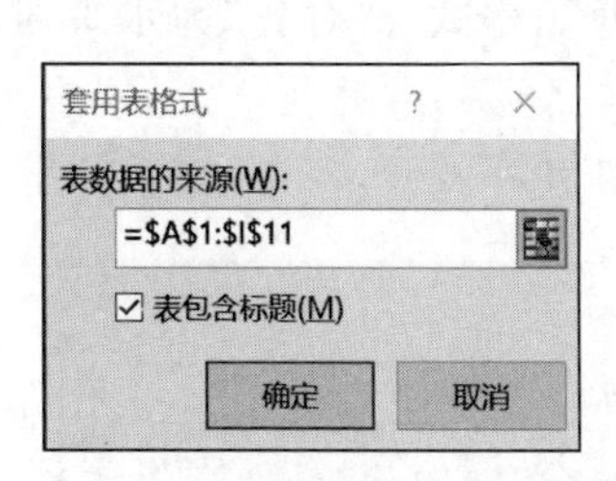

图 4-51　“套用表格式”对话框

	A	B	C	D	E	F	G	H	I
1	系别	姓名	性别	职称	基本工资	岗位津贴	补贴	扣除	实发工资
2	化工系	陈广路	男	副教授	823		200	60	
3	化工系	李峰	男	教授	1200		250	80	
4	数学系	李雅芳	女	教授	1150		250	80	
5	化工系	李月明	女	讲师	650		150	40	
6	材料系	刘丽冰	女	助教	220		50	20	
7	工管系	刘欣宇	女	讲师	600		150	40	
8	工管系	王君彦	女	助教	500		50	20	
9	数学系	王强	男	副教授	800		200	60	
10	机械系	王照亮	男	副教授	750		200	60	
11	工管系	徐惠敏	女	教授	1000		250	60	

图 4-52　套用表格格式效果

7. 应用“单元格样式”

样式是单元格字体、字号、对齐、边框和图案等一个或多个设置特性的组合，将这样的组合加以命名和保存供用户使用。Excel 2016 中含有多种内置的单元格样式，以帮助用户快速格式化表格。单元格样式的作用范围仅限于被选中的单元格区域，对于未被选中的单元格则不会被应用单元格样式。

1）内置样式

内置样式是 Excel 内部定义的样式，可以直接使用，如图 4-53 所示，选择需要应用样式的单元格或单元格区域后，执行“开始”→“样式”→“单元格样式”命令，在下拉列表中选择相应样式即可。

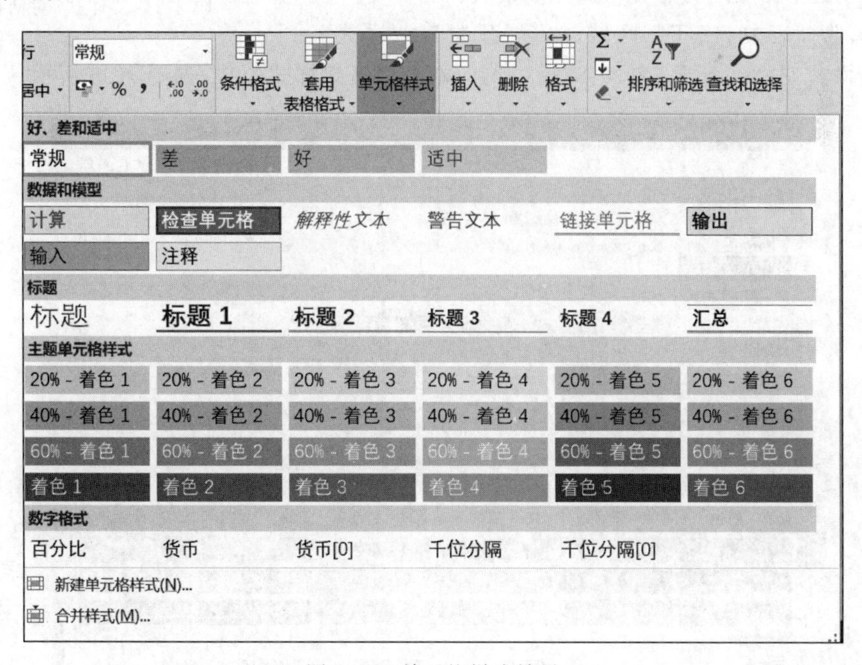

图 4-53　单元格样式效果

2）自定义样式

自定义样式是用户根据需要自行定义的格式设置，需要定义样式名。

【例 4-6】 创建自定义样式。要求如下：

（1）复制教师工资表，删除全部格式。

（2）设置表头文字格式："字体"为楷体，14 磅；"数字"为通用格式；"对齐"为水平居中、垂直居中；"边框"为无边框，"图案颜色"为浅绿色。

（3）创建名为"表标题"的新样式。在"教师工资表"中应用新建样式。

操作步骤如下：

（1）打开"教师工资表"工作簿，选择教师工资表工作表标签，右击，在弹出的快捷菜单中选择"移动或复制"选项，在弹出的"移动或复制"对话框中选中"建立副本"复选框，完成"教师工资表"的复制。

（2）使用"开始"→"字体"选项组中的相应命令为表头文字设置字符格式。

（3）选择设置好格式的文字区域（A1：I1），执行"开始"→"样式"→"单元格样式"→"新建单元格样式"命令，弹出"样式"对话框，如图 4-54 所示。

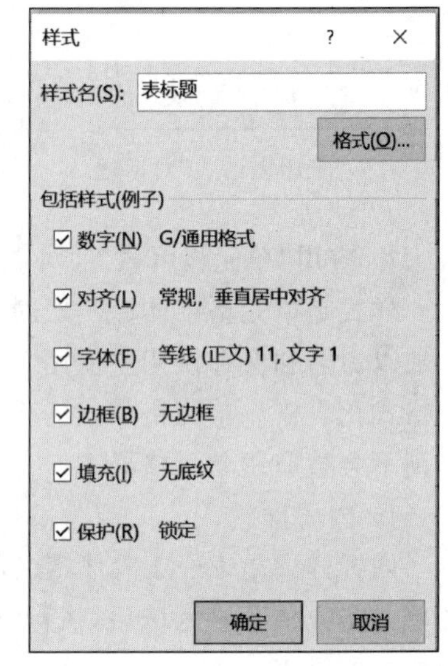

图 4-54 "样式"对话框

（4）在"样式名"文本框中输入"表标题"，单击"格式"按钮，弹出"单元格格式"对话框。

（5）在其中完成"数字""对齐""字体""边框""填充"选项卡的设置，单击"确定"按钮，完成设置。

（6）选择表中 A2:I12 区域，执行"开始"→"样式"→"单元格样式"→"表标题"命令，为表中单元格应用新建样式效果，如图 4-55 所示。

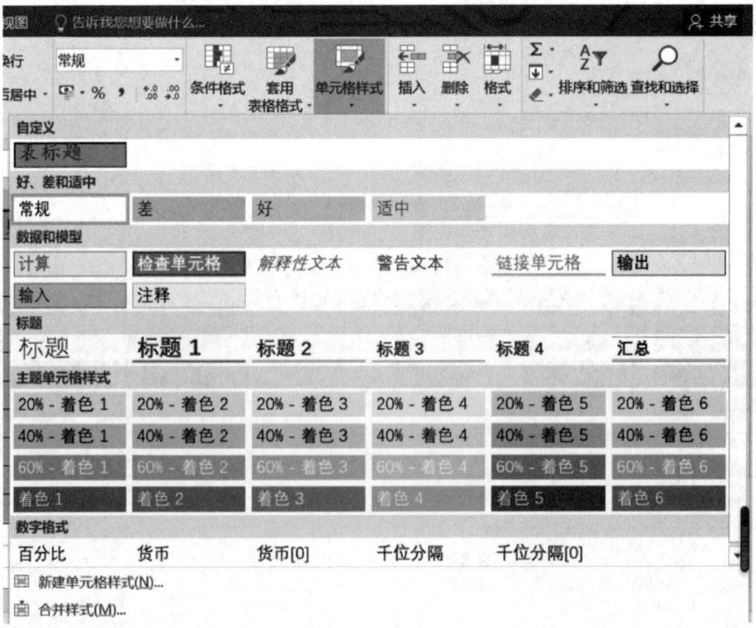

图 4-55 新建样式效果

【**学习实践 2**】 创建图 4-56 所示的工作表,并增加如下要求:

(1) 在第一行上方插入一行,调整行高为 25。

(2) 将 A1:J1 单元格合并居中,输入“学生成绩单”,字体格式为黑体、18 磅、蓝色,并设置文本垂直居中。

(3) 将 A15:F15 单元格合并居中,输入“各科平均成绩”。

(4) 将 A2:F15 单元格的格式设置为宋体、14 磅、并设置文本水平居中。

(5) 对 A2:F15 单元格设置为水平和垂直方向均居中,并且加上单实线边框。

(6) 设置“英语”“数学”“计算机”三列成绩数字格式为“数值型,负数第 4 种,保留一位小数”。

按要求完成后,生成的表格如图 4-56 所示。

学生成绩单									
序号	学号	姓名	性别	籍贯	出生日期	英语	数学	计算机	总成绩
1	05101001	刘丽冰	女	秦皇岛	1990/1/1	56.0	67.0	78.0	
2	05101002	王强	女	北京	1992/8/4	67.0	98.0	87.0	
3	05101003	李晓力	女	邢台	1993/5/24	69.0	90.0	78.0	
4	05101004	高文博	男	北京	1990/7/4	75.0	64.0	88.0	
5	05101005	张晓林	男	保定	1990/10/10	76.0	78.0	91.0	
6	05101006	李雅芳	男	张家口	1988/9/30	76.0	78.0	92.0	
7	05101007	曹雨生	男	秦皇岛	1994/9/8	78.0	80.0	90.0	
8	05101008	段平	女	保定	1993/6/1	79.0	91.0	75.0	
9	05101009	徐志华	男	唐山	1992/5/3	81.0	98.0	91.0	
10	05101010	罗明	男	天津	1991/4/2	90.0	78.0	67.0	
11	05101011	张立华	女	承德	1991/12/26	91.0	86.0	74.0	
12	05101012	李晓芳	女	张家口	1992/2/14	91.0	82.0	89.0	
各科平均成绩									

图 4-56 完成后生成的学生成绩单

4.5 公式和函数

Excel 2016 的主要功能不在于它能输入、显示和存储数据,更重要的是对数据的计算能力。在 Excel 工作表中,数据的计算都是通过使用公式和函数来完成和实现的,另外还有自动计算功能。

4.5.1 公式

公式是对工作表中的数值进行计算的等式。Excel 的公式与日常工作中用到的公式非常相近,它由运算符、数值、字符串、变量和函数组成,使用公式可以进行加、减、乘、除等运算。

在公式中,不仅可以对常量进行计算,还可以引用同一工作表中的其他单元格、同一工作簿不同工作表中的单元格或其他工作簿中的单元格。

一个完整的公式应包括以下几部分:

(1) 等号“=”——相当于公式的标记,它后面的字符为公式。

(2) 运算符——表示运算关系的符号。

(3) 函数——一些预定义的计算关系,可将参数按特定的顺序或结构进行计算。

(4) 单元格引用——参与计算的单元格或单元格区域。

(5) 常量——参与计算的常数。

1. 公式中的运算符

运算符是公式中的基本元素,Excel 公式中的运算符包括算术运算符、关系运算符、文本运算符、逻辑运算符和引用运算符等。

常用运算符及其优先级如表 4-2 所示。

表 4-2 常用运算符的优先级

优先级	运算符名称	符号表示形式及意义
1	算术运算符	+(加)、-(减)、*(乘)、/(除)、%(百分号)、^(乘方)
2	文本运算符	&(字符串连接)
3	关系运算符	=、<、>、<=、>=、<>
4	逻辑运算符	NOT(逻辑非)、AND(逻辑与)、OR(逻辑或)

2. 输入公式

在 Excel 2016 中,编辑工作表时,除了可以在单元格中输入文本、数值、日期和时间外,还可以在单元格中输入公式,输入公式后,单元格中将显示使用该公式计算后的结果。

在工作表中输入公式的具体操作如下:

(1) 选中要输入公式的单元格。

(2) 输入公式的标记“=”。

(3) 在等号“=”后面输入公式的内容,在 A1 单元格中输入“=10+20”,如图 4-57 所示。

(4) 输入完成后,按 Enter 键或者单击“输入”按钮即可。此时,计算结果将显示在公式所在的单元格中,如图 4-58 所示。

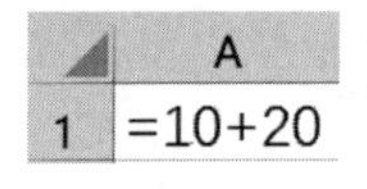

图 4-57 编辑公式

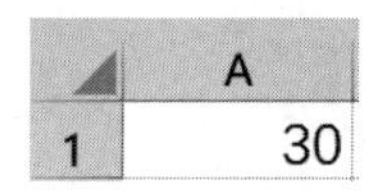

图 4-58 显示结果

【例 4-7】 在教师工资表中添加公式。要求如下:

按照“岗位津贴=基本工资 * 0.3”的公式在教师工资表中的 F2 单元格中添加公式。

操作步骤如下:

(1) 选定 F2 单元格,输入“=E2 * 0.3”,这里的 E2 就是单元格的相对引用。

(2) 然后按 Enter 键或者单击“输入”按钮 ✔ ,显示结果如图 4-59 所示。

	A	B	C	D	E	F	G	H	I
1	系别	姓名	性别	职称	基本工资	岗位津贴	补贴	扣除	实发工资
2	化工系	陈广路	男	副教授	$823	$246.9	200	60	
3	化工系	李峰	男	教授	$1,200		250	80	
4	数学系	李雅芳	女	教授	$1,150		250	80	
5	化工系	李月明	女	讲师	$650		150	40	
6	材料系	刘丽冰	女	助教	$220		50	20	
7	工管系	刘欣宇	女	讲师	$600		150	40	
8	工管系	王君彦	女	助教	$500		50	20	
9	数学系	王强	男	副教授	$800		200	60	
10	机械系	王照亮	男	副教授	$750		200	60	
11	工管系	徐惠敏	女	教授	$1,000		250	60	

图 4-59 输入公式的结果

3. 复制公式

在 Excel 2016 中,用户可以像编辑普通数据一样,对公式进行复制和粘贴。

在例 4-7 的结果中,复制公式的具体操作如下:

(1) 选定包括公式的单元格,此处即指选定 F2 单元格。

(2) 使用复制并粘贴的方式或用鼠标左键拖动 F2 单元格的填充柄至 F11 单元格,均可完成公式的复制并粘贴,如图 4-60 所示,在 F2:F11 单元格区域显示了公式运算的结果。

	A	B	C	D	E	F	G	H	I
1	系别	姓名	性别	职称	基本工资	岗位津贴	补贴	扣除	实发工资
2	化工系	陈广路	男	副教授	$823	$246.90	200	60	
3	化工系	李峰	男	教授	$1,200	$360.00	250	80	
4	数学系	李雅芳	女	教授	$1,150	$345.00	250	80	
5	化工系	李月明	女	讲师	$650	$195.00	150	40	
6	材料系	刘丽冰	女	助教	$220	$66.00	50	20	
7	工管系	刘欣宇	女	讲师	$600	$180.00	150	40	
8	工管系	王君彦	女	助教	$500	$150.00	50	20	
9	数学系	王强	男	副教授	$800	$240.00	200	60	
10	机械系	王照亮	男	副教授	$750	$225.00	200	60	
11	工管系	徐惠敏	女	教授	$1,000	$300.00	250	60	

图 4-60　运算结果

4. 单元格的引用

引用的作用在于标识工作表上的单元格或单元格区域,并指明公式中所使用的数据的位置。通过引用,可以在公式中使用工作表不同部分的数据,还可以引用同一工作簿不同工作表的单元格,甚至是另一个工作簿中的单元格。

单元格的引用有三种方式,分别是相对引用、绝对引用和混合引用。

1) 相对引用

相对引用表现形式为"列号行号",是 Excel 的默认引用方式,例如 A3、B4、E5 等。它的特点是公式在复制或移动时,含有相对引用的公式会随着单元格地址的变化而自动调整。例如,在"教师工资表"中,将公式从 F2 复制到 F3,列号不变,行号加 1,所以公式从"=E2 * 0.3"自动变成"=E3 * 0.3"。假如从 F2 复制到 J3,列标号加 4,行号加 1,则公式从"=E2 * 0.3"自动变成"=I3 * 0.3"。

例如,单元格 C1 中公式为"=A1+B1",如将公式复制到 C2,C2 的公式将自动调整为"=A2+B2",如图 4-61 所示。在 A1、A2、B1、B2 中分别输入 10、20、30、40,则 C1、C2 中的结果值分别为 40、60,如图 4-62 所示。

	A	B	C
1			=A1+B1
2			=A2+B2
3			

图 4-61　相对引用复制公式

	A	B	C	D
1	10	30	40	
2	20	40	60	
3				

图 4-62　相对引用复制公式结果

2) 绝对引用

绝对引用是在相对引用的形式下,把列号和行号前都加上符号"$",如"$A$1",单元格的值和 A1 的值相同。其特点是在公式复制或移动时,地址始终保持不变。例如,在"教师工资表"中,将 F2 单元格的公式改为"=$E$2 * 0.3",将其复制到 F3,则 F3 公式仍为"=$E$2 * 0.3"。

例如,单元格 C1 中的公式为"=$A$1+$B$1",如将公式复制到 C2,则公式还是"=$A$1+$B$1",如图 4-63 所示,在 A1:B2 分别输入 10、20、30、40,则 C1、C2 的结果都为 40,如图 4-64 所示。

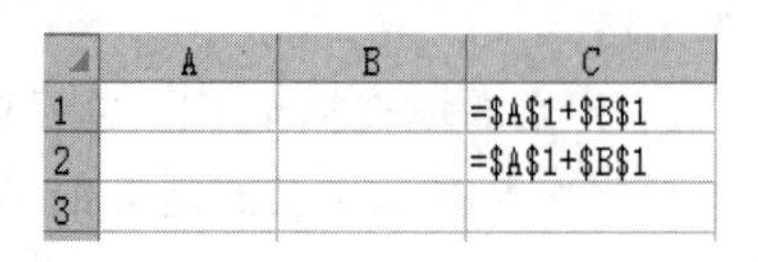

	A	B	C
1			=$A$1+$B$1
2			=$A$1+$B$1
3			

图 4-63 绝对引用复制公式

	A	B	C
1	10	30	40
2	20	40	40
3			

图 4-64 绝对引用复制公式结果

3) 混合引用

混合引用是在列号或行号前加上符号"$",例如,$C1 和 C$1。它是相对引用和绝对引用的混合使用。$C1 是列号始终不变,行相对引用;C$1 是行号始终不变,列相对引用。

例如,如果 C1 中有混合引用公式"=$A1+B$1",复制到 C2,则 C2 的公式为"=$A2+B$1",如图 4-65 所示,在 A1:B2 分别输入 10、20、30、40,则 C1、C2 的结果分别为 40、50,如图 4-66 所示。

	A	B	C
1			=$A1+B$1
2			=$A2+B$1

图 4-65 混合引用复制公式

	A	B	C
1	10	30	40
2	20	40	50

图 4-66 混合引用复制公式结果

以上三种引用方式可以在输入时进行更加快速的切换,方法是在公式编辑状态下,先选中要转换引用的单元格,然后反复按 F4 键即可在三种引用之间不断切换。

4.5.2 函数

函数是 Excel 提供的具有特定功能的程序,也可以看成一种预定义的计算关系,它可以将指定的一些称为参数的特定数值按特定的顺序或结构进行计算,并返回计算结果。

Excel 2016 为用户提供了几百个预定义函数,主要包括财务函数、日期与时间函数、数学与三角函数、统计函数、信息函数、数据库函数、逻辑函数、查找与引用函数、工程函数和文本函数等。利用这些函数,能方便地进行各种计算,从而避免手工计算的繁杂和易出错。

1. 输入函数

在 Excel 2016 中,函数的一般格式为:函数名称(参数 1,参数 2,…),其中的参数可以是常量、单元格引用、单元格区域或其他函数。Excel 函数可以使用两种方法输入。

直接输入:当用户非常熟悉函数的语法,或要使用的函数较简单,可以直接在单元格中或编辑栏中输入该函数。

插入函数:对于复杂函数,用户可以执行"公式"选项卡下的"插入函数"命令,或单击编辑区上的插入函数按钮 fx,在弹出的"插入函数"对话框中选择函数,并进行相应函数设置,完成函数的输入。

2. 几个常用函数

一般用户会经常使用一些固定函数进行数据计算,主要包括:求和函数 SUM、平均值函数 AVERAGE、最大值函数 MAX、最小值函数 MIN,计数函数 COUNT、排序函数

RANK 或 RANK. EQ、指定条件求和函数 SUMIF 或 SUMIFS 函数等，常用函数的说明如表 4-3 所示。

表 4-3　Excel 常用函数

函　数	格　式	功　能
SUM()	=SUM(number1,number2,…)	返回单元格区域中所有数字的和
AVERAGE()	=AVERAGE(number1,number2,…)	返回单元格区域中所有数字的平均值
MAX()	=MAX(number1,number2,…)	返回一组参数的最大值
MIN()	=MIN(number1,number2,…)	返回一组参数的最小值
COUNT()	=COUNT(value1,value2,…)	返回参数表中参数和包含数字参数的单元格个数
RANK()	=RANK(number,ref,order)	返回某数值在一列数值中相对于其他数值的大小排名
MID()	=MID(text,start_num,num_chars)	从文本字符串中指定的起始位置起返回指定长度的字符
SUMIF()	=SUMIF(range,criteria,sum_ range)	根据指定条件对若干单元格求和
SUMIFS()	=SUMIFS(sum_range,criteria_range1)	对一组给定条件指定的单元格求和
VLOOKUP()	=VLOOKUP(loopup_value,table_array,col_index_num,range_lookup)	搜索表区域首列满足条件的元素，确定待检索单元格在区域中的行序号，再进一步返回单元格的值

3. 函数应用举例

Excel 提供了丰富的内置函数，实际应用中，并不需要使用全部函数，本部分内容以数学统计类常用的函数为例，解析函数的一般用法。

创建"等级考试. xlsx"工作簿，如图 4-67 所示。在"等级考试成绩表"工作表中，完成"例 4-8"至"例 4-13"的函数计算。

【例 4-8】　使用 MAX 函数，在 C16 单元格内计算所有考生成绩的最高分。

操作步骤如下：

单击 C16 单元格，执行"开始"→"编辑"→"求和"右侧三角按钮，在下拉列表中选择"最大值"选项，此时效果如图 4-68 所示，按 Enter 键，求出最大值。

	A	B	C	D	E	F	G
1	等级考试成绩表						
2	准考证号	类别	分数	排名	备注		
3	12001	笔试	61				
4	12002	笔试	69				
5	12003	上机	79				
6	12004	笔试	88				
7	12005	上机	70				
8	12006	笔试	80				
9	12007	上机	89				
10	12008	上机	75				
11	12009	上机	84				
12	12010	笔试	59				
13	12011	上机	78				
14	12012	上机	89				
15	12013	笔试	93				
16	最高分						
17	平均成绩						
18	笔试人数						
19	上机人数						
20	笔试平均成绩						
21	上机平均成绩						

图 4-67　等级考试成绩表

	A	B	C	D	E
1	等级考试成绩表				
2	准考证号	类别	分数	排名	备注
3	12001	笔试	61		
4	12002	笔试	69		
5	12003	上机	79		
6	12004	笔试	88		
7	12005	上机	70		
8	12006	笔试	80		
9	12007	上机	89		
10	12008	上机	75		
11	12009	上机	84		
12	12010	笔试	59		
13	12011	上机	78		
14	12012	上机	89		
15	12013	笔试	93		
16	最高分		=MAX(C3:C15)		
17	平均成绩		MAX(number1, [number2], ...)		
18	笔试人数				
19	上机人数				
20	笔试平均成绩				
21	上机平均成绩				

图 4-68　MAX 函数的应用

【例 4-9】 使用 AVERAGE 函数，在 C17 单元格内计算所有考生的平均成绩。

操作步骤如下：

单击 C17 单元格，执行“开始”→“编辑”→“求和”右侧三角按钮，在下拉列表中选择“平均值”，返回编辑状态，此时需要确认计算的单元格范围为 C3:C15，而不是默认的 C3:C16，效果如图 4-69 所示，按 Enter 键，求出平均值。

【例 4-10】 使用 COUNTIF 函数，分别在 C18、C19 单元格内计算笔试人数、上机人数。

操作步骤如下：

(1) 单击 C18 单元格使其成为活动单元格，单击“插入函数”按钮 *fx*，弹出“插入函数”对话框，如图 4-70 所示。

	A	B	C	D	E
1	等级考试成绩表				
2	准考证号	类别	分数	排名	备注
3	12001	笔试	61		
4	12002	笔试	69		
5	12003	上机	79		
6	12004	笔试	88		
7	12005	上机	70		
8	12006	笔试	80		
9	12007	上机	89		
10	12008	上机	75		
11	12009	上机	84		
12	12010	笔试	59		
13	12011	上机	78		
14	12012	上机	89		
15	12013	笔试	93		
16	最高分		93		
17	平均成绩		=AVERAGE(C3:C15)		
18	笔试人数		AVERAGE(number1, [number2], ...)		
19	上机人数				
20	笔试平均成绩				
21	上机平均成绩				

图 4-69　AVERAGE 函数的应用

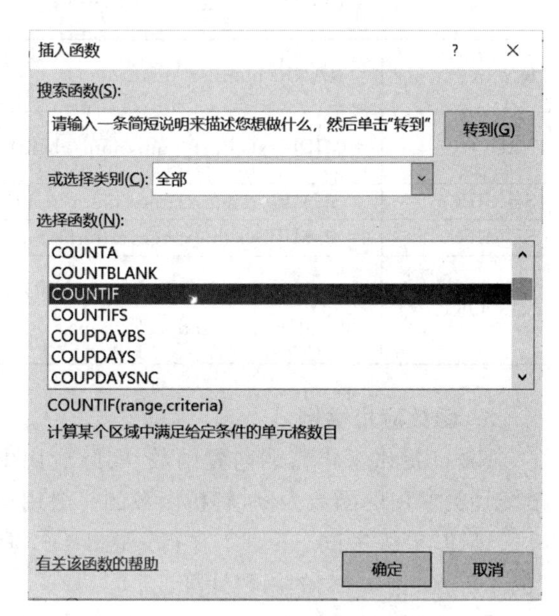

图 4-70　“插入函数”对话框

(2) 在“搜索函数”中输入函数名或选择类别中选择“全部函数”，在选择函数中选择 COUNTIF 函数，单击“确定”按钮，打开 COUNTIF 函数参数编辑对话框。

(3) 在 Range 文本框中，用鼠标拖选 B3:B15；在 Criteria 文本框中，用鼠标在工作表区域单击“笔试”，如 B3，设置如图 4-71 所示，单击“确定”按钮，完成设置。

(4) 重复执行步骤(1)～(3)，计算 C19 单元格中上机人数。

【例 4-11】 在 C20、C21 单元格内计算笔试平均成绩、上机平均成绩（提示：先用 SUMIF 函数分别计算笔试总分数、上机总分数，然后用计算结果分别除以笔试人数、上机人数）。

操作步骤如下：

(1) 单击 C20 单元格使其成为活动单元格，单击“插入函数”按钮 *fx*，弹出“插入函数”对话框。

(2) 在“搜索函数”列表框中选择“常用函数”，在选择函数列表中选择 SUMIF 函数，单击“确定”按钮，打开 SUMIF 函数参数编辑对话框。

(3) 在 Range 文本框中，用鼠标拖选 B3:B15；在 Criteria 文本框中，用鼠标在工作表区

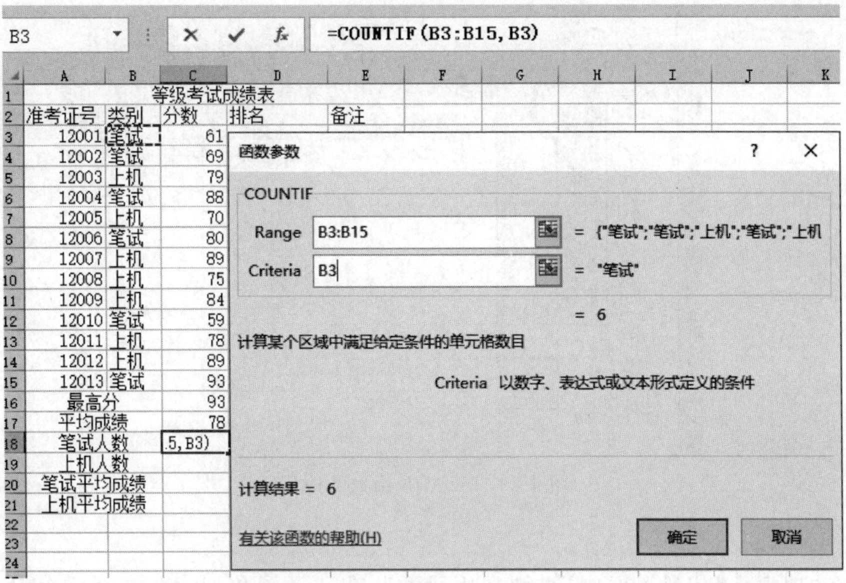

图 4-71　COUNTIF 函数的应用

域单击“笔试”，如 B3，在 Sum_range 文本框中，用鼠标拖选 C3:C15，设置如图 4-72 所示，单击“确定”按钮，完成 SUMIF 函数计算。

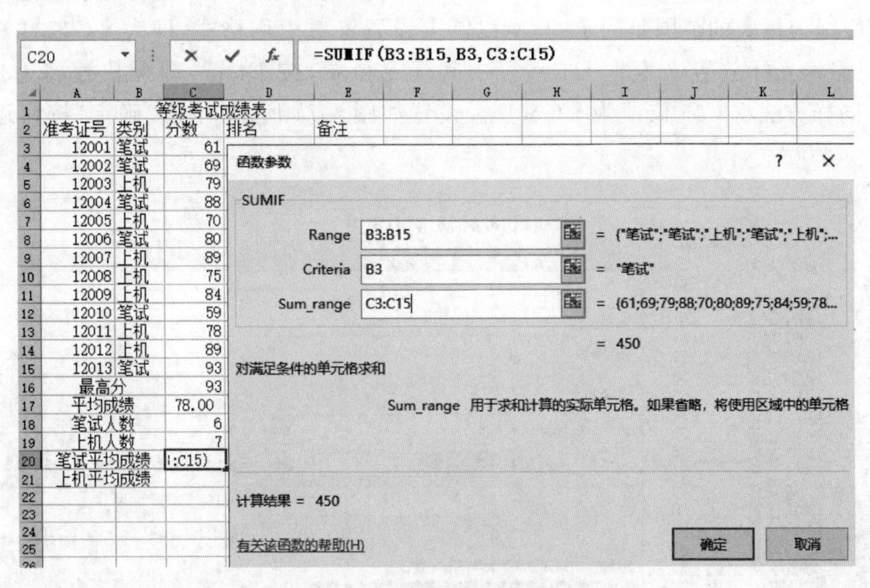

图 4-72　SUMIF 函数的应用

(4) 将光标移动到编辑框，继续编辑公式，如图 4-73 所示，编辑完成后，按 Enter 键。

(5) 重复执行步骤(1)～(4)计算 C21 单元格中上机平均成绩。

【例 4-12】　使用 RANK 函数计算分数按降序的排名，并将排名结果显示在 D3:D15 单元格内。

操作步骤如下：

(1) 单击 D3 单元格使其成为活动单元格，单击“插入函数”按钮 *fx*，弹出“插入函数”对

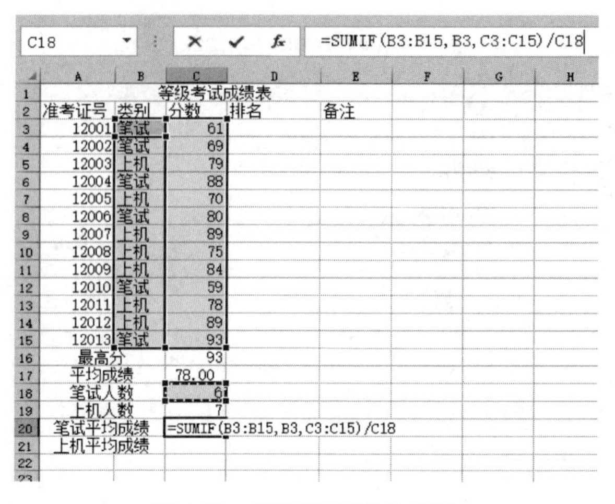

图 4-73　SUMIF 函数的应用

话框。

(2) 在“搜索函数”列表框中选择“常用函数”,在选择函数列表中选择 RANK 函数,单击“确定”按钮,打开 RANK 函数参数编辑对话框。

(3) 在 Number 文本框中,用鼠标单击 C3 单元格;在 Ref 文本框中,用鼠标拖选 C3:C15 单元格区域,在 Order 文本框中,输入 0。

注意,因为排名的范围是固定的,所以需要设置绝对引用格式,即为 \$C\$3:\$C\$15。修改时只需将光标放置文本框 C3 字符中间任意位置,按 F4 键,即可快速将 C3 改变为 \$C\$3,同样方法将 C15 修改为 \$C\$15。设置如图 4-74 所示,单击“确定”按钮返回公式编辑。

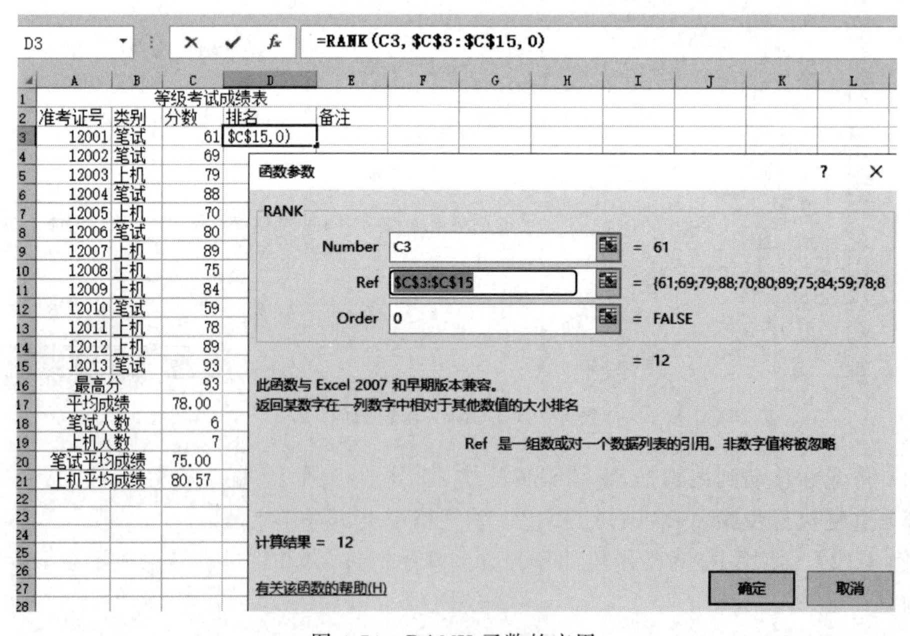

图 4-74　RANK 函数的应用

（4）选择 D3 单元格，拖动填充柄在 D3：D15 范围内进行 RANK 函数的自动填充。完成效果如图 4-75 所示。

D15 =RANK(C15,$C$3:$C$15,0)

	A	B	C	D	E
1		等级考试成绩表			
2	准考证号	类别	分数	排名	备注
3	12001	笔试	61	12	
4	12002	笔试	69	11	
5	12003	上机	79	7	
6	12004	笔试	88	4	
7	12005	上机	70	10	
8	12006	笔试	80	6	
9	12007	上机	89	2	
10	12008	上机	75	9	
11	12009	上机	84	5	
12	12010	笔试	59	13	
13	12011	上机	78	8	
14	12012	上机	89	2	
15	12013	笔试	93	1	
16	最高分		93		
17	平均成绩		78.00		
18	笔试人数		6		
19	上机人数		7		
20	笔试平均成绩		75.00		
21	上机平均成绩		80.57		

图 4-75　RANK 函数完成效果

【例 4-13】　使用 IF 函数实现备注栏信息的录入（要求：如果分数大于或等于 60 分，在备注栏给出“及格”，否则给出“不及格”）。

操作步骤如下：

（1）单击 E3 单元格使其成为活动单元格，单击“插入函数”按钮 *fx*，弹出“插入函数”对话框。

（2）在“搜索函数”列表框中选择“常用函数”，在选择函数列表中选择 IF 函数，单击“确定”按钮，打开 IF 函数参数编辑对话框。

（3）在 Logical_test 文本框中，输入 C3＞＝60；在 Value_if_true 文本框中，输入“及格”，在 Value_if_false 文本框中，输入“不及格”，效果如图 4-76 所示，设置完成，单击“确定”按钮。

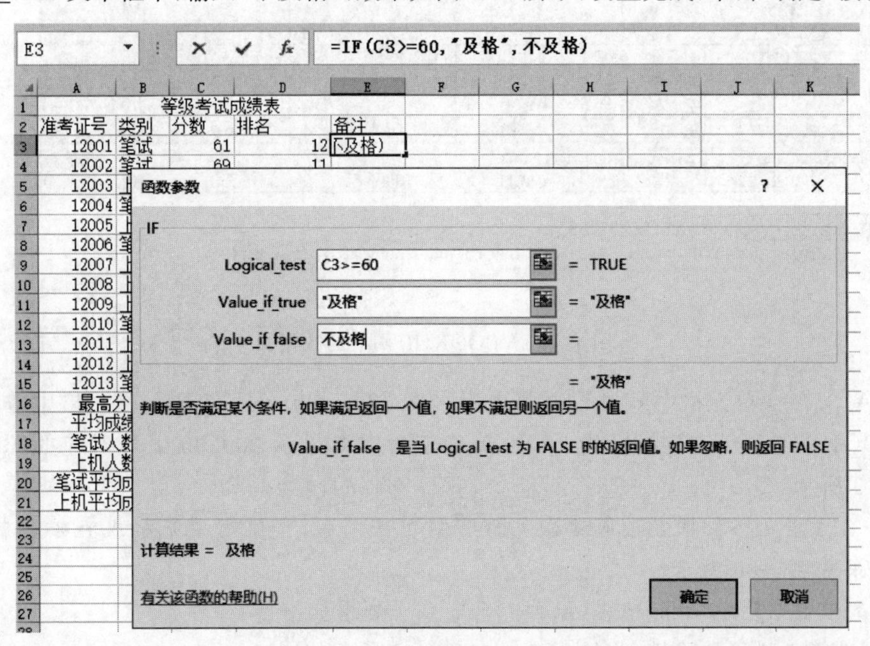

图 4-76　IF 函数的应用

(4) 选择 E3 单元格,拖动填充柄在 E3:E15 范围内进行 IF 函数的自动填充。完成最终效果,如图 4-77 所示。

	A	B	C	D	E	F	G
1	等级考试成绩表						
2	准考证号	类别	分数	排名	备注		
3	12001	笔试	61	12	及格		
4	12002	笔试	69	11	及格		
5	12003	上机	79	7	及格		
6	12004	笔试	88	4	及格		
7	12005	上机	70	10	及格		
8	12006	笔试	80	6	及格		
9	12007	上机	89	2	及格		
10	12008	上机	75	9	及格		
11	12009	上机	84	5	及格		
12	12010	笔试	59	13	不及格		
13	12011	上机	78	8	及格		
14	12012	上机	89	2	及格		
15	12013	笔试	93	1	及格		
16	最高分		93				
17	平均成绩		78.00				
18	笔试人数		6				
19	上机人数		7				
20	笔试平均成绩		75.00				
21	上机平均成绩		80.57				

图 4-77　等级考试成绩表最终效果

【例 4-14】 使用 VLOOKUP 函数完成数据的查找,数据表如图 4-78 所示。

AVERAGEIF　=VLOOKUP(A13,A$2:J$11,5,1)

	A	B	C	D	E	F	G	H	I	J	K
1	工号	系别	姓名	性别	职称	基本工资	岗位津贴	补贴	扣除	实发工资	
2	200201	化工系	陈广路	男	副教授	823	246.9	200	60	1209.9	
3	200202	化工系	李峰	男	教授	1200	360	250	80	1730	
4	200203	数学系	李雅芳	女	教授	1150	345	250	80	1665	
5	200204	化工系	李月明	女	讲师	650	195	150	40	955	
6	200205	材料系	刘丽冰	女	助教	220	66	50	20	316	
7	200206	工管系	刘欣宇	女	讲师	600	180	150	40	890	
8	200207	工管系	王君彦	女	助教	500	150	50	20	680	
9	200208	数学系	王强	男	副教授	800	240	200	60	1180	
10	200209	机械系	王照亮	男	副教授	750	225	200	60	1115	
11	200210	工管系	徐惠敏	女	教授	1000	300	250	60	1490	
12											
13	200206	=VLOOKUP(A13,A$2:J$11,5,1)									
14	200201	VLOOKUP(lookup_value, table_array, col_index_num, [range_lookup])									
15											

图 4-78　VLOOKUP 函数的数据表

在 A13、A14 单元格中随机输入两个工号 200206、200201,在 B13 单元格中输入公式:"=VLOOKUP(A13,A$2:J$11,5,1)",确定后即可显示 200206 工号对应的职称信息,如图 4-79 所示。

注:B14 单元格数据直接通过公式的复制即可完成,可使用填充柄或直接复制并粘贴实现,效果如图 4-80 所示。

【学习实践 3】 学生成绩表,函数综合应用。要求如下:

(1) 计算各科平均成绩,将结果填入 G13:I13 单元格。

AVERAGEIF | =VLOOKUP(A13,A$2:J$11,5,1)

	A	B	C	D	E	F	G	H	I	J	K
1	工号	系别	姓名	性别	职称	基本工资	岗位津贴	补贴	扣除	实发工资	
2	200201	化工系	陈广路	男	副教授	823	246.9	200	60	1209.9	
3	200202	化工系	李峰	男	教授	1200	360	250	80	1730	
4	200203	数学系	李雅芳	女	教授	1150	345	250	80	1665	
5	200204	化工系	李月明	女	讲师	650	195	150	40	955	
6	200205	材料系	刘丽冰	女	助教	220	66	50	20	316	
7	200206	工管系	刘欣宇	女	讲师	600	180	150	40	890	
8	200207	工管系	王君彦	女	助教	500	150	50	20	680	
9	200208	数学系	王强	男	副教授	800	240	200	60	1180	
10	200209	机械系	王照亮	男	副教授	750	225	200	60	1115	
11	200210	工管系	徐惠敏	女	教授	1000	300	250	60	1490	
12											
13	200206	=VLOOKUP(A13,A$2:J$11,5,1)									
14	200201	VLOOKUP(lookup_value, table_array, col_index_num, [range_lookup])									
15											

图 4-79　VLOOKUP 函数输入

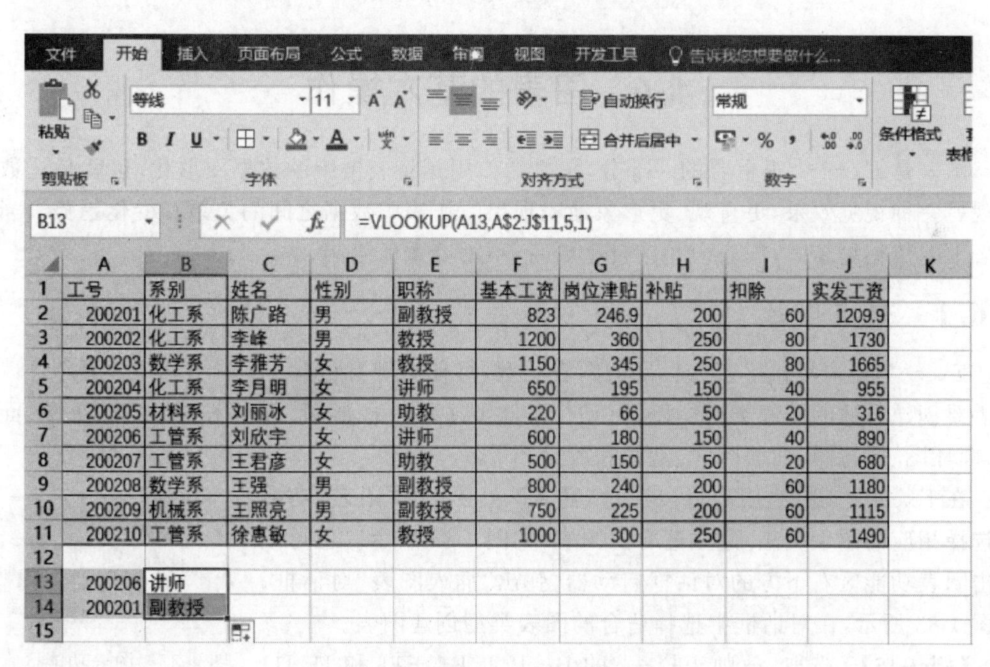

B13 | =VLOOKUP(A13,A$2:J$11,5,1)

	A	B	C	D	E	F	G	H	I	J	K
1	工号	系别	姓名	性别	职称	基本工资	岗位津贴	补贴	扣除	实发工资	
2	200201	化工系	陈广路	男	副教授	823	246.9	200	60	1209.9	
3	200202	化工系	李峰	男	教授	1200	360	250	80	1730	
4	200203	数学系	李雅芳	女	教授	1150	345	250	80	1665	
5	200204	化工系	李月明	女	讲师	650	195	150	40	955	
6	200205	材料系	刘丽冰	女	助教	220	66	50	20	316	
7	200206	工管系	刘欣宇	女	讲师	600	180	150	40	890	
8	200207	工管系	王君彦	女	助教	500	150	50	20	680	
9	200208	数学系	王强	男	副教授	800	240	200	60	1180	
10	200209	机械系	王照亮	男	副教授	750	225	200	60	1115	
11	200210	工管系	徐惠敏	女	教授	1000	300	250	60	1490	
12											
13	200206	讲师									
14	200201	副教授									
15											

图 4-80　VLOOKUP 函数效果

(2) 计算每个人各科的总成绩,将结果填入 J3:J12 单元格。

(3) 新建 Sheet2 和 Sheet3 工作表,将 Sheet1 的内容复制到 Sheet2 和 Sheet3 工作表。

(4) 以下均对 Sheet1 工作表进行操作。在第 13 行上方插入 4 行,分别合并 A13:F13、A14:F14、A15:F15、A16:F16 单元格,并且在 A13～A16 单元格中分别输入“最高分”“最低分”“不及格人数”“80～90 分的人数(包括 80 分和 90 分)”。

(5) 在第J列前面插入一列，输入“计算机等级”。

(6) 分别统计3门课程的最高分、最低分、不及格人数、80～90分的人数(包括80分和90分)及每个人的计算机等级(＞＝90分为“优”，80～89分为“良”，70～79分为“中”，60～69分为“及格”，＜60分为“差”)。

按要求完成后，生成的表格如图4-81所示。

学生成绩单

序号	学号	姓名	性别	籍贯	出生日期	英语	数学	计算机	计算机等级	总成绩
1	051001001	刘丽冰	女	秦皇岛	1997/6/1	56.0	67.0	78.0	中	201.0
2	051001002	王强	女	北京	1997/7/9	67.0	98.0	87.0	良	252.0
3	051001003	李晓力	女	邢台	1996/11/12	69.0	90.0	78.0	中	237.0
4	051001004	高文博	男	北京	1996/12/1	75.0	64.0	88.0	良	227.0
5	051001005	张晓林	男	保定	1998/1/2	76.0	75.0	91.0	优	242.0
6	051001006	李雅芳	男	张家口	1997/4/2	76.0	78.0	92.0	优	246.0
7	051001007	曹雨生	男	秦皇岛	1998/5/6	78.0	80.0	90.0	优	248.0
8	051001008	段平	女	保定	1996/8/11	79.0	91.0	75.0	中	245.0
9	051001009	徐志华	男	唐山	1998/2/6	81.0	98.0	91.0	优	270.0
10	0510010010	罗志	男	天津	1996/2/5	90.0	78.0	67.0	及格	235.0
最高分						90.0	98.0	92.0		
最低分						56.0	64.0	67.0		
不及格人数						1.0	0.0	0.0		
80~90分的人数(包括80分和90分)						2.0	2.0	3.0		
各科平均成绩						74.70	81.90	83.70		

图4-81 学生成绩表最终效果

4.6 图表的基本操作

图表是Excel中很重要的一部分，图表的作用是将表格中的数据图形化，也就是让数据呈现另一种视觉效果，更直观、更形象地表现出工作表中数据之间的关系和变化趋势。当数据表中的数据更新时，图表会相应自动更新，不需要重新绘制。

4.6.1 创建图表

Excel为用户提供了多种标准的图表类型，每种类型又包含了若干子类型，用户可以根据需要创建合适的图表类型。Excel的标准类型主要有柱形图、条形图、折线图、饼图、面积图、圆环图、雷达图、曲面图、气泡图和股价图等。

在Excel 2016中，用户可以通过“插入”选项卡的“图表”功能区选择相应的图表类型，建立适合的图表，如图4-82所示。也可以单击图表功能区右下方的对话框启动器，弹出“插入图表”对话框，如图4-83所示，在对话框中选择适合的图表类型创建图表。

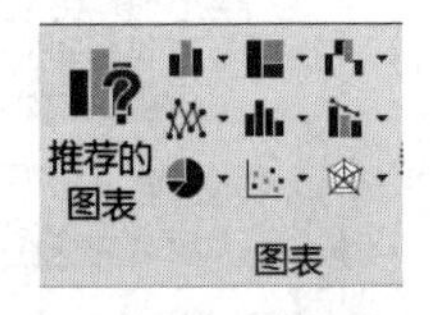

图4-82 图表功能区命令

【例4-15】 选取“教师工资表”的B1:B11、E1:E11和I1:I11数据区域的内容，建立“簇状柱形图”(数据系列产生在“行”)。在图表上方插入图表标题为“教师工资表”，X轴为主要网格线，Y轴为次要网格线，图例靠左，将图插入表A16:I25单元格区域，保存工作簿。

操作步骤：

(1) 在工作表中选择用于生成图表的源数据区域，例如选择如图4-84所示工作表中的姓名、基本工资、实发工资列。

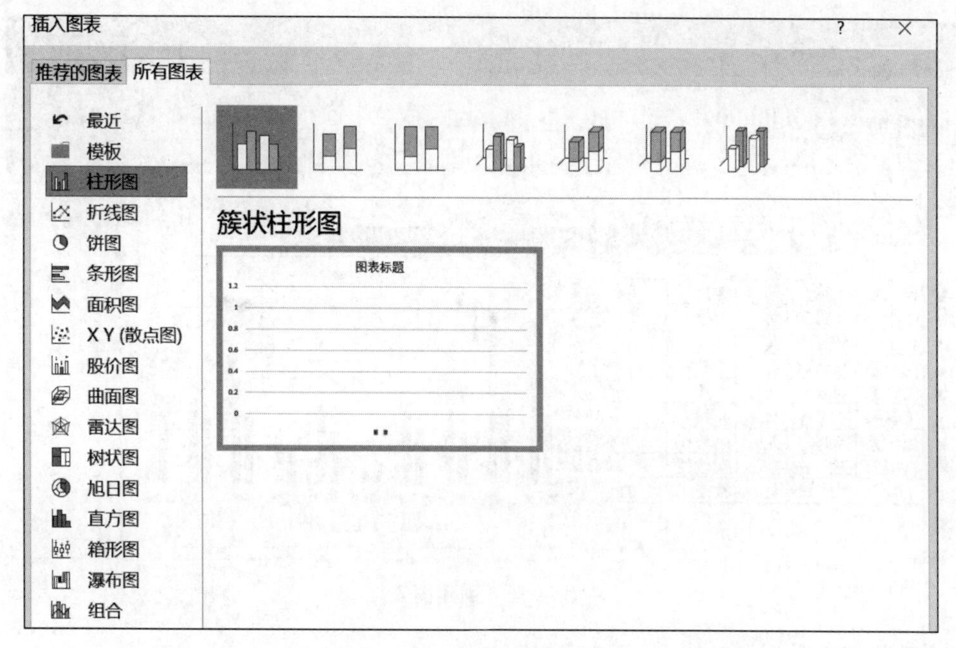

图 4-83 “插入图表”对话框

I1 实发工资

	A	B	C	D	E	F	G	H	I
1	系别	姓名	性别	职称	基本工资	岗位津贴	补贴	扣除	实发工资
2	化工系	陈广路	男	副教授	$823	$246.90	200	60	$1,210
3	化工系	李峰	男	教授	$1,200	$360.00	250	80	$1,730
4	数学系	李雅芳	女	教授	$1,150	$345.00	250	80	$1,665
5	化工系	李月明	女	讲师	$650	$195.00	150	40	$955
6	材料系	刘丽冰	女	助教	$220	$66.00	50	20	$316
7	工管系	刘欣宇	女	讲师	$600	$180.00	150	40	$890
8	工管系	王君彦	女	助教	$500	$150.00	50	20	$680
9	数学系	王强	男	副教授	$800	$240.00	200	60	$1,180
10	机械系	王照亮	男	副教授	$750	$225.00	200	60	$1,115
11	工管系	徐惠敏	女	教授	$1,000	$300.00	250	60	$1,490
12									

图 4-84 选定数据源区域

(2) 执行“插入”→“图表”→“插入柱形图或条形图”→“簇状柱形图”命令，即会在工作表区域出现创建的图表，如图 4-85 所示。

创建图表完成后，保存工作簿。

4.6.2 更改图表

对于一个建立好的图表，可以对已创建的图表类型、图表数据源等进行修改，而不需要重新创建图表。

1. 更改图表类型

方法 1：选择图表，执行“图表工具”→“设计”→“类型”→“更改图表类型”命令，弹出“更改图表类型”对话框，在对话框中重新选择合适的图表类型，实现图表类型的更改。

方法 2：单击图表区，右击选择“更改图表类型”，后面与方法 1 设置相同。

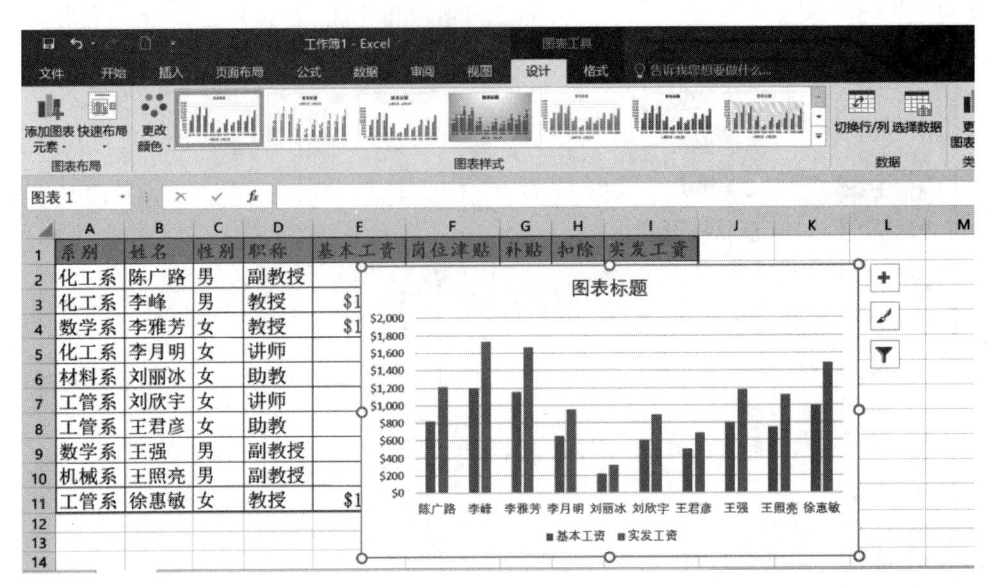

图 4-85　创建图表

2. 重新选择数据源

创建图表后,可以对图表再次添加数据,或重新选择数据区域。

1) 向图表中添加源数据

【例 4-16】 把岗位津贴列的数据项添加到图表中。

操作步骤:

(1) 单击图表绘图区,执行"图表工具"→"设计"→"数据"→"选择数据"命令,或右击绘图区,选择快捷菜单中的"选择数据"选项,弹出"选择数据源"对话框,如图 4-86 所示。

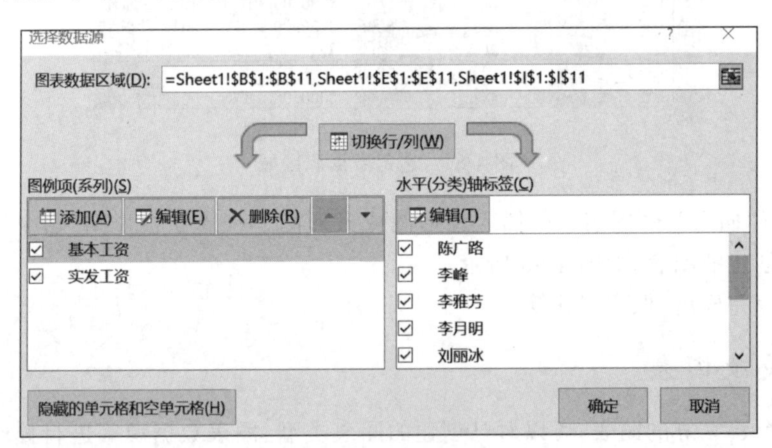

图 4-86　"选择数据源"对话框

(2) 在图例项(系列)区,单击"添加"按钮,弹出"编辑数据系列"对话框,进入数据添加设置。

(3) 单击"系列名称"功能区的折叠按钮,弹出"编辑数据系列"对话框,单击折叠按钮,然后在数据表区域单击 F1 单元格。

(4) 单击恢复按钮,回到"编辑数据系列"对话框,单击"系列值"功能区的折叠按钮,并在数据表区域选择 F2：F11 单元格区域。

以上三步操作效果如图 4-87 所示。

图 4-87 “编辑数据系列”对话框

(5) 单击“确定”按钮，返回“选择数据源”对话框，单击“确定”按钮，完成数据源的增加。效果如图 4-88 所示。

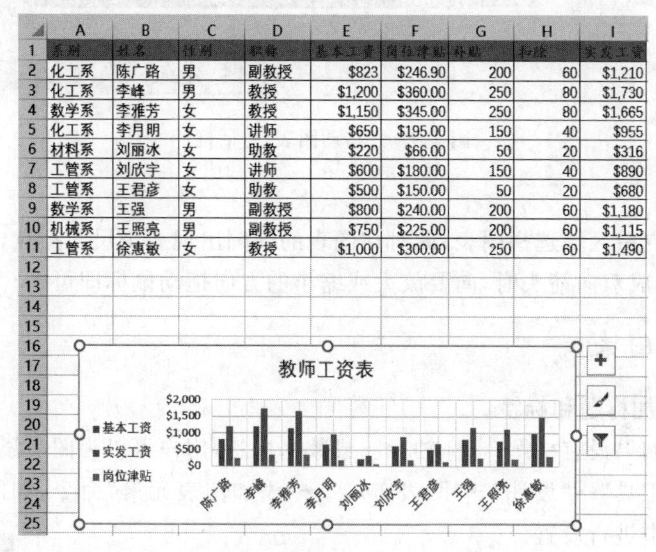

	A	B	C	D	E	F	G	H	I
1	系别	姓名	性别	职称	基本工资	岗位津贴	补贴	扣除	实发工资
2	化工系	陈广路	男	副教授	$823	$246.90	200	60	$1,210
3	化工系	李峰	男	教授	$1,200	$360.00	250	80	$1,730
4	数学系	李雅芳	女	教授	$1,150	$345.00	250	80	$1,665
5	化工系	李月明	女	讲师	$650	$195.00	150	40	$955
6	材料系	刘丽冰	女	助教	$220	$66.00	50	20	$316
7	工管系	刘欣宇	女	讲师	$600	$180.00	150	40	$890
8	工管系	王君彦	女	助教	$500	$150.00	50	20	$680
9	数学系	王强	男	副教授	$800	$240.00	200	60	$1,180
10	机械系	王照亮	男	副教授	$750	$225.00	200	60	$1,115
11	工管系	徐惠敏	女	教授	$1,000	$300.00	250	60	$1,490

图 4-88 增加数据源完成效果

2) 在图表中删除源数据

如果要同时删除工作表和图表中数据，只需要删除工作表中的数据，图表数据就会自动更新。如果只从图表中删除数据，在图表上单击所要删除的图表系列，按 Delete 键即可。或者利用“选择数据源”对话框中的“图例项(系列)”选项卡中的“删除”按钮也可完成图表数据的删除。

3. 更改图表布局

创建图表后，可以利用图表的预定义布局，快速更改图表的布局外观。

选择图表，执行“图表工具”→“设计”→“图表布局”→“快速布局”命令，在展开的下拉列表中选择某种系统预定义布局即可。

4. 移动图表位置

根据图表所在位置，将图表分为嵌入式图表和图形图表。嵌入式图表是指图表与数据区域显示在同一个工作表中，用户只需要将鼠标指针指向图表的空白区域，按下鼠标左键，直接拖动即可将图表移动到任意位置。通常是将图表移动到非数据的区域,以避免遮挡数据的显示。图形图表是指图表以一个工作表的形式存在,独占一个工作表。

如果有需要,也可以把图表的位置进行调整,或转移成为图形图表。选定工作表后,执行“图表工具”→“设计”→“位置”→“移动图表”命令,弹出“移动图表”对话框,如图 4-89 所示。为图表选择一个位置,单击“确定”按钮,完成图表的移动。也可右击图表区,选择“移动图表”完成图表移动。

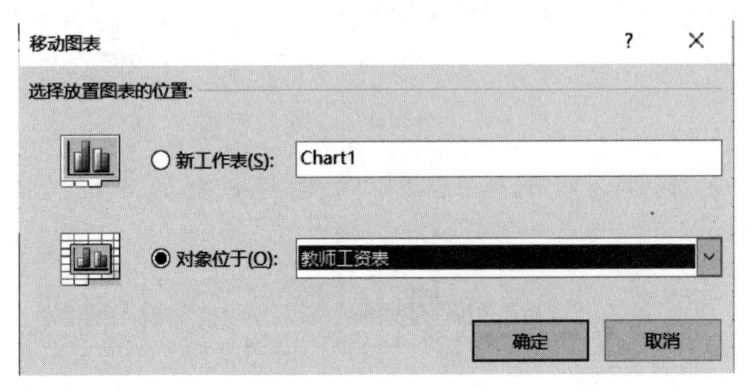

图 4-89 “移动图表”对话框

5. 缩放图表

单击图表的空白区域选择图表,此时在图表的周围出现 8 个尺寸控点,将鼠标放在控点上,当鼠标指针变成双向箭头时,向要放大或缩小的方向拖动鼠标即可。

4.6.3 编辑图表

1. 为图表添加标题和标签

创建的图表如果没有标题、坐标轴标题或数据标签,用户可以为图表添加标题。选中图表后,执行“图表工具”→“设计”→“图表布局”→“添加图表元素”命令,如图 4-90 所示。可以在对应的列表中进行设置。

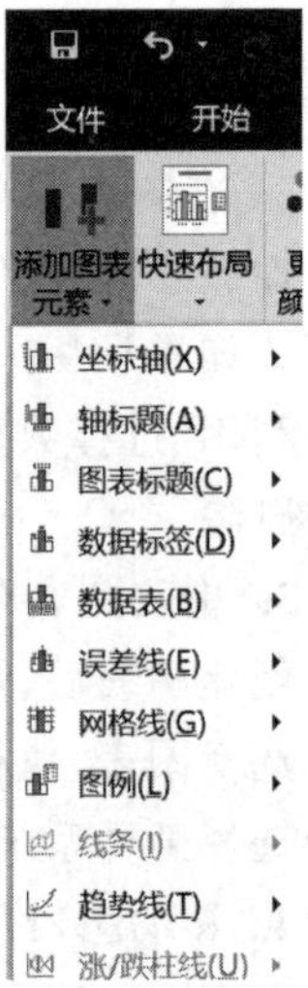

2. 图例

在图 4-90 中,展开“图例”下拉列表,可以选择图例出现的位置,也可设置为无,使图例不显示。

3. 修饰图表

图表建立完成后,可以对图表进行修改,以更好地表现工作表。Excel 为用户提供了多种图表样式,用户可以直接套用。也可利用“图表选项”对话框对图表的网格线、数据表、数据标志等进行编辑和设置。此外,还可以对图表进行修饰,包括图表的颜色、图案、线形、填充效果、边框和图片等;另外还可以对图表的图表区、绘图区、坐标轴、背景墙和基底等进行设置,方法是选择修饰的图表后,利用“图表工具”→“布局”和“格式”选项卡中的命令完成图表的修饰。

图 4-90 “添加图表元素”命令

【学习实践 4】

继续操作学生成绩表,根据 Sheet1 工作表中的数据,创建图表,要求如下:

(1) 选取姓名及三门课成绩作为数据源,建立“簇状柱形图”(数据系列产生在“行”)。

(2) 在图表上方为图表添加标题“学生成绩统计图”,图例靠上。

(3) 将图插入表 L2:R13 单元格区域,保存工作簿。

按要求完成后,生成的图表如图 4-91 所示。

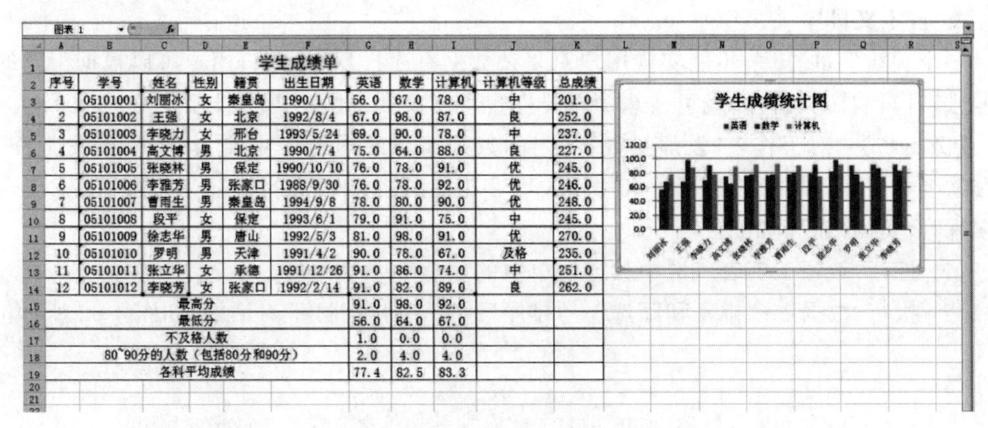

学生成绩单

序号	学号	姓名	性别	籍贯	出生日期	英语	数学	计算机	计算机等级	总成绩
1	05101001	刘丽冰	女	秦皇岛	1990/1/1	56.0	67.0	78.0	中	201.0
2	05101002	王强	女	北京	1992/8/4	67.0	98.0	87.0	良	252.0
3	05101003	李晓力	女	邢台	1993/5/24	69.0	90.0	78.0	中	237.0
4	05101004	高文博	男	北京	1990/7/4	75.0	64.0	88.0	良	227.0
5	05101005	张晓林	男	保定	1990/10/10	76.0	78.0	91.0	优	245.0
6	05101006	李雅芳	男	张家口	1988/9/30	76.0	78.0	92.0	优	246.0
7	05101007	曹雨生	男	秦皇岛	1994/9/8	78.0	80.0	90.0	优	248.0
8	05101008	段平	女	保定	1993/6/1	79.0	91.0	75.0	中	245.0
9	05101009	徐志华	男	唐山	1992/5/3	81.0	98.0	91.0	优	270.0
10	05101010	罗明	男	天津	1991/4/2	90.0	78.0	67.0	及格	235.0
11	05101011	张立华	女	承德	1991/12/26	91.0	86.0	74.0	中	251.0
12	05101012	李晓芳	女	张家口	1992/2/14	91.0	82.0	89.0	良	262.0
最高分						91.0	98.0	92.0		
最低分						56.0	64.0	67.0		
不及格人数						1.0	0.0	0.0		
80~90分的人数(包括80分和90分)						2.0	4.0	4.0		
各科平均成绩						77.4	82.5	83.3		

图 4-91　学生成绩统计图

4.7　Excel 2016 的数据管理

Excel 2016 提供了较强的数据库管理功能,不仅能通过数据清单来增减、删除和移动数据,还能够对以数据清单形式存放的工作表数据进行排序、筛选、分类汇总、统计和建立数据透视表和数据透视图等操作,帮助用户快速整理与分析表格中的数据。

4.7.1　数据清单

如果要使用 Excel 的数据管理功能,首先必须将工作表中数据以数据清单形式存放。数据清单又称为数据列表,是一张二维表。它与数据库相对应,二维表的一列称为一个“字段”,一行称为一条“记录”;第一行为表头,由若干个字段名组成。要创建数据清单,应该遵循以下准则:

(1) 避免在一张工作表中建立多个数据清单,如果在工作表中还有其他数据,要在它们与数据清单之间留出空行、空列。

(2) 通常在数据清单的第一行创建字段名,字段名必须唯一,且每一字段的数据类型必须相同,如字段名是“产品”,则该列存放的必须全部是产品名称。

(3) 数据清单中不能有完全相同的两条记录。

4.7.2　数据排序

数据的排序是按一定的规则将一列或多列无序的数据变成有序的数据,从而对每行数据重新排列,以便于浏览或为下一步做准备(如分类汇总)。Excel 2016 提供了自动排序功能,用户既可以将数据按数字顺序、日期顺序、拼音顺序和笔画顺序进行自动排序,也可以自定义排序,包括以下两种排序:

1. 简单排序

简单排序是指对单个关键字(单一字段)进行升序或降序排序。简单排序可以运用“开始”→“编辑”→“排序和筛选”中的“升序”和“降序”命令排序。也可以使用“数据”→“排序和筛选”中的“升序”和“降序”命令完成排序。

2. 自定义排序

一个关键字的排序,不能实现用户对复杂数据有序排列的需求,用户可以根据工作的实际需求,进行自定义排序,既可实现简单排序也可实现多字段的复杂排序。

【例 4-17】 对工作表“教师工资表”内的数据清单的内容按主要关键字“实发工资”降序和次要关键字“基本工资”降序和第三关键字为“岗位津贴”降序排序,排序后的工作表按原名保存。操作步骤如下:

(1) 打开“教师工资表”,选中数据清单中的任意一个单元格。

(2) 执行“数据”→“排序和筛选”→“排序”命令,弹出“排序”对话框,如图 4-92 所示。

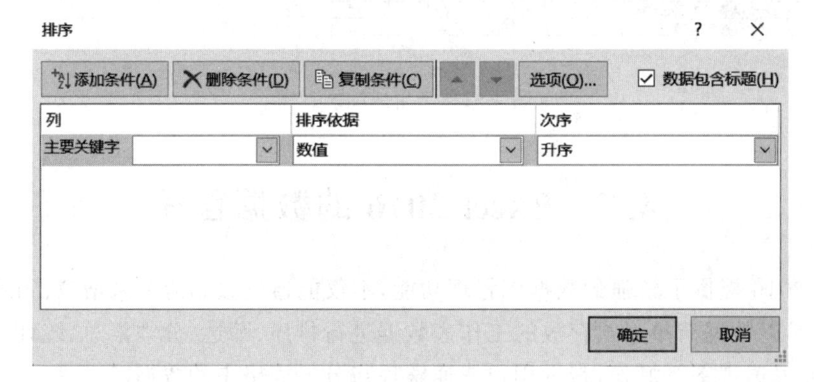

图 4-92 “排序”对话框

(3) 设置“主要关键字”为“实发工资”降序;单击“添加条件”按钮,设置次要关键字为“基本工资”降序;再次单击“添加条件”设置第三关键字为“岗位津贴”降序,如图 4-93 所示。

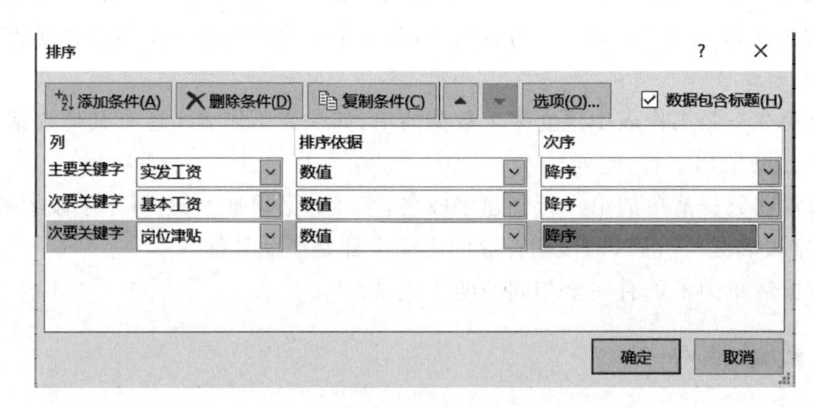

图 4-93 设置“排序”对话框

(4) 设置好参数后,单击“确定”按钮,即可按照设置的参数进行排序。

4.7.3 数据筛选

筛选数据就是将数据清单中符合特定条件的数据查找出来,并将不符合条件的数据暂时隐藏。Excel 2016 提供了两种筛选数据的方法,分别为自动筛选和高级筛选。用户可根据需要选择合适的方法筛选数据。

1. 自动筛选

自动筛选是最基本的筛选,可以快速简单实现。使用自动筛选,可以按列表值、按格式或者按条件进行筛选。

【例 4-18】 打开"教师工资表",对数据清单内容进行自动筛选,条件为筛选出实发工资大于或等于 1000 且小于或等于 1500 的记录。

操作步骤如下:

(1) 打开"教师工资表",选中数据清单中的任意一个单元格。

(2) 执行"数据"→"排序和筛选"→"筛选"命令,此时,数据清单中所有列标题的右侧会出现一个筛选块,如图 4-94 所示。

	A	B	C	D	E	F	G	H	I
1	系别	姓名	性别	职称	基本工资	岗位津贴	补贴	扣除	实发工资
2	化工系	陈广路	男	副教授	¥823	¥247	200	60	¥1,210
3	化工系	李峰	男	教授	¥1,200	¥360	250	80	¥1,730
4	数学系	李雅芳	女	教授	¥1,150	¥345	250	80	¥1,665
5	化工系	李月明	女	讲师	¥650	¥195	150	40	¥955
6	材料系	刘丽冰	女	助教	¥220	¥66	50	20	¥316
7	工管系	刘欣宇	女	讲师	¥600	¥180	150	40	¥890
8	工管系	王君彦	女	助教	¥500	¥150	50	20	¥680
9	数学系	王强	男	副教授	¥800	¥240	200	60	¥1,180
10	机械系	王照亮	男	副教授	¥750	¥225	200	60	¥1,115
11	工管系	徐惠敏	女	教授	¥1,000	¥300	250	60	¥1,490
12									

图 4-94 自动筛选对话框

(3) 单击"实发工资"右侧的筛选块,在弹出的下拉列表框中选择"数字筛选"→"自定义筛选"选项,弹出"自定义自动筛选方式"对话框,设置"实发工资"筛选,在运算符列表框中选择"大于或等于"选项,在其后面的列表框中输入 1000,选中"与"单选按钮,在下面列表框中选择"小于或等于",在其后面的列表框中输入 1500,如图 4-95 所示。

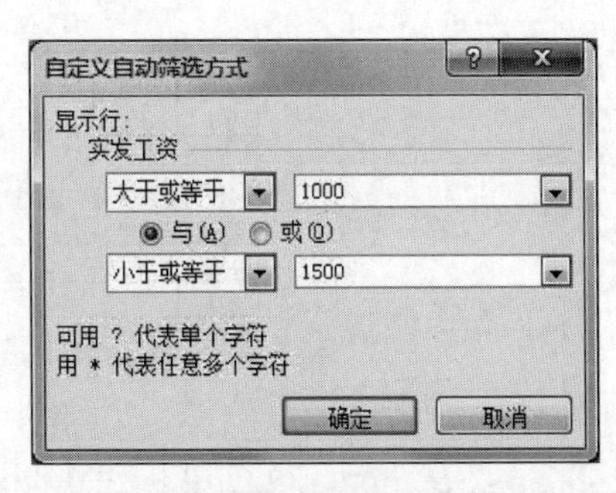

图 4-95 "自定义自动筛选方式"对话框

(4) 单击"确定"按钮,返回到工作表中,显示实发工资在 1000~1500 之间的数据,如图 4-96 所示。

	A	B	C	D	E	F	G	H	I
1	系别	姓名	性别	职称	基本工资	岗位津贴	补贴	扣除	实发工资
2	化工系	陈广路	男	副教授	¥823	¥247	200	60	¥1,210
9	数学系	王强	男	副教授	¥800	¥240	200	60	¥1,180
10	机械系	王照亮	男	副教授	¥750	¥225	200	60	¥1,115
11	工管系	徐惠敏	女	教授	¥1,000	¥300	250	60	¥1,490
12									

图 4-96 自动筛选结果

当筛选条件涉及多个字段时，且字段间条件为“与”的关系，则可以分别对相关字段按“自定义自动筛选方式”进行设置即可。如果多个字段间为“或”的关系，则只能采用高级筛选完成。

若要取消筛选，可以选择“数据”选项卡“排序与筛选”选项区中“清除”命令或对单字段分别选择全部数据，恢复所有数据。也可直接单击自动筛选按钮，取消自动筛选。

2. 高级筛选

当筛选条件比较复杂，或者出现多字段间的“逻辑或”关系时，可以使用 Excel 的高级筛选操作。高级筛选是按用户设定的条件对数据进行筛选，可以筛选出同时满足两个或两个以上的条件的数据。

进行高级筛选时，需要先针对用户的筛选条件建立一个条件区域，条件区域与数据清单至少保留一行或者一列的间距。关于高级筛选有以下几点说明：

(1) 条件区域的设置要求：条件区域需要用到字段名，这里的字段名必须和数据清单中的字段名完全一致，为了确保这一点，对字段名的输入最好采用复制的方法，以免出现差错。

(2) 条件区域的基本输入规则：

① 所有条件的字段名都必须写在同一行上。

② 每个条件的字段名和字段值都应该写在同一列上。

③ 当多个条件之间的逻辑关系是“与”时，条件值写在同一行上；是“或”时，条件值写在不同行上，并且在条件区域内不允许出现空行。

(3) 条件区域的设置方法。高级筛选的条件可以是一个字段的多个条件，也可以是不同字段的多个条件。例如：英语＞＝75 并且英语＜＝80，是一个字段的多段条件，也可以是英语＞＝75 并且数学＞＝75。

下面举例说明高级筛选条件设置的方法，如图 4-97 所示。

①

英语	数学
>80	>80

②

英语	数学
>80	
	>80

③-1

英语	英语
>80	
	<60

③-2

英语
>80
<60

④

英语	英语
>80	<90

⑤

系别	籍贯
计算机系	北京
建筑系	邢台

图 4-97 “高级筛选”条件设置

① 英语＞80 并且数学＞80。

② 英语＞80 或者数学＞80。

③ 英语＞80 或者英语＜60。

④ 英语＞80 并且英语＜90。

⑤ 系别是“计算机系”并且籍贯是“北京”，或者系别是“建筑系”并且籍贯是“邢台”。

【例 4-19】 对“教师工资表”数据清单内容进行高级筛选，条件为筛选出化工系，性别为男，基本工资大于 1000 或者实发工资小于 1500 的数据，在数据清单前插入四行，前三行作为条件区域，筛选后的结果显示在原有区域，筛选后工作表按原名保存。

操作步骤如下：

(1) 同时选中行号 1～4，右击，在弹出的快捷菜单中选择“插入”选项，在数据清单前插入 4 行。

(2) 按照要求设置条件区域。首先选定题目中涉及的字段名“系别”“性别”“基本工资”与“实发工资”，执行复制，然后单击条件区域起始单元格，本例为 A1 单元格。

(3) 设置高级筛选条件字段值，根据条件区域的输入规则，本例条件区域设置如图 4-98 所示。

(4) 单击数据清单内任意一个单元格，执行“数据”→“排序和筛选”→“高级”命令，弹出“高级筛选”对话框，如图 4-99 所示。

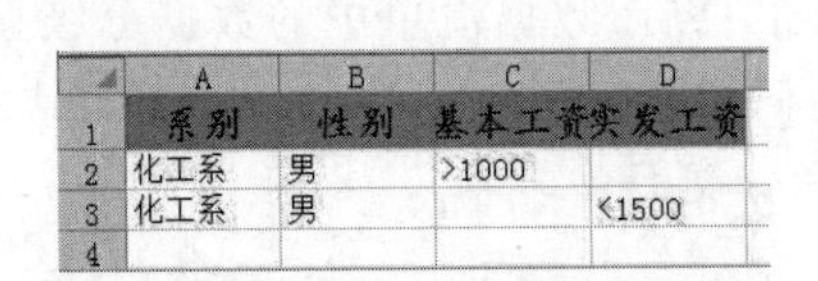

	A	B	C	D
1	系别	性别	基本工资	实发工资
2	化工系	男	>1000	
3	化工系	男		<1500
4				

图 4-98 “高级筛选”条件区域

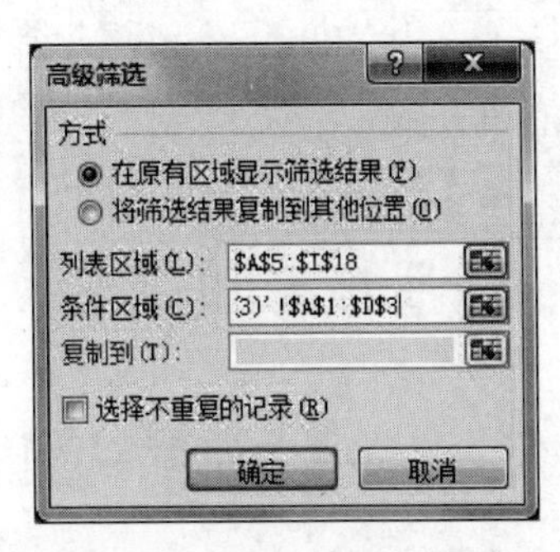

图 4-99 “高级筛选”对话框

(5) 在“方式”选项区，选中“在原有区域显示筛选结果”单选按钮，单击条件区域的按钮，在工作表中选择设置筛选的条件区域。

(6) 设置好各项参数后，单击“确定”按钮即可，筛选结果如图 4-100 所示。

	A	B	C	D	E	F	G	H	I
1	系别	性别	基本工资	实发工资					
2	化工系	男	>1000						
3	化工系	男		<1500					
4									
5	系别	姓名	性别	职称	基本工资	岗位津贴	补贴	扣除	实发工资
6	化工系	陈广路	男	副教授	¥823	¥247	200	60	¥1,210
7	化工系	李峰	男	教授	¥1,200	¥360	250	80	¥1,730

图 4-100 高级筛选结果

4.7.4 分类汇总

分类汇总是对数据清单中指定的字段进行分类，然后再统计该类记录的相关信息，在汇总的过程中，还可以对某些数值进行求和、求平均值等运算。

需要注意的是，使用 Excel 分类汇总前，必须先对分类的字段进行排序，否则将得不到正确的分类汇总结果；其次，在分类汇总时要清楚对哪个字段分类，对哪些字段汇总及汇总方式。

【例 4-20】 对“教师工资表”数据清单数据，实现按职称汇总基本工资和实发工资的平均值。

操作步骤如下：

(1) 打开“教师工资表”，在职称列数据区域，单击任意单元格，执行“数据”→“排序和筛选”→“升序”命令，实现按分类字段“职称”排序。

(2) 单击数据清单区域任意单元格,执行"数据"→"分级显示"→"分类汇总"命令,弹出"分类汇总"对话框。

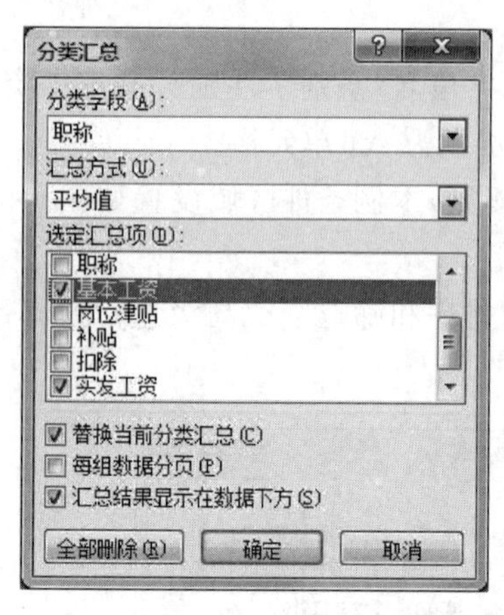

图 4-101 "分类汇总"对话框

(3) 在"分类字段"下拉列表框中选择分类依据的字段名"职称",在"汇总方式"下拉列表框中选择汇总的计算方式"平均值",在"选定汇总项"列表框中选中需要汇总的字段"基本工资"和"实发工资"对应的复选框,如图 4-101 所示。

(4) 选中"替换当前分类汇总"复选框,可在数据清单中从头进行分类汇总并替换原有的汇总;选中"汇总结果显示在数据下方"复选框,可将汇总结果显示在数据清单中数据的下方。

(5) 设置好参数,单击"确定"按钮,即可按设置的参数创建分类汇总,如图 4-102 所示。

创建分类汇总后,数据清单中的数据分级显示。工作表窗口的左侧是分级显示区,其中 1 为最高级;2 显示各分类及汇总结果;3 为最低级,显示所有数据和分类汇总结果。

	A	B	C	D	E	F	G	H	I
1	系别	姓名	性别	职称	基本工资	岗位津贴	补贴	扣除	实发工资
2	化工系	陈广路	男	副教授	¥823	¥247	200	60	¥1,210
3	数学系	王强	男	副教授	¥800	¥240	200	60	¥1,180
4	机械系	王照亮	男	副教授	¥750	¥225	200	60	¥1,115
5				副教授 平均值	¥791				¥1,168
6	化工系	李月明	女	讲师	¥650	¥195	150	40	¥955
7	工管系	刘欣宇	女	讲师	¥600	¥180	150	40	¥890
8				讲师 平均值	¥625				¥923
9	化工系	李峰	男	教授	¥1,200	¥360	250	80	¥1,730
10	数学系	李雅芳	女	教授	¥1,150	¥345	250	80	¥1,665
11	工管系	徐惠敏	女	教授	¥1,000	¥300	250	60	¥1,490
12				教授 平均值	¥1,117				¥1,628
13	材料系	刘丽冰	女	助教	¥220	¥66	50	20	¥316
14	工管系	王君彦	女	助教	¥500	¥150	50	20	¥680
15				助教 平均值	¥360				¥498
16				总计平均值	¥769				¥1,123

图 4-102 分类汇总结果

4.7.5 数据透视表

Excel 的数据透视表具有强大的数据重组和分析能力,它不仅能够改变数据表的行、列布局,而且能够快速汇总大量的数据。Excel 的数据透视表将数据的排序、筛选和分类汇总 3 个过程结合在一起,它可以转换行和列,以查看源数据的不同汇总结果,也可以显示不同页面,以筛选数据。还可以根据需要显示所选区域中的明细数据,使用户能方便地在一个清单中重新组织和统计数据。

【例 4-21】 为"教师工资表"数据清单内容创建数据透视表。要求按性别统计各职称的基本工资和实发工资的平均值。

操作步骤如下:

(1) 打开"教师工资表",选定数据清单中任意一个单元格。

(2) 执行“插入”→“表格”→“数据透视表”命令,弹出“创建数据透视表”对话框,如图 4-103 所示。

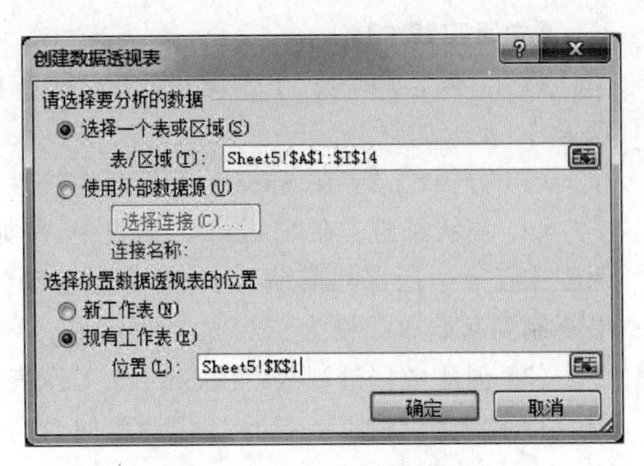

图 4-103 “创建数据透视表”对话框

(3) 在“选择放置数据透视表的位置”功能区选择“现有工作表”单选按钮,并在“位置”区中单击一个放置数据透视表的起始位置,如本例选择 K1 单元格,设置完成,单击“确定”按钮,出现“数据透视表字段列表”任务窗格,如图 4-104 所示。

(4) 把分类字段“性别”拖入“行标签”区,把“职称”字段拖入“列标签”区,把“基本工资”和“实发工资”拖入“数值”区。

(5) 默认汇总方式是求和,本例要求平均值,单击“任务窗格”右下方“数值区”的汇总字段“基本工资”或“实发工资”,在弹出的快捷菜单中选择“值字段设置”选项,弹出“值字段设置”对话框,如图 4-105 所示。

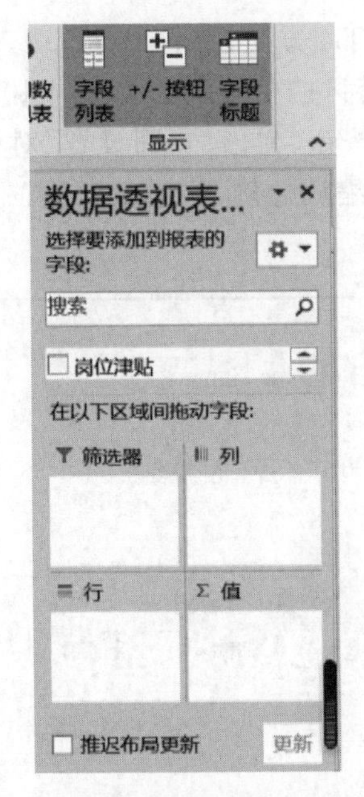

图 4-104 “数据透视表字段列表”任务窗格

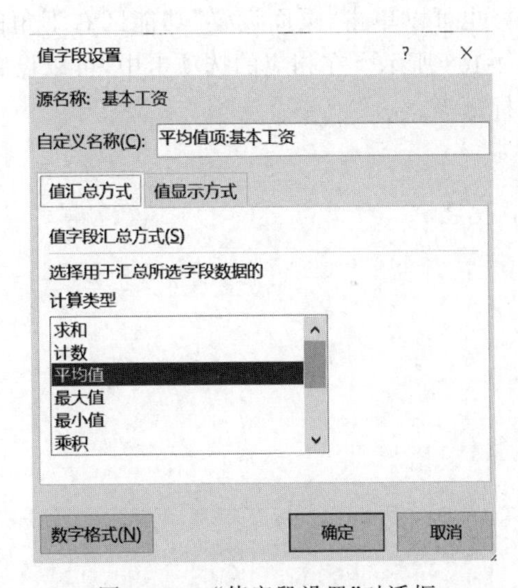

图 4-105 “值字段设置”对话框

(6) 将值汇总方式改为“平均值”,设置完成后单击“确定”按钮,最终结果如图 4-106 所示。

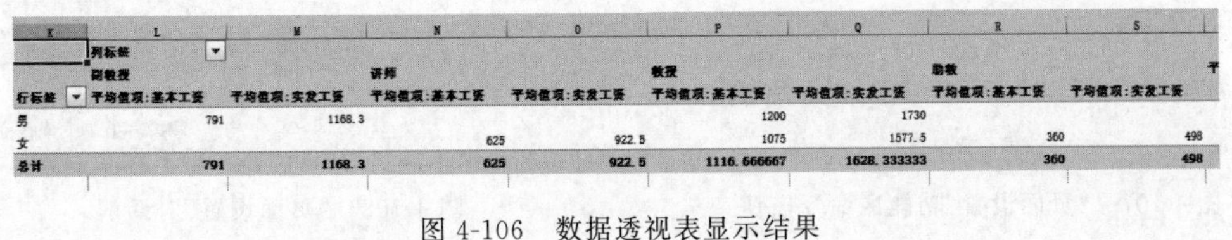

K	L	M	N	O	P	Q	R	S
	列标签							
	副教授		讲师		教授		助教	
行标签	平均值项:基本工资	平均值项:实发工资	平均值项:基本工资	平均值项:实发工资	平均值项:基本工资	平均值项:实发工资	平均值项:基本工资	平均值项:实发工资
男	791	1168.3			1200	1730		
女			625	922.5	1075	1577.5	360	498
总计	791	1168.3	625	922.5	1116.666667	1628.333333	360	498

图 4-106 数据透视表显示结果

【学习实践 5】

打开“学生成绩表”工作簿,将 Sheet1 工作表内容复制到 Sheet2、Sheet3,并进行数据管理操作,要求如下:

(1) 分类汇总:在 Sheet1 工作表中按性别分类汇总 3 门课程的平均分。

(2) 高级筛选:在 Sheet2 工作表中,按如下要求进行高级筛选。筛选出女同学中 3 门课程中任意一门课程成绩大于 90 分的记录。条件区域起始单元格定位在 L10。将筛选结果复制到起始单元格为 A20 的数据区域。

(3) 创建数据透视表:在 Sheet3 工作表中,按如下要求创建数据透视表。列字段为“籍贯”,行字段为“性别”。统计 3 门课程的最高分。将数据透视表放在一个新工作表中。

4.8 页面设置和打印

当用户将工作簿创建好之后,可以进行打印,在打印之前,首先要进行页面设置,设置好后使用打印预览功能进行预览,在确认无误后就可以将其打印输出到纸张上使用。

4.8.1 页面设置

在打印工作表之前,需要进行页面设置,如纸张大小、打印方向、页眉和页脚等。

页面设置可以使用“页面布局”选项卡中“页面设置”功能区的相应命令,如图 4-107 所示。

也可以单击“页面设置”功能区右下角的对话框启动按钮,弹出“页面设置”对话框,如图 4-108 所示。在相应的选项卡中,可以设置纸张的方向、缩放比例、页边距、页眉/页脚、打印标题等。

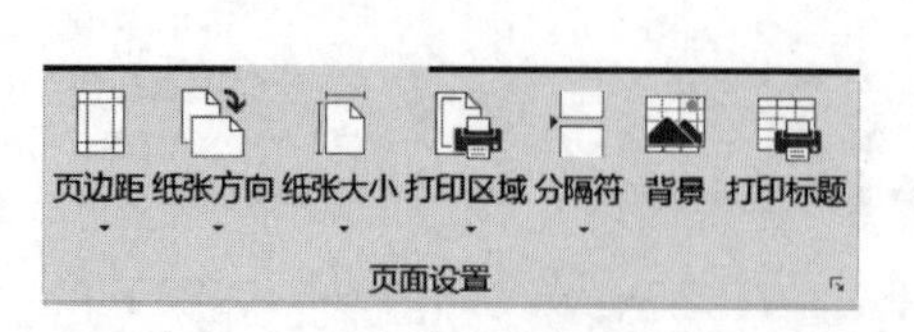

图 4-107 “页面设置”功能区命令按钮

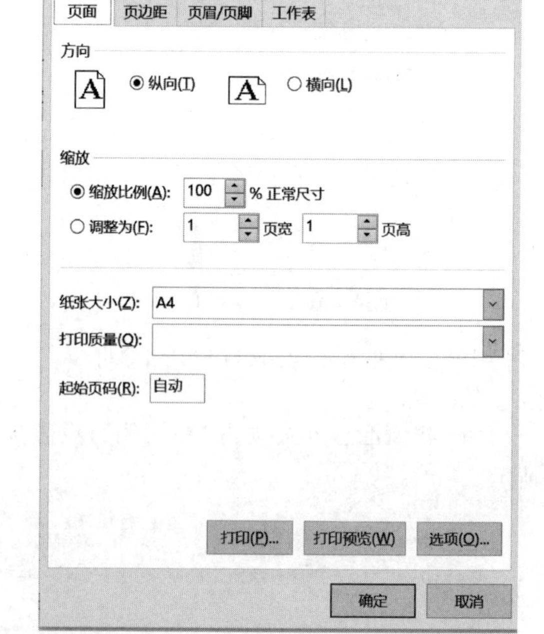

图 4-108 “页面设置”对话框

4.8.2　打印预览及打印

执行“文件”→“打印”命令，会将工作界面切换到“打印”选项面板，如图 4-109 所示。

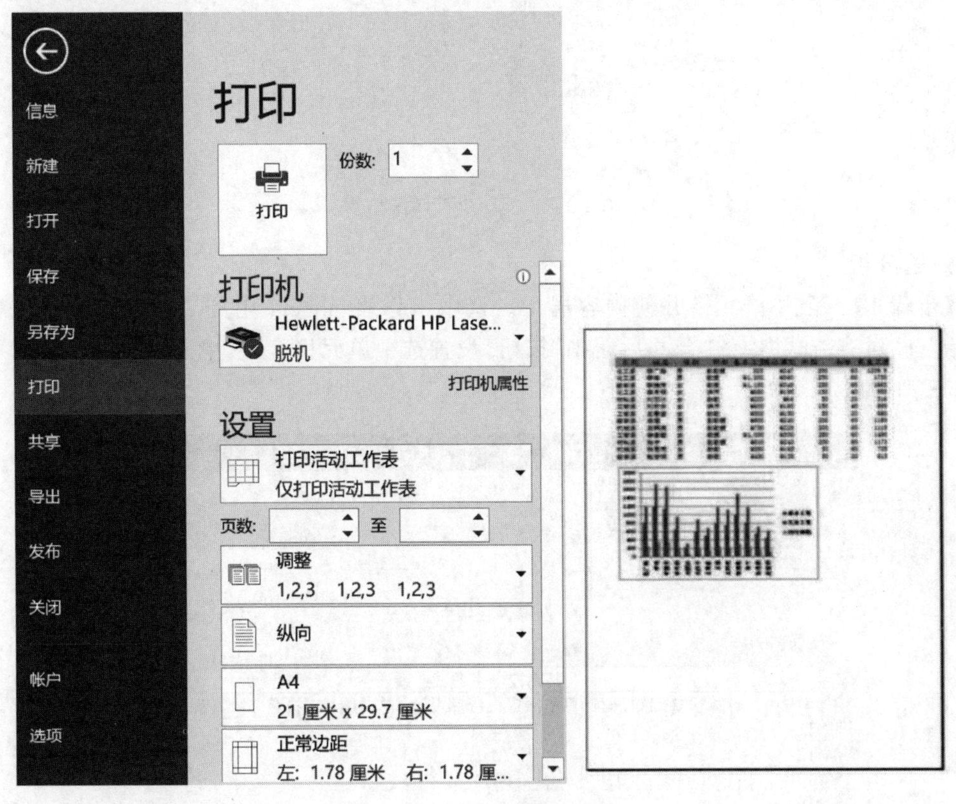

图 4-109　打印面板及预览

右面预览区显示的是待打印的工作表效果。预览效果与实际打印效果相同。

进行页面预览后，如果对预览效果满意，就可以开始打印。用户在打印功能区设置相应的命令，包括打印的张数、打印的范围等，其中打印项目的设置方法与 Word 设置基本相同，兹不赘述。设置完成后单击“打印”按钮。

4.9　Excel 2016 综合操作案例

【案例 4-1】 有工作簿文件 EXCEL. XLSX，内容如图 4-110 所示，为其进行如下设置：

将工作表 Sheet 的 A1:G1 单元格合并为一个单元格，内容水平居中；计算“总成绩”列的内容且按“总成绩”递减次序排名(利用 RANK 函数)；如果计算机原理、程序设计的成绩均大于或等于 75，则在备注栏内给出信息“有资格”，否则给出信息“无资格”(利用 IF 函数实现)；选取“成绩统计表”A2:D12 单元格数据区域内容，建立“三维簇状柱形图”，系列产生在“列”，在图表上方添加标题为“成绩统计图”，插入表的 A14:F28 单元格区域内；将工作表命名为“成绩统计表”，保存文件。

	A	B	C	D	E	F	G
1	某高校学生考试成绩表						
2	学号	计算机基础	计算机原理	程序设计	总成绩	排名	备注
3	T1	89	74	75			
4	T2	77	73	73			
5	T3	92	83	86			
6	T4	67	86	45			
7	T5	87	90	71			
8	T6	71	84	95			
9	T7	70	78	83			
10	T8	79	67	80			
11	T9	84	50	69			
12	T10	55	72	69			

图 4-110 Excel 工作簿内容

解题分析

【步骤 1】 合并单元格并使内容居中。选中工作表 Sheet1 中的 A1:G1 单元格,单击"开始"→"对齐方式"中的"合并后居中"按钮,设置选中单元格合并,单元格中的文本水平居中对齐,如图 4-111 所示。

	A	B	C	D	E	F	G
1	某高校学生考试成绩表						
2	学号	计算机基础知识	计算机原理	程序设计	总成绩	排名	备注
3	T1	89	74	75			
4	T2	77	73	73			
5	T3	92	83	86			
6	T4	67	86	45			
7	T5	87	90	71			
8	T6	71	84	95			
9	T7	70	78	83			
10	T8	79	67	80			
11	T9	84	50	69			
12	T10	55	72	69			
13							

图 4-111 合并及居中标题行

【步骤 2】 计算"总成绩"列内容。选择 B3:E3 单元格,单击"开始"→"编辑"→"求和",将自动计算出选择单元格的总计值,该值出现在 E3 单元格中。鼠标移动到 E3 单元格的右下角,按住鼠标左键不放将其向下拖动到 E12 单元格的位置,释放鼠标即可得到其他项的总成绩,如图 4-112 所示。

【步骤 3】 计算排名列:选中 F3 单元格,执行"公式"→"函数"→"插入函数"→"全部函数"→"RANK 函数"命令,打开 RANK 函数设置对话框,在 Number 文本框中,单击 E3 单元格;在 Ref 文本框中,用鼠标拖选 E3:E12 单元格区域,并将其设置为绝对引用格式 $E$3:$E$12,在 Order 文本框中,输入 0。输入完成后单击"确定"按钮,如图 4-113 所示。

此时,F3 中的公式为:"=RANK(E3,E3:E12,0)"。其中,RANK 是排名函数,整个公式"=RANK(E3,E3:E12,0)"的功能是:E3 中的数据放在 E3:E12 的区域中参加排名,0

文件　开始　插入　页面布局　公式　数据　审阅　视图　告诉我您想要做什么...

粘贴　剪贴板　等线　11　字体　对齐方式　自动换行　合并后居中　常规　数字　条件格式　套用表格格式　单元格样式　样式　插入　删除　格式　单元格　排序和筛选　查找和选择　编辑

E3　=SUM(B3:D3)

	A	B	C	D	E	F	G
1	某高校学生考试成绩表						
2	学号	计算机基础知识	计算机原理	程序设计	总成绩	排名	备注
3	T1	89	74	75	238		
4	T2	77	73	73	223		
5	T3	92	83	86	261		
6	T4	67	86	45	198		
7	T5	87	90	71	248		
8	T6	71	84	95	250		
9	T7	70	78	83	231		
10	T8	79	67	80	226		
11	T9	84	50	69	203		
12	T10	55	72	69	196		

图 4-112　计算总成绩列

F3　=RANK(E3,$E$3:$E$12,0)

	A	B	C	D	E	F	G
1	某高校学生考试成绩表						
2	学号	计算机基础知识	计算机原理	程序设计	总成绩	排名	备注
3	T1	89	74	75	238	$E$12,0)	
4	T2	77	73	73	223		
5	T3	92	83	86	261		
6	T4	67	86	45	198		
7	T5	87	90	71	248		
8	T6	71	84	95	250		
9	T7	70	78	83	231		
10	T8	79	67	80	226		
11	T9	84	50	69	203		
12	T10	55	72	69	196		

函数参数

RANK

Number　E3　= 238

Ref　$E$3:$E$12　= {238;223;261;198;248;250;231;226

Order　0　= FALSE

= 4

此函数与 Excel 2007 和早期版本兼容。

返回某数字在一列数字中相对于其他数值的大小排名

Number　是要查找排名的数字

图 4-113　计算排名列

表示将按降序排名(即最大值排名第一,升序就是最小值排第一)。复制 F3 中的公式到其他单元格中,如图 4-113～图 4-114 所示。

F3　=RANK(E3,$E$3:$E$12,0)

	A	B	C	D	E	F	G
1	某高校学生考试成绩表						
2	学号	计算机基础知识	计算机原理	程序设计	总成绩	排名	备注
3	T1	89	74	75	238	4	
4	T2	77	73	73	223	7	
5	T3	92	83	86	261	1	
6	T4	67	86	45	198	9	
7	T5	87	90	71	248	3	
8	T6	71	84	95	250	2	
9	T7	70	78	83	231	5	
10	T8	79	67	80	226	6	
11	T9	84	50	69	203	8	
12	T10	55	72	69	196	10	

图 4-114　计算排名列

【步骤 4】 计算备注列：使用 IF 函数按条件输出结果，这是一个嵌套 IF 函数的公式，可以采用以下两种形式：

形式 1：在 G3 中输入公式：＝IF(AND(C3＞＝75,D3＞＝75),"有资格","无资格")，执行“公式”→“函数库”→“插入函数”→“IF 函数”命令，打开 IF 函数对话框，在函数参数对话框 Logical_test 文本框中输入 AND(C3＞＝75,D3＞＝75)，在 Value_if_true 文本框中，输入“有资格”，在 Value_if_false 文本框中，输入“无资格”，如图 4-115 所示。

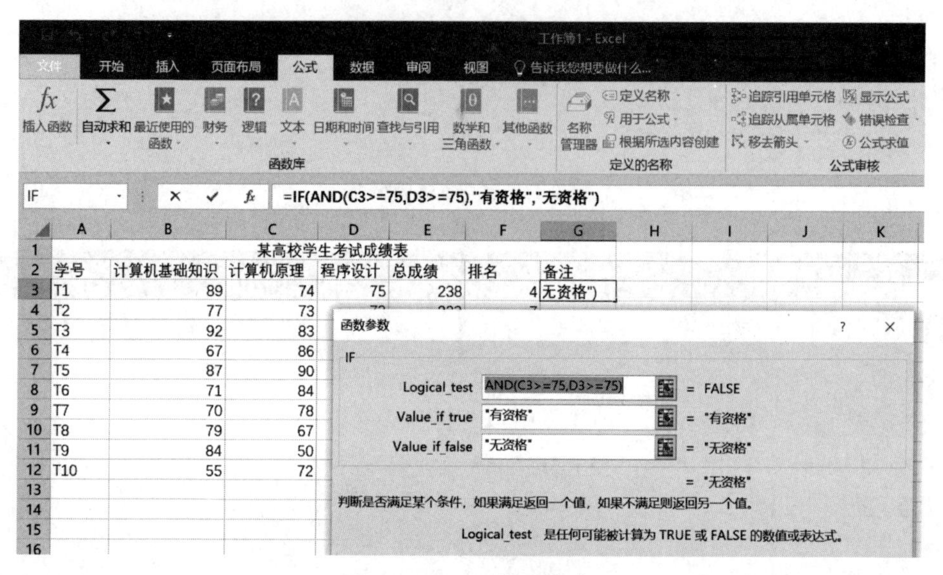

图 4-115 IF 函数的嵌套

设置完成后单击“确定”按钮。光标移动到 G3 单元格的右下角，按住鼠标左键不放将其向下拖动到 G12 单元格的位置，释放鼠标即可得到其他项的总成绩。

形式 2：直接在 G3 中或单击 G3 并在输入框中输入公式：＝ IF(AND)(C3＞＝75,D3＞＝75),"有资格","无资格")，按 Enter 键后，用填充柄自动填充 G4～G12 单元格，结果如图 4-116 所示。

【步骤 5】 创建图表。选中 A2:D12 单元格数据区域，执行“插入”→“图表”→“柱形图”→“簇状柱形图”命令；选中图表，执行“图表工具”→“设计”→“添加图表元素”→“图表标题”→“图表上方”命令，并把标题改为“成绩统计图”；选中图表，按住鼠标左键单击图表不放并拖动，将其拖动到 A14:F28 单元格区域内，效果如图 4-117 所示。

注：不要超过这个区域。如果图表过大，无法放下，可以将鼠标放在图表的右下角，当鼠标指针变为 时，按住左键拖动可以将图表缩小到指定区域内。

【步骤 6】 重命名工作表。将鼠标光标移动到工作表下方的表名处，右击，在弹出的快捷菜单中选择“重命名”选项，直接输入表的新名称“成绩统计表”。

【案例 4-2】 有工作簿文件 EXA. XLSX，内容如图 4-118 所示，为其进行如下设置：

对“成绩单”工作表内数据清单的内容进行分类汇总(分类汇总前请先按主要关键字“系别”升序排序)，分类字段为“系别”，汇总方式为“平均值”，汇总项为“考试成绩”“实验成绩”“总成绩”(汇总数据设为数值型，保留小数点后两位)，汇总结果显示在数据下方，工作表名不变，工作簿名不变。

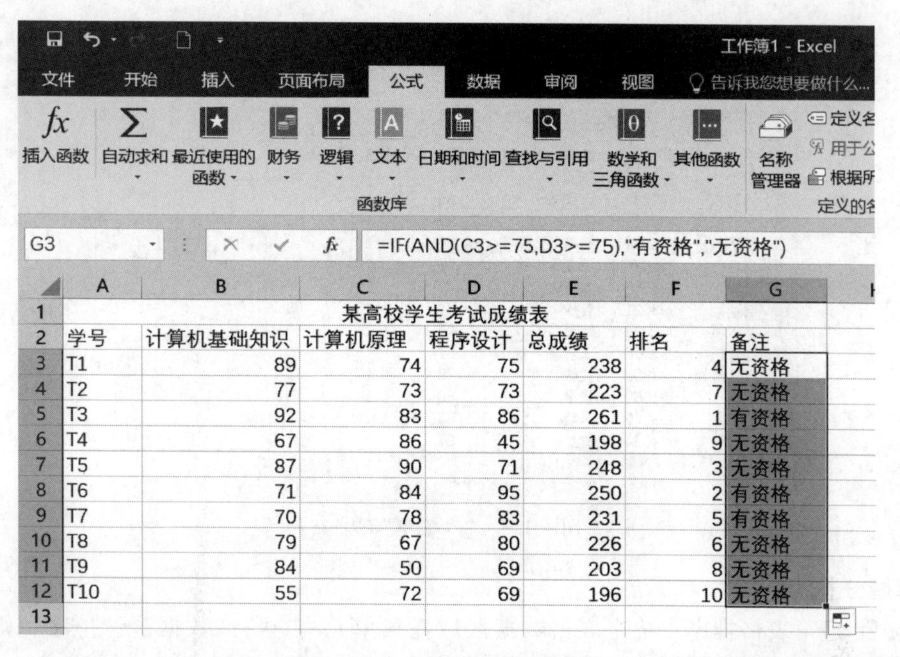

	A	B	C	D	E	F	G
1	某高校学生考试成绩表						
2	学号	计算机基础知识	计算机原理	程序设计	总成绩	排名	备注
3	T1	89	74	75	238	4	无资格
4	T2	77	73	73	223	7	无资格
5	T3	92	83	86	261	1	有资格
6	T4	67	86	45	198	9	无资格
7	T5	87	90	71	248	3	无资格
8	T6	71	84	95	250	2	有资格
9	T7	70	78	83	231	5	有资格
10	T8	79	67	80	226	6	无资格
11	T9	84	50	69	203	8	无资格
12	T10	55	72	69	196	10	无资格

图 4-116　IF 函数的嵌套结果

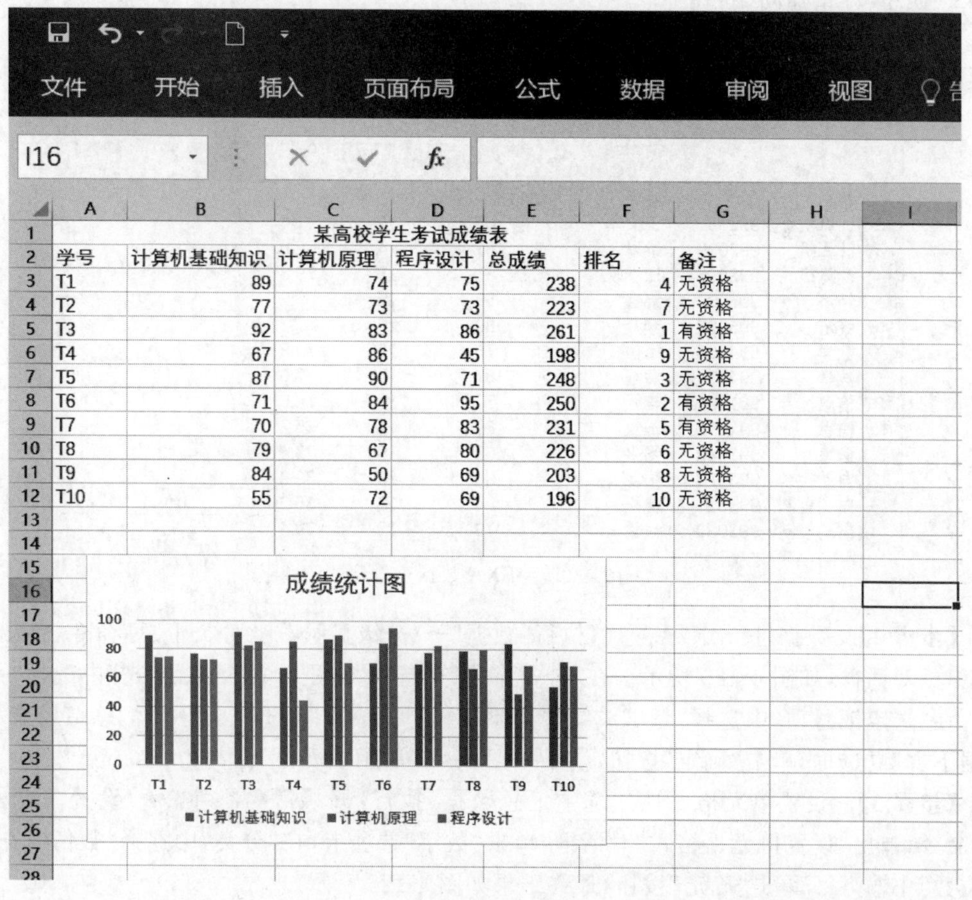

	A	B	C	D	E	F	G
1	某高校学生考试成绩表						
2	学号	计算机基础知识	计算机原理	程序设计	总成绩	排名	备注
3	T1	89	74	75	238	4	无资格
4	T2	77	73	73	223	7	无资格
5	T3	92	83	86	261	1	有资格
6	T4	67	86	45	198	9	无资格
7	T5	87	90	71	248	3	无资格
8	T6	71	84	95	250	2	有资格
9	T7	70	78	83	231	5	有资格
10	T8	79	67	80	226	6	无资格
11	T9	84	50	69	203	8	无资格
12	T10	55	72	69	196	10	无资格

图 4-117　创建图表

	A	B	C	D	E	F
1	系别	学号	姓名	考试成绩	实验成绩	总成绩
2	信息	991021	李欣	77	15	76.6
3	计算机	992032	王文华	85	16	84
4	自动控制	993023	张磊	89	18	89.2
5	经济	995034	郝鑫	56	15	59.8
6	信息	991076	王立	89	14	85.2
7	数学	994056	张良	76	19	79.8
8	自动控制	993021	曹松	84	18	85.2
9	计算机	992089	姚琳	61	14	62.8
10	计算机	992005	王春晓	81	15	79.8
11	自动控制	993082	钱敏	78	17	79.4
12	信息	991062	张平	68	19	73.4
13	经济	995022	李莹	89	16	87.2
14	数学	994034	黄红	87	18	87.6

图 4-118 “成绩单”工作表

解题分析

【步骤 1】 表格排序。单击表格数据区域任意单元格,执行“数据”→“排序和筛选”→“排序”命令,弹出“排序”对话框,在“主要关键字”中选择“系别”,在其后选中“升序”,单击“确定”按钮,结果如图 4-119 所示。

	A	B	C	D	E	F
1	系别	学号	姓名	考试成绩	实验成绩	总成绩
2	计算机	992032	王文华	85	16	84
3	计算机	992089	姚琳	61	14	62.8
4	计算机	992005	王春晓	81	15	79.8
5	经济	995034	郝鑫	56	15	59.8
6	经济	995022	李莹	89	16	87.2
7	数学	994056	张良	76	19	79.8
8	数学	994034	黄红	87	18	87.6
9	信息	991021	李欣	77	15	76.6
10	信息	991076	王立	89	14	85.2
11	信息	991062	张平	68	19	73.4
12	自动控制	993023	张磊	89	18	89.2
13	自动控制	993021	曹松	84	18	85.2
14	自动控制	993082	钱敏	78	17	79.4

图 4-119 EXA 数据表排序

【步骤 2】 数据进行分类汇总。执行“数据”→“分级显示”→“分类汇总”命令,弹出“分类汇总”对话框,如图 4-120 所示。在“分类字段”中选择“系别”,在“汇总方式”中选择“平均值”,在“选定汇总项”中选择“考试成绩”“实验成绩”“总成绩”复选框,选中“汇总结果显示在数据下方”复选框,单击“确定”按钮,结果如图 4-121 所示。

【步骤 3】 设置单元格属性。选中汇总数据,执行“开始”→“数字”→“设置单元格格式”命令,弹出“设置单元格格式”对话框,单击“数字”选项卡,在“分类”中选择“数值”,在“小数位数”中输入 2,单击“确定”按钮,最终结果如图 4-122 所示。

【步骤 4】 单击“保存”按钮,保存文件。

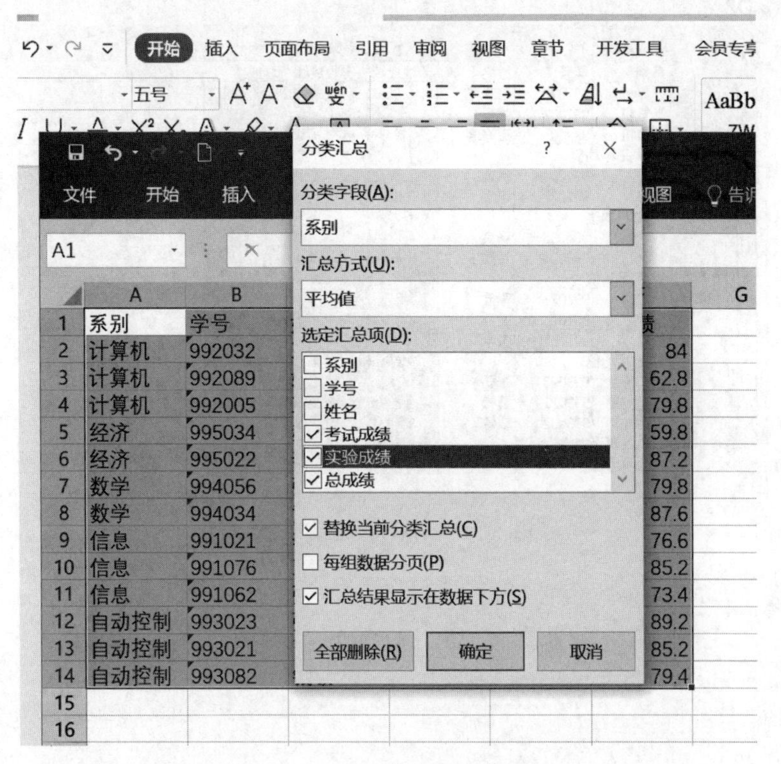

图 4-120　EXA 数据表分类汇总

	A	B	C	D	E	F
1	系别	学号	姓名	考试成绩	实验成绩	总成绩
2	计算机	992032	王文华	85	16	84
3	计算机	992089	姚琳	61	14	62.8
4	计算机	992005	王春晓	81	15	79.8
5	**计算机 平均值**			75.66667	15	75.53333
6	经济	995034	郝鑫	56	15	59.8
7	经济	995022	李莹	89	16	87.2
8	**经济 平均值**			72.5	15.5	73.5
9	数学	994056	张良	76	19	79.8
10	数学	994034	黄红	87	18	87.6
11	**数学 平均值**			81.5	18.5	83.7
12	信息	991021	李欣	77	15	76.6
13	信息	991076	王立	89	14	85.2
14	信息	991062	张平	68	19	73.4
15	**信息 平均值**			78	16	78.4
16	自动控制	993023	张磊	89	18	89.2
17	自动控制	993021	曹松	84	18	85.2
18	自动控制	993082	钱敏	78	17	79.4
19	**自动控制 平均值**			83.66667	17.66667	84.6
20	**总计平均值**			78.46154	16.46154	79.23077

图 4-121　EXA 数据表分类汇总结果

D2 | 85

	A	B	C	D	E	F
1	系别	学号	姓名	考试成绩	实验成绩	总成绩
2	计算机	992032	王文华	85.00	16.00	84.00
3	计算机	992089	姚琳	61.00	14.00	62.80
4	计算机	992005	王春晓	81.00	15.00	79.80
5	**计算机 平均值**			75.67	15.00	75.53
6	经济	995034	郝鑫	56.00	15.00	59.80
7	经济	995022	李莹	89.00	16.00	87.20
8	**经济 平均值**			72.50	15.50	73.50
9	数学	994056	张良	76.00	19.00	79.80
10	数学	994034	黄红	87.00	18.00	87.60
11	**数学 平均值**			81.50	18.50	83.70
12	信息	991021	李欣	77.00	15.00	76.60
13	信息	991076	王立	89.00	14.00	85.20
14	信息	991062	张平	68.00	19.00	73.40
15	**信息 平均值**			78.00	16.00	78.40
16	自动控制	993023	张磊	89.00	18.00	89.20
17	自动控制	993021	曹松	84.00	18.00	85.20
18	自动控制	993082	钱敏	78.00	17.00	79.40
19	**自动控制 平均值**			83.67	17.67	84.60
20	**总计平均值**			78.46	16.46	79.23
21						

图 4-122　EXA 最终结果显示

第 5 章　PowerPoint 2016 演示文稿

PowerPoint 2016 是微软公司开发的演示文稿制作软件，属于办公自动化软件 Microsoft Office 家族中的一员。运用 PowerPoint 2016 可以制作、编辑和播放一张或一系列的幻灯片。能够制作出集文字、图形、图像、声音及视频等多媒体元素于一体的演示文稿，把自己所要表达的信息组织在一组图文并茂的画面中，可用于介绍公司的产品、展示自己的学术成就，是人们在各种场合下进行交流的重要工具。

5.1　PowerPoint 2016 简介

5.1.1　PowerPoint 2016 的启动与退出

在使用 PowerPoint 2016 制作演示文稿前，必须先启动 PowerPoint 2016。当完成演示文稿制作后，不再需要使用该软件编辑演示文稿时就应退出 PowerPoint 2016。

1. 启动 PowerPoint 2016

启动 PowerPoint 2016 的方式有多种，用户可根据需要进行选择。常用的启动方式有如下几种。

(1) 单击“开始”按钮，在弹出的菜单中选择“所有应用”→PowerPoint 2016 选项即可启动。

(2) 若在桌面上创建了 PowerPoint 2016 快捷图标，双击图标即可快速启动。

2. 退出 PowerPoint 2016

退出 PowerPoint 2016 有很多方法，一般常用的有：

(1) 单击 PowerPoint 2010 工作界面标题栏右侧的“关闭”按钮。

(2) 执行“文件”→“关闭”命令退出 PowerPoint 2016。

(3) 按 Alt+F4 快捷键。

在退出 PowerPoint 2016 之前，所编辑的文档如果没有保存，系统会弹出提示保存的对话框，如图 5-1 所示。

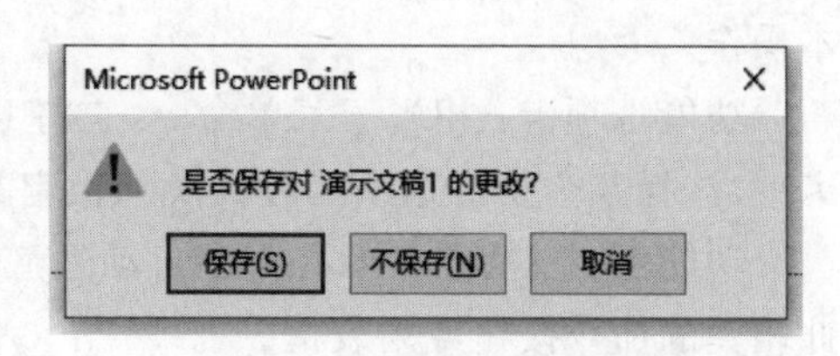

图 5-1　保存提示对话框

这时单击“保存”按钮，则可保存对文档的修改并退出 PowerPoint 2016；单击“取消”按钮，返回 PowerPoint 2016 继续编辑文档。

5.1.2 PowerPoint 2016 工作界面

启动 PowerPoint 2016 后将进入其工作界面,熟悉其工作界面各组成部分是制作演示文稿的基础。PowerPoint 2016 工作界面是由标题栏、“文件”菜单、功能选项卡、快速访问工具栏、功能区、“幻灯片/大纲”窗格、幻灯片编辑区、备注窗格和状态栏等部分组成,如图 5-2 所示。

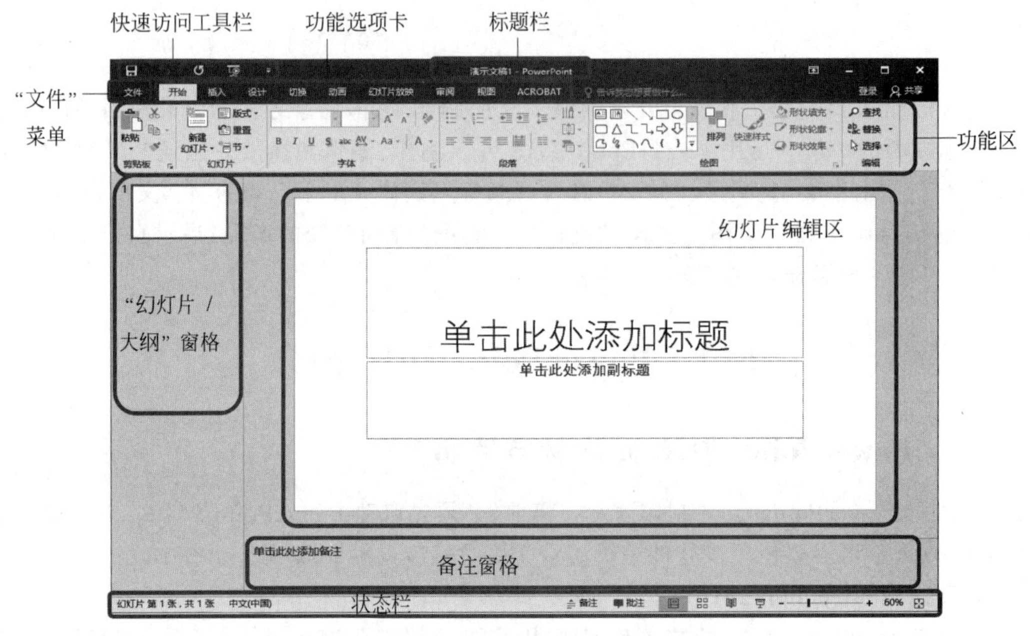

图 5-2 PowerPoint 2016 工作界面

PowerPoint 2016 工作界面各部分的组成及作用介绍如下。

标题栏:位于 PowerPoint 工作界面的最顶端,它用于显示演示文稿名称和扩展名,默认演示文稿名称为“演示文稿 1. pptx”。标题栏最右侧的 3 个按钮分别用于对窗口执行最小化、最大化和关闭等操作。

快速访问工具栏:该工具栏上提供了最常用的“保存”按钮、“撤销”按钮和“恢复”按钮。单击对应的按钮可执行相应的操作。如需在快速访问工具栏中添加其他按钮,可单击其后的按钮,在弹出的菜单中选择所需的命令即可。

“文件”菜单:用于执行 PowerPoint 演示文稿的新建、打开、保存、关闭、打印、共享等基本操作。

功能选项卡:相当于菜单命令,它将 PowerPoint 2016 的所有命令集成在几个功能选项卡中,选择某个功能选项卡可切换到相应的功能区。

功能区:在功能区中有许多自动适应窗口大小的功能组,不同的功能组中又放置了与此相关的命令按钮或列表框。

“幻灯片/大纲”窗格:用于显示演示文稿的幻灯片数量及位置,通过它可更加方便地掌握整个演示文稿的结构。在“幻灯片”窗格下,将显示整个演示文稿中幻灯片的编号及缩略图;在“大纲”窗格下列出了当前演示文稿中各张幻灯片中的文本内容。

幻灯片编辑窗格：是整个工作界面的核心区域，用于显示和编辑幻灯片，在其中可输入文字内容、插入图片和设置动画效果等，是使用 PowerPoint 制作演示文稿的操作平台。

备注窗格：位于幻灯片编辑区下方，可供幻灯片制作者或幻灯片演讲者查阅该幻灯片信息或在播放演示文稿时对需要的幻灯片添加说明和注释。

状态栏：位于工作界面最下方，用于显示演示文稿中所选的当前幻灯片以及幻灯片总张数、备注、批注、视图切换按钮以及页面显示比例等。备注、批注按钮可以在编辑区显示和取消备注区和标注区。拖动最右侧的缩放滑块，可以改变幻灯片的显示比例，方便用户查看当前幻灯片的内容。

5.1.3 PowerPoint 的视图切换

为满足用户不同的需求，PowerPoint 2016 提供了多种视图模式以编辑查看幻灯片。

1. 普通视图

PowerPoint 2016 默认显示普通视图，在该视图中可以同时显示幻灯片编辑区、“幻灯片/大纲”窗格及备注窗格。在普通视图下，用户可以看到整个幻灯片的全貌，也可以对单独一张幻灯片进行编辑，如图 5-3 所示。

图 5-3　普通视图

2. 幻灯片浏览视图

在幻灯片浏览视图模式下可浏览幻灯片在演示文稿中的整体结构和效果。如图 5-4 所示，此时在该模式下也可以改变幻灯片的版式和结构，如更换演示文稿的背景、移动或复制幻灯片等，但不能对单张幻灯片的具体内容进行编辑。

3. 阅读视图

该视图仅显示标题栏、阅读区和状态栏，主要用于浏览幻灯片的内容。在该模式下，演示文稿中的幻灯片将以窗口大小进行放映，如图 5-5 所示。

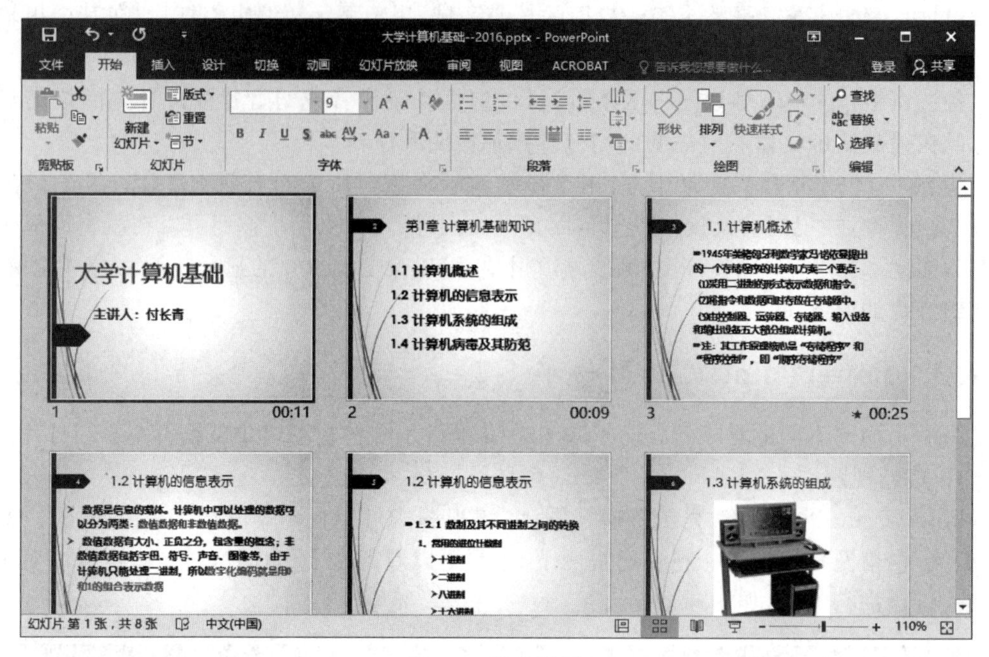

图 5-4　浏览视图

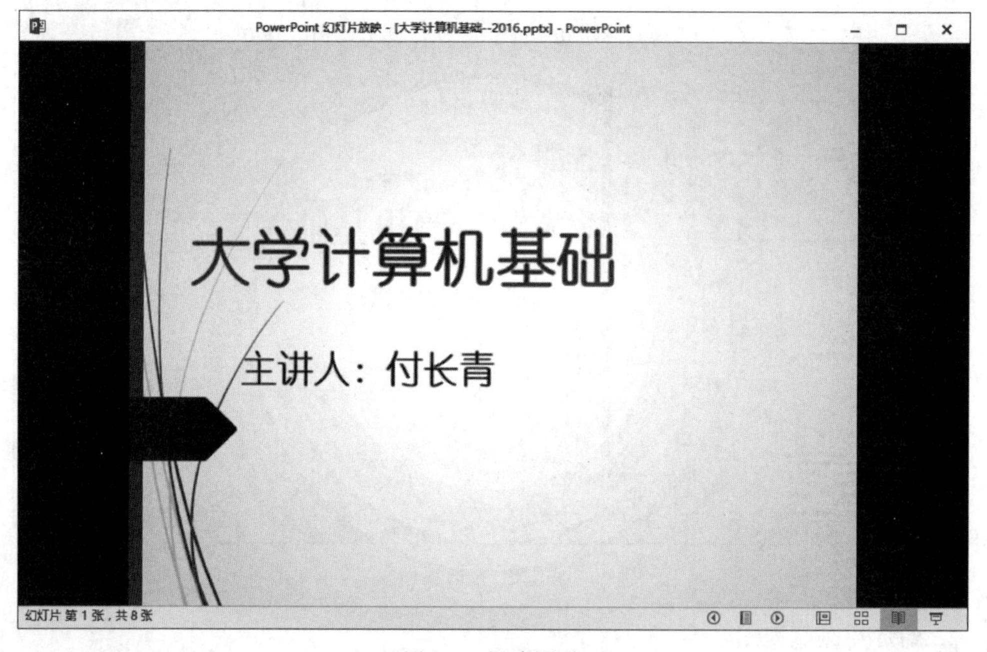

图 5-5　阅读视图

4. 幻灯片放映视图

在该视图模式下，演示文稿中的幻灯片将以全屏动态放映。如图 5-6 所示，该模式主要用于预览幻灯片在制作完成后的放映效果，以便及时对在放映过程中不满意的地方进行修改，测试插入的动画、更改声音等效果，还可以在放映过程中标注出重点，观察每张幻灯片的切换效果等。

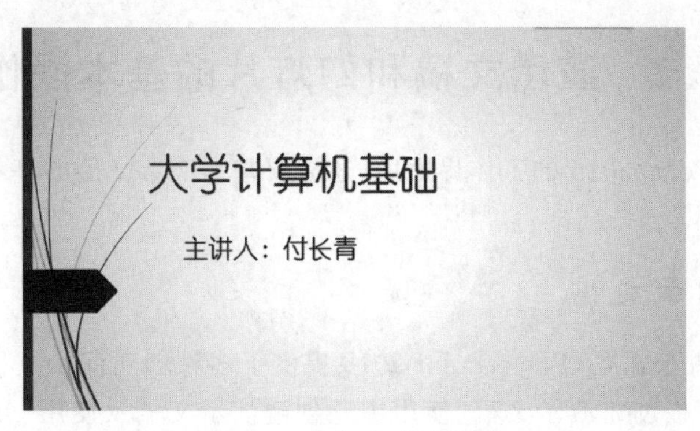

图 5-6　幻灯片放映视图

幻灯片放映视图并不显示单个静止的画面，而是像播放真实的 35mm 幻灯片那样，按照预定义的方式一幅一幅动态地显示演示文稿的幻灯片。在幻灯片放映视图中，可以看到添加在演示文稿中的任何动画和声音效果等。

5. 备注页视图

备注页视图与普通视图相似，只是没有"幻灯片/大纲"窗格，在此视图下幻灯片编辑区中将完全显示当前幻灯片的备注信息，如图 5-7 所示。

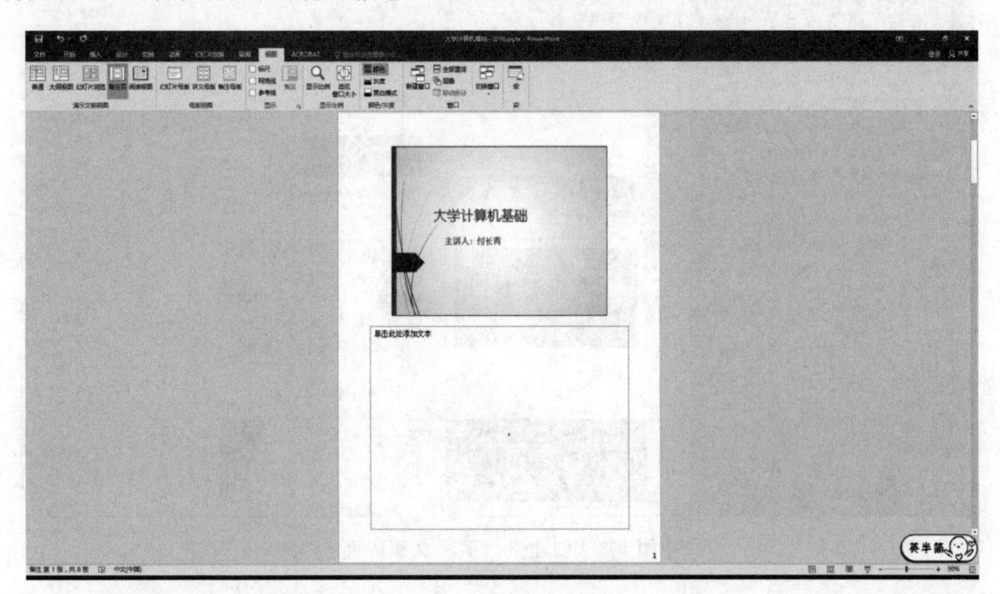

图 5-7　备注页视图

6. 切换视图

视图切换的几种方法。

(1) 在状态栏右侧单击视图切换按钮中的任意一个按钮，即可切换到相应的视图模式下。

(2) 选择"视图"→"演示文稿视图"功能组，在其中单击相应的按钮也可切换到对应的视图模式。

5.2 演示文稿和幻灯片的基本操作

认识了 PowerPoint 2016 的工作界面后,还需要掌握演示文稿的基本操作,才能更好地制作演示文稿。

5.2.1 创建演示文稿

为了满足各种办公需要,PowerPoint 2016 提供了多种创建演示文稿的方法,如创建空白演示文稿、利用模板创建演示文稿、使用主题创建演示文稿及使用 Office.com 上的模板创建演示文稿等。

1. 创建空白演示文稿

(1) 启动 PowerPoint 2016 后,系统会出现如图 5-8 所示界面,单击“空白演示文稿”图标,即可创建一个空白演示文稿。

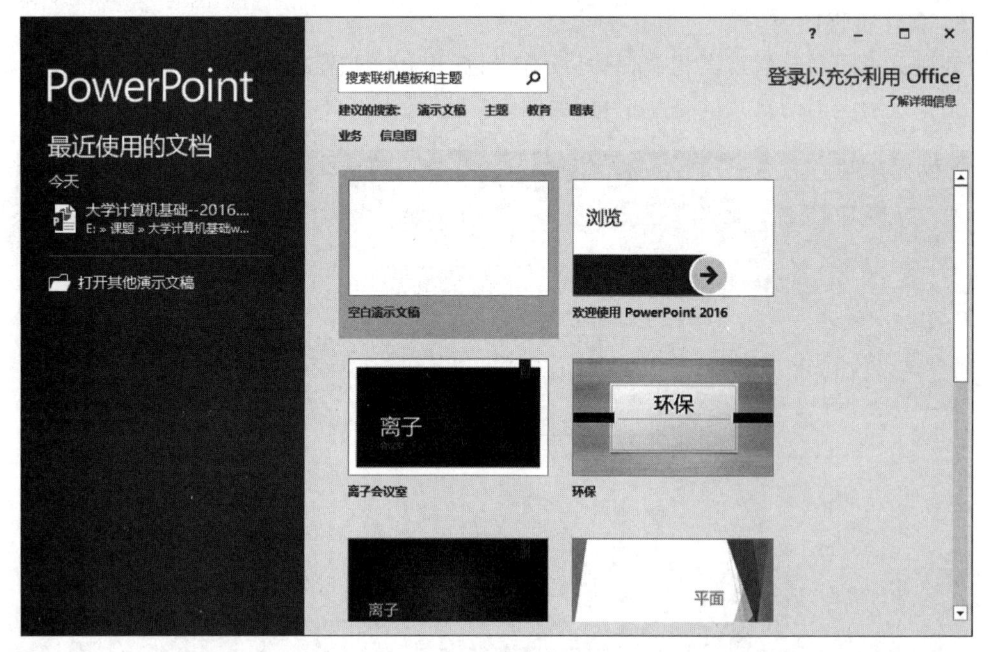

图 5-8 创建空白演示文稿界面

(2) 启动 PowerPoint 2016 后,执行“文件”→“新建”命令,在“可用的模板和主题”栏中单击“空白演示文稿”图标,再单击“创建”按钮,即可创建一个空白演示文稿,如图 5-8 所示。

(3) 启动 PowerPoint 2016 后,按 Ctrl+N 快捷键也可快速新建一个空白演示文稿。

2. 利用模板创建演示文稿

PowerPoint 2016 提供了一些模板,用户可以根据需要,创建基于某种模板的演示文稿。具体操作方法如下:

启动 PowerPoint 2016,执行“文件”→“新建”命令,单击“丝状”选项,在打开的页面中单击“创建”按钮,如图 5-9 所示。返回 PowerPoint 2016 工作界面,即可看到新建的演示文稿效果,如图 5-10 所示。

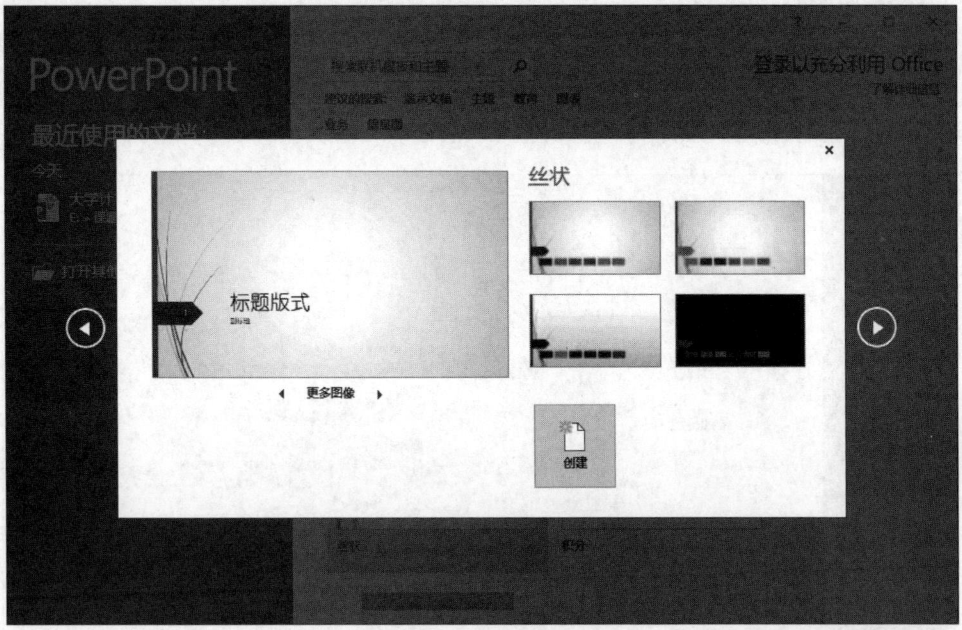

图 5-9　选择样本模板

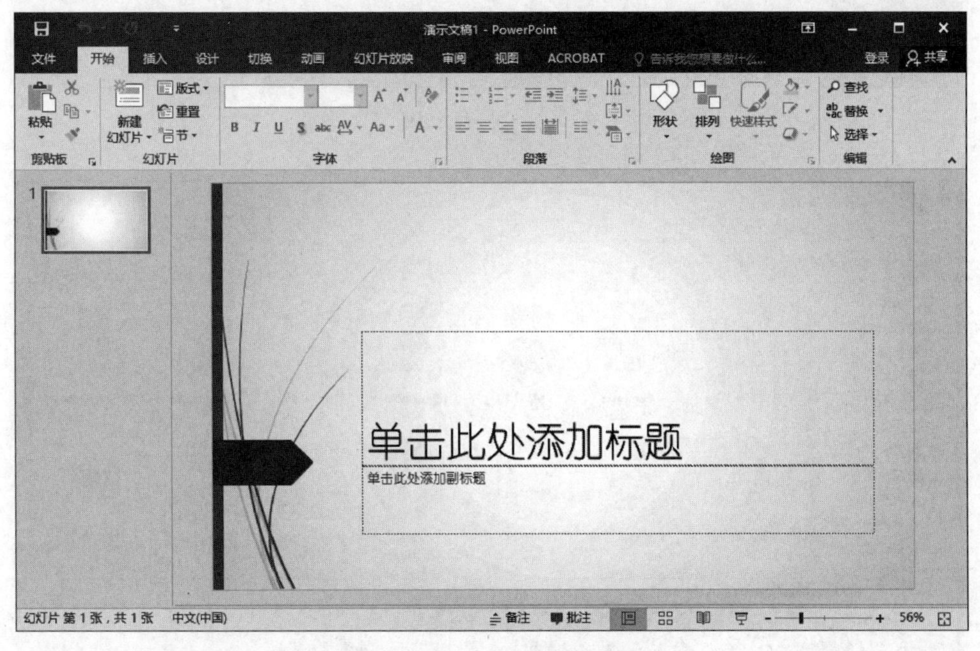

图 5-10　创建的演示文稿效果

5.2.2　保存演示文稿

对制作好的演示文稿需要及时保存在计算机中，以免发生遗失或误操作。保存演示文稿的方法有很多，下面将分别进行介绍。

1. 保存新建的演示文稿

执行“文件”→“保存”命令或单击快速访问工具栏中的“保存”按钮,打开“另存为”窗口(图5-11),系统会给出默认的文件夹,可以单击位置进行快速保存。也可以选择“浏览”按钮,选择保存的位置和输入文件名,单击“保存”按钮,如图5-12所示。

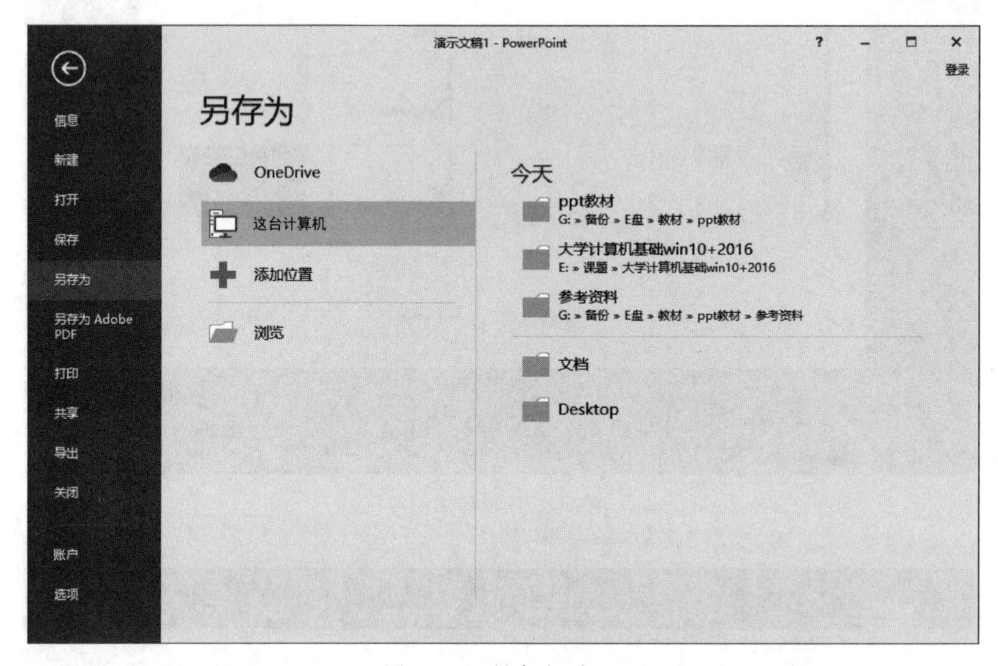

图 5-11 “另存为”窗口

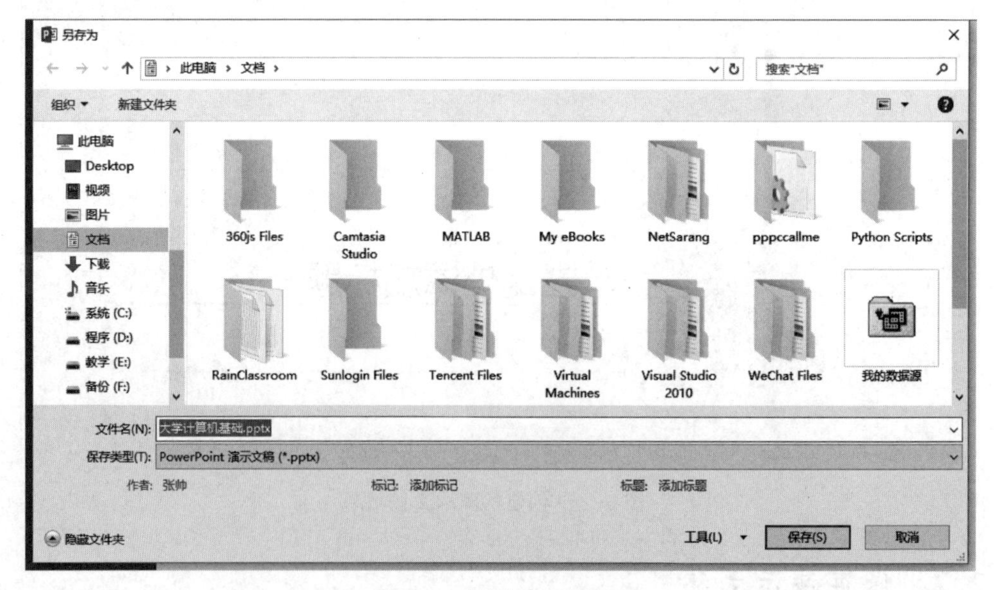

图 5-12 “另存为”对话框

2. 保存已有的演示文稿

若不想改变原有演示文稿中的内容,可通过“另存为”命令将演示文稿保存在其他位置。

其方法是：执行“文件”→“另存为”命令，弹出“另存为”对话框，设置保存的位置和文件名，单击“保存”按钮。

3. 将演示文稿保存为模板

为了提高工作效率，可根据需要将制作好的演示文稿保存为模板，以备日后制作同类演示文稿时使用。其方法是：执行“文件”→“保存”命令，弹出“另存为”对话框，在“保存类型”下拉列表框中选择“PowerPoint 模板(*. potx)”选项，单击“保存”按钮。

4. 自动保存演示文稿

在制作演示文稿的过程中，为了减少不必要的损失，可为正在编辑的演示文稿设置定时保存。其方法是：执行“文件”→“选项”命令，弹出“PowerPoint 选项”对话框，选择“保存”选项卡，在“保存演示文稿”栏中进行如图 5-13 所示的设置，并单击“确定”按钮。

图 5-13　设置自动保存演示文稿

提示：要保存修改过的演示文稿，只需执行“文件”→“保存”命令，将不再弹出“另存为”对话框，而是直接将演示文稿保存起来。

5.2.3　打开演示文稿

当需要对现有的演示文稿进行编辑和查看时，需要将其打开。打开演示文稿的方式有多种，如果未启动 PowerPoint 2016，可直接双击需打开的演示文稿图标。启动 PowerPoint 2016 后，可分为以下几种情况来打开演示文稿。

1. 直接打开文稿

启动 PowerPoint 2016 后,执行"文件"→"打开"命令,单击"浏览"按钮,弹出"打开"对话框,在其中选择需要打开的演示文稿,单击"打开"按钮,即可打开选择的演示文稿。

2. 打开最近使用文稿

PowerPoint 2016 提供了记录最近打开演示文稿保存路径的功能。如果想打开刚关闭的演示文稿,可执行"文件"→"打开"→"最近"命令,可以看到最近使用的演示文稿名称和保存路径(图 5-14),然后选择需打开的演示文稿完成操作。

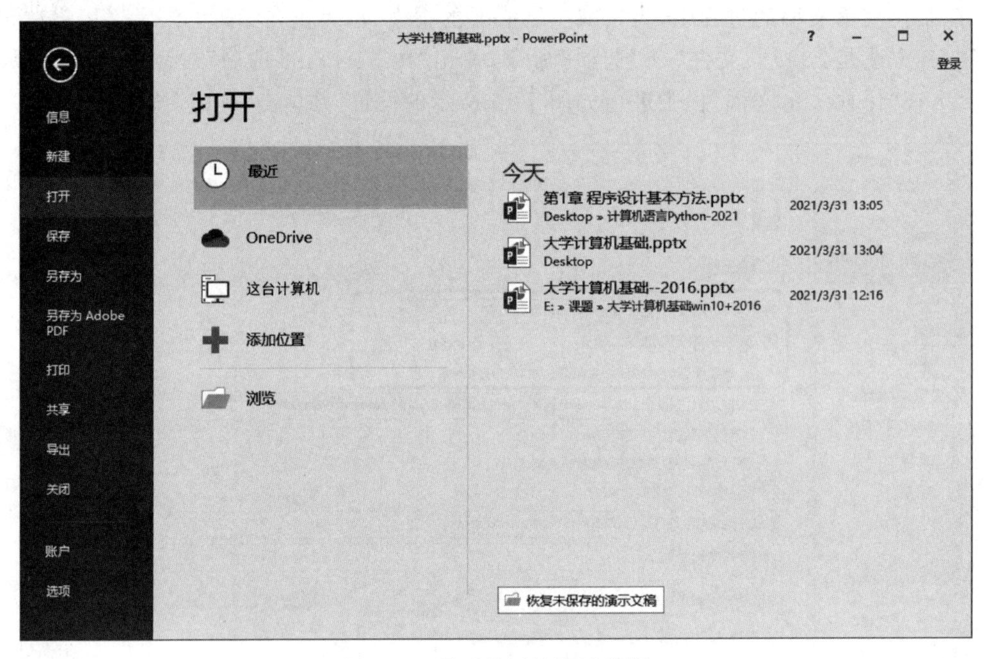

图 5-14 最近使用的演示文稿

5.2.4 关闭演示文稿

对打开的演示文稿编辑完成后,若不再需要对演示文稿进行其他的操作,可将其关闭。关闭演示文稿的常用方法有以下几种。

(1) 在 PowerPoint 2016 工作界面标题栏上右击,在弹出的快捷菜单中选择"关闭"选项。

(2) 单击 PowerPoint 2016 工作界面标题栏右上角的"关闭"按钮,关闭演示文稿并退出 PowerPoint 程序。

(3) 在打开的演示文稿中执行"文件"→"关闭"命令,关闭当前演示文稿。

5.2.5 新建幻灯片

演示文稿是由多张幻灯片组成的,用户可以根据需要在演示文稿的任意位置新建幻灯片。默认情况下,启动 PowerPoint 2016 时,新建一份空白演示文稿,并新建一张幻灯片。常用的新建幻灯片的方法主要有如下几种。

(1) 启动 PowerPoint 2016,在新建的空白演示文稿的"幻灯片/大纲"区空白处右击,在弹出的快捷菜单中选择"新建幻灯片"选项,如图 5-15 所示。

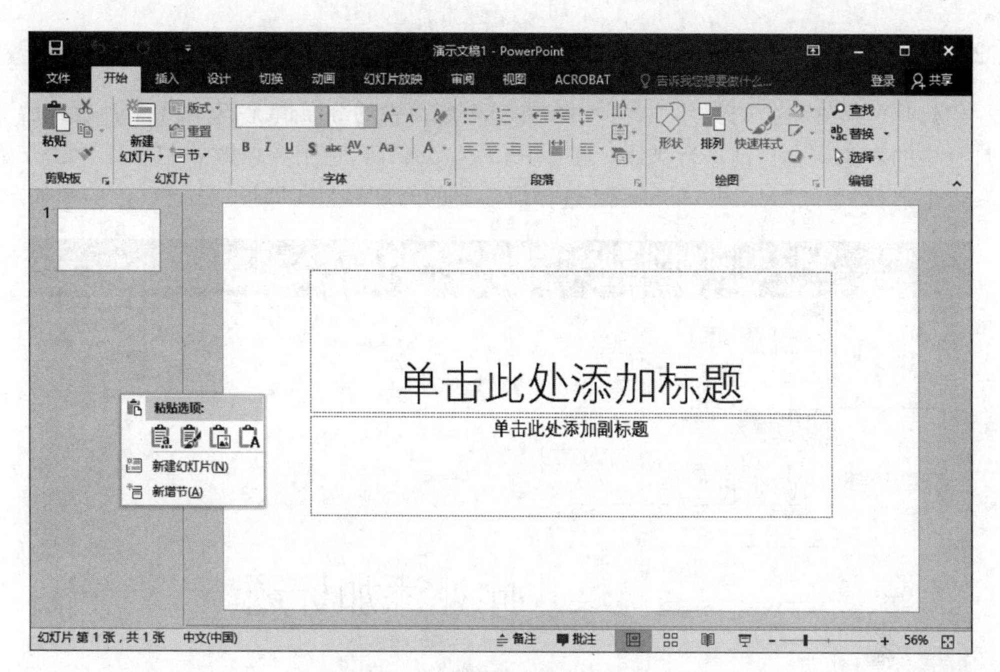

图 5-15　利用快捷菜单新建幻灯片

(2) 启动 PowerPoint 2016，选择“开始”→“幻灯片”功能组，单击“新建幻灯片”按钮，在弹出的下拉列表中选择新建幻灯片的版式，如图 5-16 所示，新建一张带有版式的幻灯片。

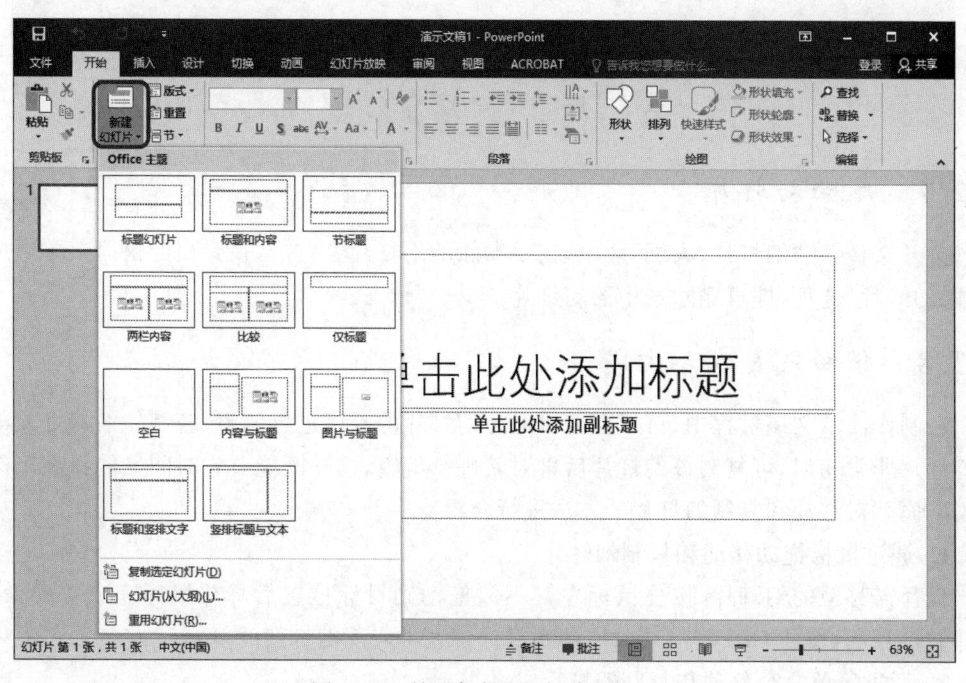

图 5-16　利用命令按钮新建幻灯片

(3) 快速新建幻灯片，在“幻灯片/大纲”区中，选择任意一张幻灯片的缩略图，按 Enter 键即可新建一张与所选幻灯片版式相同的幻灯片。

5.2.6 修改幻灯片版式

幻灯片的版式是指幻灯片中各种对象在整个版面中的分布情况，套用了某种版式后，此幻灯片中的对象就会自动进行排版。在“幻灯片/大纲”区，选中要修改的幻灯片，在“开始”选项卡下选择“版式”，如图 5-17 所示，选择所需要的幻灯片版式即可。

图 5-17　幻灯片版式

5.2.7 删除幻灯片

打开文件，在“幻灯片/大纲”区中，在要删除的幻灯片上右击，在弹出的快捷菜单中选择“删除幻灯片”选项，即可删除选中的幻灯片。

5.2.8 移动或复制幻灯片

在制作演示文稿过程中，可根据需要对各幻灯片的顺序进行调整，若制作的幻灯片与某张幻灯片非常相似，可复制该幻灯片后再对其进行编辑，这样既能节省时间又能提高工作效率。下面就对移动和复制幻灯片的方法进行介绍。

1. 通过鼠标拖动移动和复制幻灯片

选择需移动的幻灯片，按住鼠标左键不放拖动到目标位置后释放鼠标完成移动操作。选择幻灯片后，按住 Ctrl 键的同时拖动到目标位置可实现幻灯片的复制。

2. 通过菜单命令移动和复制幻灯片

在“幻灯片/大纲”区中，选择需移动或复制的幻灯片，在其上右击，在弹出的快捷菜单中选择“剪切”或“复制”选项，然后将鼠标定位到目标位置，右击，在弹出的快捷菜单中选择“粘贴”选项，完成移动或复制幻灯片。

5.2.9 隐藏幻灯片

如果用户不想放映某些幻灯片,可以将其隐藏起来。在"幻灯片/大纲"区中,在需要隐藏的幻灯片上右击,在弹出的快捷菜单中选择"隐藏幻灯片"选项,如图 5-18 所示。此时幻灯片的标号上会显示标记,表示该幻灯片已被隐藏,在放映时就不会出现。

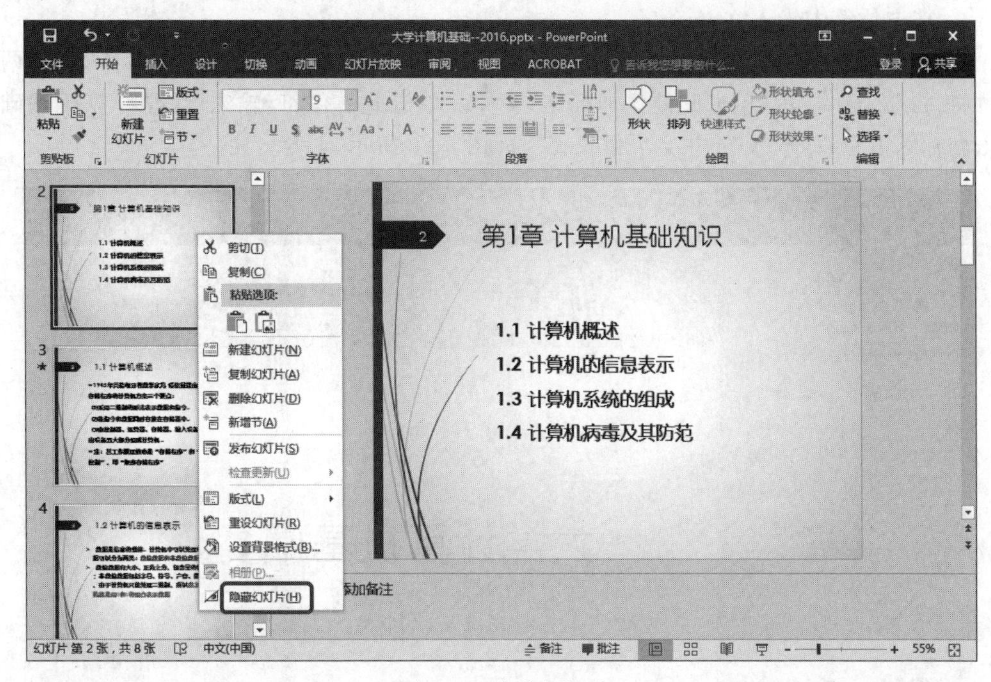

图 5-18　隐藏幻灯片

5.2.10 调整幻灯片的顺序

要调整幻灯片的顺序,可以在幻灯片普通视图或浏览视图中进行操作,具体操作步骤如下:

(1) 在普通视图或浏览视图下选择要移动的幻灯片。

(2) 按住鼠标左键,拖动选择的幻灯片到新的位置释放即可。

5.3 制作演示文稿

制作演示文稿就是制作一张张幻灯片的过程,每张幻灯片都由各种对象组成,这些对象包括标题、文本、表格、图形、图像、图表、声音、视频等。插入对象后会使幻灯片更加生动形象,使幻灯片效果更具渲染力和感染力。通过"插入"选项卡实现,如图 5-19 所示。

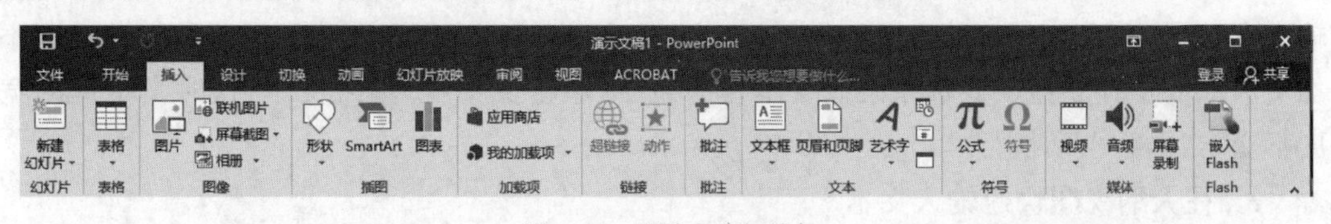

图 5-19　"插入"选项卡

5.3.1 输入文本

文本是幻灯片中最基本的元素,用以表达幻灯片的主要内容。向幻灯片中添加文字最简单的方式是,直接将文本输入幻灯片的占位符中;用户也可以在占位符之外的位置输入文本,这时就需要使用"插入"→"文本框"按钮来实现。

1. 在占位符中输入文本

当新建一个空演示文稿时,系统会自动创建一张标题幻灯片。在该幻灯片中,共有两个占位符,占位符中显示"单击此处添加标题"字样。单击此占位符,输入"大学计算机基础",单击副标题占位符,输入"主讲人:付长青",如图 5-20 所示。

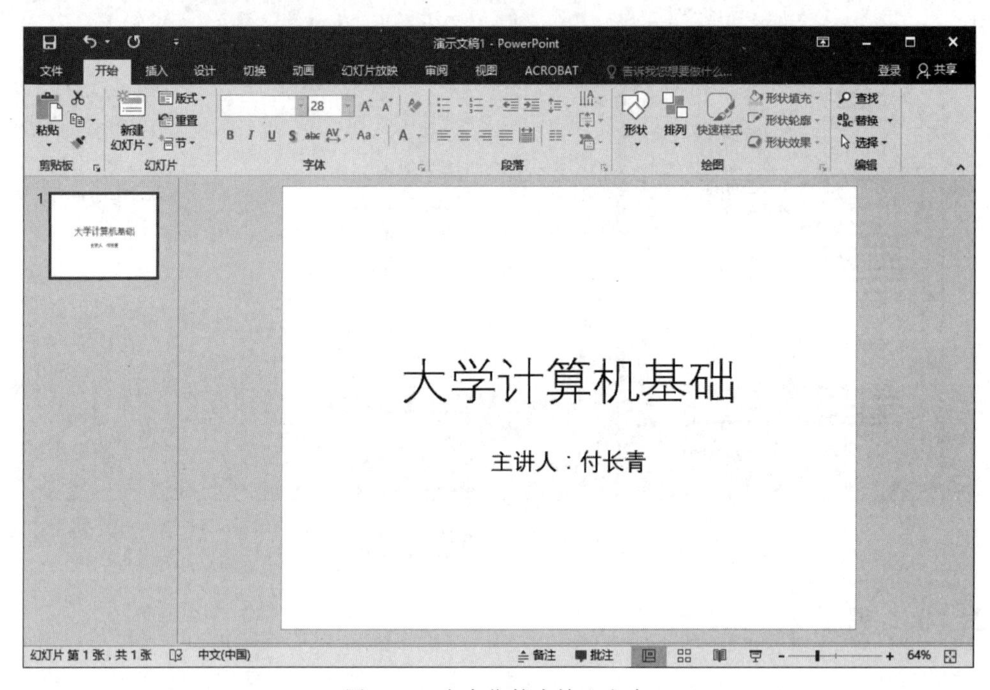

图 5-20　在占位符中输入文本

占位符的位置和大小是可以调整的,方法是单击占位符,周围出现 8 个控制点,将鼠标指向某个控制点,鼠标指针变成相应方向的双向箭头,此时拖动鼠标就可以调整占位符的大小。将鼠标指向占位符的边框上,拖动鼠标可改变占位符的位置。

2. 使用文本框输入文本

要在占位符之外的位置输入文本,就需要在幻灯片中插入文本框,插入文本框的方法是:单击"插入"→"文本框"→"横排文本框"按钮,如图 5-21 所示,单击添加文本的位置,开始输入文本,在输入文本的过程中,文本框的宽度会自动增加,但文本不会自动换行。若要输入自动换行的文本框,单击"插入"→"文本框"→"横排文本框"按钮,然后将鼠标移动到添加文本框的位置并拖动鼠标来限制文本框的大小,单击文本框,输入文本,这时文本框的宽度不变,文本会自动换行。

3. 在大纲视图快速输入文本

当幻灯片很多时,在普通视图的幻灯片编辑区中对文本进行编辑很烦琐,可以使用大纲

图 5-21　插入文本框

视图来创建演示文稿要方便得多。

在“大纲视图”标签下输入文本，可以按照以下步骤进行操作。

(1) 执行“视图”→“大纲视图”命令，出现如图 5-22 所示大纲视图。

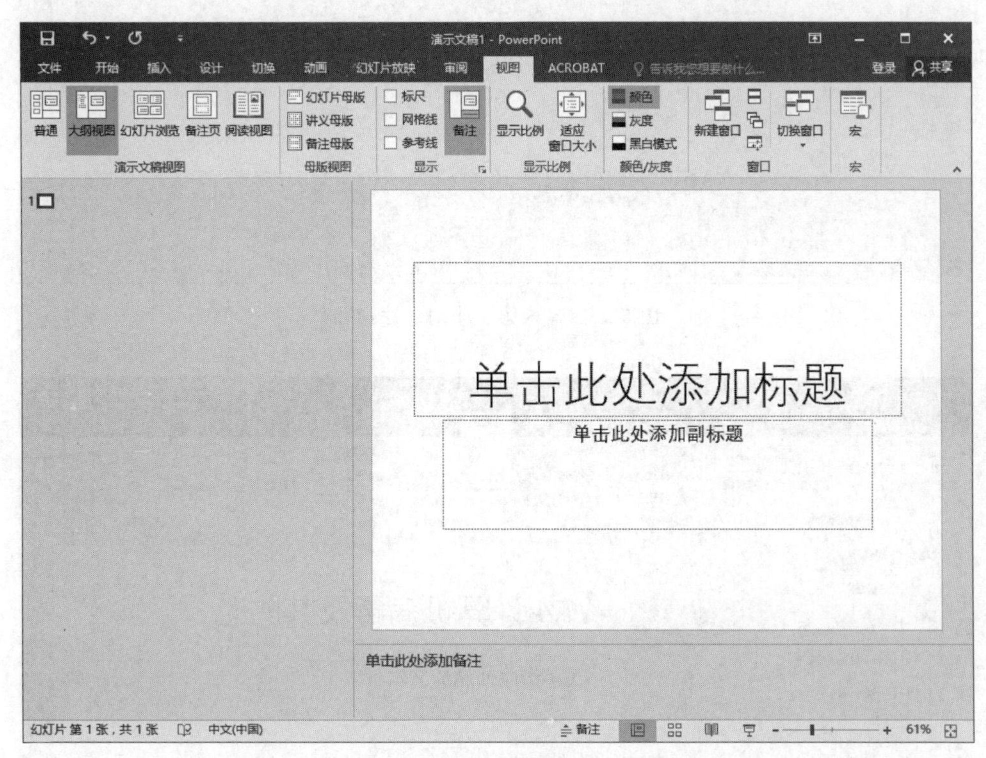

图 5-22　“大纲视图”

(2) 在左侧大纲区输入第一张幻灯片的标题，按 Enter 键，这时，会在“大纲”窗格创建一张幻灯片，同时输入第二张幻灯片的标题，如图 5-23 所示。

(3) 依次输入每张幻灯片标题，每输入一个标题，按一次 Enter 键，输入最后一个标题后不要再按 Enter 键，如图 5-24 所示。

(4) 将插入点移到某个要添加正文的标题末尾，按 Enter 键产生一个新的幻灯片图标，如图 5-25 所示。

(5) 单击“开始”选项卡“段落”功能区中的“提高列表级别”按钮或 Tab 键，将文字降一级别，成为上一张幻灯片的正文，同时产生一个项目符号，如图 5-26 所示。

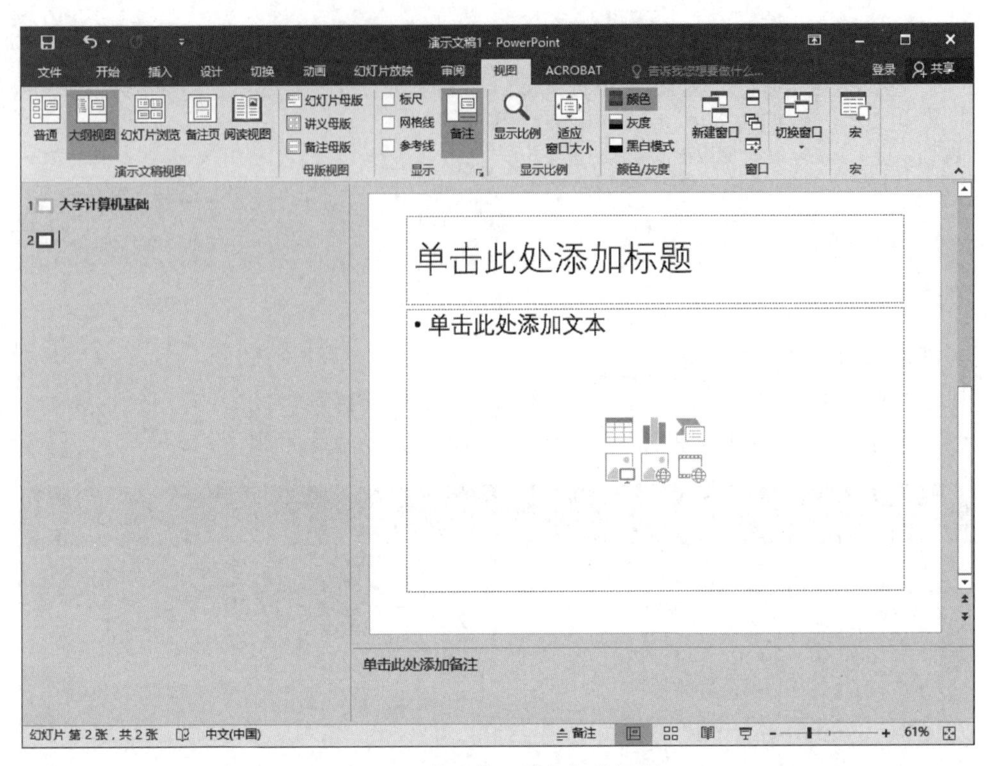

图 5-23　输入第一张幻灯片标题

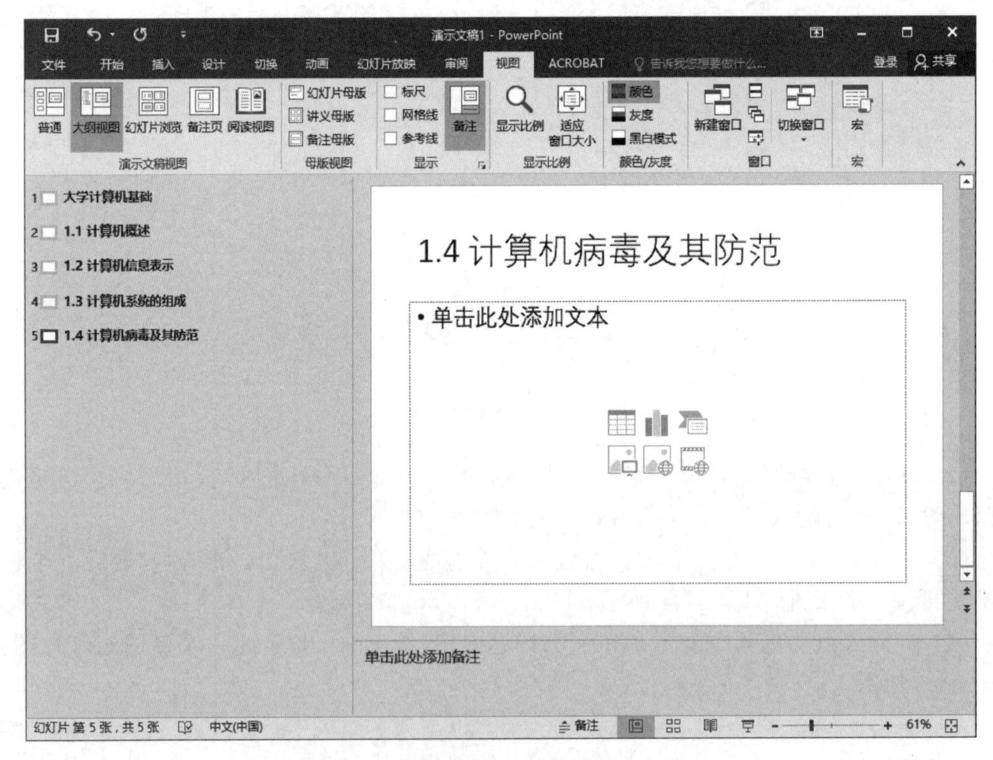

图 5-24　输入所有标题后的演示文稿

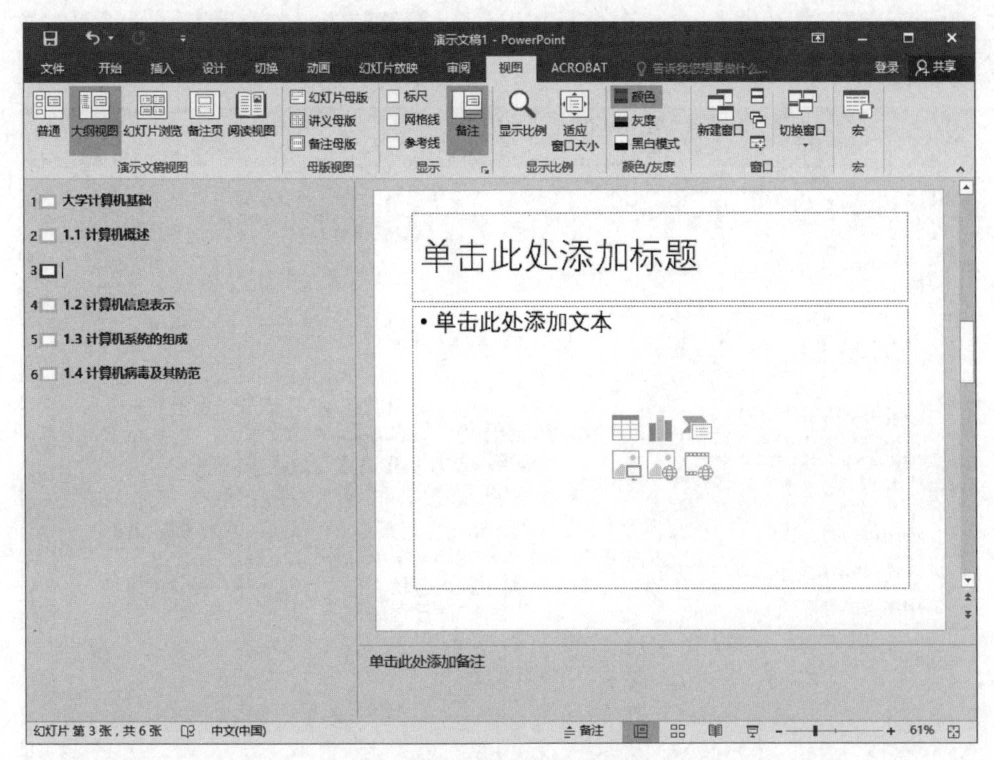

图 5-25　插入新幻灯片后的演示文稿

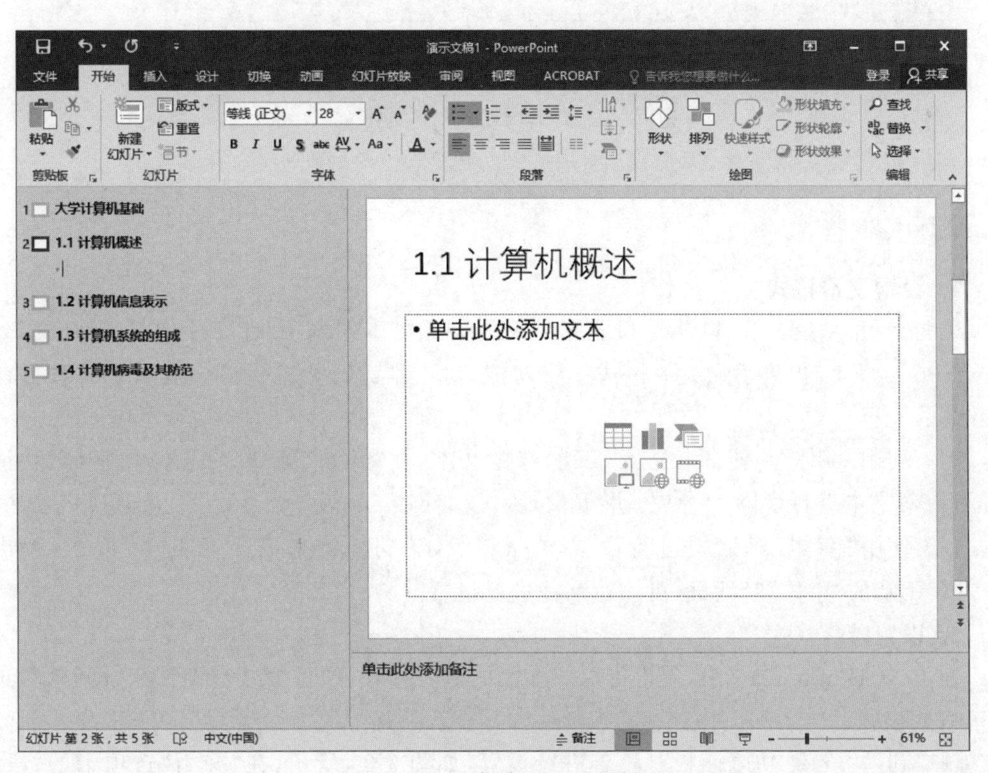

图 5-26　准备输入正文文字

(6) 输入该幻灯片的正文文字,然后按 Enter 键,继续为该幻灯片输入一系列的文本,如图 5-27 所示。

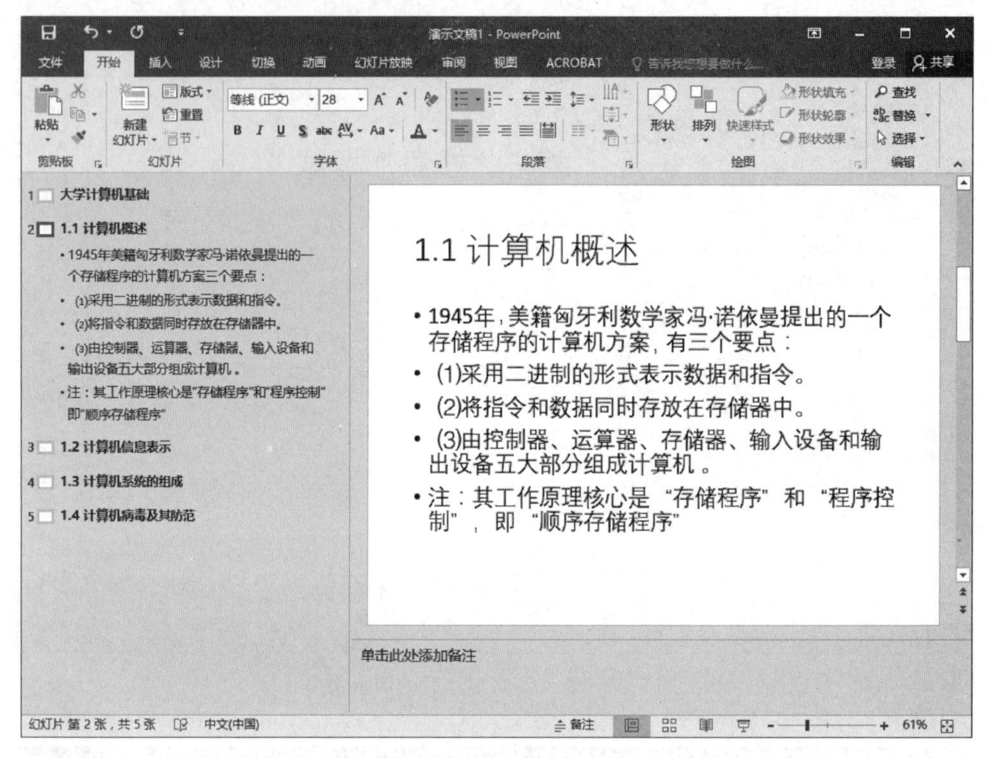

图 5-27 输入正文文字

(7) 重复步骤(4)~(6),为其他幻灯片添加正文文字。

最后将演示文稿保存,如发现有不妥之处,可以在"大纲视图"中继续编辑。

5.3.2 编辑文本

1. 设置文本格式

幻灯片由大量的文本对象和图形对象组成,文本对象是幻灯片的基本组成部分,PowerPoint 2016 提供了强大的格式设置功能,对文本进行格式设置。有以下几种方法进行设置:

(1) 利用"字体"功能面板进行设置,选中文本,在"开始"选项卡中选择"字体"功能面板,可以对文本进行字体、字号、字形等设置。

(2) 使用"字体"对话框进行设置,单击"字体"功能面板右下角的 ◲ 按钮,弹出如图 5-28 所示的"字体"对话框,可以对字体进行设置。

2. 设置段落格式

在 PowerPoint 2016 中,用户可以对段落的对齐方式、项目编号,行间距、段间距等进行段落格式设置。

(1) 利用"段落"功能面板对段落进行设置,如图 5-29 所示,在"开始"选项卡的"段落"功能面板进行相应的设置,或者单击右下角的命令按钮打开"段落"对话框进行相应设置。

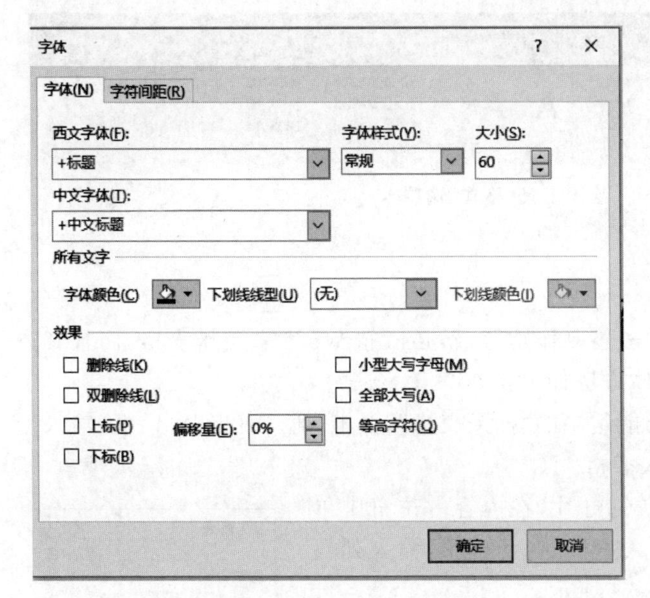

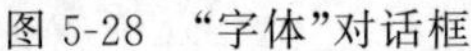

图 5-28 “字体”对话框

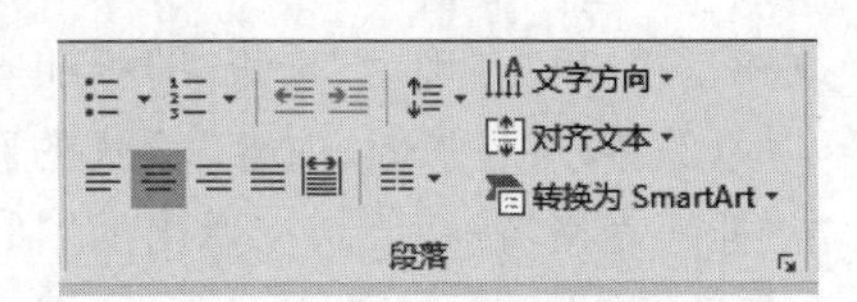

图 5-29 “段落”功能面板

(2) 利用“段落”对话框进行设置,单击“段落”功能面板右下角的 按钮,弹出如图 5-30 所示的“段落”对话框,可以对缩进、段间距、行距等进行格式设置。

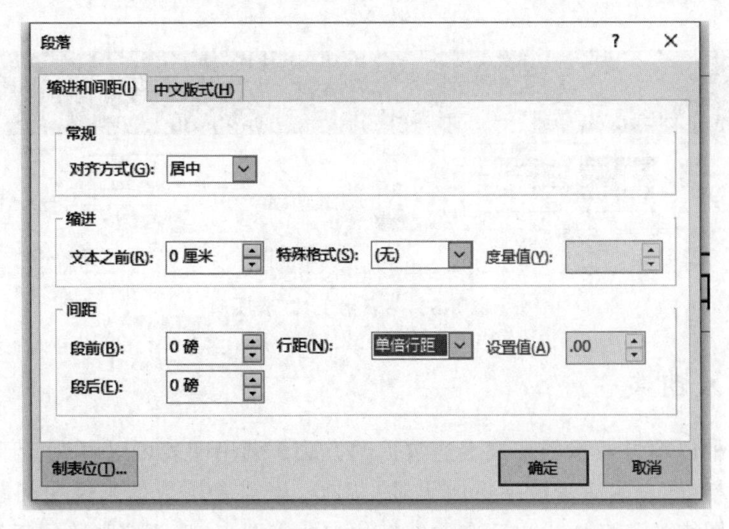

图 5-30 “段落”对话框

3. 设置占位符格式

通过设置占位符格式,可以用各种效果来修饰占位符,具体操作步骤如下:

(1) 单击需要设置格式的占位符。

(2) 在标题栏会出现一个“绘图工具”的“格式”选项卡,单击“格式”选项卡,如图 5-31 所示,在“形状样式”功能面板对占位符的形状填充、形状轮廓和形状效果进行相应的设置。在“大小”功能面板区对占位符的高、宽进行设置。

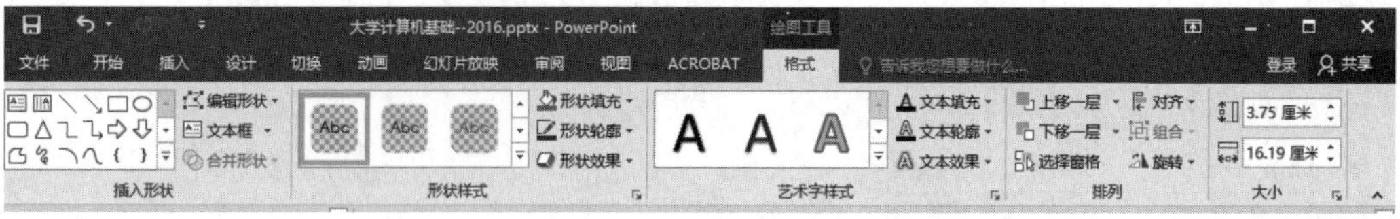

图 5-31　绘图工具“格式”选项卡

5.3.3　插入表格

在 PowerPoint 2016 中有自己的表格制作功能，不必依靠 Word 来制作表格，而且其方法和 Word 基本一样，插入表格的具体方法如下：

(1) 选择“插入”选项卡“表格”功能组中的“插入表格”，弹出“插入表格”对话框，输入列数和行数，单击“确定”按钮，即可插入表格。

(2) 插入一张带“内容”版式的新幻灯片，在内容占位符中单击“插入表格”按钮，在弹出的“插入表格”对话框中，输入列数和行数，单击“确定”按钮即可，如图 5-32 所示。

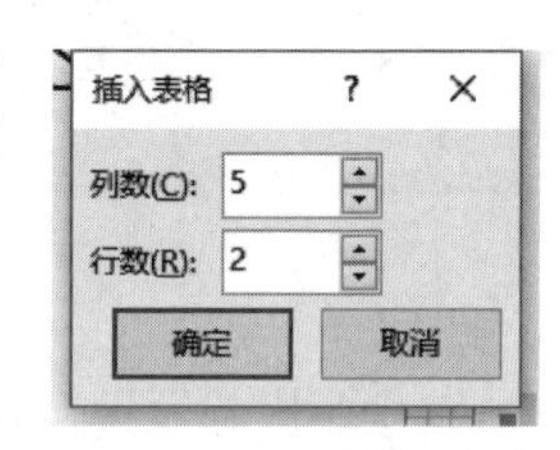

图 5-32　“插入表格”对话框

插入表格以后，在标题栏就会出现一个“表格工具”选项，如图 5-33 所示，包括“设计”和“布局”两个选项卡，通过这两个选项卡可以对表格样式，表格的行高、列宽，表格中文本对齐方式等进行相应的设置。

图 5-33　“表格工具”选项

5.3.4　插入图表

图表是一种以图形显示的方式表达数据的方法。利用图表可以直观、清晰地表达信息，比起单纯的表格，图表的演示效果更加明显。因此，当需要用数据来说明问题时，可以制作一张专门放置图表的幻灯片或向已有的幻灯片中插入图表，从而使文稿便于被理解。

(1) 单击“插入”选项卡下的“图表”命令，或者在内容占位符上直接单击“插入图表”按钮，将在幻灯片中插入一个图表，如图 5-34 所示。

(2) 选择“柱形图”→“簇状柱形图”，单击“确定”按钮，即可在当前幻灯片中插入一个图表，同时弹出一个名为“Microsoft PowerPoint 中的图表”的工作簿，如图 5-35 所示。

(3) 在工作簿中编辑相应的数据，关闭工作簿，此时幻灯片中图表显示的就是表格中的数据，如图 5-36 所示。

选中图表，会在标题栏出现一个“图表工具”选项，包括“设计”“格式”两个选项卡，可以对图表布局、图表样式、坐标轴以及图表外观样式进行设置。

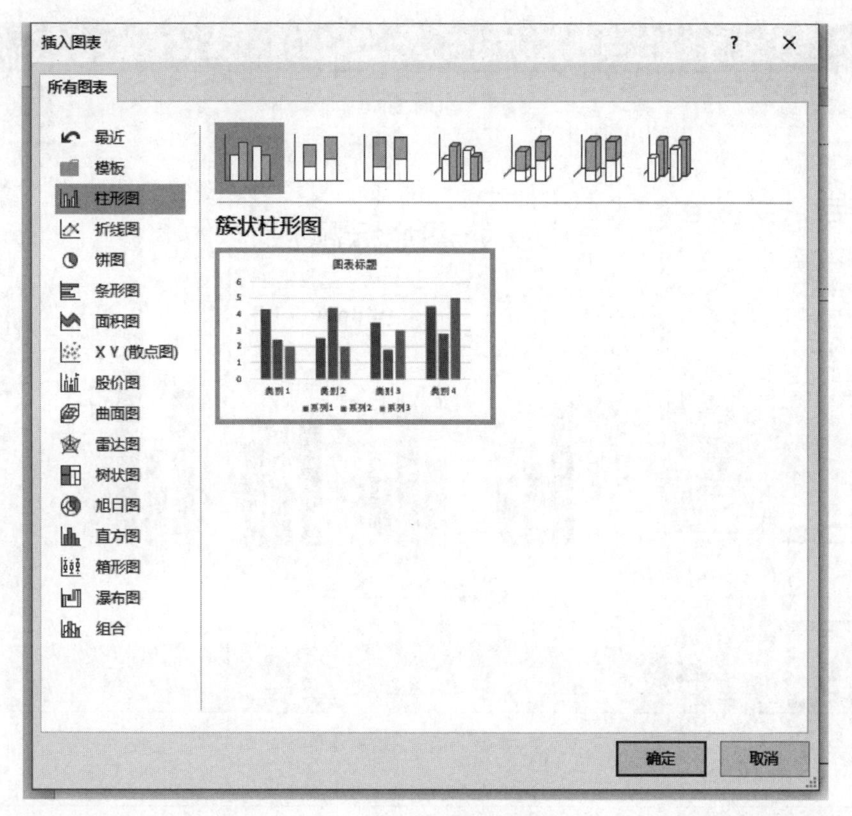

图 5-34 “插入图表”对话框

Microsoft PowerPoint 中的图表 - Excel

	A	B	C	D	E	F	G	H	I
1		系列 1	系列 2	系列 3					
2	类别 1	4.3	2.4	2					
3	类别 2	2.5	4.4	2					
4	类别 3	3.5	1.8	3					
5	类别 4	4.5	2.8	5					
6									
7									

图 5-35 插入图表产生的表格

5.3.5 插入图片

要向幻灯片中插入图片,可以按下述步骤进行。

(1) 在普通视图中,选择要插入图片的幻灯片,选择“插入”→“图片”选项,或者在内容占位符中单击“插入图片”按钮,弹出如图 5-37 所示的“插入图片”对话框。

(2) 找到含有需要图片文件的驱动器和文件夹。

(3) 选择文件列表中的文件,按下 Ctrl 键,同时选定多张图片。

(4) 单击“插入”按钮,将图片插入幻灯片中,如图 5-38 所示。

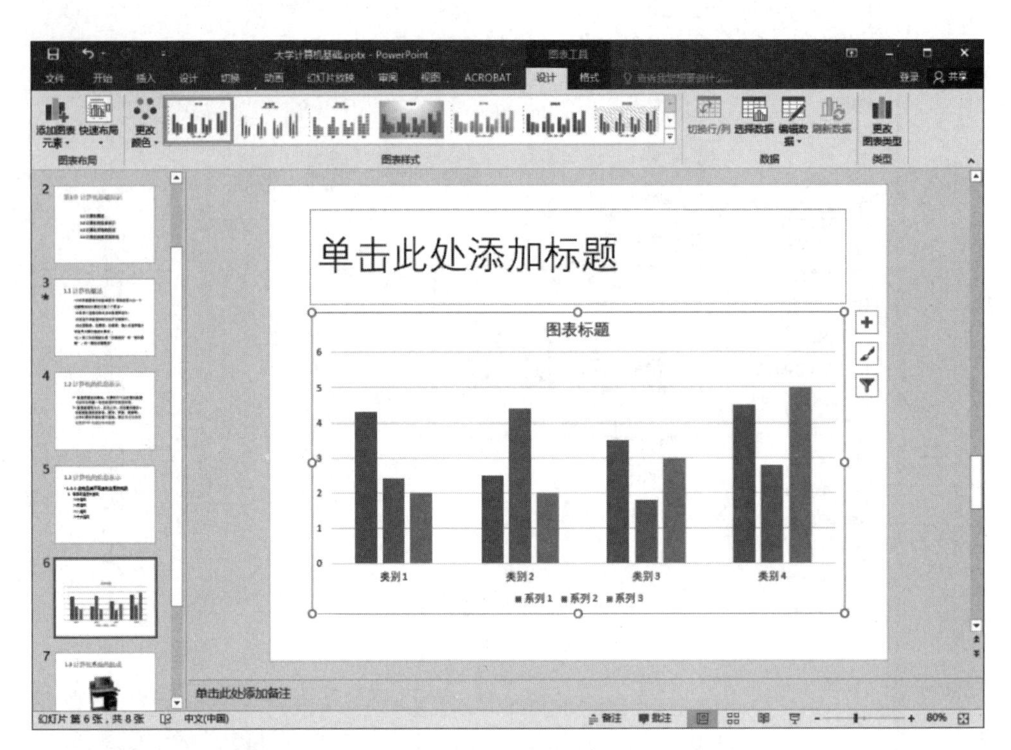

图 5-36　插入图表效果

图 5-37　“插入图片”对话框

5.3.6　插入并编辑 SmartArt 图形

SmartArt 图形是 PowerPoint 2016 自带的图形，可以直观交流信息，插入并编辑 SmartArt 图形的具体步骤如下：

图 5-38　将图片插入幻灯片中

(1) 单击“插入”→“插图”→SmartArt 按钮，或在内容占位符上单击“插入 SmartArt 图形”按钮，弹出“选择 SmartArt 图形”对话框，如图 5-39 所示。

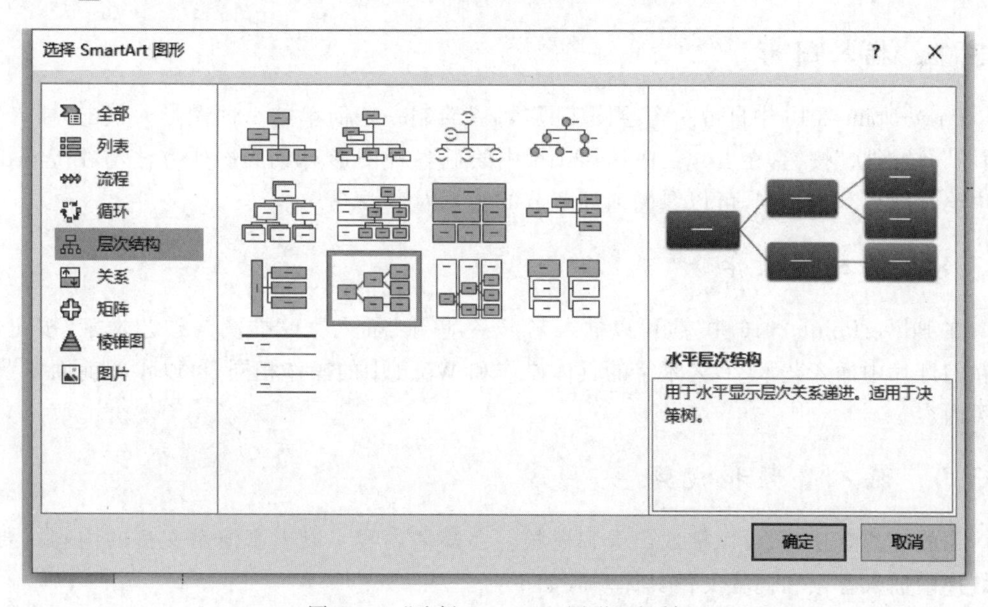

图 5-39　“选择 SmartArt 图形”对话框

(2) 在“层次结构”项目组选择“水平层次结构”，单击“确定”按钮，即可在当前幻灯片中插入该 SmartArt 图形，输入文本，如图 5-40 所示。

(3) 选中“SmartArt 图形”，在标题栏出现“SmartArt 工具”选项，包括“设计”和“格式”

两个选项卡,在"设计"选项卡中,可以重新选择版式、更改颜色、进行 SmartArt 样式的设置;在"格式"选项卡中,可以设置形状样式和大小等。

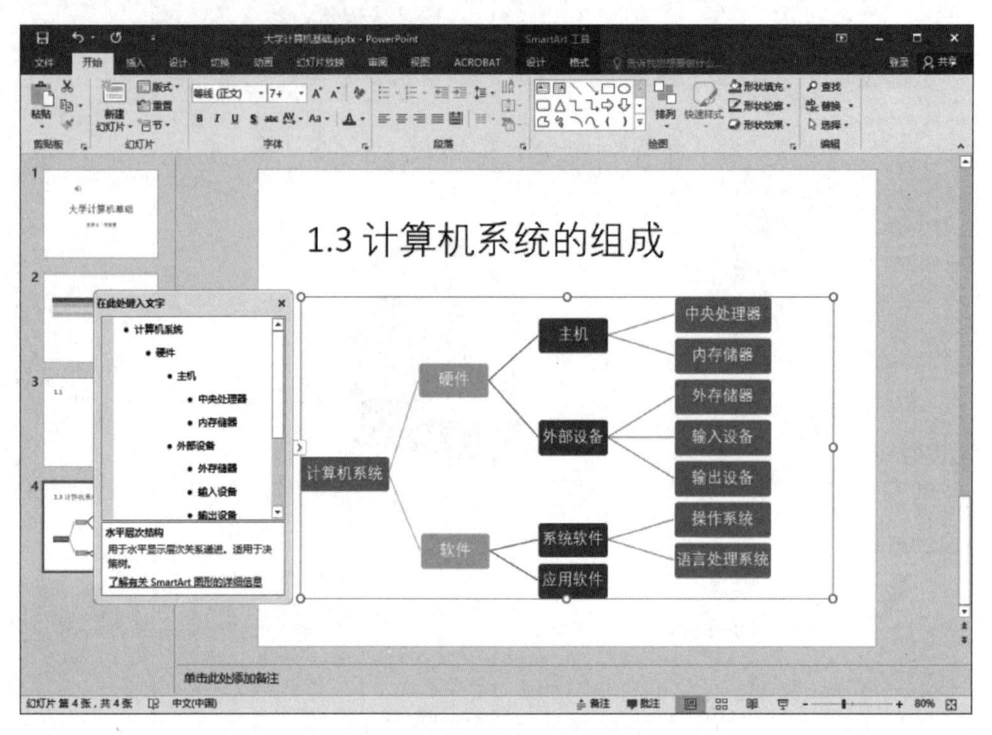

图 5-40 插入 SmartArt 图形

5.3.7 插入图形

PowerPoint 2016 中自带一个绘图工具,可以绘制一些简单的平面图形。单击"插入"→"插图"→"形状"按钮,在 PowerPoint 2016 中绘制各种图形对象的操作方法与在 Word 文档中绘制图形基本相同,可以参阅前面章节的相关内容。

5.3.8 插入艺术字

在 PowerPoint 2016 中,也可以插入艺术字,单击"插入"→"插图"→"艺术字"按钮,可以在幻灯片中插入艺术字,艺术字的具体操作和 Word 中的操作相同,可以参阅前面章节的相关内容。

5.3.9 插入音频和视频

在放映幻灯片时,可以播放声音和视频等多媒体内容。以丰富演示文稿的内容。要在幻灯片中插入音频和视频文件具体步骤如下:

(1) 选择需要插入声音或影片的幻灯片。

(2) 单击"插入"→"媒体"→"音频"按钮,弹出如图 5-41 所示的"插入音频"对话框。

(3) 找到音频文件所在的磁盘和文件夹,选择需要的音频文件,单击"插入"按钮,在幻灯片中插入音频文件,如图 5-42 所示。

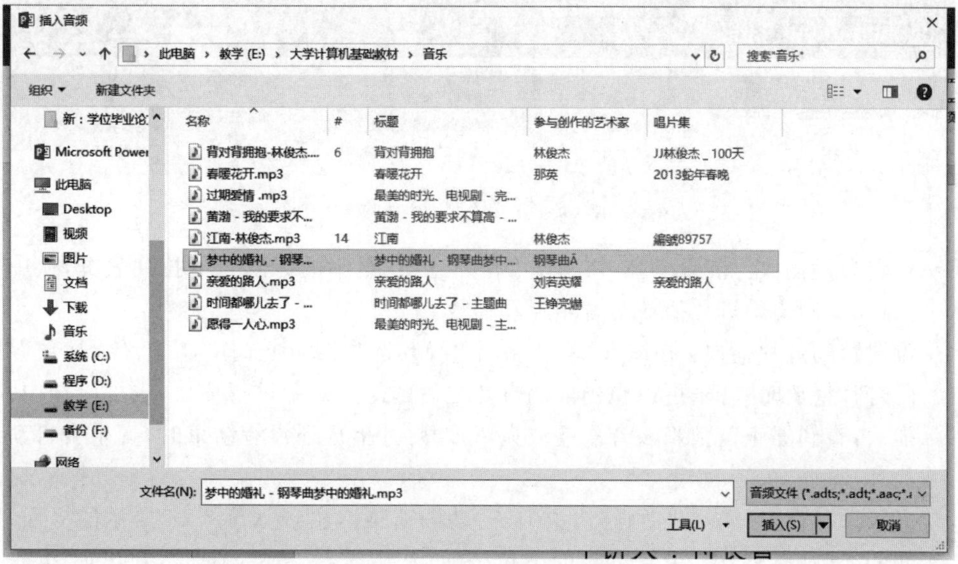

图 5-41 “插入音频”对话框

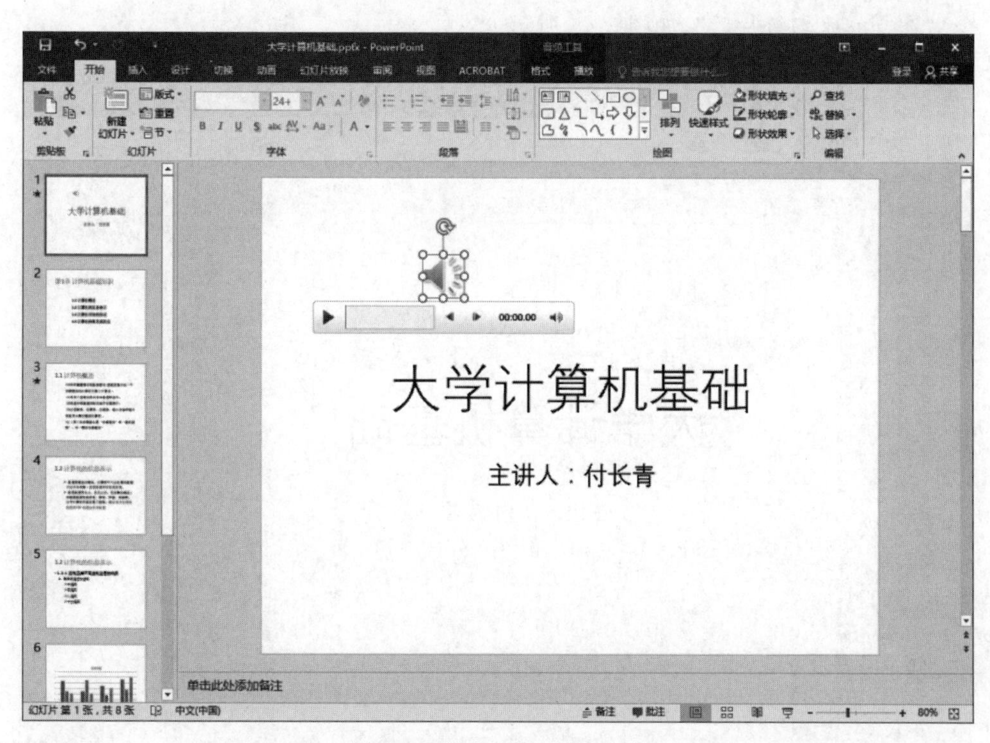

图 5-42 插入“音频”的幻灯片

(4) 选择“音频文件”图标，在标题栏出现“音频工具”选项，包含“格式”和“播放”两个选项卡，在“格式”选项卡中，可以对图标的外观进行设置；在“播放”选项卡中可以对音频文件的播放进行设置，如图 5-43 所示。

- 插入音频文件后，当幻灯片播放时，音频文件默认为单击图标开始播放，而且只能在当前幻灯片中进行播放，可以自行设置音频文件的播放格式。

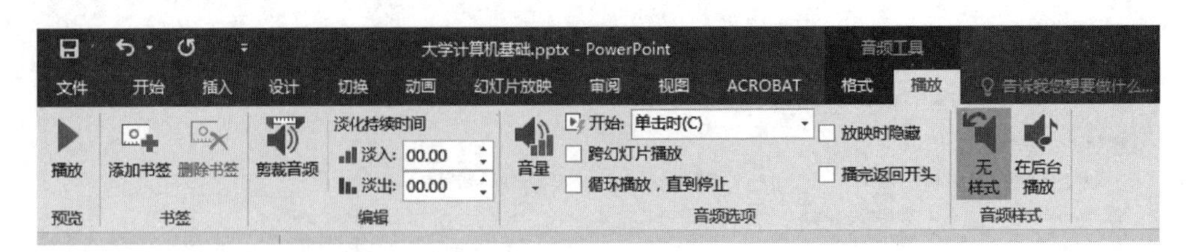

图 5-43 “播放”选项卡

- 设置自动播放：在图 5-43 中，单击“音频选项”组中的“开始”下拉列表框，从中选择“自动”，则当幻灯片播放时音乐自动播放。
- 设置跨幻灯片播放：在图 5-43 中，单击“音频选项”组中选择“跨幻灯片播放”，则当幻灯片播放时，音乐可以在当前幻灯片之后的幻灯片中进行播放，也可以选中“循环播放，直到停止”，则当该音乐播放完毕，幻灯片播放还没有结束时，音乐会自动从头循环播放。
- 高级选项设置：单击“动画”选项卡→“动画窗格”，出现如图 5-44 所示的界面，在右侧的“动画窗格”中，单击右侧的下拉按钮，从中选择“效果选项”，弹出如图 5-45 所示的“播放音频”对话框。当设置了“跨幻灯片播放”时，“停止播放”中自动选择了“在 999 张幻灯片后”，如图 5-45 所示。

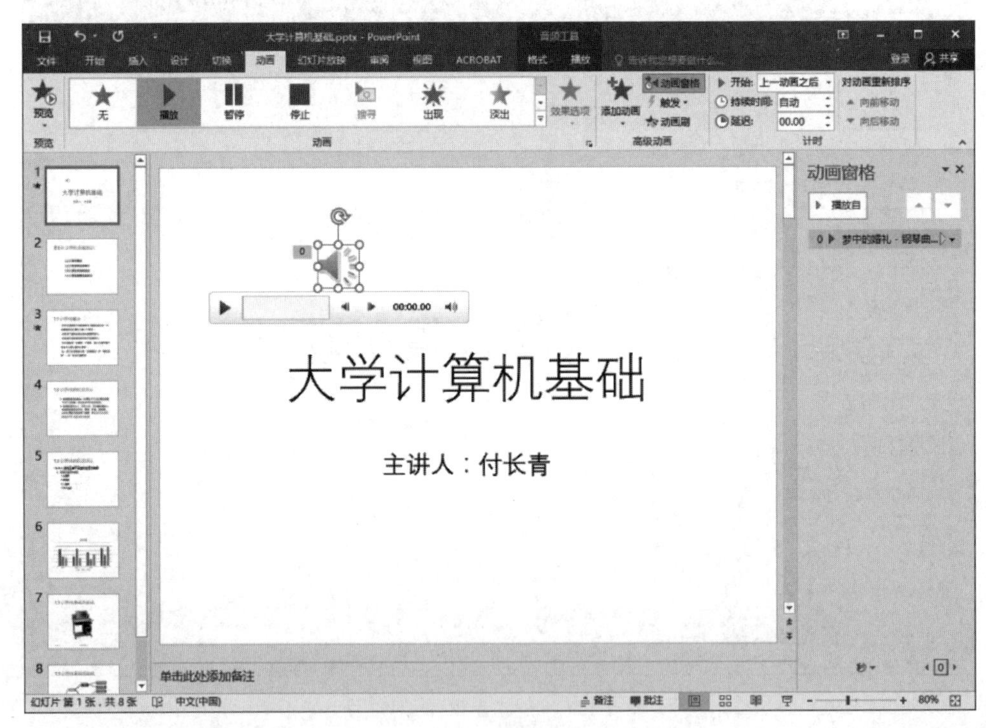

图 5-44 “动画窗格”界面

如想从第一页到第五页设置一首背景音乐，从第六页开始设置另一首音乐，要如何设置呢？在第一张幻灯片中插入第一首音乐，按上述操作弹出如图 5-45 所示的“播放音频”对话框，找到“效果”标签，其中有“停止播放”一栏，选中第三个单选按钮，并在文本框中输入 5，单击“确定”按钮即可。插入下一个音频文件也是如此。

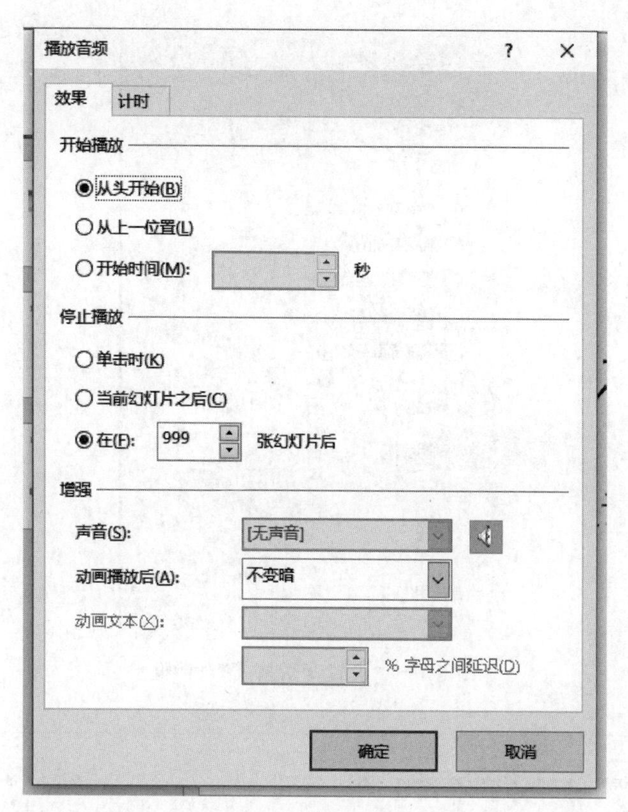

图 5-45 “播放音频”对话框

提示：插入音频文件后，会在幻灯片中显示出一个小喇叭图片，在幻灯片放映时，通常会显示在画面上，如果已经设置了自动播放，为了不影响播放效果，通常在“播放”选项卡的“音频选项”功能区中选中“放映时隐藏”选项，则将该小图标隐藏。

5.4 美化演示文稿

为了制作一个完美的演示文稿，除了需要好的创意和素材之外，提供专业效果的演示文稿外观同样显得很重要。一个好的演示文稿应该具有一致的外观风格，这样才能产生良好的效果。

5.4.1 背景的使用

用户可以为幻灯片设置不同的颜色、图片、纹理等背景，PowerPoint 允许用户为单张幻灯片进行背景设置，也可以对多张幻灯片进行背景设置。设置方法如下：

(1) 在普通视图下，选择需要设置背景的幻灯片，右击幻灯片，在弹出的快捷菜单中选择“设置背景格式”选项，或单击“设计”选项卡→“自定义”→“设置背景格式”按钮，在幻灯片编辑区右侧出现如图 5-46 所示的“设置背景格式”对话框。

(2) 在“设置背景格式”对话框中选择“图片或纹理填充”选项。

(3) 单击“文件(F)…”按钮，弹出如图 5-47 所示的“插入图片”对话框。

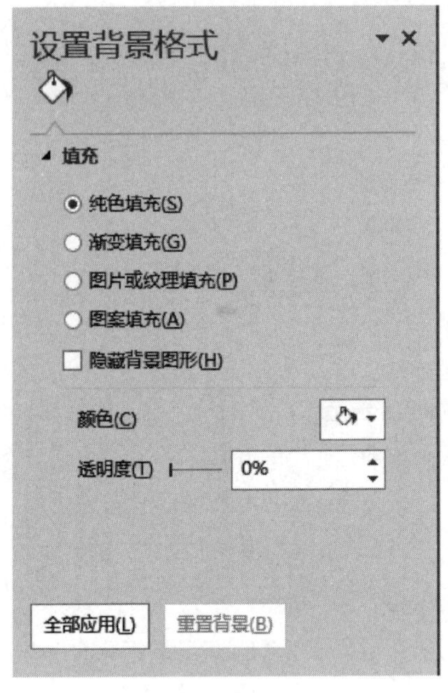

图 5-46 “设置背景格式”对话框

图 5-47 “插入图片”对话框

(4) 在“插入图片”对话框中选中背景图片,并单击“插入”按钮。

(5) 在“设置背景格式”对话框中单击右下角的“全部应用”按钮,则该背景格式应用到所有幻灯片中,否则该背景图片只对当前幻灯片有效,如图 5-48 所示。

设置完成后,单击“设置背景格式”对话框右上角“关闭”按钮,关闭对话框。

提示:设置背景格式还可以选择“纯色填充”“渐变填充”“图案填充”,选中后,再进行相应的设置就可以了。

图 5-48　设置背景图片

5.4.2　使用母版

幻灯片母版是幻灯片层次结构中的顶级幻灯片，它存储有关演示文稿的主题和幻灯片版式的所有信息，包括背景、颜色、字体、效果、占位符大小和位置。

使用母版可以方便用户进行全局修改，并使更改后的样式应用到演示文稿的所有的幻灯片中。

幻灯片母版的设置：创建和编辑幻灯片母版或对应的版式时，要在幻灯片母版视图中进行。单击“视图”选项卡→“母版视图”→“幻灯片母版”即可切换到“幻灯片母版”视图，如图 5-49 所示。

在幻灯片母版视图中，可以分别对不同版式的幻灯片设置母版。一般母版视图中，包括 5 个虚线标注的区域，分别是标题区、对象区、日期区、页脚区和数字区。用户可以编辑这些占位符，如设置标题文字格式，以便在幻灯片中输入文字时采用默认格式。具体操作步骤如下：

1. 更改标题格式

幻灯片母版都包含一个标题占位符，在标题区中单击“单击此处编辑母版标题样式”，即可选中标题区，改变文字格式。

单击“幻灯片母版”选项卡下的“关闭母版视图”，返回普通视图下，会发现每张幻灯片的标题格式都会发生变化。

2. 向母版中插入对象

用户可以在母版中添加任何对象，使每张幻灯片中都自动出现该对象。例如，在母版中插入一幅图片，则每张幻灯片中都会显示该图片，而且在普通视图下不能删除该图片。具体插入方法和在幻灯片中插入对象的方法相同，不再叙述。

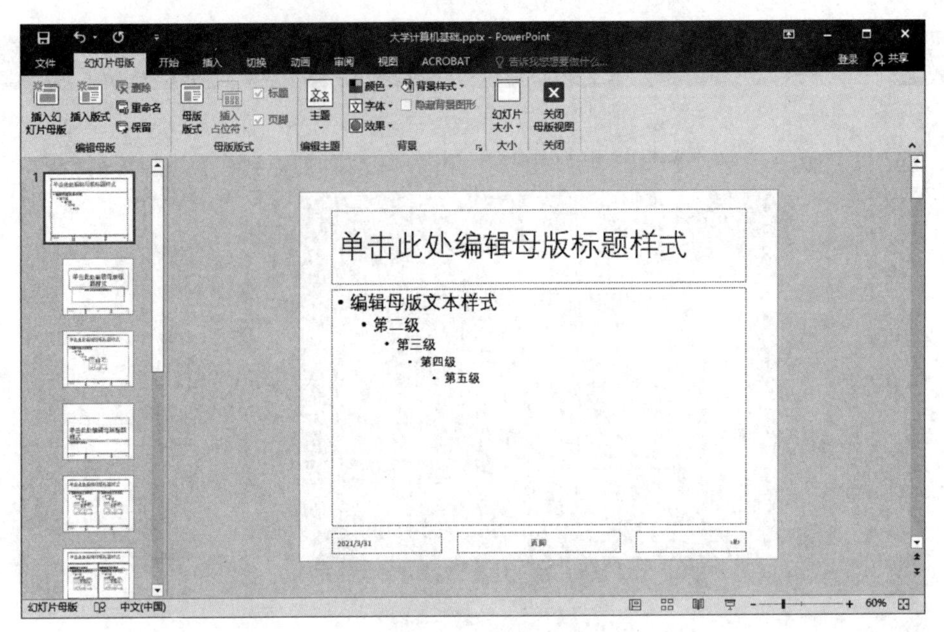

图 5-49　幻灯片母版视图

3. 设置页眉和页脚

页眉和页脚包含文本、幻灯片编号及日期，它们默认出现在幻灯片的底端，当然可以在母版中改变占位符的位置。可以在单张幻灯片或所有幻灯片中设置页眉和页脚。具体添加方法如下。

(1) 单击"插入"→"文本"→"页眉和页脚"按钮，弹出"页眉和页脚"对话框，如图 5-50 所示。

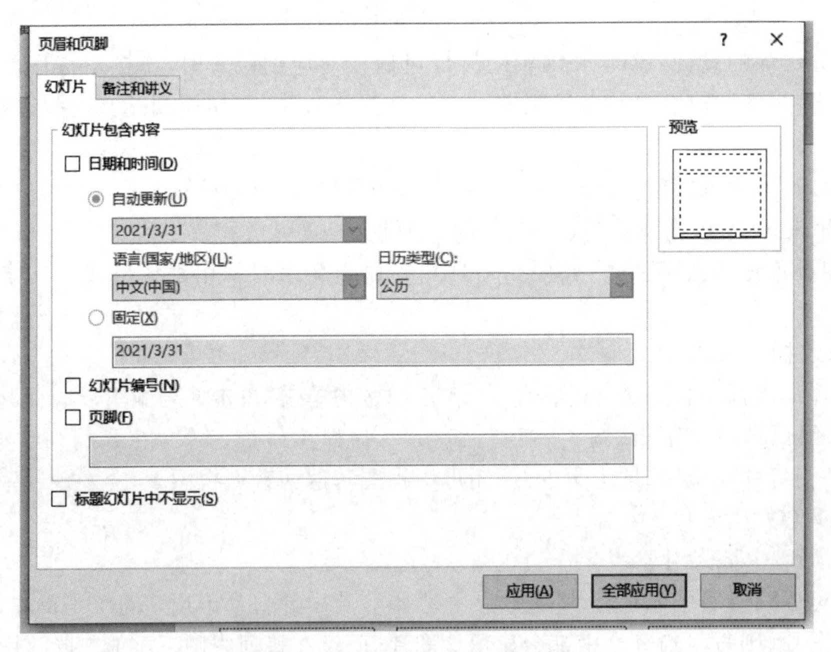

图 5-50　"页眉和页脚"对话框

(2) 要添加日期和时间,则选中“日期和时间”复选框,然后选中“自动更新”或“固定”单选按钮。若选中“自动更新”,则在幻灯片中所包含的日期和时间信息将会按照演示的时间自动更新;若选中“固定”,并在下方文本框中输入日期和时间,则将在幻灯片中直接插入该时间。

(3) 要添加幻灯片编号,选中“幻灯片编号”复选框即可。

(4) 要在幻灯片中添加一些附注性的文本,则选中“页脚”复选框,并输入文本内容。

(5) 要让页眉和页脚的所有内容不显示在标题幻灯片上,则选中“标题幻灯片中不显示”即可。

(6) 单击“应用”按钮,则页眉和页脚信息只出现在当前幻灯片中;单击“全部应用”,可应用到所有的幻灯片上。

5.4.3 使用设计模板

使用设计模板是一种控制演示文稿具有统一外观的最有力、最快捷的方法。设计模板是配色方案、母版等外观设计的集成,每一种应用设计模板都由一个模板文件进行保存,PowerPoint 本身自带有大量的设计模板。

在“设计”选项卡→“主题”区下选择相应的主题,如图 5-51 所示。

图 5-51 “设计”选项卡

该幻灯片应用的是“丝状”主题,如图 5-52 所示。

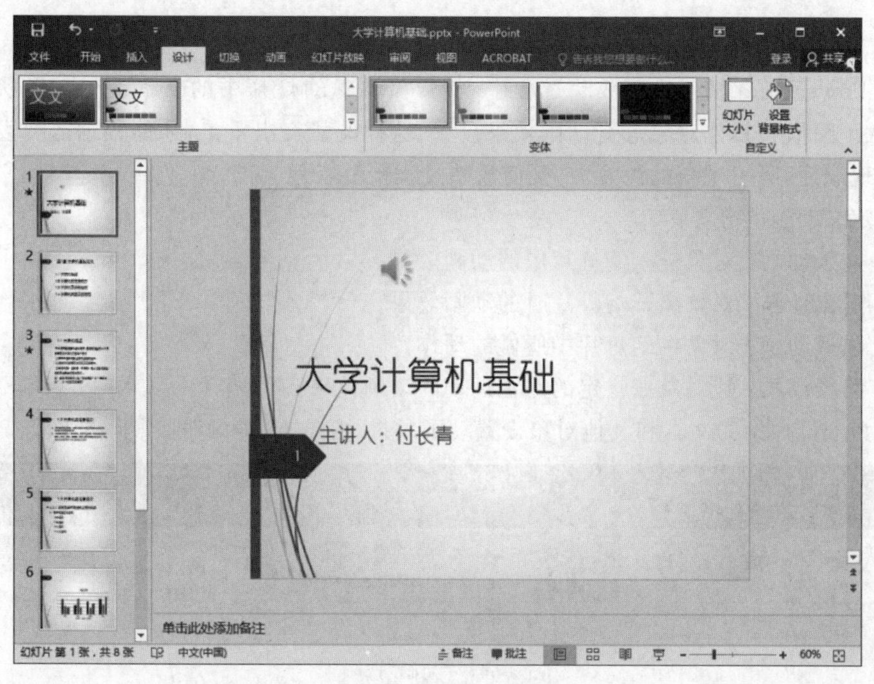

图 5-52 “丝状”主题

提示：默认所有幻灯片都设置为此主题，如果只想改变某一张幻灯片主题，则右击选定主题，选择“应用于相应幻灯片”，则只改变当前幻灯片的主题。

5.5 演示文稿的放映操作

为了使幻灯片放映时更加富有活力，更具有视觉效果，用户可以对幻灯片进行动画设计。在演示文稿中可以为整张幻灯片设置切换效果，也可以为组成幻灯片的单个对象设置自定义动画。

5.5.1 幻灯片切换效果

幻灯片切换动画可以实现单张或多张幻灯片之间的切换动画效果，又被称为翻页动画。

(1) 设置：在“切换”选项卡中选择一种切换样式，如图 5-53 所示。

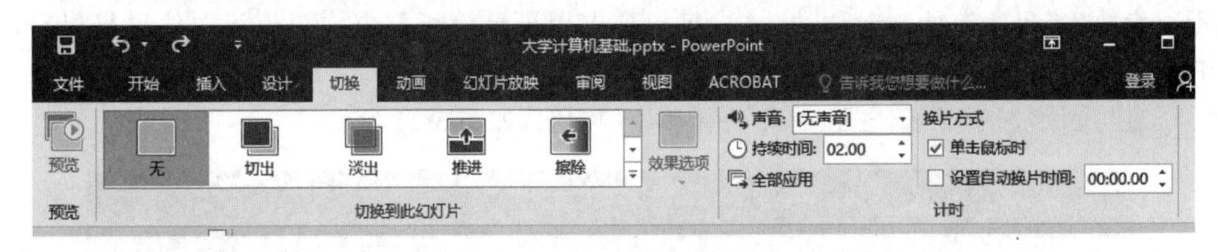

图 5-53 “切换”选项卡

(2) 选好切换样式后，可单击右侧“效果选项”对所选样式进行细节修改。

(3) 选好切换样式后，也可在右侧设置换片方式和换片声音等。

提示：单击“全部应用”按钮，则应用到所有幻灯片，否则只对当前幻灯片有效。

5.5.2 自定义动画

在 PowerPoint 演示文稿放映过程中，常常需要对幻灯片中的文本、图片、形状、表格、SmartArt 图形和其他对象进行动画效果设置，这样既能突出重点，还能根据需要设计各对象的出现顺序，吸引观众的注意力，又使放映过程十分有趣。

自定义动画的分类：

- 进入动画：对象进入幻灯片中的动画效果。
- 退出动画：对象离开幻灯片时的动画效果。
- 强调动画：对象在幻灯片中所做的动作。
- 路径动画：让对象按指定的路径运动的动画效果。

要为幻灯片中的文本和其他对象设置动画效果，可单击“动画”选项卡，如图 5-54 所示。

图 5-54 “动画”选项卡

(1) 在普通视图中，在幻灯片中选中要设置动画的对象，单击“动画”选项卡，从“动画”功能区中选择一种“进入动画”效果，或者单击“动画”功能区中的“其他”按钮，打开如图 5-55 所示动画效果选项，进行更多选择。

图 5-55 “动画”效果

(2) 选好动画效果后，单击“动画效果”选项，可以设置动画的详细效果。

(3) 在“动画”选项卡的“高级动画”功能区，单击“添加动画”按钮可以为同一个对象添加不同动画效果。

(4) 在“动画”选项卡的“计时”功能区，可以设置动画的放映方式，还可以对动画播放的先后顺序进行调整。

5.5.3 创建交互式演示文稿

在 PowerPoint 演示文稿放映过程中，希望从某张幻灯片快速切换到另外一张不连续的幻灯片中或切换到其他文档、程序网页上，可以通过“超链接”来设置，幻灯片上的任何对象

(如文本、图形、图片、文本框等)都可以设置为超链接。下面简单介绍在PowerPoint中设置超链接的3种方法。

1. 创建超链接

可以为幻灯片中的文本、图片、图形、形状、艺术字等创建超链接。

(1) 在幻灯片中,选中幻灯片上要创建超链接的文本或对象。

(2) 单击"插入"选项卡→"链接"→"超链接"按钮,弹出"插入超链接"对话框。

(3) 在左侧的"链接到"列表框中选择链接类型,然后指定链接的文件、网址、幻灯片或电子邮件地址等,此处选择"本文档中的位置"选项,然后在"请选择文档中的位置"列表框中选择要链接到的幻灯片。

(4) 设置完毕,单击"确定"按钮。如图5-56所示。

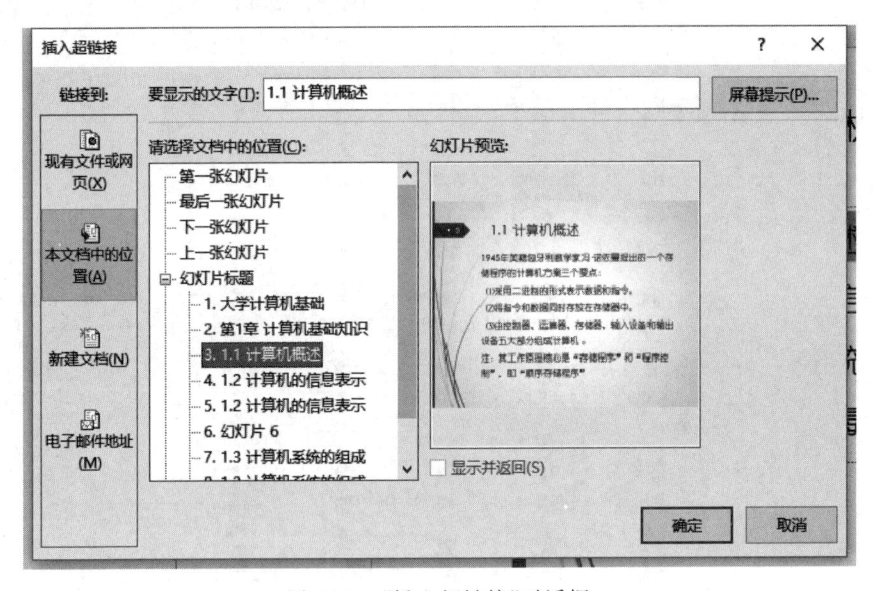

图5-56 "插入超链接"对话框

若要改变超链接设置,可右击设置了超链接的对象,在弹出的快捷菜单中选择"编辑超链接"可重新进行设置;单击"取消超链接"则可删除已创建的超链接。

2. 为对象设置动作

可以将演示文稿中的内置按钮形状作为动作按钮添加到幻灯片,并为其分配单击鼠标或鼠标移过时动作按钮将会执行的动作。还可以为图片、文字、SmartArt图形等对象分配动作。添加动作按钮或为对象分配动作后,在放映演示文稿时通过单击鼠标或鼠标移过动作按钮时完成幻灯片跳转,运行特定程序、打开链接文件、打开音频、视频等操作。

(1) 选中幻灯片中的文本、图片或者对象。

(2) 单击"插入"选项卡→"链接"→"动作"命令,弹出"操作设置"对话框,如图5-57所示。

(3) 在"操作设置"对话框中,选择"单击鼠标"或"鼠标悬停"选项卡,选中"超链接到"单选按钮,设置单击鼠标或鼠标悬停时将要触发的操作。

(4) 此处选择"幻灯片"选项,弹出"超链接到幻灯片"对话框,如图5-58所示,在列表框中选择链接到的幻灯片,单击"确定"按钮。

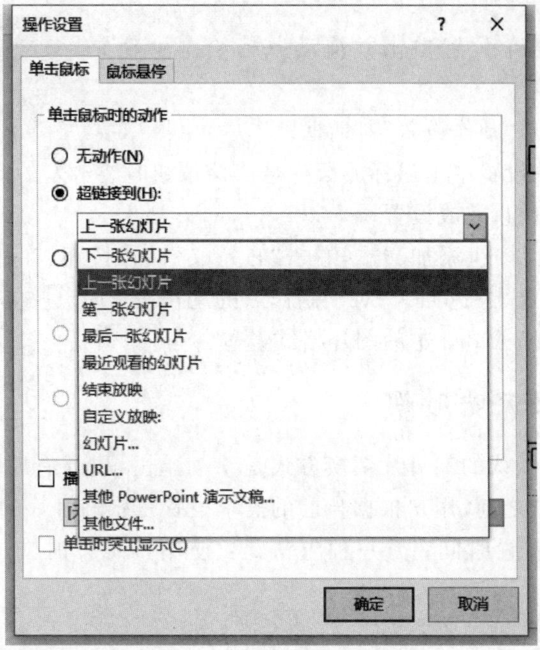

图 5-57 “操作设置”对话框

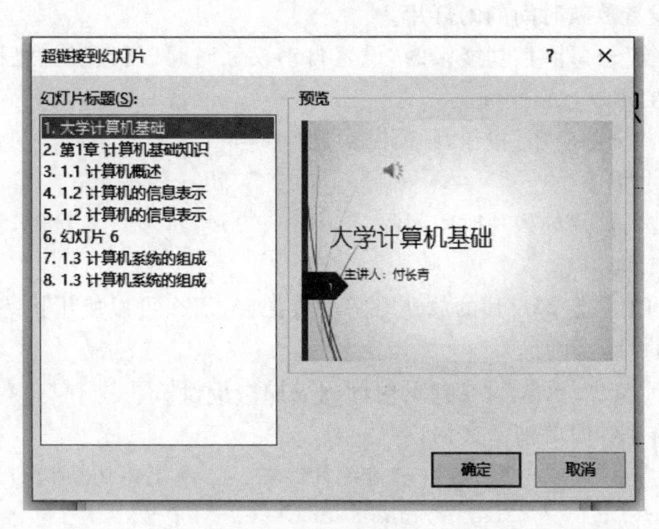

图 5-58 “超链接到幻灯片”对话框

(5) 若要播放声音，应选中“播放声音”复选框，然后选择要播放的声音。单击“确定”按钮，完成设置。

在放映幻灯片时，单击设置了动作的对象，即可直接跳转到链接的幻灯片中。当然，也可以链接到其他幻灯片、结束放映、URL 地址或者其他演示文稿中。

3. 添加动作按钮

除了前面介绍的进行设置交互的方法外，用户还可以将演示文稿中的内置按钮形状作为动作按钮添加到幻灯片，并为其分配单击鼠标或鼠标移过时动作按钮将会执行的动作。

(1) 单击“插入”选项卡→“插图”→“形状”按钮，从弹出的下拉列表中选择要添加的“动作按钮”,如图 5-59 所示。

(2) 在幻灯片的某个位置单击并拖动鼠标绘制出动作按钮。

动作按钮

图 5-59 动作按钮

(3) 释放鼠标,弹出“动作设置”对话框。

(4) 在该对话框中设置单击鼠标或鼠标悬停该按钮时要触发的操作,设置声音。

(5) 单击“确定”按钮,完成设置。

还可以为“自定义”按钮添加文本,右击“自定义”动作按钮,在弹出的快捷菜单中选择“编辑文字”选项,输入文本“返回”。对于制作后的动作按钮及其文本,还可以对其进行图片格式设置,设置方法参考 Word 中的图片格式设置。

5.5.4 设置自动放映时间

在幻灯片播放时,默认的幻灯片切换方式是手动单击鼠标,有时需要幻灯片自动播放,那就要求在幻灯片放映之前,用户根据自己的需求设置每张幻灯片的放映时间,第一种方法是人工为每张幻灯片设置时间;另一种方法是:使用排练计时功能,在排练时自动记录时间。

1. 人工设置放映时间

要人工设置放映时间,可以按照如下步骤进行操作。

(1) 选定要设置放映时间的幻灯片。

(2) 选中“切换”→“计时”功能区的“设置自动换片时间”复选框,然后在右侧的文本框输入希望幻灯片在屏幕上的秒数。

(3) 如果单击“全部应用”按钮,则所有幻灯片的换片时间间隔都相同,否则设置的仅仅是当前幻灯片的时间。

(4) 设置其他幻灯片的换片时间间隔。

2. 使用排练计时

如果用户对自行决定幻灯片的放映时间没有把握,那么可以使用排练计时来记录每张幻灯片之间切换的时间间隔。

使用排练计时来设置幻灯片切换的时间间隔操作步骤如下。

(1) 打开要排练计时的演示文稿。

(2) 单击“幻灯片放映”→“设置”→“排练计时”按钮,系统将切换到幻灯片放映视图,如图 5-60 所示。

(3) 在放映过程中,屏幕上会出现“录制”工具栏,如图 5-61 所示。使用“录制”工具栏的不同按钮可暂停、重复、切换到下一张幻灯片等。

(4) 排练结束后,会出现如图 5-62 所示的对话框,显示幻灯片放映所需的时间,如果单击“是”按钮,则接受排练时间;如果单击“否”按钮,则取消本次排练。

提示:与自动放映相反,手动控制放映将由用户自己来控制演示文稿的放映过程。设置手动放映的方法是:选中“切换”→“计时”功能区的“单击鼠标时”复选框,然后单击“全部应用”按钮。这样,在手动放映过程中,当一张幻灯片放映结束时,可以用单击的方式来切换幻灯片。如果不想使用排练计时,则在“幻灯片放映”→“设置”功能区中取消“排练计时”选项即可。

图 5-60　幻灯片放映中“排练计时”

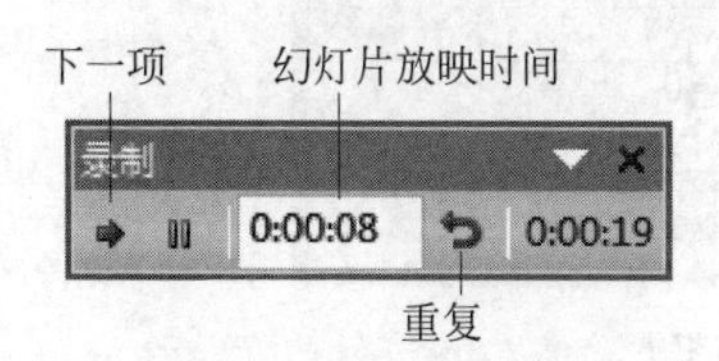

图 5-61　“录制”工具栏

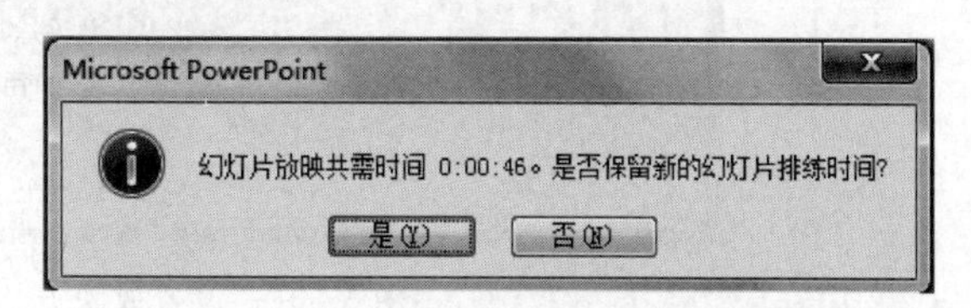

图 5-62　是否接受排练时间对话框

5.5.5　放映演示文稿

1. 隐藏幻灯片

选择需要隐藏的幻灯片,单击“幻灯片放映”选项卡→“设置”→“隐藏幻灯片”按钮。被隐藏的幻灯片在全屏放映时不会被显示。

2. 设置放映方式

幻灯片可以通过不同的放映方式进行放映,还可以在放映过程中添加标记。

(1) 打开需要放映的演示文稿,单击“幻灯片放映”选项卡→“设置”→“设置幻灯片放映”按钮,弹出“设置放映方式”对话框,如图 5-63 所示。

(2) 用户可以按照在不同场合运行演示文稿的需要,选择 3 种不同方式进行幻灯片放映。

- 演讲者放映(全屏幕):这是最常用的放映方式,由演讲者自动控制全部放映过程。这种放映方式适合会议或教学的场合,可以采用自动或手动方式进行放映,还可以干预幻灯片的放映流程。
- 观众自行浏览(窗口):若展览会上允许观众交互式控制放映过程,则适合采用这种方式。它允许观众利用窗口命令控制放映进程,观众可以利用窗口右下方的左、右箭头(或按 PageUp 和 PageDown 键),分别切换到前一张和后一张幻灯片,利用两箭头之间的“菜单”命令。将弹出放映控制菜单,利用菜单的“定位至幻灯片”命令,可以方便快速地切换到指定的幻灯片,按 Esc 键可以终止放映。以这种方式放映演示文稿时,演示文稿会出现在小型窗口内,并提供相应的操作命令,允许移动、编辑、复制和打印幻灯片。

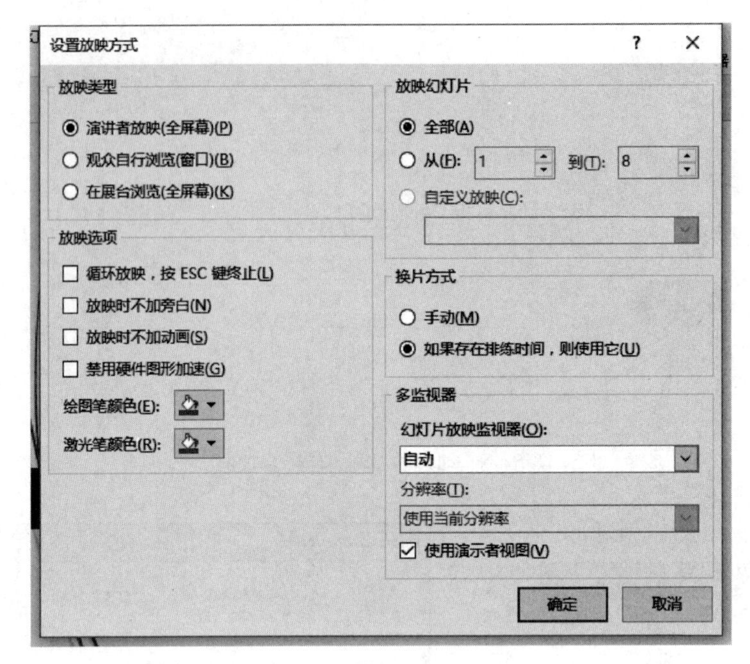

图 5-63 “设置放映方式”对话框

- 在展台浏览(全屏幕):这种放映方式采用全屏幕放映,适用展示产品的橱窗和展览会上自动播放产品信息的展台。可手动播放,也可采用事先排练好的演示时间自动循环播放。

(3) 在“放映幻灯片”选项组中,可以确定幻灯片的放映范围,可以是全部幻灯片,也可以是部分幻灯片。需要指定幻灯片的开始序号和终止序号。

(4) 在“换片方式”选项组中,可以选择控制放映时幻灯片的换片方式。“演讲者放映(全屏幕)”和“观众自行浏览(窗口)”放映方式通常采用“手动”换片方式;而“在展台浏览(全屏幕)”方式通常进行了事先排练,可选择“如果存在排练时间,则使用它”换片方式,令其自动播放。

(5) 在“放映选项”选项组中,可以对放映过程中的某些选项进行设置,如是否放映旁白和动画、放映时绘图笔的颜色设置等。

3. 放映过程控制

(1) 按 F5 键进入全屏幕放映视图。

(2) 在幻灯片中右击,在弹出的快捷菜单中对放映过程进行控制,如图 5-64 所示。选择“指针选项”,在下级菜单中可以将指针转换为笔进行演示标注。

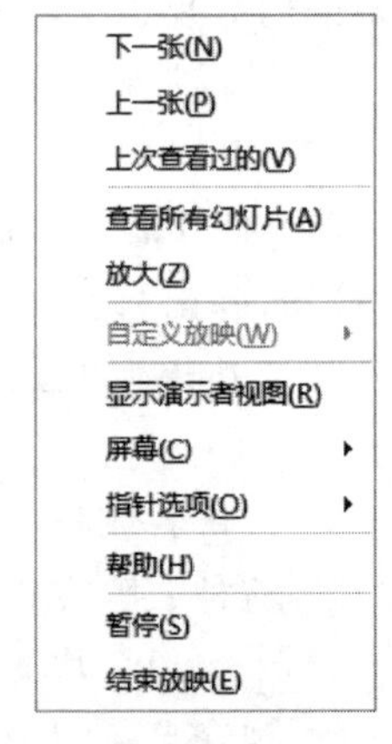

图 5-64 放映过程快捷菜单

5.5.6 录制语音旁白和鼠标轨迹

在将演示文稿转换为视频或共享给他人之前,可以将演示过程进行录制并加入解说旁白,这时可以对幻灯片演示进行录制。

(1) 打开演示文稿,单击“幻灯片放映”选项卡→“设置”→“录制幻灯片演示”按钮。

(2) 从打开的下拉列表中选择录制方式,如图 5-65 所示,弹出“录制幻灯片演示”对话框,如图 5-66 所示。在该对话框中选择想要录制的内容。

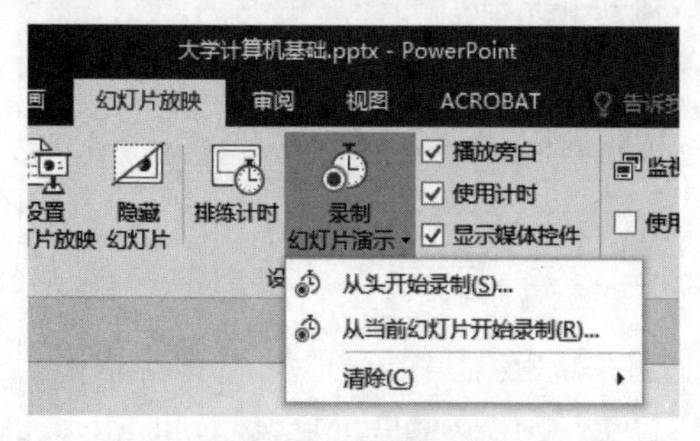

图 5-65 录制方式

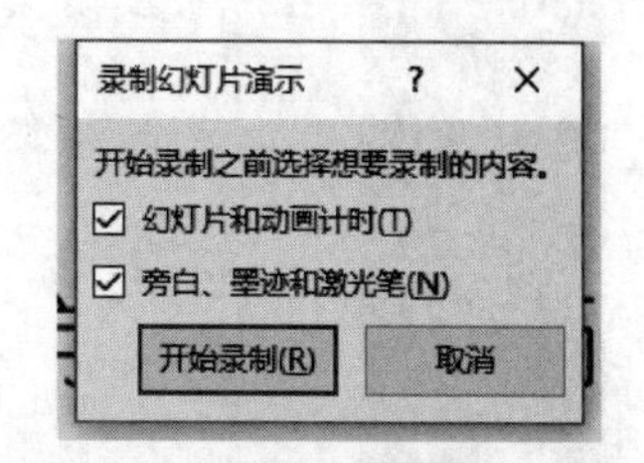

图 5-66 “录制幻灯片演示”对话框

(3) 单击“开始录制”按钮,进入幻灯片放映视图。

(4) 边播放边朗读旁白内容。右击幻灯片,并在弹出的快捷菜单的“指针选项”中设置笔的类型和墨迹颜色等,然后可以在幻灯片中拖动鼠标对重点内容进行勾画标注。

提示:若要录制和播放旁白,需要有麦克风和扬声器等设备。

5.6 演示文稿的共享

在实际工作中,经常需要将制作的演示文稿放到他人的计算机中放映,如果准备使用的计算机中没有安装 PowerPoint,演示文稿就不能直接播放,为了解决演示文稿的共享问题,PowerPoint 提供了很多方案,可以将其发布或转换为其他格式的文件,也可以将演示文稿打包,这样,即使在没有安装 PowerPoint 的计算机上,也能放映演示文稿。

5.6.1 发布为视频文件

在 PowerPoint 2016 中,可以将演示文稿转换为 Windows Media 视频(.wmv)文件,这样可以在没有安装 PowerPoint 的机器上观看该视频。

(1) 首先创建演示文稿并保存。

(2) 在转换为视频之前,可以先行录制语音旁白和鼠标运动轨迹并对其进行计时,以丰富视频的播放效果。

(3) 在“文件”选项卡上执行“导出”→“创建视频”命令,如图 5-67 所示。

(4) 在“演示文稿质量”和“使用录制的计时和旁白”两个下拉列表中进行相应的选择。

(5) 单击“创建视频”按钮,弹出“另存为”对话框。

(6) 输入文件名、确定保存位置后,单击“保存”按钮,开始创建视频。

(7) 若要播放视频,则打开保存的文件夹,双击该视频文件即可。

提示:创建视频过程中,屏幕底部状态栏会显示视频创建过程,视频创建时间长短取决于演示文稿的复杂程度。

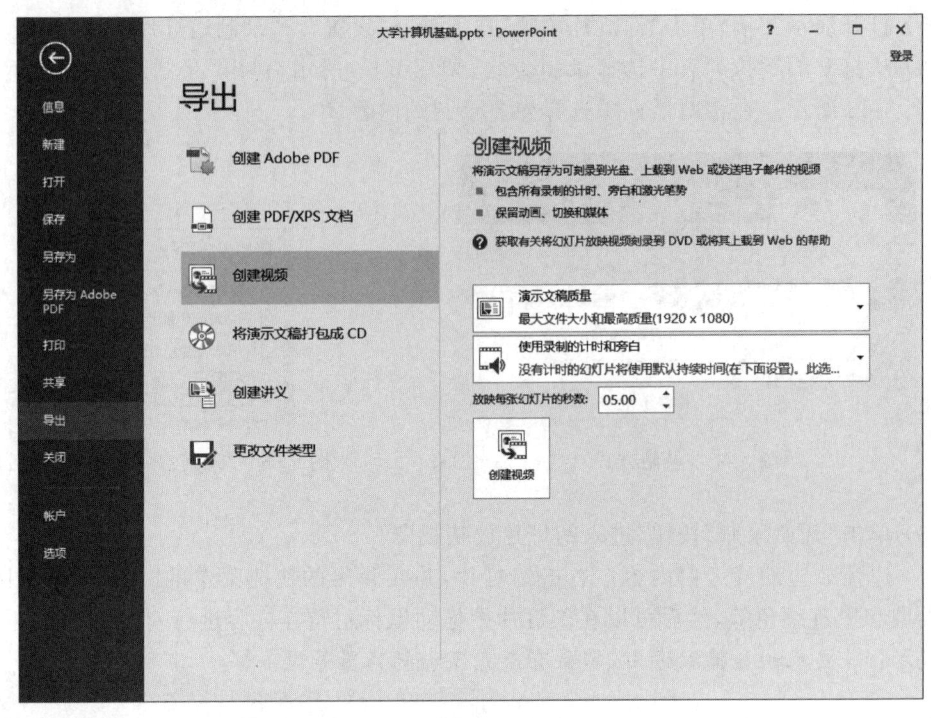

图 5-67　创建视频

5.6.2　转换为直接放映格式

将演示文稿转换成直接放映格式，就可以在没有安装 PowerPoint 程序的计算机上直接放映。

（1）打开演示文稿，在“文件”选项卡上单击“另存为”按钮。

（2）在“另存为”对话框，将文件类型设置为“PowerPoint 放映（＊.ppsx）”，如图 5-68 所示。

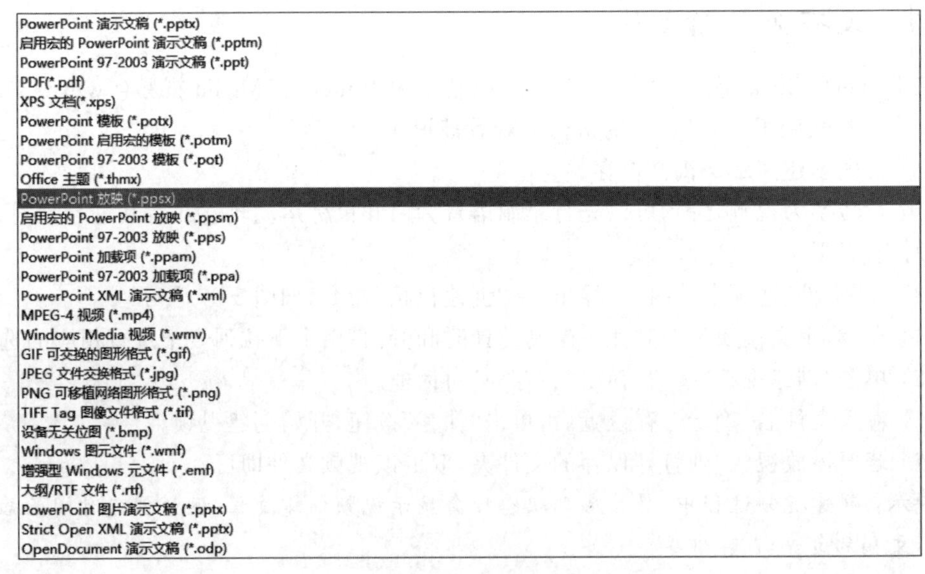

图 5-68　另存为直接放映格式

(3) 选择存放路径、输入文件名后单击“保存”按钮。

双击放映格式(＊.ppsx)文件即可放映演示文稿。

5.6.3 打包为CD并运行

演示文稿可以打包到磁盘的文件夹或CD盘上，前提是需要配备刻录机和空白CD盘。

1. 将演示文稿打包为CD

具体操作步骤如下：

(1) 打开要打包的演示文稿。

(2) 执行“文件”→“导出”→“将演示文稿打包成CD”命令，如图5-69所示。

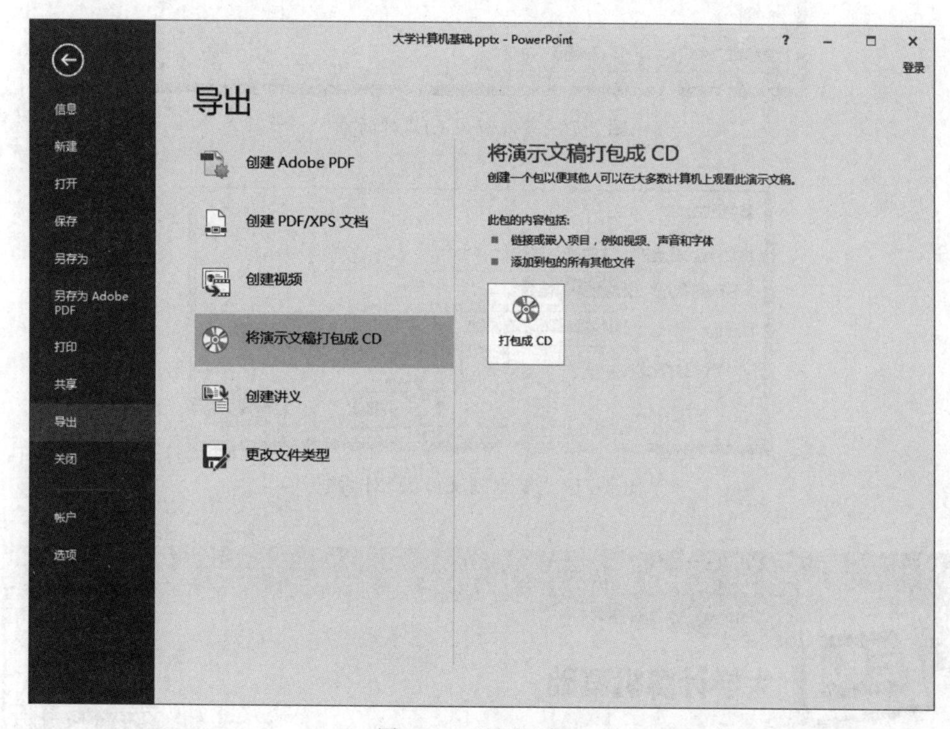

图5-69 “导出”窗口

(3) 然后单击“打包成CD”按钮，弹出如图5-70所示的“打包成CD”对话框。

(4) 在“将CD命名为”文本框中输入演示文稿的名称。

(5) 单击“复制到文件夹”按钮，弹出“复制到文件夹”对话框，如图5-71所示。

(6) 选择目标文件夹之后单击“确定”按钮。

2. 运行打包的演示文稿

演示文稿打包后，就可以在没有安装PowerPoint程序的环境下放映。具体操作如下：

(1) 在计算机中找到打包演示文稿的文件夹并将其打开。

(2) 在连接到因特网的情况下，双击该文件夹下的PresentationPackage文件夹，打开该文件夹中的PresentationPackage.html文件，如图5-72所示。

(3) 在打开的网页上单击“下载查看器”按钮，下载PowerPoint播放器PowerPointViewer.exe并安装。

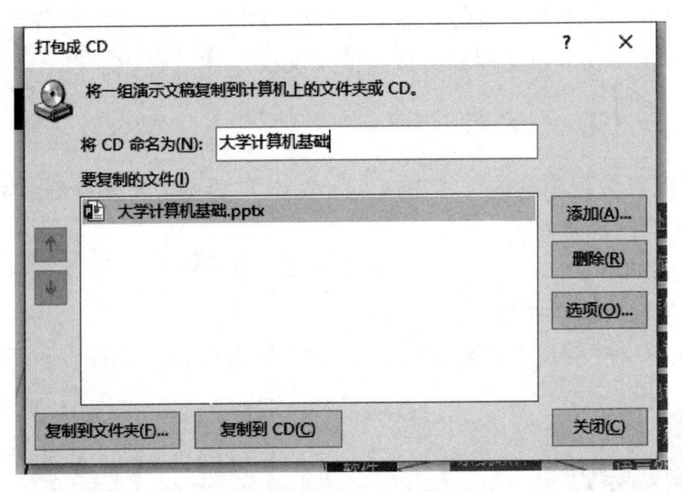

图 5-70 “打包成 CD”对话框

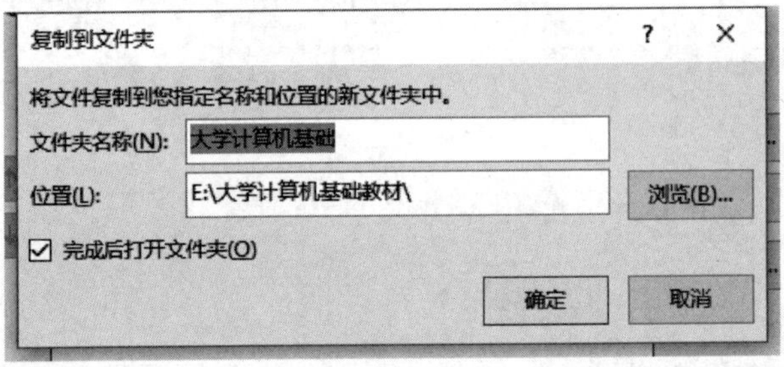

图 5-71 “复制到文件夹”对话框

图 5-72 下载播放器

(4) 启动播放器,出现“Microsoft PowerPoint Viewer”对话框,定位到打包文件夹,选择演示文稿文件并单击“打开”,即可放映该演示文稿。

5.7　PowerPoint 2016 综合操作案例

(1) 启动 PowerPoint 2010,创建一个空白演示文稿。

【步骤】 单击“开始”按钮,在弹出的菜单中选择“所有应用”→PowerPoint 2016 选项启动,单击“空白演示文稿”即可。

(2) 对第一张幻灯片,主标题文字输入“大学计算机基础”,其字体为“楷体”,字号 63 磅,加粗,红色(请用自定义标签的红色 250、绿色 0、蓝色 0)。副标题输入“主讲人：付长青”,其字体为“仿宋”,字号 30 磅,黑色。

【步骤 1】 在第一张幻灯片的标题部分输入文本“大学计算机基础”。选定文本后,在“开始”→“字体”分组中,单击对话框启动器,在弹出的“字体”对话框“中文字体”中选择“楷体”(西文字体保持默认选择),在“字体样式”中选择“加粗”,在“大小”中输入 63。在“字体颜色”中选择“其他颜色”命令,在“颜色”对话框中选择“自定义”选项卡的“红色”数字框中输入 245,“绿色”中输入 0,“蓝色”中输入 0。

【步骤 2】 在第一张幻灯片的副标题部分输入文本“主讲人：付长青”。选定文本后,单击“开始”选项卡“字体”分组上的“字体”“大小”下拉框,设置字体为仿宋、字号为 30,如图 5-73 所示。

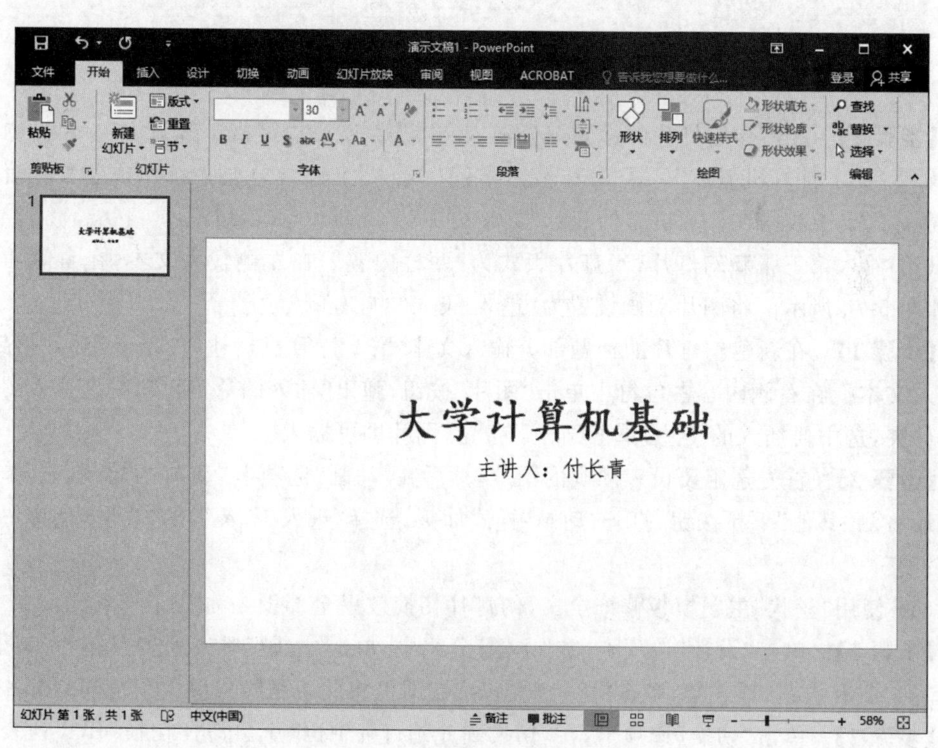

图 5-73　编辑“标题幻灯片”

(3) 插入一张新幻灯片,幻灯片版式为“标题和内容”,输入文本,如图 5-74 所示。

【步骤 1】 在“开始”选项卡“幻灯片”分组中执行“新建幻灯片”命令,生成新的一张幻灯片,并在弹出的“Office 主题”列表中单击“标题和内容”。

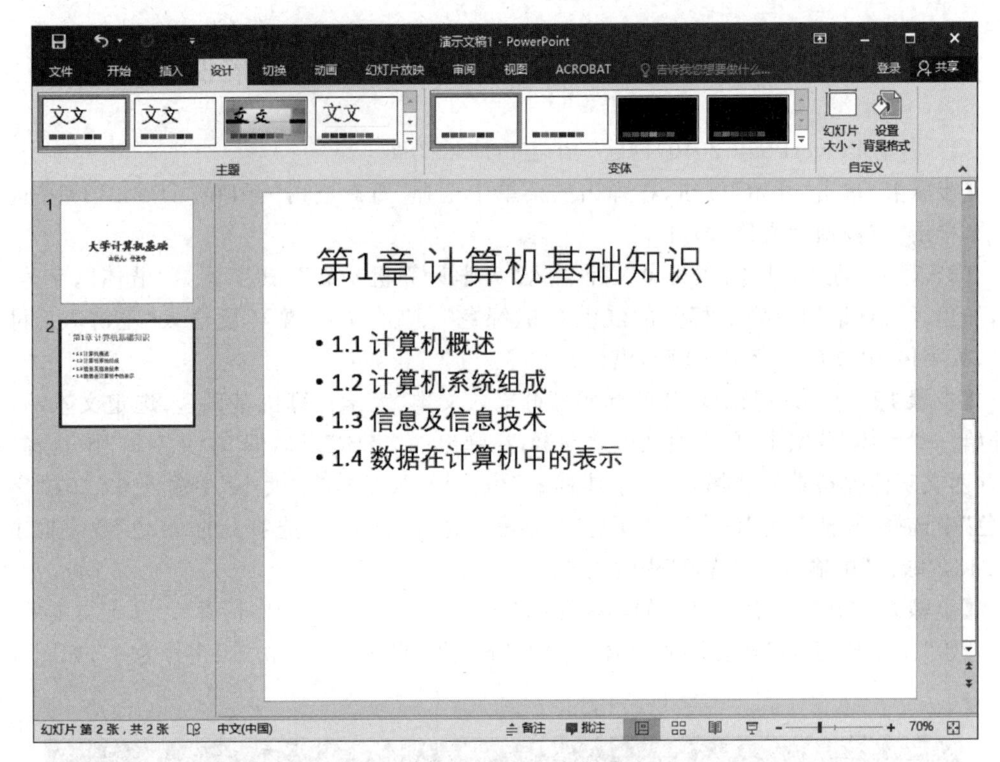

图 5-74　编辑“标题和内容”幻灯片

【步骤 2】 在新建幻灯片的标题部分输入文本“第 1 章 计算机基础知识”。单击内容占位符输入“1.1 计算机概述”后按 Enter 键，再依次输入“1.2 计算机系统组成”“1.3 信息及信息技术”“1.4 数据在计算机中的表示”。

(4) 插入第三张新幻灯片，幻灯片版式为“两栏内容”，在左侧输入文本，在右侧插入图片，如图 5-75 所示。将图片动画设置为“进入-飞入”“自右侧”。

【步骤 1】 在新建幻灯片的标题部分输入文本“1.1 计算机概述”。单击左侧内容占位符输入文本。在右侧内容占位符中单击“图片”按钮，弹出“插入图片”窗口，找到插入图片所在文件夹，选中要插入的图片，单击“插入”按钮，图片即可插入。

【步骤 2】 首先选定要设置动画的图片，然后在“动画”选项卡“动画”功能组中，单击列表框最右侧“其他”下拉按钮，打开“动画”样式面板，选择“进入-飞入”，在“效果选项”中选择“自右侧”。

(5) 使用“丝状”主题模板修饰全文，幻灯片切换效果全部设置为“切出”。

【步骤 1】 单击“设计”选项卡，在“主题”分组中，单击“主题”样式列表右侧的“其他”按钮，弹出“所有主题”样式集，单击“丝状”主题按钮即可将此主题样式应用到全部幻灯片上。

【步骤 2】 单击“切换”选项卡，在“切换到此幻灯片”分组中，单击“切换”样式列表右侧的“其他”按钮，弹出“所有切换”样式集，单击“切出”样式。再单击“计时”分组中的“全部应用”按钮，即可将此样式应用到全部幻灯片上。

(6) 全部幻灯片放映方式设置为“观众自行浏览(窗口)”。

【步骤】 在“幻灯片放映”选项卡“设置”分组中，单击“设置幻灯片放映”命令，在弹出的

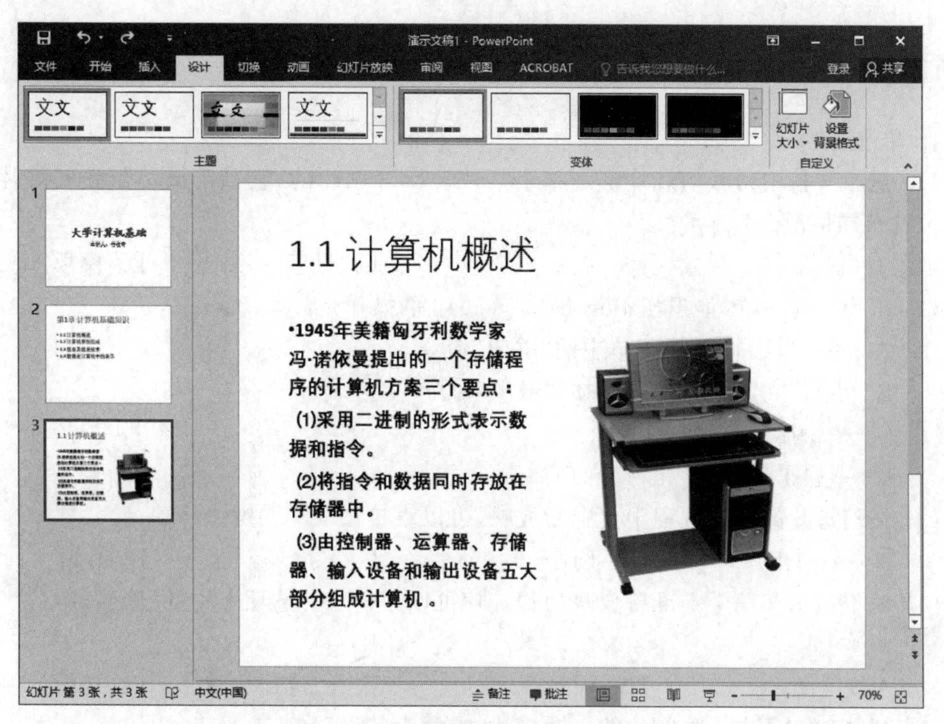

图 5-75　编辑“两栏内容”版式幻灯片

“设置放映方式”对话框的“放映类型”中选择“观众自行浏览(窗口)”，单击“确定”按钮。

(7) 最后将演示文稿保存为“计算机基础.pptx”。

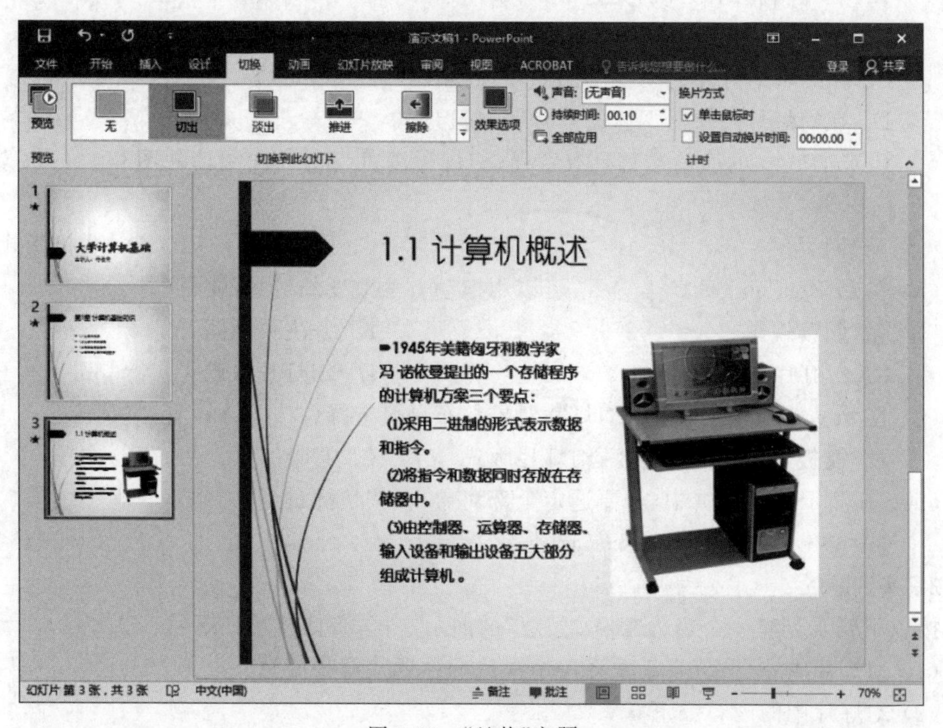

图 5-76　“丝状”主题

【课后习题】

1. 单选题

(1) 演示文稿中每张幻灯片都是基于某种(　　)创建的,它预定义了新建幻灯片的各种占位符布局情况。

A. 视图　　B. 版式　　C. 母版　　D. 模板

(2) 下列操作中,不能退出 PowerPoint 2016 的操作是(　　)。

A. 单击"文件"下拉菜单中的"关闭"命令

B. 单击"文件"下拉菜单中的"退出"命令

C. 按快捷键 Alt+F4

D. 双击 PowerPoint 窗口的控制菜单图标

(3) 在幻灯片的放映过程中要中断放映,可以直接按(　　)键。

A. Alt+F4　　B. Ctrl+X　　C. Esc　　D. End

(4) 对于演示文稿中不准备放映的幻灯片可以用(　　)选项卡中的"隐藏幻灯片"命令隐藏。

A. 开始　　B. 设计　　C. 幻灯片放映　　D. 视图

(5) 要使幻灯片在放映时能够自动播放,需要为其设置(　　)。

A. 预设动画　　B. 排练计时　　C. 动作按钮　　D. 录制旁白

(6) 幻灯片的切换方式是指(　　)。

A. 在编辑新幻灯片时的过渡形式

B. 在编辑幻灯片时切换不同视图

C. 在编辑幻灯片时切换不同的设计模板

D. 在幻灯片放映时两张幻灯片间过渡形式

(7) PowerPoint 的演示文稿具有普通、幻灯片浏览、备注页、阅读视图和(　　)等 5 种视图。

A. 网页　　B. 大纲　　C. 页面　　D. 联机版式

(8) 在 PowerPoint 的(　　)下,可以用拖动方法改变幻灯片的顺序。

A. 阅读视图　　B. 备注页视图

C. 幻灯片浏览视图　　D. 幻灯片放映

(9) 在 PowerPoint 中,安排幻灯片对象的布局可选择(　　)来设置。

A. 模板　　B. 幻灯片版式　　C. 背景　　D. 主题

(10) 在演示文稿编辑中,若要选定全部对象,可按快捷键(　　)。

A. Shift+A　　B. Ctrl+A　　C. Shift+C　　D. Ctrl+C

2. 实训题

按以下要求创建一个名为"pptx 作业"的演示文稿,具体要求如下:

(1) 幻灯片内容自定(自己选择一个喜欢的主题),至少 5 页。

(2) 幻灯片中的内容如下。

- 为每一页中的文本设置不同的格式,如:字体、字号、字形、颜色、行间距、段间距等。

• 要有图片、图形、剪贴画或艺术字。
• 要有 SmartArt 图形。
• 要有超链接和动作按钮设置。
• 要设置幻灯片背景或主题。
• 添加幻灯片编号。
• 为幻灯片添加音乐。

(3) 设置每张幻灯片对象的动画效果。

(4) 设置幻灯片的切换方式,切换方式自选(如:切出等),切换时换片方式为:每隔 5 秒换页。

3. 综合练习题

打开文件夹下的演示文稿 yswg. pptx,按照下列要求完成对文稿的修饰并保存。

(1) 为整个演示文稿应用“回顾”主题,全部幻灯片切换方案为“擦除”,效果选项为“自左侧”。

(2) 将第二张幻灯片版式改为“两栏内容”,将第三张幻灯片的图片移到第二张幻灯片右侧内容区,图片动画效果为“进入/轮子”,效果选项为“3 轮辐图案”。将第三张幻灯片版式改为“标题和内容”,标题为“公司联系方式”,标题设置为“黑体”“加粗”、59 磅字。内容部分插入 3 行 4 列表格,表格的第一行 1~4 列单元格依次输入“部门”“地址”“电话”“传真”,第一列的 2、3 行内容分别是“总部”和“中国分部”。其他单元格按第一张幻灯片的相应内容填写。删除第一张幻灯片。之后将新的第二张幻灯片移为第三张幻灯片。

【步骤 1】 在“设计”→“主题”分组中,单击“主题”样式列表右侧的“其他”按钮,弹出“所有主题”样式集,单击“回顾”主题按钮即可将此主题样式应用到全部幻灯片上。

【步骤 2】 在“切换”→“切换到此幻灯片”分组中,单击“切换效果”样式列表中的“擦除”样式。接下来单击“效果选项”按钮并选择“自左侧”。再单击“计时”分组中的“应用到全部”按钮,即可将此样式应用到全部幻灯片上。

【步骤 3】 选中第二张幻灯片,在“开始”→“幻灯片”分组中,单击“版式”按钮,选择“两栏内容”。到第三张幻灯片中选中图片,单击“开始”→“剪贴板”中的“剪切”按钮,然后回到第二张幻灯片,在右侧内容区中单击,然后单击“开始”→“剪贴板”中的“粘贴”按钮。

【步骤 4】 选中第二张幻灯片右侧内容区的图片,在“动画”→“高级动画”分组中,单击“添加动画”按钮,选择“更多进入效果”,在打开的“添加进入效果”对话框中选择“轮子”后单击“确定”按钮。接下来单击“动画”分组中的“效果选项”按钮,选定“3 轮辐图案”。效果如图 5-77 所示。

【步骤 5】 选中第三张幻灯片,在“开始”→“幻灯片”分组中,单击“版式”按钮,选择“标题和内容”。在标题区中输入文本“公司联系方式”。选中整个标题,在“开始”→“字体”分组中将标题设置为黑体、加粗、字号 59 磅。

【步骤 6】 单击内容区的“插入表格”按钮,在弹出的“插入表格”对话框中输入 3 行 4 列,单击“确定”按钮,完成表格的插入。

【步骤 7】 表格的第一行 1~4 列单元格依次输入“部门”“地址”“电话”和“传真”;第一列的 2、3 行单元格内容分别输入“总部”和“中国分部”。其他单元格按第一张幻灯片的相应内容填写。效果如图 5-78 所示。

图 5-77 “移动图片”

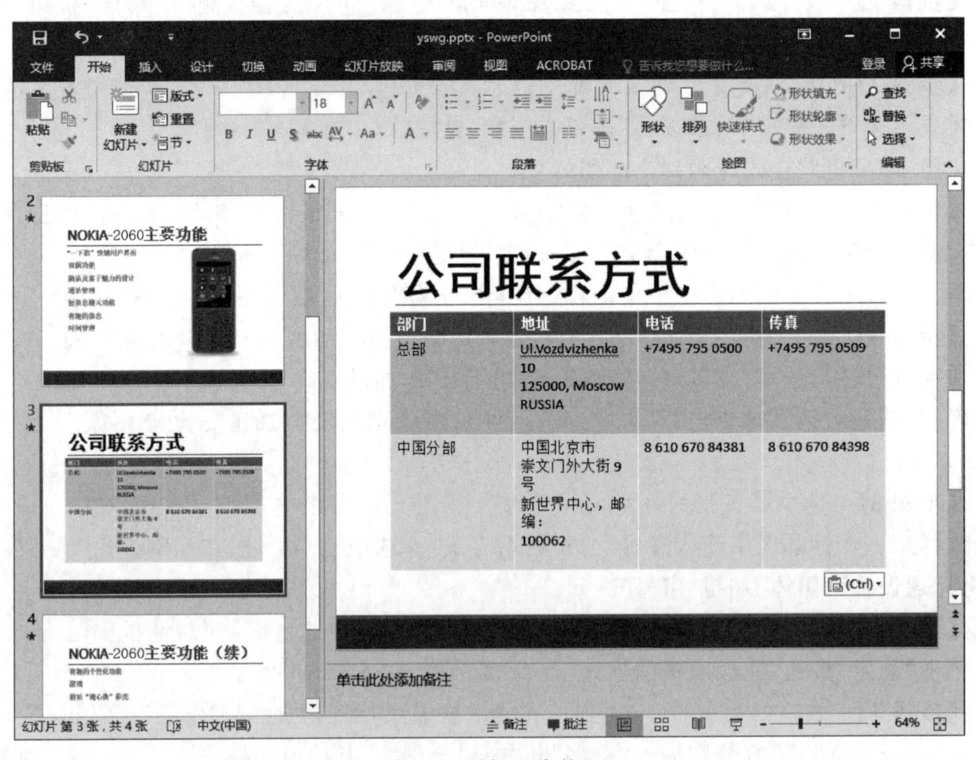

图 5-78 “插入表格”

【步骤 8】 在左侧窗格中选中第一张幻灯片，按 Delete 键删除该幻灯片。在第二张幻灯片上按住鼠标左键不放，将其拖动到第三张幻灯片之后，使之成为第三张幻灯片。最终效果图如图 5-79 所示。

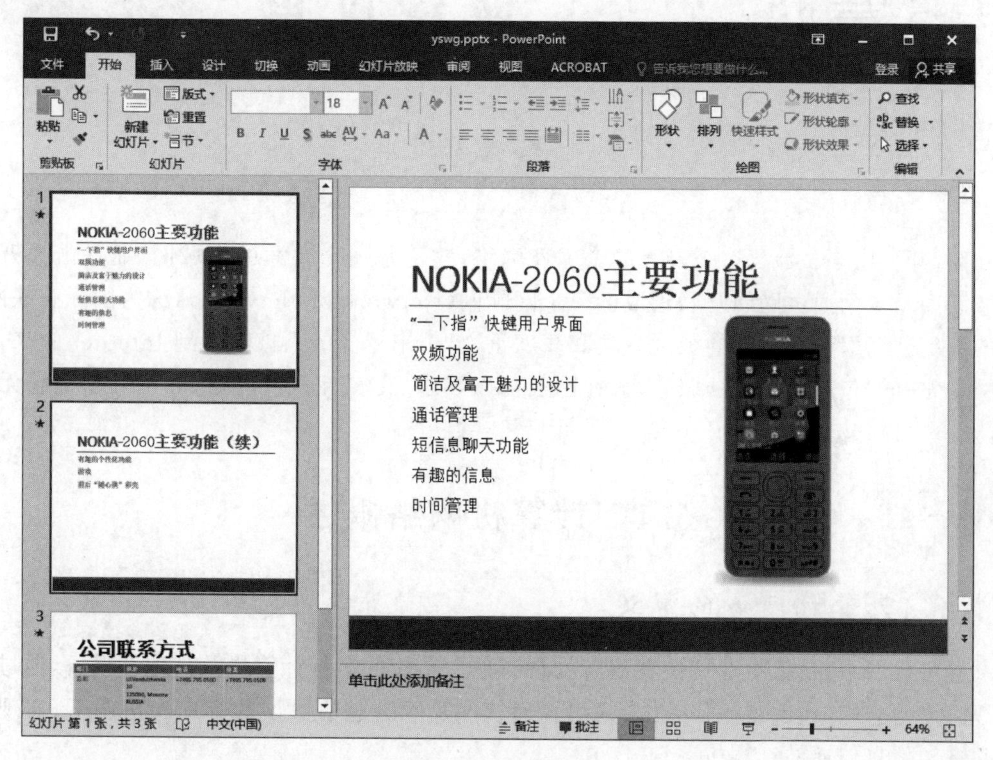

图 5-79　最终效果

单击“保存”按钮保存演示文稿并退出 PowerPoint。

第6章 网络应用

因特网(Internet)是迄今最大的全球性网络,它不是一个普通的广域网,而是由数万个广域网和局域网通过网间互联形成的一个网际网(Network of Network),称为国际互联网。它的出现已经引起了人们的极大兴趣和高度重视,越来越多的人被吸引到 Internet 中来,并被网上无所不包的资源所征服,人们在网上可以娱乐、交友、读书、购物,甚至可以说它无所不能。

6.1 计算机网络概述

6.1.1 计算机网络的定义

计算机网络,是指将地理位置不同的具有独立功能的多台计算机及其外部设备,通过通信线路连接起来,在网络操作系统、网络管理软件及网络通信协议的管理和协调下,实现资源共享和信息传递的计算机系统。

6.1.2 计算机网络的主要功能

(1) 硬件资源共享。可以在全网范围内提供对处理资源、存储资源、输入输出资源等昂贵设备的共享,使用户节省投资,也便于集中管理和均衡分担负荷。

(2) 软件资源共享。允许互联网上的用户远程访问各类大型数据库,可以得到网络文件传送服务、远程进程管理服务和远程文件访问服务,从而避免软件研制上的重复劳动以及数据资源的重复存储,也便于集中管理。

(3) 用户间信息交换。计算机网络为分布在各地的用户提供了强有力的通信手段。用户可以通过计算机网络传送电子邮件、发布新闻消息和进行电子商务活动。

(4) 分布式处理。分布式处理在计算机网络的应用中较为广泛,它把一项复杂的任务划分为若干部分,由网络上的不同计算机分别承担其中一部分任务,同时运作、共同完成,从而使整个系统的效率大大提高。

(5) 提高计算机的可靠性和可用性。计算机网络中的各台计算机通过网络可以互为备用机。设置了备用机,可以在某计算机出现故障后,由网络中的备用机代为继续执行,从而避免整个系统瘫痪,提高计算机的可靠性。如果计算机网络中的某台计算机任务负荷过重,通过网络可以把部分任务转交给其他相对空闲的计算机,达到均衡计算机负载,提高计算机可用性的目的。

6.1.3 计算机网络的传输介质

网络传输介质是指在网络中传输信息的载体，常用的传输介质分为有线传输介质和无线传输介质两大类。

1. 有线传输介质

有线传输介质是指在两个通信设备之间实现的物理连接部分，它能将信号从一方传输到另一方，有线传输介质主要有双绞线、同轴电缆和光导纤维。

1）同轴电缆

同轴电缆的结构如图 6-1 所示，由两个导体组成，一个空心圆柱形导体（网状），围裹着一个实心导体。

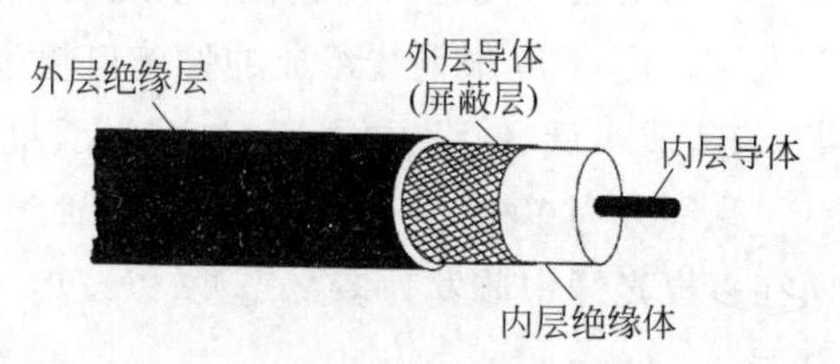

图 6-1 同轴电缆的结构

同轴电缆分 50Ω 基带电缆和 75Ω 宽带电缆两类。基带电缆又分细同轴电缆和粗同轴电缆。基带电缆仅仅用于数字传输，数据率可达 10Mbps。宽带同轴电缆（即有线电视用的同轴电缆）是 CATV 系统中使用的标准，它既可使用频分多路复用的模拟信号发送，也可传输数字信号。同轴电缆的价格比双绞线贵一些，但其抗干扰性能比双绞线强。当需要连接较多设备而且通信容量相当大时可以选择同轴电缆。

2）双绞线

双绞线（Twisted Pairwire，TP）是由两根 22～26 号绝缘铜导线按照一定的规格互相缠绕（一般以顺时针缠绕）在一起而制成的一种通用配线，属于信息通信网络传输介质。把两根绝缘的铜导线按一定密度互相绞在一起，可降低信号干扰的程度，每一根导线在传输中辐射的电波会被另一根线上发出的电波抵消。

双绞线电缆分为屏蔽双绞线（STP）和非屏蔽双绞线（UTP）两大类。按传输质量分为 1 类到 5 类，局域网中常用的为 3 类、4 类和 5 类双绞线。为适应网络速度的不断提高，出现了超 5 类和 6 类双绞线，其中 6 类双绞线可满足千兆以太网的高速应用。

如果把一对或多对双绞线放在一个绝缘套管中便成了双绞线电缆，如图 6-2 所示，在局域网中常用的 5 类、6 类、7 类双绞线就是由 4 对双绞线组成的。双绞线过去主要是用来传输模拟信号的，但现在同样适用于数字信号的传输。虽然双绞线与其他传输介质相比，在传输距离、信道带宽和数据传输速度等方面均受到一定的限制，但价格较为低廉，且其不良限制在一般快速以太网中影响甚微，所以目前双绞线仍是企业局域网中首选的传输介质。

图 6-2 双绞线电缆

3）光导纤维

光导纤维传导光的能力非常强，利用光缆通信，能同时传播大量信息。例如一条光缆通路同时可容纳十亿人通话，也可同时传送多套电视节目。光纤的抗干扰性能好，不发生电辐射，通信质量高，能防窃听。光缆的质量小而细，不怕腐蚀，铺设也很方便，因此是非常好的通信材料。目前许多国家已使用光缆作为长途通信干线。

光通信的线路采用像头发丝那样细的透明玻璃纤维制成的光缆。它的基本原料是廉价的石英玻璃,科学家将它们拉成直径只有几微米到几十微米的丝,然后再包上一层折射率比它小的材料。只要入射角满足一定的条件,光束就可以在这样制成的光导纤维中弯弯曲曲地从一端传到另一端,而不会在中途漏射。在玻璃纤维中传导的不是电信号,而是光信号,故称其为光导纤维。

光导纤维远距离通信的效率高,容量极大,抗干扰能力极强。科学家将光导纤维的这一特性首先用于光通信。一根光导纤维只能传送一个很小的光点,如果把数以万计的光导纤维整齐地排成一束,并使每根光导纤维在两端的位置上一一对应,就可做成光缆。用光缆代替电缆通信具有无比的优越性。比如 20 根光纤组成的像铅笔粗细的光缆,每天可通话 7.6 万人次;而 1800 根铜线组成的像碗口粗细的电缆,每天只能通话几千人次。光导纤维不仅重量轻、成本低、铺设方便,而且容量大、抗干扰、稳定可靠、保密性强。

光纤分为单模光纤和多模光纤两种类型。光信号在单模光纤中以径向直线方式传播,而在多模光纤中散发为多路光波,以反射方式传播。因此,单模光纤的衰减非常小并且容量更大。

光纤在任何时间只能单向传输,因此要进行双向通信,它必须成对出现,每个传输方向一根光纤。

随着光纤分布数据接口 FDDI 和千兆以太网的应用,采用光纤介质的局域网正在不断增长,但是建设光纤局域网的费用仍然相当高。

2. 无线传输介质

可以在自由空间利用电磁波传输和接收信号进行通信的方式就是无线传输。地球上的大气层为大部分无线传输提供了物理通道,也就是常说的无线传输介质。无线传输所使用的频段很广,人们现在已经实现了利用好几个波段进行通信。无线传输有两种方式:定向和全向。信号频率越高,越有可能聚焦成定向的电磁波束,因此使用定向方法传输信号时,能够发射出聚焦的有方向性的高频电磁波束,传输和接收的天线必须仔细对齐。使用较低频率传输的信号是全向性的,传输的信号向四面八方扩散,很多天线都能收到。无线通信的方法有无线电波、微波和红外线。

1)无线电波

无线电波是指在自由空间(包括空气和真空)传播的射频频段的电磁波。无线电技术是通过无线电波传播声音或其他信号的技术。

无线电技术的原理在于,导体中电流强弱的改变会产生无线电波。利用这一现象,通过调制可将信息加载于无线电波之上。当电波通过空间传播到达收信端,电波引起的电磁场变化又会在导体中产生电流。通过解调将信息从电流变化中提取出来,就达到了信息传递的目的。

2)微波

微波是指频率为 300MHz~300GHz 的电磁波,是无线电波中一个有限频带的简称,即波长在 1m(不含 1m)到 1mm 之间的电磁波,是分米波、厘米波、毫米波的统称。微波频率比一般的无线电波频率高,通常也称为"超高频电磁波"。

3)红外线

红外线是太阳光线中众多不可见光线中的一种,由德国科学家霍胥尔于 1800 年发现,又称为红外热辐射，他将太阳光用三棱镜分解开，在各种不同颜色的色带位置上放置了温度计，试图测量各种颜色的光的加热效应。结果发现，位于红光外侧的那支温度计升温最快。因此得到结论：太阳光谱中，红光的外侧必定存在看不见的光线，这就是红外线。也可以当作传输之媒介。太阳光谱上红外线的波长大于可见光，波长为0.75～1000μm。红外线可分为三部分：近红外线，波长为0.75～1.50μm；中红外线，波长为1.50～6.0μm；远红外线，波长为6.0～1000μm。

红外线通信有两个突出的优点：

(1) 不易被人发现和截获，保密性强。

(2) 几乎不会受到电气、天气、人为干扰，抗干扰性强。此外，红外线通信机体积小，重量轻，结构简单，价格低廉。但是它必须在直视距离内通信，且传播受天气的影响。在不能架设有线线路，而使用无线电又怕暴露自己的情况下，使用红外线通信是比较好的。

6.1.4 计算机网络的分类

由于计算机网络的广泛使用，目前已经出现了多种形式的计算机网络。对于网络分类的方法也很多，从不同角度观察网络、划分网络，有利于更全面地了解网络系统的各种特性。

1. 按距离分类

虽然网络类型的划分标准各种各样，但是从地理范围划分是一种大家都认可的通用网络划分标准。按这种标准可以把各种网络类型划分为局域网、城域网和广域网三种。

局域网(Local Area Network，LAN)：是指在有限地理区域内构成的计算机网络。局域网随着整个计算机网络技术的发展和提高得到充分的应用和普及，几乎每个单位都有自己的局域网，甚至家庭中都有自己的小型局域网。局域网具有较高的传输速率，计算机数量从两台到几百台，地理距离从几米至几十米。局域网一般位于一个建筑物或一个单位内，采用的通信线路一般为双绞线或同轴电缆。

城域网(Metropolitan Area Network，MAN)：城域网的作用范围比局域网大，通常覆盖一个城市。城域网中可包含若干个彼此相连的局域网，通常采用光纤或微波作为网络的主干通道。MAN与LAN相比扩展的距离更长，连接的计算机数量更多，在地理范围上可以说是LAN网络的延伸。

广域网(Wide Area Network，WAN)：这种网络也称为远程网，所覆盖的范围比城域网(MAN)更广，它一般是在不同城市之间的LAN或者MAN的网络互联，地理范围可从几百千米到几千千米。

2. 按通信介质分类

按通信介质可将网络划分为有线网和无线网。

有线网：采用同轴电缆、双绞线、光纤等物理介质来传输数据的网络。

无线网：采用无线电波、微波等无线形式来传输数据的网络。

3. 按照交换方式分类

在计算机网络中，节点与节点之间的通信采用两种交换方式：线路交换方式和存储转发交换方式。存储转发又分为两种：报文存储转发交换和报文分组存储转发交换。

1) 线路交换(Circuit Switching)

计算机网络中的线路交换和公用电话交换系统类似，其工作过程可概括为三个阶段：

首先建立源端至目的端的线路连接,其次是数据传输,最后为线路拆除。一旦建立线路连接,则线路为本通信专用,不会有其他用户干扰,带宽固定,信息传输延时短,适合传输大量的数据。当通信双方一旦占用一条线路后,其他用户不能使用。当网络负荷过重时,将发生占线现象,使其他用户得不到及时的服务。

2) 存储转发交换方式

报文交换(Message Switching):报文交换并不要求在两个将要传输数据的节点之间建立专用的通信线路。当一个节点向另一个节点发送信息时,它首先把要发送的数据、目的地及控制信息按统一的规定格式打包成报文,该报文在网络中按照路径选择算法一站一站地传输。每个中间节点把报文完整地接收到存储单元,进行差错检查与纠错处理,检查报文的目的地址,再根据网络中数据的流量情况,按照路径选择算法把报文发送给下一个节点。这样经过多次的存储-转发到达目的节点后,再由接收节点从报文中分离出正确的数据。由于报文长度不定,所以中间节点要有足够的存储空间,以缓冲接收到的报文。报文交换技术的优点是不用建立通信线路的物理连接,线路利用率高,系统可靠性高。但是由于存储-转发的影响,造成了传输延时,因而报文交换不适用于实时的交互式通信。

分组交换(Packet Switching):报文分组交换又称包交换。按照这种交换方式,源节点在发送数据前先把报文按一定的长度分割成大小相等的报文分组,以类似报文交换的方式发送出去,在各中间节点都要进行差错控制。同时,可以对出错的分组要求重发,并且因为报文分组长度固定,所以它在各中间节点存储转发时,在主存储器中进行即可,而无须访问外存,因此,报文交换方式更能改善传输的连接时间和延迟时间。因为每各个分组都包含源地址与目的地址,所以各分组最终都能到达目的节点。尽管它们所走路径不同,各分组并不是按编号顺序到达目的节点的,所以目的节点可以把它们排序后再分离出所要传输的数据。报文分组交换方式延时小,通信效率高,目前是计算机网络的主流。

4. 按拓扑结构分类

在计算机网络中,把工作站、服务器等网络单元抽象为点,把网络中的电缆等通信介质抽象为线,这样采用拓扑学方法抽象的网络结构称为计算机网络的拓扑结构。如图 6-3 所示,计算机的网络拓扑结构主要有总线型、星状、环状、树状、网状等几种。

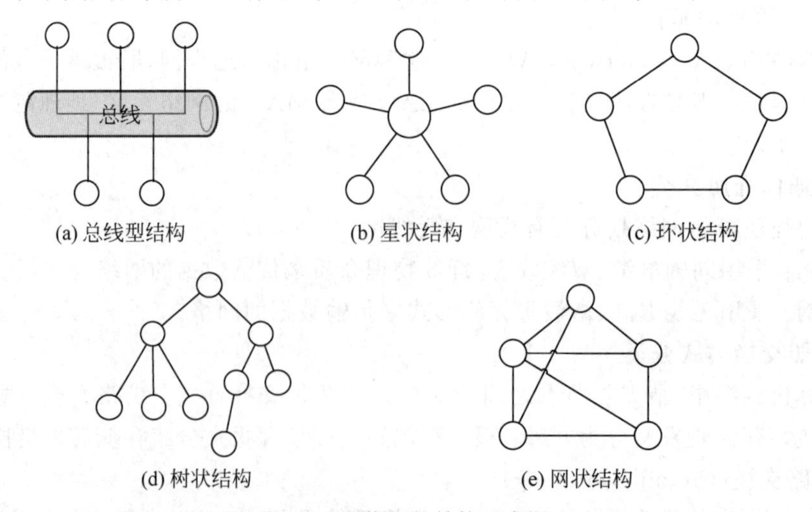

图 6-3 网络拓扑结构示意图

(1) 总线型拓扑。总线型结构由一条高速公用主干电缆即总线连接若干个节点构成网络。网络中所有的节点通过总线进行信息的传输。这种结构的特点是结构简单灵活,建网容易,使用方便,性能好。其缺点是主干总线对网络起决定性作用,总线故障将影响整个网络。总线型拓扑是使用最普遍的一种网络拓扑。

(2) 星状拓扑。星状拓扑由中央节点集线器与各个节点连接组成。这种网络各节点必须通过中央节点才能实现通信。星状结构的特点是结构简单、建网容易,便于控制和管理。其缺点是中央节点负担较重,容易形成系统的"瓶颈",线路的利用率也不高。

(3) 环状拓扑。环状拓扑由各节点首尾相连形成一个闭合环状线路。环状网络中的信息传送是单向的,即沿一个方向从一个节点传到另一个节点;每个节点需安装中继器,以接收、放大、发送信号。这种结构的特点是结构简单,建网容易,便于管理。其缺点是当节点过多时,将影响传输效率,不利于扩充。

(4) 树状拓扑。树状拓扑是一种分级结构。在树状结构的网络中,任意两个节点之间不产生回路,每条通路都支持双向传输。这种结构的特点是扩充方便、灵活,成本低,易推广,适合于分主次或分等级的层次型管理系统。

(5) 网状拓扑。主要用于广域网,由于节点之间有多条线路相连,所以网络的可靠性较高。同时,由于结构比较复杂,故建设成本较高。

6.1.5 计算机网络系统的组成

计算机网络是由两个或多个计算机通过特定通信模式连接起来的一组计算机,完整的计算机网络系统是由网络硬件系统和网络软件系统组成的。硬件对网络的性能起着决定性的作用,是网络运行的实体,而网络软件是支持网络运行、提高效益和开发网络资源的工具。

1. 硬件系统的构成

硬件系统是计算机网络的基础,硬件系统由计算机、通信设备、连接设备及辅助设备组成。

(1) 服务器。服务器通常是速度快、存储量大的计算机,是网络资源的提供者。服务器一般包含一项或多项任务,服务器的类型取决于网络上提供的具体服务工作,如文件传输服务器、Web服务器、域名解析服务器、打印服务器等。服务器的性能应高于普通计算机,并需要专门的技术人员对其进行管理和维护,从而保证整个网络的正常运行。

(2) 工作站。工作站就是网络中各种型号的计算机。工作站是用户向服务器申请服务的终端设备,用户可以在工作站上处理日常工作事务,并随时可以通过工作站请求服务器提供各种服务。

(3) 网络适配器。网络适配器也叫网络接口卡(网卡)。网卡的作用是将计算机与通信设备相连接,将计算机的数字信号转换成通信线路能够传输的信号。

(4) 调制解调器。调制解调器能把计算机的数字信号翻译成可沿普通电话线传送的脉冲信号,而这些脉冲信号又可被线路另一端的另一个调制解调器接收,并译成计算机可懂的语言。这一简单过程完成了两台计算机间的通信。

(5) 集线器。集线器是局域网中常用的连接设备,它具有多个端口,可连接多台计算机。集线器的主要功能是对接收到的信号进行再生整形放大,以扩大网络的传输距离,同时把所有节点集中在以它为中心的节点上。在局域网中常以集线器为中心,将分散的计算机连接在一起,形成星状拓扑结构的局域网络。

(6) 传输介质。常见的传输介质有双绞线、同轴电缆、光导纤维和无线电波、微波、红外线等。

(7) 中继器。中继器的主要作用是放大、还原传输介质上的传输信号,对弱信号进行再生。

(8) 网桥。网桥也叫桥接器,是局域网中常用的链接设备。网桥的作用是扩展网络的传输距离,减轻网络的负载,由网桥连接的网络段仍属于同一局域网。网桥的另外一个作用是自动过滤数据包,根据包的目的地址决定是否转发该包到其他网段。目前网络中常用的是多接口网桥,即交换机。

(9) 路由器。路由器是连接因特网中各局域网、广域网的设备,它会根据信道的情况自动选择和设定路由,以最佳路径,按前后顺序发送信号的设备。路由器是互联网络的枢纽,目前路由器已经广泛应用于各行各业,各种不同档次的产品已经成为实现各种骨干网内部连接、骨干网间互联和骨干网与因特网因互通业务的主力军。

2. 软件系统的构成

(1) 网络系统软件。网络系统软件包括网络操作系统和网络协议等。

网络操作系统(Network Operating System,NOS)是网络的心脏和灵魂,能够控制和管理网络资源,是向网络计算机提供服务的特殊的操作系统。它在计算机操作系统下工作,使计算机操作系统增加了网络操作所需要的能力。常用的网络操作系统有 Netware 系统、Windows 系统、UNIX 系统、Linux 系统等。

网络协议:网络协议是为计算机网络中进行数据交换而建立的规则、标准或约定的集合。网络协议一般是由网络系统决定的,网络系统不同,网络协议也不同。

(2) 网络应用软件。网络应用软件是指能够为网络用户提供各种网络服务的软件。例如,浏览器软件、文件上传下载软件、远程登录软件、电子邮件软件、聊天工具等。

6.1.6 计算机网络的协议及 OSI/RM 模型

1. 计算机网络协议

在计算机网络中要做到有条不紊地交换数据,就必须遵守一些事先约定好的规则。这些规则明确规定了所交换的数据的格式以及有关的同步问题。这里的同步是指在一定的条件下应当发生什么事情,含有时序的意思。这些为进行网络中的数据交换而建立的规则、标准或约定称为网络协议(Network Protocol)。

2. 开放系统互连参考模型(OSI/RM)

为了使不同体系结构的计算机网络都能互连,国际标准化组织(ISO)于 1977 年成立了专门机构研究该问题,不久,他们就提出了一个试图使各种计算机在世界范围内互连成网的标准框架,即著名的开放系统互连参考模型(Open Systems Interconnection Reference Model,OSI/RM),简称为 OSI。OSI 模型最大优点是将服务、接口和协议这三个概念明确地区分开来,也使网络的不同功能模块分担起不同的职责。它是分析、评判各种网络技术的依据,也是网络协议设计和统一的参考模型。

如图 6-4 所示,OSI 七层模型通过七个层次化的结构模型使不同的系统不同的网络之间实现可靠的通信,因此其最主要的功能就是帮助不同类型的主机实现数据传输。

应用层
表示层
会话层
传输层
网络层
数据链路层
物理层

图 6-4　OSI 七层模型

(1) 应用层。应用层是计算机和用户之间交互的最直接层，负责对软件提供接口以使程序能使用网络服务。术语“应用层”并不是指运行在网络上的某个特别应用程序，应用层提供网络管理、事务处理、文件传输以及电子邮件等一系列的信息处理服务。

(2) 表示层。表示层是应用程序和网络之间的翻译官，它为应用过程之间所传送的信息提供表示的方法，只关心所传输的信息的语法和语义。在表示层，数据将按照网络能理解的方案进行格式化，这种格式化会因为所使用网络的类型不同而不同。表示层的主要功能包括：不同数据编码格式的转换、数据解压缩服务、数据的加密解密服务等。

(3) 会话层。会话层负责在网络中的两节点之间建立通信和维持通信。会话层的功能包括：建立通信链路，数据交换，保持会话过程通信链路的畅通，同步两个节点之间的对话，决定通信是否被中断以及通信中断时决定从何处重新发送。

(4) 传输层。传输层是 OSI 模型中最重要的一层。传输层为应用进程之间提供端到端的逻辑通信，还要对收到的报文进行差错检测。传输层有两种不同的传输协议，即面向连接的 TCP 和无连接的 UDP。TCP 要提供可靠的、面向连接的全双工信道服务。UDP 在传送数据之前不需要先建立连接，对方在收到 UDP 报文后，不需要给出任何确认。虽然 UDP 不提供可靠交付，但 UDP 是多媒体信息传递的最有效的工作方式。

(5) 网络层。网络层的主要功能是将网络地址翻译成对应的物理地址，并决定如何将数据从发送方路由到接收方。网络层通过综合考虑发送优先权、网络拥塞程度、服务质量以及可选路由的花费来决定从一个网络中节点 A 到另一个网络中节点 B 的最佳路径。在网络层数据的传输单位是数据分组(Packet)，也称为数据包。

(6) 数据链路层。数据链路层控制网络层与物理层之间的通信。它的主要功能是实现在不可靠的物理线路上进行数据的可靠传递。为了保证传输，从网络层接收到的数据被分割成特定的可被物理层传输的帧(Frame)。帧是用来传输数据的结构包，它不仅包括原始数据，还包括发送方和接收方的网络地址以及纠错和控制信息。其中的地址确定了帧将发送到何处，而纠错和控制信息则确保帧无差错到达。如果在传送数据时，接收点检测到所传数据中有差错，就要通知发送方重发这一帧。

(7) 物理层。物理层是 OSI 模型的最底层，是建立在传输介质之上的，实现设备之间的物理接口。物理层只接收和发送比特流，不考虑信息的意义和结构。

6.2　计算机局域网

局域网(Local Area Network，LAN)是指在某一物理区域(一个办公室、一个企业、一个校园、一个网吧等)内，利用通信线路将多台计算机及其外围设备连接起来，实现数据通信和资源共享。局域网的范围一般是方圆几千米以内，可以实现文件管理、应用软件共享、打印机共享、工作组内的日程安排、电子邮件和传真通信服务等功能。

6.2.1 局域网的特点

局域网一般是为某一单位组建,由单位内部控制和管理使用,因此具备以下特点:

(1) 局域网分布于较小的地理范围内,通信距离短,其覆盖范围仅限于数十米至数千米。多用于某一群体,如一个单位、一个部门等。

(2) 局域网网速较快、误码率较低,现在通常采用 100Mbps 的传输速率到达用户端口。

(3) 局域网一般是为某一单位所建,不对外提供服务,因此局域网的数据保密性较好。

(4) 由于局域网范围小,故投资较少,组建方便,使用灵活,便于管理。

6.2.2 局域网的关键技术

1. 局域网的拓扑结构

网络中的计算机等设备要实现互联,就需要以一定的结构方式进行连接,这种连接方式就叫作"拓扑结构",通俗地讲就是这些网络设备是如何连接在一起的。目前比较典型的局域网拓扑结构主要有星状结构、环状结构、总线型结构,如图 6-5 所示。

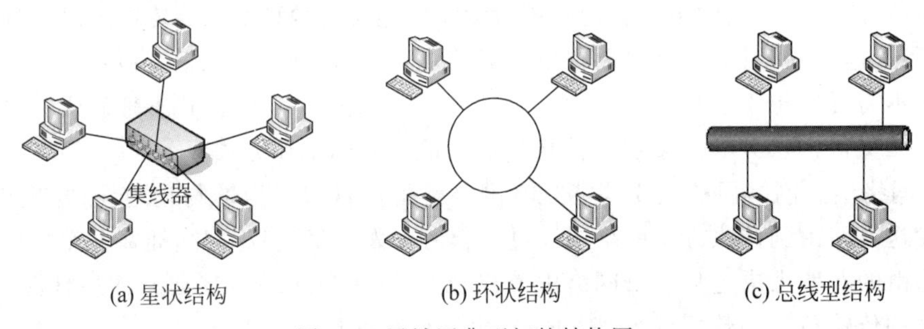

图 6-5 局域网典型拓扑结构图

2. 局域网的传输形式

局域网中的传输形式有两种:基带传输和宽带传输。基带传输是指把数字脉冲信号直接在传输介质上传输,而宽带传输是指把数字脉冲信号经调制之后再通过传输介质传输。基带传输所使用的传输介质有双绞线、基带同轴电缆和管线,宽带传输所使用的传输介质有宽带同轴电缆、无线电波和光纤等。局域网中主要的传输形式为基带传输,宽带传输一般使用在广域网和无线局域网中。

3. 局域网的工作模式

局域网的工作模式是根据局域网中各计算机的位置来决定的,目前局域网主要存在着两种工作模式,它们涉及用户存取和共享信息的方式,它们分别是:客户/服务器(C/S)模式和点对点(Peer-to-Peer)模式。

1) 客户/服务器模式

这是一种基于服务器的网络,在这种模式中,其中一台或几台较大的计算机集中进行共享数据库的管理和存取,称为服务器;而将其他的应用处理工作分散到网络中其他计算机上去做,构成分布式的处理系统,服务器控制管理数据的能力已由文件管理方式上升为数据库管理方式,因此,C/S 网络模式的服务器也称为数据库服务器。这类网络模式主要注重于数据定义、存取安全、备份及还原,并发控制及事务管理,执行诸如选择检索和索引排序等数据库管理功能。它有足够的能力做到把通过其处理后用户所需的那一部分数据而不是整个文件通过网络传送到客户机去,减轻了网络的传输负荷。

C/S 网络模式是数据库技术的发展和普遍应用与局域网技术发展相结合的结果。这种模式与下面所讲的点对点模式主要存在以下两个方面的不同:一是后端数据库负责完成大量的任务处理,如果 C/S 型数据库查找一个特定的信息片段,在搜寻整个数据库期间并不返回每条记录的结果,而只是在搜寻结束时返回最后的结果;二是如果数据库应用程序的客户机在处理数据库事务时失败,服务器为了维护数据库的完整性,将自动重新执行这个事件。

2)点对点模式

在拓扑结构上与使用专有服务器的 C/S 结构不同,在点对点模式结构中,没有专用服务器。在这种网络模式中,每一个工作站既可以起客户机作用也可以起服务器作用。有许多网络操作系统可应用于点对点网络,如微软的 Windows for Workgroups、Windows NT Workstation、Windows 6X 和 Novell Lite 等。

点对点网络有许多优点,如它比上面所介绍的 C/S 网络造价低,它允许数据库和处理机能分布在一个很大的范围里,还允许动态地安排计算机需求。当然它的缺点也是非常明显的,那就是提供较少的服务功能,并且难以确定文件的位置,使得整个网络难以管理。

6.3 因特网概述

因特网(Internet)是采用 TCP/IP,通过许多路由器和公共互联网组成的开放的、互连的、遍及世界的大型计算机网络系统,是一个信息资源和资源共享的集合,是一个使世界上不同类型的计算机能交换各类数据的通信媒介。用于科学研究的大型计算机、办公桌上的台式计算机、随身携带的笔记本计算机,所有这些机器都可以通过因特网连接起来。因特网为我们打开了通往世界的信息大门。

6.3.1 Internet 简史

1969 年,在美国国防部高级研究计划署(Advanced Research Projects Agency,ARPA)的资助下,美国西部四所大学共同组建成 ARPANET,它是一个把该四所大学内的计算机连接而构成的计算机网络系统。到 1972 年,参与到 ARPANET 的大学和研究所已扩展到 50 多家。

1982 年,ARPANET 与 MILNET 合并,形成了 Internet 的雏形。

1985 年,美国国家科学基金会 NSF(National Science Foundation)为 Internet 的发展做出了新的贡献。NSF 提供巨资,把全美国的六大超级计算中心连接起来,建立了基于 TCP/IP 的 NSFNET 网络,让全美国的科学和工程技术人员共享各个超级计算中心所提供的资源。随后,美国各大学和政府部门分别建立相互协作的区域性计算机网络,并把它们连接到 NSFNET 上,而这些区域性计算机网络则成为本地小型研究机构与 NSFNET 连接的纽带,这样就建成全美国范围的计算机广域网。美国国内的任何一个计算机用户,只要他的计算机与任一已连到 NSFNET 上的局域网相连,就可以通过 NSFNET 使用任一超级计算中心的资源。

由于NSFNET的成功,1986年,NSFNET取代ARPANET成为今天的Internet的基础。

在美国发展自己的计算机网络的同时,其他国家也在发展自己国家的计算机网络。从20世纪80年代开始,世界各国的计算机网络陆续建成并连接到Internet上来,彼此谋求共享Internet上的资源。随着各国计算机网络的加入,又扩充了Internet上的信息资源,吸引着更多的计算机网络的加入,从而像滚雪球一样,Internet成为全球性的计算机互联网络。

6.3.2 Internet在中国

随着我国现代化进程的迅猛发展,Internet在我国的发展也高速迈进。回顾历史,Internet在中国的发展分为两个阶段:

第一阶段:1987～1993年,我国的一些重要科研部门开展了和Internet联网的科学研究和技术合作,实现了与Internet上的电子邮件转发系统的连接,在小范围内为国内的科研单位提供了Internet电子邮件服务。

第二阶段:自1994年开始,我国有关部门实现了与Internet的TCP/IP连接,从而在全国范围内开通了Internet的全部功能服务。

下面是一些加入Internet的全国性互联网络,如:

(1) 原邮电部的中国公用计算机互联网(CHINANET):CHINANET在北京、上海分别有两条专线,是国内互联网连通国际互联网的出口。CHINANET的骨干网覆盖全国各省市、自治区。

(2) 原电子工业部的国家公用经济信息通信网(CHINAGBNET,简称金桥网):是可在全国范围内提供Internet商业服务的网络之一(另一个是CHINANET)。金桥网在1993年开始建立,至今已形成一定的规模。

(3) 教育部的中国教育和科研计算机网(CERNET):教育科研网的目标是把全国的高校、教育部门和科研机构连接起来,实现资源共享,建设一个全国性的教育科研信息基地。目前,CERNET已建成包括全国主干网、地区网和校园网在内的三级层次结构网络。

(4) 中国科学院院网(CASNET):CASNET是以中国科学院大学、北京大学、清华大学三个单位的校园网为基础,把国内其他科研机构与教育单位的校园网连接及接入Internet的网络系统。1995年,CASNET完成了全国“百所联网”,可以提供全方位的Internet功能。

6.3.3 Internet的服务功能

Internet的巨大吸引力,来源于它强大的服务功能。遍布于各国的Internet服务提供商(Internet Service Provider,ISP),可以向用户提供五花八门的服务。这里介绍的仅是这些服务中的部分功能。

(1) 电子邮件E-mail。E-mail是Internet最基本、最重要的服务功能,由于它对通信设施和速度的要求较低,对我国用户比其他Internet服务有更大的实用性。

(2) 文件传输FTP。这是Internet提供的又一基本服务功能。它支持用户将文件从一台计算机复制到另一台计算机。为了在具有不同结构、运行不同操作系统的计算机之间能够交换文件(包括软件、论文等),需要有一个统一的“文件传输协议(File Transfer

Protocol)”，这就是 FTP 名称的由来。

(3) 远程登录 Telnet。远程登录(Remote Login)允许用户将自己的本地计算机与远程的服务器进行连接，然后在本地计算机上发出字符命令送到远方计算机上执行，使本地机就像远方的计算机的一个终端一样工作。因为与它对应的通信协议称为 Telnet，所以远程登录功能又称为 Telnet 功能。用户使用这种服务时，首先要在远程服务器上登录，报出自己的账号与口令，使自己成为该服务器的合法用户。一旦登录成功，就可实时使用该远程机对外开放的各种资源。

(4) 信息查询服务。近几年又开发了一些功能更加完善的信息查询工具，其中最突出的就是“环球网(World Wide Web)”，简称 WWW 或 Web。其实 WWW 已是第三代信息查询工具，在此之前已有了两代查询工具，即 ArchInternet Explorer(第一代)和 Gopher(第二代)。WWW 通常都按照客户机/服务器模式工作。用户在自己的计算机上运行 WWW 的客户机程序(一般称为 Web 浏览器，即 Web Browser)，提出查询请求，这些请求由客户机程序转换成查询命令，传送给 Internet 网上的相应的 WWW 服务器(又称 Web 服务器，即 Web Server)进行处理。Web 服务器的任务便是将查询的结果送回客户机，再由客户机程序转换为相应的形式向用户显示。

【思考题】

(1) 什么是因特网？简述其形成和发展过程。

(2) 概述因特网的主要特点。

(3) 简述中国因特网的发展过程。

(4) 常用的因特网服务有哪些？各自的特点是什么？

6.4 Internet 通信协议与接入方式

尽管 OSI/RM 模型得到了国际上大部分国家的支持，但目前在 Internet 中得到广泛应用的是产生于互联网时代的 TCP/IP 模型。

6.4.1 TCP/IP

因特网使用 TCP/IP，将各种局域网、广域网和国家主干网连接在一起。由于 TCP/IP 具有通用性和高效性，可以支持多种服务，使得 TCP/IP 成为到目前为止最为成功的网络体系结构和协议规范，并为因特网提供了最基本的通信功能。

1. 什么是 TCP/IP

TCP/IP 是一种网际互联通信协议，其目的在于通过它实现网际间各种异构网络和异种计算机的互联通信。TCP/IP 同样适用在一个局域网中实现异种机的互联通信。在一个网络上，小到掌上电脑、笔记本电脑、微机，大到大型机、巨型机，只要安装了 TCP/IP，就能相互连接和通信。运行 TCP/IP 的网络是一种采用包(或分组)交换的网络。全球最大的互联网或网际网——因特网采用的即为 TCP/IP。

TCP/IP 的核心思想是：对于 ISO 七层协议，把千差万别的底两层协议(物理层和数据链路层)有关部分称为物理网络,而在传输层和网络层建立一个统一的虚拟逻辑网络,以这样的方法来屏蔽或隔离所有物理网络的硬件差异,包括异构型的物理网络和异种计算机在互联网上的差异,从而实现普遍的连通性。

从名字看 TCP/IP,虽然只包括两个协议,但 TCP/IP 实际上是一组协议,它包括上百个各种功能的协议,如:远程登录协议(Telnet)、文件传输协议(FTP)、简单邮件传输协议(SMTP)、域名服务协议(DNS)和网络文件系统(NFS)等,而 TCP 和 IP 是保证数据完整传输的两个基本的重要协议。通常说 TCP/IP 是指 Internet 协议族,而不单单是 TCP 和 IP 两个协议本身。

2. TCP/IP 模型

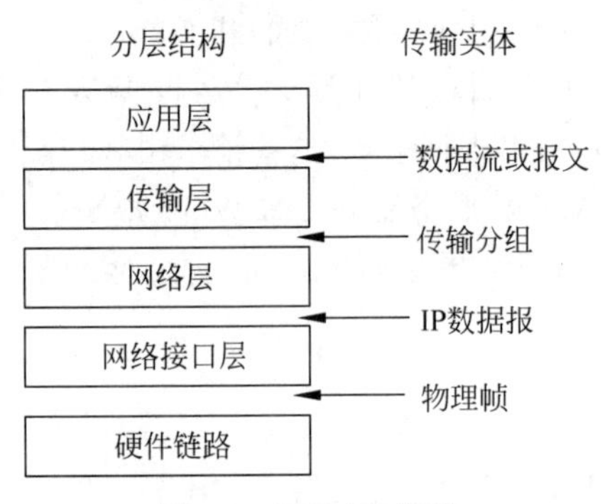

图 6-6　TCP/IP 模型

TCP/IP 模型把整个协议分为四个层次,如图 6-6 所示。

(1) 应用层:是 TCP/IP 的最高层,与 OSI 模型的上三层的功能类似。网络在此层向用户提供服务、用户调用网络的应用软件。这些应用软件与应用协议相互协调工作,实现数据的发送和接收。因特网在该层的协议主要有文件传输协议 FTP、远程终端访问协议 Telnet、简单邮件传输协议 SMTP 和域名服务协议 DNS 等。

(2) 传输层:传输层提供一个应用程序到另一个应用程序之间端到端的通信,提供了格式化信息、可靠传输、应用程序识别等功能。为了保证可靠传输,确保数据到达无误、不乱序,该层采用了发送确认和错误重发的方法。应用层上每次可能都有多个应用程序访问网络,为了区分应用程序,传输层在每个分组上都增加识别信源和信宿应用程序的信息和校验字段(亦称校验和)。因特网在该层的协议主要有传输控制协议 TCP、用户数据报协议 UDP 等。

(3) 网络层:网络层解决了计算机到计算机通信的问题。主要功能有:处理传输层的分组发送请求,将报文分组装入 IP 数据报,加上报头,确定路由,然后将数据报发往相应的网络接口;处理输入数据报,首先校验数据报的有效性,删除报头,确定数据报是由本地处理还是转发;处理网间控制报文、流量控制、拥塞控制等。因特网在该层的协议主要有网络互联协议 IP、网间控制报文协议 ICMP、地址解析协议 ARP 等。

(4) 网络接口层:负责接收 IP 数据报,并把该数据报发送到相应的网络上。一个网络接口可能由一个设备驱动程序组成,也可能是一个子系统,并有自己的链路协议。从理论上讲,该层不是 TCP/IP 的组成部分,但它是 TCP/IP 的基础,是各种网络与 TCP/IP 的接口。通信网络包括局域网和广域网,如以太网 Ethernet、异步传输模式(Asynchronous Transfer Mode,ATM)、光纤分布数据接口(Fiber Distributing Data Interface,FDDI)、令牌环网 Token Ring、ARPNET、NSFNET 等。

3. TCP/IP 与 OSI 的关系

TCP/IP 各层协议与 OSI 七层协议的对应关系如图 6-7 所示。

4. 常用 TCP/IP 介绍

TCP/IP 中包括上百个互为关联的协议,不同功能的协议分布在不同的协议层。下面

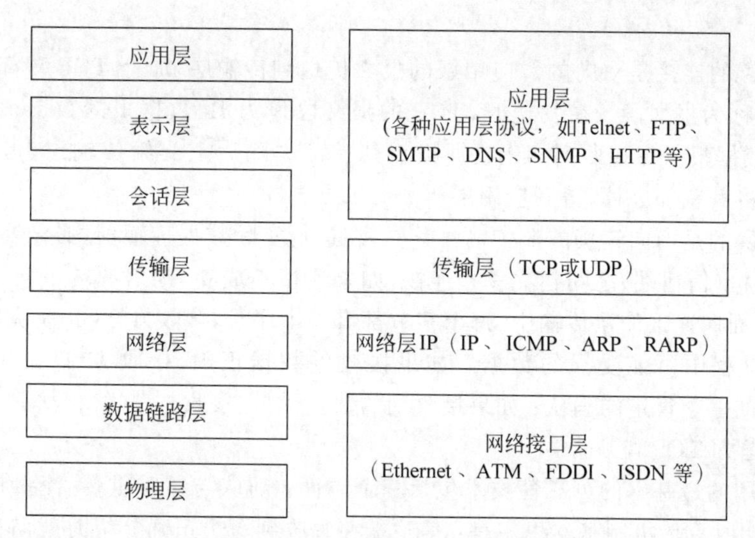

图 6-7　TCP/IP 与 OSI 的关系

介绍几个常用协议。

1）网络互联协议 IP(Internet Protocol)

IP 是 TCP/IP 体系中最重要的部分，它是一个无连接的协议。在数据交换前，主机之间并未联络，经它处理的数据在处理时是没有保障的，是不可靠的。

IP 的基本任务是采用数据报方式，通过互联网传送数据，各个数据报之间是相互独立的。主机的网络层向它的传输层提供服务时，IP 不保证服务的可靠性，在主机资源不足的情况下，它可能丢失某些数据。同时，IP 也不检查可能由于网络接口层出现的错误而造成的数据丢失。

在发送数据时，若目的主机与源主机联在同一个网络中，IP 可以直接通过这个网络将数据报传送给目的主机；若源主机和目的主机不在同一网络，数据报则经过本地 IP 路由器，通过下一个网络将数据报传送到目的主机或下一个路由器。这样，一个 IP 数据报就需要经过一组互联网络从源主机传送到目的主机。

当数据到达目的主机时，网络接口层先接收数据，并检查数据帧有无错误，如果数据帧正确，网络接口层便从数据帧提取有效数据，将其交给网络层的 IP。当 IP 确定数据报本身在传输过程中无误时，将数据报中包含的目的地址与主机的 IP 地址进行比较，如果比较结果一致，则表明数据报已传送到正确的目的地址。随后，IP 检查数据报中的各个域，以确定源主机 IP 发送的是什么指令，在通常情况下，这些指令是要将数据报传送给传输层的 TCP 或 UDP。

2）传输控制协议 TCP(Transmission Control Protocol)

TCP/IP 的传输层有两个重要的协议：一个是面向连接的传输控制协议 TCP，另一个是无连接的用户数据报协议 UDP。TCP 和 UDP 都使用 IP，也就是说：这两个协议在发送数据时，其协议数据单元都作为下层 IP 数据报中的数据。在接收数据时，IP 数据报将其报头去掉，根据上层使用的传输协议，把数据部分交给上层的 TCP 或 UDP。

TCP 定义了两台计算机之间进行可靠传输时交换的数据和确认信息的格式，以及计算机为了确保数据的正确到达而采取的措施。该协议是面向连接的，可提供可靠的、按序传送数据的服务。

TCP提供的连接是双向的。应用层的报文传送到传输层,加上TCP首部,就构成了数据传送单元,称为报文段。在发送时,TCP的报文段作为IP数据报的数据。加上IP首部后,称为IP数据报。在接收时,IP数据报将其首部去除后上交给传输层,得到TCP报文段。TCP再将其首部去掉,得到应用层所需的数据。

TCP提供的是面向连接的流传输。首先,在进行实际数据传输前,必须在源主机(信源端)与目的主机(信宿端)之间建立一条连接,如果连接不成功,则信源端不向信宿端发送数据。其次,在面向连接的流传输中,每个字节都有一个序号,接收方TCP模块用校验和例程来检查传输过程中可能受损的数据。如果接收的数据正确,接收方TCP模块给发送方TCP模块返回一个肯定的确认;如果接收到的数据受损,接收方TCP模块丢弃该数据并用序号通知发送方TCP模块。

TCP采用的最基本的可靠性技术包括三个方面:确认与超时重传、流量控制和拥塞控制。确认与超时重传机制基本思想是:信宿端在每收到一个正确分组时就向信源端回送一个确认;信源端在某一个时间片内如果没有收到确认,则重传该分组。确认与超时重传机制可保证端到端间信息传输的可靠性。

TCP采用滚动窗口进行流量控制。在信源端设立发送缓冲区,亦即发送窗口。如果发送窗口的大小为n,则表示该缓冲区可以存放n个报文,并可连续发送。滑动窗口控制注入网络的流量,窗口减小,流量减小。当n=1时,每发送一个分组必须等待确认后再发送下一个分组。信宿机也设立接收缓冲区,即接收窗口,接收窗口的大小m表示可以接收m个分组。当m=1时,表示只能按顺序接收分组。

TCP仍采用滚动窗口进行拥塞控制。在非拥塞状态下,发送和接收窗口的大小相同,一旦发生拥塞,则立即通过某种方式通知发送端将发送窗口减小,以限制报文流入网络的速度,消除拥塞。

3) 用户数据报协议UDP(User Datagram Protocol)

UDP也是建立在IP之上的,同IP一样提供无连接数据报传输。UDP本身并不提供可靠性服务,相对IP,它唯一增加的能力是提供协议端口,以保证进程通信。

虽然UDP不可靠,但UDP效率很高。在不需要TCP全部服务时,有时用UDP取代TCP。例如,简单文件传输协议(SFTP)、简单网络管理协议(SNMP)和远程过程调用(RPC)就使用了UDP。在实践中,UDP往往面向交易型应用,一次交易往往只有一来一回两次报文交换,假如为此而建立连接和拆除连接,系统开销是相当大的。这种情况下使用UDP就很有效了,即使因报文损失而重传一次,其开销也比面向连接的传输要小。

4) 远程终端访问Telnet(Telecommunication Network)

远程终端访问协议提供一种非常广泛、双向的、8字节的通信功能。这个协议提供了一种与终端设备或终端进程交互的标准方法。该协议提供的最常用的功能是远程登录。远程登录就是通过因特网进入和使用远距离的计算机系统,就像使用本地计算机一样。远程计算机可以在同一间屋子里或同一校园内,也可以在数千千米之外。

5) 文件传输协议FTP(File Transfer Protocol)

文件传输协议用于控制两台主机之间的文件交换。FTP工作时使用两个TCP连接,一个用于交换命令和应答,另一个用于移动文件。

FTP 是 Internet 上最早使用的文件传输程序，它同 Telnet 一样，使用户能够登录到 Internet 的一台远程计算机，把其中的文件传送回自己的计算机系统，或者反过来，把本地计算机上的文件传送到远程计算机系统。

6）简单邮件传输协议 SMTP(Simple Mail Transfer Protocol)

Internet 标准中的电子邮件是一个简单的面向文本的协议，用来有效、可靠地传送邮件。作为应用层协议，SMTP 不关心下层采用什么样的传输服务。它通过 TCP 连接来传送邮件。

7）域名服务 DNS(Domain Name Service)

DNS 是一个名字服务的协议，它提供了名字到 IP 地址的转换。虽然 DNS 的最初目的是使邮件的发送方知道邮件接收主机及邮件发送主机的 IP 地址，但现在它的用途越来越广。

5. TCP/IP 的数据传输过程

TCP/IP 的基本传输单位是数据报(Datagram)。

TCP 负责把数据分成若干个数据报，并给每个数据报加上报头，报头上有相应的编号，以保证数据接收端能将数据还原为原来的格式。IP 在每个报头上再加上目的(接收端)主机的地址，使数据能找到自己要去的地方。如果传输过程中出现数据丢失、数据失真等情况，TCP 会自动要求数据重新传输，并重组数据报。总之，IP 保证数据的传输，TCP 保证数据传输的质量。

6.4.2 IP 地址

1. IP 地址的定义

IP 地址(Internet Protocol Address)就是指接入因特网的节点计算机地址。每个连接在 Internet 上的计算机都需要分配一个 IP 地址，并且地址唯一，从而区别因特网上的千万个用户、几百万台计算机和成千上万的组织。

按照 TCP/IP 规定，IP 地址用二进制来表示，每个 IP 地址长 32bit，比特换算成字节，就是 4 字节。例如一个采用二进制形式的 IP 地址是 00001010000000000000000000000001，这么长的地址，人们处理起来也太费劲了。为了方便人们的使用，IP 地址经常被写成十进制的形式，中间使用符号“.”分开不同的字节。于是，上面的 IP 地址可以表示为 10.0.0.1。IP 地址的这种表示法叫做“点分十进制表示法”，这显然比 1 和 0 容易记忆得多。

2. IP 地址的构成

Internet 上的每台主机都有一个唯一的 IP 地址。IP 就是使用这个地址在主机之间传递信息。IP 地址的长度为 32 位，分为 4 段，每段 8 位，用十进制数表示，每段数范围为 0～255，段与段之间用句点隔开。例如 156.223.1.1。IP 地址由两部分组成，一部分为网络地址，另一部分为主机地址。IP 地址就像是我们的家庭住址一样，如果你要去看望一个人，你就要知道他(她)的地址，这样才能找到想要看望的人，计算机发送信息就像是去拜访朋友，拜访者必须知道被拜访者唯一的“家庭地址”才能不至于走错门。只不过我们的地址使用文字来表示，计算机的地址用十进制数表示。

众所周知，在电话通信中，电话用户是靠电话号码来识别的。同样，在网络中为了区别不同的计算机，也需要给计算机指定一个号码，这个号码就是“IP 地址”。

如何正确理解 IP 地址的含义是理解 TCP/IP 网络的关键。主机的 IP 地址与街道地址有类似之处,如街道名和门牌号构成街道地址,而IP地址也由两部分组成,即网络地址和主机地址。习惯上,网络地址称为网络标识(netID),即网络ID,主机地址称为主机标识(hostID),即主机ID,其中,ID是一种数字编号。同街道上的每一居户拥有相同的街道名、不同的门牌号一样,同一网络上的每台主机也使用相同的网络ID、不同的主机ID。网络号的位数 m 直接决定了可以分配的网络数(计算方法为 2^m);主机号的位数 n 则决定了网络中最大的主机数(计算方法为 2^n-2)。

有人会以为,一台计算机只能有一个IP地址,这种观点是不够准确的。我们可以指定一台计算机具有多个IP地址,因此在访问互联网时,不要认为一台计算机只有一个IP地址;另外,多台服务器可以共用一个IP地址,这些服务器在用户看起来就是一台主机。

IP地址的结构表明,利用IP地址可以在互联网上方便地进行寻址。首先按IP地址中的网络ID找到对应的网络,再按主机ID在该网络找到主机。因此,IP地址不只是一个计算机编号,它指出了连接到某个网络上的某台计算机。为了保证因特网上每台计算机IP地址的唯一性,IP地址由互联网名称与数字地址分配机构ICANN(Internet Corporation for Assigned Names and Numbers)进行分配,用户想要获取IP地址,需要向ICANN申请后才可以使用。

3. IP地址的分类

为了便于对IP地址进行管理,同时考虑到网络的差异很大,有的网络拥有很多主机,而有的网络上主机又相对较少等因素,IP地址分成五类,即A类、B类、C类、D类和E类,其中A类、B类、C类地址经常使用,称为IP主类地址,它们均由两部分组成,如图6-8所示。D类和E类地址被称为IP次类地址。

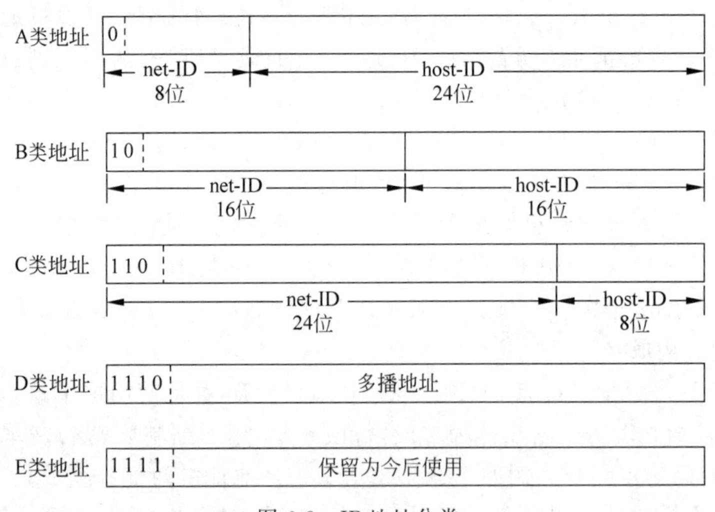

图6-8 IP地址分类

1) 网络ID

A类、B类、C类地址的网络ID分别占1、2、3字节长。在网络地址的最前面分别由1~3个固定位组成,其数值分别规定为0、10和110。

2) 主机ID

A类、B类、C类地址的主机ID分别占3、2、1字节长度。

下面分别介绍这5类IP地址：

A类地址分配给规模特别大的网络使用，每个A类地址的网络有众多的主机。具体规定如下：32位地址域中第一个8位为网络标识，其中首位为0，表示A类地址，其余24位均作为接入网络主机的标识，由该网的管理者自行分配。因此，每个A类网络有16777214台主机，共有126个A类地址网络。

B类地址分配给一般的大型网络使用，每个B类地址的网络有较多的主机。具体规定如下：32位地址域中前两个8位为网络标识，其中前两位为10，表示B类地址，其余16位均作为接入网络主机的标识，由该网的管理者自行分配。因此，每个B类网络有65534台主机，共有16383个B类地址网络。

C类地址分配给小型网络使用，如大量的局域网和校园网，每个C类地址的网络只有少量的主机。具体规定如下：32位地址域中前三个8位为网络标识，其中前三位为110，表示C类地址，其余8位均作为接入网络主机的标识，由该网的管理者自行分配。因此，每个C类网络有254台主机，共有2097151个C类地址网络。

D类地址是组广播地址，主要留给Internet体系结构委员会使用，其最左边的4位总是以1110开头。这类地址可用于广播，当进行广播时，信息可有选择地发送给网络上所有计算机的一个子集。

E类地址为将来使用保留，它是一个实验性网络地址，通常不用于实际的工作环境。E类地址最左边的4位总是以1111开头。

4. IP地址的表示

如果采用32位二进制即4字节表示IP地址，很难让人读懂和理解。当我们将一字节的二进制数转换成对应的十进制数时，就可以用4组十进制数来表示IP地址，每组数字取值范围为0～255，组与组之间用句点“.”作为分隔符，这样的表示形式易于被人接受。

例如，用二进制表示的B类IP地址10000000 00001011 00000011 00011111，也可用点分十进制数表示为128.11.3.31。

5. IPv4和IPv6

现有的Internet是在IPv4的基础上运行的。IPv6是下一版本的Internet协议，也可以说是下一代Internet的协议，它的提出最初是因为随着Internet的迅速发展，IPv4定义的有限地址空间将被耗尽，而地址空间的不足必将妨碍互联网的进一步发展。为了扩大地址空间，拟通过IPv6以重新定义地址空间。IPv4采用32位地址长度，只有大约43亿个地址，估计在2005—2010年间将被分配完毕，而IPv6采用128位地址长度，几乎可以不受限制地提供地址。按保守方法估算IPv6实际可分配的地址，整个地球的每平方米面积上将可分配1000多个地址。在IPv6的设计过程中除解决了地址短缺问题以外，还考虑了在IPv4中解决不好的其他一些问题，主要有端到端IP连接、服务质量（QoS）、安全性、多播、移动性、即插即用等。

IPv6与IPv4相比，主要有如下一些优势。第一，明显地扩大了地址空间。IPv6采用128位地址长度，几乎可以不受限制地提供IP地址，从而确保了端到端连接的可能性。第二，提高了网络的整体吞吐量。由于IPv6的数据包可以远远超过64k字节，应用程序可以利用最大传输单元（MTU），获得更快、更可靠的数据传输，同时在设计上改进了路由结构，采用简化的报头定长结构和更合理的分段方法，使路由器加快数据包处理速度，提高了转发效率,从而提高网络的整体吞吐量。第三,使得整个服务质量得到很大改善。报头中的业务级别和流标记通过路由器的配置可以实现优先级控制和服务质量(Quality of Service,QoS)保障,从而极大改善了 IPv6 的服务质量。第四,安全性有了更好的保证。采用 IPSec (Internet 协议安全性)可以为上层协议和应用提供有效的端到端安全保证,能提高在路由器水平上的安全性。第五,支持即插即用和移动性。设备接入网络时通过自动配置可自动获取 IP 地址和必要的参数,实现即插即用,简化了网络管理,易于支持移动节点。而且 IPv6 不仅从 IPv4 中借鉴了许多概念和术语,它还定义了许多移动 IPv6 所需的新功能。第六,更好地实现了多播功能。在 IPv6 的多播功能中增加了“范围”和“标志”,限定了路由范围和可以区分永久性与临时性地址,更有利于多播功能的实现。

目前,随着互联网的飞速发展和互联网用户对服务水平要求的不断提高,IPv6 在全球将会越来越受到重视。

6.4.3 域名系统

IP 地址虽然可以唯一地标识网上主机的地址,但用户记忆数以万计的用数字表示的主机地址十分困难。若能用代表一定含义的字符串来表示主机的地址,用户就比较容易记忆了。为此,因特网提供了一种域名系统(Domain Name System,DNS),为主机分配一个由多个部分组成的域名。

因特网采用层次树状结构的命名方法,使得任何一个连接在因特网上的主机或路由器都可以有一个唯一的层次结构的名字,即域名(Domain Name)。域名由若干部分组成,各部分之间用句点“.”作为分隔符。它的层次从左到右,逐级升高,其一般格式是:

计算机名.组织结构名.二级域名.顶级域名

1. 顶级域名

域名地址的最后一部分是顶级域名,也称为第一级域名,顶级域名在因特网中是标准化的,并分为三种类型:

国家顶级域名:例如 cn 代表中国、jp 代表日本、us 代表美国。在域名中,美国国别代码通常省略不写。

国际顶级域名:国际性的组织可在 int 下注册。

通用顶级域名:最早的通用顶级域名共 6 个:

com 表示公司、企业　　net 表示网络服务机构
org 表示非盈利性组织　　edu 表示教育机构
gov 表示政府部门(美国专用)　　mil 表示军事部门(美国专用)

随着因特网的迅速发展,用户的急剧增加,现在又新增加了 7 个通用顶级域名:

firm 表示公司、企业　　info 表示提供信息服务的单位
web 表示突出万维网活动的单位　　arts 表示突出文化、娱乐活动的单位
rec 表示突出消费、娱乐活动的单位　　nom 表示个人
shop 表示销售公司和企业

2. 二级域名

在国家顶级域名注册的二级域名均由该国自行确定。我国将二级域名划分为“类别域名”和“行政区域名”。其中“类别域名”有 6 个,分别为:ac 表示科研机构;com 表示工、商、

金融等企业；edu 表示教育机构；gov 表示政府部门；net 表示互联网络、接入网络的信息中心和运行中心；org 表示各种非盈利性的组织。“行政区域名”有 34 个，适用于我国的各省、自治区、直辖市和特别行政区。例如，bj 为北京市；sh 为上海市；tj 为天津市；cq 为重庆市；hk 为香港特别行政区；om 为澳门特别行政区；he 为河北省等。若在二级域名 edu 下申请注册三级域名，则由中国教育和科研计算机网网络信息中心（CERNET NIC）负责；若在二级域名 edu 之外的其他二级域名之下申请注册三级域名，则应向中国互联网络信息中心（CNNIC）申请。

3. 组织机构名

域名的第三部分一般表示主机所属域或单位。例如，域名 cernet. edu. cn 中的 cernet 表示中国教育和科研计算机网，域名 tsinghua. edu. cn 中的 tsinghua 表示清华大学，pku. edu. cn 中的 pku 表示北京大学等。域名中的其他部分，网络管理员可以根据需要进行定义。

4. 域名与 IP 地址的关系

域名和 IP 地址存在对应关系，当用户要与因特网中某台计算机通信时，既可以使用这台计算机的 IP 地址，也可以使用域名。相对来说，域名易于记忆，用得更普遍。

由于网络通信只能标识 IP 地址，所以当使用主机域名时，域名服务器通过 DNS 域名服务协议，会自动将登记注册的域名转换为对应的 IP 地址，从而找到这台计算机。

6.5 网络接入基本技术

因特网的发展为我们提供了更大的发展空间和机会，但是网络传输速率已成为人们利用网络资源的瓶颈。一系列新的 Internet 服务，包括提供音频、视频流，远程教育、远程医疗、电子商务、访问 CD-ROM 服务器，视频点播以及其他大量网络服务，都受限于网络的传输速度而得不到广泛的应用。为了解决这些问题，世界各国竞相采用先进的交换技术和路由技术，提升 Internet 的传输速率，出现了各式各样的宽带网络技术。

6.5.1 骨干网和接入网的概念

我们平时所说的宽带网络，一般是指宽带互联网，即为使用户实现传输速率超过 2Mbps、24 小时连接的非拨号接入而存在的网络基础实施及其服务。宽带互联网可分为骨干网和宽带接入网两部分。

骨干网又被称为核心网络，它由所有用户共享，负责传输骨干数据。骨干网通常是基于光纤的，能够实现大范围（在城市之间和国家之间）的数据传送。这些网络通常采用高速传输网络（如 SONET/SDH）传输数据，采用高速交换设备（如 ATM 和基于 IP 的交换）提供网络路由。业内人士对骨干网传输速率约定俗成的定义是至少应达到 2Gbps。

接入网就是我们通常所说的“最后一公里”的连接——即用户终端设备与骨干网之间的连接。也就是本地交换单元与用户之间的连接部分，通常包括用户线路传输系统、复用设备、数字交叉连接设备与用户/网络接口等。

6.5.2 常用宽带接入技术

在接入网方面,目前国际上主流并且比较成熟的技术包括基于铜线的 xDSL 技术、混合光纤同轴电缆技术、光纤接入技术以及无线宽带接入网技术等。这些技术基于的硬件环境不同,各自的性能特点也有较大差异,下面一一进行介绍。

1. 基于铜线的 xDSL 接入技术

数字用户环路(Digital Subscriber Line,DSL)技术是基于普通电话线的宽带接入技术,它在同一铜线上分别传送数据和语音信号,数据信号并不通过电话交换机设备,减轻了电话交换机的负载;并且不需要拨号,一直在线,属于专线上网方式,这意味着使用 xDSL 上网并不需要缴付另外的电话费。

由于历史原因,传统的电话用户铜线接入网构成了整个通信的重要部分,它分布面广,所占比重大,其投资占传输线总投资的 70%~80%,如何充分利用这部分宝贵资源开发新的宽带业务,是中近期接入网发展的重要任务。而 xDSL 就是一种充分利用铜线的有效宽带接入技术。

xDSL 中的 x 代表了各种数字用户环路技术,包括 ADSL、RADSL、HDSL 和 VDSL 等。

1) ADSL 技术

ADSL(Asymmetric Digital Subscriber Line,非对称数字用户环路)被欧美等发达国家誉为"现代信息高速公路上的快车",因具有下行速率高、频带宽、性能优等特点而深受广大用户的喜爱,成为继 Modem、ISDN 之后的一种全新更快捷、更高效的接入方式。

ADSL 是一种非对称的 DSL 技术,所谓非对称是指用户线的上行速率与下行速率不同,上行速率低,下行速率高,特别适合传输多媒体信息业务,如视频点播(VOD)、多媒体信息检索和其他交互式业务。ADSL 在一对铜线上支持上行速率 512kbps~1Mbps,下行速率 1~8Mbps,有效传输距离在 3~5km 范围以内。

ADSL 是目前众多 DSL 技术中较为成熟的一种,其带宽较大、连接简单、投资较小,因此发展很快,而区域性应用更是发展快速,但从技术角度看,ADSL 对宽带业务来说只能作为一种过渡性方法。

2) HDSL 技术

HDSL(High-Data-rate Digital Subscriber Line,高速数字用户环路)是一种对称的 DSL 技术,可利用现有电话线铜缆用户线中的两对或三对双绞线来提供全双工的 1.544Mbps (T1)或 2.048Mbps(E1)数字连接能力,传输距离可达 3~5km。

HDSL 的优点是充分利用现有电缆实现扩容,并可以解决少量用户传输 384kbps 和 2048kbps 宽带信号的要求。其缺点是传输 2048kbps 以上的信息,传输距离限于 6~10km。

3) RADSL 技术

RADSL(Rate Adaptive Digital Subscriber Line,速率自适应非对称数字用户环路)是自适应速率的 ADSL 技术,可以根据双绞线质量和传输距离动态地提交 640kbps~22Mbps 的下行速率,以及从 272kbps 到 1.088Mbps 的上行速率。

4) VDSL 技术

VDSL(Very-High-Data-Rate Digital Subscriber Line,甚高速数字用户环路)技术是鉴于现有 ADSL 技术在提供图像业务方面的宽带十分有限以及经济上成本偏高的弱点而开发的。ADSL 是 xDSL 技术中最快的一种,采用 DMT 线路码。在一对铜质双绞电话线上,下行速率为 13～52Mbps,上行速率为 1.5～2.3Mbps。但 VDSL 的传输距离较短,一般只在几百米以内。

总地来说,xDSL 技术允许多种格式的数据、话音和视频信号通过铜线从局端传给远端用户,可以支持高速 Internet/Intranet 访问、在线业务、视频点播、电视信号传送、交互式娱乐等,适用于企事业单位、小公司、家庭、消费市场和校园等。其主要优点是能在现有 60% 的铜线资源上传输高速业务,解决光线不能完全取代铜线"最后几公里"的问题。

但 DSL 技术也有其不足之处。它们的覆盖面有限(只能在短距离内提供高速数据传输),并且一般高速传输数据是非常对称的,仅仅能单向高速传输数据(通常是网络的下行方向)。因此,这些技术只适合一部分用户应用。此外,这些技术对铜缆用户线路的质量也有一定要求,因此实践中实施起来有一定难度。

2. 混合光纤同轴电缆技术

混合光纤同轴电缆(Hybrid Fiber Coax,HFC)系统是在传统的同轴电缆 CATV 技术基础上发展起来的。从局端到光电节点采用有源光纤接入,而光电节点到用户用同轴电缆接入。HFC 系统成本比光纤用户环路低,并有铜缆双绞线无法比拟的传输宽带。HFC 可以直接把 750MHz～1GHz 或更高的宽带送到用户家中,具备了开展诸如电视广播(模拟电视、数字电视)、视频点播、数据通信(Internet 接入、LAN 互连等)和电信服务等多种增值服务项目和交互式业务的能力,其开发应用潜力不可估量。在当前光纤到户还不现实的情况下,采用主干线为光纤、接入网为同轴电缆的 HFC 系统能够将 CATV、数据通信和电话三者融合在一起,经济有效地传送,尽早实现 CATV、数据通信、电话"三网合一"。

HFC 采用 Cable Modem(电缆调制解调器)实现用户和光纤的连接。Cable Modem 是一种可以通过有线电视网络进行高速数据接入的装置。它一般有两个接口,一个用来接室内墙上的有线电视端口,另一个与计算机相联。Cable Modem 不仅包含调制解调部分,它还包括电视接收调谐、加密解密和协议适配等部分,它还可能是一个桥接器、路由器、网络控制器或集线器。一个 Cable Modem 要在两个不同的方向上接收和发送数据,把上、下行数字信号用不同的调制方式调制在双向传输的某一个宽带(6MHz 或 8MHz)的电视频道上。它把上行的数字信号转换成模拟射频信号,类似电视信号,所以能在有线电视网上传送。接收下行信号时,Cable Modem 把它转换为数字信号,以便电脑处理。

Cable Modem 的传输速度一般可达 3～50Mbps,距离可以是 100km 甚至更远。Cable Modem 通过有线电视网络进行高速数据传输,从网上下载信息的速度是现有的电话 Modem 的 1000 倍。通过电话线下载需要 20min 完成的工作,使用 Cable Modem 只需要 1.2s。

Cable Modem 的传输模式分为对称式传输和非对称式传输。

所谓对称式传输是指上/下行信号各占用一个普通频道 8MHz 带宽,上/下行信号可能采用不同的调制方法,但用相同传输速率(2～10Mbps)的传输模式。在有线电视网里利用 5～30(42)MHz 作为上行频带,对应的回传最多可利用 3 个标准 8MHz 频带: 500～550MHz 传输模拟电视信号,550～650MHz 为 VOD(视频点播),650～750MHz 为数据通信。利用对称式传输,开通一个上行通道(中心频率 26MHz)和一个下行频道(中心频率 251MHz)。上行的 26MHz 信号经双向滤波器检出,输入给变频器,变频器解出上行信号的中频(36～44MHz)再调制为下行的 251MHz,构成一个逻辑环路,从而实现了有线电视网双向交互的物理链路。

由于用户上网发出请求的信息量远远小于信息下行量,而上行通道又远远小于下行通道,人们发现非对称式传输能满足客户的要求,而又避开了上行通道宽带相对不足的矛盾。

频分复用、时分复用的配合加之以新的调制方法,每 8MHz 带宽下行速率可达 30Mbps,上行传输速率为 512kbps 或 2.048Mbps。很明显,非对称式传输最大的优势在于提高了下行速率,并极大地满足网上数以万计的客户的应用申请,相对应的非对称式传输的前端设备较为复杂,它不仅有对称式应用中的数字交换设备,还必须有一个线缆路由器(Cable Router),才能满足网络交换的需要;而对称式传输中执行的 IEEE 802.4 令牌网协议,在同一链路用户较少时还能达到设计速率,当用户达到一定数量时,其速率迅速下降,不能满足客户多媒体应用的需求。此时,非对称式传输就比对称式传输有了更多更大的应用范围,它可以开展电话、高速数据传递、视频广播、交互式服务和娱乐等服务,它能最大限度地利用可分离频谱,按客户需要提供带宽。

很明显,不同的用途,不同的范围和规范,就应该注意选择不同的传输模式和不同的产品。写字楼、办公楼、学校和小区主要是用网络传输数据、资料以及 Internet 接入,那么就选择对称模式的 Cable Modem,而且该类产品易用、易维护、价格低廉。如果网络节点设计合理的话(例如 500 个电视终端,200 个数据用户),利用有线电视网,采用对称式传输模式建立一个企业的 Intranet 通信平台也是可行的。

HFC 接入技术优点是速率高、有现成的网络、既可上网又可看电视、速率基本不受距离限制。其缺点是有线电视网的信道带宽是共享的,每个用户的带宽随着用户的增多将变得越来越少。另外传统的有线电视网是广播型的,在进行交互式数据通信之前要进行双向改造。

3. 光纤接入技术

利用光纤传输宽带信号的接入网叫光纤接入网。光纤传输系统具有传输信息容量大、传输损耗小、抗电磁干扰能力强等特点,是宽带业务最佳的通信方式。可预言,用户接入网络的发展方向必然是光纤化。目前,在光纤用户接入网中,按实际用户对业务需求量和投资情况,它的接入方式主要有光纤到路边(FTTC)、光纤到大楼(FTTB)和光线到家(FTTH)。按照光纤接入网中使用有源器件与否,可分为有源光纤接入技术 AON(Active Optical Network)和无源光纤接入技术 PON(Passive Optical Network)。

1) 有源光纤接入技术 AON

AON 的传输速率从 64kbps 到数百 Mbps,传输距离可达 70km。AON 的优点是用户可以共享有源节点之前的配线光缆,这段光缆通常距离较长,可用于中小型企事业用户或住宅用户。AON 的缺点是需要解决有源节点户外安装、供电和远程操作系统,AON 网络的远期投资较大。

2) 无源光纤接入技术 PON

PON 采用星状拓扑结构,传输距离比有源光纤接入系统短,覆盖的范围较小,但它的造价低,无须另设机房,维护容易。PON 网络的突出优点是消除了户外的有源设备,所有的信号处理功能均在交换机和用户宅内设备完成。而且这种接入方式的前期投资人,大部分资金要推迟到用户真正接入时才发生。因此这种结构可以经济地为家庭用户服务。PON 的复杂性在于信号处理技术。在下行方向,交换机发出的信号是广播方式发给所有的用户,需要加密才能保证通信的安全。在上行方向，必须采用某种多地址接入协议，如时分多路访问协议(Time Division Multiple Access Protocol，TDMAP)才能完成共享传输通道信息访问。

3）同步光纤接入技术

同步光纤接入技术，即同步数字体系(Synchronous Digital Hierarchy，SDH)技术。SDH正是当今信息领域在传输技术方面的发展和应用热点，它是一个将复接、线路传输及交换功能融为一体的、并由同一网络管理系统操作的综合信息传输网络，可以实现诸如网络的有效管理、开放业务时的性能监视、动态网络维护、不同供应厂商设备之间的互通等多项功能，大大提高了网络资源利用率，并显著降低了管理和维护费用，实现了灵活、可靠和高效的网络运行和维护。

光纤用户网具有带宽大、传输速度快、传输距离远、抗干扰能力强等特点，适于多种综合数据业务的传输，是未来宽带网络的发展方向。但要实现光纤到家庭，无论在技术上，还是在实现成本上，都还有很长的一段路要走。

4. 无线接入网

无线接入类型可分为固定无线接入和移动无线接入。固定无线接入又称为无线本地环路(Wireless Local Loop，WLL)，其网络侧有标准的有线接入2线模拟接口或2Mbps的数字接口，可直接与公用电话网的本地交换机连接，用户侧与电话机相连，可代替有线接入系统，固定无线接入系统可分为微波一点多址系统、卫星直播系统、本地多点分配业务系统和多点多路分配业务系统等。移动无线接入系统有集群通信系统、寻呼电话系统和蜂窝移动通信系统、同步卫星移动通信系统、低轨道卫星移动通信系统和个人通信系统。

这里主要介绍目前应用较多的几种新型数字化宽带无线接入方式。

(1) 本地多点分配业务系统(Local Multipoint Distribution Services，LMDS)。LMDS工作在毫米波波段10～38GHz，其频率高达1GHz以上，支持多种宽带交互式数据及多媒体业务。LMDS系统采用蜂窝状设计，由3个基本功能组成：用户设备，基站节点和骨干网。单个蜂窝的覆盖区为2～5km，每个小区又可划分为多个扇区(1～24个)，每个扇区覆盖15°到60°，每个扇区的容量可达到200Mbps，多扇区可以覆盖360°，中心站容量高达4.8Gbps。LMDS系统和远端站包括一副天线、室外单元(ODU)和室内单元(IDU)。LMDS是宽带无线接入技术的一种新趋势，其优势表现在敷设开通快，维护简单，用户密度大时成本低。

(2) GPRS接入方式。通用分组无线业务(General Packet Radio Service，GPRS)，是一种新的分组数据承载业务。下载资料和通话可以同时进行。目前GPRS达到115kbps。

(3) 蓝牙技术与HomeRF技术。蓝牙技术是10m左右的短距离无线通信标准，用来设计在便携式计算机、移动电话以及其他移动设备之间建立起一种小型、经济和短距离的无线链路。HomeRF主要为家庭网络设计，是计算机与其他电子设备之间实现无线通信的开放性工业标准。它采用IEEE 802.11标准构建无线局域网，能满足未来家庭的宽带通信。

(4) Wi-Fi接入方式。Wi-Fi是一个无线网络通信技术的品牌，由Wi-Fi联盟(Wi-Fi Alliance)所持有。目的是改善基于IEEE 802.11标准的无线网络产品之间的互通性。几乎所有智能手机、平板电脑和笔记本电脑都支持无线保真上网，是当今使用最广的一种无线网络传输技术。Wi-Fi实际上就是把有线网络信号转换成无线信号，使用无线路由器供支持其技术的相关计算机、手机、平板电脑等接收。手机如果有无线保真功能的话,在有 WiFi 无线信号的时候就可以不通过移动联通的网络上网,省掉了流量费。

(5) 利用 3G/4G/5G 网络手机接入。

3G 网络是指支持高速数据传输的蜂窝移动通信技术的第三代移动通信技术的线路和设备铺设而成的通信网络。3G 网络将无线通信和国际互联网等多媒体通信手段相结合,形成新一代通信系统。中国电信 CDMA、中国联通 TD-CDMA 等都是 3G 网络,理论速率可以达到 2Mbps。

4G 网络是第四代移动通信网络。目前通过 ITU 审批的 4G 标准有两个,一个是我国研发的 TD-LTE,由 TD-SCDMA 演进而来;另外一个是欧洲研发的 LTE-FDD,由 WCDMA 演进而来。4G 网络速度可达 3G 网络速度的十几倍到几十倍。

5G 网络是指第五代移动通信技术、蜂窝移动通信技术,中国三大运营商于 2019 年 11 月 1 日上线 5G 商用套餐。5G 网络优势在于,数据传输速率远远高于以前的 2G、3G 和 4G 网络,最高可达 10Gbps,比当前的有线互联网要快,比先前的 4G LTE 蜂窝网络快 100 倍。另一个优点是较低的网络延迟(更快的响应时间),低于 1ms,而 4G 为 30~70ms。由于数据传输更快,5G 网络将不仅仅为手机提供服务,而且还将为一般性的家庭和办公网络提供服务。

6.5.3 传统接入技术

因特网提供端到端的网络连接,允许任一台计算机与其他任何一台计算机进行通信。与因特网连接的传统方式有:仿真终端、SLIP/PPP(Serial Line Internet Protocol/Point-to-Point Protocol)连接和局域网连接等,其中以 SLIP/PPP 拨号接入和局域网接入最为常用。

1. 仿真终端方式

因特网服务提供商(Internet Services Provider,ISP)建立了许多服务系统和服务节点,它们同 Internet 直接连接。用户用一台计算机和一个调制解调器 Modem,经普通电话网或 X. 25 网与服务节点相联,通过电话拨号登录到服务系统,实现同因特网的连接。

用这种连接方式,在用户计算机上要安装通信软件,在服务系统上要申请建立账号。用户计算机和因特网的连接是没有 IP 的间接连接,在建立连接期间,通信软件的仿真功能使用户计算机成为服务系统的仿真终端。

这种连接方式很简单,也很容易实现,适合于信息传输量小的个人和单位。但是,服务范围往往受到一定的限制,譬如一般只允许交换电子服务,或对专题讨论组(News Group)的访问,只有个别服务系统允许使用其他 Internet 服务。

2. SLIP/PPP 方式

这种连接方式采用网络软件和 Modem 与 ISP 的系统连接,并使用户计算机成为因特网上一台具有独立有效 IP 地址的节点机。串行线路连接协议 SLIP 和点对点协议 PPP 都支持这种连接方式。

在连接中需要一台计算机、一部 Modem、普通电话网或 X. 25 网、TCP/IP 软件和 SLIP/PPP 软件。同时还要在 ISP 系统上建立一个账号,允许用户通过电话拨号进入 SLIP 或 PPP 服务器。用户同样用电话拨号通过 Modem 和串行线路登录服务器系统的主机,再进入因特网。在用户本地系统上由于安装并运行 SLIP/PPP 和 TCP/IP 软件,与因特网具有 IP 连接，用户计算机因此而成为因特网的节点机。当每次连接成功后，用户能够直接使用因特网的全部服务。这属于一种直接的连接方式，用户计算机系统要申请 IP 地址。

以 SLIP/PPP 方式入网在性能上优于以仿真终端方式入网。该方式能够得到因特网所提供的各种服务。特别是 SLIP/PPP 方式可以使用具有图像界面的软件，如 Netscape Navigator，Microsoft IE 等。但是这种方式在使用图像界面时对通信速率有一定的要求。

3. 局域网接入方式

局域网接入 Internet 的方式有多种，对于大、中型局域网来说，通常使用交换机、路由器或专线连接 Internet。对于小型局域网、家庭用户来说，通常使用 ADSL、ISDN 或拨号连接 Internet。

4. 学生宿舍局域网接入 Internet 实例

宿舍上网分为单机上网和多台终端共享上网两种情况。

第一种情况，单机连接网络。

目前我国基本已实现了光纤网络全覆盖，通过当地的网络服务运营商(中国联通、中国移动和中国电信)申请开通网络服务，在 Windows 10 系统桌面，右击"网络"，选择"属性"，打开"网络和共享中心"，选择"更改适配器设置"，打开"网络连接"，右击 WLAN，选择"属性"，如图 6-9 所示，选择"Internet 协议版本 4(TCP/IPv4)"，打开"Internet 协议版本 4(TCP/IPv4)属性"对话框，分别选中"自动获得 IP 地址(O)"和"自动获得 DNS 服务器地址(B)"单选按钮。

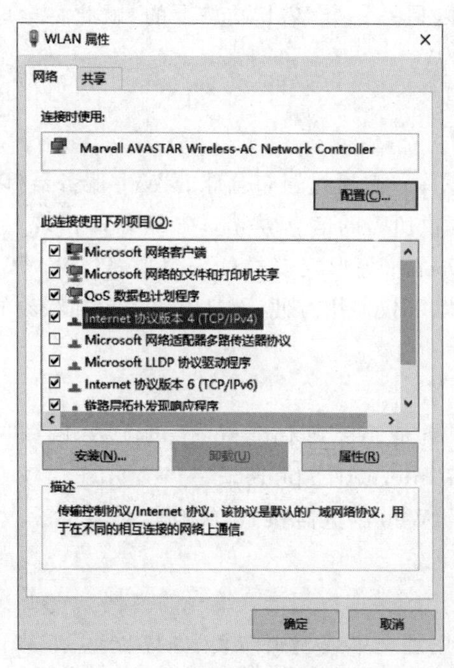

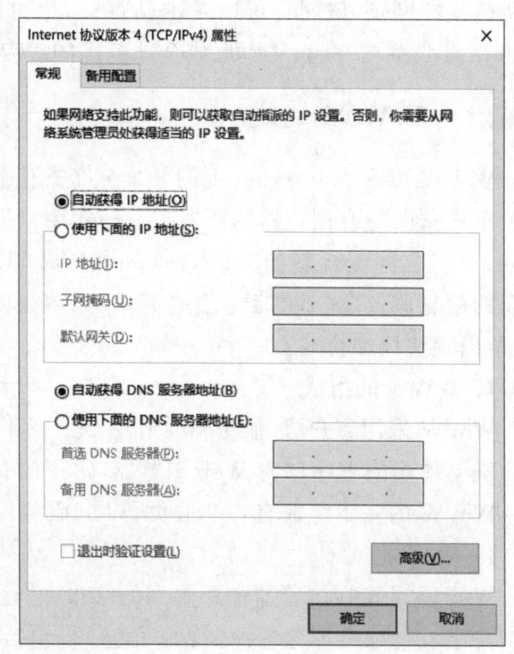

图 6-9　Internet 协议版本 4(TCP/IPv4)

第二种情况，多台终端共享上网。

学生宿舍上网需求日益增加，而宿舍只有一个网线插孔，如何通过一根网线实现舍友同时上网，成了学生们非常关心的问题。

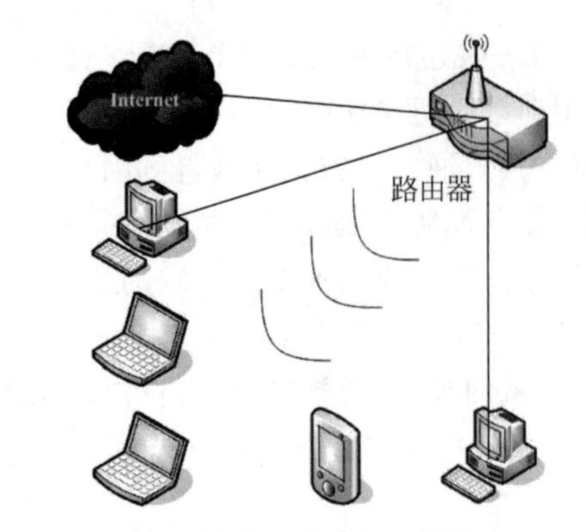

图 6-10　局域网通过 ADSL 接入 Internet

通过当地的网络服务运营商(中国联通、中国移动和中国电信)申请开通网络服务,如图 6-10 所示,完成网络物理连接。路由器可以选择无线路由(或有线路由),在浏览器地址栏输入 http://192.168.1.1(具体地址参考路由器说明书)进入路由器设置页面,根据路由器设置向导完成路由设置,同时开通 DHCP 服务,在客户端计算机按照第一种情况设置“Internet 协议版本 4(TCP/IPv4)属性”,完成后在 WLAN 中选择自己的 SSID,输入密码连接,即可实现多台计算机共享上网。

6.6　WWW 及浏览器 Internet Explorer 的使用

WWW 是 World Wide Web 的缩写,中文译为万维网或全球信息网,它是 Internet 中以超文本传输协议为基础的多媒体信息网,并非一个独立的物理网。WWW 信息的基本单位为 Web 页,它含有丰富的文字、图像、声音、动画等信息,提供 WWW 服务的万维网站称为 Web 站点,每个 Web 站点由若干个网页组成,而网页是用超文本标记语言(Hyper Text Markup Language,HTML)编写的,其中包含许多超链接(Hyperlink)。单击超链接即可访问所链接的网页,该网页可以是本站点的,也可以是另一个 Web 站点上的,以此将全球的 Web 站点联系在一起,从而形成全球范围的 WWW。

6.6.1　WWW 概述

WWW 可看成 Internet 上的一个分布式信息库。它通过遍布全球的 Web 服务器(以网站的形式),向配有浏览器的所有 Internet 用户提供所需的信息服务。在 WWW 出现以前,Internet 上已经流行着如 FTP、Gopher、Wais、Usenet 等形式多样的信息服务。WWW 是最新的信息服务之一,由于它支持超文本、多媒体,不仅使用方便,而且能给人更加深刻的印象,所以很快风靡全球。

1. WWW 的组成

WWW 采用客户机/服务器工作方式。客户机是连接到 Internet 上的无数计算机,在客户机上使用的程序称为 Web 浏览器,常用的有 Internet Explorer。

WWW 的基本组成有:Web 页、Web 服务器、Web 浏览器和 HTTP 等。

1) Web 页

Web 页是指在浏览器中所看到的结果,它是用超文本标记语言编写的文档。Web 页中包括文字、图像、声音等各种多媒体信息,也包括用超文本或超媒体表示的链接。在 WWW 中,信息都是通过 Web 页进行传送的。制作和发布 Web 页是在 WWW 上发布信息的必由之路。一些相关的 Web 页合在一起便组成了一个 Web 站点,其中的首页是最引人注意的,被称为主页(Home Page),从该页出发可以连接到该站点的其他页面,也可以连接到其他的站点,由此就可以方便地接通世界上任何一个 Internet 节点。主页文件名一般为 Index.htm 或 Default.htm。

2）Web 服务器

用 Web 服务器来存放 Web 页，响应 Web 浏览器的请求并提供服务。任何人制作的 Web 页都必须存放在 Web 服务器上才能向网络发布。

3）Web 浏览器

Web 浏览器向 Web 服务器提出请求，请求得到所需要的 Web 页；接收 Web 服务器发送的 Web 页面，对收到的页面进行解释，并且在浏览器所在的工作站的屏幕上显示。Web 页上用 HTML 语言标记对文字、图形等信息加以标注。浏览器对这些标记进行解释，恢复信息的原来状态，并且在屏幕上显示。

4）HTTP

HTTP 是超文本传输协议的简称，是浏览器和 WWW 服务器之间的通信协议。此外，HTTP 还提供了其他多个协议的统一接口，使得在浏览器中还可以使用除 HTTP 以外的若干协议，因此出现了专用名词 URL。

2. 有关术语及概念

1）超文本和超媒体

超文本（Hypertext）和超媒体（Hypermedia）都是万维网的信息组织技术。它们的共同点是：在页面上存在一些具有链接功能的备选项（带下划线的文字或图片等，简称为链接项或超链）。当用鼠标指向某项时，指针会变成手形；单击该项，则会跳转（称为“链接”）到新的一页。这种技术使用户可以根据兴趣选择链接项（像在菜单中选择命令一样），并快速链接到所需信息。它们的不同点是：超文本是在文本中包含了有链接功能的文字（通常称为“热字”）；而超媒体是使链接项从文字扩展到图形、图像、动画等表示信息的媒体。

2）主页

主页（Home Page）也称为首页，是指一个网站的起始网页，通常包括该网站的目录等综合信息和多项链接，方便链接到其他网页。

3）超文本标记语言

超文本标记语言（Hyper Text Markup Language，HTML）是用于编写超文本网页的一种格式标注语言。用该语言写的文档类型名为.html 或.htm。

4）统一资源定位器

统一资源定位器（Uniform Resource Locator，URL）是在浏览器中对于需要访问的资源的描述。所有的浏览器中都会有一个位置给用户输入所需的 URL。在中文界面的浏览器中，URL 翻译为“地址”。但是，URL 的实际意义远远超出了“地址”的含义。

URL 由三个部分构成：资源类型（用协议表示）、存放资源的主机域名和资源文件名。如下所示：

<协议><主机域名><路径><文件名>

例如：http://www.yahoo.com 表明用 HTTP 查询 Yahoo 公司的 WWW 服务器主页。网页编写者按照 HTML 语法格式，用 URL 指明链接项所链接网页的地址。在浏览万维网时也要在 WWW 浏览器的地址栏输入欲查站点的 URL。

因此，URL 是要说明使用什么协议访问哪个主机上特定位置上的一个文件。信息资源类型（即协议）包括下面几种：

Http:// 定位使用 HTTP 提供超文本信息服务的 Web 服务器。

Ftp:// 定位使用 FTP 进行文件传输服务的文件服务器。

File:// 定位使用本地 HTTP 提供超文本信息服务的信息资源。

Telnet:// 定位使用 Telnet 提供远程登录信息服务的服务器。

Mailto:// 定位由电子邮箱构成的用户通信资源空间。

News:// 通过网络新闻传输协议(NNTP)访问 Usenet 网络新闻。

Wais:// 定位由全部 Wais 服务器构成的信息资源空间中的 Wais 服务器。

Gopher:// 定位由全部 Gopher 服务器构成的信息资源空间的 Gopher 服务器。

Gopher 是一种信息查询的方法,目前使用得比较少。File 则表示访问本地主机上某个文件夹中的文件。

注意,在浏览器中访问新闻服务器和发送电子邮件的 URL 表示和其他协议的表示是有差别的。浏览器中直接支持 FTP 和 Telnet,不需要客户程序就可以进行文件下载和远程登录。但是访问新闻服务器和发送邮件可能还是要使用预先设置的客户程序,至少在微软的 Internet Explorer 浏览器中是这样。

6.6.2 Internet Explorer 概述

Internet Explorer 是一个极为灵活方便的网上浏览器,它可以从不同的服务器中获得信息,支持多种类型的网页文件,如 HTML、Dynamic、Activex、Java、CSS、Scripting、Mode 等格式的文件。所有 Windows 操作系统内都捆绑有 Internet Explorer 浏览器程序,当用户安装 Windows 时,Internet Explorer 会被自动安装。

6.6.3 使用 Internet Explorer 浏览网页

1. Internet Explorer 浏览器的界面

双击 Windows 10 桌面上的 Internet Explorer 图标;也可以打开"开始"菜单,鼠标指针指向"所有程序"级联菜单,从中选择 Internet Explorer 菜单项。执行 Internet Explorer 程序,如图 6-11 所示,打开 Internet Explorer 11 浏览器窗口。

图 6-11 Internet Explorer 浏览器界面

Internet Explorer 主窗口由地址栏、菜单栏、命令栏、浏览器栏和浏览区等组成，完全符合 Windows 的窗口规范。

(1) 地址栏。地址栏是一个带下拉列表框的编辑框，用户在这里输入或选择要浏览的 WWW 主页的 URL 地址或网络实名。浏览网页时，地址栏中显示当前 Web 页的 URL 地址。

(2) 工具栏。包括菜单栏和命令栏以及其他工具栏，主要包括操作浏览器的菜单和常用命令。

(3) 浏览器栏。包括收藏夹和历史记录，用于浏览收藏的网页或历史浏览网页。

(4) 浏览区。浏览区是 Internet Explorer 浏览器的主体部分，用来显示 Web 页面的内容。当浏览区中包含的内容在窗口中不能完全展示时，就会出现窗口滚动条。

2. 浏览网页

通过浏览器访问全球信息网的过程，就是用户在浏览器中输入网址，浏览器按用户输入的网址去访问相应的网站，得到所需的网页并显示出来。Internet Explorer 为用户轻松快捷地浏览网页提供了极大的方便。具体操作步骤如下：

(1) 双击桌面上的 Internet Explorer 图标，启动 Internet Explorer。此时会出现 Internet Explorer 的主窗口，Internet Explorer 将加载事先确定的起始页。

(2) 在地址栏中输入新的 Web 地址，例如输入 www. baidu. com 并按 Enter 键，Internet Explorer 将加载新的网页。

(3) 单击当前页上的任一链接，Internet Explorer 将加载新的网页。

(4) 要返回以前的网页，单击“后退”按钮。如果在倒退了几页后想要返回最后所在的网页，单击“前进”按钮。

(5) 要返回起始页，单击“主页”按钮。

所有的网页地址都以 http://打头，但也可以省略这部分地址，Internet Explorer 会自动把它输入进去。例如，如果键入 www. baidu. com 后按 Enter 键，Internet Explorer 会打开网页地址 http://www. baidu. com。

3. 停止和刷新网页

假如网页包含了大量的图形，则加载该网页会耗费大量的时间。如果等待加载网页耗时过长，可以停止这一过程。Internet Explorer 也允许重新加载一个已加载了部分内容的网页。其具体操作步骤如下：

(1) 要停止加载当前页，单击“停止”按钮。

(2) 要重新加载当前页，单击“刷新”按钮。

4. 使用和设置收藏夹

为了帮助用户记忆和管理网址，Internet Explorer 专门为用户提供了“收藏夹”功能。收藏夹是一个文件夹，其中存放的文件都是用户喜爱的、经常访问的网站或网页的快捷方式。Internet Explorer 在自己的菜单中提供了一项功能，用以显示收藏夹中的内容，方便用户选择其中的网址。

1) 在收藏夹中添加网页地址

当用户浏览到喜爱的网页时，可以把它添加到 Internet Explorer 中的收藏列表中去。使用这一特点，只需在列表中做选择就可以访问任何喜爱的站点。

添加网页到收藏夹的操作步骤如下：

打开需要添加到收藏夹的网页，例如我们要将“新浪网”添加到收藏夹，则先打开 https://www.sina.com.cn/网页。单击“收藏”菜单，选择“添加到收藏夹”选项，“新浪网”网页就被收藏在收藏夹中。

如图 6-12 所示，用户要浏览收藏夹中的网页，只需单击菜单栏上的“查看”菜单，选择“浏览器栏”，打开子菜单“收藏夹”就可以选择访问。

注意：*用户也可单击“新建文件夹”按钮，在弹出的“创建文件夹”对话框中输入新文件夹的名称，然后单击“确定”按钮，可把网页添加到新建的文件夹中。*

2）访问历史上访问过的网页

如图 6-13 所示，Internet Explorer 浏览器会将一段时间内访问过的网址记录下来，如需访问，只需单击菜单栏上的“查看”菜单，选择“浏览器栏”，打开子菜单“历史记录”就可以找到历史记录网页。

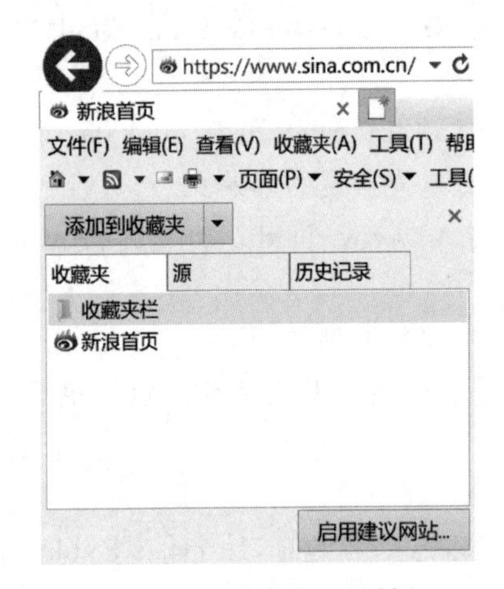

图 6-12 “收藏夹”对话框

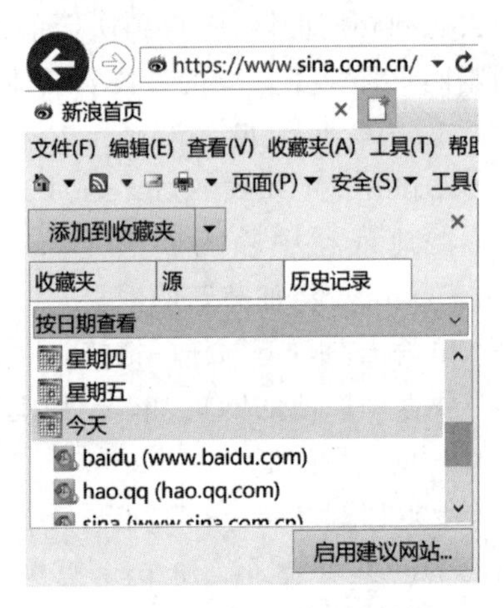

图 6-13 “历史记录”对话框

5. 保存网页信息

1）保存网页

对感兴趣的网页可以选择“文件”菜单中的“另存为”命令，把该网页的 HTML 文件保存到本地硬盘路径。

如果要保存页面中单个图像，在图像上右击，在弹出的快捷菜单中选择“图片另存为”选项，然后在对话框中给出要保存的图像的文件名。

如果要保存页面背景图像，右击，在弹出的快捷菜单中选择“背景另存为”选项，然后在对话框中给出要保存的背景图像的文件名。

如果要保存网页上的文本，可以先用鼠标拖动选中所要保存的文字信息，再选择“编辑”菜单中的“复制”命令。接着启动一个文字处理程序，如“记事本”或 Word，在其中选择“编辑”菜单中的“粘贴”命令，将在 Internet Explorer 中选中的文字复制到文字处理程序中，最后将内容存盘。

2）打印网页

打开要打印的网页，选择“文件”菜单中的“打印”命令或者单击命令栏中的“打印机”图标,选择打印命令,即可打印网页。

6. 设置浏览器的起始页

选择“工具”菜单中的“Internet 选项”选项,弹出如图 6-14 所示的“Internet 选项”对话框,进行设置。

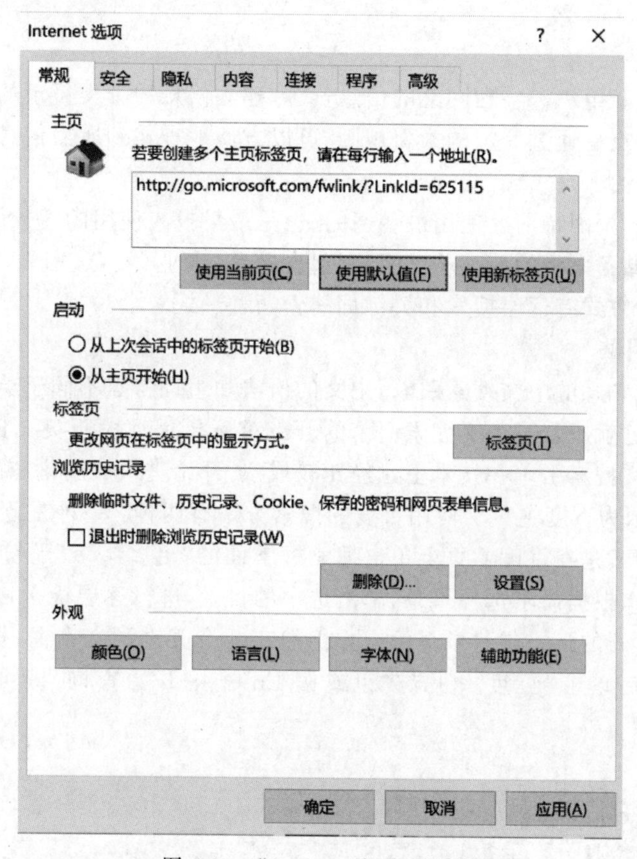

图 6-14 “Internet 选项”对话框

在“常规”选项卡中的“主页”区域可以设置浏览器打开时的第一个页面(或单击“主页”按钮打开的页面),设置方法如下。

(1) 若将当前打开的页面设置为起始页,单击“使用当前页”按钮。

(2) 若单击“使用默认值”按钮,则将 http://go.microsoft.com/fwlink/? LinkId=625115 作为主页。

(3) 若使用新标签页页作为浏览器的起始页,则单击使用新标签页按钮。

7. 删除临时文件和历史记录

(1) 临时文件:指访问 Internet 上的网页时,会在本地磁盘生成为下次访问该网页加速用的临时文件。浏览器可以设置临时文件占用磁盘存储空间的大小,若空间紧张,可以删除临时文件,释放磁盘空间。

(2) 历史记录:指用户访问过的网页被保存在特定的文件夹中,用户可以通过历史记录访问近期浏览过的网页。可以设置历史记录天数(默认为 20 天),也可以清空历史记录。

(3) 设置临时文件和历史记录:如图 6-14 所示,在“Internet 选项”对话框中的“浏览历史记录”区域,单击“删除”按钮删除临时文件和历史记录,单击“设置”按钮调整临时文件占用磁盘空间大小和保存历史记录的天数。

6.7 利用因特网进行信息检索

1. 搜索引擎

搜索引擎是用于组织和整理网上的信息资源,建立信息的分类目录的一种独特的网站。用户连接上这些站点后通过一定的索引规则,可以方便地查找到所需信息的存放位置。

2. 英文搜索引擎

Google、Yahoo是因特网上使用最普遍的、也是最早投入使用的搜索引擎。它拥有一个庞大的数据库,存储了大量的Internet网址,包含艺术、商业、教育、宗教、社会、新闻等众多领域。它们的搜索方式有逐层搜索和关键词搜索两种形式。

3. 中文搜索引擎

百度是我们最熟悉的中文搜索引擎,中文的语法和组词特点不同于英文,而且本身又有简体和繁体之分,这就决定了中文搜索引擎的开发难度要远远大于英文搜索引擎。经过不懈的努力,目前中文搜索引擎在技术上已经比较成熟,开始进入实用化和商品化阶段。

如图6-15所示为百度主页。使用百度的搜索方法有两种:一种是逐层搜索,一种是关键词搜索。逐层搜索是在百度主页上单击搜索框下面的“更多＞＞”超链接,在页面上提供了更多的主题目录,根据需求选择目录,单击选中的目录,进行逐层检索,直至到达符合要求的网站目录。被打开的下一层目录页面上方仍然有一个关键词文本框,根据需要输入检索关键词,填写完毕后单击“百度一下”按钮或按Enter键开始查询,即可得到相关的检索结果。

图6-15 百度主页

按关键词搜索时，在搜索文本框中输入关键词，单击“百度一下”按钮，百度将把所有符合检索条件的网址，以“索引”的方式显示在浏览器窗口中。关键词可以采用一定的语法规则，例如输入的多个关键词，则在关键词之间用空格分隔，进行组合搜索。

以下举例介绍在百度中以关键词检索的方法进行信息查询的过程。在百度主页的关键词文本框中输入需要查找的关键词，如“大学计算机基础”，单击“百度一下”按钮或按Enter键开始查询。图6-16给出了按照百度的查询语法，在检索完成后，所有包含“大学计算机基础”的相关网站的索引信息，包括检索到的信息类别数及总数。

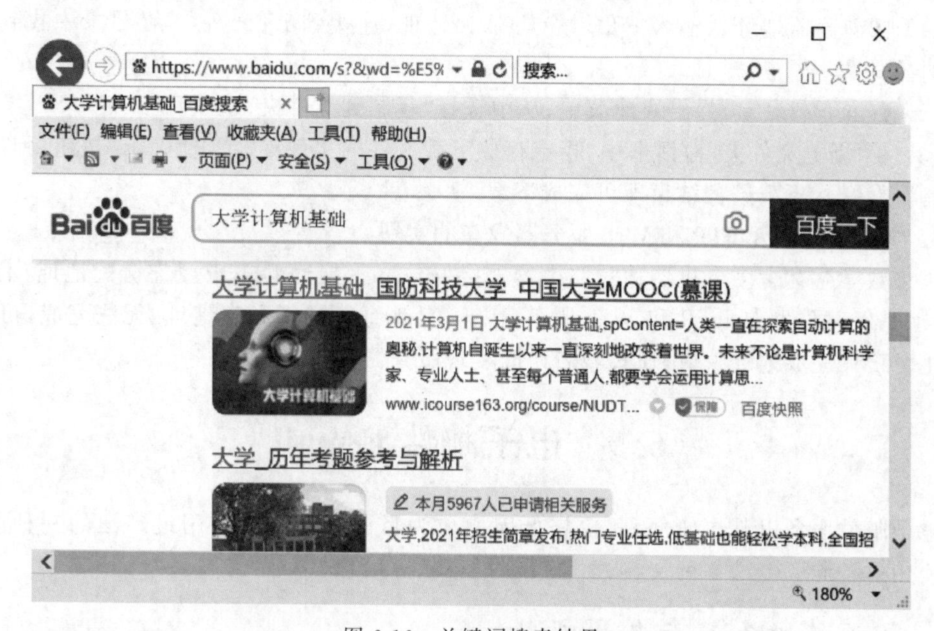

图6-16　关键词搜索结果

6.8　利用因特网下载文件

除了浏览丰富多彩的Web页面外，Internet Explorer的另一项重要功能是从网上下载文件。这里的文件可以是软件或资料等。目前国内下载软件的安全途径主要有两种，一是从软件官网下载，二是通过第三方计算机管理软件下载。

1. 访问软件官网下载软件

通过搜索引擎搜索想下载的软件名称，稍后便可显示包含此软件的官方Web页面，用户即可选择下载。

2. 通过电脑管家完成软件下载

目前比较常用的有腾讯电脑管家和360软件管家，通过软件的搜索功能，找到需要的软件完成软件下载安装。

3. 从FTP站点下载文件

相对于Web站点来说，FTP站点可算是资深的站点类型了。其实FTP就是用于在网络中进行文件传输的协议，只要网络中安装了TCP/IP，用户就可以用FTP来传输文件。FTP站点就是那些安装了FTP服务器(FTP Server)的站点，FTP服务器负责接收客户软件传来的控制命令并能够进行数据传输。

Internet Explorer 支持 FTP,具有 FTP 客户软件的功能,因此用户能以"匿名"方式访问 FTP 服务器。从 FTP 站点下载文件,必须首先知道 FTP 站点的 URL 地址,在 Internet Explorer 的 URL 地址栏输入 FTP 站点地址,便可与 FTP 站点建立连接。FTP 站点上的内容是用文件夹进行分类存放的,这与 Web 站点中用超链接与被下载对象相关联是不一样的。因此,采用的下载方法也不尽相同。

基本操作步骤如下:

(1) 在浏览器地址栏输入 FTP 站点 URL 地址,连接到 FTP 站点,在目录中找到要下载的对象。

(2) 右击下载对象,弹出快捷菜单,从中选择"复制到文件夹"选项。

(3) 在"浏览文件夹"对话框中,指定存放下载文件的文件夹,单击"确定"按钮,弹出"正在复制"对话框,下载进程结束即可完成下载。

4. 学生宿舍个人 FTP 和 Web 服务器发布的实现

大多数学生宿舍多台机器通过路由器连接 Internet,启动 DHCP 动态分配地址,上网很正常,但是想对外发布 FTP 和 Web 服务,因为 IP 地址为内部私有地址,无法完成,可以借助花生壳工具完成地址映射,通过域名访问实现服务器发布。

6.9 电子邮件 E-mail

电子邮件服务以其快捷便利、价格低廉而成为目前因特网上使用最广泛的一种服务。用户使用这种服务传输各种文本、声音、图像、视频等信息。

6.9.1 邮件服务器与电子邮箱

电子邮件服务器是 Internet 邮件服务系统的核心。用户将邮件提交给己方的邮件服务器,由该邮件服务器根据邮件中的目的地址,将其传送到对方的邮件服务器;另一方面它负责将其他邮件服务器发来的邮件,根据地址的不同将邮件转发到收件人各自的电子邮箱中。这一点和邮局的作用相似。

用户发送和接收电子邮件时,必须在一台邮件服务器中申请一个合法的账号,包括账号名和密码。以便在该台邮件服务器中拥有自己的电子邮箱,即一块磁盘空间,用来保存自己的邮件。每个用户的邮箱都具有一个全球唯一电子邮件地址。电子邮件地址由用户名和电子邮件服务器域名两部分组成,中间由@区分开。其格式为:用户名@电子邮件服务器域名。例如电子邮件地址 super@hevttc. edu. cn,其中 super 指用户名。hevttc. edu. cn 为电子邮件服务器域名。一般就是服务器的名字。如果同一区域内的用户(也就是使用同一服务器的用户)之间通信,输入地址时可以省略区域名。

6.9.2 邮件的发送和接收过程

发送电子邮件时,发信人使用客户端电子邮件应用程序的格式输写、编辑电子邮件,并在指定栏目中写入收件人的电子邮件地址,然后利用 SMTP 将邮件送往发送端的邮件服务器。

发送端的邮件服务器接收到用户送来的邮件后，按收件人的邮件服务器地址，将邮件送到接收端的邮件服务器，这个过程中也使用SMTP。

当收信人从接收端邮件服务器的邮箱中读取邮件时，可以使用POP3或IMAP，至于电子邮件应用程序使用何种协议则决定于其相应的邮件服务器支持哪一种协议。

邮件服务器使用POP3时，邮件被复制到收件人的机器中，邮件服务器中不保留副本；当邮件服务器使用SMTP时，收件人可以选择邮件是否复制到自己的机器中，以及选择邮件服务器中是否保留邮件副本。

邮件服务器通常全天24小时保持工作状态，以便用户可以随时发送和接收电子邮件。用户的客户机则无须全天开机和联网。

6.10 网络安全

随着计算机技术的迅速发展，在计算机上处理的业务也由基于单机的数学运算、文件处理，基于简单连接的内部网络的内部业务处理、办公自动化等发展到基于复杂的内部网(Intranet)、企业外部网(Extranet)、全球互联网(Internet)的企业级计算机处理系统和世界范围内的信息共享和业务处理。各行各业对于网络的依赖程度越来越高，这一趋势使网络变得十分脆弱，如果网络受到攻击，小范围程度的危害造成不能正常工作，大范围的可以危及国家安全，因此基于网络连接的安全问题日益突出。

6.10.1 认识网络安全

1. 网络安全的定义

网络安全是指网络系统的硬件、软件及其系统中的数据受到保护，不因偶然的或者恶意的原因而遭受到破坏、更改、泄露，系统连续可靠正常地运行，网络服务不中断。网络安全从其本质上来讲就是网络上的信息安全。从广义来说，凡是涉及网络上信息的保密性、完整性、可用性、真实性和可控性的相关技术和理论都是网络安全的研究领域。网络安全是一门涉及计算机科学、网络技术、通信技术、密码技术、信息安全技术、应用数学、数论、信息论等多种学科的综合性学科。

网络安全的具体含义会随着"角度"的变化而变化。比如：从用户(个人、企业等)的角度来说，他们希望涉及个人隐私或商业利益的信息在网络上传输时受到机密性、完整性和真实性的保护，避免其他人或对手利用窃听、冒充、篡改、抵赖等手段侵犯自己的利益和隐私。

网络安全应具有以下五个方面的特征：

保密性：信息不泄露给非授权用户、实体或过程，或供其利用的特性。

完整性：数据未经授权不能进行改变的特性。即信息在存储或传输过程中保持不被修改、不被破坏和丢失的特性。

可用性：可被授权实体访问并按需求使用的特性。即当需要时能否存取所需的信息。例如网络环境下拒绝服务、破坏网络和有关系统的正常运行等都属于对可用性的攻击。

可控性：对信息的传播及内容具有控制能力。

可审查性：出现安全问题时提供依据与手段。

从网络运行和管理者角度说,他们希望对本地网络信息的访问、读写等操作受到保护和控制,避免出现"陷门"、病毒、非法存取、拒绝服务和网络资源非法占用和非法控制等威胁,制止和防御网络黑客的攻击。对安全保密部门来说,他们希望对非法的、有害的或涉及国家机密的信息进行过滤和防堵,避免机要信息泄露,避免对社会产生危害,对国家造成巨大损失。从社会教育和意识形态角度来讲,网络上不健康的内容,会对社会的稳定和人类的发展造成阻碍,必须对其进行控制。

2. 网络安全的类型

随着计算机技术的迅速发展,在系统处理能力提高的同时,系统的连接能力也在不断提高。但在连接能力、流通能力提高的同时,基于网络连接的安全问题也日益突出,整体的网络安全主要表现在以下几个方面。

(1) 运行系统安全,即保证信息处理和传输系统的安全。它侧重于保证系统正常运行,避免因为系统的崩溃和损坏而对系统存储、处理和传输的信息造成破坏和损失,避免由于电磁泄漏,产生信息泄露,干扰他人,受他人干扰。

(2) 网络上系统信息的安全。包括用户口令鉴别,用户存取权限控制,数据存取权限、方式控制,安全审计,安全问题跟踪,计算机病毒防治,数据加密。

(3) 网络上信息传播安全,即信息传播后果的安全。包括信息过滤等。它侧重于防止和控制非法、有害的信息进行传播后的后果。避免公用网络上大量自由传输的信息失控。

(4) 网络上信息内容的安全。它侧重于保护信息的保密性、真实性和完整性。避免攻击者利用系统的安全漏洞进行窃听、冒充、诈骗等有损于合法用户的行为。本质上是保护用户的利益和隐私。

6.10.2 威胁网络安全的因素

1. Internet 安全隐患的主要体现

(1) Internet 是一个开放的、无控制机构的网络,黑客(Hacker)经常会侵入网络中的计算机系统,或窃取机密数据和盗用特权,或破坏重要数据,或使系统功能得不到充分发挥直至瘫痪。

(2) Internet 的数据传输是基于 TCP/IP 进行的,这些协议缺乏使传输过程中的信息不被窃取的安全措施。

(3) Internet 上的通信业务多数使用 UNIX 操作系统来支持,UNIX 操作系统中明显存在的安全脆弱性问题会直接影响安全服务。

(4) 在计算机上存储、传输和处理的电子信息,还没有像传统的邮件通信那样进行信封保护和签字盖章。信息的来源和去向是否真实,内容是否被改动,以及是否泄露等,在应用层支持的服务协议中是凭着君子协定来维系的。

(5) 电子邮件存在着被拆看、误投和伪造的可能性。使用电子邮件来传输重要机密信息会存在着很大的危险。

(6) 计算机病毒通过 Internet 的传播给上网用户带来极大的危害,病毒可以使计算机和计算机网络系统瘫痪、数据和文件丢失。在网络上传播病毒可以通过公共匿名 FTP 文件传送,也可以通过邮件和邮件的附加文件传播。

2. 威胁网络安全的因素

威胁网络安全的因素主要包括以下几点：

(1) 网络结构因素。网络基本拓扑结构有3种：星状、总线型和环状。一个单位在建立自己的内部网之前，各部门可能已建造了自己的局域网，所采用的拓扑结构也可能完全不同。在建造内部网时，为了实现异构网络间信息的通信，往往要牺牲一些安全机制的设置和实现，从而提出更高的网络开放性要求。

(2) 网络协议因素。在建造内部网时，用户为了节省开支，必然会保护原有的网络基础设施。另外，网络公司为生存的需要，对网络协议的兼容性要求越来越高，使众多厂商的协议能互联、兼容和相互通信。这在给用户和厂商带来利益的同时，也带来了安全隐患。如在一种协议下传送的有害程序能很快传遍整个网络。

(3) 地域因素。由于内部网 Intranet 既可以是 LAN 也可能是 WAN(内部网指的是它不是一个公用网络，而是一个专用网络)，网络往往跨越城际，甚至国际。地理位置复杂，通信线路质量难以保证，这会造成信息在传输过程中的损坏和丢失，也给一些“黑客”造成可乘之机。

(4) 用户因素。企业建造自己的内部网是为了加快信息交流，更好地适应市场需求。建立之后，用户的范围必将从企业员工扩大到客户和想了解企业情况的人。用户的增加，也给网络的安全性带来了威胁，因为这里可能就有商业间谍或“黑客”。

(5) 主机因素。建立内部网时，使原来的各局域网、单机互联，增加了主机的种类，如工作站、服务器，甚至小型机、大中型机。由于它们所使用的操作系统和网络操作系统不尽相同，某个操作系统出现漏洞(如某些系统有一个或几个没有口令的账户)，就可能造成整个网络的大隐患。

(6) 单位安全政策。实践证明，80%的安全问题是由网络内部引起的，因此，单位对自己内部网的安全性要有高度的重视，必须制订出一套安全管理的规章制度。

(7) 人员因素。人的因素是安全问题的薄弱环节。要对用户进行必要的安全教育，选择有较高职业道德修养的人担任网络管理员，制订出具体措施，提高安全意识。

(8) 其他。其他因素如自然灾害等，也是影响网络安全的因素。

6.10.3 网络安全主要技术手段

网络安全问题，应该像每家每户的防火防盗问题一样，做到防范于未然。在用户还没意识到自己也会成为目标的时候，威胁就已经出现了，一旦发生，常常措手不及，造成极大的损失，因此，拥有网络安全意识是保证网络安全的重要前提，许多网络安全事件的发生都和缺乏安全防范意识有关。解决网络安全的技术手段主要有以下几点。

物理措施：保护网络关键设备(如交换机、大型计算机等)，制定严格的网络安全规章制度，采取防辐射、防火以及安装不间断电源(UPS)等措施。

访问控制：对用户访问网络资源的权限进行严格的认证和控制。例如，进行用户身份认证，对口令加密、更新和鉴别，设置用户访问目录和文件的权限，控制网络设备配置的权限等。

数据加密：加密是保护数据安全的重要手段。加密的作用是保障信息被人截获后不能读懂其含义。

网络隔离：网络隔离有两种方式，一种是采用隔离卡来实现的，另一种是采用网络安全隔离网闸实现的。隔离卡主要用于对单台机器的隔离，网闸主要用于对于整个网络的隔离。

其他措施包括信息过滤、容错、数据镜像、数据备份和审计等。近年来，围绕网络安全问题提出了许多解决办法，例如数据加密技术和防火墙技术等。数据加密是对网络中传输的数据进行加密，到达目的地后再解密还原为原始数据，目的是防止非法用户截获后盗用信息。防火墙技术是通过对网络的隔离和限制访问等方法来控制网络的访问权限。

6.11 网络综合操作案例

以新思路的全国计算机等级考试练习软件中网络部分为例。首先登录新思路考试系统，选择真题练习，抽取真题试卷 2，选择“上网”，如图 6-17 所示，阅读网络部分题目。

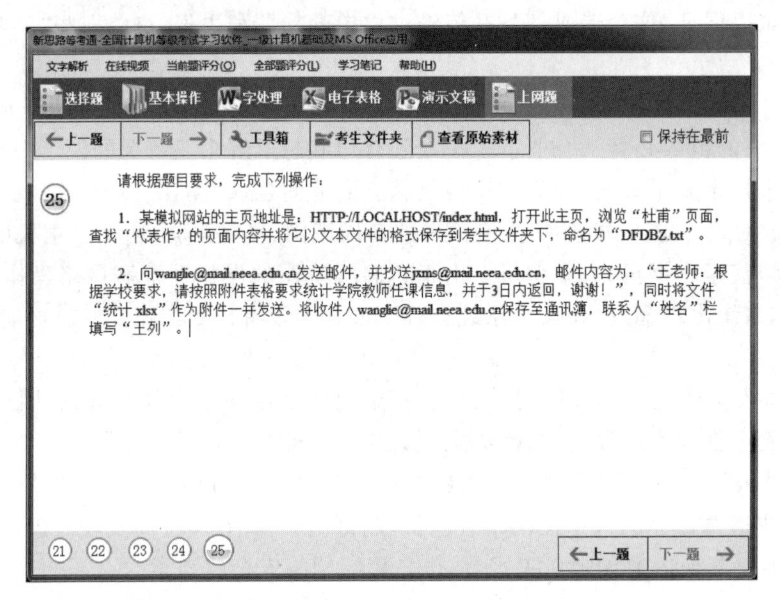

图 6-17　选择上网题

1. IE 浏览器

(1) 如图 6-18 所示，在考试系统中选择“工具箱”→“启动 IE”选项，将 IE 浏览器打开。

(2) 如图 6-19 所示，在 IE 浏览器的“地址栏”中输入网址 HTTP://LOCALHOST/index.html，按 Enter 键打开页面，从中单击导航栏的“杜甫”打开对应页面，再选择“代表作”，单击打开此页面。

(3) 执行“文件”→“另存为”命令，弹出“保存网页”对话框，在地址栏中找到考生文件夹，在“文件名”中输入 DFDBZ.txt，在“保存类型”中选择“文本文件(*.txt)”，单击“保存”按钮，完成操作。

2. 邮件

(1) 如图 6-20 所示，在考试系统中选择“工具箱”→“启动 Outlook”选项，启动“Outlook Express 仿真”。

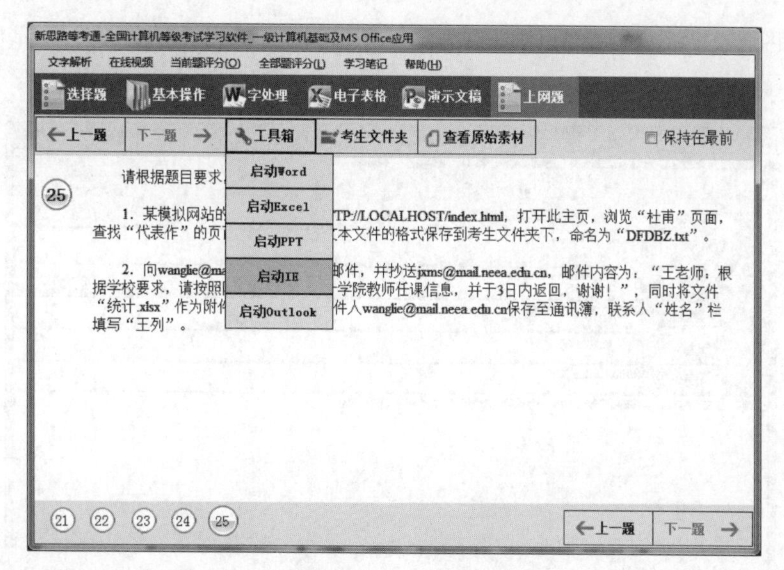

图 6-18 启动 IE

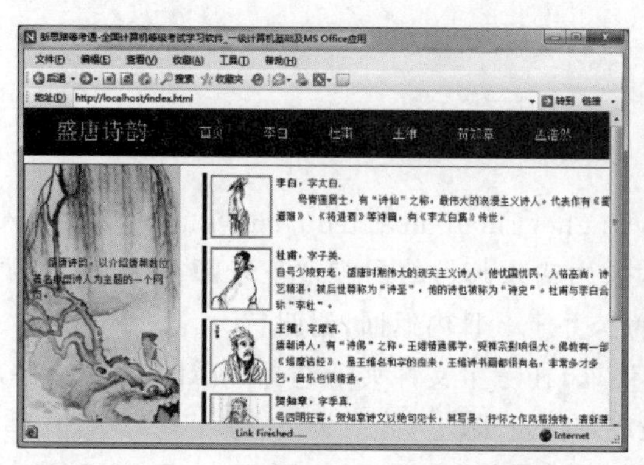

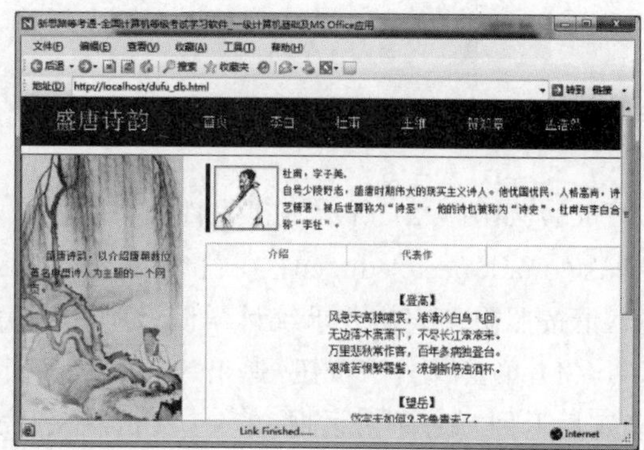

图 6-19 打开页面

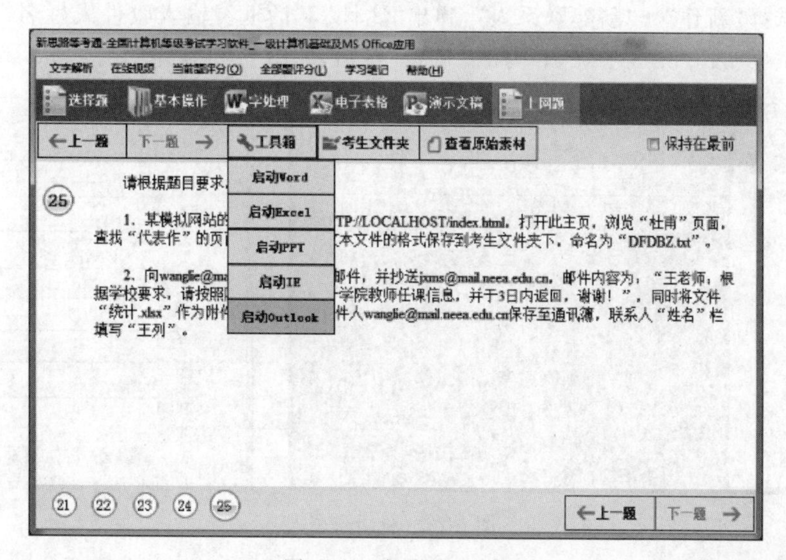

图 6-20 启动 Outlook

(2) 如图 6-21 所示,在 Outlook Express 仿真界面单击“创建邮件”,弹出“新邮件”窗口。

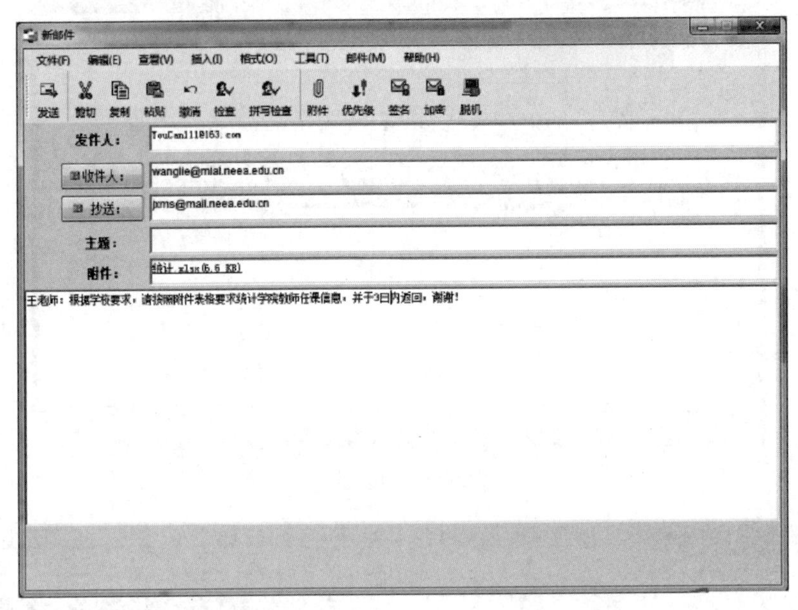

图 6-21　创建邮件

(3) 如图 6-21 所示,在“收件人”中输入 wanglie@mail.neea.edu.cn,在“抄送”中输入 jxms@mail.neea.edu.cn;在窗口下方内容区域内输入邮件的内容,“王老师:根据学校要求,请按照附件表格要求统计学院教师任课信息,并于 3 日内返回,谢谢!”。

(4) 单击“附件”按钮,弹出“插入文件”对话框,在考生文件夹下选择“统计.xlsx”文件,确定后返回“邮件”对话框,单击“发送”按钮完成邮件发送。

(5) 在“Outlook Express 仿真”页面单击“工具”菜单,选择“通信簿(B)…”,弹出“通信簿”页面。选择“新建”→“新建联系人”,弹出“属性”对话框。输入收件人姓名“王列”,电子邮箱 wanglie@mail.neea.edu.cn,单击“确定”按钮,如图 6-22 所示。

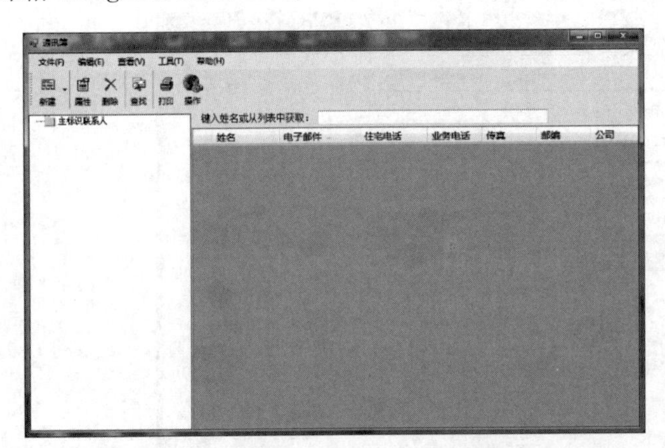

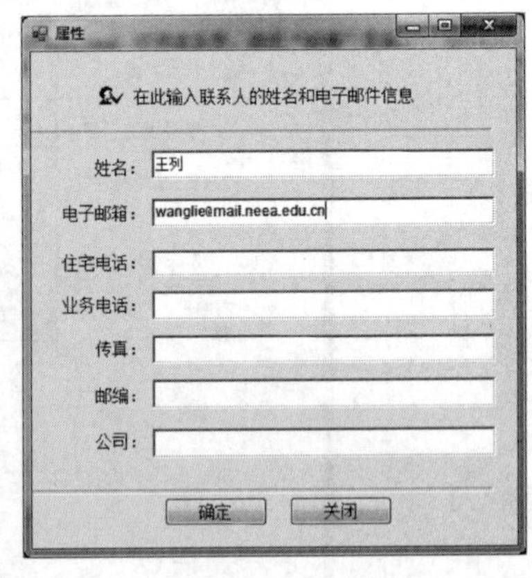

图 6-22　新建联系人

(6) 评分后单击评分结果,可以查看题目的错误信息和答案解析(图 6-23)。

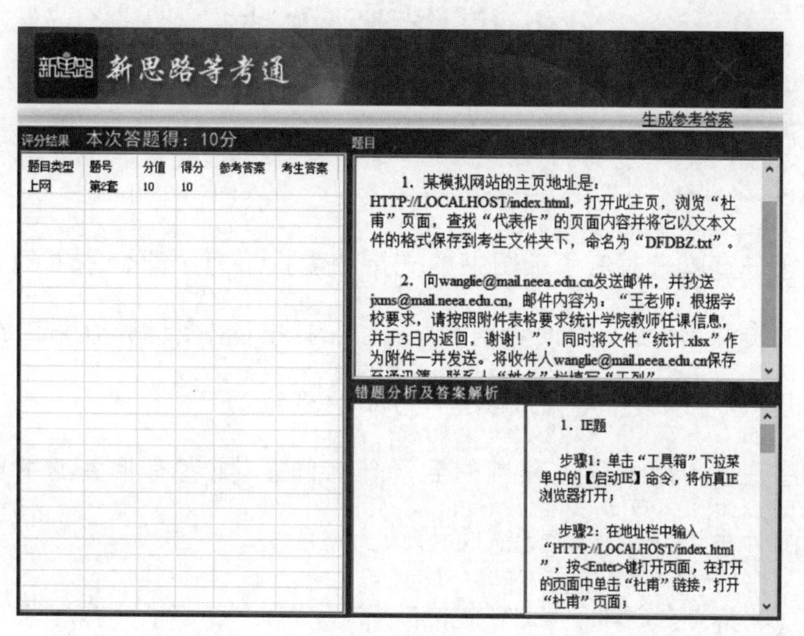

图 6-23　评分结果

【思考题】

（1）万维网的主要特点有哪些？

（2）万维网采用什么样的通信协议？其工作过程如何？

（3）什么是网页？什么是主页？

（4）统一资源定位器 URL 如何分类？URL 由哪几部分组成？

（5）什么是超文本？什么是超链接？什么是超链点？什么是超文本传输协议？

（6）描述 Internet Explorer 主窗口的组成，常用菜单项、工具栏的功能及其使用方法。

（7）如何利用收藏夹访问 WWW？如何将 Web 页添加到收藏夹中？

（8）因特网基本技术有哪些？

（9）什么是 TCP/IP？该协议是如何传输数据的？

（10）什么是 IP 地址？其结构如何？怎样分类？如何表示？

（11）Internet 中的主机为什么要使用域名？其一般形式是什么？

（12）域名空间结构如何划分？顶级域名分几类？我国的二级域名如何划分？举例说明。

（13）IP 地址与域名如何转换？

（14）Client/Server 计算模式的特点有哪些？它是怎样向用户提供服务的？举例说明。

图书资源支持

感谢您一直以来对清华版图书的支持和爱护。为了配合本书的使用，本书提供配套的资源，有需求的读者请扫描下方的“书圈”微信公众号二维码，在图书专区下载，也可以拨打电话或发送电子邮件咨询。

如果您在使用本书的过程中遇到了什么问题，或者有相关图书出版计划，也请您发邮件告诉我们，以便我们更好地为您服务。

我们的联系方式：

地　　址：北京市海淀区双清路学研大厦 A 座 714

邮　　编：100084

电　　话：010-83470236　010-83470237

客服邮箱：2301891038@qq.com

QQ：2301891038（请写明您的单位和姓名）

资源下载：关注公众号“书圈”下载配套资源。

资源下载、样书申请

书圈

图书案例

清华计算机学堂

观看课程直播